EDA 应用技术

Altium Designer 原理图与 PCB 设计（第 5 版）

徐宏伟　周润景　张震宇　编著

電子工業出版社
Publishing House of Electronics Industry
北京•BEIJING

内 容 简 介

本书以 Altium 公司开发的 Altium Designer 22 版本为平台，通过应用实例，按照实际的设计步骤讲解 Altium Designer 的使用方法，详细介绍了 Altium Designer 的操作步骤。本书内容包括 Altium Designer 简介、元件库的设计、绘制电路原理图、电路原理图绘制的优化方法、PCB 设计预备知识、PCB 设计基础、元件布局、PCB 布线、PCB 后续操作、Altium Designer 的多通道设计和 PCB 的输出。读者可以在熟悉 Altium Designer 操作的同时体会电子产品的设计思路。随书配有可下载的电子资料包，以便读者学习。

本书适合从事 PCB 设计的工程技术人员阅读，也可作为高等院校相关专业和职业培训机构的教学用书。

图书在版编目（CIP）数据

Altium Designer 原理图与 PCB 设计 / 徐宏伟，周润景，张震宇编著. —5 版. —北京：电子工业出版社，2024.4（2025.2 重印）

（EDA 应用技术）

ISBN 978-7-121-47579-5

Ⅰ. ①A… Ⅱ. ①徐… ②周… ③张… Ⅲ. ①印刷电路－计算机辅助设计－应用软件 Ⅳ. ①TN410.2

中国国家版本馆 CIP 数据核字（2024）第 061548 号

责任编辑：张剑（zhang@phei.com.cn）　　特约编辑：田学清
印　　刷：三河市华成印务有限公司
装　　订：三河市华成印务有限公司
出版发行：电子工业出版社
　　　　　北京市海淀区万寿路 173 信箱　　邮编：100036
开　　本：787×1092　1/16　印张：27.5　字数：704 千字
版　　次：2009 年 6 月第 1 版
　　　　　2024 年 4 月第 5 版
印　　次：2025 年 2 月第 5 次印刷
定　　价：99.00 元

凡所购买电子工业出版社图书有缺损问题，请向购买书店调换。若书店售缺，请与本社发行部联系，联系及邮购电话：（010）88254888，88258888。

质量投诉请发邮件至 zlts@phei.com.cn，盗版侵权举报请发邮件到 dbqq@phei.com.cn。

本书咨询联系方式：zhang@phei.com.cn。

前　言

Altium Designer 更新速度较快，几乎每年都会更新一个版本，目前已更新到 Altium Designer 22。相较于旧版本，Altium Designer 22 主要在原理图输入、PCB 设计和数据管理功能方面进行了改进，且完善了使用功能，覆盖面更广，为用户带来了更好的体验。基于此，本书对内容进行了相应的调整与更新。例如，本书丰富了所用实例，更易于读者理解；删除了烦琐冗余的操作步骤，是初学者入门学习的必备教程；增加了一些新内容，如 Draftsman 等，与时俱进。Altium Designer 22 功能非常丰富，如原理图仿真、多板系统设计等，但本书篇幅有限，无法涉及所有功能，所以只讲解相对核心的功能，还请读者谅解。

本书的主要目的是使读者熟悉 Altium Designer 的设计环境；了解 Altium Designer 的功能特性；快速掌握并熟练使用 Altium Designer。全书分为 11 章，以电子产品设计过程为主线，介绍元件的绘制，原理图的绘制，PCB 的布局、布线，多通道设计等。为了与 Altium Designer 中的元件电气符号及标识保持一致，本书的元件电气符号及标识未做标准化处理。本书内容连贯，适合初学者阅读。通过本书，读者可以对 PCB 设计有一个全面的了解。

第 1 章为 Altium Designer 简介：主要介绍 Altium Designer 的发展和特点。

第 2 章为元件库的设计：主要介绍如何创建原理图元件库、制作元件的封装模型和创建元件集成库。

第 3 章为绘制电路原理图：主要介绍绘制电路原理图的相关知识和如何实现从设计到图形转变。

第 4 章为电路原理图绘制的优化方法：主要介绍电路原理图绘制的优化方法和信号输出、输入波形的绘制。

第 5 章为 PCB 设计预备知识：主要介绍 PCB 的基础知识，包括层的管理、元件封装技术和 PCB 形状及尺寸定义等。

第 6 章为 PCB 设计基础：主要介绍 PCB 设计环境和一些必要的参数设置。

第 7 章为元件布局：主要介绍元件布局的规则设置、如何进行元件布局和元件布局的注意事项。

第 8 章为 PCB 布线：主要介绍布线的基本原则、布线规则的设置、布线策略的设置、如何进行布线和设计规则检查。

第 9 章为 PCB 后续操作：主要介绍在完成 PCB 布局、布线后，还应该做的一些工作，包括添加测试点、补泪滴、包地、铺铜，以及在 3D 环境下精确测量。

第 10 章为 Altium Designer 的多通道设计：主要介绍多通道设计的思想和方法。

第 11 章为 PCB 的输出：主要介绍提供给 PCB 加工方的输出文件。

本书具有以下特色。

- 注重系统性：本书将软件操作与电路设计技术有机地结合在一起，使读者能够更全面地学习和掌握 PCB 设计的整个过程。
- 注重实用性：本书提供了具体的电路设计实例并做了详尽分析，弥补了空洞的纯文字描述的缺陷。
- 注重先进性：本书讲述的是 Altium 公司开发的最新技术，并将它应用于电路设计。借助相关新技术和新方法，用户可大大提高设计质量与设计效率。
- 注重全面性：本书附有“思考与练习”，可使读者更容易学习和掌握本书的内容。

本书由徐宏伟、周润景、张震宇编著，其中徐宏伟编写了第 1～3 章，张震宇编写了第 10、11 章，其余章节由周润景编写。全书由周润景统稿。另外，参加本书编写的还有姜杰、张利军、周敬和张红敏。

由于编著者水平有限，加之时间仓促，书中难免存在不足之处，敬请读者批评指正！

编著者

目　录

第 1 章　Altium Designer 简介 1

1.1　Protel 的产生及发展 1
1.2　Altium Designer 的优势及特点 3
1.3　PCB 设计的工作流程 5
1.4　Altium Designer 的安装和启动 6
1.5　将英文编辑环境切换为中文编辑环境 12
1.6　Altium Designer 的编辑环境 14

第 2 章　元件库的设计 18

2.1　创建原理图元件库 18
2.2　制作元件的封装模型 46
2.3　创建元件集成库 59

第 3 章　绘制电路原理图 65

3.1　绘制电路原理图的基本知识 65
3.2　熟悉电路原理图 69
3.3　对元件库的操作 81
3.4　绘制电路原理图 95
3.5　电路原理图绘制的相关技巧 104
3.6　绘制电路原理图的原则及步骤 110
3.7　实例介绍 110
3.8　编译项目及查错 114
3.9　生成原理图网络表文件 118
3.10　生成和输出各种报表和文件 119

第 4 章　电路原理图绘制的优化方法 124

4.1　使用网络标签进行电路原理图绘制的优化 124
4.2　使用端口进行电路原理图绘制的优化 132
4.3　层次电路的优点 137
4.4　自上而下的层次电路设计方法 137
4.5　自下而上的层次电路设计方法 144

4.6 在电路原理图中标注元件其他相关参数优化绘制......148
4.7 使用实用工具箱在电路原理图中标注 I/O 信号......150

第 5 章 PCB 设计预备知识......162

5.1 PCB 的构成及基本功能......162
5.2 PCB 制造工艺流程......164
5.3 PCB 的名称定义......165
5.4 PCB 板层......166
5.5 Altium Designer 中的层次设置......170
5.6 元件封装技术......172
5.7 PCB 形状及尺寸定义......181
5.8 PCB 设计的一般原则......182
5.9 PCB 测试......185

第 6 章 PCB 设计基础......187

6.1 创建 PCB 文件......188
6.2 PCB 设计环境......188
6.3 元件的封装模型在 Altium Designer 中的验证......190
6.4 规划 PCB 及参数设置......198
6.5 PCB 网格及图纸页面的设置......202
6.6 PCB 工作层的颜色及显示的设置......205
6.7 PCB 系统环境参数的设置......206
6.8 加载网络表......215

第 7 章 元件布局......223

7.1 自动布局......223
7.2 手动布局......233
7.3 元件布局注意事项......238

第 8 章 PCB 布线......242

8.1 布线的基本原则......242
8.2 布线规则的设置......243
8.3 布线策略的设置......267
8.4 自动布线......269
8.5 手动布线......282
8.6 混合布线......288
8.7 差分对布线......295
8.8 ActiveRoute......304
8.9 设计规则检查......315

第 9 章 PCB 后续操作......320
9.1 添加测试点......320
9.2 补泪滴......330
9.3 包地......334
9.4 铺铜......336
9.5 添加过孔......344
9.6 PCB 的其他功能......347
9.7 在 3D 环境下精确测量......367
第 10 章 Altium Designer 的多通道设计......370
10.1 示例电路......370
10.2 对重复通道的操作......376
第 11 章 PCB 的输出......392
11.1 PCB 报表输出......392
11.2 创建 Gerber 文件......399
11.3 创建钻孔文件......407
11.4 用户向 PCB 加工厂商提交的信息......410
11.5 PCB 和原理图的交叉探针......412
11.6 智能 PDF 向导......413
11.7 Draftsman 功能......419

第1章　Altium Designer 简介

随着计算机业的发展，20 世纪 80 年代中期计算机在各个领域得到广泛应用。在这种背景下，1988 年美国 ACCEL Technologies Inc 推出了第一个应用于电路设计的软件包——TANGO，这个软件包开创了电子设计自动化（Electronic Design Automation，EDA）的先河。虽然这个软件包现在来看比较简陋，但在当时它给电路设计带来了设计方法和方式的革命——人们纷纷开始用计算机来设计电路。国内许多科研单位如今仍在使用这个软件包。

1.1　Protel 的产生及发展

随着电子技术的飞速发展，TANGO 逐渐无法满足人们的需求。为此，Protel 公司凭借强大的研发能力，推出了 Protel for DOS 作为 TANGO 的升级版本，自此 Protel 这个名字在业内日益响亮。

20 世纪 80 年代末期，Windows 操作系统开始盛行，Protel 公司相继推出 Protel for Windows 1.0、Protel for Windows 1.5 等版本来支持 Windows 操作系统。这些版本的可视化功能使用户不必记忆烦琐的操作命令，为用户设计电路带来了很大的便利，大大提高了设计效率，同时让用户体会到了资源共享的优势。

20 世纪 90 年代中期，Windows 95 操作系统开始普及，Protel 紧跟潮流，推出了基于 Windows 95 的 3.X 版本。Protel 3.X 版本加入了新颖的主从式结构，但在自动布线方面却没有出众表现。另外，由于 Protel 3.X 版本是 16 位和 32 位混合型产品，所以其稳定性比较差。

1998 年，Protel 公司推出了令人耳目一新的 Protel 98。Protel 98 是 32 位产品，也是第一个包含 5 个核心模块的 EDA 工具，具有出众的自动布线功能，因此获得了业内人士的一致好评。

1999 年，Protel 公司又推出了新一代的电路设计系统——Protel 99。它既有原理图逻辑功能验证的混合信号仿真，又有印制电路板（Print Circuit Board，PCB）信号完整性分析的板级仿真，构成了从电路设计到 PCB 分析的完整体系。

2005 年年底，Protel 软件的原厂商 Altium 公司推出了 Protel 系列的高端版本 Altium Designer。Altium Designer 是完全一体化的电子产品开发系统，是业界首例将设计流程、集成化 PCB 设计、可编程器件（如 FPGA）设计和基于处理器设计的嵌入式软件开发功能整合在一起的产品。

2006 年，Altium Designer 6.0 被推出，它集成了更多工具，使用起来更方便，功能更强大，尤其是 PCB 设计功能得到很大提高。

2008 年，Altium Designer Summer 8.0 被推出，它将 ECAD 和 MCAD 这两种文件格式结

合在一起。Altium 公司在其最新版的一体化设计解决方案中加入了对 OrCAD 和 PowerPCB 的支持能力。

2009 年，Altium Designer Winter 8.2 被推出，该版本再次增强了软件功能，运行速度进一步提高，成为当时最强大的电路一体化设计工具软件。

2011 年，Altium Designer 10 被推出，它提供了一个强大的、高集成度的板级设计发布过程，可以验证并打包设计和制造数据，只需要一键操作即可完成，避免了人机交互过程中可能出现的错误。

2013 年，Altium Designer 14 被推出，它着重关注 PCB 核心设计技术，进一步巩固了 Altium 公司在原生 3D PCB 设计系统领域的领先地位。Altium Designer 14 支持软性和软硬复合设计，将原理图捕获、3D PCB 布线、分析及可编程器件设计等功能集成到单一的一体化解决方案中。

2014 年，Altium Designer 15 被推出，它强化了软件的核心理念，持续关注生产力和效率的提升，优化了一些参数，同时新增了一些功能，主要包括：设置高速信号引脚对（大幅提升高速 PCB 设计功能）；支持 IPC-2581 和 Gerber X2 格式标准；分别为顶层阻焊层和底层阻焊层设置参数值；支持矩形焊孔等。

2015 年 11 月，Altium Designer 16.1.12 被推出，该版本增加了一些新功能，主要包括：增加精准的 3D 测量；支持 XSIGNALS WIZARD USB 3.1 技术。同时，设计环境得到进一步增强，主要表现为原理图设计、PCB 设计、同步链接组件得到增强，为使用者提供了更可靠、更智能、更高效的电路设计环境。

2016 年，Altium Designer 17 被推出，该版本提供了高速、多网络、多层布线的自动交互式布线技术 ActiveRoute；提供了一种全新的、简化发布 PCB 设计工程 Project Releaser 的方法；对 PCB 设计规则的很多功能进行了增强；新增的混合仿真功能中包含了复制图表功能。

2017 年，Altium Designer 18 被推出，该版本做了较大更新。Altium Designer 18 采用了 DirectX 3D 渲染引擎，具有更好的 3D PCB 显示效果和性能；重构了网络连接性分析引擎，避免了因 PCB 较大且 PCB 上 GND 很多，每动到有 GND 的元件或线，就会进入 Analyzing GND 状态，要过好一会儿屏幕才可以动的情况。Altium Designer 18 的文件载入相对于 Altium Designer 17 来说有大幅度提升；ECO 及移动元件性能得到优化；交互式布线速度得到提升；利用了多核多线程技术，铺铜、DRC 检查等性能得到了大幅度提升；2D—3D 上下文界面切换速度变得更快；降低了系统内存及显卡内存的占用。Altium Designer 18 具有更好的 Gerber 文件导出性能，比 Altium Designer 17 快 4～7 倍。对于 26 层板具有大约 9000 个元件的测试板而言，Altium Designer 17 导出 Gerber 文件需要花费 7 小时，而 Altium Designer 18 导出 Gerber 文件仅仅需要花费 11 分钟。除了性能的改善，Altium Designer 18 还有一些新功能特性的提升，包括支持多板系统设计，具有增强的 BOM 功能，进一步增强了 ActiveBOM 功能。

2018 年 12 月，Altium Designer 19 被推出，该版本不仅增加了新功能，增强了软件核心技术性能，还解决了客户通过 AltiumLive Community 的 BugCrunch 系统提出的许多问题。Altium Designer 19 除了具有一系列开发和完善现有技术的新功能，还整合了整个软件的大量 Bug 修复和增强功能，帮助设计者持续创造尖端电子产品。Altium Designer 19 拥有先进的层堆栈管理功能，可定义多层高速 PCB 的层堆栈，设计者可以通过权衡层顺序、材料、厚度和过孔之间的关系，获得满足设计要求的阻抗；支持微孔（μVias）；拥有对象级焊盘和过孔热连接；加强了 Draftsman 功能；提供了增强型交互式布线工具。

2019 年 12 月，Altium Designer 20 被推出，该版本显著地提高了用户体验和效率。它利用时尚界面使设计流程流线化，同时实现了前所未有的性能优化；使用 64 位体系结构和多线程的结合，实现了在 PCB 设计中更大的稳定性、更快的速度和更强的功能。它的升级主要体现在如下几方面：即时更改焊盘和过孔的热连接样式；Draftsman 的改进功能使用户可以更轻松地创建 PCB 制造和装配图纸；无限的机械层；堆叠材料库；路由跟随模式；组件回收；高级层叠管理器；实时跟踪更正；差分对光泽；跟踪光泽；零件搜索面板；印刷电子支持；HDI 设计支持；主题的切换。

2020 年 12 月，Altium Designer 21 被推出，随后经历了 9 个较大的版本更新，软件具有更好的性能优化。Altium Designer 21 增加了许多新功能，主要有：①新的线长调制模式——Trombone（长号）模式和 Sawtooth（锯齿），并对 Accordion（手风琴）模式进行了改进，现在一共支持三种线长调制模式。②原理图功能的改进——支持原理图页自动标号、网络（Net）名称识别、全局高亮指定网络等。③新的 PCB 设计规则编辑器——这可以说是 Altium Designer 21 最大的变化之一，现在的规则编辑器不仅支持原来的对话框模式，还支持新的文档编辑模式。④在电源层上使用多边形铺铜——切割平面的操作与之前完全一样，唯一的区别是内电层平面现在可以进行独立的多边形铺铜操作，这样就可以人为地进行设置，避免死铜的出现。⑤支持在 PCB 上摆放矩形，并且可以控制倒角、圆角尺寸——这是一个非常简单但刚需的功能，以前要画一个矩形的板框只能依次画 4 条线，如果需要做圆角或倒角操作更烦琐。⑥仿真界面/功能的更新——增加了仿真的综合看板 Dashboard。⑦支持差分对的拖曳（Dragging）。⑧支持在 PCB 上直接摆放图片——以前如果需要在丝印层上放置一个比较复杂的 logo 或图形，只能使用脚本。

2021 年 12 月，Altium Designer 22 发布，此版本主要改进了以下内容：①原理图的改进——原理图图纸入口和 PDF 输出的交叉选择。②PCB 设计改进——包括新的“光滑与重布”面板和“优选项”对话框、IPC-4761 支持增强、焊盘进出功能增强、支持沉孔。③数据管理改进——包括为项目添加了虚拟 BOM，显示“独立”评论等。

1.2　Altium Designer 的优势及特点

1. 供布线使用的新工具

高速的设备切换和新的信息命令技术意味着要将布线处理成电路的组成部分，而不是“想象中的相互连接”。这就要求全面的信号完整性分析工具、阻抗控制交互式布线、差分信号对发送和交互长度调节协调工作，从而确保信号的及时、同步到达。通过灵活的总线拖曳、引脚和零件的互换，以及 BGA 逃逸布线，可以轻松地完成布线工作。

2. 为复杂的板间设计提供良好的环境

Altium Designer 具有 Shader Model 3 的 DirectX 图形功能，这使得 PCB 编辑效率大大提高。当要在 PCB 的底面进行设计工作时，只要执行菜单命令“翻转板子”，就可以像是在顶层一样进行工作。通过优化的嵌入式板，可完全控制设计中的所有多边形管理器、PCD 垫中的插槽、PCB 层集和动态视图管理选项协同工作，从而提高设计效率。Altium Designer 还具有智能粘贴功能，不仅可以将网络标签转移到端口，还可以使用文件编辑和自动片体条目创建来简化从旧工具转移设计的步骤，从而创建一个更好的设计环境。

3．提供高级元件库管理功能

元件库是有价值的设计源，它为用户提供丰富的原理图组件库和 PCB 封装库，并且为设计新的元件提供了封装向导程序，简化了封装设计过程。随着技术的发展，用户提出了利用公司数据库对元件进行栅格化的要求。当数据库链接提供从 Altium Designer 返回数据库的端口时，新的数据库就新增了很多功能，可以直接将数据从数据库导入电路图。新的元件识别系统可管理元件与库之间的关系，覆盖区管理工具可提供项目范围内的覆盖区控制，便于提供更好的元件管理解决方案。

4．增强的电路分析功能

为了提高设计 PCB 的成功率，Altium Designer 设置了 XSpice 模型、功能和变量支持，以及灵活的配置选项，增强了混合信号模拟功能。用户在完成电路设计后，可进行必要的电路仿真，从而观察观测点信号是否符合设计要求，缩短开发周期。

5．统一的光标捕获系统

Altium Designer 的 PCB 编辑器提供了很好的栅格定义系统。用户通过可视栅格、捕获栅格、元件栅格和电气栅格等可以有效地将设计对象放置到 PCB 文件中。Altium Designer 统一的光标捕获系统已达到一个新的水平。该系统汇集了不同子系统，共同驱动并将光标捕获到最优选的坐标集——用户可定义的栅格，按照需求选择直角坐标集和极坐标集；捕获栅格，可以自由地放置随时可见的、对于对象排列进行参考的、线索增强的对象捕捉点，使得放置对象时可自动定位光标到基于对象热点的位置。按照合适的方式，使用这些功能的组合，可以轻松地在 PCB 工作区放置和排列对象。

6．增强的多边形铺铜管理器

Altium Designer 的多边形铺铜管理器提供了更强大的功能，具有关于管理 PCB 中的所有多边形铺铜的附加功能。附加功能包括创建新的多边形铺铜、访问界面的相关属性和删除多边形铺铜等，全面丰富了多边形铺铜管理器的功能，将多边形铺铜管理整体功能带到新的高度。

7．强大的数据共享功能

Altium Designer 完全兼容 Protel 系列版本的设计文件，同时提供了对在 Protel 99 SE 环境中创建的 DDB 和库文件的导入功能，增加了 P-CSD、OrCAD 等软件的设计文件和库文件的导入功能。Altium Designer 的智能 PDF 向导可以帮助用户将整个项目或选定的设计文件打包成可移植的 PDF 文档，提高了团队之间合作的灵活性。

8．全新的 FPGA 设计功能

Altium Designer 与微处理器相结合，可充分激发并利用大容量 FPGA 元件的潜能，更快地开发出更智能的产品。利用 Altium Designer 设计的可编程硬件元素无须重大改动即可重新定位到不同的 FPGA 元件中，设计者不必受特定 FPGA 元件厂商或系列元件的约束。在 Altium Designer 环境下，无须对每个采用不同处理器或 FPGA 元件的项目更换不同的设计工具，因此可以节省成本，使设计者在工作于不同项目时能保持高效性。

9. 支持 3D PCB 设计

Altium Designer 全面支持 STEP 格式，与 MCAD 工具软件无缝链接；依据外壳的 STEP 模型生成 PCB 外框，减少中间步骤，更加准确地实现配合；3D 实时可视化功能使设计充满乐趣；应用元件体生成复杂的元件 3D 模型，解决了元件建模问题；支持圆柱体元件或球形元件设计；实时监测 3D 安全间距，有助于在设计初期解决装配问题；在原生 3D 环境中，精确测量 PCB 布局，在 3D 编辑状态下，可以实时展现 PCB 与外壳的匹配情况，从而将设计意图清晰地传给制造厂商。

10. 支持 XSIGNALS WIZARD USB 3.0

Altium Designer 支持 USB 3.0 技术，有利于实现高速设计流程自动化，并生成精确的 PCB 布局，提高设计效率。

1.3 PCB 设计的工作流程

1. 方案分析

方案分析直接影响电路原理图设计和 PCB 规划，要根据设计要求进行方案比较和元件选择等，这是开发项目中的重要环节之一。

2. 电路仿真

有时候在设计电路原理图之前，某一部分电路的设计并不是确定的，因此需要通过电路仿真来验证。除此之外，电路仿真还可以用来确定电路中某些重要元件的参数。在设计电路原理图之前进行电路仿真可以确保电路能满足设计需求的功能和目的。

3. 设计原理图库

Altium Designer 提供的元件库不可能包括所有元件。当在元件库中找不到需要的元件时，用户可以动手设计原理图库文件，建立自己的元件库。

4. 绘制原理图

应根据电路的复杂程度决定是否使用层次原理图。完成原理图设计后，要用电气规则检查（Electrical Rule Checking，ERC）工具进行检查，找到错误并修改，再重新用 ERC 进行检查，直至没有原则性错误。

5. 设计封装库

和原理图元件库一样，Altium Designer 不可能提供所有元件的封装模型，用户应根据需要自行设计并建立新的封装库。

6．PCB 设计

在所有用到的元件都已有了自己的封装模型并确认原理图没有错误之后，就可以开始制作 PCB 了。首先绘出 PCB 的轮廓，确定元件来源及功能、设计规则，并在原理图的引导下完成布局和布线。设计规则检查工具用于对绘制好的 PCB 进行检查。PCB 设计是电路设计的另一个重要环节，它决定了该产品的实用性能，需要考虑的因素很多，不同的电路有不同要求。

7．文档整理

在完成所有操作后切记要对文档进行保存，否则所有工作将付诸东流。对原理图、PCB 图及 BOM 等文件进行保存，以便日后进行维护和修改。

1.4 Altium Designer 的安装和启动

旧版本的 Altium Designer 安装后的文件大小大约为 2.5GB，而 Altium Designer 22 安装后的文件大小约为 5GB。由于增加了新的设计功能，Altium Designer 22 与以前版本的 Protel 相比，对硬件有更高的要求。

1．硬件环境需求

Altium Designer 22 对操作系统的要求比较高，最好采用 Windows 11（仅 64 位）或 Windows 10（仅 64 位）。Altium Designer 22 仍然支持 Windows 8.1（仅 64 位）和 Windows 7 SP1（仅 64 位），但不再支持 Windows 95、Windows 98 和 Windows ME。

为了获得符合要求的软件运行速度和更稳定的设计环境，Altium Designer 22 对计算机的硬件要求也比较高。

1）推荐的最佳硬件配置

- CPU：英特尔®酷睿™ i7 处理器或同等产品。
- 内存：16GB 内存。
- 硬盘：10GB 硬盘空间（安装+用户文件）。
- 显卡：性能显卡（支持 DirectX 10 或更高版本），如 GeForce GTX 1060、Radeon RX 470。
- 显示器：屏幕分辨率为 2560 像素×1440 像素（或更高）的双显示器。

2）最低的硬件配置

- CPU：英特尔®酷睿™ i5 处理器或同等处理器。
- 内存：4GB 内存。
- 硬盘：10GB 硬盘空间（安装+用户文件）。
- 显卡：显卡（支持 DirectX 10 或更高版本），如 GeForce 200 系列、Radeon HD 5000 系列、Intel HD 4600。
- 显示器：屏幕分辨率至少为 1680 像素×1050 像素（宽屏）或 1600 像素×1200 像素（4∶3）的显示器。

2．安装 Altium Designer

双击 Altium Designer Setup_22_5_1.exe 文件，进入安装向导界面，如图 1-1 所示。单击“Next”按钮，进入“License Agreement”界面，如图 1-2 所示。

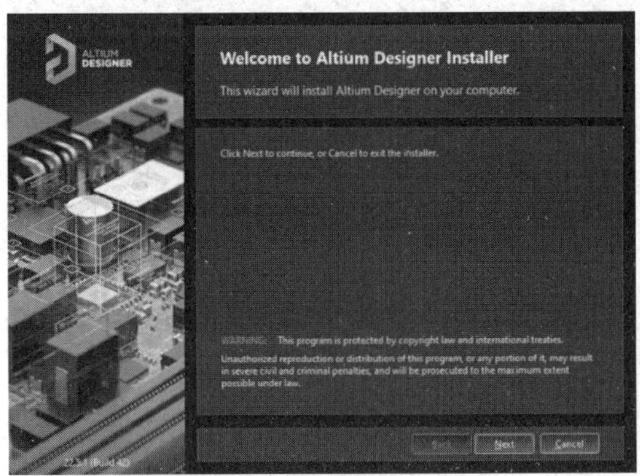

图 1-1 安装向导界面

图 1-2 “License Agreement”界面

勾选“I accept the agreement”复选框，单击“Next”按钮，进入“Select Design Functionality”界面，如图 1-3 所示。

值得注意的是，原理图仿真默认有些选项未被勾选，若在此界面中没有勾选，在软件安装后将无法使用该部分功能。为保证原理图仿真等相关功能正常使用，此处应确保已勾选“Platform Extensions”复选框。

在“Select Design Functionality”界面中可以选择要安装的功能，通常保持默认设置即可。单击“Next”按钮，进入“Destination Folders”界面，如图 1-4 所示。

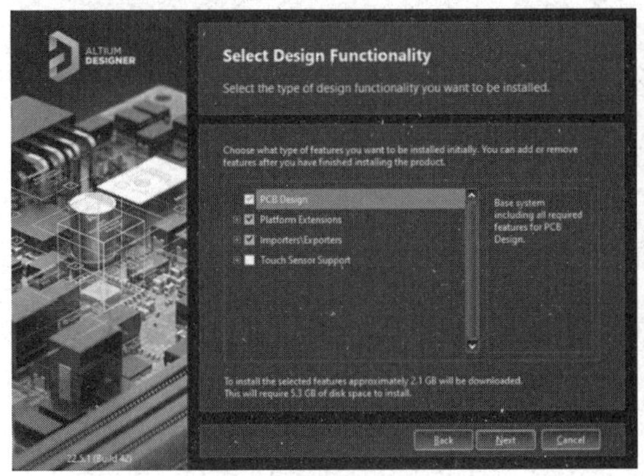

图 1-3 “Select Design Functionality”界面

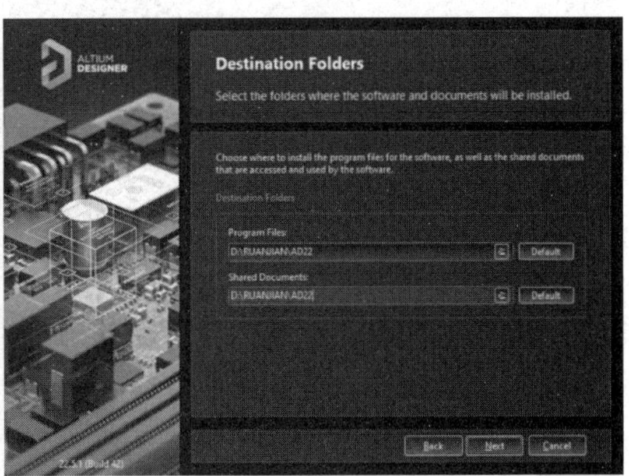

图 1-4 “Destination Folders”界面

在“Destination Folders”界面中设定安装路径（注意安装路径中不要有中文），设置完成后单击“Next”按钮，进入“Customer Experience Improvement Program”界面，如图 1-5 所示。

勾选“Yes, I want to participate”复选框，单击“Next”按钮，进入“Ready To Install”界面，如图 1-6 所示。

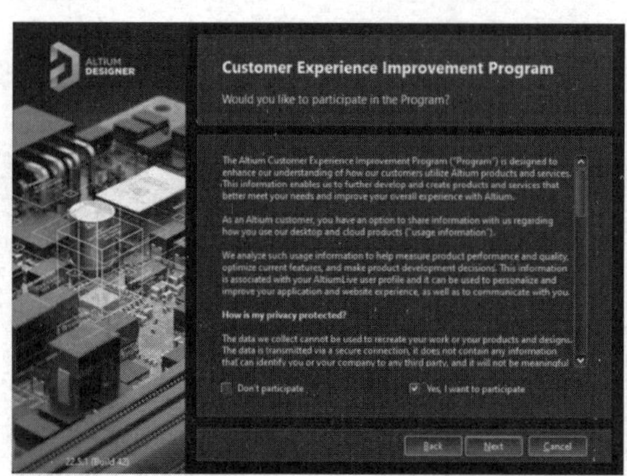

图 1-5 “Customer Experience Improvement Program”界面

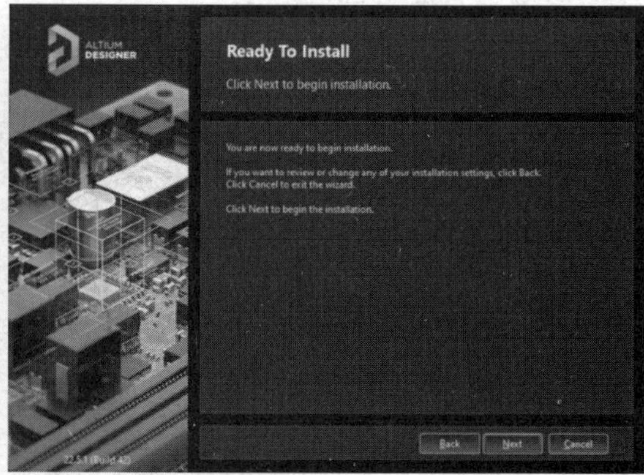

图 1-6 “Ready To Install”界面

单击“Next”按钮，开始安装程序，如图 1-7 所示。当程序安装完毕后，会出现如图 1-8 所示的安装完成界面。

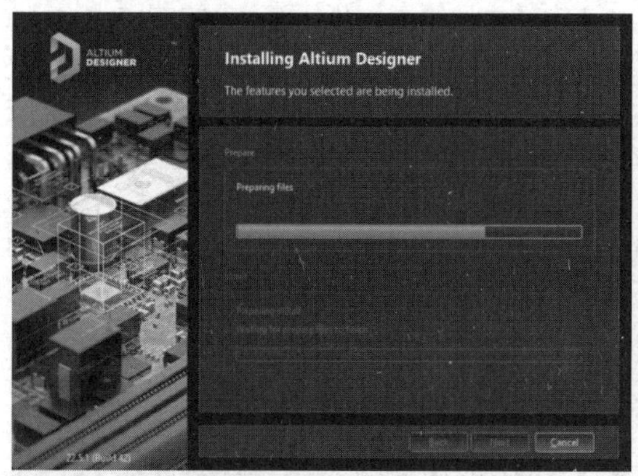

图 1-7 开始安装程序

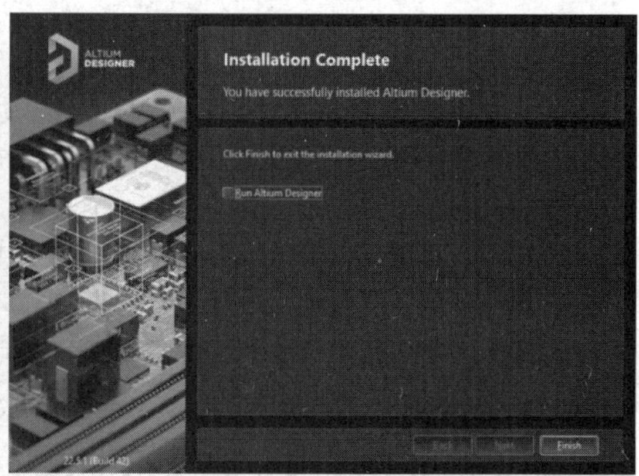

图 1-8 安装完成界面

单击“Finish”按钮，完成 Altium Designer 22 的安装。

3. 启动 Altium Designer

单击 Windows 桌面上的“开始”菜单，找到“Altium Designer”选项，将它拖到桌面上，创建快捷方式，如图 1-9 所示。

双击“Altium Designer”图标，启动 Altium Designer，启动界面为 3D 效果，如图 1-10 所示。

由于该软件功能复杂，启动会耗费一定时间。经过一段时间的等待，进入 Altium Designer 主界面，如图 1-11 所示。Altium Designer 主界面包括标题栏、菜单栏、工具栏、状态栏等，是大家比较熟悉的结构，如图 1-12 所示。

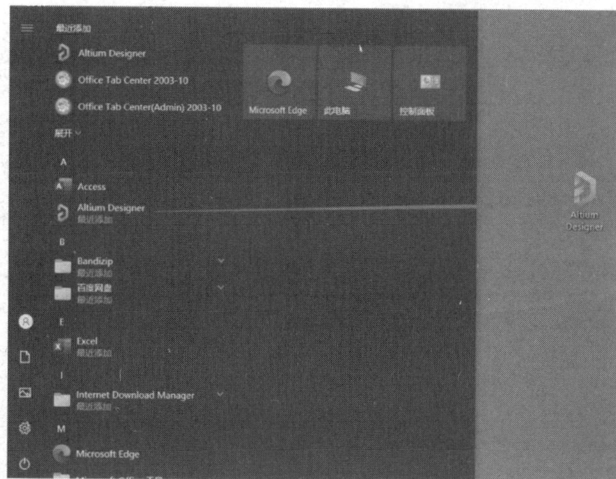

图 1-9　创建 Altium Designer 快捷方式

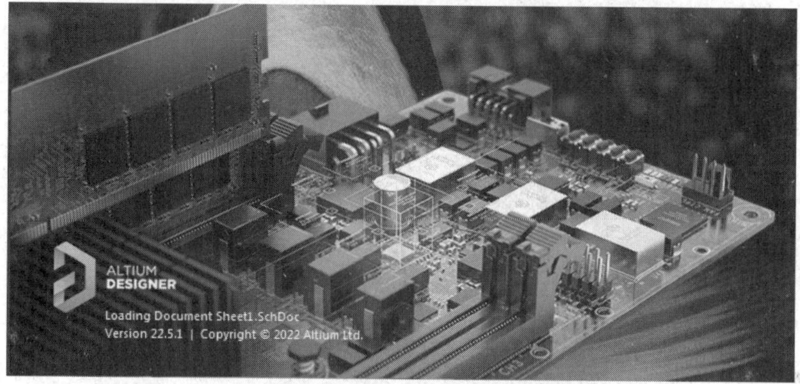

图 1-10　Altium Designer 启动界面

图 1-11　Altium Designer 主界面

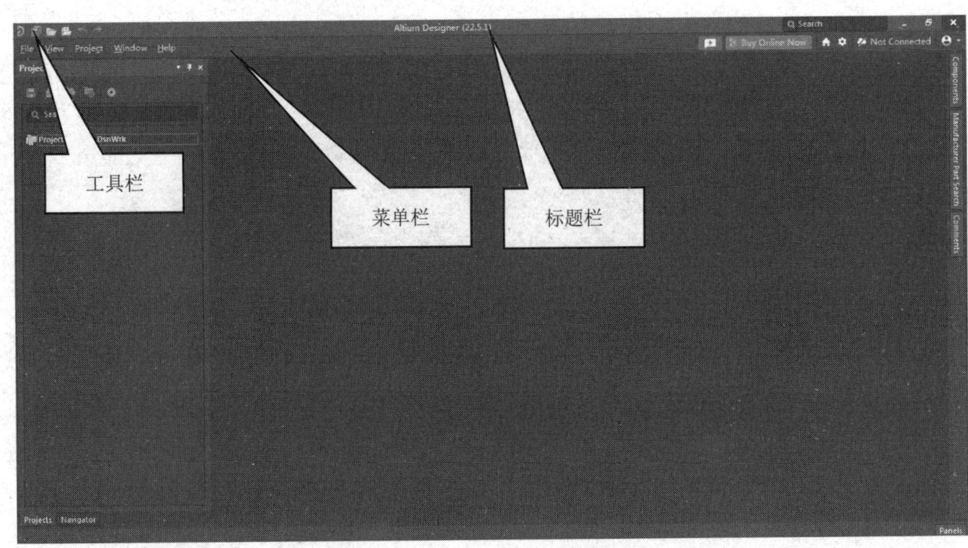

图 1-12 Altium Designer 主界面的组成部分

先来看“New”子菜单命令，执行“File”→“New”命令，可以看到“New”子菜单包含的子菜单命令，如图 1-13 所示。

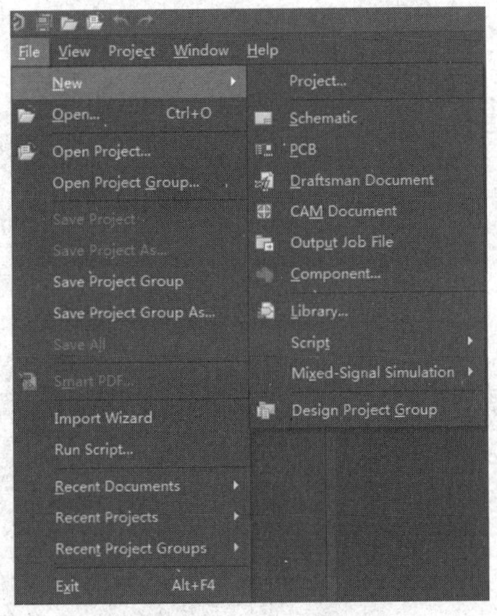

图 1-13 “New”子菜单命令

本书用到的“New”子菜单命令包括“Project”命令、“Schematic”命令、“PCB”命令、“Library”命令。

- “Project”命令：创建一个新的工程文件。选择该命令，将打开“Create Project”对话框，如图 1-14 所示。

  在“Create Project”对话框中可以在“LOCATIONS”栏中选取模板出处，在“Project Type”栏中选择模板类型，在界面最右侧栏中对工程文件的名称、保存位置和参数进行设置。

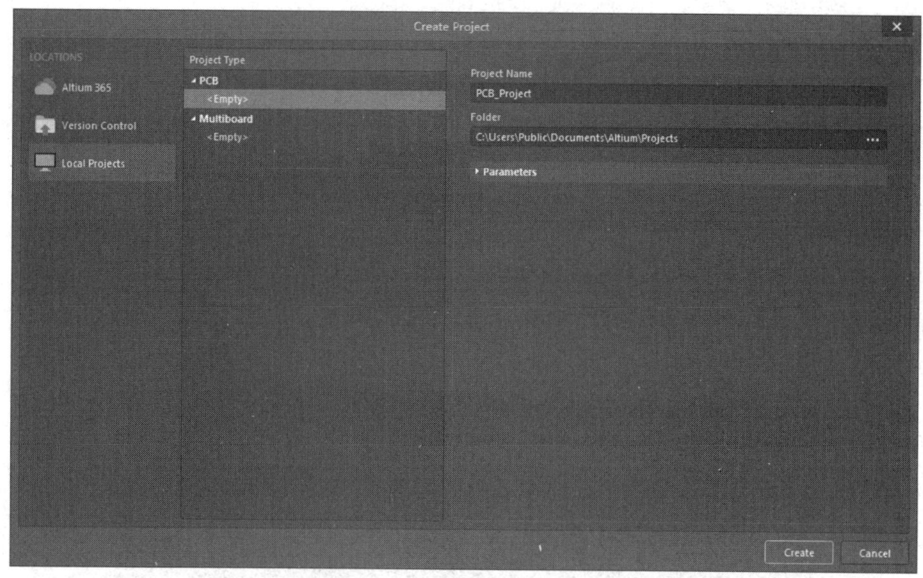

图 1-14　“Create Project”对话框

Altium Designer 以设计项目为中心，一个设计项目中可以包含各种设计文件，如原理图（SCH）文件、电路图（PCB）文件及各种报表，多个设计项目可以构成一个 Project Group（设计项目组）。因此项目是 Altium Designer 工作的核心，所有设计工作均是以项目展开的。

在 Altium Designer 中，项目是共同生成期望结果的文件、连接和设置的集合，如板卡可能是十六进制（位）文件。把所有设计数据元素综合在一起就得到了项目文件。完整的项目一般包括原理图文件、PCB 文件、元件库文件、BOM 文件及 CAM 文件。

项目这个重要概念需要加以理解，因为在传统的设计方法中，每个设计应用从本质上来说是一种具有专用对象和命令集合的独立工具。与此不同的是，Altium Designer 的统一平台在工作时就对项目设计数据进行解释，在提取相关信息的同时告知用户设计状态的信息。Altium Designer 像一个很好的数字处理器，会在用户工作时通过加亮显示错误，以使用户在发生简单错误时及时进行纠正，而不是在后续步骤中进行错误检查。

Altium Designer 通过“编译”设计来实现在内存中维护完整的连接性模型，可直接访问组件及其相应的连接关系。这种精细且强大的功能给设计带来了活力。例如，按住快捷键并单击线路时，会看到界面上加亮显示的网络，使用导航器可以在整个设计中跟踪总线。又如，按住快捷键并在导航器中单击组件，组件会在原理图前面和中部，以及 PCB 上显示出来。这只是以项目为中心的编辑设计环境能带来的优势的几点示范而已。

- “Schematic”命令：创建一个新的原理图文件。
- “PCB”命令：创建一个新的 PCB 文件。
- “Library”命令：创建一个新的原理图库文件。选择该命令，将打开“New Library”对话框，如图 1-15 所示。在“New Library”对话框中的“LIBRARY TYPE”栏中选择“File”选项。本书用到的“File”选项卡中的选项有“Schematic Library”单选按钮、“PCB Library”单选按钮和“Integrated Library”单选按钮。

- “Schematic Library”单选按钮：创建一个新的原理图库文件。
- “PCB Library”单选按钮：创建一个新的 PCB 库文件。
- “Integrated Library”单选按钮：创建一个新的元件集成库文件。

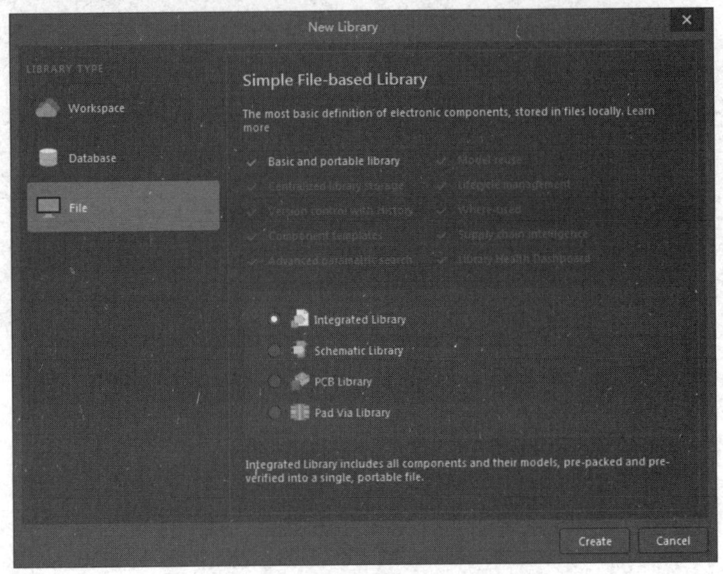

图 1-15 “New Library”对话框

1.5 将英文编辑环境切换为中文编辑环境

图 1-16 所示为英文编辑环境，为了方便以后设计，可切换到中文编辑环境。如何进行中/英文编辑环境之间的切换呢？

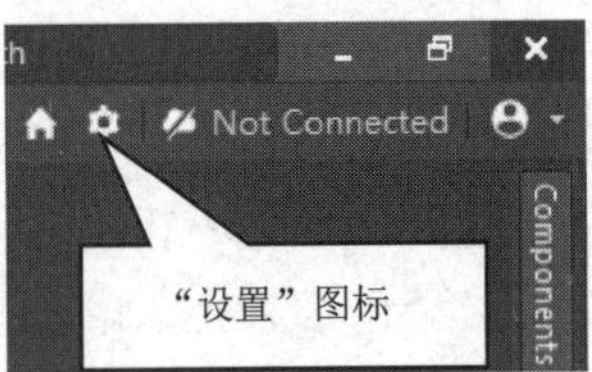

图 1-16 英文编辑环境

单击主界面右上角的“设置”图标，进入“Preferences”对话框，如图 1-17 所示。

选择“System”→“General”选项，进入“System-General”界面，该界面包含 4 个区域，即“Startup”区域、“General”区域、“Reload Documents Modified Outside Of Altium Designer”区域和“Localization”区域。

（1）“Startup”区域：用于设置 Altium Designer 启动后的状态。

- “Reopen Last Project Group”复选框：启动时，重新打开上次的工作空间。

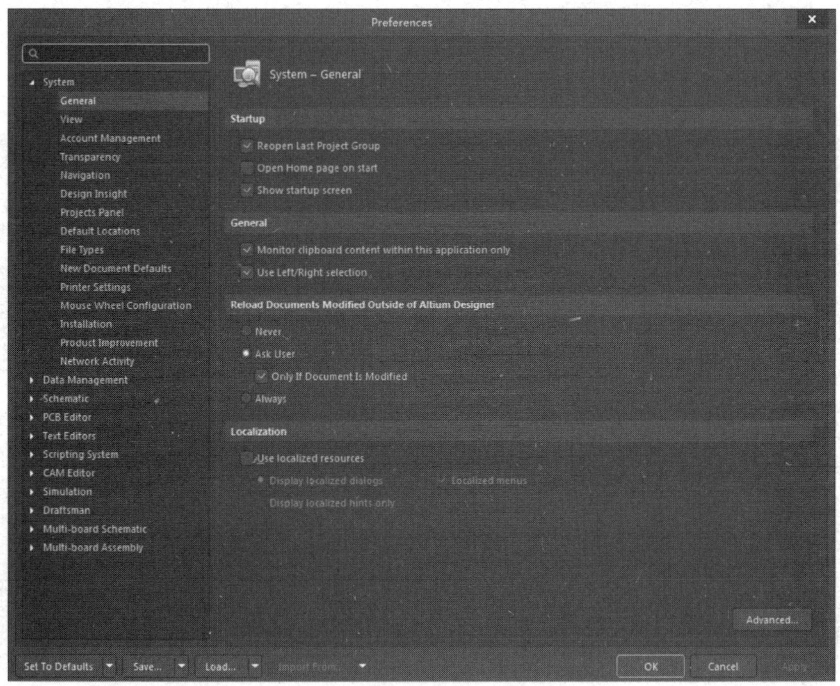

图 1-17　“Preferences”对话框

- “Open Home page on start”复选框：启动时，在没有打开任何文档的情况下打开主界面。
- “Show startup screen”复选框：启动时，显示启动画面。

（2）“General”区域：包含 2 个复选框。

- “Monitor clipboard content within this application only”复选框：仅监控此应用程序中的剪贴板内容。
- “Use Left/Right selection”复选框：用左/右按键进行选择。

（3）“Reload Documents Modified Outside of Altium Designer”区域：包含 3 个单选按钮和 1 个复选框，用于设置打开的重新载入修改过的文档是否要保存。本区域中的选项采用默认设置。

（4）“Localization”区域：用于切换中/英文编辑环境。勾选“Use localized resources”复选框后，系统会弹出一个提示框，如图 1-18 所示。

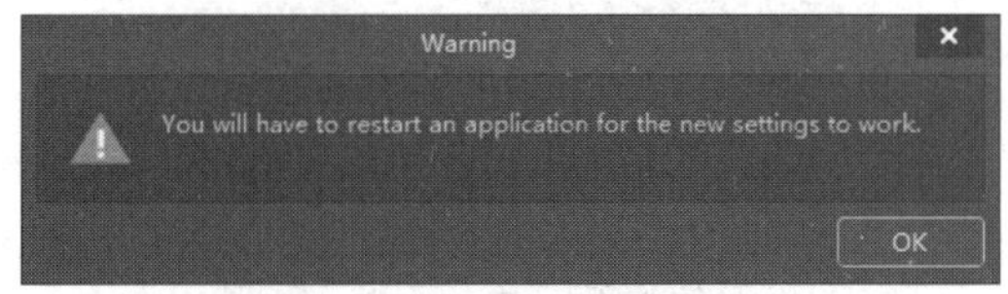

图 1-18　提示框

单击“OK”按钮，在“System-General”界面中单击“Apply”按钮，使设置生效。再次单击“OK”按钮，退出“Preferences”对话框。重新启动 Altium Designer，可以发现主界面除菜单栏变为中文状态外并没有其他变化，如图 1-19 所示。事实上，其内部各个操作界面已经完成汉化，各个编辑环境的内容将在下文进行介绍。

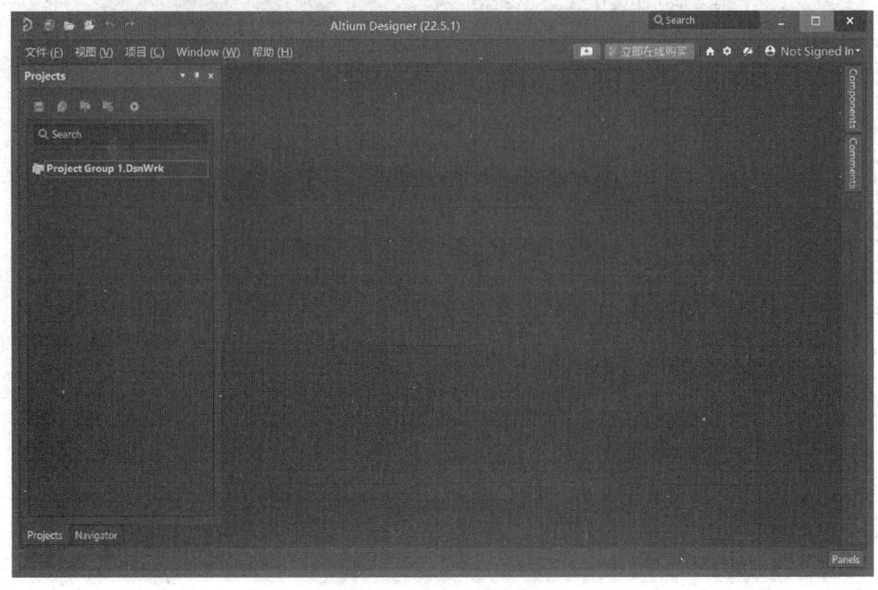

图 1-19　中文编辑环境

1.6　Altium Designer 的编辑环境

1. 原理图编辑环境

在 Altium Designer 主界面中，执行“文件”→“新的”→“原理图”命令，如图 1-20 所示，打开一个新的原理图文件，进入原理图编辑环境，如图 1-21 所示。由图 1-21 可以看到，原理图编辑环境中包含一些工具栏，具体的使用方法会在下文进行详细介绍。

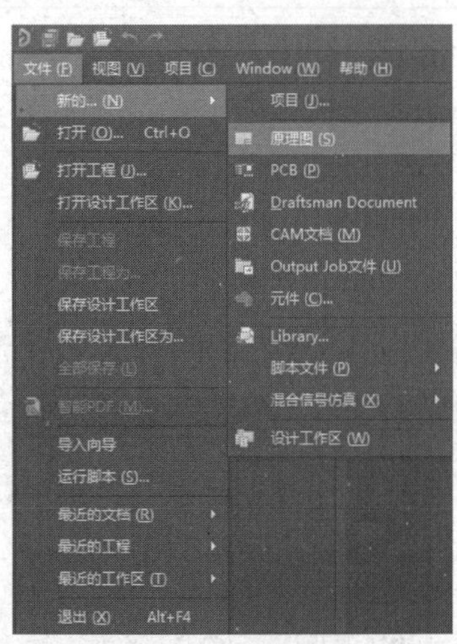

图 1-20　打开一个新的原理图文件命令

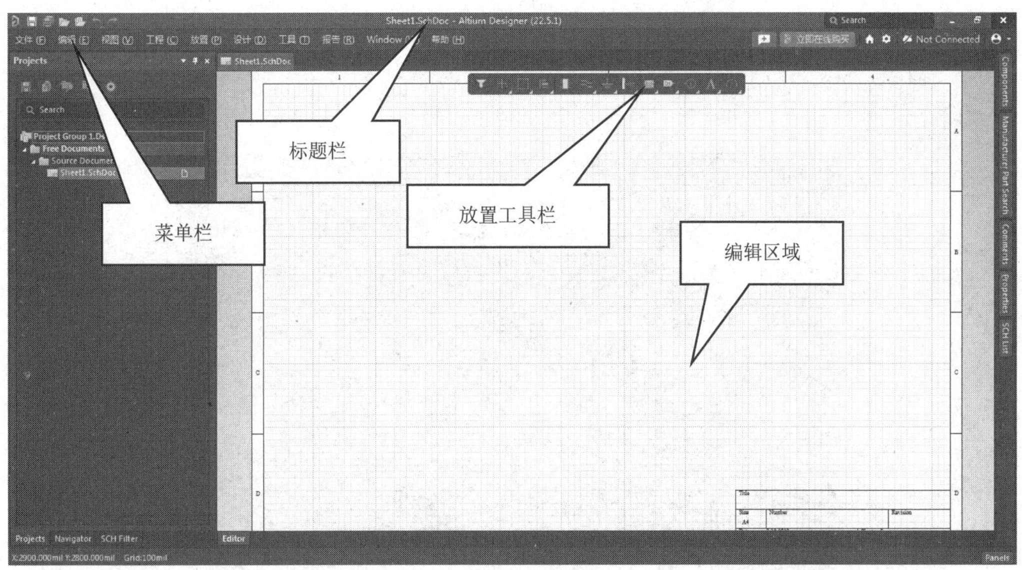

图 1-21　原理图编辑环境

2. PCB 编辑环境

执行“文件”→“新的”→“PCB”命令，打开一个新的 PCB 文件，进入 PCB 编辑环境，如图 1-22 所示，可以看到 PCB 编辑环境中包含一些工具栏，具体的使用方法会在下文进行详细介绍。

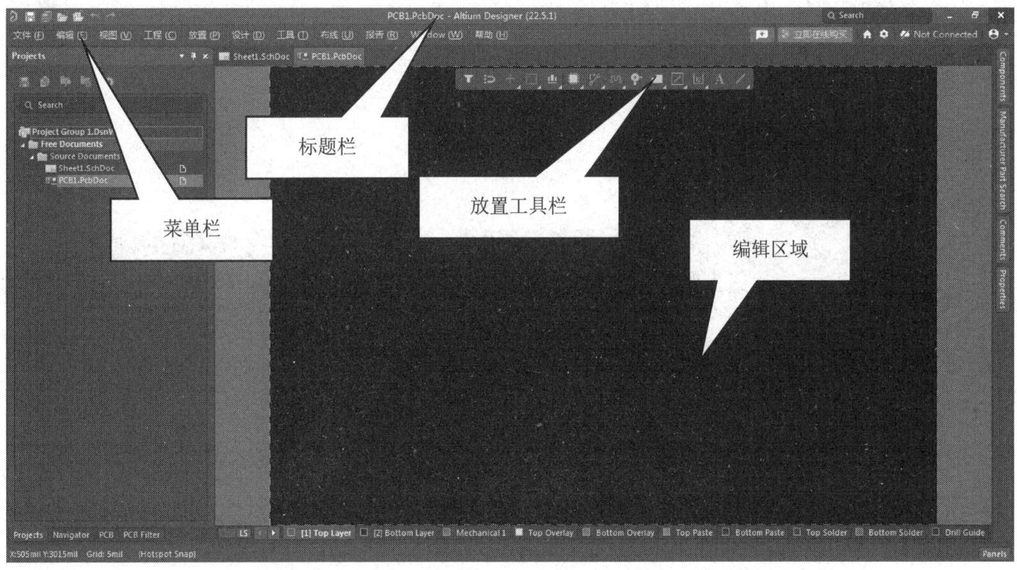

图 1-22　PCB 编辑环境

3. 原理图库编辑环境

在 Altium Designer 主界面中，执行“文件”→“新的”→“Library”命令，打开

“New Library”对话框，在“File”选项卡中选择“Schematic Library”单选按钮，单击“Create”按钮，如图 1-23 所示，打开一个新的原理图库文件，进入原理图库编辑环境，如图 1-24 所示。

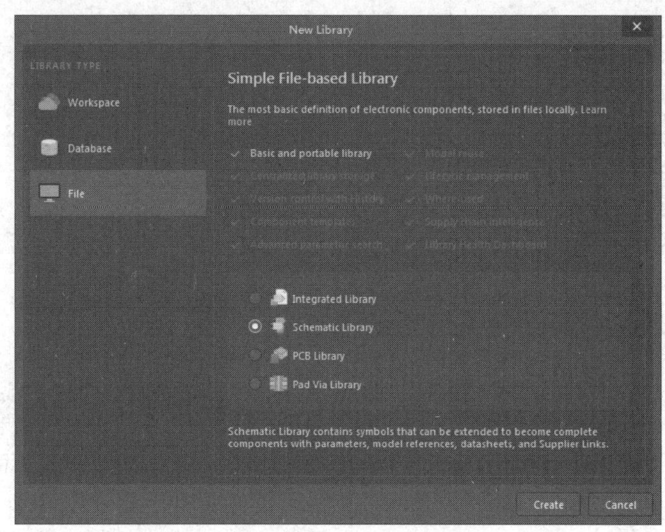

图 1-23　选择“Schematic Library”单选按钮

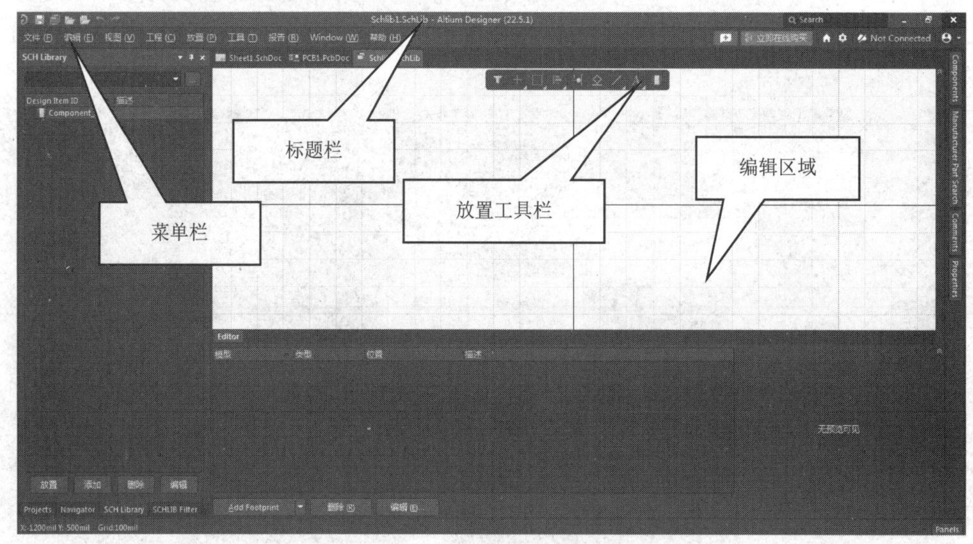

图 1-24　原理图库编辑环境

4．PCB 库编辑环境

在 Altium Designer 主界面中，执行“文件”→“新的”→“Library”命令，打开“New Library”对话框，在“File”选项卡中选择“PCB Library”单选按钮，单击“Creat”按钮，打开一个新的 PCB 库文件，进入 PCB 库编辑环境，如图 1-25 所示，PCB 库编辑环境中包含一些工具栏，具体使用方法会在下文进行详细介绍。

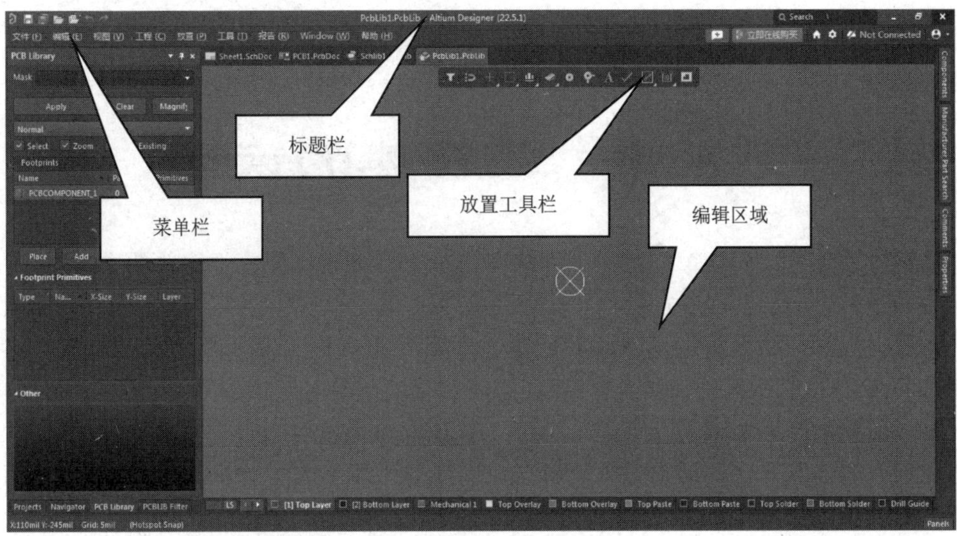

图 1-25　PCB 库编辑环境

第2章　元件库的设计

在介绍新建库之前，简单介绍一下原理图和 PCB。原理图是一个简单的二维电路设计，显示了不同组件之间的功能和连接性。PCB 设计是三维布局的，在保证电路正常工作后标示组件的位置。因此，原理图是设计 PCB 的第一部分，是一个计划，是一个蓝图。它说明的并不是组件将专门放置在何处，而是 PCB 最终将如何实现连通性，并构成规划过程的关键部分。在完成蓝图后，接下来便是 PCB 设计。PCB 设计是原理图的布局或物理表示，包括铜走线和孔的布局。PCB 设计与设备性能有关，工程师在 PCB 设计的基础上构建真正的组件，能够测试设备是否正常工作。

Altium Designer 的元件库中包含全世界众多厂商生产的多种元件，其中一部分是由 Altium Designer 的官方提供的，一部分是由元件厂商和第三方提供的。由于电子元件不断在更新，因此 Altium Designer 22 元件库不可能完全包含用户需要的元件。不过，即使存在这样的问题，用户也不必为找不到元件而忧虑，因为该系统提供了创建新元件的功能。

需要注意的是，设计元件库的前提是已经有该元件的成品，不能通过自己的臆想进行库设计。否则，即使设计满足要求，通过了仿真，也无法在实际设计中使用。

2.1　创建原理图元件库

1．原理图库文件介绍

1）运行原理图库编辑环境

执行“文件”→“新的”→“Library”命令，打开“New Library”对话框，在“File”选项卡中选择“Schematic Library”单选按钮，如图 2-1 所示。

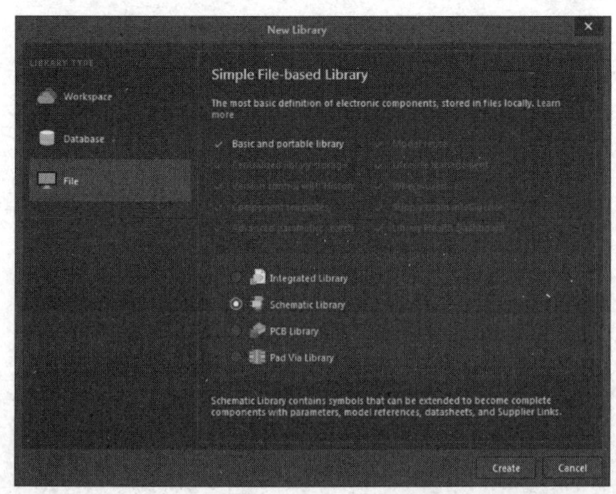

图 2-1　“New Library”对话框

系统自动创建一个名为“Schlib1.SchLib”的原理图库文件，进入原理图库编辑环境。原理图库编辑环境的组成如图 2-2 所示。下面分别介绍该界面中的各个功能。

（1）菜单栏：通过对比可以看出，原理图库编辑环境中的菜单栏与原理图编辑环境中的菜单栏是有细微区别的。原理图库编辑环境中的菜单栏如图 2-3 所示。

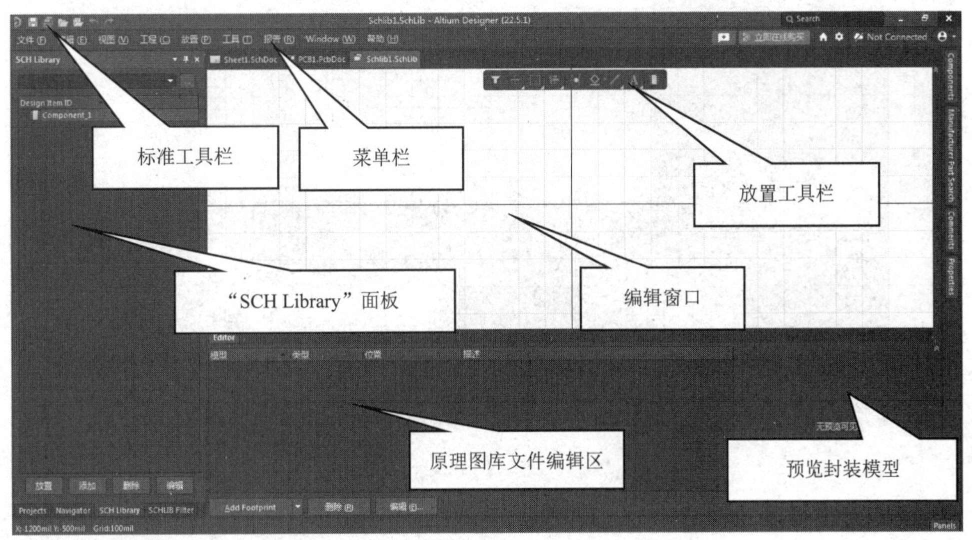

图 2-2　原理图库编辑环境的组成

图 2-3　原理图库编辑环境中的菜单栏

（2）标准工具栏：在 Altium Designer 22 中，工具栏与标题栏合并在一起。它在各个界面中保持一致，可以使用户对文件完成打开、保存、撤销等操作。标准工具栏如图 2-4 所示。

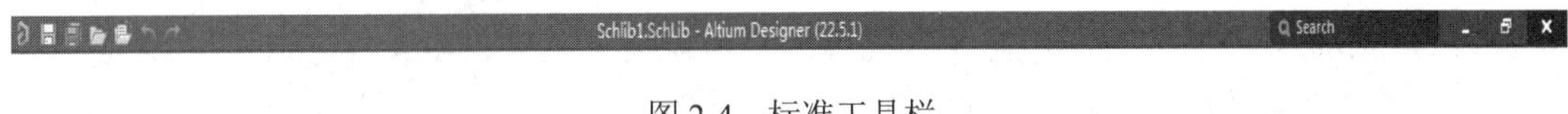

图 2-4　标准工具栏

（3）放置工具栏：该工具栏提供了众多原理图绘制工具，包括了选择过滤器、移动对象和对象选择等。放置工具栏如图 2-5 所示。

图 2-5　放置工具栏

（4）编辑窗口：编辑窗口是被十字形坐标轴划分的四个象限，坐标轴的交点就是窗口的原点。一般在制作元件时，将元件的原点放置在窗口的原点，将绘制的元件放置到第四象限中。

（5）“SCH Library”面板：该控制面板用于对原理图库文件的编辑进行管理，如图 2-6 所示。“SCH Library”面板整合了前版本中的“SCH Library”面板的引脚等信息，同时新增了参数界面，更详细地列出了设计者、评论描述，以及占用的空间、模型等信息。

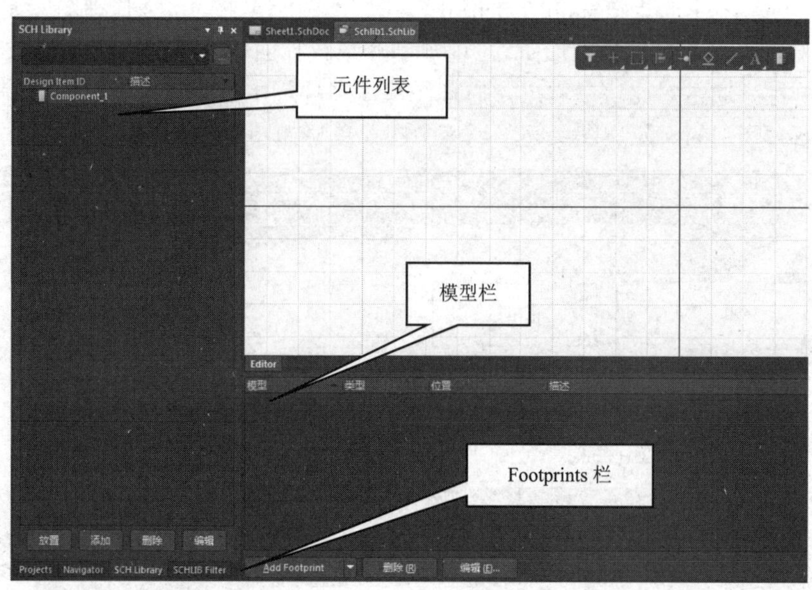

图 2-6 “SCH Library”面板

- 元件列表：该栏中列出了当前打开的原理图库文件。选中文件后，单击“放置”按钮可以将对应元件放置在打开的原理图库文件中。单击“添加”按钮可向该原理图库文件中加入新元件。选中某一元件，单击“删除”按钮，可以将选中的元件从该原理图库文件中删除。选中某一元件，单击“编辑”按钮或双击该元件可以进入该元件对应的“Properties”面板，也可以通过 Altium Designer 主界面左侧的“Properties”按钮进入“Properties”面板，如图 2-7 所示。
- 模型栏：该栏列出了元件的其他模型，如 PCB 封装模型、信号完整性分析模型和 VHDL 模型等。
- Footprints 栏：该栏列出了选中的元件的封装模型。通过“Add Footprint”、“删除”和“编辑”3 个按钮，可以完成对引脚的相应操作。

2）应用工具栏应用介绍

（1）选择过滤器：应用工具栏中的第一个图标是“选择过滤器”，用于选择图中可操作的部分，其下拉菜单如图 2-8 所示，所有亮色的选项为可操作部分。当某一项，如“Pins”选项，为灰色时，表示该部分内容不可在图中选中。利用选择过滤器可以避免在操作时误选。

（2）移动对象：应用工具栏中的第二个图标是“移动对象”，作用是对已选中的对象进行移动操作，其下拉菜单如图 2-9 所示。

（3）对象选择：主要用来设置范围的选择方式，简单地说就是以何种方式画出一个区域，以及选中与这个区域有怎样关系的目标，其下拉菜单如图 2-10 所示。

（4）排列对象：主要用来选择对象的分布方式，其下拉菜单如图 2-11 所示。

（5）其他放置选项：剩下的几个选项分别用来放置引脚、放置 IEEE 符号、放置线或图形及其他图像、放置文本字符串或文本框、添加元件部件，如图 2-12 所示。当单击“添加元件部件”图标时，将返回原理图中心位置。

图 2-7　“Properties”面板

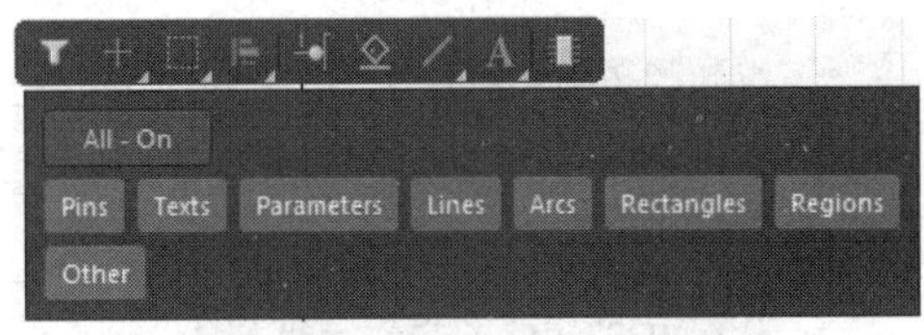

图 2-8　“选择过滤器”下拉菜单

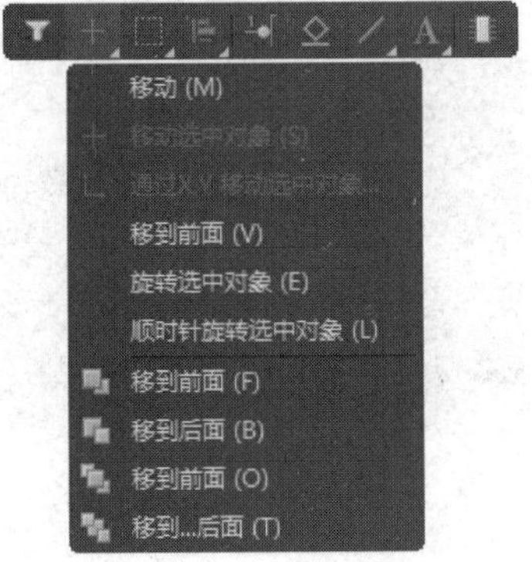

图 2-9　“移动对象”下拉菜单

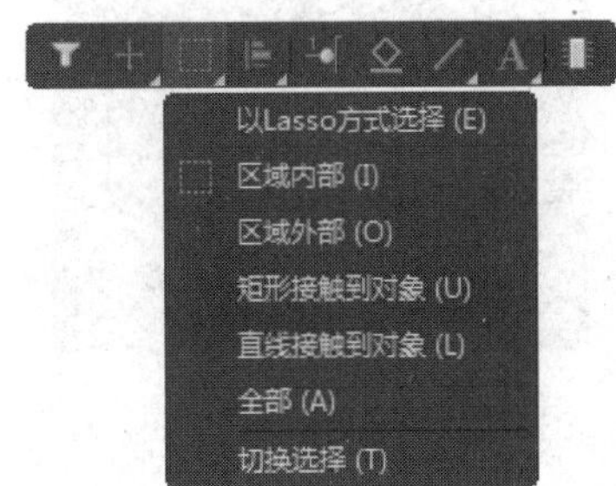

图 2-10　“对象选择”下拉菜单

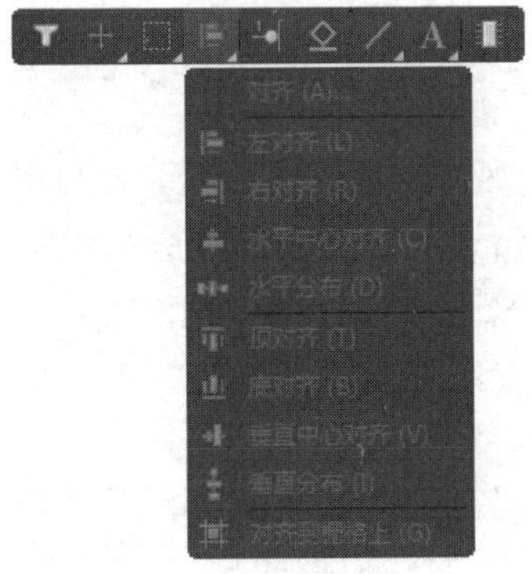

图 2-11　“排列对象”下拉菜单

图 2-12　快捷键菜单

2．绘制元件

当在所有原理图元件库中找不到要用的元件时，用户就需要自行制作元件。例如，在 Altium Designer 提供的库中无法找到芯片 89C51，这就必须制作该元件，如图 2-13 所示。制作元件一般有两种方法，即新建法和复制法。

1）新建法制作元件

对于图形标志简单的元件可以选择用新建法制作元件。新建法是最基础、最需要掌握的元件制作方法。

【例 2-1】为芯片 89C51 制作封装模型。

第 1 步：执行“文件”→“新的”→“Library”→“File”→“Schematic Library”命令，打开原理图库编辑环境，并将新创建的原理图库文件命名为“New1.SchLib”。按快捷键 O 后选择“文档选项”选项，打开“Properties”面板，如图 2-14 所示。

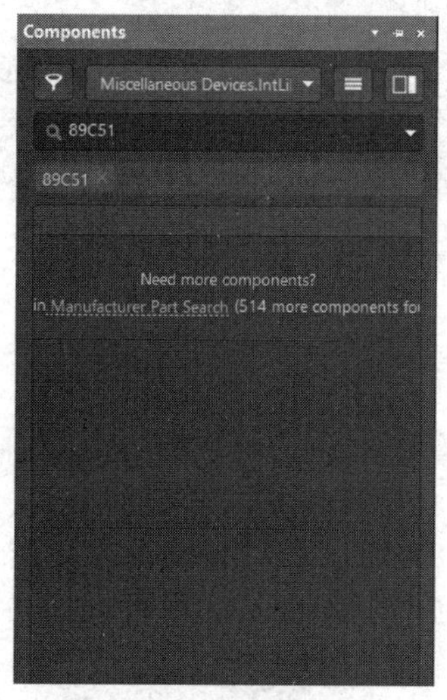

图 2-13 无法找到芯片 89C51

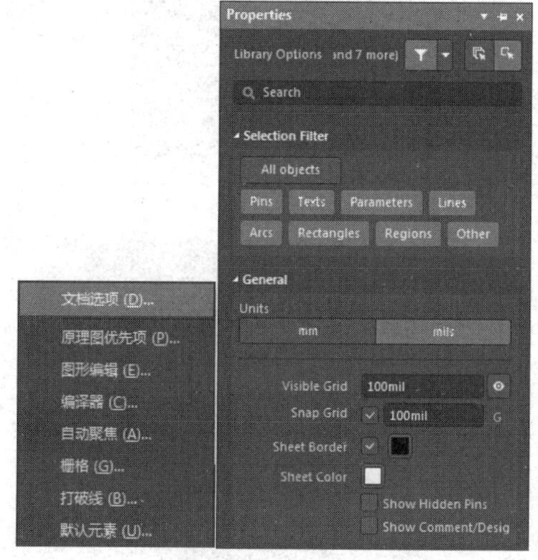

图 2-14 “Properties”面板

下面对“Properties”面板进行简单介绍。

- “General”区域中的“Show Hidden Pins”复选框用来设置是否显示元件的隐藏引脚。若勾选该复选框，则元件的隐藏引脚将被显示出来。“Show Comment/Designator”复选框用来设置是否显示注释和元件位号。
- “Visible Grid”为可视网格，“Snap Grid”为捕捉网格，也就是光标聚焦点的间距，用户可用来设置图纸中的网格大小，其大小可用 mm 单位或 mil 单位进行设置。
- 板设置包括“Sheet Border”（板边设置）——用来选择颜色，以及设置是否显示板边缘；“Sheet Color”——用来设置板底色。

在完成对“Properties”面板的设置后，就可以开始绘制需要的元件了。

芯片 89C51 采用 40 引脚的 PIN 封装，应将其原理图符号绘制成矩形，并且矩形的长边应该长一点，以便放置引脚。在放置所有引脚后，可以再调整矩形的尺寸，以美化图形。

第 2 步：右击“放置线”图标，选择“矩形”选项，光标变为十字形，并在旁边跟随着一个矩形框，拖曳鼠标，调整光标到合适位置，单击，完成设置，如图 2-15 和图 2-16 所示。

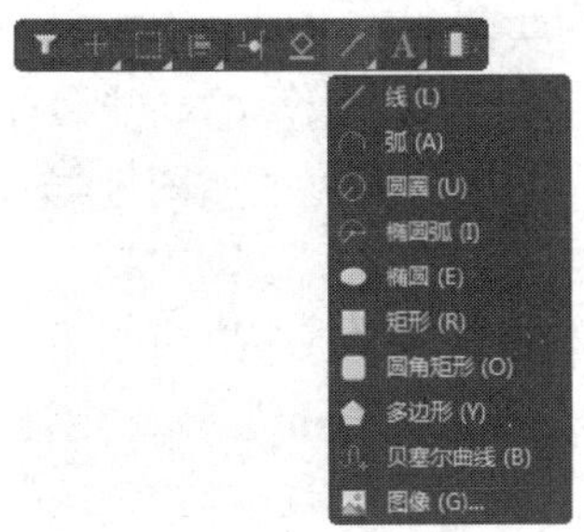

图 2-15　选择“矩形”选项

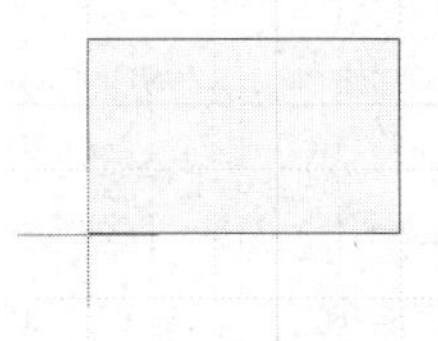

图 2-16　完成矩形绘制

拖动光标到合适位置，再次单击。这样就在编辑窗口的第四象限内绘制了一个矩形。绘制好矩形后，右击或按 ESC 键，即可退出绘制状态。

第 3 步：放置好矩形后，就要开始放置元件的引脚了。单击应用工具栏中的“放置引脚”图标，光标变为十字形，并跟随着一个引脚符号，如图 2-17 所示。

拖曳鼠标，将该引脚移动到矩形边框处，单击，完成一个引脚的放置，如图 2-18 所示。

第 4 步：在设置引脚时，单击“放置引脚”图标后按 Tab 键，弹出如图 2-19 所示的“Properties-Pin”面板，在该面板中可以对引脚的各项属性进行设置。

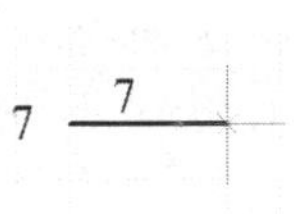

图 2-17　开始放置引脚

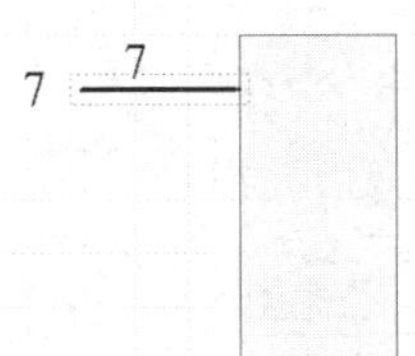

图 2-18　完成一个引脚的放置

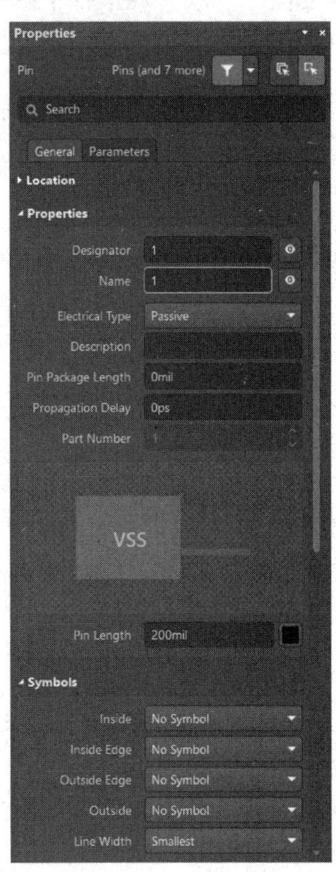

图 2-19　“Properties-Pin”面板

现在介绍“Properties-Pin”面板中比较重要的参数的含义。

- “Designator”文本框：用于设置引脚的编号，应与实际的引脚编号相对应。
- “Name”文本框：用于对引脚命名，可以在该文本框中输入引脚的功能名称。

在“Name”文本框和“Designator”文本框后，各有一个“可见的”图标，该图标表示“Name”文本框和“Designator”文本框中设置的内容将会在图中显示出来。

- “Electrical Type”下拉列表：用于设置引脚的电气特性。单击右侧的下拉按钮可以进行设置。该下拉列表中包括“Input”（输入引脚）选项、“Output”（输出引脚）选项、“Power”（电源引脚）选项、“Open Emitter”（发射极开路）选项、“Open Collector”（集电极开路）选项、“HiZ”（高阻）选项、“I/O”（数据 I/O）选项和“Passive”（不设置电气特性）选项。一般选择“Passive”选项，表示不设置电气特性。
- “Description”文本框：用于输入描述引脚的特性信息。
- “Symbols”区域：该区域中有 5 个下拉列表，分别是“Inside”下拉列表、“Inside Edge”下拉列表、“Outside Edge”下拉列表、“Outside”下拉列表和“Line Width”下拉列表。各下拉列表中常用的设置包括“Clock”选项、“Dot”选项、“Active Low Input”选项、“Active Low Output”选项、“Right Left Signal Flow”选项、“Left Right Signal Flow”选项和“Bidirectional Signal Flow”选项。
  - “Clock”选项：表示该引脚输入时钟信号，引脚符号如图 2-20 所示。
  - “Dot”选项：表示该引脚输入信号取反，引脚符号如图 2-21 所示。
  - “Active Low Input”选项：表示该引脚输入有源低信号，引脚符号如图 2-22 所示。

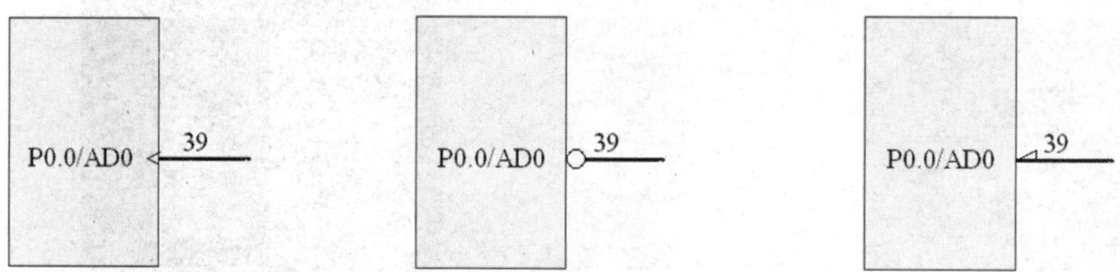

图 2-20　时钟引脚符号　　图 2-21　取反引脚符号　　图 2-22　输入有源低信号的引脚符号

  - “Active Low Output”选项：表示该引脚输出有源低信号，引脚符号如图 2-23 所示。
  - “Right Left Signal Flow”选项：表示该引脚的信号流向是从右到左的，引脚符号如图 2-24 所示。

图 2-23　输出有源低信号的引脚符号　　图 2-24　信号流向从右到左的引脚符号

- “Left Right Signal Flow”选项：表示该引脚的信号流向是从左到右的，引脚符号如图 2-25 所示。
- “Bidirectional Signal Flow”选项：表示该引脚的信号流向是双向的，引脚符号如图 2-26 所示。

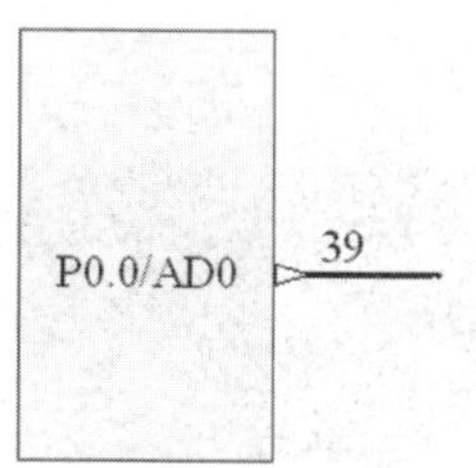

图 2-25　信号流向从左到右的引脚符号

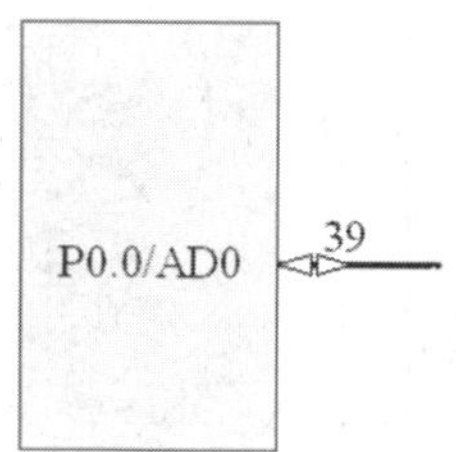

图 2-26　信号流向为双向的引脚符号

需要指出的是，在设置引脚名称时，若引脚名上带有横线（取反符号）（如 $\overline{\text{RESET}}$ ），则应在每个字母后面加反斜杠，表示形式为 R\E\S\E\T\，如图 2-27 所示。

完成上述设置后，“Properties-Pin”面板如图 2-28 所示。

第 5 步：重复上述过程，完成所有引脚的放置与设置，右击或按 ESC 键，退出绘制状态。绘制完成的芯片 89C51 如图 2-29 所示。

在放置引脚时，应确保具有电气特性的一端，即带有“X”号的一端朝外。这可以通过在放置引脚时按空格键，使引脚旋转 90° 来实现。

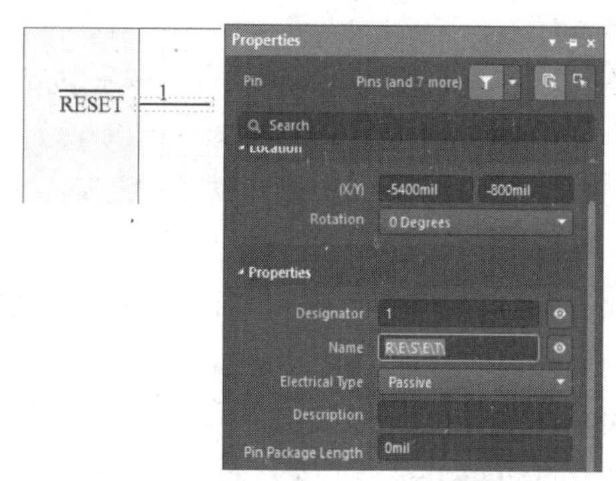

图 2-27　设置带有取反符号的引脚名称

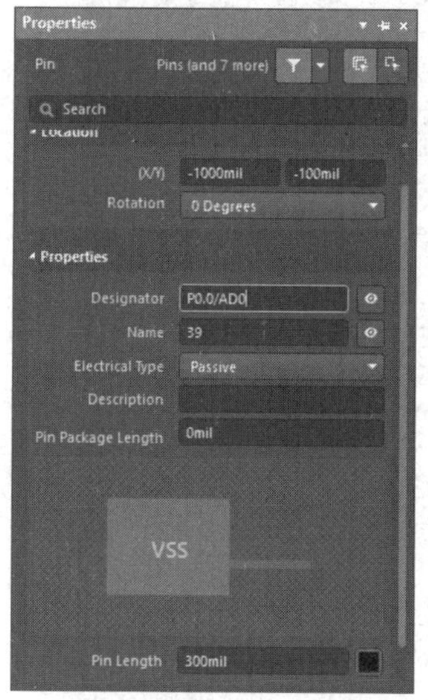

图 2-28　完成设置的“Properties-Pin”面板

第 6 步：在原理图库编辑环境左侧面板中单击“SCH Library”按钮，在元件列表中找到刚才设计好的元件，双击，进入“Properties-Component”面板，如图 2-30 所示。

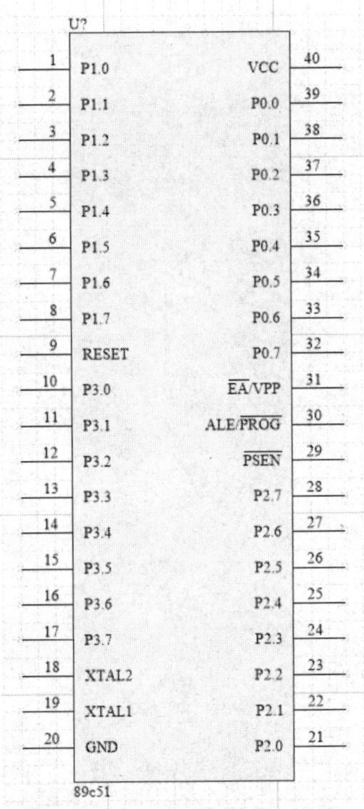

图 2-29　绘制完成的芯片 89C51

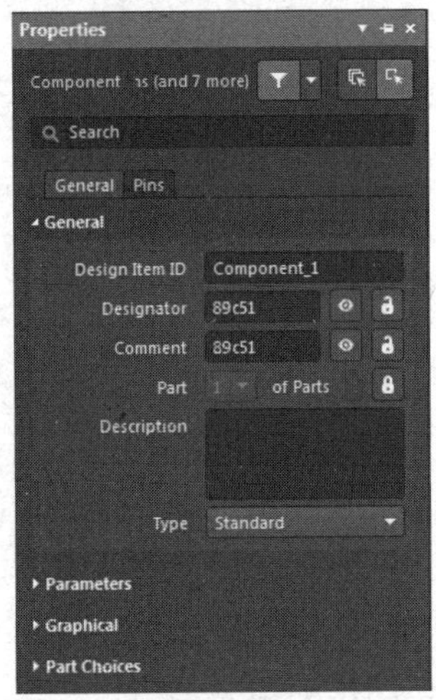

图 2-30　“Properties-Component”面板

下面介绍该面板中比较重要的属性参数。

- “Designator”文本框：可在该文本框中输入元件的标识符。在绘制原理图时，放置该元件并选中文本框后面的按钮，文本框中输入的内容就会显示在原理图上。当按钮被选中锁定时，该项内容不能被更改。
- “Comment”文本框：该文本框用于输入元件型号的说明。这里设置为“89c51”，并选中文本框后面的按钮，在放置该元件时，“89c51”就会显示在原理图中。当按钮被选中锁定时，该项内容不能被更改。
- “Description”文本框：用于描述元件的性能及用途。
- “Parameters”区域：拖动图中的右侧滑动条可以看见“Parameters”区域，在该区域中可对“Footprint”选项、“Models”选项、“Parameters”选项、“Links”选项、“Rules”选项进行设置，如图 2-31 所示。

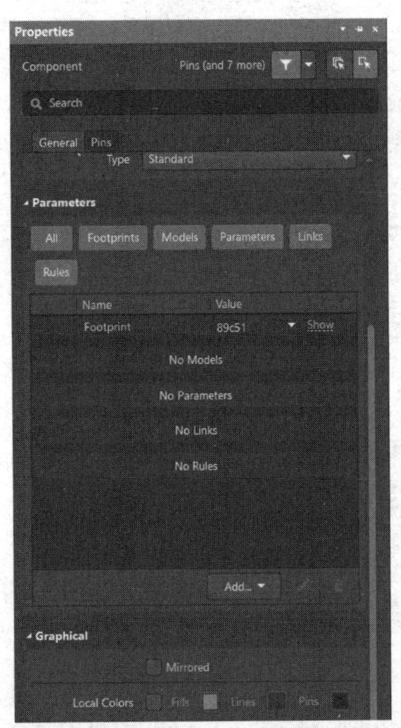

图 2-31　“Parameters”区域中的选项

- “Graphical”区域：拖动图中的右侧滑动条可以看见“Graphical”区域，在该区域中可对元件的线条颜色和填充颜色等进行设置，如图 2-31 所示。

勾选“Local Colors”复选框，设置好元件的颜色后，也就绘制完芯片 89C51 的原理图符号了。在绘制电路原理图时，加载该元件所在的原理图库文件，就可以按照第 3 章介绍的内容，取用该元件了。

2）复制法制作元件

对于复杂的元件来说，若使用复制法来制作元件，则需要进行大量的修改工作，不如使用新建法制作元件。但在熟悉了大部分元件后，利用元件间的相似地方，使用复制法制作元件更简洁、快速。为了体现出复制法制作元件的优越性，本节以一个简单器件（DS18B20）为例来介绍其的操作过程。

DS18B20 是一个温度测量器件，它可以将模拟温度量直接转换成数字信号量输出，与其他设备连接简单，被广泛应用于工业测温系统。先看一下 DS18B20 器件的外观与封装形式，如图 2-32 所示。

DS18B20 采用 TO-29 封装形式。其中引脚 1 接地，引脚 2 为数据 I/O 口，引脚 3 为电源引脚。经观察，DS18B20 的外观与库文件“Miscellaneous Connectors.IntLib”中的 Header 3 的外观相似。Header 3 的外观如图 2-33 所示。

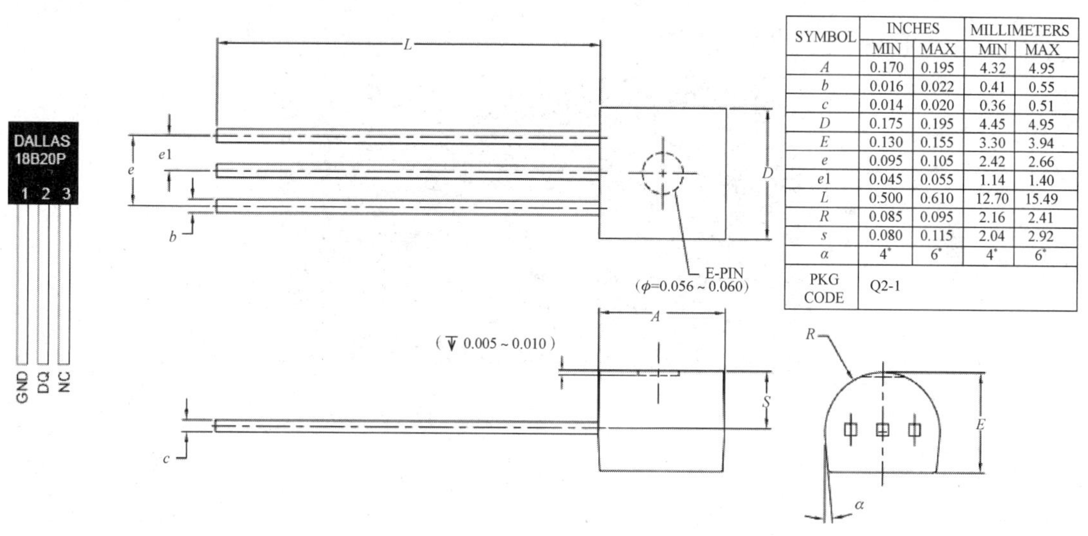

SYMBOL	INCHES		MILLIMETERS	
	MIN	MAX	MIN	MAX
A	0.170	0.195	4.32	4.95
b	0.016	0.022	0.41	0.55
c	0.014	0.020	0.36	0.51
D	0.175	0.195	4.45	4.95
E	0.130	0.155	3.30	3.94
e	0.095	0.105	2.42	2.66
*e*1	0.045	0.055	1.14	1.40
L	0.500	0.610	12.70	15.49
R	0.085	0.095	2.16	2.41
s	0.080	0.115	2.04	2.92
α	4°	6°	4°	6°
PKG CODE	Q2-1			

图 2-32　DS18B20 器件的外观与封装形式

把系统给出的库文件“Miscellaneous Connectors.IntLib”中的 Header 3 复制到创建的原理图库文件“New1.SchLib”中。

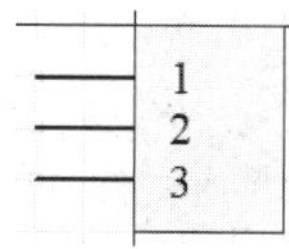

图 2-33　Header 3 的外观

【例 2-2】利用复制法为 DS18B20 添加封装模型。

第 1 步：打开并复制 Header 3 元件。

打开原理图库文件“New1.SchLib”，执行“文件”→“打开”命令，打开“Choose Document to Open”对话框，选择库文件

“Miscellaneous Connectors. IntLib”，如图 2-34 所示。

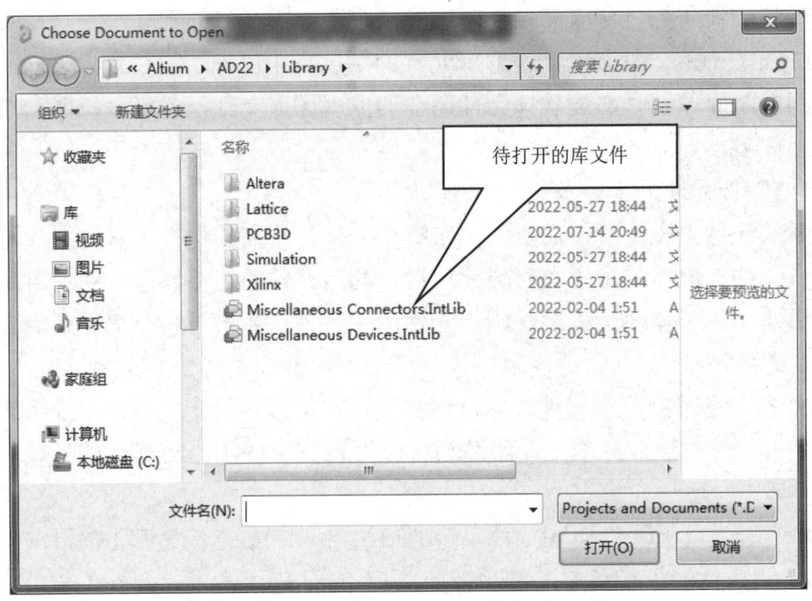

图 2-34 “Choose Document to Open”对话框

单击“打开”按钮，弹出如图 2-35 所示的“Open Integrated Library”提示框。

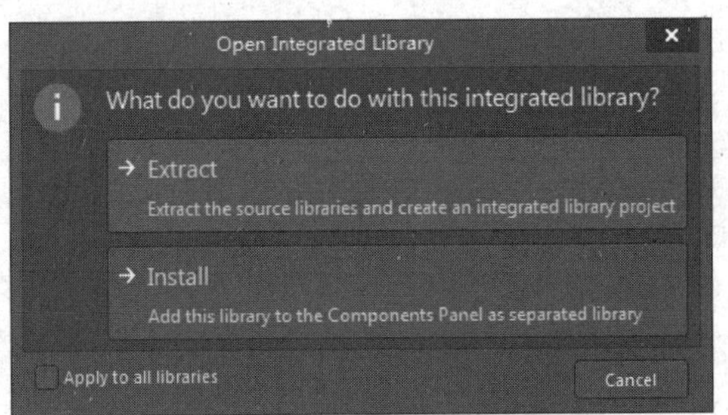

图 2-35 “Open Integrated Library”提示框

选择“Extract”选项，由于库文件格式问题，会弹出如图 2-36 所示的“文件格式”对话框，选择“PCB Library Version 6.0 (Altium Designer 6.3)”单选按钮，单击“确定”按钮，将原来为 5.0 版本的库文件保存为 6.0 版本。

在“Projects”面板上将会显示出该库文件包“Miscellaneous Connectors.LibPkg”，如图 2-37 所示。双击“Projects”面板中的“Miscellaneous Connectors.SchLib”文件。

在“SCH Library”面板的元件列表中显示出了库文件“Miscellaneous Connectors.SchLib”中的所有元件，如图 2-38 所示。

选中元件 Header 3，执行“工具”→“复制元件”命令，系统弹出“Destination Library”对话框，如图 2-39 所示。

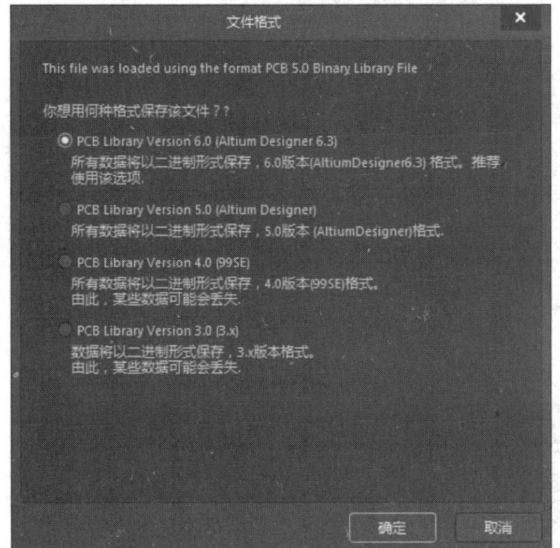

图 2-36　“文件格式”对话框

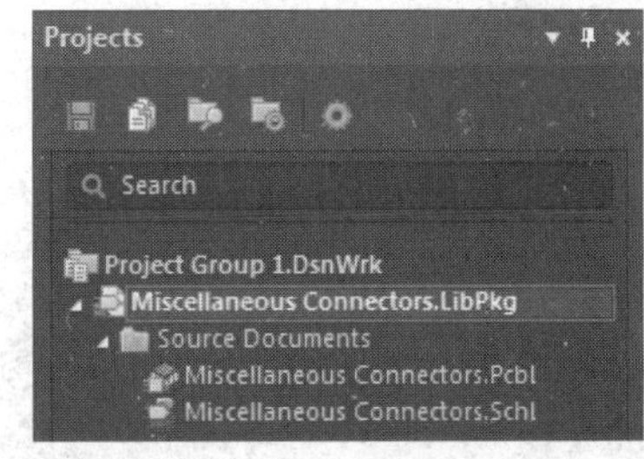

图 2-37　“Miscellaneous Connectors.LibPkg”库文件包

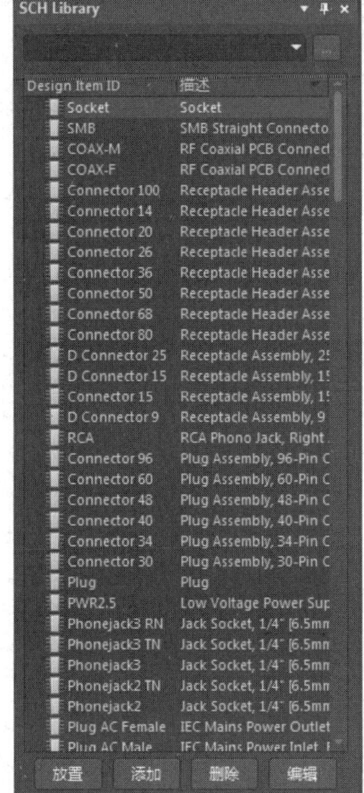

图 2-38　库文件包含的所有元件

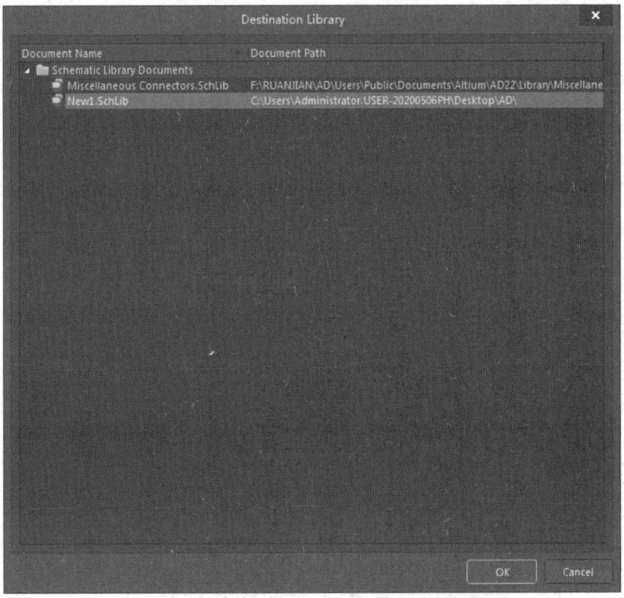

图 2-39　“Destination Library”对话框

选择原理图库文件“New1.SchLib”，单击“OK”按钮，关闭对话框。打开原理图库文件“New1.SchLib”，可以看到元件 Header 3 已被复制到其中，如图 2-40 所示。

第 2 步：将复制的 Header 3 修改为 DS18B20。

在“SCH Library”面板中的元件列表中找到“Header 3”并双击，弹出“Properties”面板，在“Design Item ID”文本框中，对元件进行重命名，如图 2-41 所示。

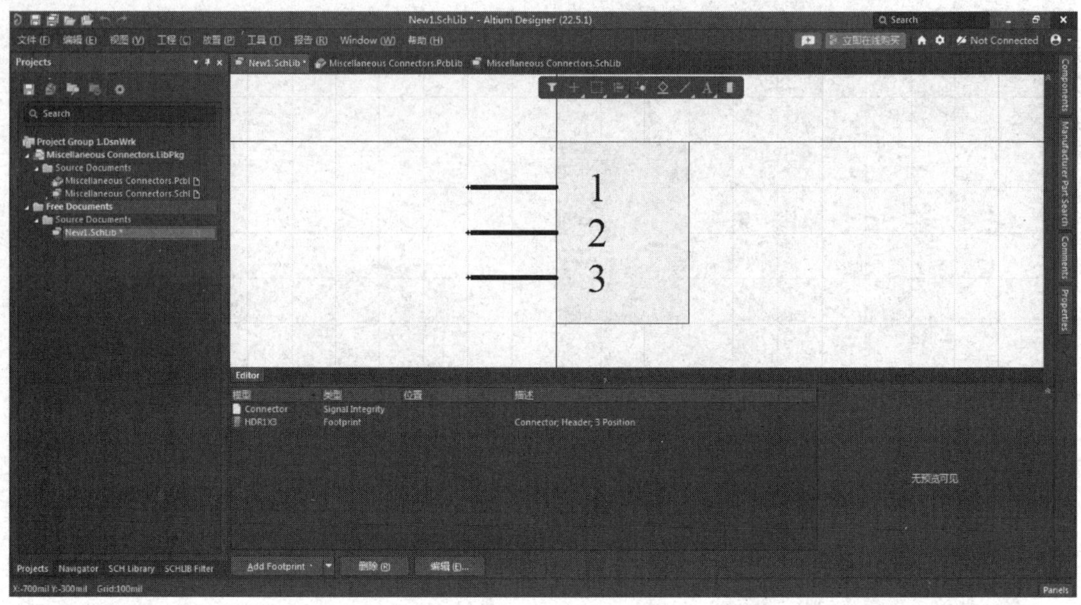

图 2-40 完成元件的复制

更改名称后，将原来的对元件描述的信息删除。在“SCH Library”面板中可以看到修改名称后的元件，如图 2-42 所示。

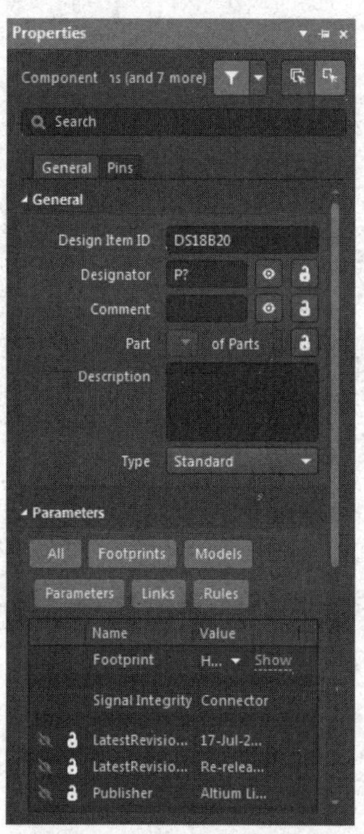

图 2-41 “Properties”面板

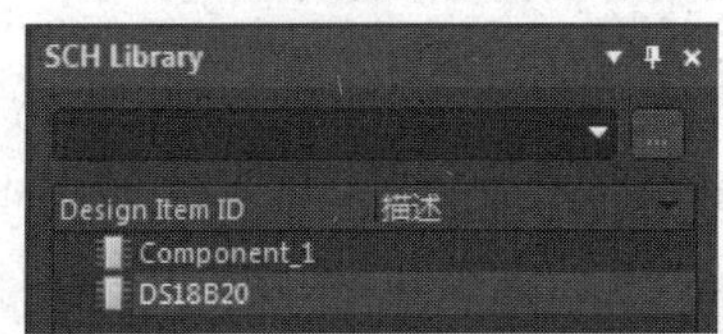

图 2-42 修改名称后的元件

第 3 步：调整矩形大小及引脚间距。单击编辑窗口中的矩形，在矩形的四周出现如图 2-43 所示的拖动框。改变矩形到合适尺寸，如图 2-44 所示。接着，调整引脚的位置。按住鼠标左键，拖动引脚到期望位置，释放鼠标左键，如图 2-45 所示。

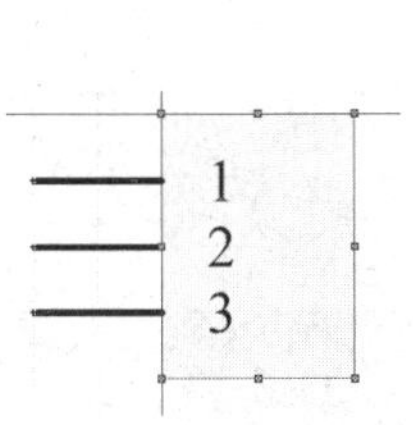

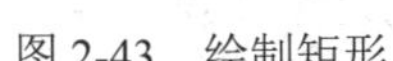

图 2-43　绘制矩形

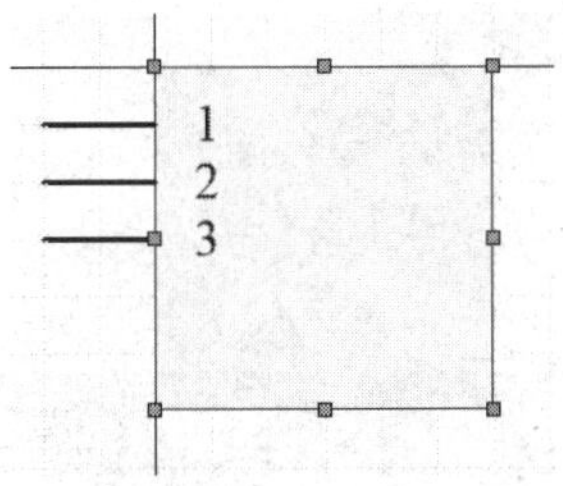

图 2-44　更改矩形尺寸

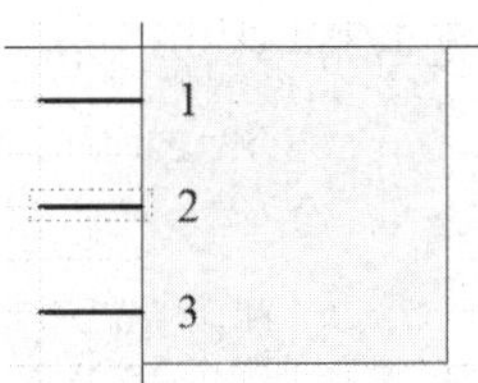

图 2-45　改变引脚的位置

第 4 步：修改引脚参数。

双击引脚 1，弹出“Properties-Pin”面板，对引脚进行修改，如图 2-46 所示。

设置“Name”为“GND”，设置“Designator”为“1”，设置引脚的“Electrical Type”为“Power”，设置“Designator”“Name”均为◉，设置“Pin Length”为“300mil”，其他选项采用系统默认设置，如图 2-47 所示。按照上述方法修改其他引脚参数，完成修改后的引脚如图 2-48 所示，单击“保存”按钮，保存绘制好的原理图符号。

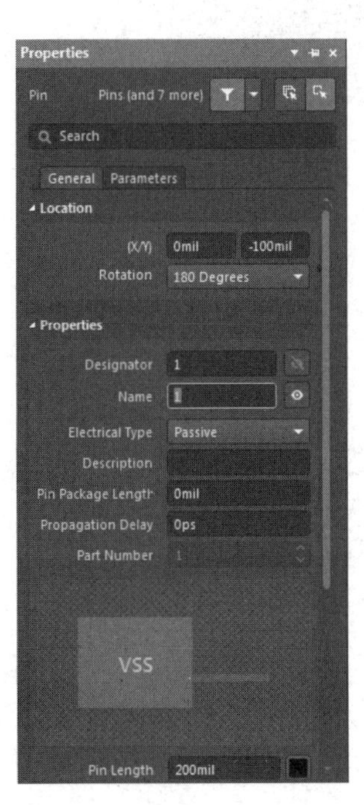

图 2-46　“Properties-Pin”面板

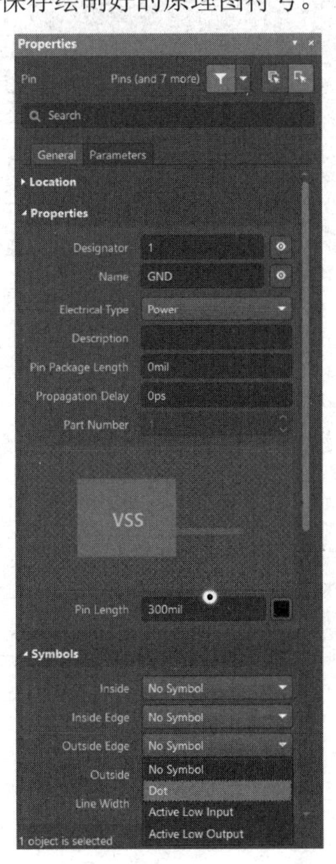

图 2-47　设置完成“Properties-Pin”面板

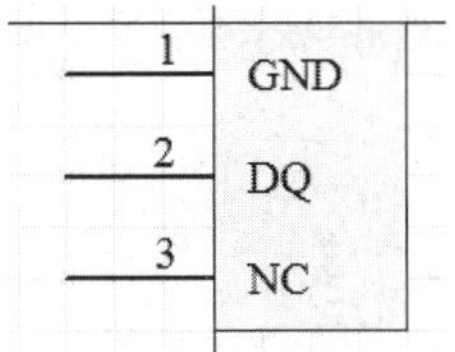

图 2-48　完成修改后的引脚

3. 创建复合元件

有时一个集成电路会包含多个门电路，如集成块 7400 芯片包含了四个与非门电路。本部分将介绍如何创建这种元件。

【例 2-3】为 7400 芯片创建封装模型。

第 1 步：在 Altium Designer 22 的主界面执行“文件”→“新的”→“Library”→“File”→“Schematic Library”命令，如图 2-49 所示，创建原理图库文件，进入原理图编辑环境。

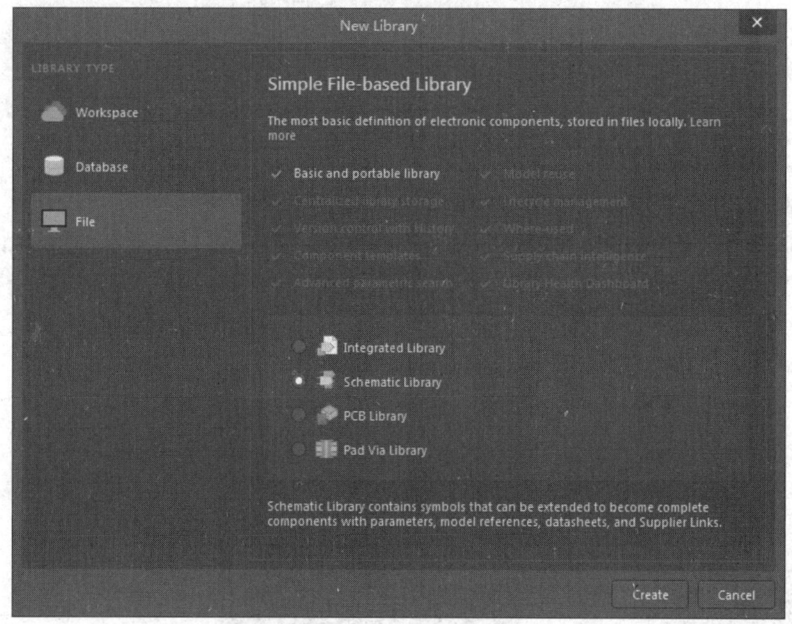

图 2-49　创建原理图库文件

第 2 步：在原理图库编辑环境，执行“工具”→“新器件”命令，弹出“New Component”对话框，默认的“Design Item ID”为“Component_2”，如图 2-50 所示。将“Design Item ID”修改为“7400”。单击“确定”按钮，在原理图库文件中就完成了新元件的添加。在“SCH Library”面板中可以查看该元件，如图 2-51 所示。

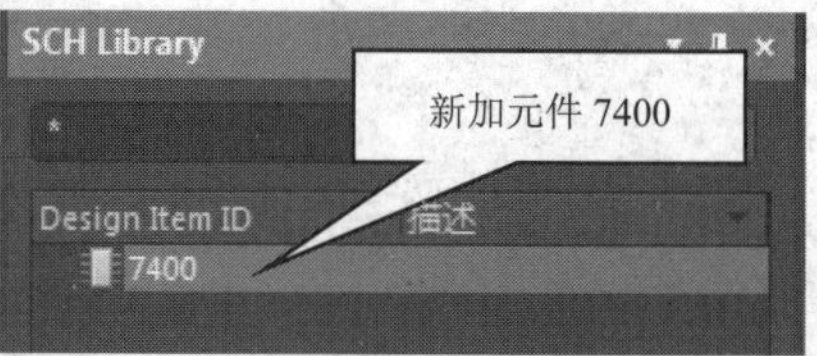

图 2-50　“New Component”对话框

图 2-51　“SCH Library”面板

第 3 步：执行“放置”→“IEEE 符号”→“与门”命令，将与门放置到原理图库文件的编辑窗口中，如图 2-52 所示。双击与门符号，弹出“Properties-IEEE Symbol”面板，如图 2-53 所示。

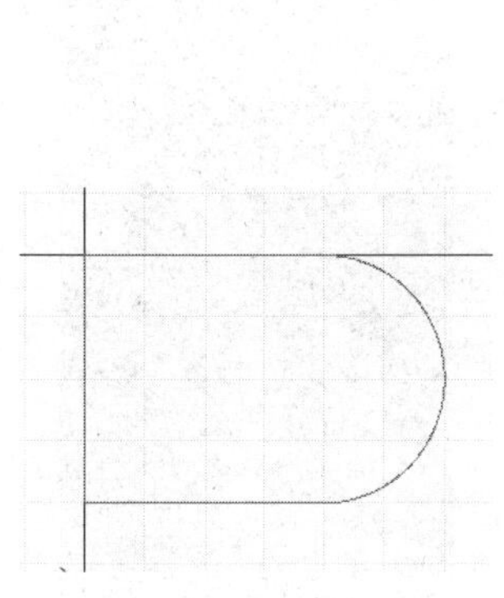
图 2-52　放置与门符号

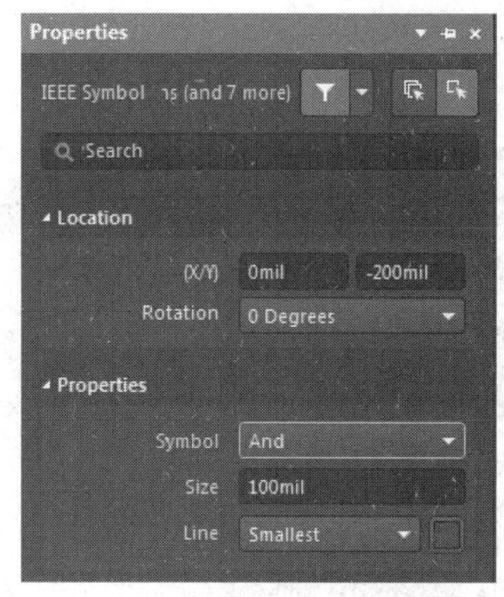

图 2-53　“Properties-IEEE Symbol”面板

修改该符号的“Line”为“Small”，设置效果如图 2-54 所示。按照新建法制作元件的步骤，为元件添加 5 个引脚，如图 2-55 所示。

第 4 步：设置这些引脚的引脚名都为不可见。将引脚 1 和引脚 2 的“Electrical Type”设置为“Input”，将引脚 3 的“Electrical Type”设置为“Output”，同时设置其符号类型“Outside Edge”为“Dot”。电源引脚（引脚 14）和接地引脚（引脚 7）都是隐藏引脚。所有功能模块共用这两个引脚，因此只需要设置一次。这里将引脚 7 设置为隐藏引脚，此处的设置方法与“新建法制作元件”中的第 4 步一致，引脚 14 的设置方法与此相同，只需要将“Name”改成“VCC”。创建的与非门电路如图 2-56 所示。

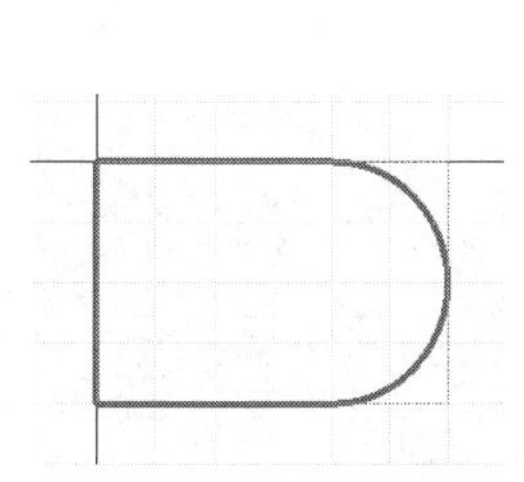
图 2-54　设置 IEEE 符号线宽

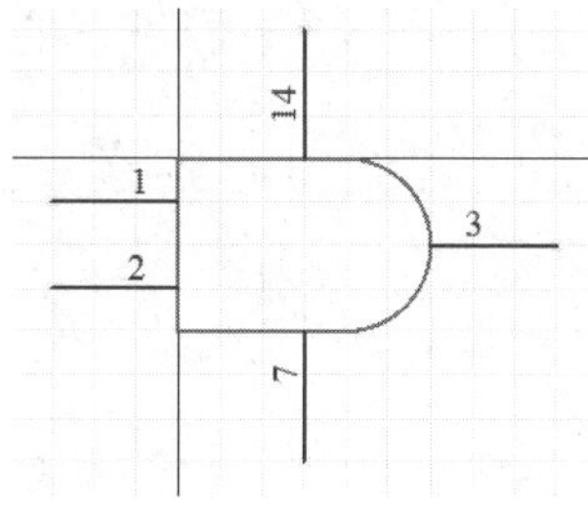

图 2-55　添加元件引脚

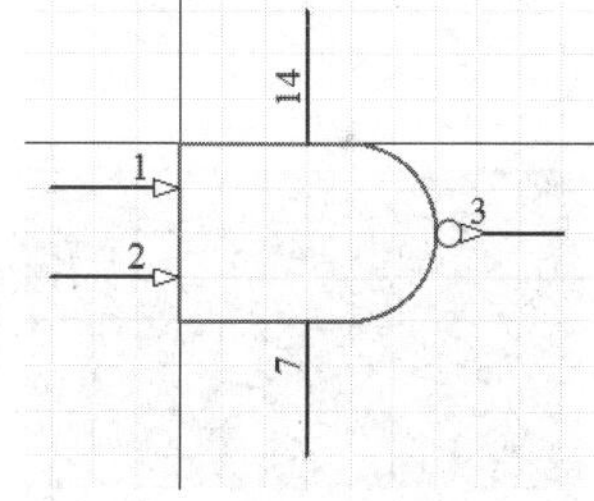

图 2-56　创建的与非门电路

第 5 步：为创建新元件，先执行“编辑”→“选择”→“全部”命令，如图 2-57（a）所示，或者使用组合键 Ctrl+A。然后执行“编辑”→“复制”命令，或者使用组合键 Ctrl+C，将选定的内容复制到剪贴板中。

执行“工具”→“新部件”命令，如图 2-57（b）所示。

原理图库编辑环境将切换到一个空白的元件设计区。同时在“SCH Library”面板中自动创建 Part A 和 Part B 两个子部件，如图 2-58 所示。

在“SCH Library”面板中选中“Part B”，执行“编辑”→“粘贴”命令，或者使用组合键 Ctrl+V，光标变成十字形，并附有一个复制的元件，如图 2-59 所示。在新建元件 Part B 中重新设置引脚属性，设置完成的 Part B 如图 2-60 所示。

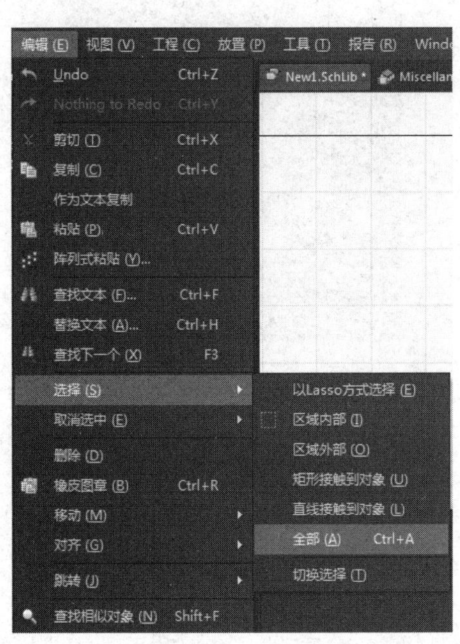

（a）执行“编辑”→“选择”→“全部”命令

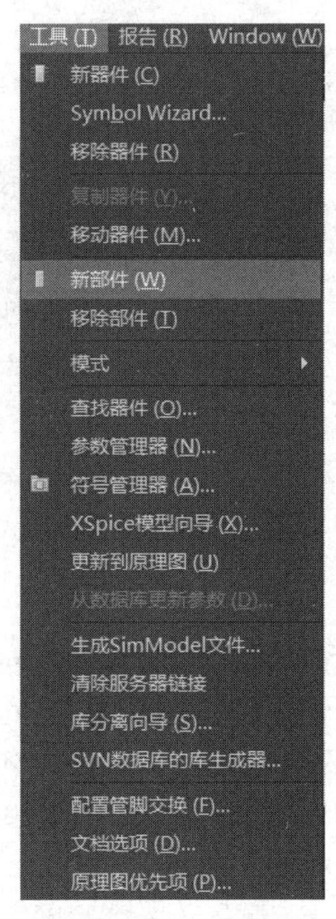

（b）执行“工具”→“新部件”命令

图 2-57　创建新元件

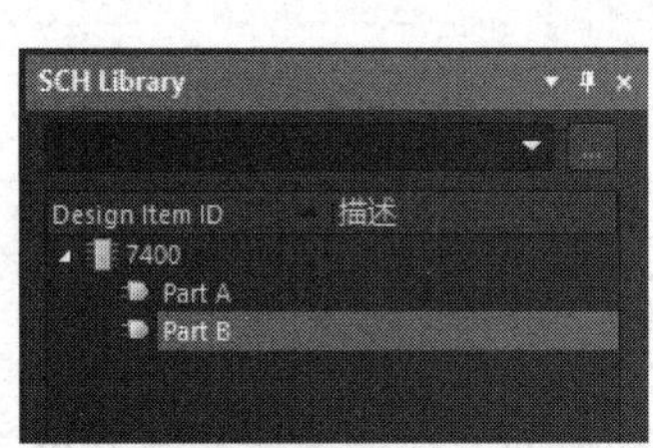

图 2-58　“SCH Library”面板

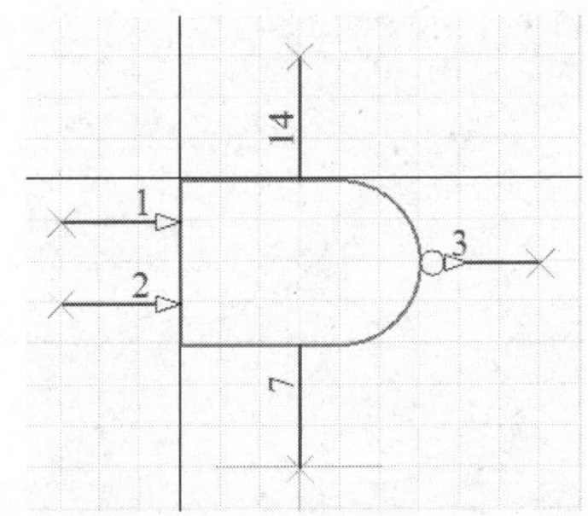

图 2-59　复制元件到“Part B”

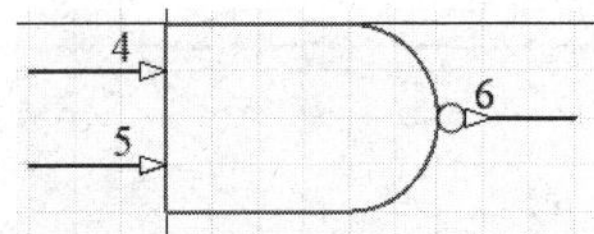

图 2-60　设置完成的 Part B

第 6 步：重复上述步骤，分别创建 Part C 和 Part D，结果如图 2-61 所示。

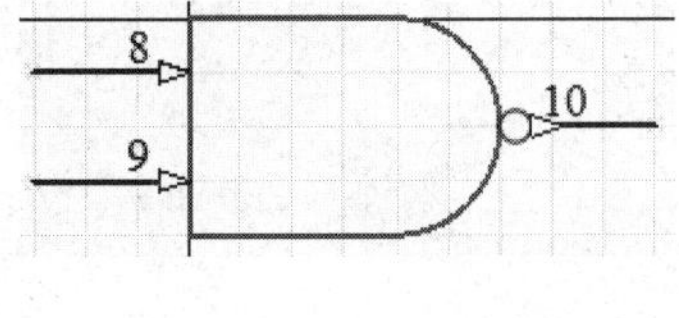

（a）创建 Part C

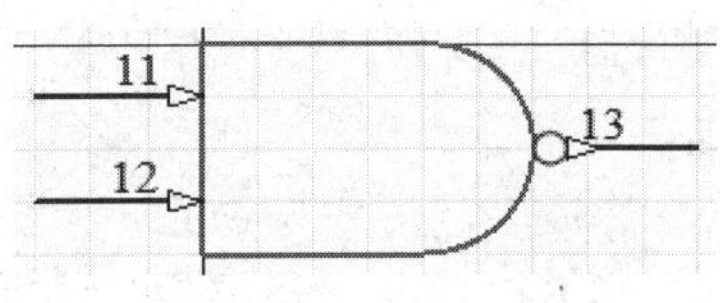

（b）创建 Part D

图 2-61　创建 Part C 和 Part D

第 7 步：在“SCH Library”面板中单击创建的 7400，单击“编辑”按钮，弹出“Properties-Component”面板，将“Design Item ID”文本框中的内容修改为“7400”，如图 2-62 所示，单击“保存”按钮，保存创建的元件。

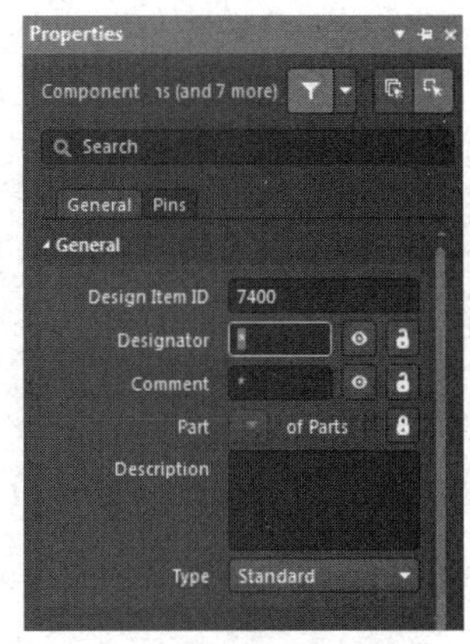

图 2-62　“Properties-Component”面板

4. 为元件添加封装模型

封装是指安装半导体集成电路芯片用的外壳，它具有安放、固定、密封、保护芯片和增强导热性能的作用，也是连接芯片上的接点与外部电路的桥梁。不同的封装代表不同的外包装规格。在完成原理图库文件的制作后，应为绘制的图形添加封装模型。

【例 2-4】为 7400 芯片添加封装模型。

第 1 步：选中待添加封装模型的元件，这里以 7400 为例进行介绍。双击 7400，打开“Properties-Component”面板。在“Parameters”区域中依次单击“Add”→“Footprint”按钮，打开“PCB 模型”对话框，如图 2-63 所示。

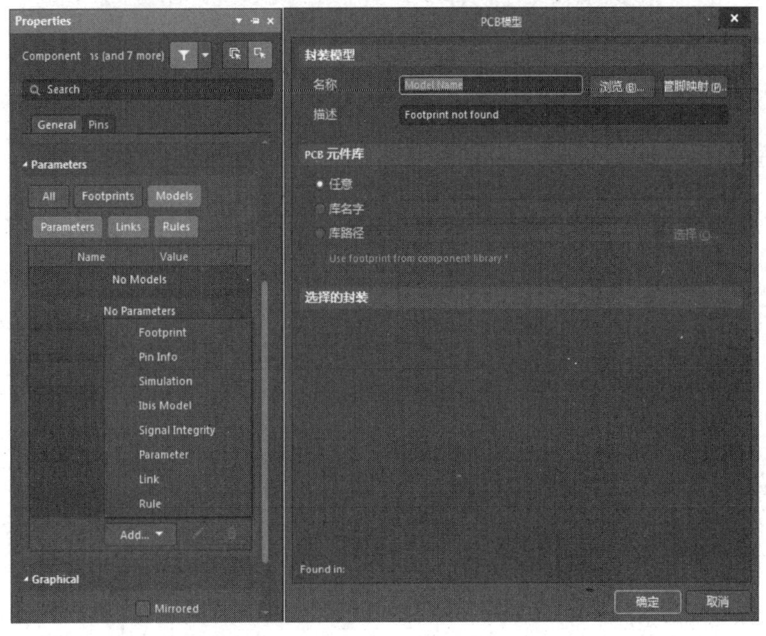

图 2-63　“PCB 模型”对话框

单击“浏览”按钮，打开“浏览库”对话框，如图 2-64 所示。该对话框可以用来查找已有封装模型。单击“查找”按钮，打开“基于文件的库搜索”对话框，如图 2-65 所示。

7400 是一个具有 14 个引脚的器件，在“1.”行的“运算符”下拉列表中选择“contains”选项，在“值”文本框中输入“DIP-14”。在“高级”区域中选择“可用库”单选按钮，单击“查找”按钮，搜索封装模型。搜索结果如图 2-66 所示。

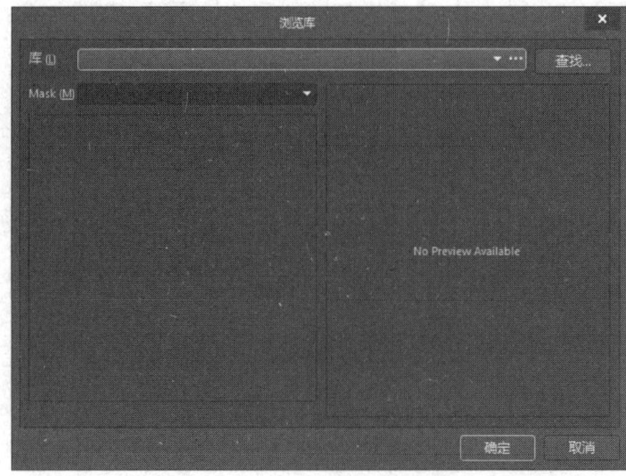

图 2-64　“浏览库”对话框

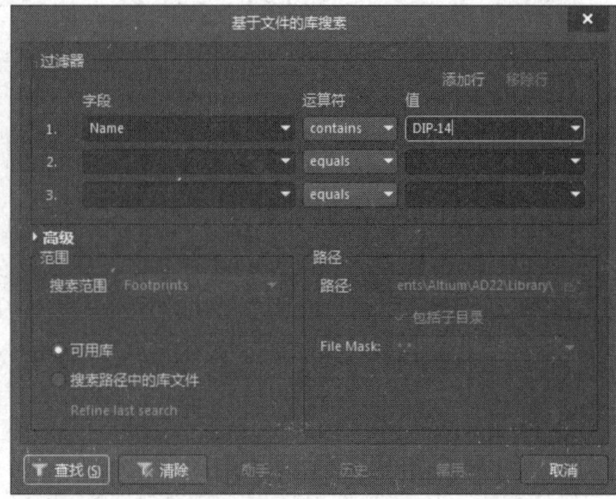

图 2-65　“基于文件的库搜索”对话框

图 2-66　搜索结果

选择“可用库”单选按钮，设置在已安装的封装库中搜索；选择“搜索路径中的库文件”单选按钮，可自行设定搜索路径，以在未安装的封装库中搜索。

第 2 步：选中“DIP-14”并单击“确认”按钮，返回“PCB 模型”对话框，选中“PCB 元件库”区域中的“库路径”单选按钮，如图 2-67 所示，可以看到此时已成功为 7400 添加了 DIP-14 封装模型。单击“确定”按钮，返回原理图库编辑环境，在“Properties-Component”面板中可以看到新添加的封装模型，如图 2-68 所示。添加封装模型的工作完成，结果如图 2-69 所示。

5．元件编辑命令

在原理图库文件编辑环境中，系统提供了一个对元件进行维护的“工具”菜单，如图 2-70 所示。

图 2-67 添加的封装模型

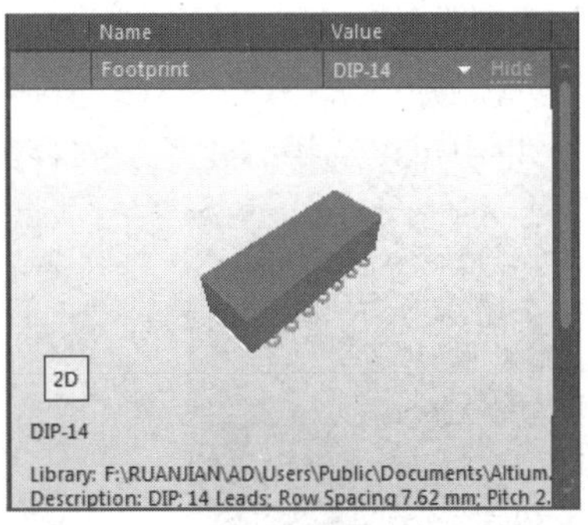

图 2-68 封装模型 3D 图

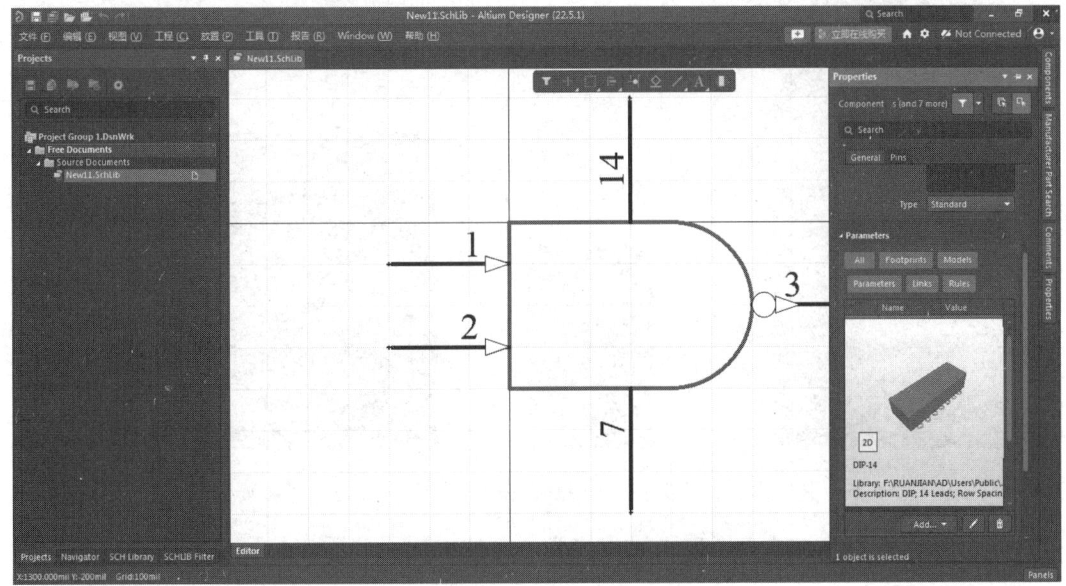

图 2-69 完成封装模型的添加

- “新器件”选项：在当前原理图库文件中创建一个新的元件。
- “Symbol Wizard”选项：符号向导，是用于创建电子元件符号（原理图符号）的工具。Symbol Wizard 允许设计者快速创建符合标准的元件符号，以便在原理图设计中使用。

- “移除器件”选项：删除当前原理图库文件中选中的所有元件。
- “复制器件”选项：将当前选中的元件复制到目标原理图库文件中。
- “移动器件”选项：将当前选中的元件移动到目标原理图库文件中。
- “新部件”选项：为当前选中的元件创建一个子部件。
- “移除部件”选项：删除当前原理图库文件中选中的一个子部件。
- “模式”菜单：该级联菜单命令用来选择元件的显示模式，包括添加、移除等。它的功能与模式工具栏相同，如图 2-71 所示。
- “查找器件”选项：用来启动“Components”对话框，以进行元件的查找。
- “参数管理器”选项：对当前原理图库文件及其元件的相关参数进行管理，可以追加或删除。选择该选项后，将弹出如图 2-72 所示的“参数编辑选项”对话框。在该对话框中可以选择需要显示的参数，如元器件、端口、模型和文件等。

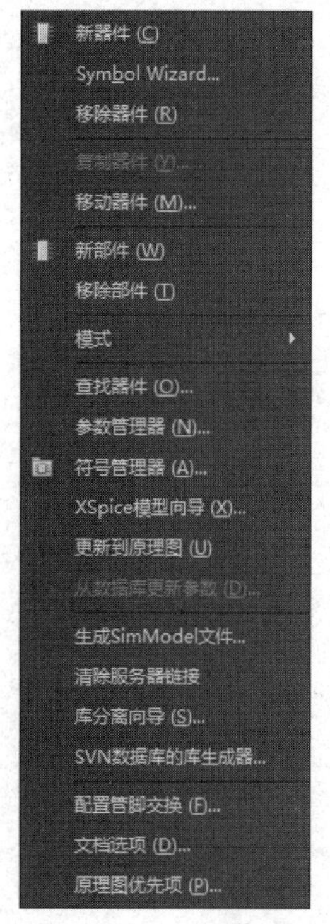

图 2-70 “工具”菜单

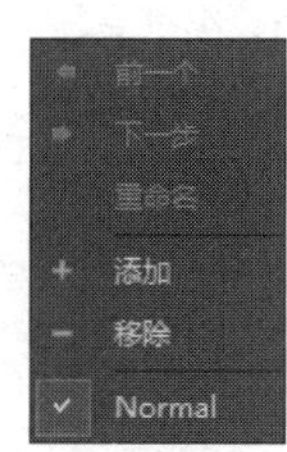

图 2-71 “模式”菜单

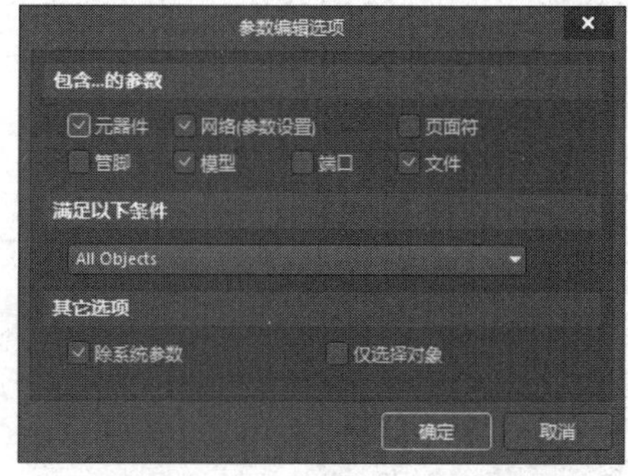

图 2-72 “参数编辑选项”对话框

- “符号管理器”选项：用来引导用户为当前选中的元件添加其他模型，包括封装模型（Footprint）、引脚信息（Pin Info）、PCB 3D 模型（PCB 3D）、仿真信号模型（Simulation）、IBIS 模型（Ibis Model）和信号完整性模型（Signal Integrity），如图 2-73 所示。
- “XSpice 模型向导”选项：引导用户为所选元件添加一个 XSpice 模型。
- “更新到原理图”选项：将当前库文件中修改后的元件更新到打开的电路原理图中。

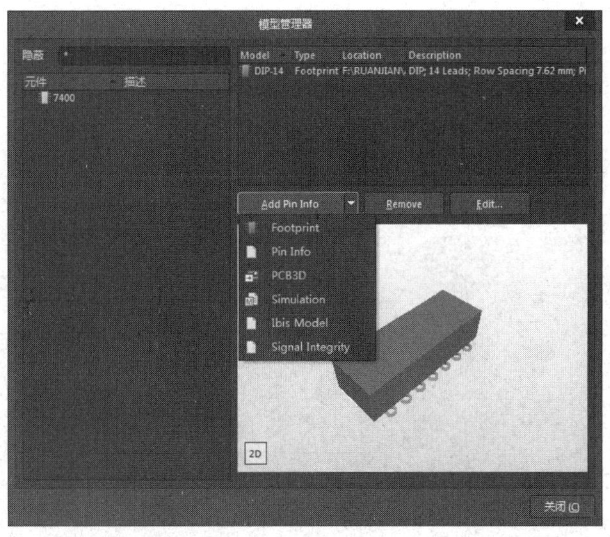

图 2-73　“模型管理器”对话框

SPICE 是一种强大的通用模拟混合模式电路仿真器，可以用来验证电路设计并且预知电路的行为。Altium Designer 是非常流行的硬件开发平台，该平台支持 SPICE 功能，可以对电路进行全方位的仿真和验证，大幅提升了硬件的开发速度，缩短了开发时间，降低了开发成本。XSpice 模型是针对一些可能会影响仿真效率的、冗长的、无须开发的局部电路设计的复杂的、非线性器件特性模型代码，包括特殊功能函数，如增益、磁滞效应、限电压及限电流等。

【例 2-5】为电容添加一个 XSpice 模型。

第 1 步：执行“工具”→“XSpice 模型向导”命令，打开“SPICE 模型向导”对话框，如图 2-74 所示。

图 2-74　“SPICE 模型向导”对话框

第 2 步：单击“Next”按钮，进入“SPICE 模型类型”界面，在该界面中选择希望生成

SPICE 模型的元件。本例中选择“Semiconductor Capacitor”选项，如图 2-75 所示。

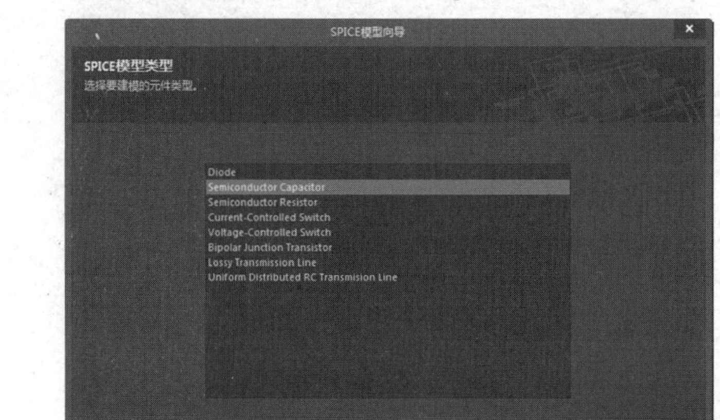

图 2-75　选择 SPICE 模型类型

第 3 步：单击“Next”按钮，进入“SPICE 模型实现”界面，在该界面中选择“将 Capacitor SPICE 模型添加到新元件。”单选按钮，设置添加新建的 SPICE 模型到新建原理图库文件中；或者选择“将 Capacitor SPICE 模型添加到现有元件。”单选按钮，添加新建的 SPICE 模型到已有的原理图库文件中，如图 2-76 所示。

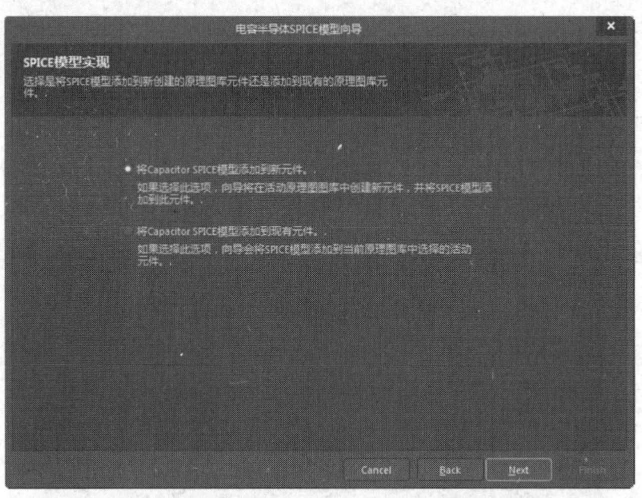

图 2-76　“SPICE 模型实现”界面

第 4 步：单击“Next”按钮，进入“半导体电容器名称和描述”界面，设置电容模型的具体名称及对电容的描述，如图 2-77 所示。

第 5 步：单击“Next”按钮，进入“要建模的半导体电容器特性”，设置 SPICE 模型的各项参数值，如图 2-78 所示。

第 6 步：单击“Next”按钮，进入“半导体电容器 Spice 模型”界面，该界面中列出了 SPICE 模型各项参数的设置值，如图 2-79 所示。

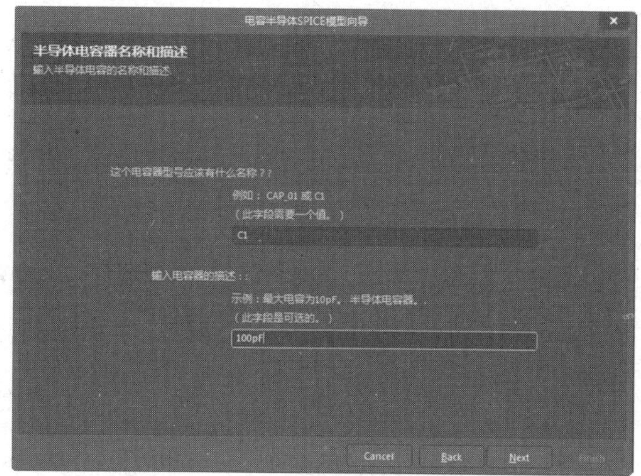

图 2-77　设置电容模型的名称和描述

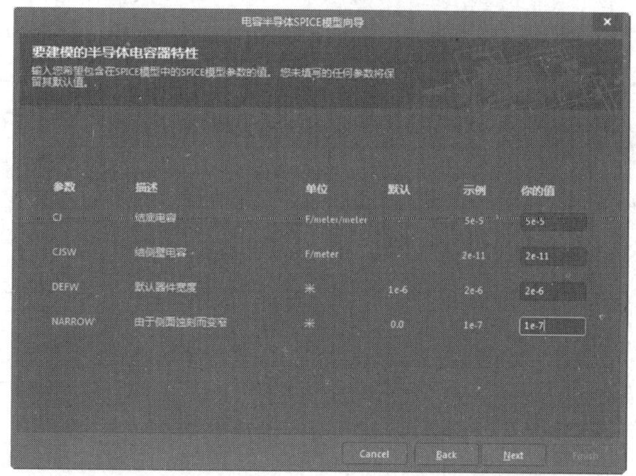

图 2-78　设置 SPICE 模型各项参数值

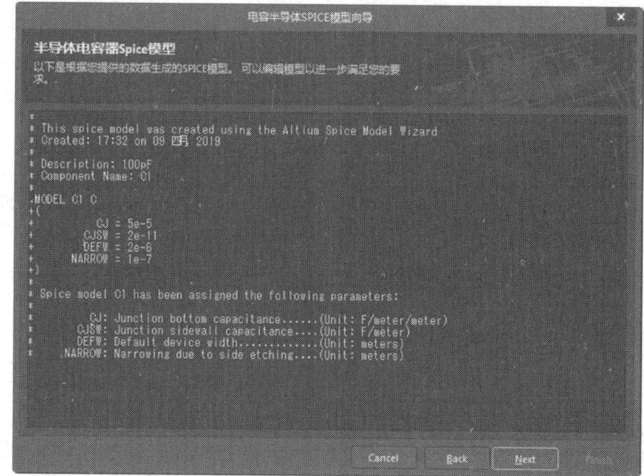

图 2-79　SPICE 模型各项参数的设置值

第 7 步：单击“Next”按钮，进入“向导结束”界面，如图 2-80 所示。

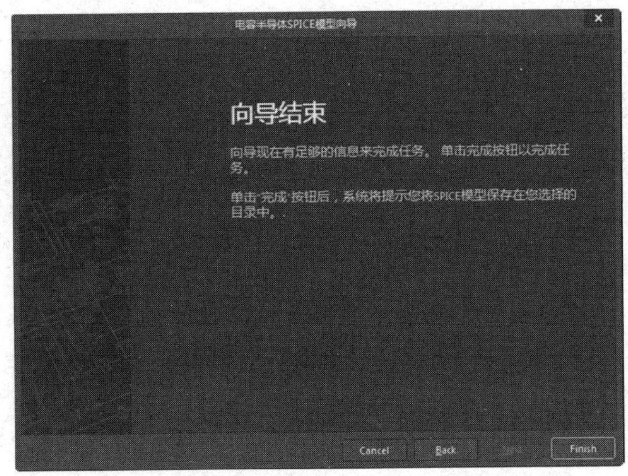

图 2-80 “向导结束”界面

第 8 步：单击“Finish”按钮，弹出“Save SPICE Model File”对话框，单击“保存”按钮，如图 2-81 所示。

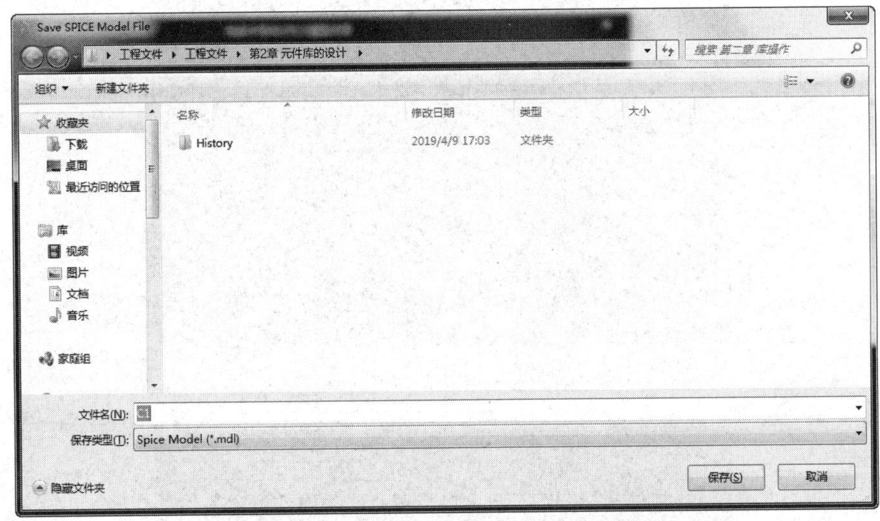

图 2-81 “Save SPICE Model File”对话框

第 9 步：退出向导设置界面，同时在原理图库文件中生成一个 XSpice 模型，如图 2-82 所示。

6．库文件输出报表

本部分介绍了 4 种不同类型的库文件输出报表，其中元件报表主要用于展示元件的属性、引脚的名称、引脚的编号、隐藏引脚的属性；元件规则检查报表主要用于展示元件规则检查结果；元件库报表用于展示原理图库文件中的所有元件的名称及相关描述；元件库报告用于展示特定元件的详尽信息，包含综合的元件参数、引脚和模型信息、原理图符号的预览，以及 PCB 封装模型和 3D 模型信息。这些报表为工程师提供了有效管理和使用库文件中元件信息的工具。

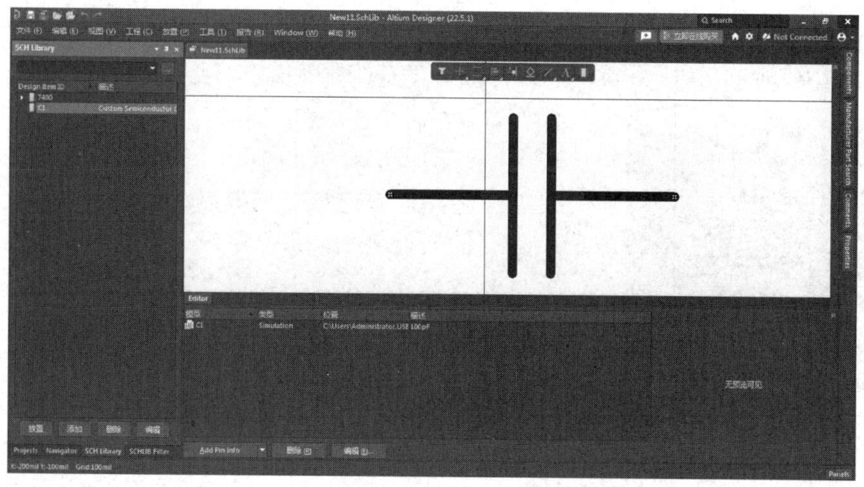

图 2-82　生成一个 XSpice 模型

【例 2-6】以前面创建的原理图库文件“New.SchLib”为例，来介绍各种报表的生成及作用。

1）生成元件报表

在 Altium Designer 22 的主编辑环境中，打开原理图库文件“New.SchLib”。在“SCH Library”面板的元件列表中需要选择一个用来生成报表的元件，如选择其中的 LED。执行“报告”→“元件”命令，系统会生成该元件的报表，如图 2-83 所示。元件报表列出了元件的属性、引脚的名称、引脚的编号、隐藏引脚的属性等，以便用户检查。同时元件报表会在“Projects”面板中保存为一个后缀为.cmp 的文本文件，如图 2-84 所示。

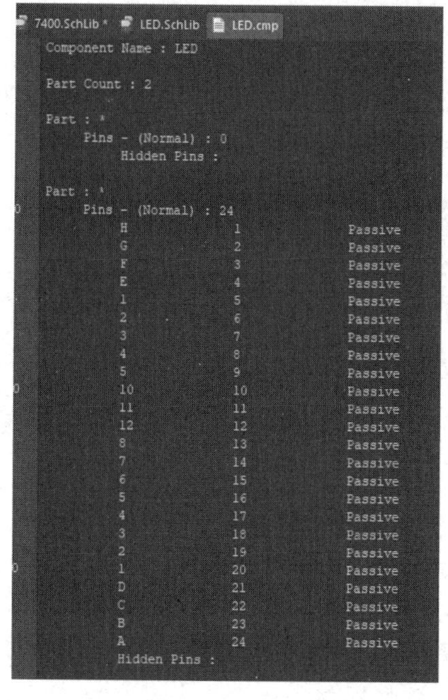

```
Component Name : LED

Part Count : 2

Part : *
     Pins - (Normal) : 0
          Hidden Pins :

Part : *
     Pins - (Normal) : 24
          H          1          Passive
          G          2          Passive
          F          3          Passive
          E          4          Passive
          1          5          Passive
          2          6          Passive
          3          7          Passive
          4          8          Passive
          5          9          Passive
          10         10         Passive
          11         11         Passive
          12         12         Passive
          8          13         Passive
          7          14         Passive
          6          15         Passive
          5          16         Passive
          4          17         Passive
          3          18         Passive
          2          19         Passive
          1          20         Passive
          D          21         Passive
          C          22         Passive
          B          23         Passive
          A          24         Passive
          Hidden Pins :
```

图 2-83　元件报表

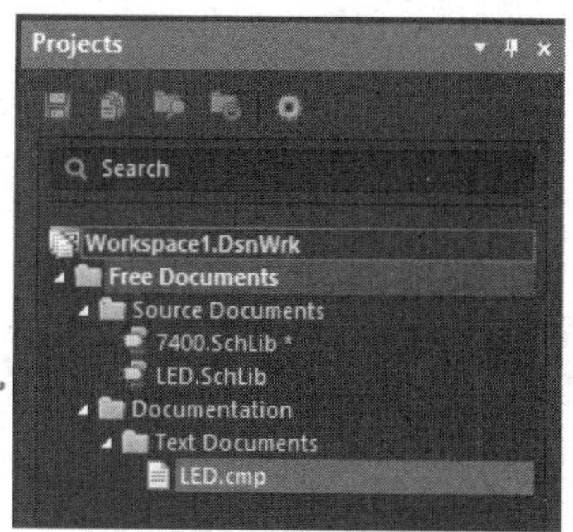

图 2-84　元件报表的保存

2）生成元件规则检查报表

在原理图库编辑环境中，执行“报告”→“元件规则检查”命令，弹出“库元件规则检测”对话框，如图 2-85 所示。

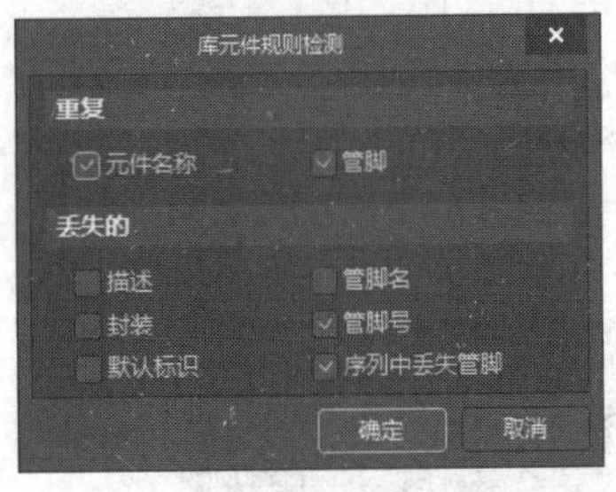

图 2-85　“库元件规则检测”对话框

- “元件名称”复选框：设置是否检查重复的元件名称。勾选该复选框后，如果库文件中存在重复的元件名称，那么系统会把这种情况视为规则错误，并显示在规则检查报表中。
- “管脚”复选框：设置是否检查重复的引脚名称。勾选该复选框后，系统会检查每一个元件的引脚是否存在重复的引脚名称，如果存在，那么系统会视之为同名错误，并显示在规则检查报表中。
- “描述”复选框：勾选该复选框，系统将检查每一个元件属性中的“描述”栏是否空缺，如果空缺，系统就会将该错误显示在规则检查报表中。
- “封装”复选框：勾选该复选框，系统将检查每一个元件属性中的“封装”栏是否空缺，如果空缺，系统就会将该错误显示在规则检查报表中。
- “默认标识”复选框：勾选该复选框，系统将检查每一个元件的标识符是否空缺，如果空缺，系统就会将该错误显示在规则检查报表中。
- “管脚名”复选框：勾选该复选框，系统将检查每一个元件是否存在空缺的引脚名，如果存在，系统就会将该错误显示在规则检查报表中。
- “管脚号”复选框：勾选该复选框，系统将检查每一个元件是否存在空缺的引脚编号，如果存在，系统就会将该错误显示在规则检查报表中。
- “序列中丢失管脚”复选框：勾选该复选框，系统将检查每一个元件是否存在引脚编号不连续的情况，如果存在，系统就会将该错误显示在规则检查报表中。

设置完毕后，单击“确定”按钮，关闭“库元件规则检测”对话框，生成该库文件的元件规则检查报表，如图 2-86 所示（给出存在引脚编号空缺的错误）。

图 2-86　元件规则检查报表

同时元件规则检查报表会在“Projects”面板中保存为后缀为.ERR 的文本文件，如图 2-87 所示。

根据生成的元件规则检查报表，用户可以对相应的元件进行修改。

3）生成元件库报表

在原理图库编辑环境中，执行“报告”→“库列表”命令，生成元件库报表，同时元件库报表会在 Projects 面板中被以一个后缀为.rep 的文本文件保存，如图 2-88 所示。该报表列出了当前原理图库文件“New.SchLib”中所有元件的名称及相关的描述，如图 2-89 所示。

图 2-87　元件规则检查报表保存

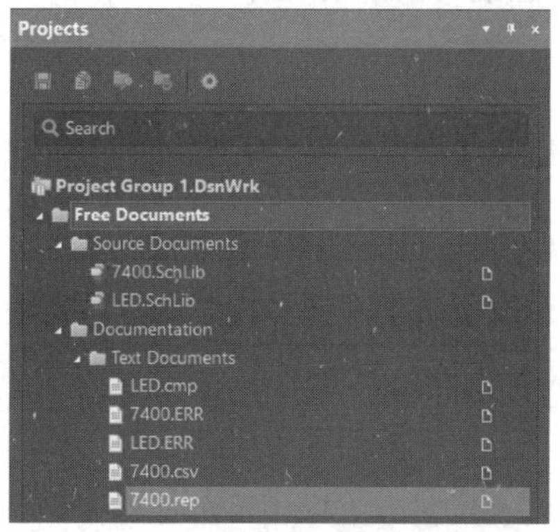

图 2-88　后缀为.rep 的元件库报表

```
CSV text has been written to file : 7400.csv

Library Component Count : 2

Name                 Description
------------------------------------------------------------------------------------------------

7400
C1                   Custom Semiconductor Capacitor
```

图 2-89　元件库报表内容

4）元件库报告

元件库报告描述的是特定库中所有元件的详尽信息，包含综合的元件参数、引脚和模型信息、原理图符号预览，以及 PCB 封装模型和 3D 模型信息等。在生成元件库报告时可以选择是生成文档（.doc）格式，还是浏览器（HTML）格式。如果选择生成浏览器格式的报告，还可以额外提供库中所有元件的超链接列表，即通过网络可进行查阅。

在原理图库编辑环境中，执行“报告”→“库报告”命令，弹出如图 2-90 所示的“库报告设置”对话框。该对话框用于设置生成的元件库报告格式及显示的内容。

以文档格式输出的元件库报告的文件名格式为“库名称.doc”，以浏览器格式输出的元件库报告的文件名格式为“库名称.html”。这里选择以浏览器格式输出元件库报告，其他选项保持默认设置。单击“确定”按钮，关闭“库报告设置”对话框，生成浏览器格式的元件库报告，如图 2-91 所示。

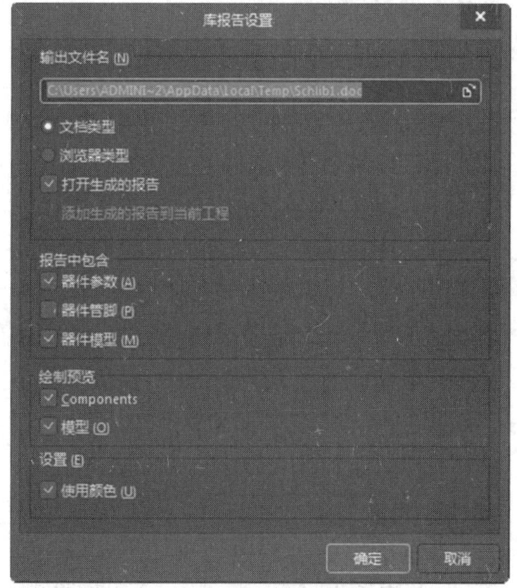

图 2-90　“库报告设置”对话框

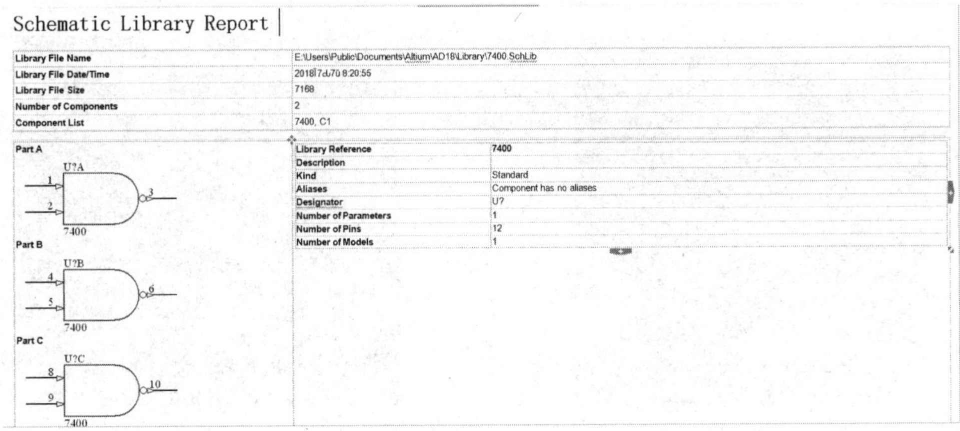

图 2-91　浏览器格式的元件库报告

2.2　制作元件的封装模型

封装形式是电子元件（如集成电路、晶体管、二极管等）的外部物理包装或外形。封装元件的主要目的是提供一种标准化的方式，以便将元件连接到PCB上，同时保护元件免受环境、机械损坏和静电等因素的影响。不同类型的元件具有不同的封装形式，以适应它们的功能和应用。目前，元件种类越来越多，而一些元件在系统封装库中并没有对应的封装模型，对于在封装库中找不到的封装模型，用户需要对元件进行精确测量后手工制作。封装模型共有 3 种制作方法，分别是使用封装向导制作封装模型、手工制作封装模型和采用编辑方式制作封装模型。

1. 使用封装向导制作封装模型

Altium Designer 22 为用户提供了一种简捷的为元件制作封装模型的方法，即使用封装向导。用户只需要按照向导给出的提示，逐步输入元件的尺寸参数，即可完成封装模型的制作。

【例 2-7】为电容添加封装模型 RB2.1-4.22。

第 1 步：执行“文件”→“新的”→“Library”→“File”→“PCB Library”命令，新建了一个空白的 PCB 库文件，将其另存为 New.PcbLib，同时进入 PCB 库编辑环境。执行“工具”→“元件向导”命令或在“PCB Library”面板的“Footprints”栏中右击，在弹出的快捷菜单中执行“Footprint Wizard”命令，打开“封装向导”界面，如图 2-92 所示。

第 2 步：单击“Next”按钮，进入“器件图案”界面，如图 2-93 所示，根据设计需要，在 12 种封装模型中选择一个适合的。本例中选择“Capacitors”选项，将“选择单位”设为“Metric(mm)”。

系统给出的封装模型有如下 12 种。

- Ball Grid Arrays（BGA）：球栅阵列封装，是一种高密度、高性能的封装模型。
- Capacitors：电容型封装，可以选择直插式封装或贴片式封装。
- Diodes：二极管封装，可以选择直插式封装或贴片式封装。

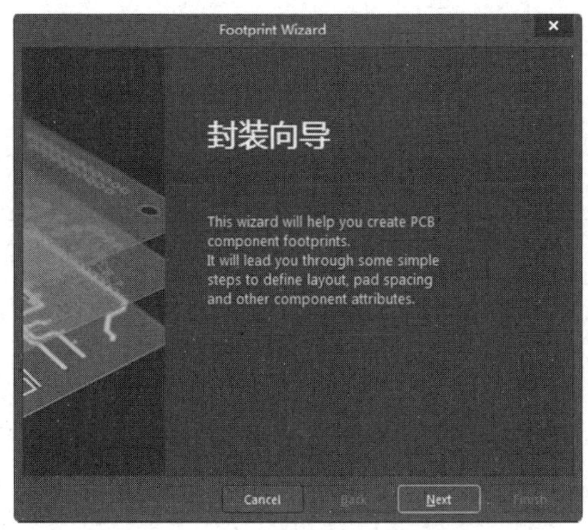

图 2-92　“封装向导”界面

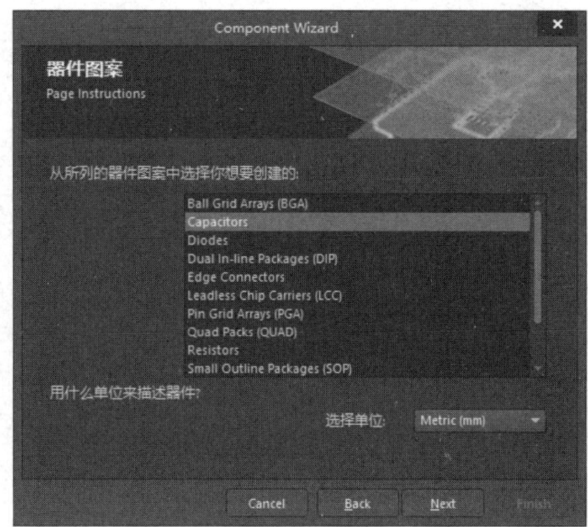

图 2-93　“器件图案”界面

- Dual In-line Packages（DIP）：双列直插式封装，是一种常见的集成电路封装模型，其引脚分布在芯片两侧。
- Edge Connectors：边缘连接的接插件封装。
- Leadless Chip Carriers（LCC）：无引脚芯片载体式封装，其引脚紧贴芯片体，在芯片底部向内弯曲。
- Pin Grid Arrays（PGA）：引脚栅格阵列式封装，其引脚从芯片底部垂直引出，整齐地分布在芯片四周。
- Quad Packs（QUAD）：方阵贴片式封装，与 LCC 封装相似，但其引脚是向外伸展的，不是向内弯曲的。
- Resistors：电阻封装，可以选择直插式封装或贴片式封装。
- Small Outline Packages（SOP）：是与 DIP 相对应的小外形封装，体积较小。
- Staggered Ball Grid Arrays（SBGA）：错列的 BGA 封装。
- Staggered Pin Grid Arrays（SPGA）：错列 PGA 封装，与 PGA 封装相似，只是引脚错开排列。

第 3 步：选择好封装模型和单位后，单击“Next”按钮，进入“电容器-定义电路板技术”界面。该界面给出了两种工艺，即直插式和贴片式，这里选择直插式，如图 2-94 所示。

第 4 步：单击“Next”按钮，进入“电容器-定义焊盘尺寸”界面。这里根据数据手册，将焊盘的直径设为“0.42mm”，如图 2-95 所示。

第 5 步：单击“Next”按钮，进入“电容器-定义焊盘布局”界面。这里根据数据手册，将焊盘孔距设置为“2.1mm”，如图 2-96 所示。

第 6 步：单击“Next”按钮，进入“电容器-定义外框类型”界面。这里将“选择电容极性”设为“Polarised”（有极性），将“选择电容的装配样式”设为“Radial”（圆形），将“选择电容的几何形状”设为“Circle”（圆形），如图 2-97 所示。

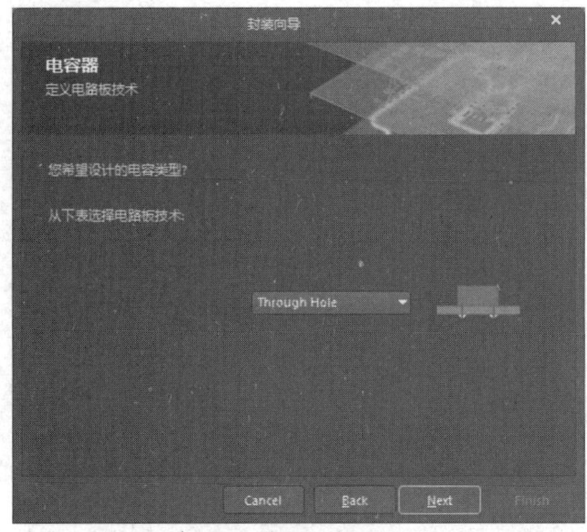

图 2-94 “电容器-定义电路板技术”界面

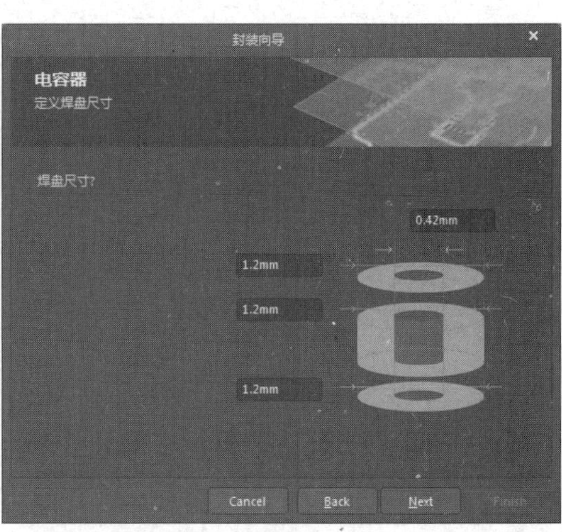

图 2-95 “电容器-定义焊盘尺寸”界面

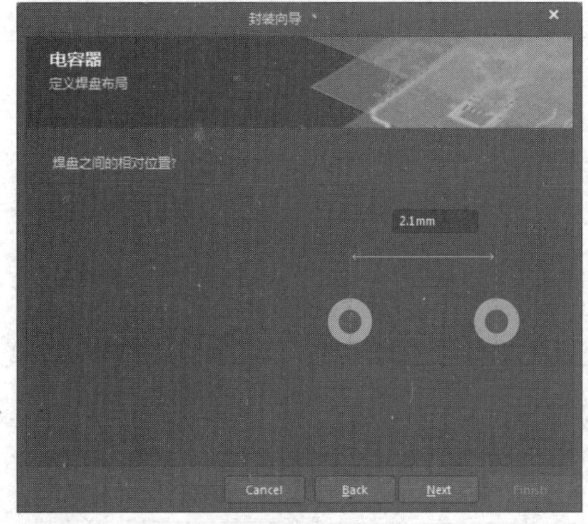

图 2-96 “电容器-定义焊盘布局”界面

图 2-97 “电容器-定义外框类型”界面

第 7 步：单击“Next”按钮，进入“电容器-定义外框尺寸”界面。将外框高度（半径）设置为“2.11mm”，外框宽度（线宽）采用系统默认值，如图 2-98 所示。

第 8 步：单击“Next”按钮，进入“电容器-设置元器件名称”界面，在“电容器名称”文本框中输入封装的名称。这里将该封装模型命名为“RB2.1-4.22”，如图 2-99 所示。

第 9 步：单击“Next”按钮，弹出完成封装模型制作界面，如图 2-100 所示。单击“Finish”按钮，退出封装向导。PCB 库编辑环境内显示制作完成的 RB2.1-4.22 封装模型，如图 2-101 所示。

第 10 步：在 PCB 库编辑环境中，执行“文件”→“保存”命令，将制作好的 RB2.1-4.22 封装模型保存。

除上述封装向导方式外，还有 IPC 标准封装向导。相对于普通的封装向导，IPC 标准封装向导可以直接套用 IPC 标准模板，封装模型更加标准、精确，操作也更简捷，但是自由度相对较低。

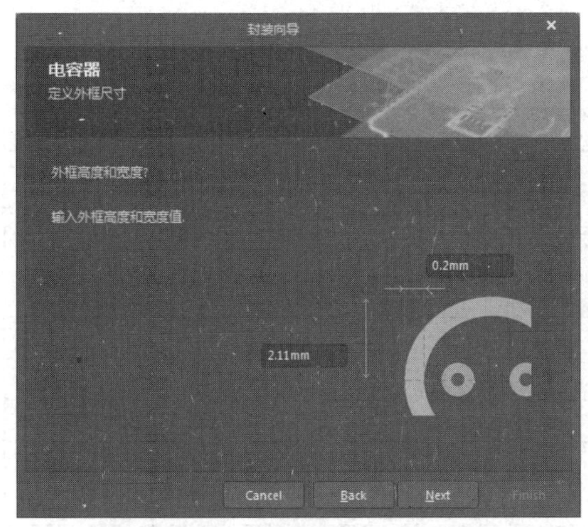

图 2-98　“定义外框尺寸”界面

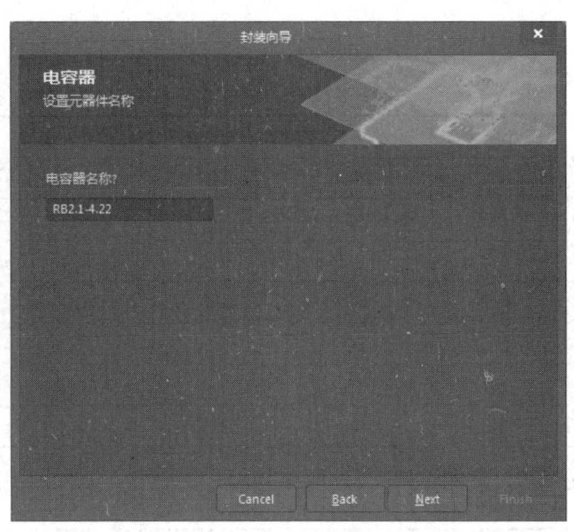

图 2-99　“电容器-设置元器件名称”界面

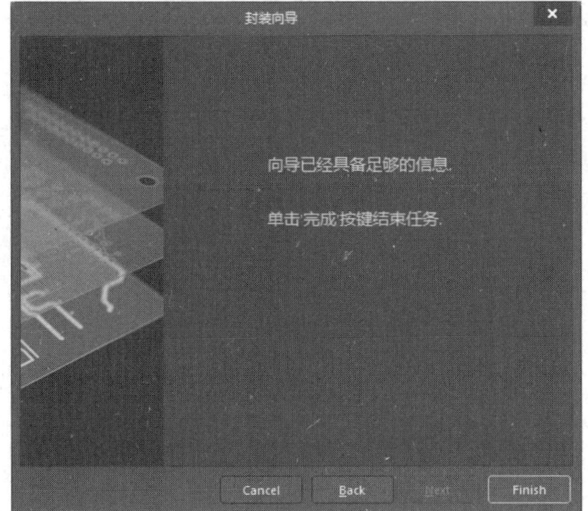

图 2-100　完成封装模型制作界面

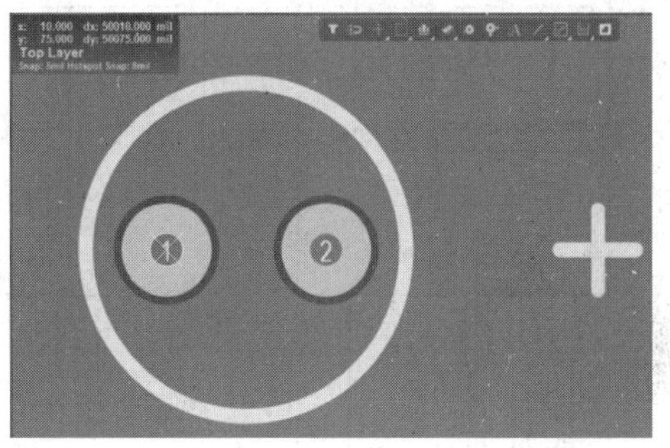

图 2-101　制作完成的 RB2.1-4.22 封装模型

2．手工制作封装模型

尽管使用封装向导可以创建多数常用标准元件的封装模型，但有时会遇到一些特殊的、非标准的元件，此时无法使用封装向导来创建封装模型，需要手工制作。手工制作封装模型的流程如图 2-102 所示。

本部分以音频电路的三端稳压电源为例，来介绍其封装的手工制作方法。三端稳压电源 L7815CV（3）或 L7915CV（3）有 3 个引脚，其尺寸数据如表 2-1 所示。三端稳压电源 L7815CV（3）或 L7915CV（3）尺寸标注如图 2-103 所示。

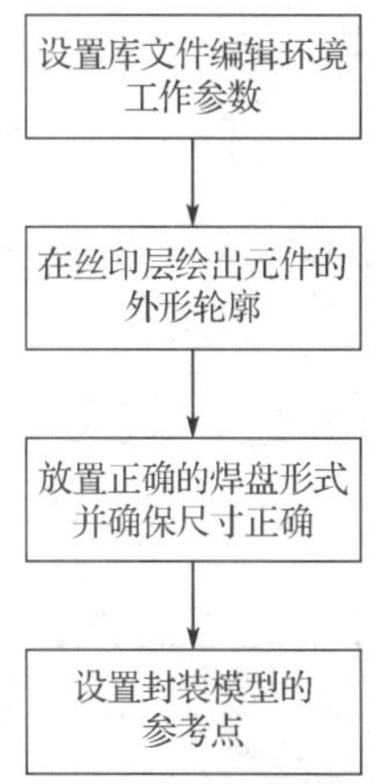

图 2-102　手工制作封装模型的流程

表 2-1　三端稳压电源 L7815CV（3）或 L7915CV（3）尺寸数据

单位：mil

尺寸参数	最小值	典型值	最大值	尺寸参数	最小值	典型值	最大值
A	173	—	181	H_1	244	—	270
b	24	—	34	J_1	94	—	107
b_1	45	—	77	L	511	—	551
c	19	—	27	L_1	137	—	154
D	700	—	720	L_{20}	—	745	—
E	393	—	409	L_{30}	—	1138	—
e	94	—	107	P	147	—	151
e_1	194	—	203	Q	104	—	117
F	48	—	51				

注：1mil=25.4×10^{-6}m。

在本例中，期望的封装模型如图 2-104 所示。

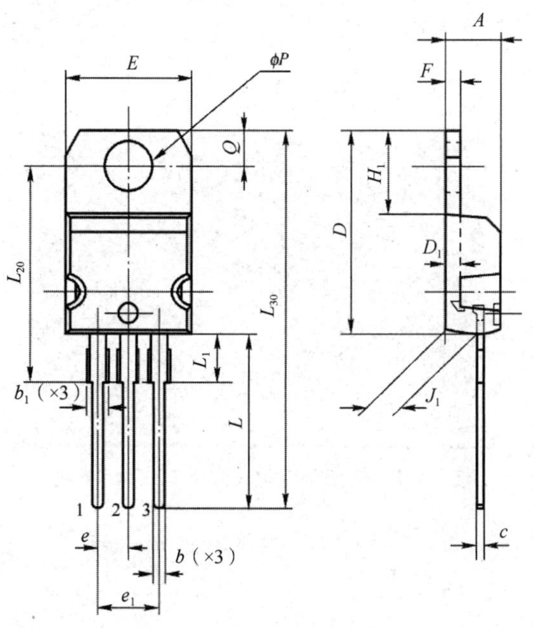

图 2-103　三端稳压电源 L7815CV（3）或 L7915CV（3）尺寸标注

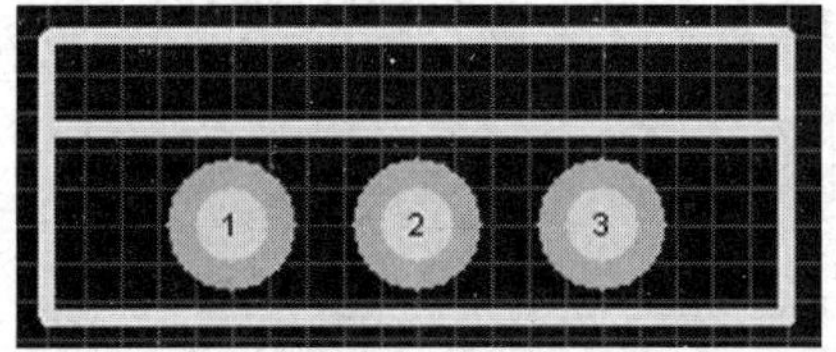

图 2-104　期望的封装模型

综上所述，用户创建三端稳压电源时需要的数据如表 2-2 所示。

表 2-2　用户创建三端稳压电源时需要的数据

单位：mil

标号	最小值	典型值	最大值
A（宽度）	173	180	181
b（直径）	24	30	34

续表

标号	最小值	典型值	最大值
c	19	20	27
E（长度）	393	400	409
e（焊盘孔距）	94	100	107
F（散热层厚度）	48	50	51
J_1	94	100	107

注：焊盘孔直径=最大值+最大值×10%。

得到数据后，用户需要使用相关数据为元件创建封装模型。在使用封装向导制作封装模型时，一般不需要事先进行参数设置，而在手工制作封装模型时，用户最好事先对板面和系统进行参数设置，再进行封装模型的绘制。

打开已创建的 PCB 库文件，可以看到在“PCB Library”面板的“FootPrint”区域中已有一个空白的封装模型“PCBCOMPONENT_1”，单击该封装模型名，就可以在编辑环境内绘制需要的封装模型了。

【例 2-8】为三端稳压电源 TO-220 手工制作封装模型。

第 1 步：在 PCB 库编辑环境中，单击右侧的“Properties”面板，打开“Properties-Library Options”界面，设置相应的工作参数，如图 2-105 所示。

为了便于绘制封装模型，一般需要对栅格的类型规格进行设置：在“Grid Manager”区域，双击“Global Board Snap Grid”选项，打开“Cartesian Grid Editor”对话框，将“步进X”和“步进 Y”都设置成“10mil”，如图 2-106 所示。完成设置后，单击“确定”按钮，退出“Cartesian Grid Editor”对话框。

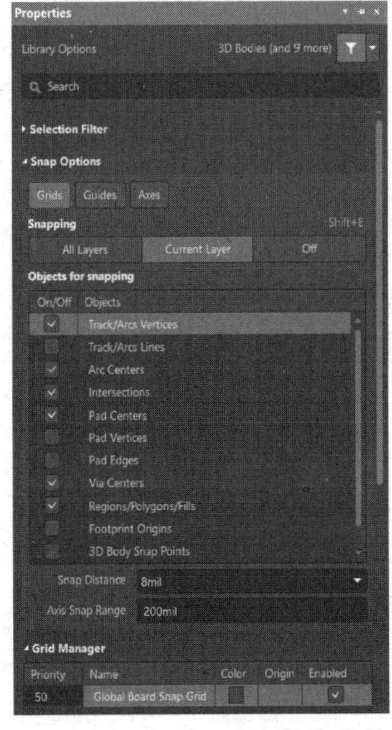

图 2-105　“Properties-Library Options”面板

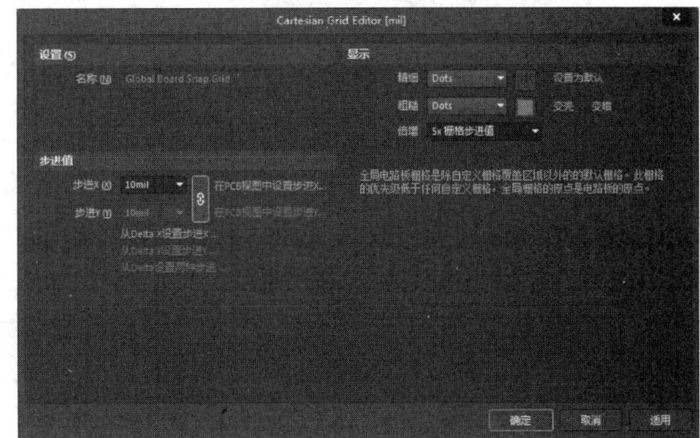

图 2-106　“Cartesian Grid Editor”对话框

第 2 步：单击板层标签中的“Top Overlay”标签，将顶层丝印层设置为当前层。执行“编辑”→“设置参考”→“位置”命令，如图 2-107 所示，设置 PCB 库编辑环境的参考原点。设置好的参考原点如图 2-108 所示。

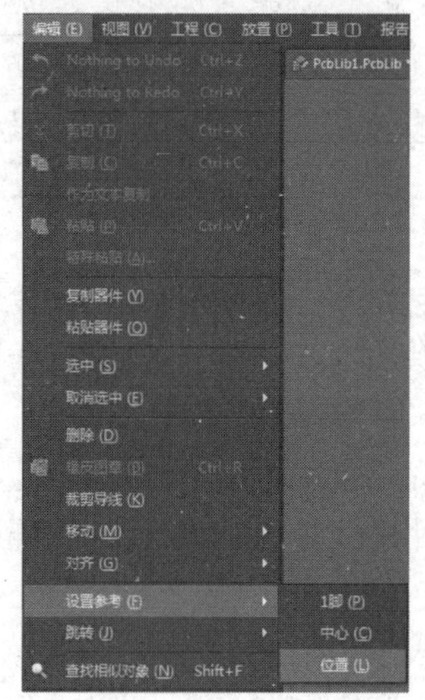

图 2-107 执行“编辑”→“设置参考”→“位置”命令

图 2-108 设置好的参考原点

第 3 步：单击放置工具栏中的“放置线”图标，根据设计要求绘制封装模型的外形轮廓。通过查找技术手册可知，元件的长为 400mil，所以绘制一条长为 400mil 的线段，如图 2-109 所示。

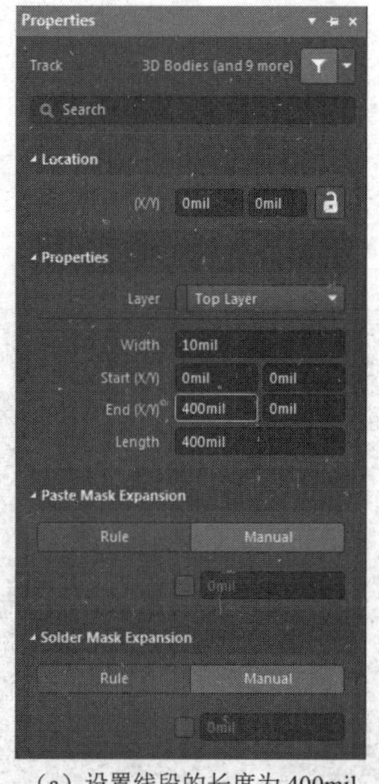

（a）设置线段的长度为 400mil

（b）绘制好的线段

图 2-109 绘制一条长为 400mil 的线段

由于元件的宽为 180mil，因此单击放置工具栏中的“放置线”图标后，绘制线段。双击绘制的线段，设置线段的长度为 180mil，如图 2-110 所示。设置完成后，单击“确定”按钮，结果如图 2-111 所示。按照上述方式完成剩余两条线段的绘制，其设置方式如图 2-112 所示，结果如图 2-113 所示。

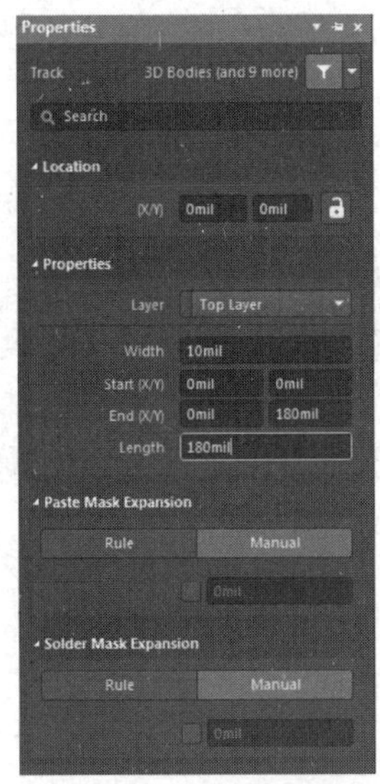

图 2-110　设置线段长度为 180mil

图 2-111　在原点处放置长度为 180mil 的线段

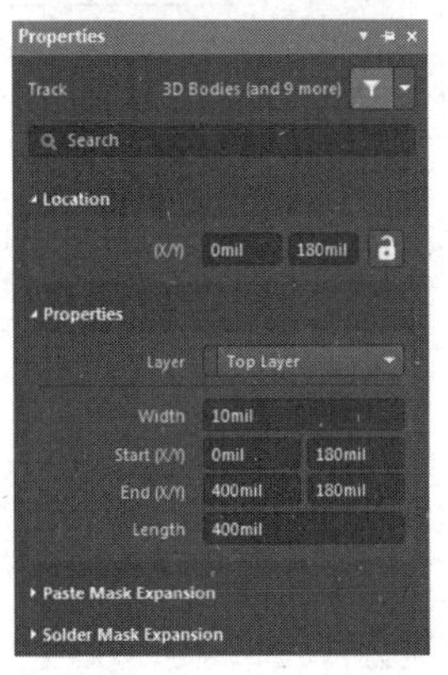

（a）一条长为 400mil 的线段

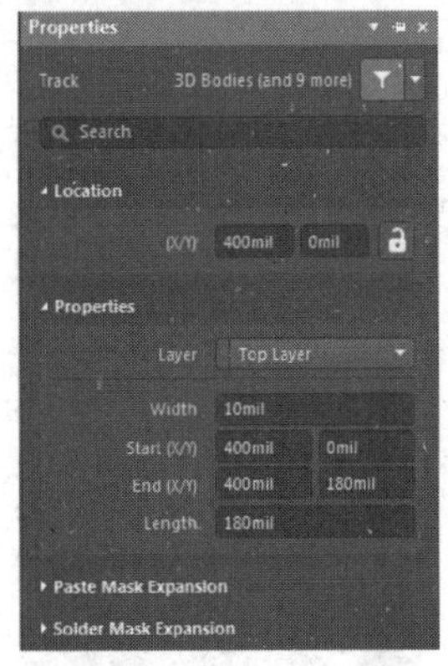

（b）另一条长为 180mil 的线段

图 2-112　剩余两条线段设置

第 4 步：接下来放置区分散热层的线段。散热层的厚度为 50mil，因此单击放置工具栏中的“放置线”图标后，绘制线段。双击所放置的线段，设置区分散热层的线段，如图 2-114 所示。设置完成后，单击“确定”按钮，结果如图 2-115 所示。至此，封装模型设置完成。接下来在封装模型中放置焊盘。左边第一个焊盘的中心位置纵坐标为 180−100−10=70（mil），横坐标为 100mil。焊盘的孔径要保证元件的引脚可以顺利插入，同

图 2-113　完成封装模型外边框绘制

时要尽可能小，以便满足两焊盘的间距要求。由表 2-2 可知元件引脚的最大直径为 34mil，故将通孔尺寸设为 35mil，略大于引脚尺寸。Altium Designer 16 及以上版本增加了焊盘通孔公差功能，本设计将下极限设为 0mil，将上极限设为+3.5mil，以满足相关要求。

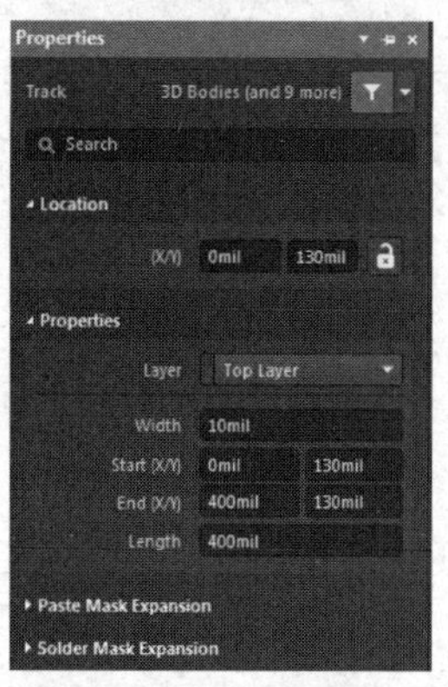

图 2-114　设置区分散热层的线段

图 2-115　放置区分散热层的线段

第 5 步：单击放置工具栏中的“放置焊盘”图标，如图 2-116 所示。放置焊盘后，双击焊盘，设置它的坐标位置及孔径，如图 2-117 所示。设置完成后，单击“确定”按钮，结果如图 2-118 所示。

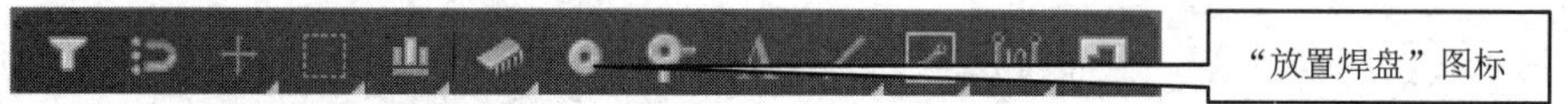

图 2-116　“放置焊盘”图标

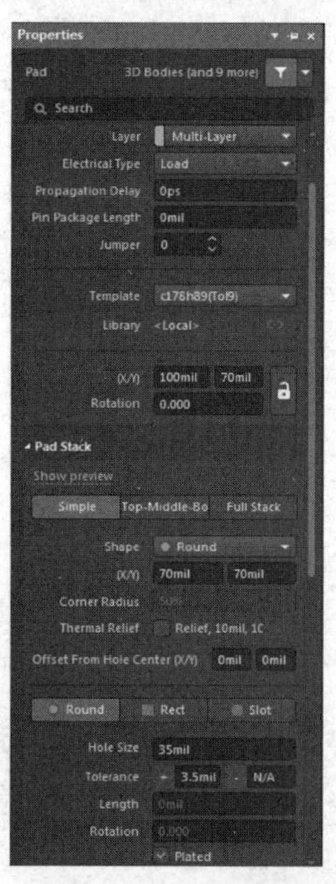

图 2-117　设置焊盘

图 2-118　完成设置的焊盘

第 6 步：按照上述方式放置另外两个焊盘。已知两个焊盘的间距为 100mil，因此另外两个焊盘可按图 2-119 进行设置。设置完成后，单击“确定”按钮，结果如图 2-120 所示。

第 7 步：封装模型制作完成，执行“工具”→“元件属性”命令，在弹出的“PCB 库封装”对话框中，对刚绘制好的封装模型进行命名，如图 2-121 所示。

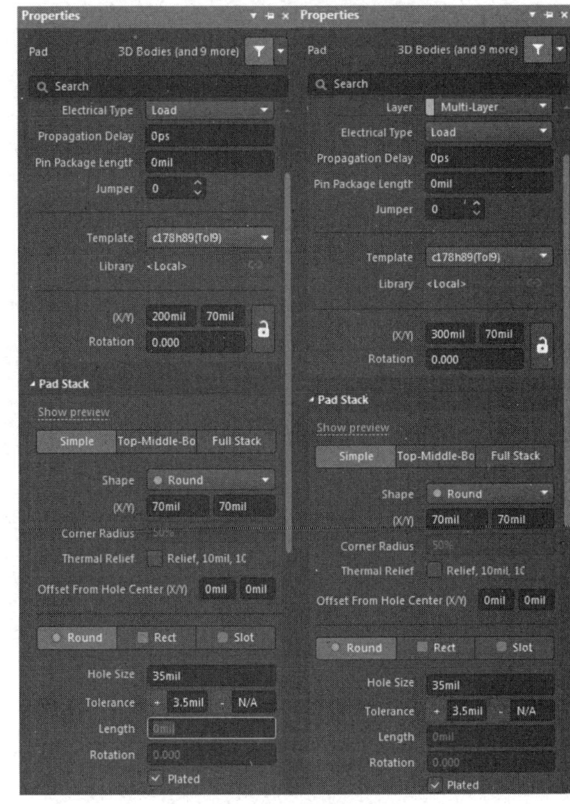

图 2-119　设置另外两个焊盘

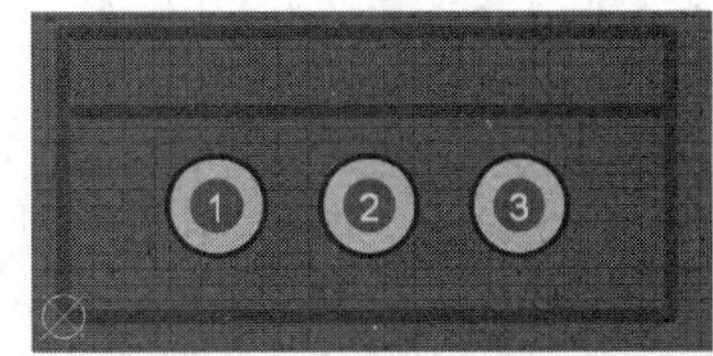

图 2-120　绘制好的 TO-220 封装模型

图 2-121　“PCB 库封装”对话框

第 8 步：在“PCB 库封装”对话框的“名称”文本框中输入“TO-220”后，单击“确定”按钮，完成重命名操作，结果如图 2-122 所示。单击“保存”按钮完成三端稳压电源封装模型的设计。

3．采用编辑方式制作封装模型

编辑法与复制法类似，都依赖于封装模型之间的相似点，修改不同的地方得到需要的封装模型。二极管 1N4148 实物及尺寸如图 2-123 所示。二极管 1N4148 引脚编号如图 2-124 所示。

由图 2-123 可知，该二极管的封装形式与 Altium Designer 提供的封装模型 DIODE-0.4 相近，只是在尺寸上略有不同，因此用户可采用编辑 DIODE-0.4 的方式制作二极管 1N4148 的封装模型。

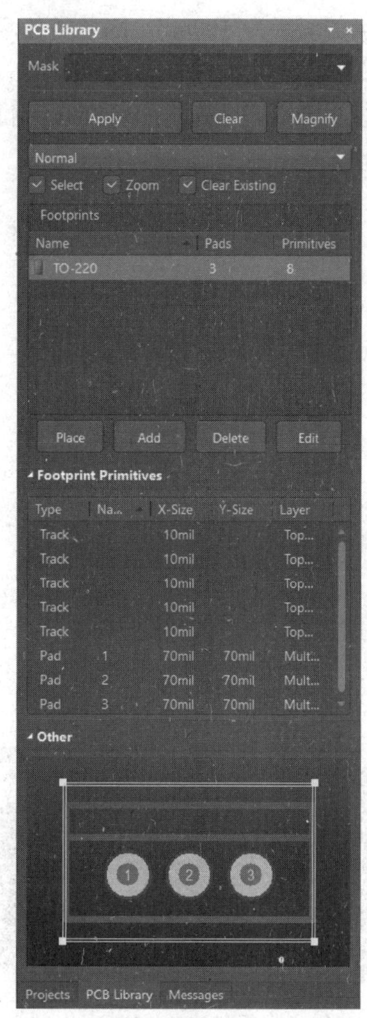

图 2-122　重命名封装模型

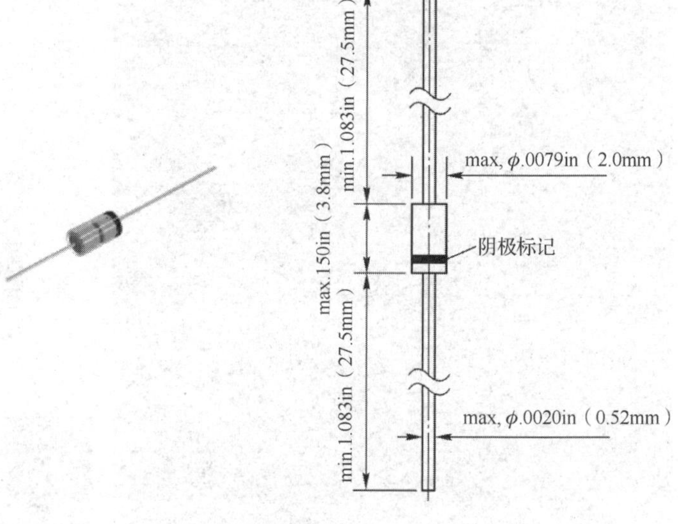

图 2-123　二极管 1N4148 实物及尺寸

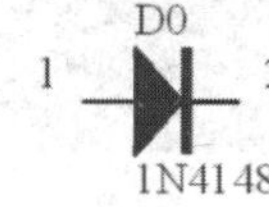

图 2-124　二极管 1N4148 引脚编号

【例 2-9】为二极管制作封装模型 1N4148。

第 1 步：执行“文件”→“打开”命令，默认路径为“C:\Users\Public\Documents\Altium\AD22\库\Miscellaneous Devices.IntLib”，将其修改为“F:\RUANJIAN\AD\Users\Public\Documents\Altium\AD22\Library\Miscellaneous Devices.IntLib”，该路径为自行匹配的安装路径。单击“打开”按钮，弹出“Open Integrated Library”对话框，如图 2-125 所示，选择“Extract”选项，打开库文件。在“Project”面板中双击“Miscellaneous Devices.PcbLib”，打开该 PCB 库文件。

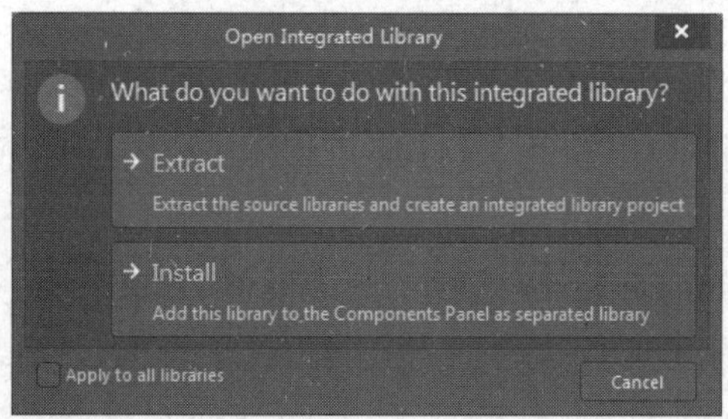

图 2-125　“Open Integrated Library”对话框

在元件封装列表中查找 DIODE-0.4，结果如图 2-126 所示。

第 2 步：将光标放置“Footprints”栏列表中

的 DIODE-0.4 上右击，弹出如图 2-127 所示的快捷菜单，执行“Copy”命令，将界面切换到前面打开的 PCB 库编辑环境，并在 PCB 库文件编辑窗口内右击，弹出如图 2-128 所示的快捷菜单，执行“粘贴”命令，此时 DIODE-0.4 被添加到了 PCB 库文件中，结果如图 2-129 所示。选择合适位置，放置该封装模型，如图 2-130 所示。

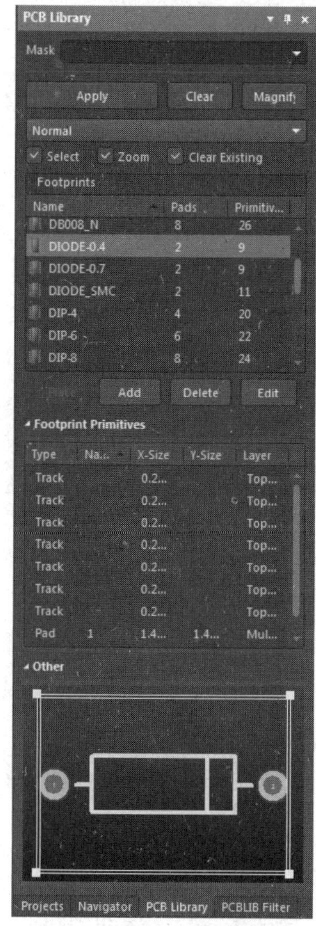

图 2-126　查找 DIODE-0.4

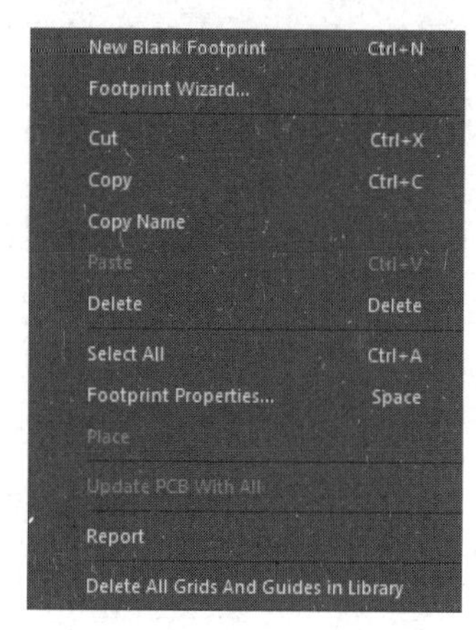

图 2-127　PCB 库的快捷菜单

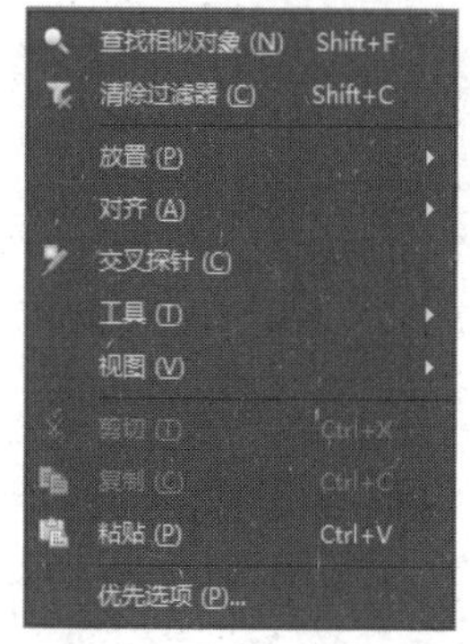

图 2-128　执行“粘贴”命令

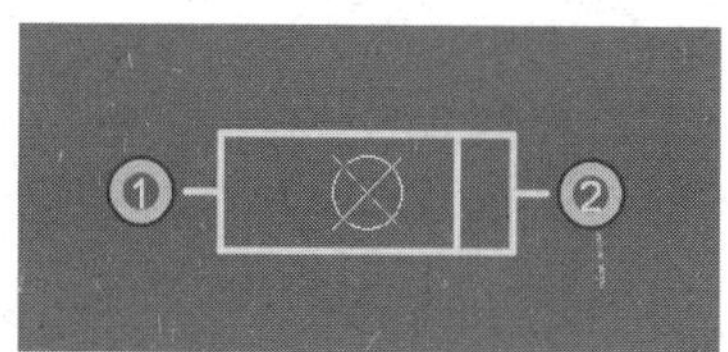

图 2-129　添加 DIODE-0.4 封装模型到 PCB 库文件中

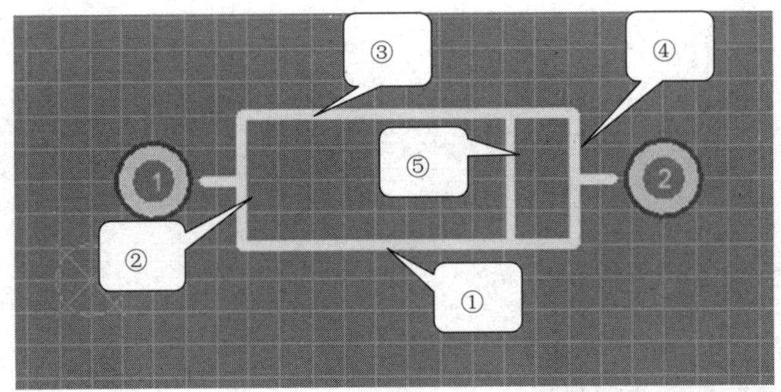

图 2-130　放置 DIODE-0.4

第 3 步：双击图 2-130 中的①号线，系统将弹出①号线对应的“Properties-Track”面板，如图 2-131 所示，在该面板中按照图 2-132 修改①号线的属性。

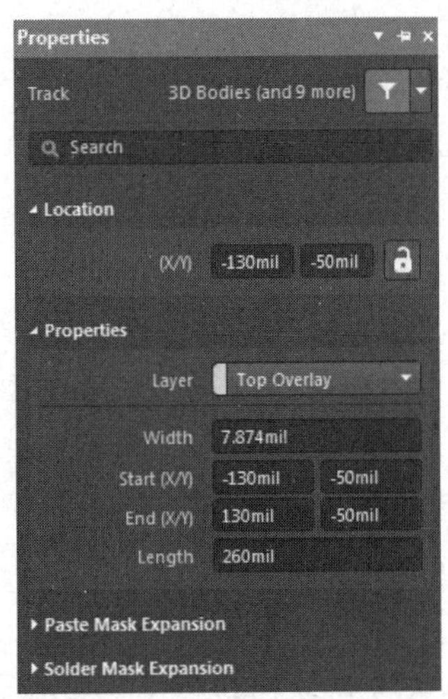

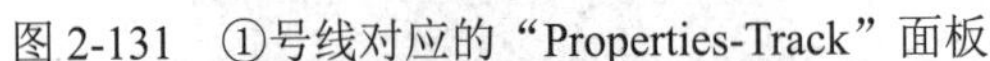

图 2-131　①号线对应的“Properties-Track”面板

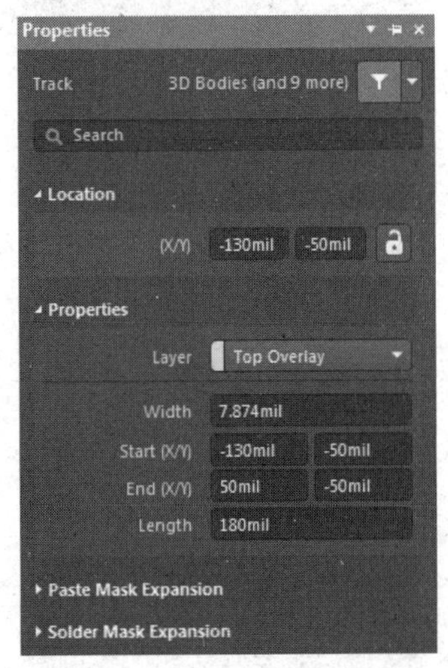

图 2-132　修改①号线的属性

修改完成后，单击“确定”按钮确认修改，结果如图 2-133 所示。按照上述方式将③号线长度修改为 180mil，将②号线、④号线、⑤号线长度修改为 80mil，结果如图 2-134 所示。调整各线位置，调整好的封装模型如图 2-135 所示。

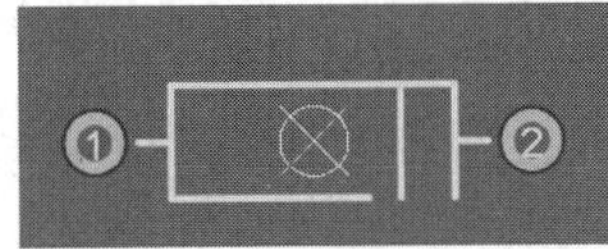

图 2-133　修改后的①号线

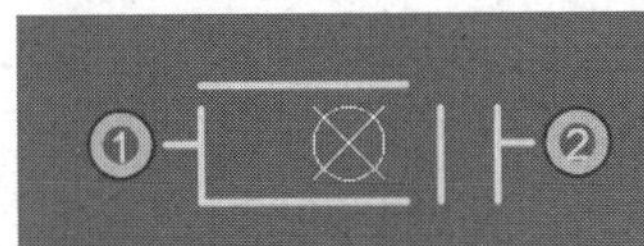

图 2-134　修改后的②、③、④、⑤号线

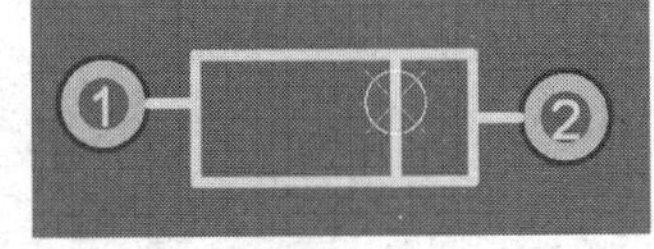

图 2-135　调整好的封装模型

第 4 步：重新命名该封装模型，如图 2-136 所示。执行“保存”命令，将创建的 DO-35 封装模型保存到 PCB 库文件中，如图 2-137 所示。

在 Altium Designer 中，其实是有 DO-35 这种封装模型的。选这个例子只是为了说明如何使用编辑方式创建封装模型。

图 2-136　重命名封装

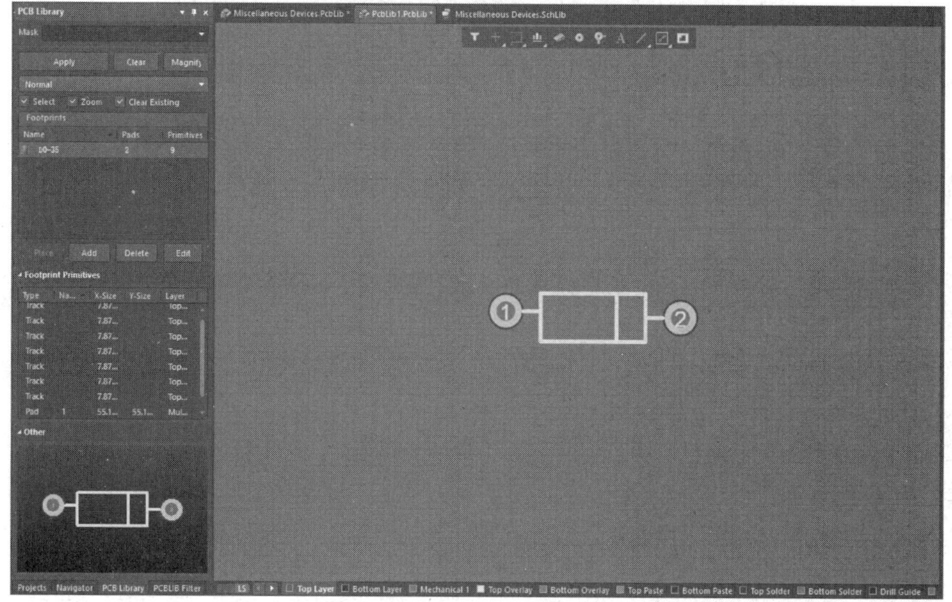

图 2-137　将 DO-35 保存到 PCB 库文件中

2.3　创建元件集成库

Altium Designer 采用了集成库的概念。在集成库中的元件不仅具有原理图中代表元件的符号，还集成了相应的功能模块，如 Footprint 封装、电路仿真模块、信号完整性分析模块等，甚至可以加入设计约束等。集成库具有如下优点：便于移植和共享，元件和模块之间的连接具有安全性；在编译过程中会检测错误，如引脚封装对应等。

【例 2-10】以 STM32F103C8T6 为例创建集成库。

第 1 步：在 Altium Designer 22 主界面中执行“文件”→“新的”→“Library”命令进入“New Library”对话框，如图 2-138 所示。在对话框中执行“File”→“Integrated Library”命令，单击“Create”按钮，集成库项目顺利建立，设置保存路径并命名为“STM32F103C8T6”，如图 2-139 所示。

第 2 步：创建 STM32F103C8T6 集成库项目后，在项目下新建原理图库文件和 PCB 库文件，如图 2-140 所示。查看 STM32F103C8T6 引脚图，如图 2-141 所示。在原理图库文件中绘制 STM32F103C8T6，如图 2-142 所示。

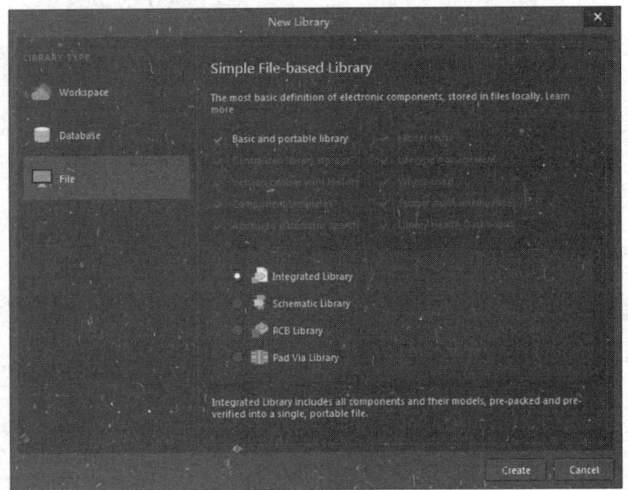

图 2-138 “New Library”对话框

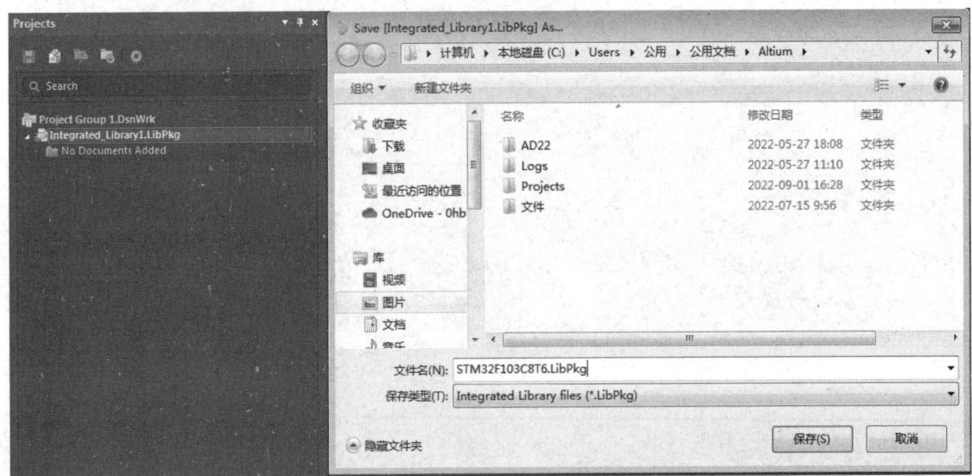

图 2-139 创建 STM32F103C8T6 集成库项目

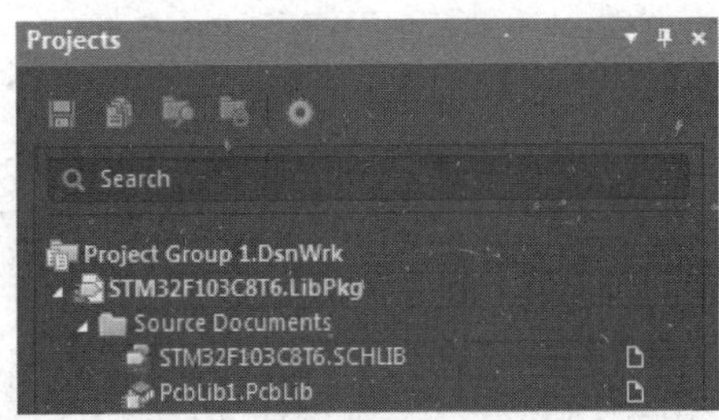

图 2-140 新建原理图库文件和 PCB 库文件

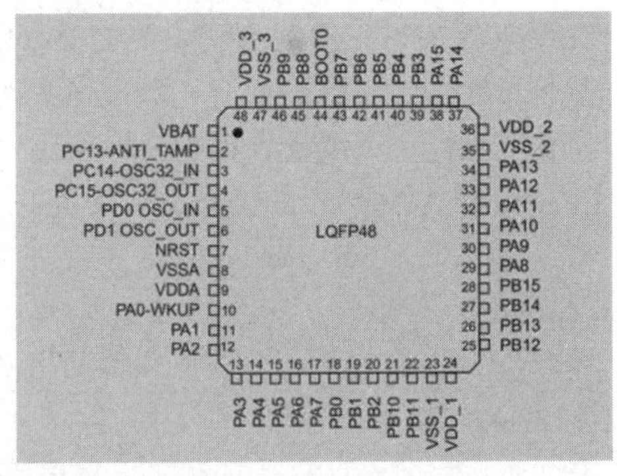

图 2-141 STM32F103C8T6 引脚图

绘制完原理图库文件后，将原理图库文件保存，并切换到 PCB 库编辑环境。在绘制 PCB 库之前，先查阅 STM32F103C8T6 的封装尺寸，如图 2-143 所示。

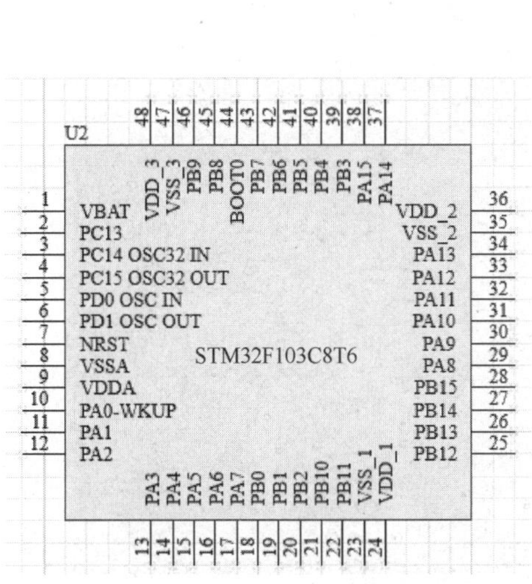

图 2-142　STM32F103C8T6 原理图

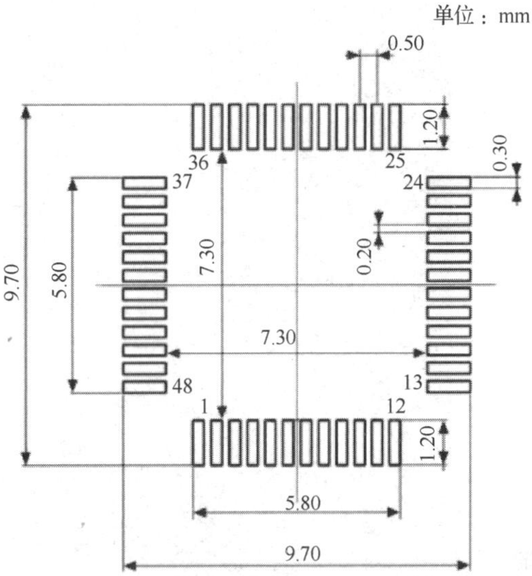

单位：mm

图 2-143　STM32F103C8T6 的封装尺寸

第 3 步：进入 PCB 库编辑环境，采用封装向导方式建立 STM32F103C8T6 的封装模型，执行"工具"→"元件向导"命令，弹出"Footprint Wizard"对话框，选择封装模型和单位，如图 2-144 所示。根据封装手册设置相关参数，绘制或从已有 PCB 图中提取封装，完成的封装如图 2-145 所示，并将 PCB 库文件与原理图库文件保存为同一路径。接下来为 PCB 创建合适的 3D 模型。在 PCB 库编辑环境下，执行"工具"→"Manager 3D for Library"命令，打开"元件体管理器"对话框，单击"执行批量更新"按钮对元件体进行批量更新，如图 2-146 所示。3D 效果图如图 2-147 所示。

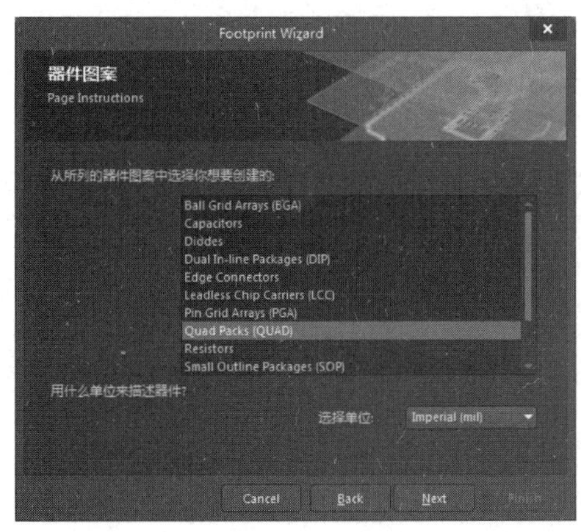

图 2-144　"Footprint Wizard"对话框

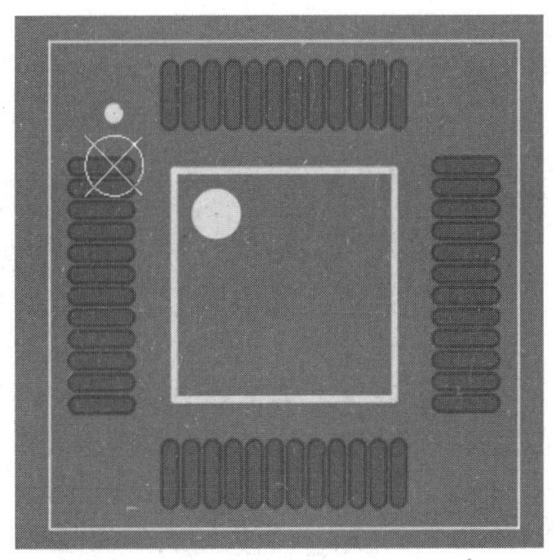

图 2-145　完成的封装

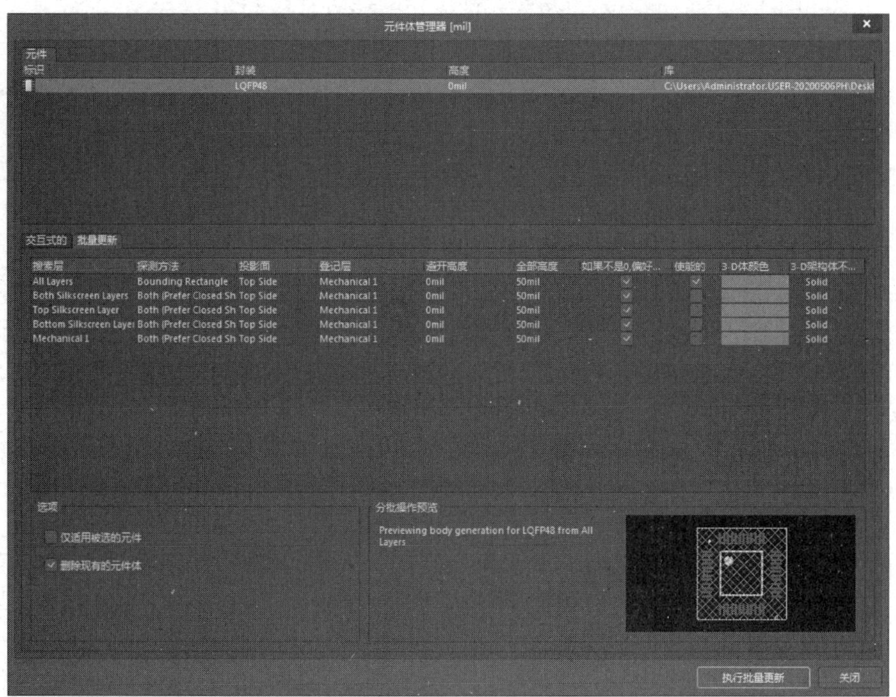

图 2-146　添加 3D 模型

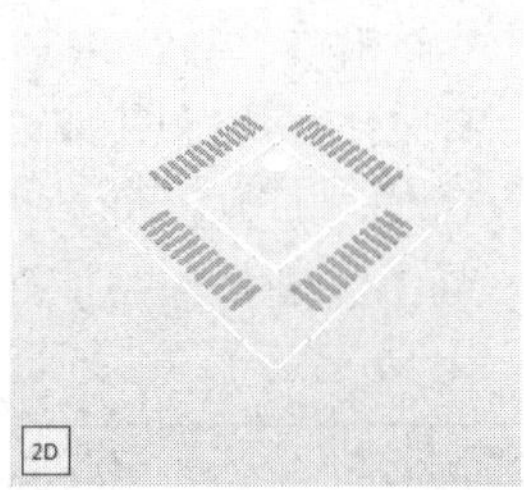

图 2-147　3D 效果图

对于复杂 3D 元件体建议按照 ECAD 与 MCAD 协作的方式获得精准的 3D 模型（STEP 格式）。在 Altium Designer 中，简单元件体的 3D 模型在 PCB 库编辑环境下可以通过执行“放置”→“3D 元件体”命令获得，完成放置后，双击该模块，打开“Properties”面板，可以进行参数设置。3D 元件体也可以组合成复杂的元件体。

第 4 步：2 个基本文件创建完毕后，下一步制作集成库。切换到原理图库编辑环境，单击“SCH Library”面板中元件列表下面的“编辑”按钮，弹出“Properties-Component”面板，如图 2-148 所示。在“Parameters”区域中，依次单击“Add”→“Footprint”按钮，弹出“PCB 模型”对话框，如图 2-149 所示。单击“浏览”按钮，选择新建立的 STM32F103C8T6 的 PCB 封装，单击“管脚映射”按钮，查看或修改原理图库文件和 PCB 库文件中元件引脚的对应情况。

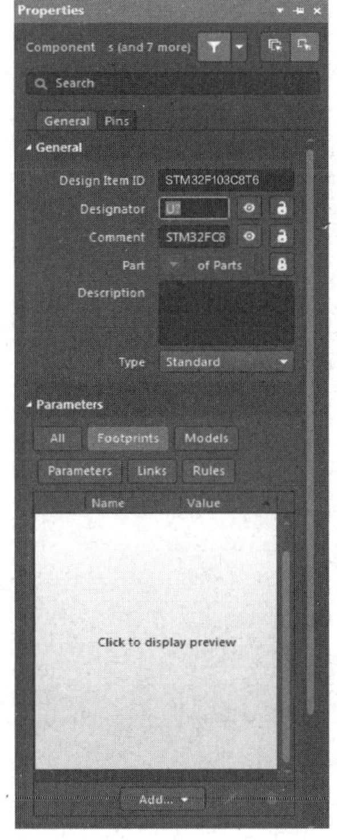

图 2-148　“Properties-Component”面板

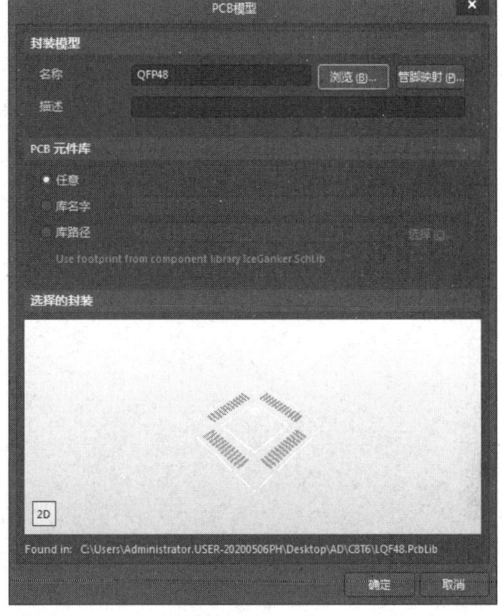

图 2-149　“PCB 模型”对话框

第 5 步：2 个库文件相互建立联系，通过编译集成库的原始文件，可以生成集成库。执行“工程”→“Compile Integrated Library STM32F103C8T6.LibPkg”命令，如图 2-150 所示，进行编译。编译成功后就完成了集成库的创建。根据此方法可以将创建的多个元件集成在同一个集成库中，以便调用和编辑。熟练掌握对库的操作，可为原理图绘制和 PCB 绘制的学习打下坚实的基础。

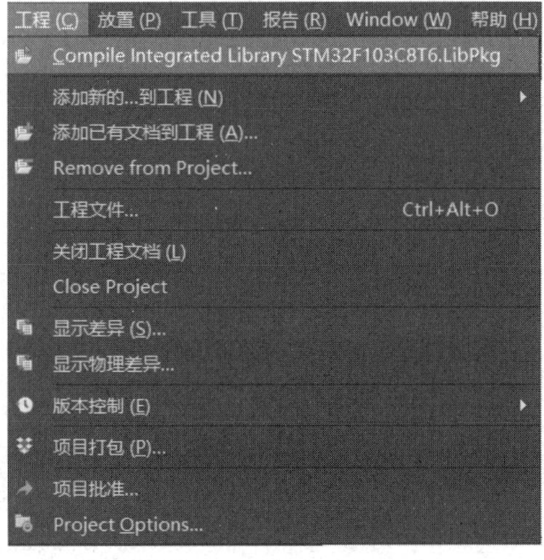

图 2-150　执行“工程”→“Compile Integrated Library STM32F103C8T6.LibPkg”命令

思考与练习

（1）创建新元件有几种方法？

（2）Altium Designer 中提供的元件引脚有哪些类型？

（3）如何隐藏引脚？

（4）练习自己创建元件封装库（如添加电阻的元件体），并更新到 PCB 库元件。

（5）创建一个 51 单片机集成库文件，绘制元件的封装模型。

第3章　绘制电路原理图

在电子产品设计过程中，电路原理图的设计是设计的根本。将已设计好的电路原理图用通用的工程表达方式呈现出来，是本章要完成的任务。

本章主要介绍绘制电路原理图的基础知识，如新建原理图文件、设置电路原理图的图纸、加载与卸载元件、放置元件及设置元件属性等。本章将顺序地介绍电路原理图的绘制过程。读者在学习本章后将可以完成对简单电路原理图的绘制，为电子设计实现打下基础。

3.1　绘制电路原理图的基本知识

在使用 Altium Designer 绘制电路原理图时，用户需要了解一些绘制电路原理图的知识和技巧。充分地利用这些知识和技巧，可使电路设计工作变得高效、快速。本节将介绍在电路原理图设计过程中常用的设置，读者可以根据设计需求自行设置。

1．参数的设定

参数一般采取默认设置，如果要改动参数，只要在安装软件时重新设定便可一直沿用下去，这里有以下两种途径可以修改设定的参数。

（1）在原理图编辑主界面中，单击右上角的按钮进入“优选项”对话框。

（2）在原理图编辑区域中右击，在弹出的快捷菜单中执行“原理图优先项”命令，如图 3-1 所示，进入“优选项”对话框。

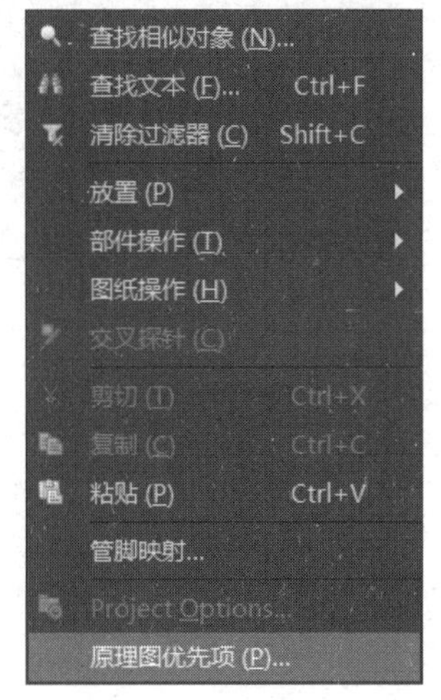

图 3-1　快捷菜单

在“优选项”对话框中执行“Schematic”→“Graphical Editing”命令，取消勾选“添加模板到剪切板”复选框，如图 3-2 所示，这样就不会在复制所选电路原理图时将图纸的图边、标题栏等也复制过去了。

2．Tab 键应用

放置元件是绘制电路原理图时常见的操作。在放置元件时，按 Tab 键可以更改元件的参数，包括元件的名称、大小和封装模型等。通常在一个电路原理图中会有相同的元件，如果在放置元件时用 Tab 键更改其属性，那么系统也会自动更改其他相同元件的属性，特别是更改元件的名称和封装模型，这样不仅很方便，还会减少错误，如漏改某个元件的属性等。需要注意的是，在放完元件后再统一更改属性，既费时又费力，还容易出错误。

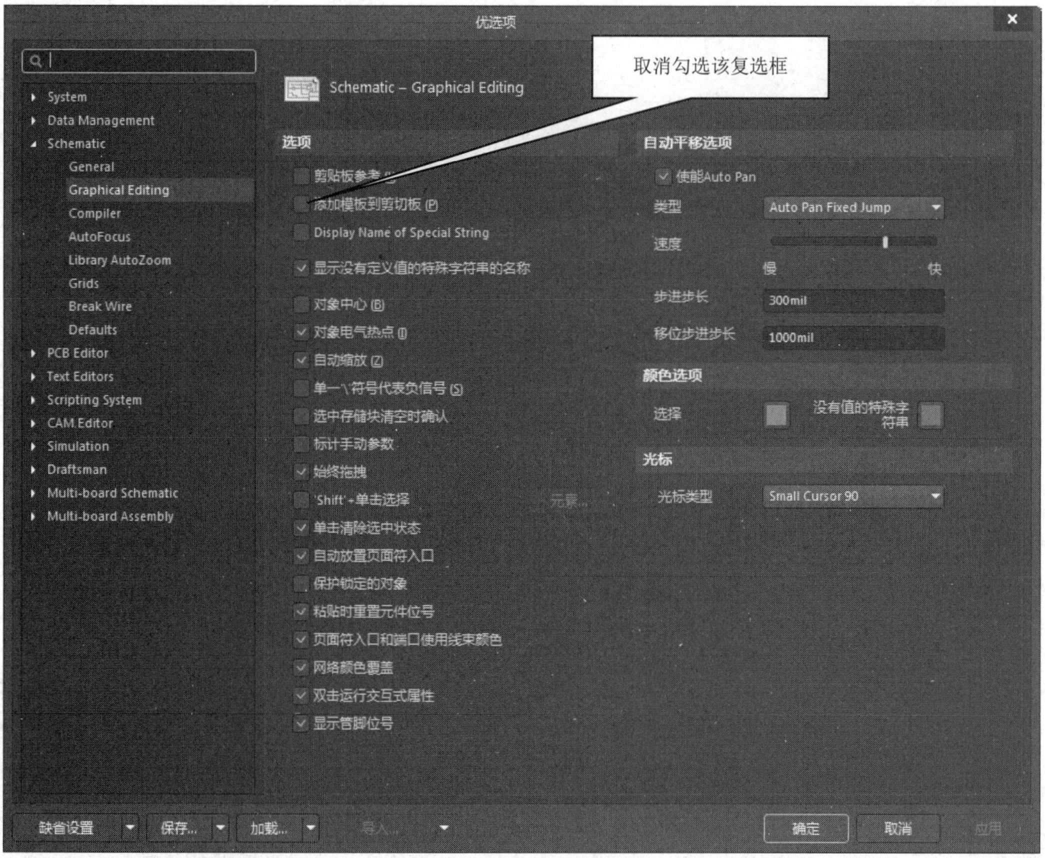

图 3-2　取消勾选“添加模板到剪切板”复选框

3．元件的创建与放置

可以利用原理图编辑环境中的工具栏放置元件，对于原理图库内未包括的元件，用户要自己创建。在 Protel 中画电路原理图时，可能会不小心使元件（或导线）掉到图纸外面，却怎么也清除不了。这是由于 Protel 在原理图编辑状态下，不能同时用光标选中工作面内外的元件。而在使用 Altium Designer 绘制电路原理图时就不会出现这种问题，这是因为 Altium Designer 不允许在图纸边界外放置元件或进行电路连接。

在创建元件时，一定要在工作区的中央(0,0)处（十字光标中心）绘制元件，否则可能会出现在电路原理图中放置制作的元件时光标总是与要放置的元件相隔很远的情况。

元件放置好后，最好及时设置其属性，若找不到与元件相应的封装模型，则应及时为元件创建合适的封装模型。

在 Protel 中绘制电路原理图时，拖曳已完成连接的元件，会出现连接线断开的情况。为了解决这一问题，Altium Designer 提供了“橡皮筋”功能，即拖曳完成连接的元件，不会发生连接线断开的情况，这一功能在“Preferences”对话框中进行设置。

在原理图编辑区域中右击，在弹出的快捷菜单中执行“原理图优先项”命令，打开“优选项”对话框，切换到“Schematic-Graphical Editing”界面，勾选“始终拖拽”复选框，如图 3-3 所示。

图 3-3　勾选“始终拖拽”复选框

4．封装模型

封装模型是指实际元件焊接到 PCB 上时显示的外观和焊点的位置，是纯粹的空间概念。因此不同的元件可共用同一封装模型，同种元件也可有不同的封装模型。例如，电阻有传统的针插式封装，采用这种封装的元件体积较大，且 PCB 必须钻孔才能插入元件，插入元件后还要过锡炉或喷锡（也可手焊），成本较高；较新的设计都是采用体积小的表面安装器件（Surface Mounted Device，SMD），这种元件不必钻孔，用钢模将半熔状锡膏倒入 PCB，再放上 SMD，即可将其焊接在 PCB 上。

5．电路原理图布线

根据设计目标进行布线。布线应该用原理图编辑环境中工具栏上的布线工具，不要误用绘图工具。布线工具具备电气特性，但绘图工具不具备电气特性，若误用则会导致电路原理图出错。

利用网络标签（Net Label）进行电路原理图布线。网络标签表示电气连接点，网络标签相同的元件是电气连接在一起的。虽然网络标签主要用于层次式电路或多重式电路中各模块电路之间的连接，但在同一张普通的电路原理图中也可以使用网络标签。通过设置相同的网络标签，使元件在电气上属于同一网络（连接在一起），从而不用电气接线就实现各引脚之间的连接，使电路原理图简洁、明了，不易出错，这不仅简化了设计，还提高了设计速度。

在设计中，有时会出现 PCB 图与电路原理图不相符——有一些网络没有连上的问题。这种问题的根源在电路原理图上，即电路原理图的连线看上去是连上了，实际上没有连上。连线不符合规范导致生成的网络表有误，从而导致 PCB 图出错。

不规范的连线方式主要如下。

- 连线超过元件端点。
- 连线的两部分有重复。

解决方法是在进行电路原理图布线时，应尽量做到如下两点。

- 在元件端点处连线。
- 元件之间尽量一线连通，避免采用直接将元件端点对接上的方法来实现元件互通。

6. 电路原理图编辑与调整

编辑和调整是保证电路原理图设计成功非常重要的一步。当电路较复杂或电路中的元件较多时，用手动编号的方法不仅慢，而且容易出现重号错误或跳号错误。重号错误会在 PCB 编辑器中载入网络表时表现出来，跳号错误会导致管理不便，针对此问题 Altium Designer 提供了元件自动编号功能。使用元件自动编号功能的方法是在原理图文件编辑主界面执行“工具”→“标注”→“原理图标注”命令，如图 3-4 所示，下文将对该操作进行详细介绍。

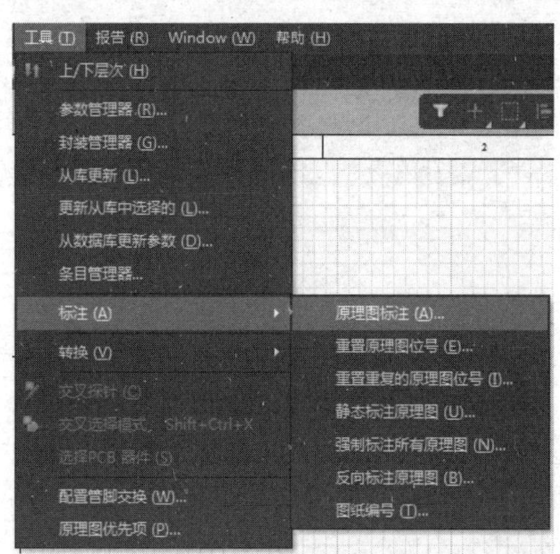

图 3-4 执行“工具”→“标注”→“原理图标注”命令

7. 层次原理图

一个庞大的电路原理图要成为项目不可能一次完成，这个电路原理图也不可能被画在一张图纸上，更不可能由一个人完成。因此，Altium Designer 提供了一个很好的项目设计工作环境。项目主管的主要工作是将整个电路原理图划分为各个功能模块。这样，由于网络的应用，整个项目可以层次进行并行设计，从而大大加快设计进程。

层次设计方法是指用户将系统划分成多个子系统，子系统下面又划分为若干个功能模块，功能模块又细分为若干个基本模块。设计好基本模块，定义好模块之间的连接关系，就可以完成整个电路的设计。在进行电路设计时，用户可以从系统开始逐级向下进行，也可以从基本模块开始逐级向上进行，可以重复调用相关电路原理图。

8．网络表

Altium Designer 能提供电路原理图中的相关信息，如元件表、阶层表、交叉参考表、ERC 表和网络表等，其中最重要的是网络表。网络表是连接电路原理图和 PCB 图的桥梁，网络表正确与否直接影响 PCB 的设计。对于复杂方案的设计文件而言，产生正确的网络表是设计成功的关键。

网络表有很多格式，通常为 ASCII 文本文件。网络表的内容主要为电路原理图中的各元件的数据及元件之间网络连接的数据。Altium Designer 格式的网络表分为两部分：第一部分为元件定义；第二部分为网络定义。

因为网络表是纯文本文件，所以用户可以利用一般的文本文件编辑程序自行建立或修改网络表。若用手工方式编辑网络表，则必须以纯文本格式保存文件。

3.2　熟悉电路原理图

熟悉原理图是绘制电路原理图的前期工作，包括创建原理图文件、设置原理图编辑环境、设置原理图图纸、管理原理图画面和操作元件。熟悉和了解原理图编辑环境，能更好地完成这些操作，便于绘制电路原理图。本节以一个空白文档为例，对原理图设计界面中常用功能进行介绍与设置。

1．创建原理图文件

虽然允许在计算机任意存储空间建立和保存 Altium Designer 文档，但是为了保证设计的顺利进行和便于管理，建议在进行电路设计之前，先选择合适的路径建立一个专属于该项目的文件夹，用于专门存放和管理该项目所有相关设计文件。

【例 3-1】创建原理图文件。

第 1 步：在原理图编辑环境中，执行“文件”→“新的”→“项目”命令，如图 3-5 所示，弹出“Create Project”对话框，单击“Create”按钮。

第 2 步：系统在“Projects”面板中，创建一个默认名为“PCB_Project_1.PrjPcb”的项目，如图 3-6 所示。在“PCB_Project_1.PrjPcb”文件名称上右击，在弹出的快捷菜单中执行“重命名”命令，根据用户需求将项目重命名。

第 3 步：单击“PCB_Project_1.PrjPcb”，右击在弹出的快捷菜单中执行“添加新的...到工程”→“Schematic”命令，在该项目中添加一个新的空白原理图文件，系统默认文件名为“Sheet1.SchDoc”，同时进入原理图编辑环境。在该文件名称上右击，在弹出的快捷菜单中执行“重命名”命令，可对其进行重命名。完成上述操作后，结果如图 3-7 所示。

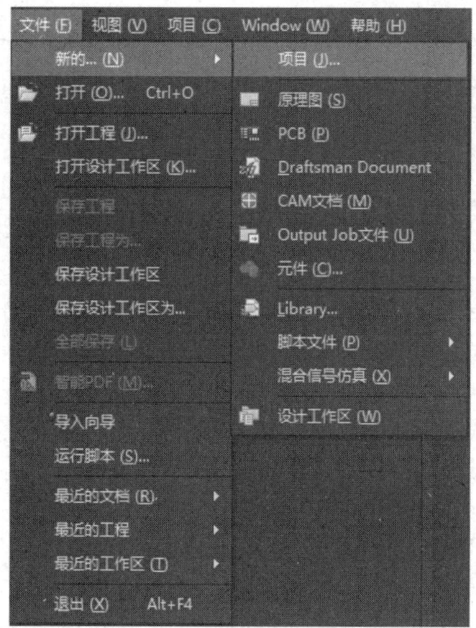

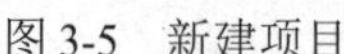
图 3-5 新建项目

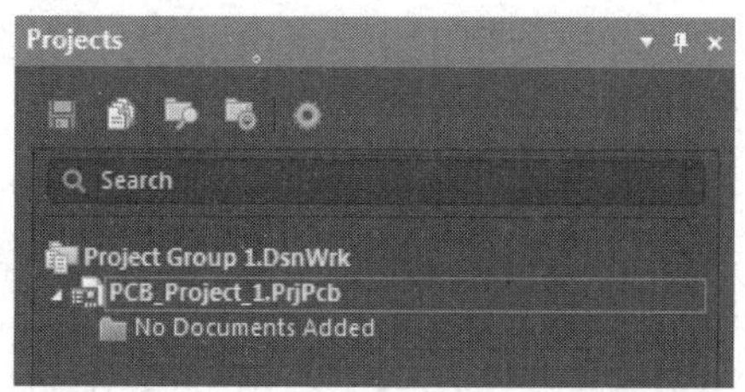

图 3-6 PCB 项目创建

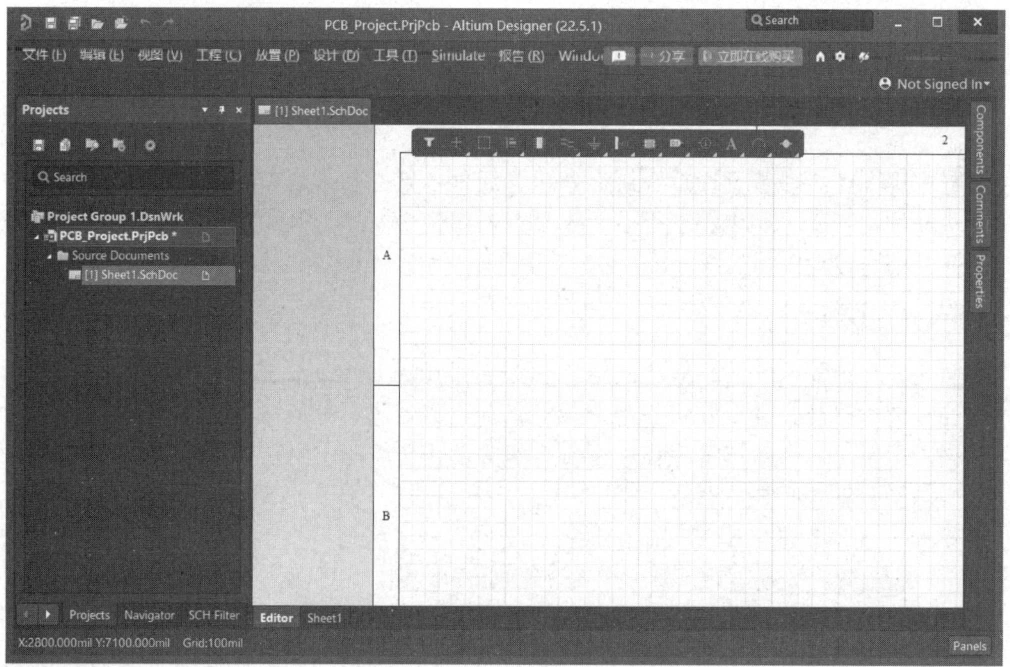

图 3-7 创建原理图文件

2. 原理图编辑环境

原理图编辑环境主要由主菜单、标准工具栏、配线工具栏、放置工具栏、应用工具栏、原理图编辑窗口和面板控制中心组成。了解这些组成部分的用途，有利于完成原理图绘制。原理图编辑环境如图 3-8 所示。

主菜单
配线工具栏
应用工具栏
放置工具栏
标准工具栏
面板控制中心
原理图编辑窗口

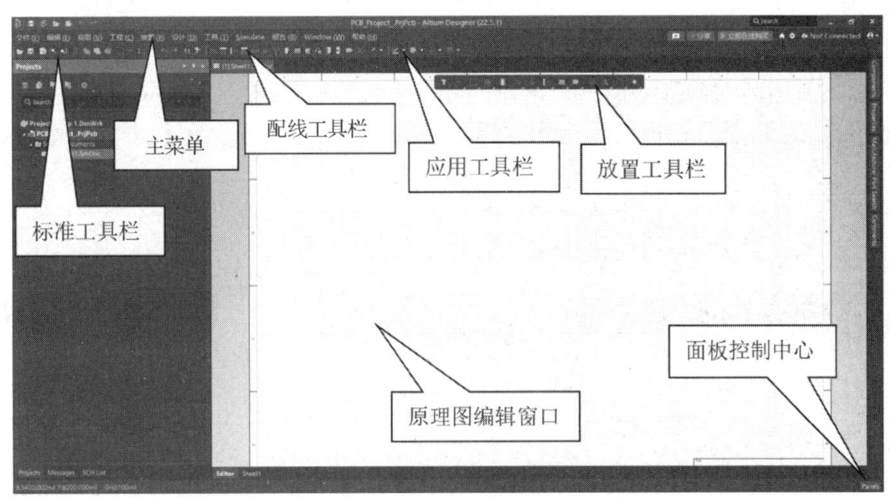

图 3-8　原理图编辑环境

1）主菜单

Altium Designer 在处理不同类型文件时，主菜单内容会发生相应的变化。在原理图编辑环境中，主菜单如图 3-9 所示。主菜单可以使用户对原理图完成编辑操作。

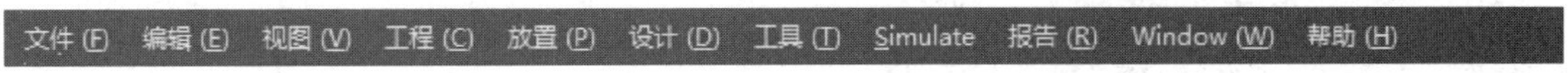

文件 (F)　编辑 (E)　视图 (V)　工程 (C)　放置 (P)　设计 (D)　工具 (T)　Simulate　报告 (R)　Window (W)　帮助 (H)

图 3-9　主菜单

2）标准工具栏

标准工具栏可以使用户对文件进行打印、复制、粘贴和查找等操作。与其他 Windows 操作软件一样，在使用该工具栏对文件进行操作时，只需要将光标放置在对应图标上并单击即可。标准工具栏如图 3-10 所示。

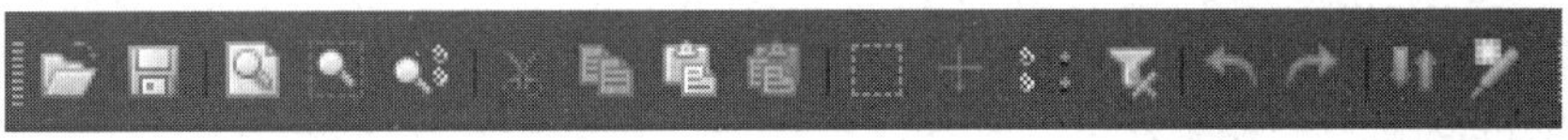

图 3-10　标准工具栏

该工具栏在默认设置中处于不显示的状态，如果需要显示该工具栏，执行“视图”→“工具栏”→“原理图标准”命令即可。

3）配线工具栏

配线工具栏主要用于完成放置原理图中的元件、电源、地、端口、图纸符号和网络标签等操作，给出了绘制元件之间的连线和总线的工具按钮。配线工具栏如图 3-11 所示。

与标准工具栏相同，配线工具栏在默认设置中也处于不显示的状态。通过执行“视图”→“工具栏”→“布线”命令，可完成配线工具栏显示或不显示状态的切换。

4）放置工具栏

与其他界面中的放置工具栏类似，由该界面常用的几个功能组合而成，不作过多介绍。

5）应用工具栏

应用工具栏包括实用工具箱、排列工具箱、电源工具箱和栅格工具箱。应用工具栏如图 3-12 所示，从左向右依次为实用工具箱、排列工具箱、电源工具箱和栅格工具箱。

- 实用工具箱：用于在电路原理图中绘制所需要的标注信息（不代表电气联系）。
- 排列工具箱：用于对电路原理图中的元件位置进行调整、排列。
- 电源工具箱：用于提供电路原理图中可能用到的各种电源。
- 栅格工具箱：用于完成对栅格的设置。

图 3-11　配线工具栏

图 3-12　应用工具栏

6）原理图编辑窗口

在原理图编辑窗口中，用户可以绘制一个新的电路原理图，并完成相关元件的放置，以及元件间的电气连接等，也可以在原有的电路原理图中进行编辑和修改。原理图编辑窗口是由一些栅格组成的，这些栅格可以帮助用户对元件进行定位。按住 Ctrl 键调节鼠标滑轮，或者按住鼠标滑轮前后移动鼠标，即可放大或缩小原理图编辑窗口，以便用户进行设计。

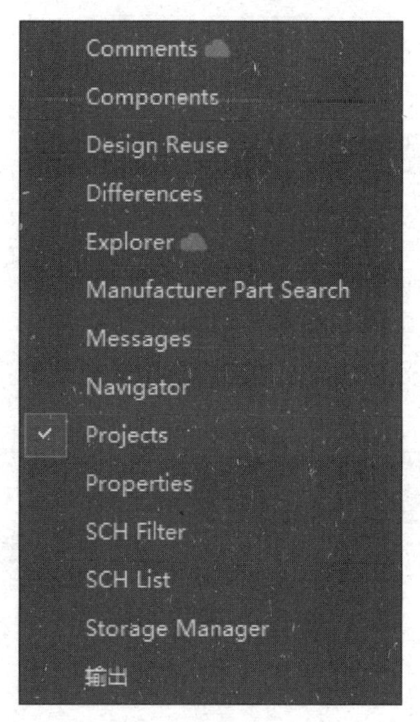

图 3-13　面板控制中心

7）面板控制中心

面板控制中心是用来开启或关闭各种工作面板的，如图 3-13 所示。

原理图编辑环境中的面板控制中心与集成开发环境中的面板控制中心相比，增减了一些内容，通过单击“Panels”按钮来进行控制。

3．原理图图纸的设置

为了更好地绘制电路原理图并达到绘制要求，要对原理图图纸进行设置，包括图纸参数设置和图纸信息设置。

1）图纸参数设置

进入原理图编辑环境后，系统会给出一个默认的图纸相关参数，但在多数情况下，这些默认参数是不符合用户要求的，如图纸的尺寸。用户应根据设计电路的复杂度来设置图纸的相关参数，为设计创造最优的环境。

下面介绍如何改变新建原理图图纸的大小、方向、标题栏、颜色和栅格大小等参数的方法。

在新建的原理图文件中，按 O 键后选择“文档选项”选项，如图 3-14 所示，右侧属性栏会显示“Properties-Document Options”面板，如图 3-15 所示。

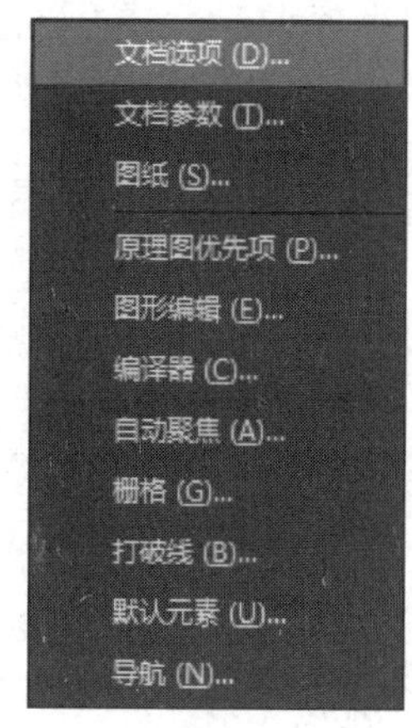

图 3-14　按 O 键后选择“文档选项”选项

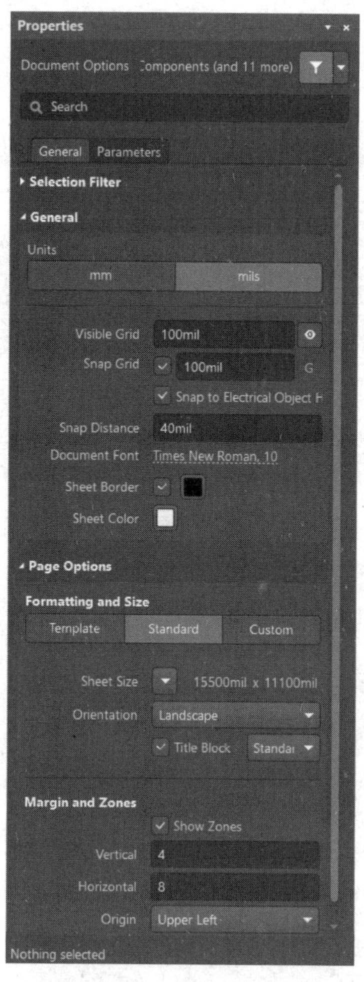

图 3-15　“Properties-Document Options”面板

图 3-15 中有 2 个标签页，即“General”和“Parameters”。其中“Parameters”标签页为单独一页，“General”标签页包括“Selection Filter”区域、“General”区域、“Page Options”区域。“Page Options”区域主要用来设置图纸的大小、方向、标题栏和颜色等参数，图 3-16 所示为“Page Options”区域中的“Standard”选项。

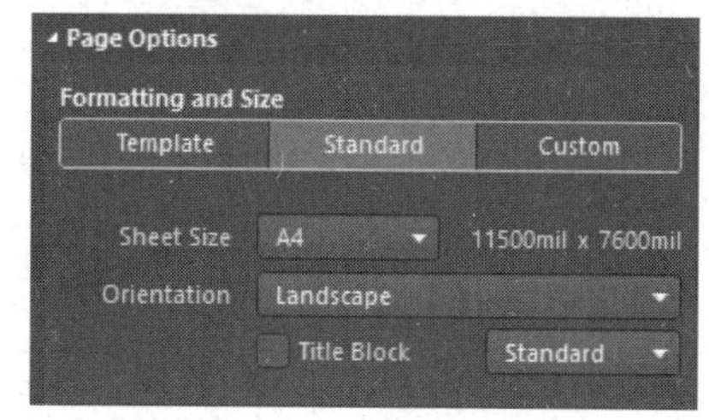

图 3-16　“Standard”选项

- 单击“Standard”选项，利用下方内容可以选择已定义好的标准图纸尺寸，包括公制图纸尺寸（A0～A4）、英制图纸尺寸（A～E）、OrCAD 标准尺寸（OrCAD A～OrCAD E），还有一些其他格式（Letter、Legal、Tabloid 等）尺寸。“Orientation”下拉列表可以用来调整图纸的方向，包括“Landscape”（横向）选项和“Portrait”（纵向）选项。
- 单击“Title Block”右侧的下拉按钮，可对明细表标题栏的格式进行设置，包括 2 个选项，“Standard”（标准格式）和“ANSI”（美国国家标准格式）。

- 单击“Custom”选项，可对图纸的长宽进行设置，其他部分都与“Standard”选项相同，如图 3-17 所示。
- 单击“Template”选项，可以直接套用已有的模板，主要与“Standard”选项不同的地方在于可以直接套用保存的自定义模板，如图 3-18 所示。

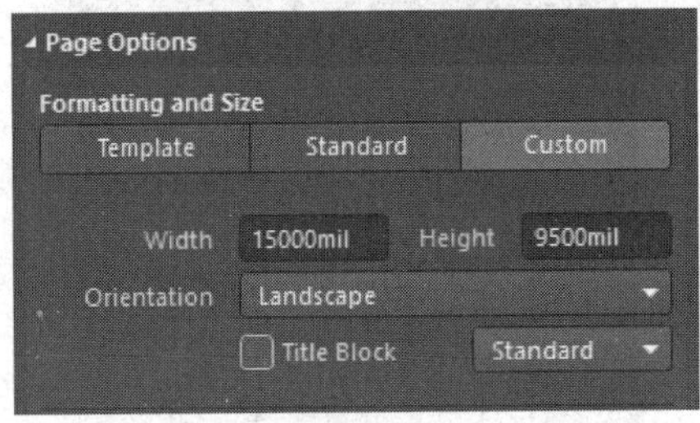

图 3-17 “Custom”选项

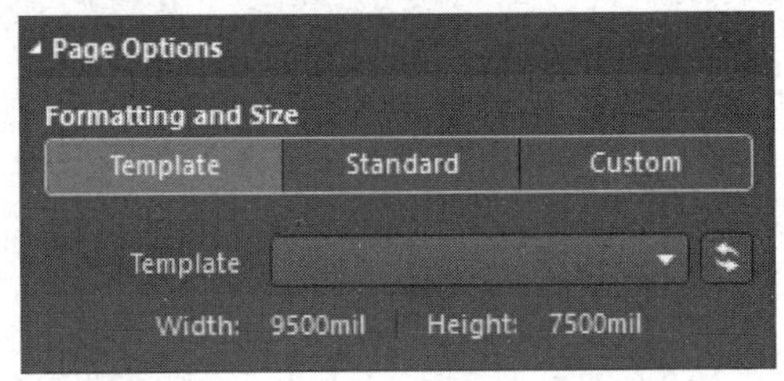

图 3-18 “Template”选项

- “Margin and Zones”区域可以用来调整图纸的边距及是否显示可用区域等。

“Units”栏主要包括以下几部分内容，如图 3-19 所示。

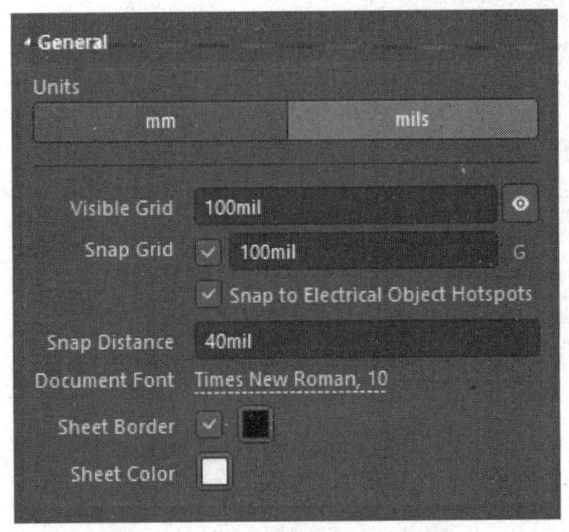

图 3-19 “Units”栏

- “Visible Grid”选项：用于设置在图纸上可以看到的栅格的大小。
- “Snap Grid”选项：Snap Grid 是一个非常重要的功能，用于确定放置和移动设计元素时的精确度和对齐方式。它是设计工作区中的一个虚拟网格，可以帮助用户更精确地放置组件、导线、焊盘等PCB设计元素。当Snap Grid 功能被启用时，元素在移动时会自动对齐到最近的网格点。Snap Grid 功能保证了设计的整洁性和对齐性，同时由于元素不会被放置到不合适的位置，因此降低了错误的可能性。用户可以根据需要调整 Snap Grid 的大小，以适应不同阶段的设计精度要求。

栅格方便了元件的放置和线路的连接，用户借助栅格可以轻松地完成元件排列和布线，极大地提高了设计速度和编辑效率。设定的栅格值不是一成不变的，在设计过程中执行“视图”→“栅格”命令，可以在弹出的快捷菜单中随意地切换 3 种栅格的启用状态，或者重新设定捕获的栅格范围。“栅格”菜单如图 3-20 所示。

- “Document Font”链接：单击该链接会打开相应的字体设置对话框，可对电路原理图中使用的字体进行设置，如图 3-21 所示。
- “Sheet Border”颜色框或“Sheet Color”颜色框：单击，会打开“选择颜色”对话框，可以更改 PCB 的底色或 PCB 边界线的颜色。
- “Sheet Border”复选框：用于设置边界是否可见。

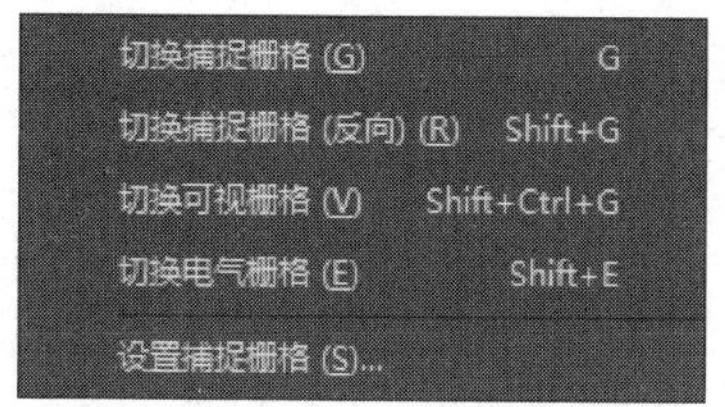

图 3-20　“栅格”菜单

图 3-21　字体设置

2）图纸信息设置

图纸的信息包括电路原理图的信息和更新信息，这项功能可以使用户更系统、更有效地对电路图纸进行管理。

在“Properties-Document Options”面板的“Parameters”标签页中，可以看到图纸信息的具体参数，如图 3-22 所示，主要内容如下。

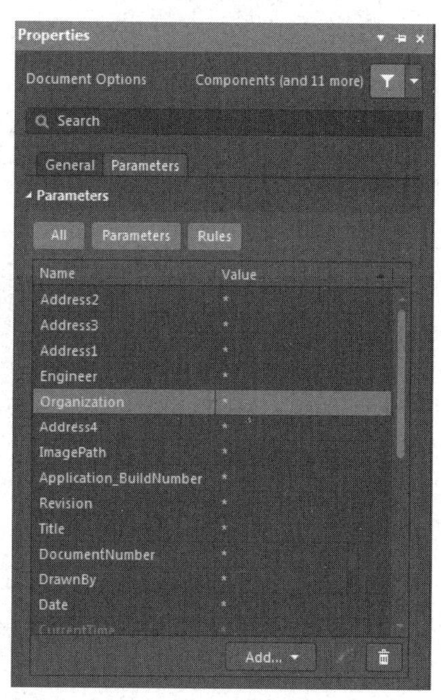

图 3-22　“Parameters”标签页

- Address 1、Address 2、Address 3、Address 4：设计者的通信地址。
- Application_BuildNumber：应用标号。
- ApprovedBy：项目负责人。
- Author：图纸设计者姓名。
- CheckedBy：图纸检验者姓名。
- CompanyName：设计公司名称。
- CurrentDate：当前日期。
- CurrentTime：当前时间。
- Date：日期。
- DocumentFullPathAndName：项目文件名和完整路径。
- DocumentName：文件名。
- DocumentNumber：文件编号。
- DrawnBy：图纸绘制者姓名。
- Engineer：设计工程师。
- ImagePath：图像路径。
- ModifiedDate：修改日期。
- Orgnization：设计机构名称。
- Revision：设计图纸版本号。
- Rule：设计规则。
- SheetNumber：电路原理图编号。
- SheetTotal：整个项目中电路原理图总数。
- Time：时间。
- Title：电路原理图标题。

单击需要更改的参数对应的“Value”值，即可实现对参数的修改。

4．原理图系统环境参数的设置

系统环境参数的设置是电路设计过程中重要的一步，用户根据个人设计习惯，设置合理的环境参数，可大大提高设计效率。

执行“工具”→“原理图优先项”命令，或者在原理图编辑区域内右击，在弹出的快捷菜单中执行“原理图优先项”命令，如图 3-23 所示，将会打开原理图的“优选项”对话框，如图 3-24 所示，该对话框中有 11 个标签页供设计者进行设置。

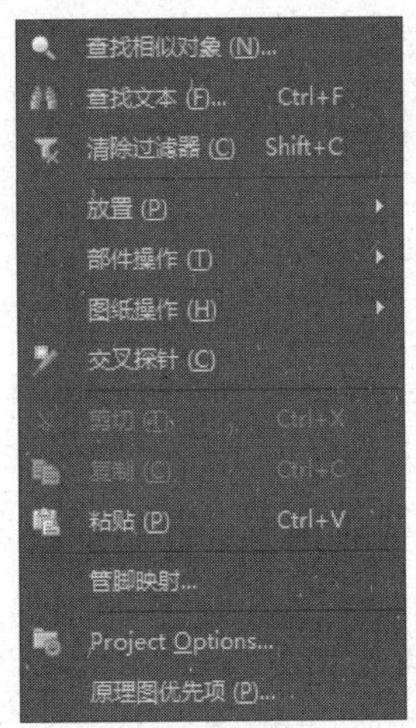

图 3-23　执行“原理图优先项”命令

（1）“Schematic-General”界面如图 3-24 所示，用于设置电路原理图的环境参数。

- “选项”区域中的选项如下。
  - “在节点处断线[①]”复选框：用于设置在电路原理图上拖动或插入元件时，该元件与其相连接的导线一直保持直角。若不勾选该复选框，则在移动元件时，该元件与其导线可以为任意角度。

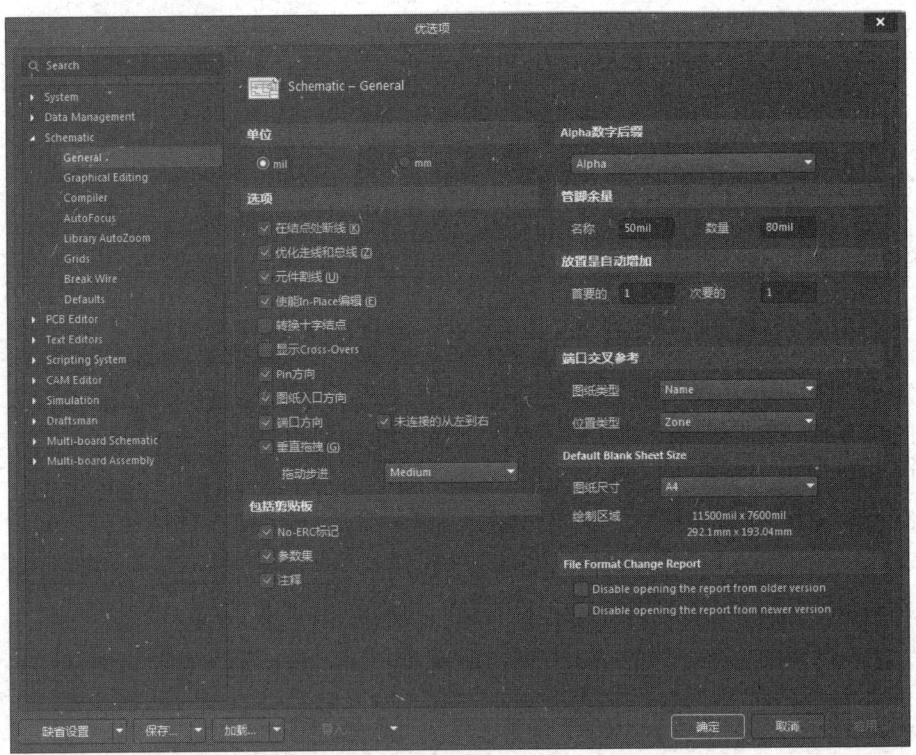

图 3-24　“Schematic-General”界面

① 软件图中的“结点”的正确写法应为“节点”。

- “优化走线和总线”复选框：通过调整和改进信号线的布线路径，来达到更好的性能、电气特性或信号完整性的目标。
- “元件割线”复选框：在勾选“优化走线和总线”复选框后，“元件割线”复选框将呈现可选状态。勾选“元件割线”复选框后，在放置一个元件到原理图导线上时，该导线将被分割为两段，并且导线的两个端点分别自动与元件的两个引脚相连。
- “使能 In-Place 编辑”复选框：用于设置在编辑电路原理图中的文本对象时，如元件的序号、注释等信息，双击后直接进行编辑、修改，不必打开相应的对话框。
- “转换十字节点”复选框：用于设置在 T 字连接处增加一段导线形成四个方向的连接时，会自动产生两个相邻的三向连接点，如图 3-25 所示。若没有勾选该复选框，则形成两条交叉且没有电气连接的导线，如图 3-26 所示。若此时勾选“显示 Cross-Overs”复选框，则会在相交处显示一个如图 3-27 所示的曲线。

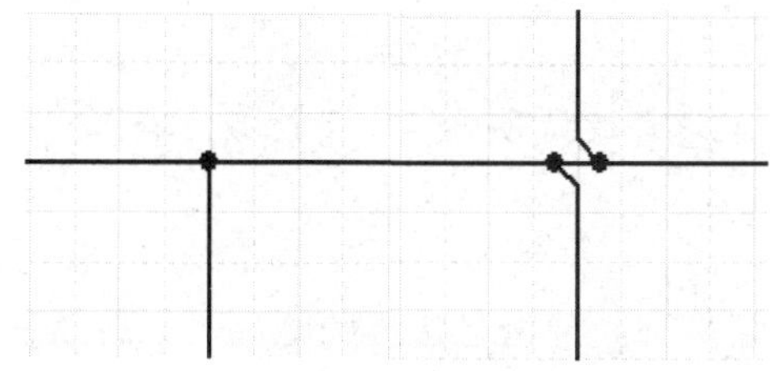

图 3-25　勾选“转换十字节点”复选框的情况

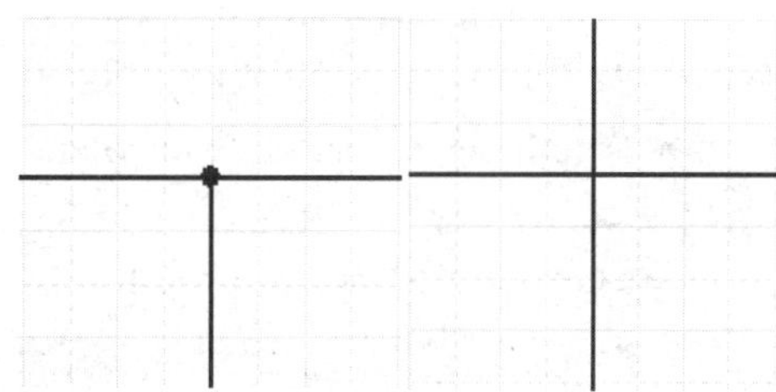

图 3-26　未勾选“转换十字节点”复选框的情况

- “显示 Cross-Overs”复选框：用于设置非电气连线的交叉点以半圆弧显示，如图 3-27 所示。
- “Pin 方向”复选框：用于设置在原理图文件中显示元件引脚的方向，引脚方向用一个三角形符号表示。
- “图纸入口方向”复选框：用于设置层次原理图中的图纸入口的显示类型。若勾选该复选框，则图纸入口按其属性的 I/O 类型显示；若不勾选该复选框，则图纸入口按其属性中的类型显示。

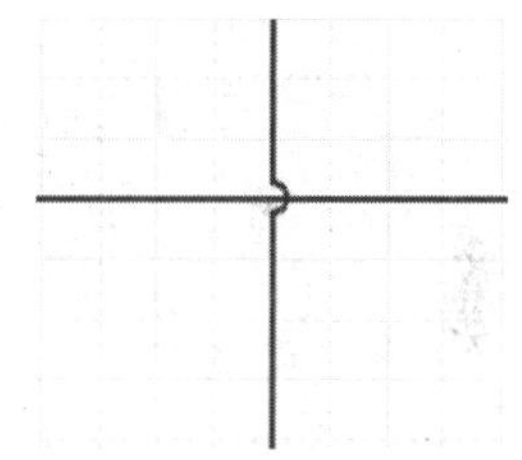

图 3-27　非电气连接的导线

- “端口方向”复选框：用于设置在原理图文件中端口的显示类型。若勾选该复选框，则端口按其属性中的 I/O 类型显示；若不勾选该复选框，则端口按其属性中的类型显示。
- “未连接的从左到右”复选框：用于设置当勾选“端口方向”复选框时，电路原理图中未连接的端口将显示为从左到右的方向。
- “垂直拖拽”复选框：若勾选该复选框，将允许用户在垂直方向上自由拖动该元件，以调整其位置；若不勾选该复选框，则用户在拖动元件时只能使元件在水平方向上移动，垂直方向将被锁定。
- “拖动步进”下拉列表：这个下拉列表允许用户选择拖动元件或对象时，光标移动的精确度。不同的“拖动步进”选项允许用户以不同的距离和精度拖动元件。

- “包括剪贴板”区域中的选项如下。
  - “No-ERC 标记”复选框：用于设置在复制、剪切设计对象到剪贴板或打印时，是否包含图纸中忽略的 ERC 符号。
  - “参数集”复选框：用于设置在复制、剪切设计对象到剪贴板或打印时，是否包含元件的参数信息。
  - “注释”复选框：用于设置是否将剪贴板中的注释信息一起复制或剪切到目标位置。该复选框的作用是在设计中移动元件或对象时，保留元件或对象的注释信息，以确保设计的连通性和可读性。如果用户不需要复制或剪切注释信息，可以取消勾选该复选框，以节省剪贴板空间或避免不必要的注释信息复制。
- “Alpha 数字后缀”下拉列表：用于设置在放置复合元件时，其子部件的后缀形式，具体如下。
  - “Numeric, separated by a dot ‘.’”选项：选择此选项将使用带点分隔符的数字后缀，如 R12.1、R12.2、R12.3 等。
  - “Numeric, separated by a colon ‘:’”选项：选择此选项可使用带冒号分隔符的数字后缀，如 R12:1、R12:2、R12:3 等。
- “管脚余量”区域，具体如下。
  - “名称”文本框：用于设置元件的引脚名称与元件符号边界的距离，系统默认值为 50mil。
  - “数量”文本框：用于设置元件的引脚号与元件符号边界的距离，系统默认值为 80mil。
- “放置是自动增加”区域：此功能主要用于控制在放置元件时对元件的命名和编号的处理。这个设置通常有两个选项，即“首要的”框和“次要的”框，这两个框中的值决定了在放置同类型元件时编号是如何递增的。
  - “首要的”框：在原理图上相邻两次放置同一种元件时元件序号按照设置的数值自动增加，系统默认值为 1。
  - “次要的”框：用于设置在编辑元器件库时引脚号的自动增量数，系统默认值为 1。
- “端口交叉参考”区域，具体如下。
  - “图纸类型”下拉列表，具体选项如下。

    “None”选项：没有在所有端口的交叉引用字符串中添加图纸样式。

    “Name”选项：将端口链接到的图纸名称添加到交叉引用字符串中。

    “Number”选项：将端口链接到的图纸编号添加到交叉引用字符串中。
  - “位置类型”下拉列表：用于设置空间位置或坐标位置的形式。
- “Default Blank Sheet Size”区域：可应用于已有的模板，也可用于设置默认的空白电路原理图的尺寸，用户可以从“图纸尺寸”下拉列表中选择。
- “File Format Change Report”区域，具体如下。
  - “Disable opening the report from older version”复选框：若勾选此复选框，将允许用户禁用从旧版本的 Altium Designer 打开文件格式更改报告，从而防止可能导致不兼容问题的操作。

▪ “Disable opening the report from newer version”复选框：若勾选此复选框，将允许用户禁用从新版本的 Altium Designer 打开文件格式更改报告，从而确保在旧版本中不会出现不兼容的问题。

（2）“Schematic-Graphical Editing”界面如图 3-28 所示，该界面用于设置图形编辑环境参数。

图 3-28　“Schematic-Graphical Editing”界面

- “选项”区域，具体如下。
  ▪ “剪贴板参考”复选框：勾选该复选框后，当用户执行复制或剪切命令时，会被要求选择一个参考点。建议用户勾选该复选框。
  ▪ “添加模板到剪切板”复选框：勾选该复选框后，当执行复制或剪切命令时，系统会把当前电路原理图所用的模板文件一起添加到剪贴板上。
  ▪ “Display Name of Special String”复选框：勾选该复选框后，将在原理图中显示特殊字符串（如电源端口、地端口等）的名称，有利于提高设计的可读性和理解性。
  ▪ “显示没有定义值的特殊字符串的名称”复选框：勾选该复选框后，将显示未定义值的特殊字符串的名称。特殊字符串通常用于表示电源端口、地端口等，在某些情况下可能没有明确定义的值。

- “对象中心”复选框：勾选该复选框后，在移动或拖动对象时会以原点或对象的中心为中心。
- “对象电气热点”复选框：勾选该复选框后，可以通过对象最近的电气节点进行移动或拖动对象操作。
- “自动缩放”复选框：勾选该复选框后，当插入元件时，电路原理图可以自动实现缩放。
- “单一'\'符号代表负信号”复选框：勾选该复选框后，以‘\’表示某字符为非或负，即在名称上面加横线。
- “选中存储块清空时确认”复选框：勾选该复选框后，在清除指定的存储器时，将出现要求确认对话框。
- “标计手动参数”复选框：勾选该复选框后，将突出显示手动添加的参数，有助于区分手动添加的参数和自动生成的参数。
- “始终拖拽”复选框：勾选该复选框后，使用鼠标拖动选择的对象时与其相连的导线也会随之移动。
- “'Shift'+单击选择”复选框：勾选该复选框后，按住 Shift 键并单击才可以选中对象。使用该功能会使原理图编辑很不方便，建议用户不要勾选该复选框。
- “单击清除选中状态”复选框：勾选该复选框后，单击原理图中的任何位置都可以取消设计对象的选中状态。
- “自动放置页面符入口”复选框：勾选该复选框后，系统自动放置图纸入口。
- “保护锁定的对象”复选框：勾选该复选框后，系统保护锁定的对象。
- “粘贴时重置元件位号”复选框：勾选该复选框后，将在粘贴元件时重置其位号，可以确保新粘贴的元件不会与原有元件产生位号冲突。
- “页面符入口和端口使用线束颜色”复选框：勾选该复选框后，页面符入口和端口将采用线束的颜色，有助于不同页面之间的信号流的可视化。
- “网络颜色覆盖”复选框：勾选该复选框后，网络颜色将覆盖元件的填充颜色，有助于识别不同网络的连线。
- “双击运行交互式属性”复选框：勾选该复选框后，双击一个元件将打开交互式属性对话框，以便直接编辑元件的属性，提供了一种快速编辑元件属性的方式。
- “显示管脚位号”复选框：勾选该复选框后，将显示引脚的位号。这有助于在电路原理图中标识和理解元件的引脚。

• “自动平移选项”区域用于设置自动移动参数。在绘制电路原理图时，经常需要平移图形，通过该区域中的选项可设置移动的形式和速度。

- “使能 Auto Pan”复选框：在勾选该复选框后，用户在设计视图中将光标接近窗口的边缘时，设计视图会自动平移以展示更多的区域。这样做可以提高用户在处理复杂 PCB 设计时的效率和舒适度，因为它减少了手动滚动和平移视图的操作。
- “类型”下拉列表：若选择“Auto Pan Fixed Jump”选项，拖动视图时，视图将以预定的距离跳跃移动，而不是平滑地滚动；若选择“Auto Pan ReCenter”选项，完成某些操作后，视图会自动居中，以确保操作的区域位于视图中央。
  - “速度”调节块：用来设置自动平移图形的速度。
  - “步进步长”文本框：用来设置自动平移时的步长。步长表示每次平移的距离。
  - “移动步进步长”文本框：用来设置移动步进时的步长。移动步进是指手动移动电路原理图时的步长。
- “颜色选项”区域具体如下。
  - “选择”颜色框：用来设置所选中对象的颜色，默认颜色为绿色。
  - “没有值的特殊字符串”颜色框：用来设置在电路原理图中表示没有明确定义值的特殊字符串（如电源端口、地端口等）的颜色。使用该颜色框指定一种颜色后，Altium Designer 将使用这个颜色来突出显示电路原理图中的没有明确定义值的特殊字符串，这有助于提高设计的可读性和理解性，因为这些特殊字符串通常用于表示电源、地或其他重要连接，但它们可能没有明确的数值属性。
- “光标”区域具体如下。
  - “光标类型”下拉列表：用于设置光标的类型，用户可以设置的类型有 4 种——90° 大光标、90° 小光标、45° 小光标和 45° 微小光标。

3.3　对元件库的操作

电路原理图是由大量元件构成的。绘制电路原理图的本质就是在原理图编辑环境下的编辑区域中不断放置元件。由于元件数量庞大且种类繁多，因此需要按照不同生产商及不同功能类别进行分类，并分别存放在不同的文件内，这些专门用来存放元件的文件就是元件库文件。本节将对如何查找元件、安装元件库、对元件的各类操作举例进行演示。

1．“Components”面板

“Components”面板是 Altium Designer 中最重要的应用面板之一，既为原理图编辑器提供服务，PCB 编辑器也同样离不开它。为了更高效地进行电子产品设计，用户应当熟练地掌握它。按 K 键，执行“Components”命令，或者单击“Panels”按钮，选择“Components”选项，可以调出“Components”面板。“Components”面板如图 3-29 所示。

- 查询条件输入栏：用来输入与要查询的元件相关的内容，帮助用户快速查找。
- 元件列表：用来列出满足查询条件的所有元件或用来列出当前被激活的元件库包含的所有元件。
- 当前加载元件：该栏中列出了当前项目加载的所有 Components 文件。单击右边的下拉按钮，可以进行选择并改变激活的 Components 文件。
- 原理图符号预览：用来预览当前元件的原理图符号。
- 模型预览：用来预览当前元件的各种模型，如 2D 模型、3D 模型等。

“Components”面板提供了对所选择的元件的预览，包括原理图中的外形符号和封装模型，以及其他模型符号，可在放置元件前先看到这个元件的大致样子。另外，利用“Components”

面板还可以完成元件的快速查找、元件库的加载，以及元件的放置等多种操作。

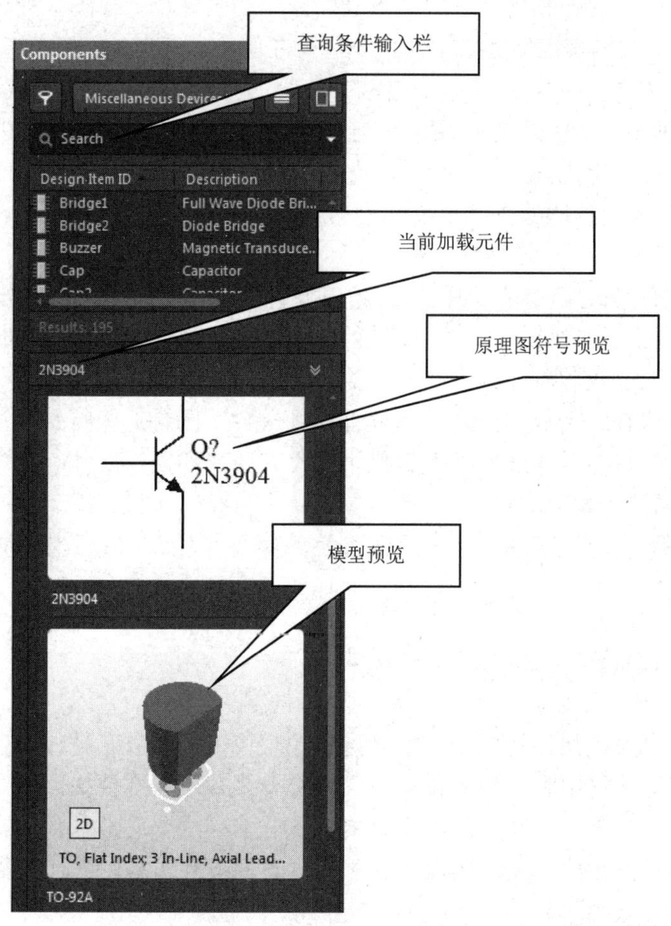

图 3-29　“Components”面板

2. 加载和卸载元件库

为了方便地把相应元件的原理图符号放置到图纸上，一般应将包含所需要元件的元件库载入内存，这个过程就是元件库的加载。但不能加载系统包含的所有元件库，这样做会占用大量系统资源，降低应用程序的使用效率。因此，应及时将暂时用不到的元件库从内存中移出，这个过程就是元件库的卸载。

下面具体介绍一下加载和卸载元件库的操作过程。

【例 3-2】加载已下载的元件库。

第 1 步：单击“Panels”按钮，选择“Components”选项，打开“Components”面板，单击☰按钮，选择“File-based Libraries Preferences”选项，打开“可用的基于文件的库”对话框，如图 3-30 所示。

第 2 步：单击“安装”按钮，弹出“打开”对话框，如图 3-31 所示。

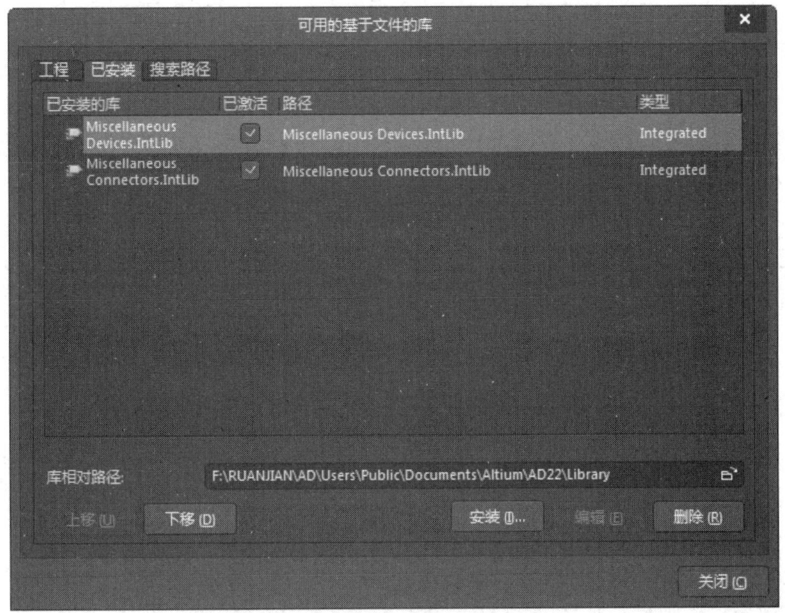

图 3-30　“可用的基于文件的库”对话框

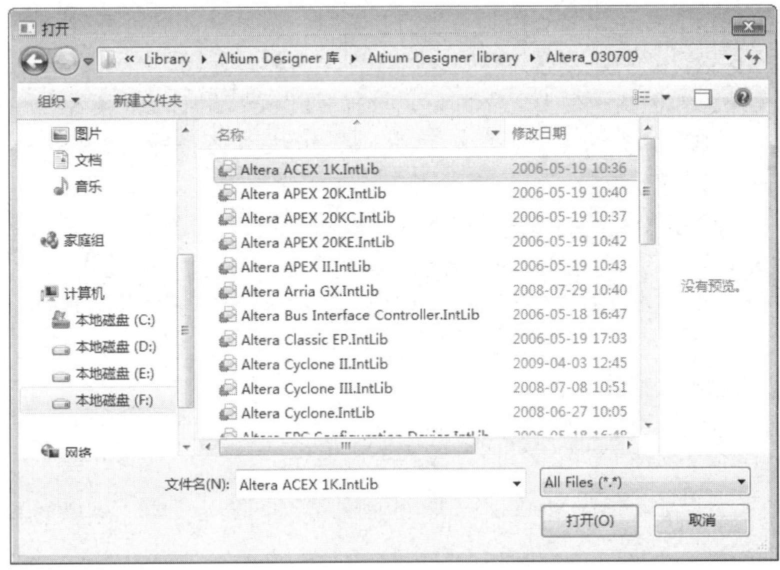

图 3-31　“打开”对话框

第 3 步：在“打开”对话框中选择元件库文件夹，打开后选择相应的元件库。例如，选择元件库“Altera ACEX 1K”，单击“打开”按钮，该元件库将出现在“可用的基于文件的库”对话框中，即完成了元件库加载工作，如图 3-32 所示。重复上述操作，将一一加载需要的元件库。加载完毕后，单击“关闭”按钮，关闭“可用的基于文件的库”对话框。

第 4 步：在“可用的基于文件的库”对话框中选中不需要的元件库，单击“删除”按钮，即可完成对该元件库的卸载。

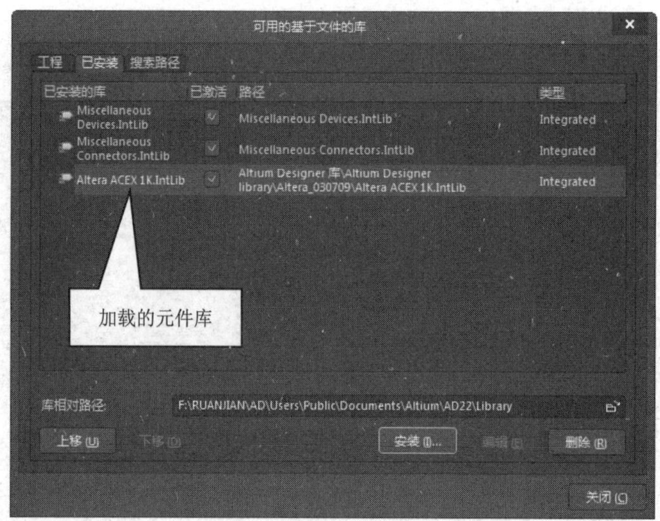

图 3-32　完成了元件库的加载

3. 元件的查找

系统提供了两种查找元件方式：一种是在“可用的基于文件的库”对话框中进行元件的查找；另一种是利用系统提供的查找功能来查找元件，并加载相应的元件。第二种方式在用户只知道元件的名称，并不知道该元件所在的元件库名称时使用。

在“Components”面板上，单击▤按钮，选择“File-based Libraries Search”选项，打开如图 3-33 所示的“基于文件的库搜索”对话框。该对话框主要分成以下几部分，了解每部分的用途，便于查找工作的完成。

（1）简单查找：“基于文件的库搜索”对话框（简单查找）如图3-33所示，如果需要进行高级查找，就单击图 3-33 所示对话框中的“高级”前的三角形按钮，以显示高级查找对话框。

（2）“过滤器”区域：先在“字段”下拉列表中设置待查找元件的域属性，如 Name 等；然后设置“运算符”下拉列表，如 equals、contains、starts with、ends with 等；最后在“值”文本框中输入所要查找的属性值。

（3）“范围”区域：用来设置查找范围。

- “搜索范围”下拉列表：包含四个选项，即“Components”（元件）选项、“Footprints”（PCB 封装）选项、“3D Models”（3D 模型）选项、“Database Components”（数据库元件）选项。
- “可用库”单选按钮：选择该单选按钮后，系统会在已加载的元件库中查找。
- “搜索路径中的库文件”单选按钮：选择该单选按钮后，系统将按照设置好的路径范围进行查找。

（4）“路径”区域：用来设置查找元件的路径，只有在选择“搜索路径中的库文件”单选按钮时，该区域中的设置才是有效的。

- “路径”文本框：单击右侧的文件夹图标，弹出“浏览文件夹”对话框，供用户设置搜索路径，若勾选下面的“包含子目录”复选框，则包含在指定目录中的子目录也会被搜索。

• “File Mask”下拉列表：用来设定查找元件的文件匹配域。

（5）高级查找：“基于文件的库搜索”对话框（高级查找）如图 3-34 所示。在该对话框顶部的文本编辑栏中，输入一些与查询内容有关的过滤语句表达式，有助于系统进行更快捷、更准确的查找。例如，在文本编辑栏中输入“(Name LIKE '*LF347*')”，单击“查找”按钮后，系统开始搜索 LF347。

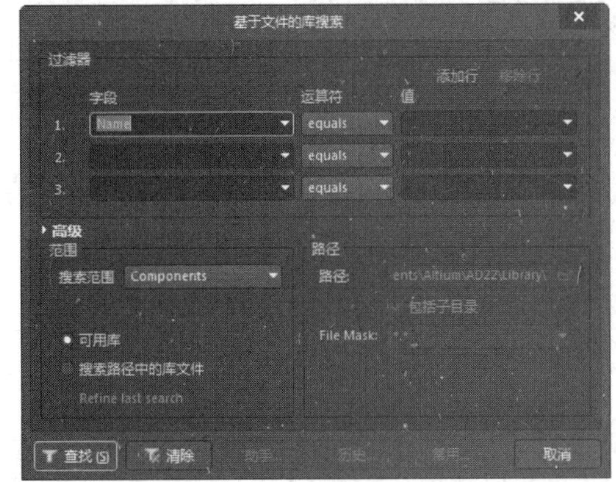

图 3-33　“基于文件的库搜索”对话框（简单查找）

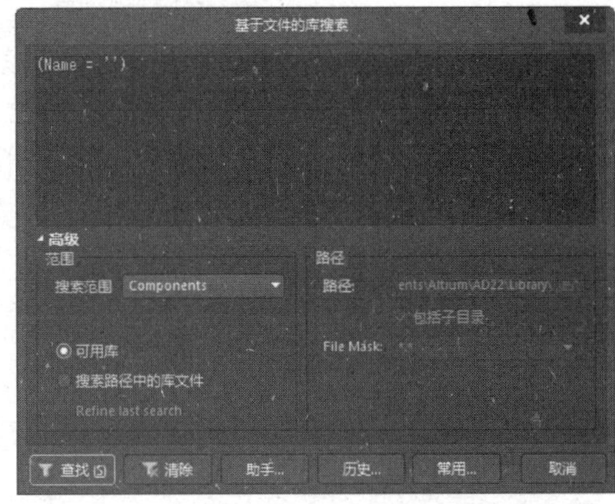

图 3-34　“基于文件的库搜索”对话框（高级查找）

除了“查找”按钮，“基于文件的库搜索”对话框底部还有一些按钮，主要按钮的作用如下。

• “清除”按钮：单击该按钮，可将元件库查找文本编辑栏中的内容清除，以便下次进行查找。

• “助手”按钮：单击该按钮，将打开“Query Helper”对话框，如图 3-35 所示。在该对话框内，可以输入一些与查询内容相关的过滤语句表达式，有助于快捷、精确地查找需要的元件。

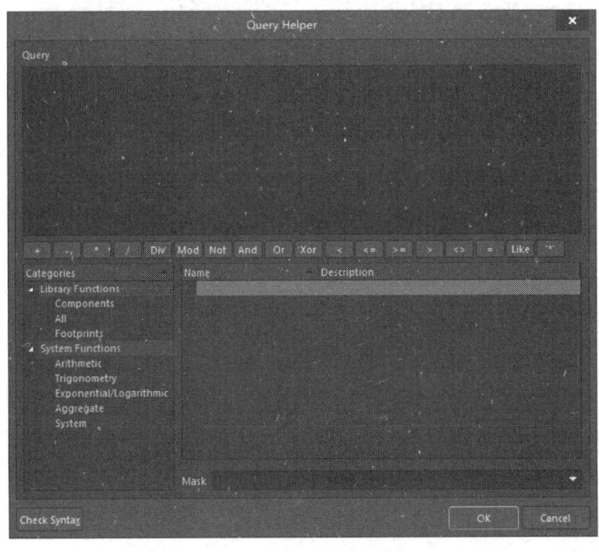

图 3-35　“Query Helper”对话框

- “历史”按钮：单击该按钮，将打开“Expression Manager”对话框的“History”标签页，如图 3-36 所示。“History”标签页中存放着以往的查询记录。

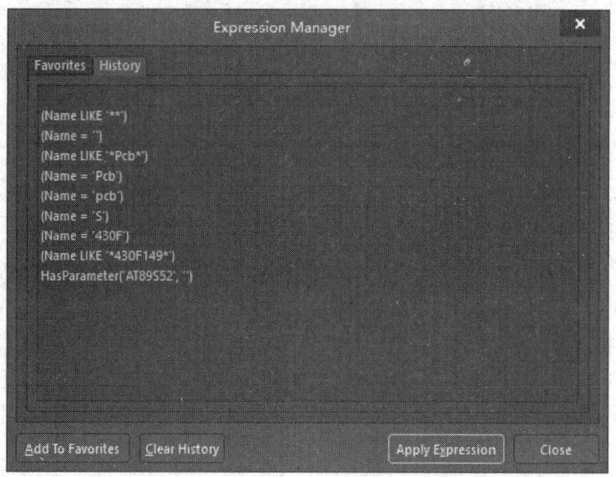

图 3-36 “History”标签页

- “常用”按钮：单击该按钮，将打开“Expression Manager”的“Favorites”标签页，如图 3-37 所示，用户可将已查询的内容保存在这里，以便下次用到该元件时直接使用。

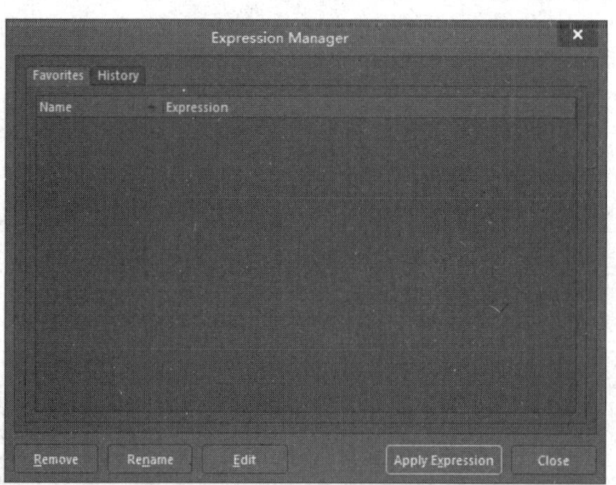

图 3-37 “Favorites”标签页

下面介绍如何在未知库中进行元件的查找，并添加相应的库文件。

打开“基于文件的库搜索”对话框，设置“搜索范围”为“Components”，选择“搜索路径中的库文件”单选按钮，此时“路径”文本框内显示的是系统默认安装路径，在“字段”下拉列表框中输入“Name”，设置运算符为“contains”，在“值”文本框内输入元件的全部名称或部分名称，如“Diode”，设置好的“基于文件的库搜索”对话框如图 3-38 所示。

单击“查找”按钮后，系统开始查找元件。在查找过程中，原来“Components”面板上的元件列表中多了“Stop”按钮。若需要终止查找服务，则单击“Stop”按钮。

查找结束后的“Components”面板如图 3-39 所示。经过查找，满足查询条件的元件共有 34 个，它们的元件名、原理图符号、模型名及封装模型都在“Models”区域中列出。

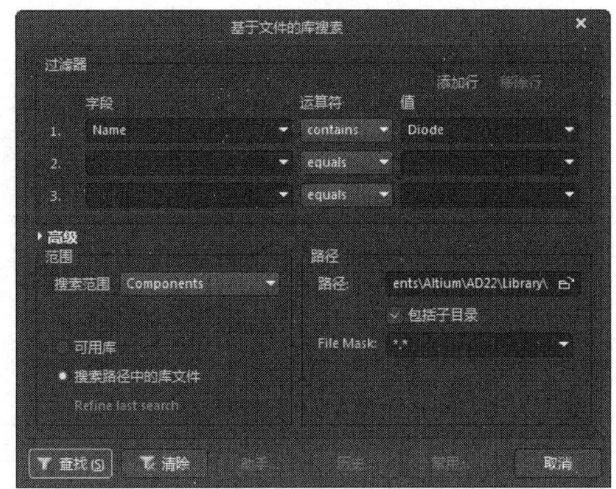

图 3-38　设置好的“基于文件的库搜索”对话框

在“Design Item ID”列中，单击需要的元件，如这里选择“Diode”。在选中元件名称上右击，弹出如图 3-40 所示的快捷菜单。

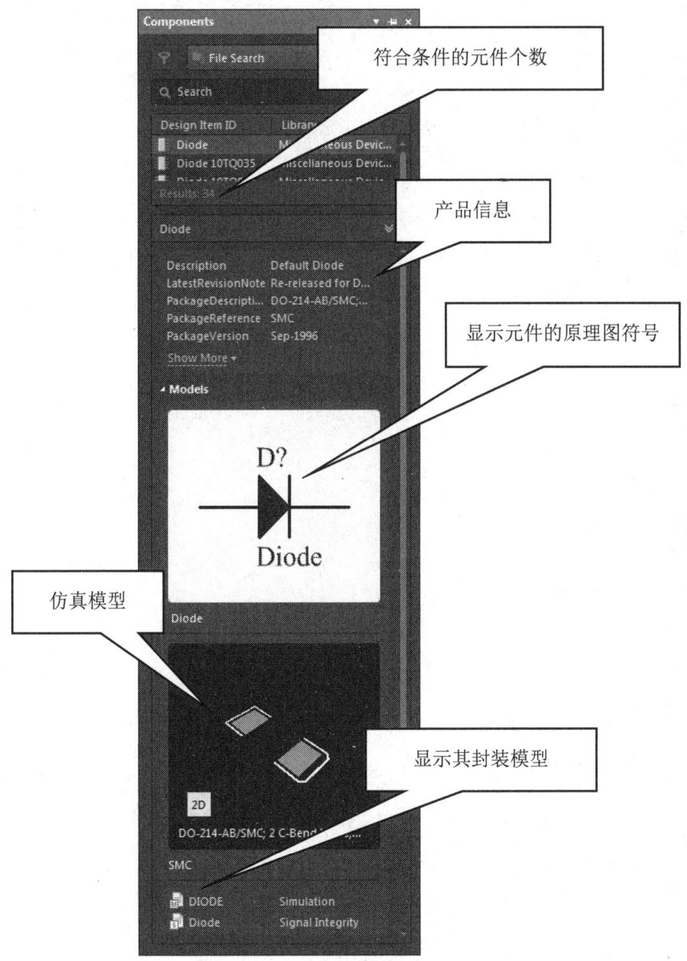

图 3-39　元件查找结果

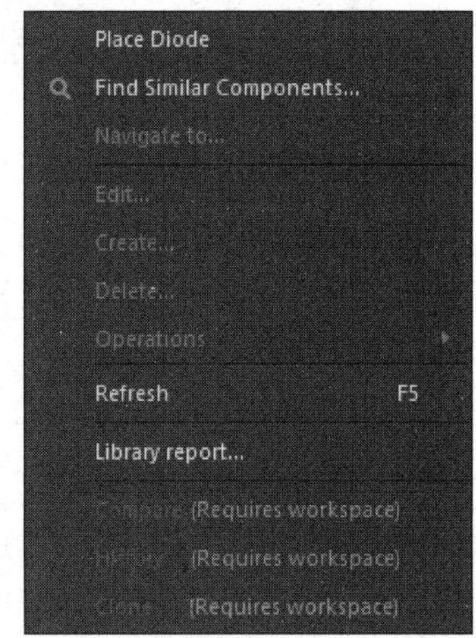

图 3-40　右击“Diode”弹出的快捷菜单

4．元件的放置

在电路原理图绘制过程中，将各种元件的原理图符号放置到图纸中是很重要的操作。系统提供了两种放置元件的方法：一种是利用菜单命令来实现元件的放置，另一种是使用“Components”面板来实现元件的放置。

由于“Components”面板不仅可以完成对元件库的加载、卸载，以及对元件的查找、浏览等操作，还可以直观、快捷地进行元件的放置，因此本书建议使用“Components”面板来完成对元件的放置。对于第一种放置元件的方法，这里就不作介绍了。

打开“Components”面板，先在库文件下拉列表中选择需要放置的元件所在的元件库，之后在相应的“Design Item ID”列中选择需要的元件。例如，选择元件库 Miscellaneous Devices.IntLib，选择该库中的 Inductor 元件，如图 3-41 所示。

双击元件列表中的“Inductor”，相应的元件的原理图符号就会自动出现在原理图编辑窗口内，并随十字光标移动，如图 3-42 所示。在放置元件的位置单击，即可完成一次该元件的放置，同时系统会保持放置下一个相同元件的状态。连续多次单击，可以放置多个相同的元件，右击可以退出元件放置状态。

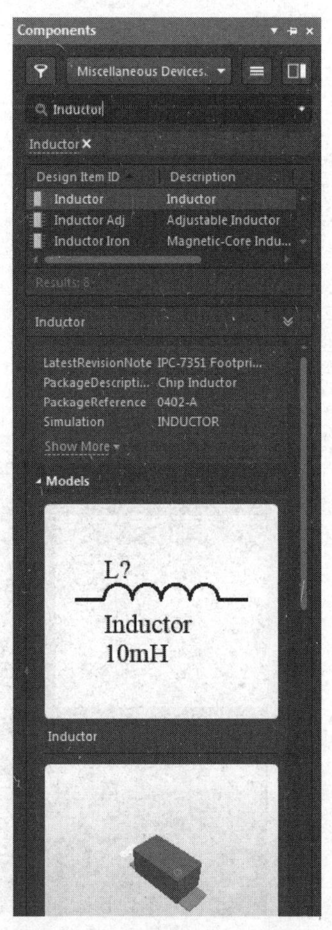

图 3-41 选择需要的元件

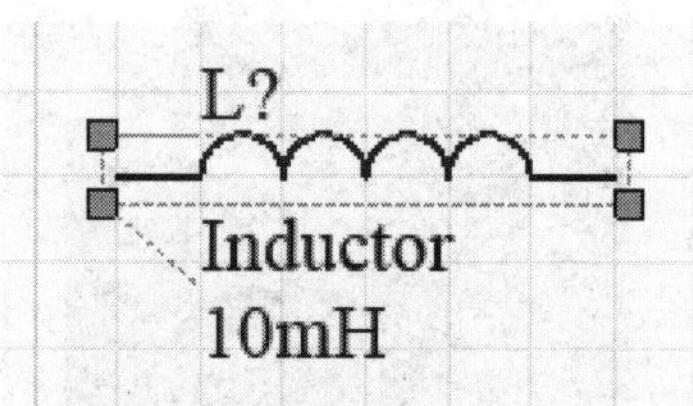

图 3-42 放置元件

5．编辑元件的属性

在电路原理图上放置的所有元件都具有自身特定的属性，如标识符、注释、位置和所在元件库名等，在放置好每个元件后，都应对其属性进行正确的编辑和设置，以免在生成网络表和制作 PCB 时产生错误。

1）手动给各元件加标注

下面就以一个电感的属性设置为例，介绍如何设置元件属性。

双击元件或单击元件后右击，在弹出的右键快捷菜单中选择“Properties”选项，右侧出现“Properties-Component”面板，如图 3-43 所示。

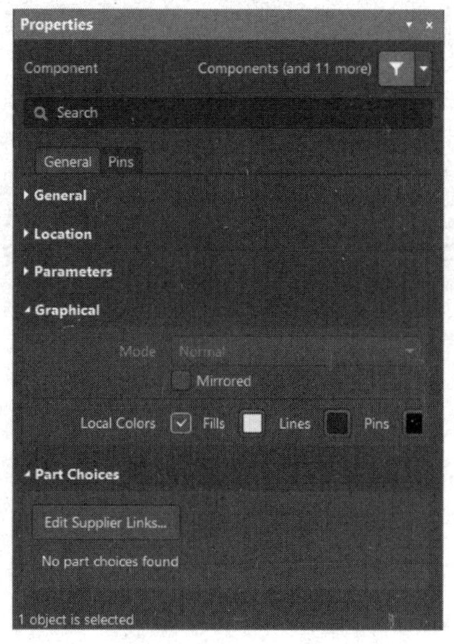

图 3-43　“Properties-Component”面板

该面板包括“General”“Pins”两个标签页。

“General”标签页包括“General”“Location”“Parameters”等区域。

“General”区域是对电路原理图中的元件进行主要内容的说明，包括元件的名称、描述、标号等。其中，“Designator”文本框用来对电路原理图中的元件进行标识，以便区分元件，制作 PCB。“Comment”文本框用来对元件进行注释、说明。

“Location”区域：用于设置该元件所在位置和方向。

“Footprint”选项：主要用来显示该元件的封装模型。

Graphical 可以选择元件的模式、颜色、是否镜像等。

在“Parameters”区域中，设置参数项“Value”的值。

“Part Choices”区域用来帮助用户快速查找和筛选所需元件，搜索结果将显示符合搜索条件的所有元件的名称、型号和供应商等信息，便于用户根据搜索结果比较不同的元件，管理元件信息。

在“Pins”标签页中单击下方的按钮，打开如图 3-44 所示的“元件管脚编辑器”对话框，对元件引脚进行编辑设置。该对话框右侧为引脚的属性界面，可以对引脚的各类参数进行编辑。

按照图 3-43 和图 3-44 中的设置完成上述属性设置后，单击“确定”按钮关闭“元件管脚编辑器”对话框。设置后的元件如图 3-45 所示。

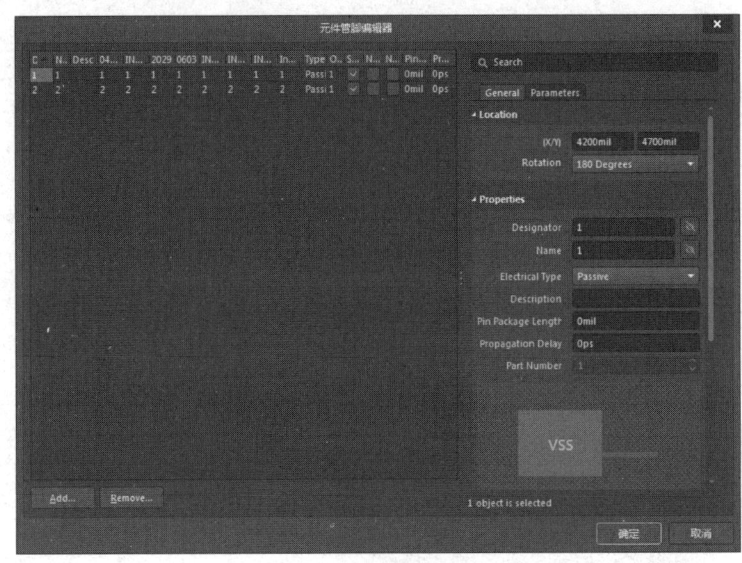

图 3-44 “元件管脚编辑器”对话框

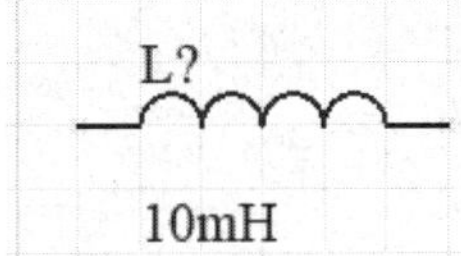

图 3-45 设置后的元件

2）自动给各元件添加标注

有的电路原理图比较复杂，由许多元件构成，如果用手动标注方式逐个对元件进行操作，不仅效率很低，而且容易出现标志遗漏、标注号不连续或重复标注的现象。为了避免发生上述错误，可以使用系统提供的自动标注功能轻松完成对元件标注的编辑。

在原理图编辑环境中，执行“工具”→“标注”→“原理图标注”命令，弹出“标注”对话框，如图 3-46 所示。

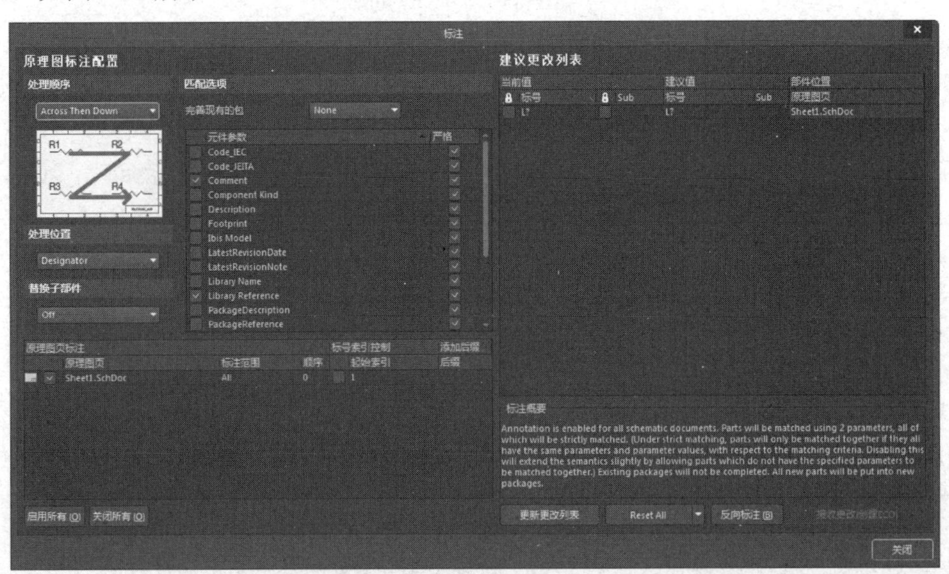

图 3-46 “标注”对话框

可以看到，“标注”对话框包含 6 个区域，分别是“处理顺序”区域、“处理位置”区域、“替换子部件”区域、“匹配选项”区域、“原理图页标注”区域、“建议更改列表”区域。

（1）“处理顺序”区域：用于设置元件标注的处理顺序，单击其下拉按钮，系统给出了 4 种可供选择的标注方案。

- “Up Then Across”选项：按照元件在电路原理图中的排列位置，先按从下到上再按从左到右的顺序自动标注。
- “Down Then Across”选项：按照元件在电路原理图中的排列位置，先按从上到下再按从左到右的顺序自动标注。
- “Across Then Up”选项：按照元件在电路原理图中的排列位置，先按从左到右再按从下到上的顺序自动标注。
- “Across Then Down”选项：按照元件在电路原理图中的排列位置，先按从左到右再按从上到下的顺序自动标注。

（2）“处理位置”区域：用来指定是更新组件的标识符还是组件本身的位置。

（3）“替换子部件”区域：用于设置在多部件组件中重新分配子部件编号。

（4）“匹配选项”区域：用于选择元件的匹配参数，其下面的列表中列出了多种元件参数供用户选择。

（5）“原理图页标注”区域：用来选择要标注的原理图文件，并确定标注范围、起始索引及后缀等。

（6）“建议更改列表”区域：用来显示元件的标志在改变前后的变化，并指明元件所在原理图文件名称。

【例 3-3】对元件进行自动标注。

待进行自动标注的原理图文件为 Sheet1.SchDoc，如图 3-47 所示。

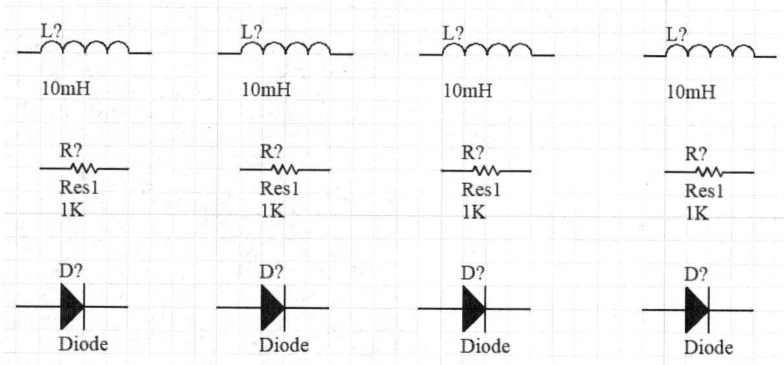

图 3-47　需要自动标注的元件①

第 1 步：执行“工具”→“标注”→“原理图标注”命令，打开“标注”对话框，设置“处理顺序”为“Down Then Across”，在“匹配选项”区域中勾选“Comment”复选框和“Library Reference”复选框；在“原理图页标注”区域内将“标注范围”设为“All”，将

① 图中电阻对应单位“K”应为“kΩ”。

“顺序”设为“0”，将“起始索引”设为“1”，其余选项保持默认设置。设置好的“标注”对话框如图 3-48 所示。单击“更新更改列表”按钮，弹出如图 3-49 所示的提示框，提醒用户元件状态要发生变化。

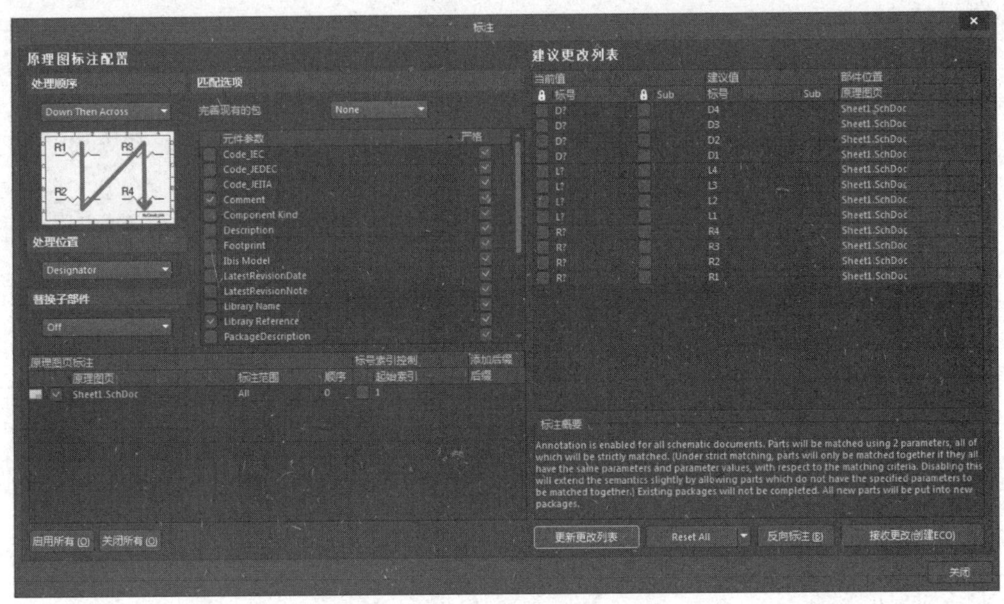

图 3-48　设置好的“标注”对话框

第 2 步：单击元件状态变化提示框中的“OK”按钮，系统自动更新待进行标注的元件的标号，并显示在“建议更改列表”区域中，同时“标注”对话框右下角的“接收更改（创建 ECO）”按钮变为激活状态，如图 3-50 所示。

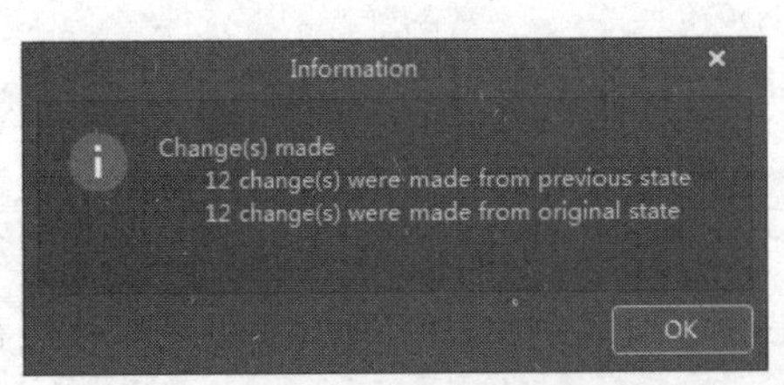

图 3-49　元件状态变化提示框

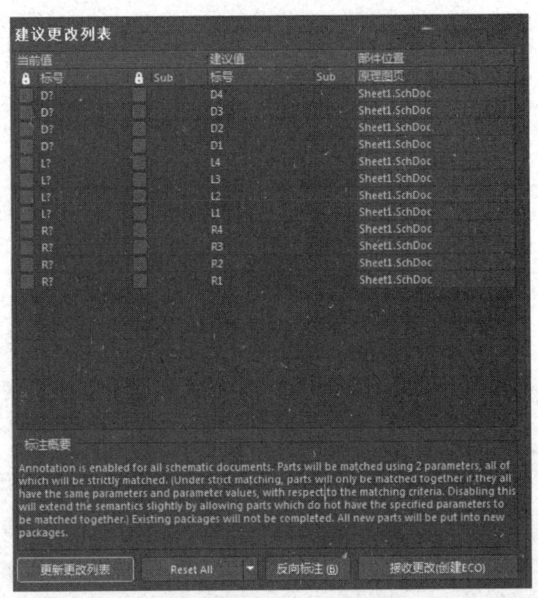

图 3-50　标号更新

第 3 步：单击“接收更改（创建 ECO）”按钮，弹出“工程变更指令”对话框，如图 3-51 所示。

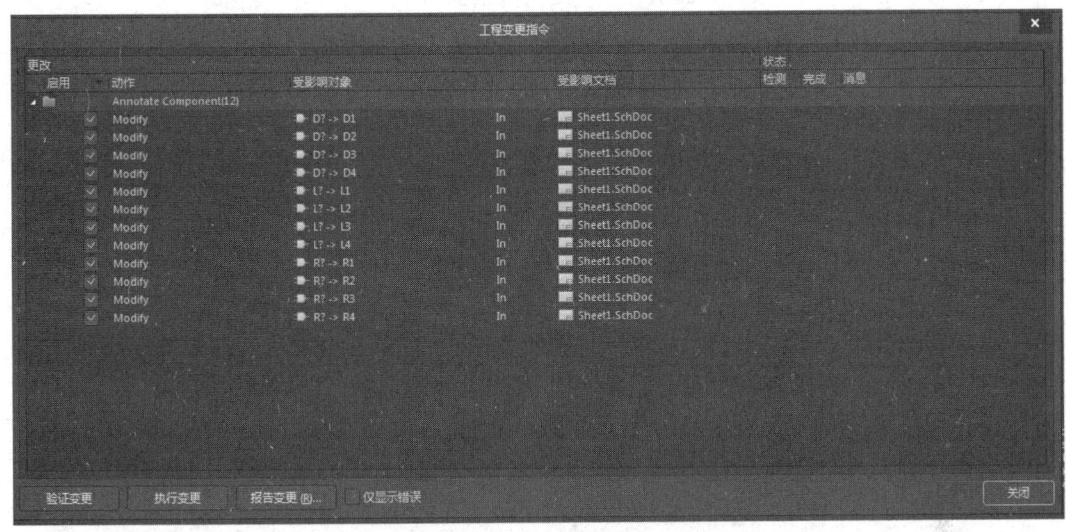

图 3-51　“工程变更指令”对话框

第 4 步：单击“验证变更”按钮，使标号变化有效，但此时电路原理图中的元件标号并没有显示变化，单击“执行变更”按钮，显示变化。变化生效后的“工程变更指令”对话框如图 3-52 所示。依次关闭“工程变更指令”对话框和“标注”对话框，可以看到完成自动标注的元件，如图 3-53 所示。

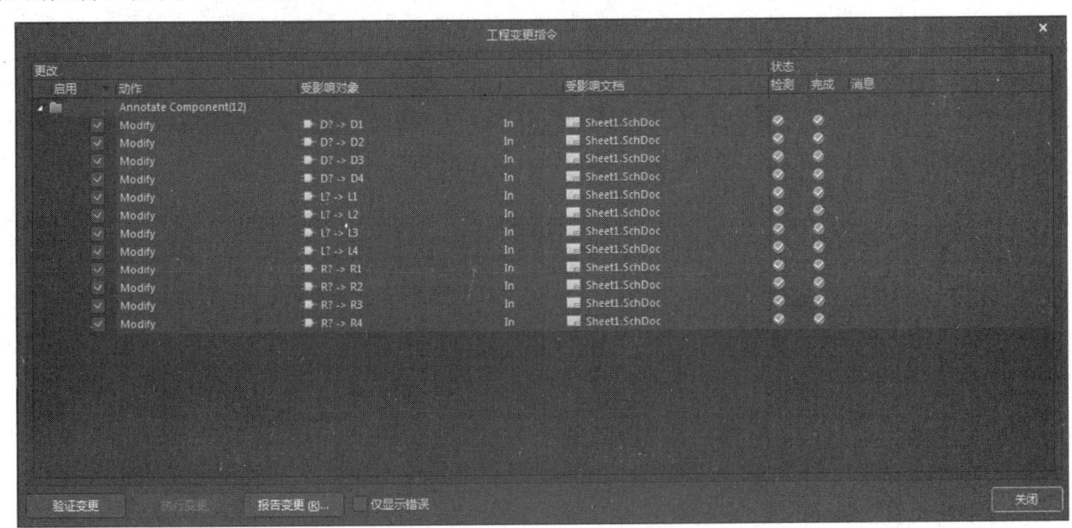

图 3-52　变化生效后的“工程变更指令”对话框

6. 调整元件的位置

在放置元件时，元件放置的位置一般是估计的，并不能满足清晰和美观的设计要求。因此需要根据电路原理图的整体布局，对元件的位置进行调整。

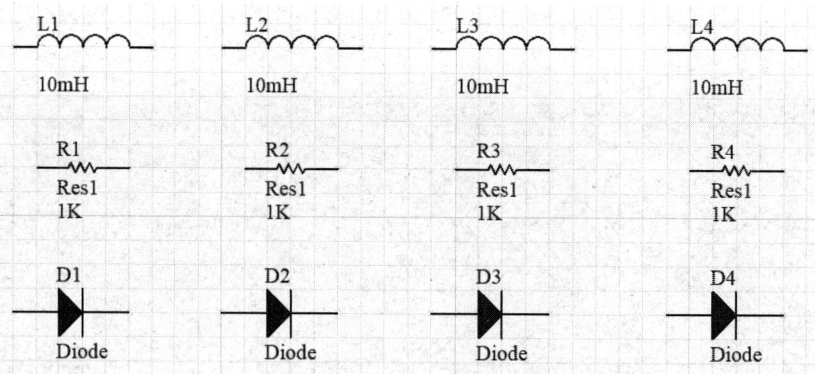

图 3-53　完成自动标注的元件

元件位置的调整主要包括元件的移动、元件方向的设定和元件的排列等操作。

下面通过对如图 3-54 所示的多个元件进行位置排列，使其在水平方向均匀分布进行介绍，来讲解如何对元件进行排列。

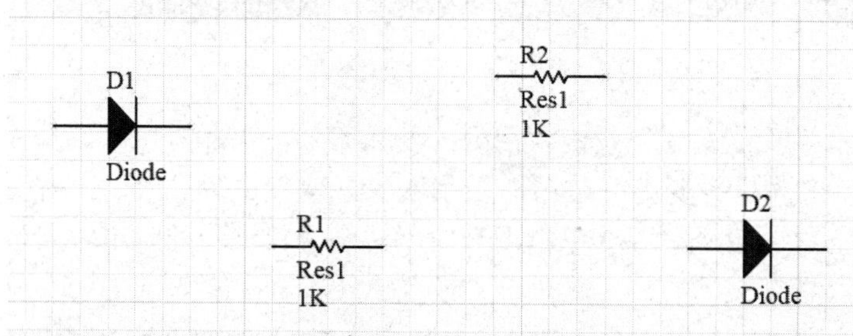

图 3-54　待排列的元件

单击标准工具栏中的▇图标，光标变成十字形，单击并拖动光标将要调整的元件包围在选择矩形框中，再次单击，选中这些元件，如图 3-55 所示。

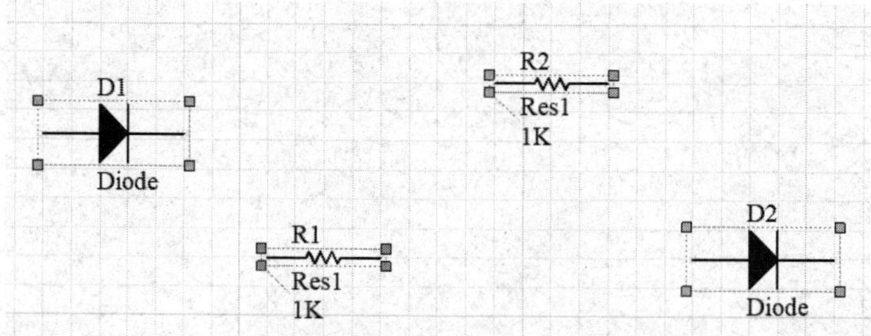

图 3-55　选中待排列的元件

执行“编辑”→“对齐”→“顶对齐”命令，如图 3-56 所示，或者在原理图编辑环境中按 A 键，调出“对齐”菜单，执行“顶对齐”命令，选中的元件以最上边的元件为基准顶端对齐，如图 3-57 所示。

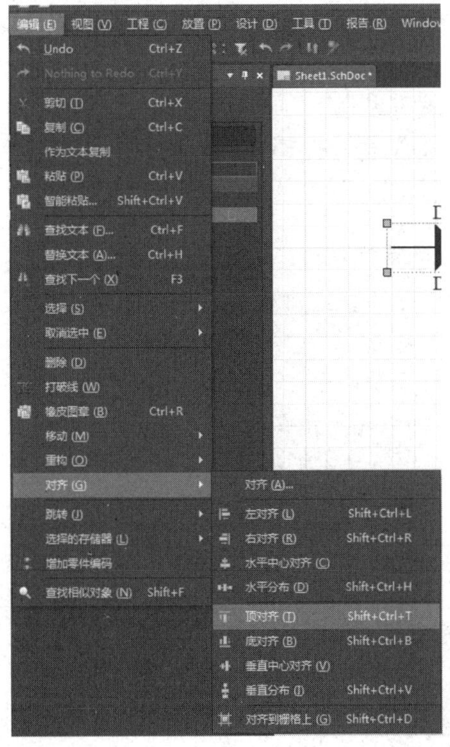

图 3-56　执行“编辑”→“对齐”→“顶对齐”命令

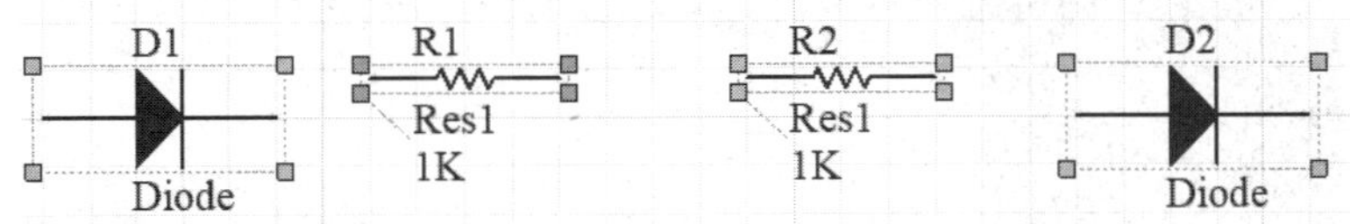

图 3-57　顶对齐的元件

再按 A 键，调出“对齐”菜单，执行“水平分布”命令，使选中的元件在水平方向均匀分布。单击标准工具栏中的图标，退出元件选中状态，操作完成后的元件排列如图 3-58 所示。

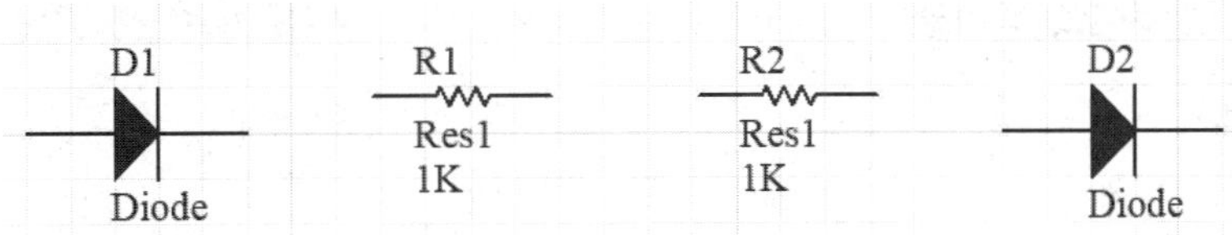

图 3-58　操作完成后的元件排列

3.4　绘制电路原理图

在电路原理图中放置好需要的元件，并编辑好它们的属性后，就可以着手连接各个元件，以建立电路原理图的实际连接了。这里所说的连接是电气意义的连接。

电气连接有两种实现方式，一种是直接使用导线将各个元件连接起来，称为“物理连接”；另外一种是不需要实际的相连操作，而是通过设置网络标签使元件之间具有电气连接关系。

绘制电路原理图不应追求一步到位，应当按部分、模块分步进行绘制。本节以 3.7 节中的 LED 点阵驱动电路为例，来介绍电路原理图的绘制。

1．元件连接工具的介绍

系统提供了 3 种对电路原理图中的元件进行连接的操作方法，即使用菜单命令、使用配线工具栏和使用快捷键。由于使用快捷键需要记忆各个操作的快捷键，容易混淆，不易应用到实际操作中，所以这里不进行介绍。

（1）使用菜单命令：执行菜单命令“放置”，打开“放置”菜单，如图 3-59 所示。

“放置”菜单包含放置各种原理图元件的命令，也包括对总线、总线入口、导线和网络标签等连接工具，以及文本字符串、文本框的放置。其中，“指示”子菜单中还包含若干项子菜单命令，如图 3-60 所示，常用到的命令有“通用 No ERC 标号”（放置忽略 ERC 标号）等。

（2）使用配线工具栏：“放置”菜单中的各项命令分别与配线工具栏中的图标一一对应，直接单击该工具栏中的相应图标，即可完成相应的功能操作。

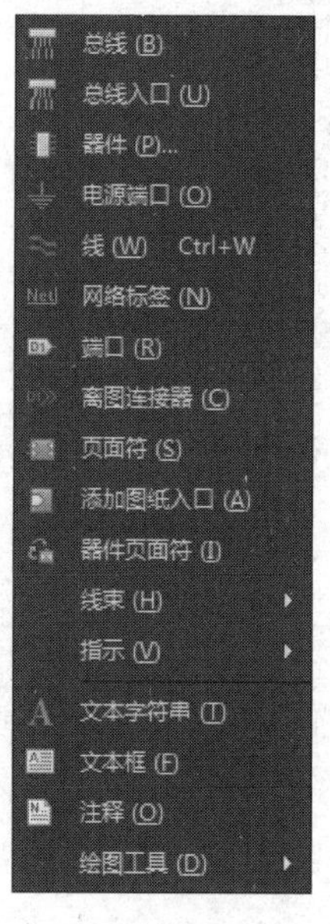

图 3-59 “放置”菜单

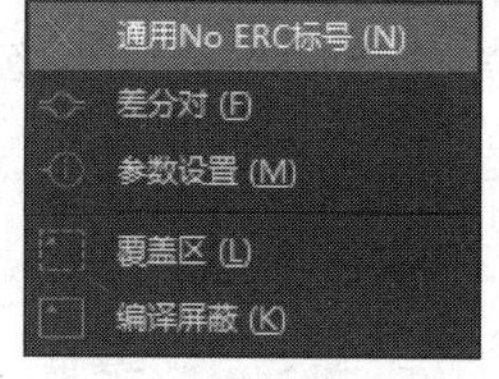

图 3-60 “放置”菜单的“指示”子菜单

2．元件的电气连接

元件之间的电气连接主要是通过导线完成的。不同于一般的绘图连线，导线具有电气连接意义。

1）绘制导线

在原理图编辑环境中，执行绘制导线命令，有以下 2 种方法。

（1）执行“放置”→“线”命令。

（2）单击配线工具栏中的“放置线”图标。

在绘制导线状态下，光标为十字形。移动光标到要放置导线的位置，会出现一个红色米字标志，表示找到了元件的一个电气节点，如图 3-61 所示。

在导线起点处单击并拖曳鼠标，随之绘制一条导线，当光标移动到待连接的另一个电气节点处时，会出现一个红色米字标志，如图 3-62 所示。

如果要连接的两个电气节点不在同一水平线上，则在绘制导线的过程中需要单击确定导线的折点位置，在导线的终点位置再次单击，完成两个电气节点之间的连接。右击或按 Esc 键退出绘制导线状态。完成元件连接的效果如图 3-63 所示。

图 3-61　开始导线连接　　图 3-62　连接元件　　图 3-63　完成元件连接的效果

2）绘制总线

总线是一组具有相同性质的并行信号线的组合，如数据总线、地址总线和控制总线等。电路原理图中用一条较粗的线条来清晰、方便地表示总线。其实在原理图编辑环境中的总线没有任何实质的电气连接意义，仅仅是为了便于绘制电路原理图和查看电路原理图而采取的一种简化连线的表现形式。

在原理图编辑环境中，执行绘制总线命令，有以下 2 种方法。

（1）执行“放置”→“总线”命令。

（2）单击配线工具栏中的“放置总线”图标。

在绘制总线状态下，光标为十字形，拖曳鼠标使光标到待放置总线的起点位置，单击，确定总线的起点位置，然后拖曳鼠标绘制总线，如图 3-64 所示（其中 SW3 为自建元件）。

在每个拐点位置都进行单击确认，到达适当位置后，再次单击确定总线终点。右击或按 Esc 键退出绘制总线状态。绘制完成的总线如图 3-65 所示。

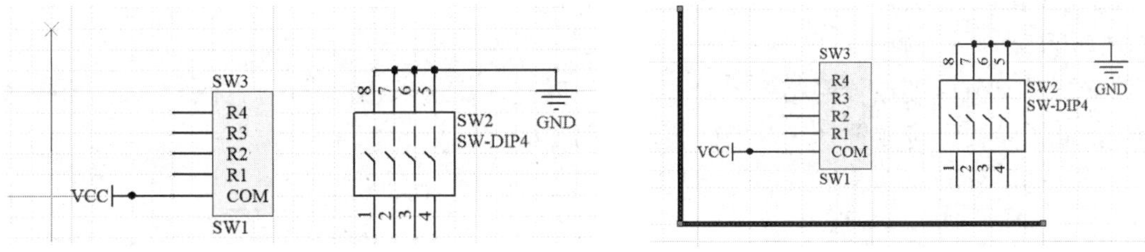

图 3-64　开始绘制总线　　图 3-65　绘制完成的总线

3）绘制总线入口

总线入口是单一导线与总线的连接线。与总线一样，总线入口也不具有任何电气连接意义。使用总线入口可以使电路原理图更美观、清晰。

在原理图编辑环境中，执行绘制总线入口命令，有以下 2 种方法。

（1）执行“放置”→“总线入口”命令。

（2）单击配线工具栏中的“放置总线入口”图标。

在绘制总线入口状态下，光标为十字形，并带有总线入口符号“/”或“\”，如图 3-66 所示。

在导线与总线间单击，即可放置一段总线入口。同时在绘制总线入口状态下，按空格键可以调整总线入口线的方向，每按一次，总线入口线就逆时针旋转 90°。右击或按 Esc 键退出绘制总线入口状态。绘制完成的总线入口如图 3-67 所示。

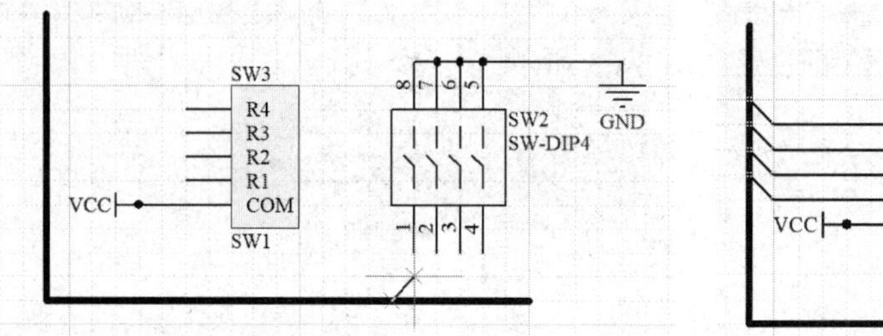

图 3-66　开始绘制总线入口　　　　图 3-67　绘制完成的总线入口

3．放置网络标签

在电路原理图绘制过程中，元件间的连接除了可以使用导线来实现，还可以使用网络标签来实现。

具有相同网络标签的导线或元件引脚，在电路原理图上无论是否有导线连接，其电气关系都是连接在一起的。使用网络标签代替实际的导线连接可以大大降低电路原理图的复杂度。例如，在连接两个距离较远的电气节点时，使用网络标签不必考虑走线困难。这里还要强调，网络标签是区分大小写的。相同的网络标签是指在形式上完全一致的网络标签。

在原理图编辑环境中，执行放置网络标签命令，有以下 2 种方法。

（1）执行“放置”→“网络标签”命令。

（2）单击配线工具栏中的“放置网络标签”图标Net。

在放置网络标签状态下，光标为十字形，并跟随着一个初始网络标签——Net Label1，如图 3-68 所示。

将光标移动到需要放置网络标签的导线处，若出现红色米字标志，则表示光标已连接到该导线，此时单击即可放置一个网络标签，如图 3-69 所示。

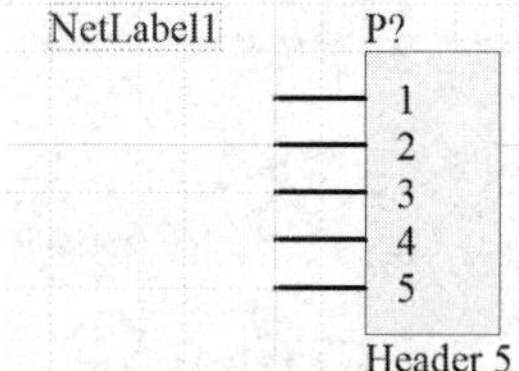

图 3-68　开始放置网络标签

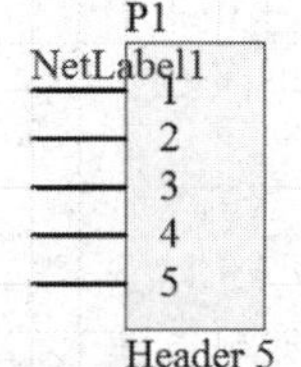

图 3-69　放置完成的网络标签

将光标移动到其他位置，单击可连续放置网络标签。右击或按 Esc 键，可退出放置网络标签状态。双击已经放置的网络标签，打开“Properties-Net Label”面板，如图 3-70 所示。

在这个面板的“Properties”区域内可以更改网络标签的内容，并设置网络标签的放置方向及字体。

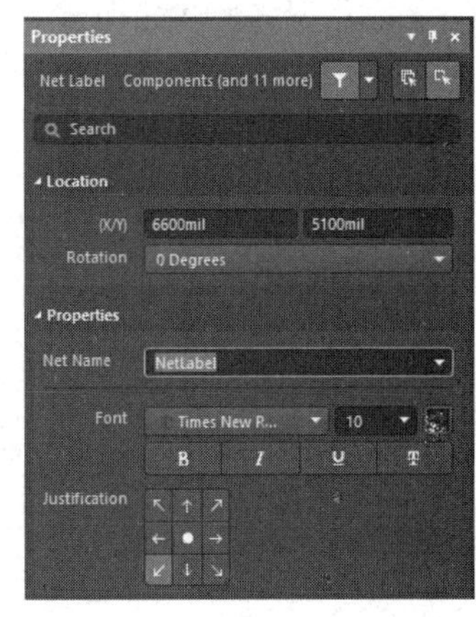

图 3-70　“Properties-Net Label”面板

4．放置端口

两点间的电气连接也可以使用端口来实现。具有相同名称的端口在电气关系上是连通的，这种连接方式一般只使用在多层次原理图的绘制过程中。

在原理图编辑环境中，执行放置端口命令，有以下 2 种方法。

（1）执行“放置”→“端口”命令。

（2）单击配线工具栏中的“放置端口”图标。

在放置端口状态下，光标为十字形，并附有一个端口符号，如图 3-71 所示。

移动光标到适当位置，若出现红色米字标志，则表示找到了元件的一个电气节点。单击，确定端口的一端位置，然后拖曳鼠标调整端口大小，再次单击确定端口的另一端位置，如图 3-72 所示。

右击或按 Esc 键退出放置端口状态。双击放置的端口图标，打开“Properties-Port”面板，如图 3-73 所示。

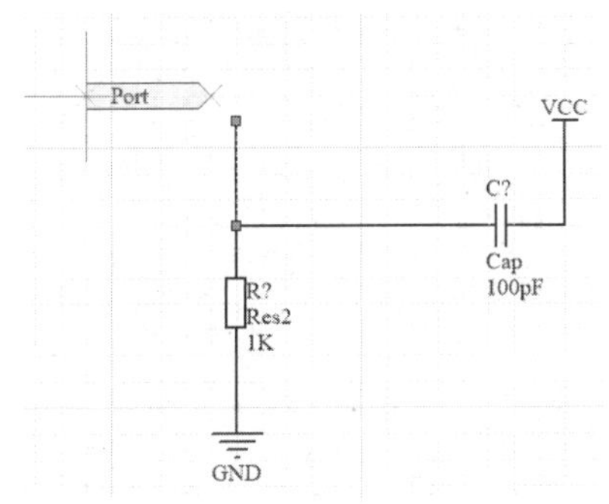

图 3-71　开始放置端口

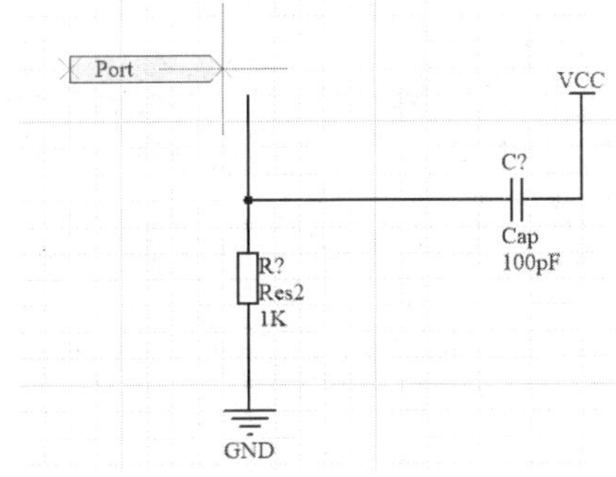

图 3-72　放置完成的端口

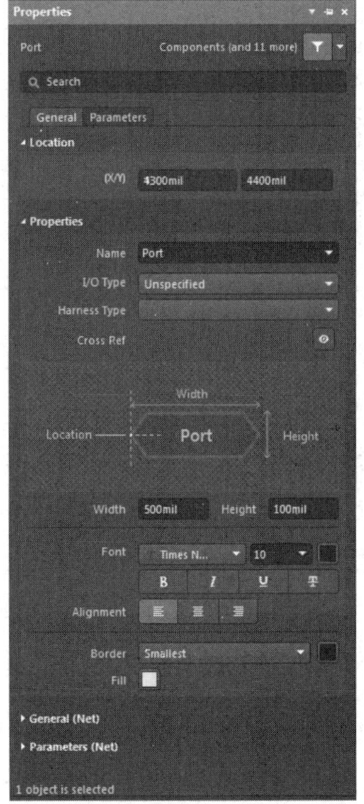

图 3-73　“Properties-Port”面板

在这个“Properties”面板中可以对端口名称、端口类型进行设置。端口类型包括 Unspecified（未指定类型）、Input（输入端口）、Output（输出端口）等。

5. 放置电源端口

电源端口和接地端口是一个完整电路不可缺少的组成部分。系统给出了多种电源端口和接地端口的形式，且每种形式都有其相应的网络标签。

【例 3-4】放置电源端口。

在原理图编辑环境中执行放置电源端口命令，有以下 2 种方法。

（1）执行“放置”→“电源端口”命令。

（2）单击配线工具栏中的“放置 VCC 电源端口”图标或“放置 GND 端口”图标。

第 1 步：在放置电源端口状态下，光标为十字形，并带有一个电源或接地的端口符号，如图 3-74 所示。

移动光标到需要放置电源端口或接地端口的位置，单击即可完成放置，如图 3-75 所示，再次单击可实现连续放置。右击或按 Esc 键退出放置电源端口状态。

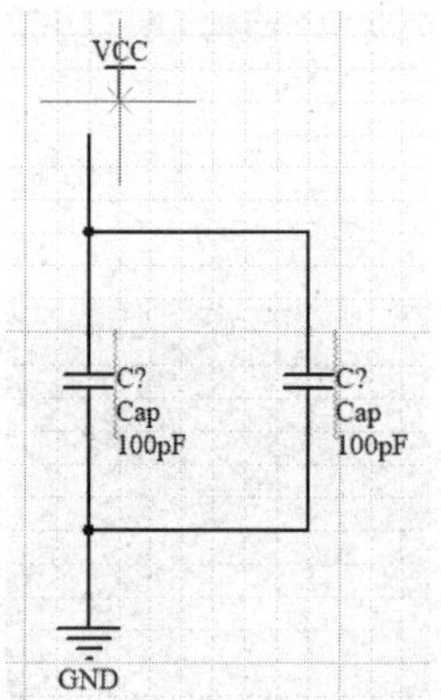

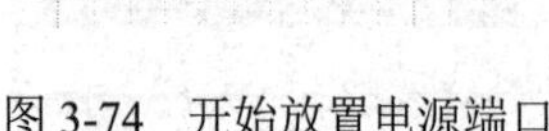

图 3-74　开始放置电源端口

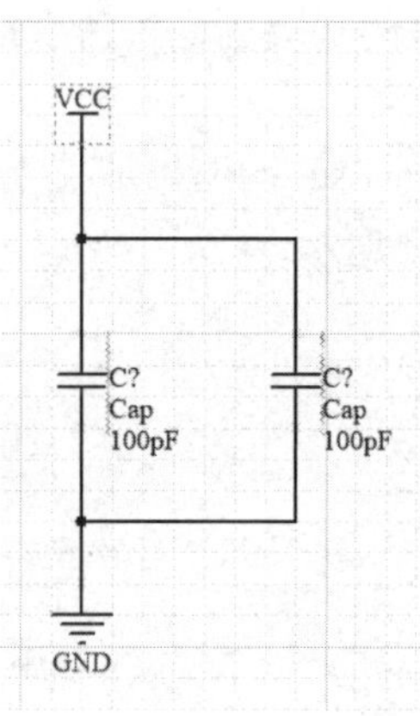

图 3-75　完成放置的电源端口

第 2 步：双击放置好的电源端口，打开“Properties-Power Port”面板，如图 3-76 所示，对电源的名称、电源的样式进行设置。该面板中包含的电源样式，如图 3-77 所示。

6. 放置忽略 ERC 标号

在电路设计过程中进行 ERC 时，有时会产生一些非实际错误的错误报告。例如，在电路设计中并不是所有引脚都需要连接，而在进行 ERC 时，认为悬空引脚是错误的，从而给出错误报告，并在悬空引脚处放置一个错误标志。

为了避免用户因查找这种错误而浪费资源，可以使用忽略 ERC 标号，让系统忽略对此处进行 ERC。

在原理图编辑环境中，执行放置忽略 ERC 标号命令，有以下 2 种方法。

（1）执行“放置”→“指示”→“通用 No ERC 标号”命令。

（2）单击配线工具栏中的“放置通用 No ERC 标号”图标。

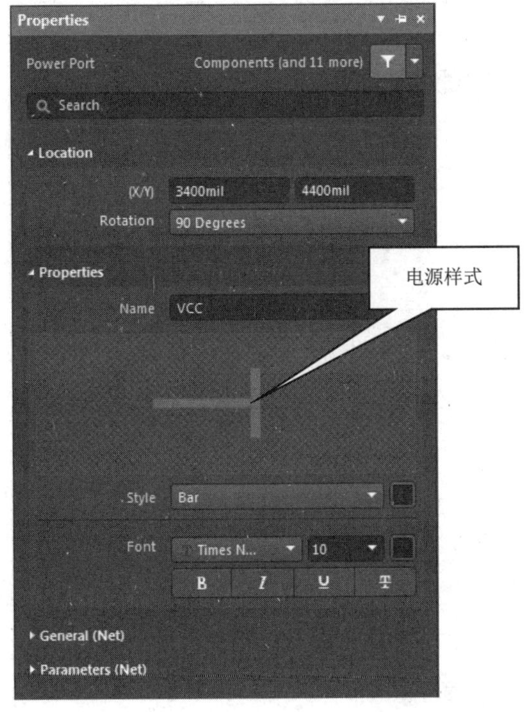

图 3-76　“Properties-Power Port”面板

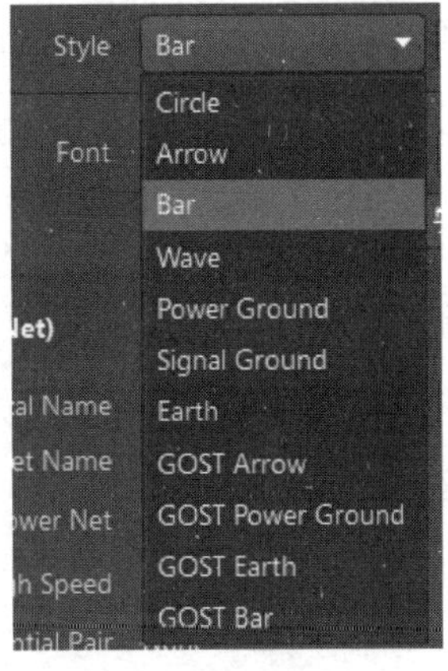

图 3-77　选择电源样式

在放置忽略 ERC 标号状态下，光标为十字形，并跟随着一个红色的叉号，如图 3-78 所示。

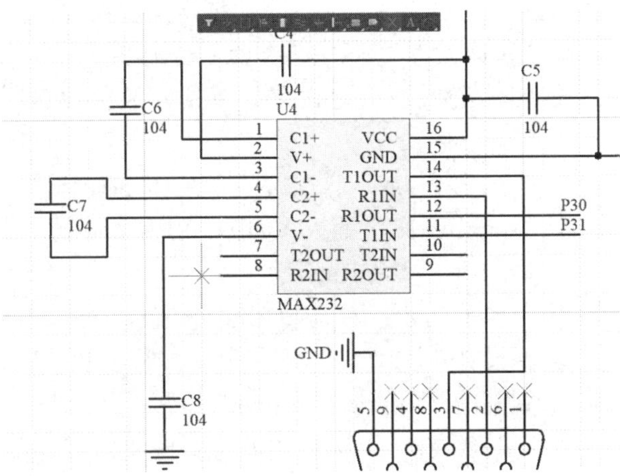

图 3-78　开始放置忽略 ERC 标号

移动光标到需要放置忽略 ERC 标号的位置，单击即可完成放置，如图 3-79 所示。右击或按 Esc 键退出放置忽略 ERC 标号状态。

7．放置 PCB 布局标志

用户在绘制原理图的时候，可以在电路的某些位置放置 PCB 布局标志，以便预先规划该处的 PCB 布线规则。在由原理图创建 PCB 的过程中，系统会自动引入这些特殊的设计规则。

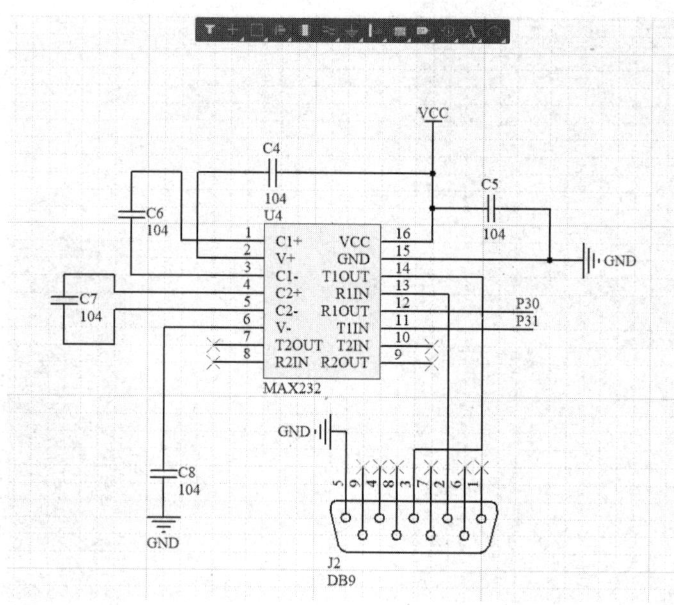

图 3-79　完成放置的忽略 ERC 标号

这里介绍一下采用 PCB 布局标志设置导线拐角的方法。

【例 3-5】放置 PCB 布局标志。

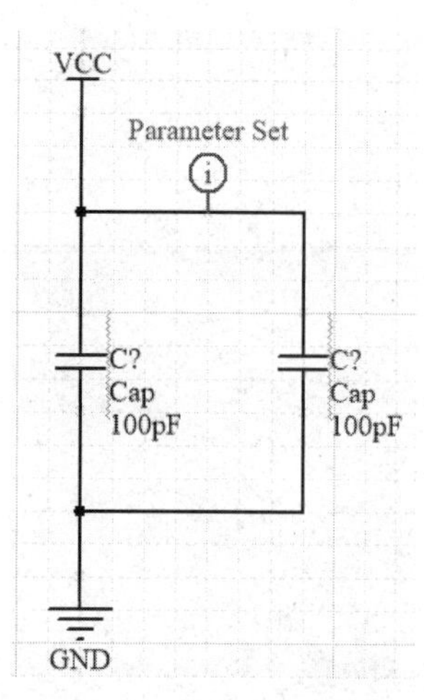

图 3-80　放置 PCB 布局标志

第 1 步：在原理图编辑环境中，执行“放置”→“指示”→“参数设置”命令，或者单击配线工具栏中的“放置参数设置”图标，在选定位置处单击，放置 PCB 布局标志，如图 3-80 所示。

第 2 步：双击放置的 PCB 布局标志，系统弹出“Properties-Parameter Set”面板，如图 3-81 所示，此时在“Parameters”区域中显示的是“No Rules”。

第 3 步：单击“Add”按钮，选择“Rule”选项，进入“选择设计规则类型”对话框，如图 3-82 所示，选择“Routing”规则下的“Routing Corners”子规则。

第 4 步：单击“确定”按钮，打开相应的“Edit PCB Rule (From Schematic)-Routing Corners Rule”对话框，如图 3-83 所示。设置“类型”为“90 Degrees”，单击“确定”按钮，返回“Properties-Parameter Set”面板，此时在“Parameters”区域的“Rules”参数栏中显示的是设置的数值，如图 3-84 所示。

第 5 步：设置“Rules”参数栏前的图标为“可见的”。此时在 PCB 布局标志的附近将显示出设置的具体规则，如图 3-85 所示。

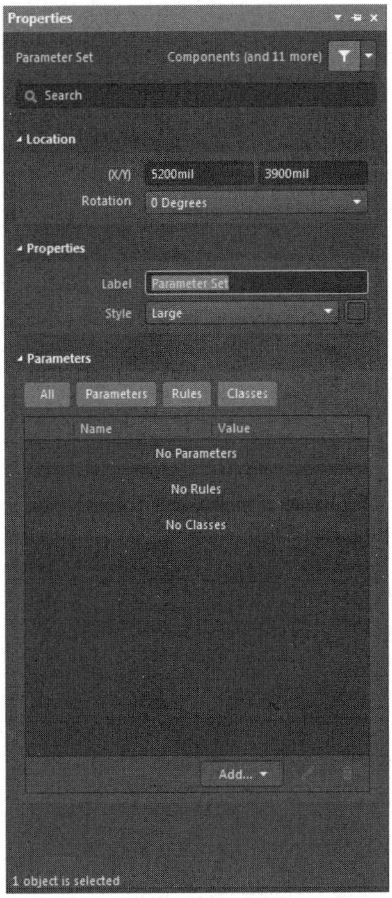

图 3-81　“Properties-Parameter Set”面板

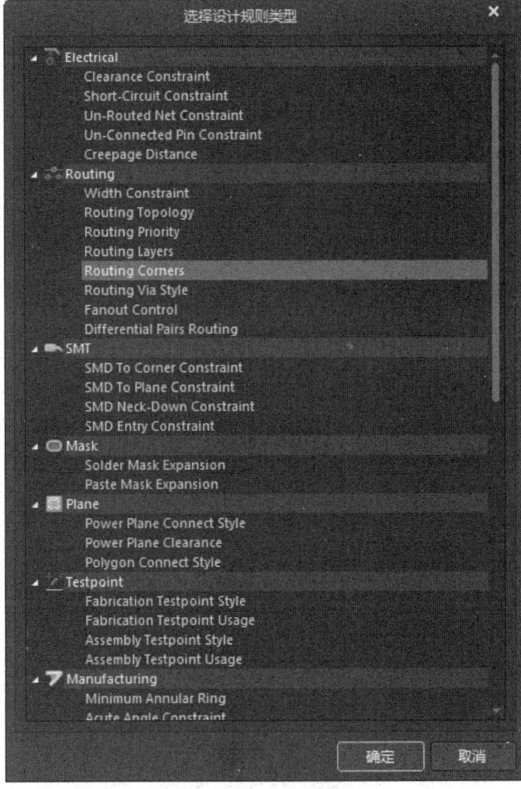

图 3-82　“选择设计规则类型”对话框

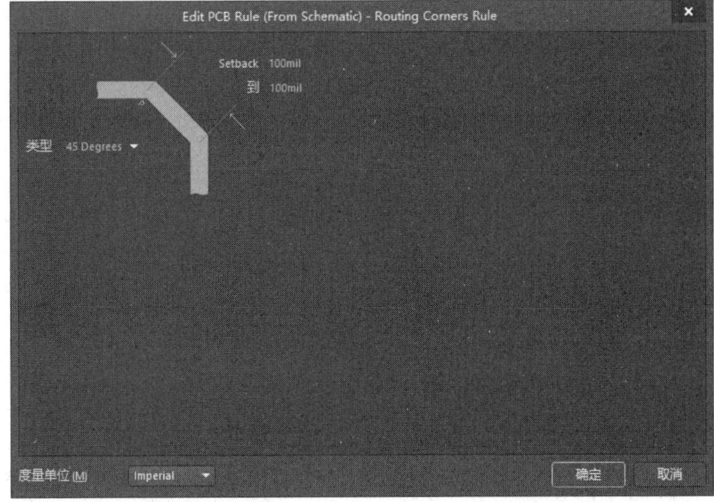

图 3-83　“Edit PCB Rule (From Schematic)-Routing Corners Rule”对话框

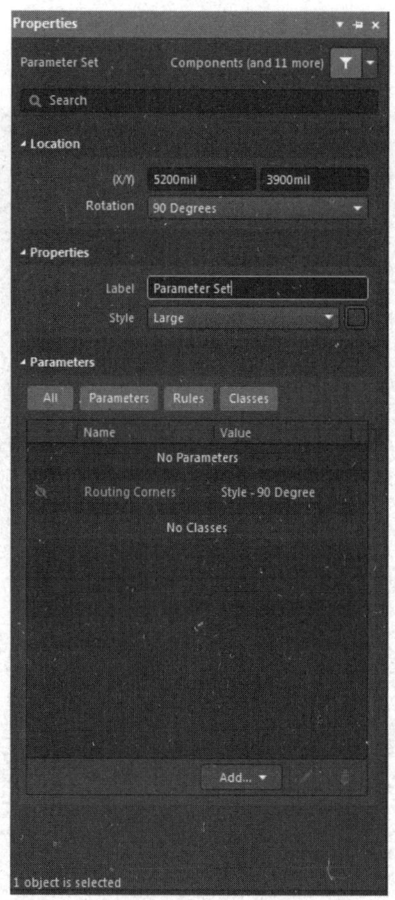

图 3-84 设置完成的值参数

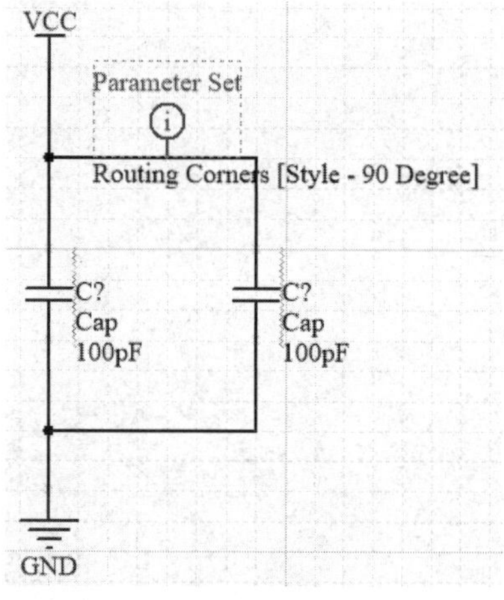

图 3-85 设置完成的 PCB 布局标志

3.5 电路原理图绘制的相关技巧

本节对在电路原理图绘制中使用的技巧进行讲解，学习这些技巧可更加快捷地绘制电路原理图。

1．页面缩放

在进行电路原理图设计时，用户不仅要绘制电路原理图的各部分，而且要把它们连接成电路图。在设计复杂电路时，往往会遇到在设计某一部分时，需要观察整张电路原理图的情况，此时就需要使用页面缩小功能；在绘制电路原理图时，有时需要仅对某一区域进行放大，以便更清晰地观察各元件之间的关联，此时就需要使用页面放大功能。用户熟练掌握页面缩放功能，可提高绘制电路原理图的效率。

用户有 3 种方式实现缩放页面：使用键盘、使用菜单命令、使用鼠标滑轮。

1）使用键盘

当因系统处于某种状态，用户无法用鼠标进行一般命令操作时，要放大或缩小页面，可以使用键盘上的功能键实现。

- 放大：按 PageUp 键，可以放大绘图区域。
- 缩小：按 PageDown 键，可以缩小绘图区域。
- 居中：按 Home 键，可以将显示区域从原来光标下的图纸位置，移到工作区域的中心位置。
- 更新：按 End 键，可对绘图区域的图形进行更新，恢复正确显示状态。

2）使用菜单命令

Altium Designer 提供的“视图”菜单可控制页面的放大和缩小。“视图”菜单如图 3-86 所示，选择相应的菜单命令即可实现页面的缩放。

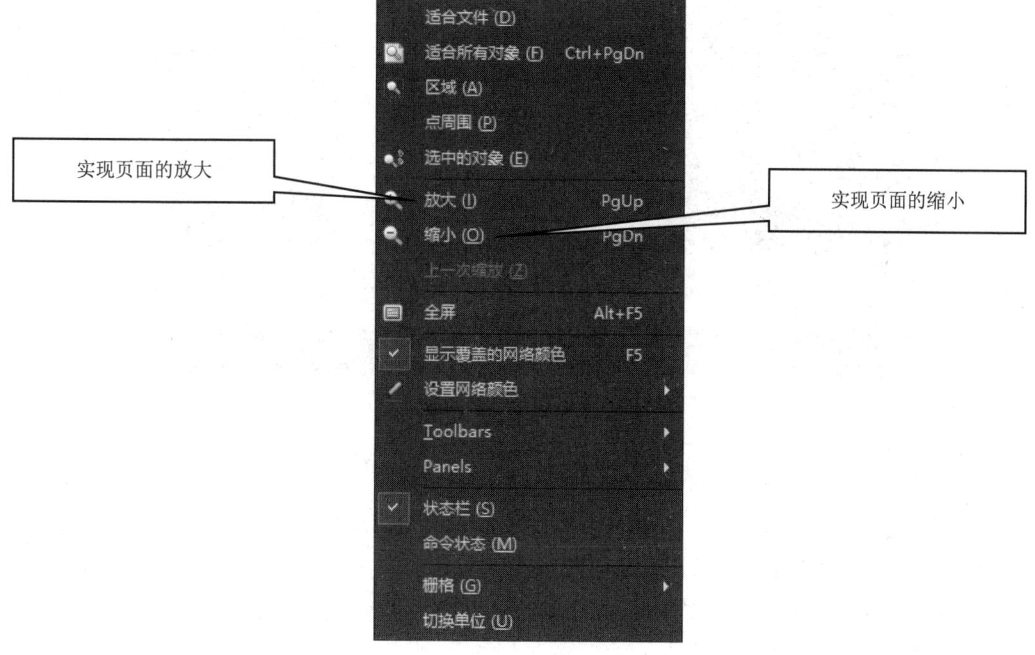

图 3-86　“视图”菜单

3）使用鼠标滑轮

按住 Ctrl 键的同时向上滚动鼠标滑轮，可以对页面进行放大操作；按住 Ctrl 键的同时向下滚动鼠标滑轮，可以对页面进行缩小操作。

2．工具栏的打开与关闭

有效地利用工具栏可以大大减少工作量，因此适时打开和关闭工具栏可以提高绘图效率。

“视图”菜单如图 3-87 所示。在原理图编辑环境中，执行“视图”→“工具栏”命令，将弹出如图 3-88 所示的级联菜单。

选择不同的选项，可打开对应的工具栏。以打开配线工具栏为例进行介绍。执行“视图”→“工具栏”命令，选择“布线”选项，系统将会打开配线工具栏，如图 3-89 所示。

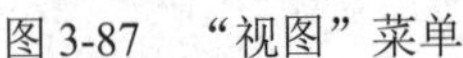
图 3-87 “视图”菜单

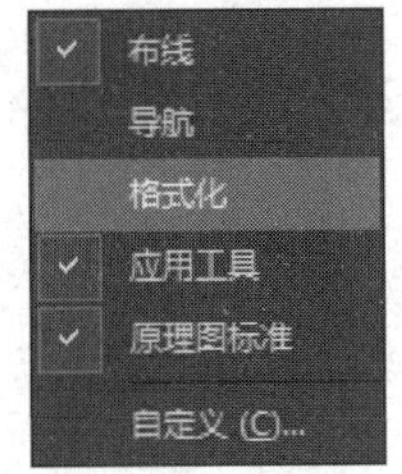

图 3-88 工具栏级联菜单

图 3-89 配线工具栏

3．元件的复制、剪切、粘贴与删除

在原理图编辑窗口中有一个电阻元件，如图 3-90 所示。按住鼠标左键拖出一个选择框，框选 Res2 元件，如图 3-91 所示。放开鼠标左键，即可选中 Res2 元件，如图 3-92 所示。在原理图编辑环境中，先执行“编辑”→“复制”命令，或者使用 Ctrl+C 组合键实现复制功能。“编辑”菜单如图 3-93 所示。

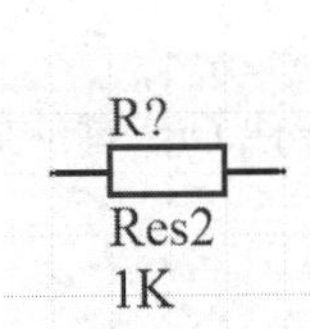

图 3-90 电阻元件

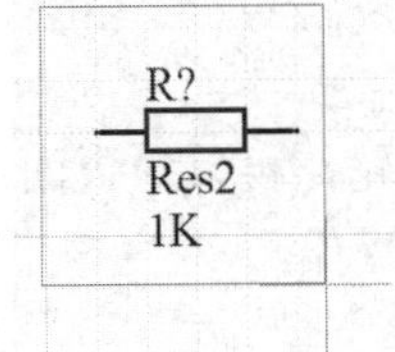

图 3-91 框选 Res2 元件

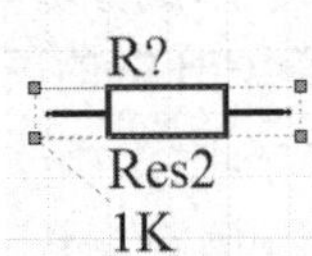

图 3-92 选中 Res2 元件

然后执行“编辑”→“粘贴”命令，或者选择工具栏中的“粘贴”图标，或者使用 Ctrl+V 组合键，此时，一个电阻元件跟随光标移动，如图 3-94 所示。

在期望放置元件的位置单击，即可放置元件，如图 3-95 所示。剪切功能的调用与粘贴功能的调用类似，执行“编辑”→“剪切”命令，或者选择工具栏中的“剪切”图标，或者使用 Ctrl+X 组合键，即可实现剪切功能。

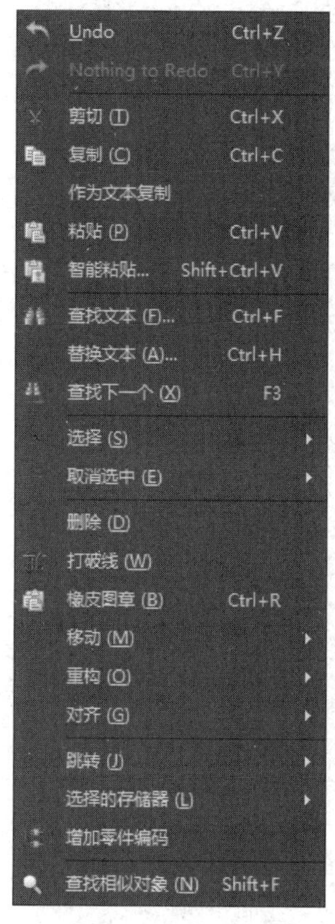

图 3-93　“编辑”菜单

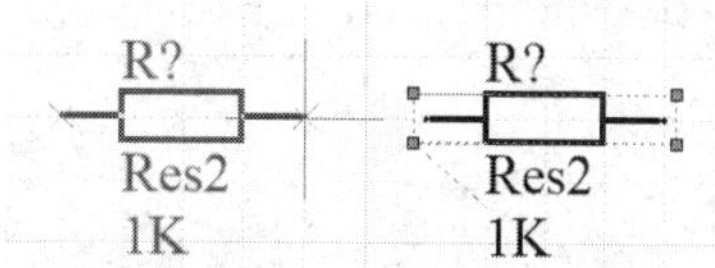

图 3-94　一个电阻元件跟随光标移动

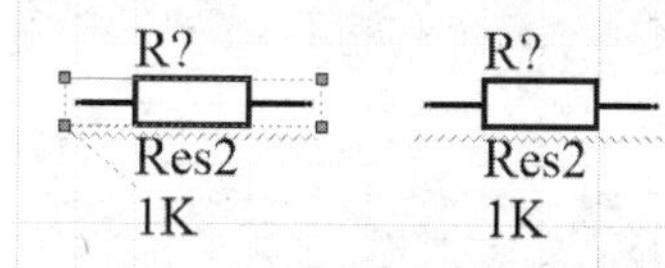

图 3-95　放置元件

Altium Designer 为用户提供了阵列粘贴功能。按照设定的阵列粘贴能够一次性地将某一对象或对象组重复地粘贴到图纸中。当需要在电路原理图中放置多个相同对象时，使用该功能可使操作变得很方便。

在原理图编辑环境中，选中要复制的元件，执行“编辑”→“智能粘贴”命令，打开“智能粘贴”对话框，如图 3-96 所示。

可以看到，在“智能粘贴”对话框的右侧是“粘贴阵列”区域。勾选“使能粘贴阵列”复选框，“粘贴阵列”区域被激活，如图 3-97 所示。

若要使用阵列粘贴功能，需要对如下参数进行设置。

- “列”区域：对粘贴阵列的列进行设置，具体参数如下。
  - “数目”文本框：在该文本框中，输入阵列粘贴的列数。
  - “间距”文本框：在该文本框中，输入相邻两列间的空间偏移量。
- “行”区域：对粘贴阵列的行进行设置，具体参数如下。
  - “数目”文本框：在该文本框中，输入粘贴阵列的行数。
  - “间距”文本框：在该文本框中，输入相邻两行间的空间偏移量。

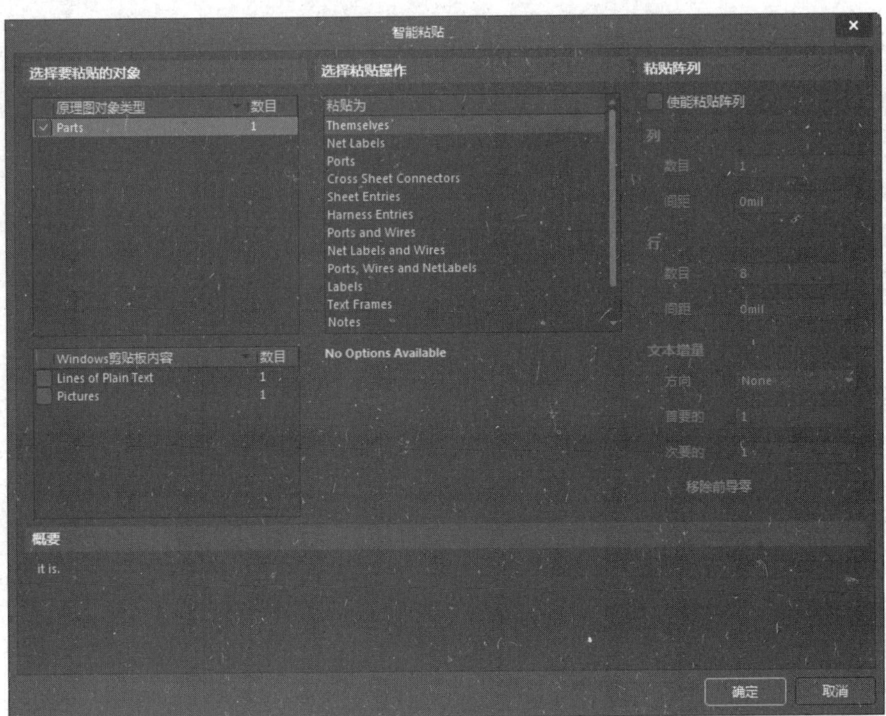

图 3-96 “智能粘贴”对话框

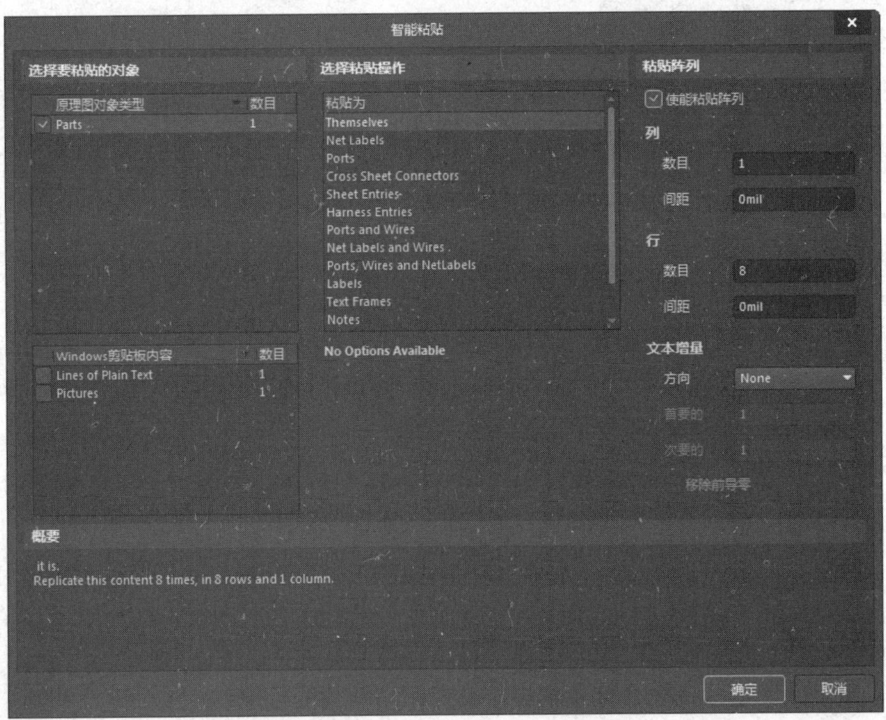

图 3-97 “粘贴阵列”区域被激活

- “文本增量”区域：设置粘贴阵列中的文本增量，具体参数如下。
  - “方向”下拉列表：该下拉列表用于设置增量的方向。系统给了 3 种选择，分别是 None（不设置）、Horizontal First（先从水平方向开始递增）、Vertical First（先从垂直方向开始递增）。选中后两项中的任意一项后，下方的文本框将被激活。
  - “首要的”文本框：用来指定相邻两次粘贴之间有关标志的数字递增量。
  - “次要的”文本框：用来指定相邻两次粘贴之间元件引脚号的数字递增量。
  - “移除前导零”复选框：勾选该复选框后，如果粘贴的数字以零开头（如 0.5），Altium Designer 将自动移除这些前导零，以使数字值更加紧凑。例如，粘贴的值将显示为“.5”，而不是“0.5”。

下面以复制得到一个电阻矩阵为例，介绍如何使用阵列粘贴功能。

先使被复制的电阻处于选中状态；然后执行“编辑”→“复制”命令，使其粘贴在 Windows 剪贴板上；再执行“编辑”→“智能粘贴”命令，打开“智能粘贴”对话框。设置“粘贴阵列”区域中的各项参数，如图 3-98 所示。

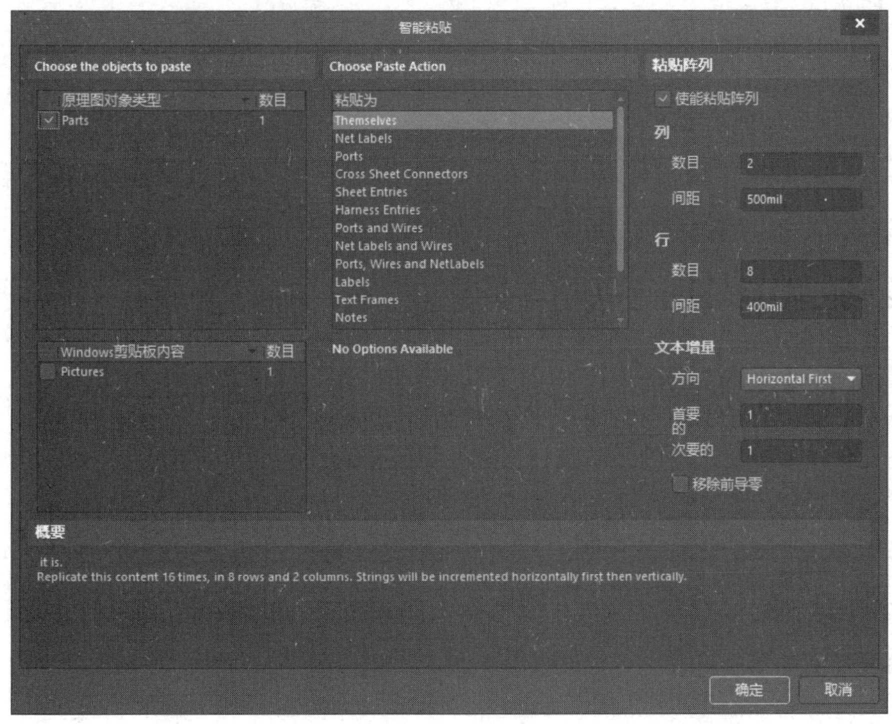

图 3-98　设置“粘贴阵列”区域中的各项参数

设置完成后，单击“确定”按钮。此时一个电阻矩阵会跟随光标移动，如图 3-99 所示。在合适位置单击，放置电阻矩阵，如图 3-100 所示。

完成上述操作后，可以看到每个电阻下面有波纹线，这是系统给出的重名错误提示。此时，可以进行之前提到过的标注操作对每个电阻重命名，如图 3-101 所示。

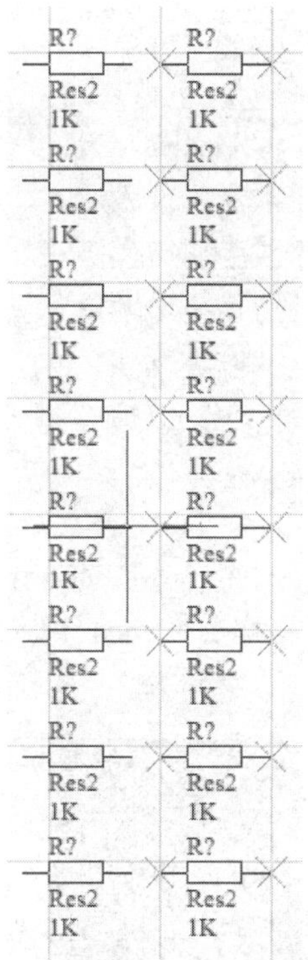

图 3-99　光标跟随一个电阻矩阵

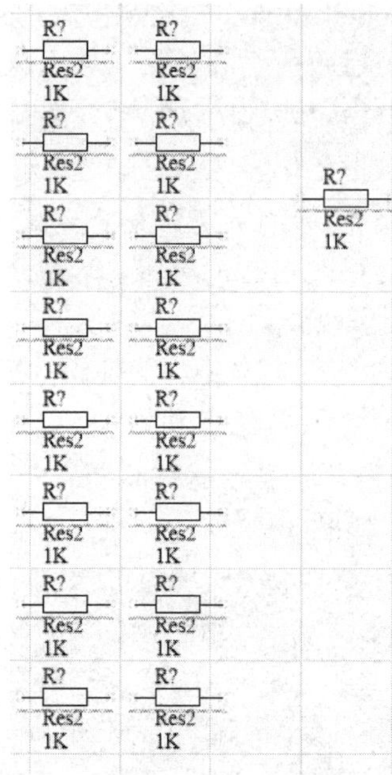

图 3-100　放置电阻矩阵

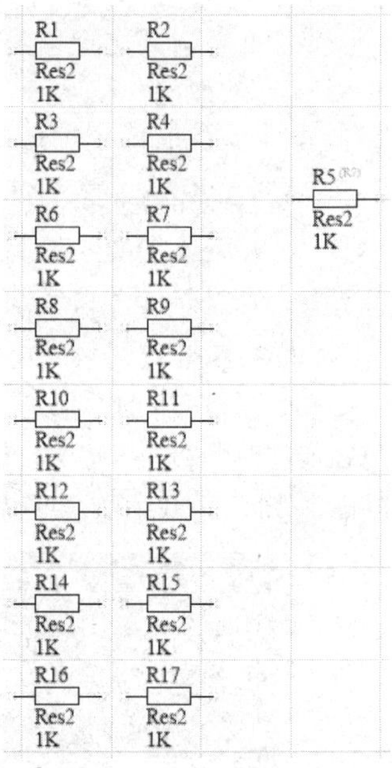

图 3-101　重命名电阻

3.6　绘制电路原理图的原则及步骤

将已完成的电子设计方案呈现出来的最好的方法就是绘制出清晰、简洁、正确的电路原理图。根据设计需要选择合适的元件，并把所选用的元件和相互之间的连接关系明确地表达出来，这就是电路原理图的设计过程。

在绘制电路原理图时首先应该保证电路原理图电气连接正确，信号流向清晰；其次应该使元件的整体布局合理、美观、精简。

电路原理图的绘制可以按照如图 3-102 所示的流程图完成。

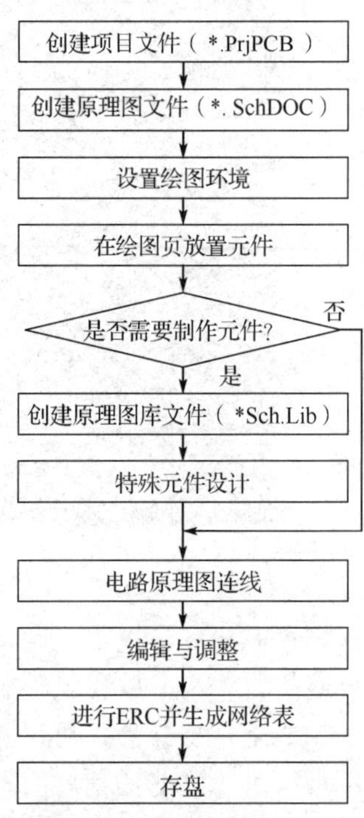

图 3-102　绘制电路原理图的流程图

3.7　实例介绍

为了更好地掌握绘制电路原理图的方法，接下来通过一个综合实例，来介绍绘制电路原理图全过程。设计好的电路原理图如图 3-103 所示。

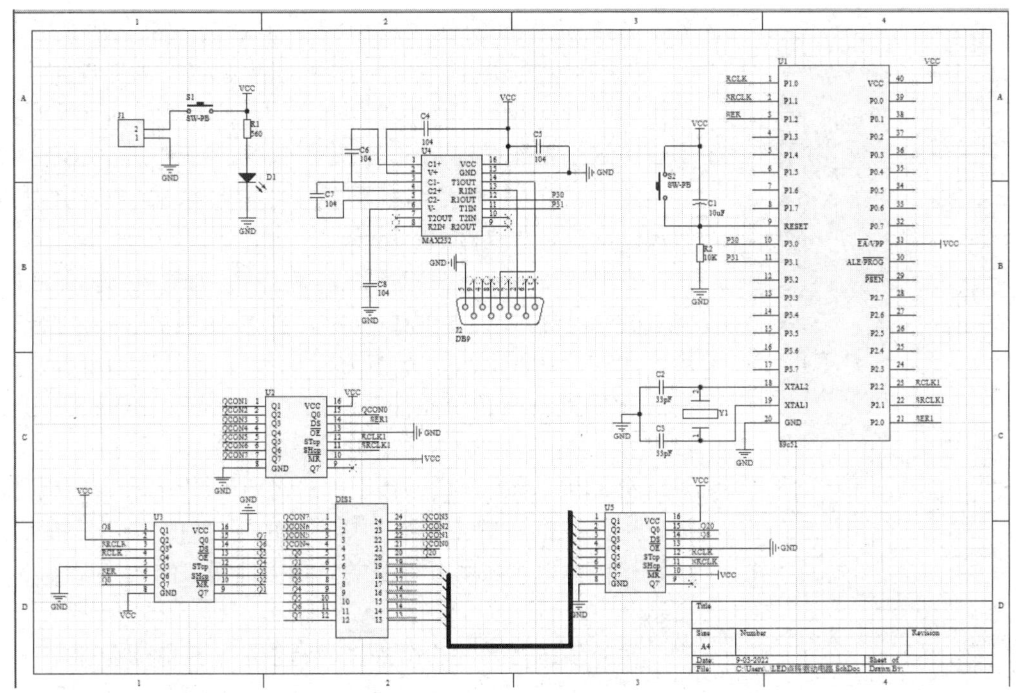

图 3-103　设计好的电路原理图[①]

【例 3-6】LED 点阵驱动电路的设计练习。

第 1 步：双击运行 Altium Designer，在 Altium Designer 主界面中执行“文件”→“新的”→“项目”→“Create”命令，在“Projects”面板中出现了新建的项目文件，系统给出默认名 PCB_Project1.PrjPcb。在项目文件“PCB_Project1.PrjPcb”上右击，在弹出快捷菜单中执行“保存”命令。在弹出的对话框中输入自己喜欢或与设计相关的名字，如“LED 点阵驱动电路”，如图 3-104 所示。在项目文件“LED 点阵驱动电路.PrjPcb”上右击，在弹出的快捷菜单中执行“添加新的...到工程”→“Schematic”命令，在该项目中添加一个新的原理图文件，系统给出的默认名为 Sheet1.SchDoc。在该文件上右击，在弹出的快捷菜单中执行“保存”命令，将其保存为自定义的名字，如本例中的“LED 点阵驱动电路”，如图 3-105 所示。

图 3-104　新建项目文件

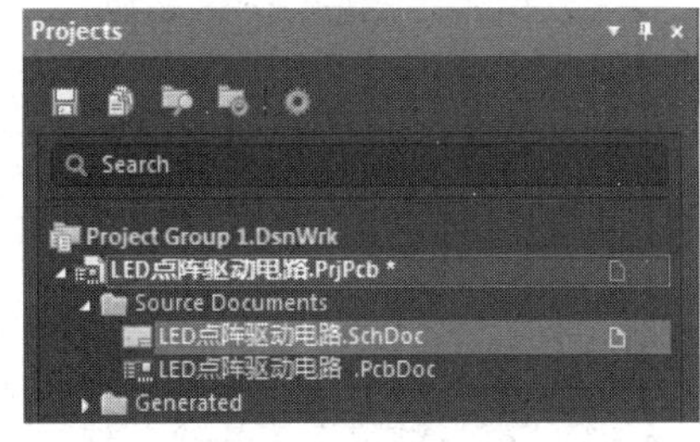

图 3-105　新建原理图文件

在绘制电路原理图的过程中，应先放置电路中的关键元件，再放置电阻、电容等外围元

① 图中电容对应单位“uF”应为“μF”。

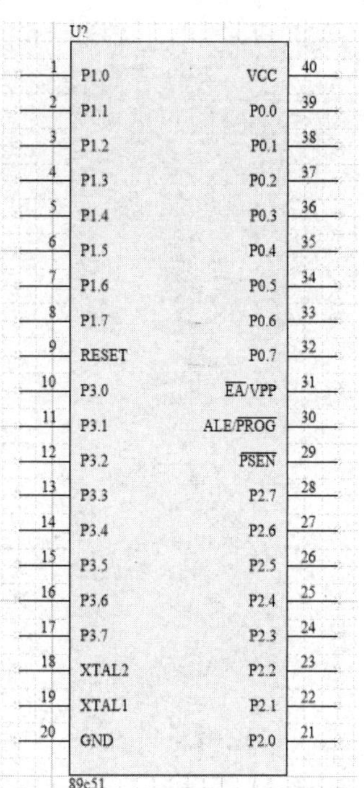

图 3-106 放置芯片 89C51

件。在系统提供的集成库中找不到本例中用到的核心芯片 89C51，因此需要用户先自己绘制芯片 89C51 的原理图符号，再进行放置。对于元件库的制作，已经在第 2 章进行了详细的讲解，这里不作详细介绍。

第 2 步：在原理图编辑环境中放置芯片 89C51，并对其进行属性编辑，如图 3-106 所示。

在“Components”面板的库下拉列表中选择元件库 Miscellaneous Devices.IntLib 库，在元件列表中分别选择电容、电阻、单电源电平转换芯片、数据端口连接器等，并一一进行放置，在各个元件对应的“Properties”面板中进行参数设置。所有元件放置完成的效果如图 3-107 所示。

第 3 步：单击配线工具栏中的“VCC 电源端口”图标，放置电源端口。单击配线工具栏上的“GND 端口”图标，放置接地端口。放置好电源端口和接地端口的效果如图 3-108 所示。

第 4 步：对元件的位置进行调整，使其更加合理。

单击配线工具栏中的“放置线”图标，完成元件之间的电气连接。单击配线工具栏中的“放置总线”图标和“放置总线入口”图标，完成电路原理图中总线的绘制。完成所有连接后的电路原理图如图 3-109 所示。单击“保存”按钮，保存绘制好的电路原理图。

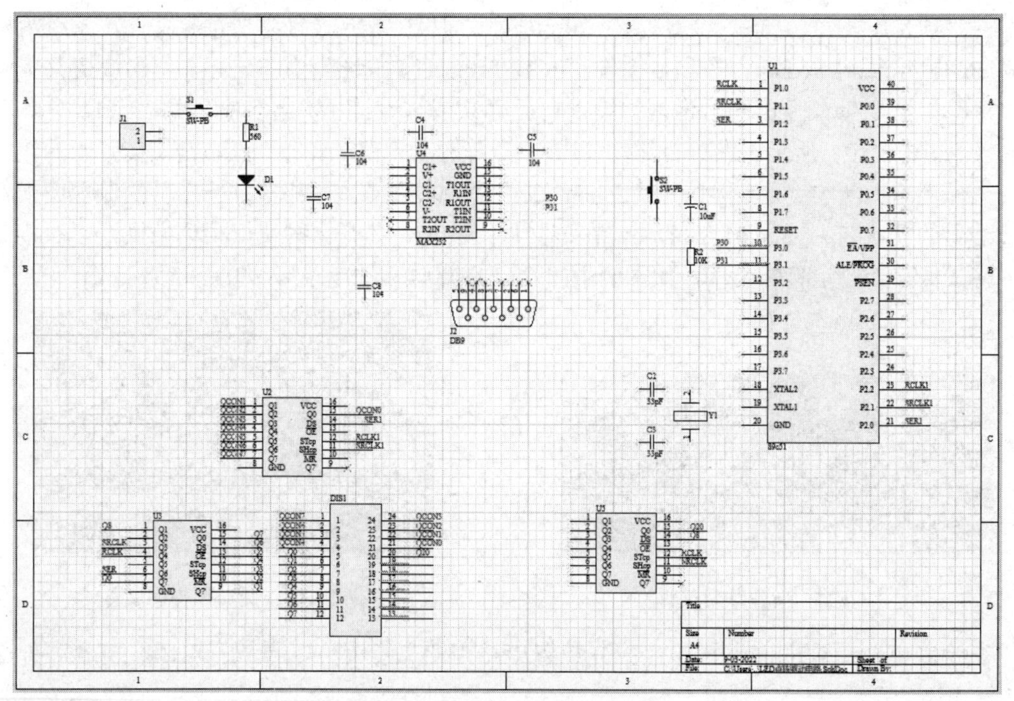

图 3-107 所有元件放置完成的效果

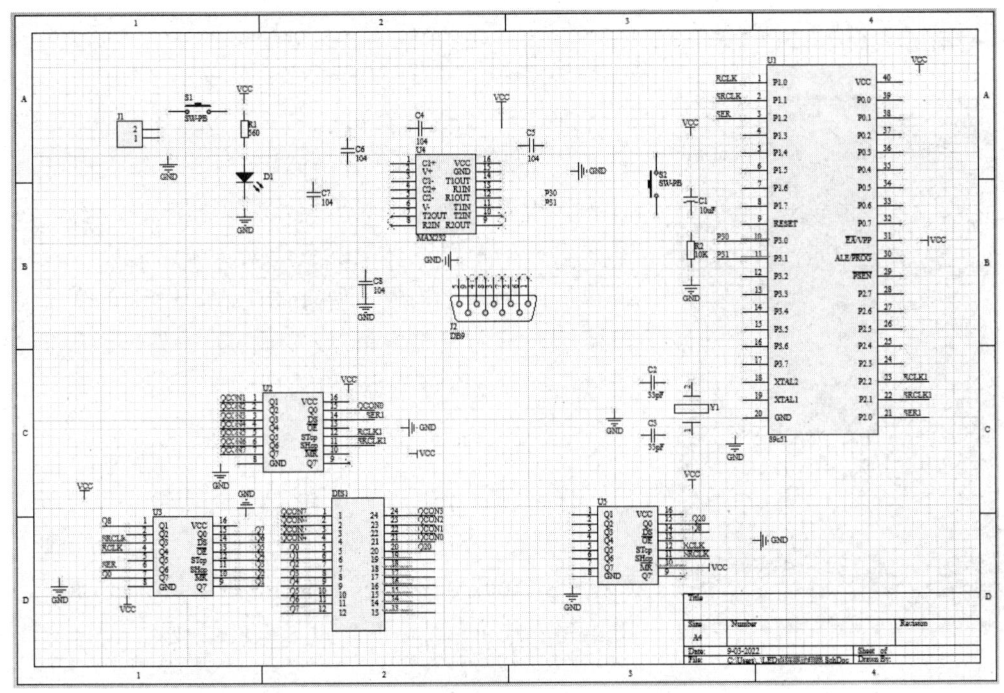

图 3-108　放置好电源端口和接地端口的效果

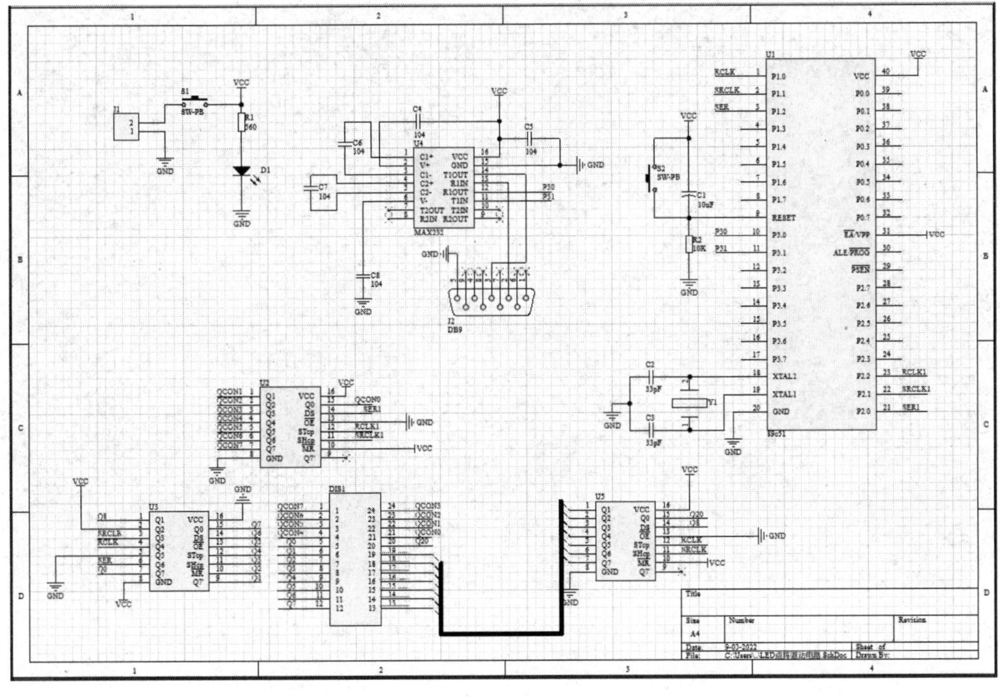

图 3-109　完成所有连接后的电路原理图

至此，电路原理图设计的主要部分已经完成了，但是整个设计还没有结束，剩下的内容在电路原理图设计中也很重要，是电路原理图设计成功的保障。

3.8 编译项目及查错

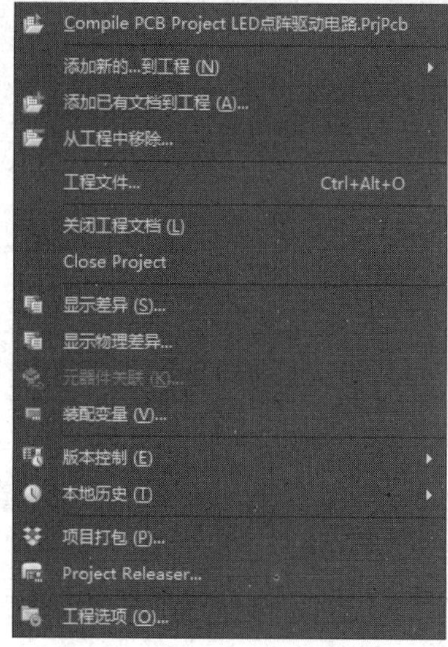

图 3-110 “工程”菜单

在使用 Altium Designer 进行设计的过程中，编译项目是一个很重要的环节。在编译时，系统会根据用户的设置检查整个项目。对于层次原理图来说，编译的目的就是将若干个子原理图联系起来。编译结束后，系统会提供相关的网络构成、原理图层次、设计文件包含的错误类型及分布等报告信息。本节以之前使用的项目文件为例，来介绍编译及查错工作。

1．设置项目选项

选中项目中的设计文件“LED 点阵驱动电路”（以 3.7 节的设计为例），执行“工程”→“工程选项”命令（见图 3-110）。打开“Options for PCB Project LED 点阵驱动电路.PrjPcb”对话框，如图 3-111 所示。

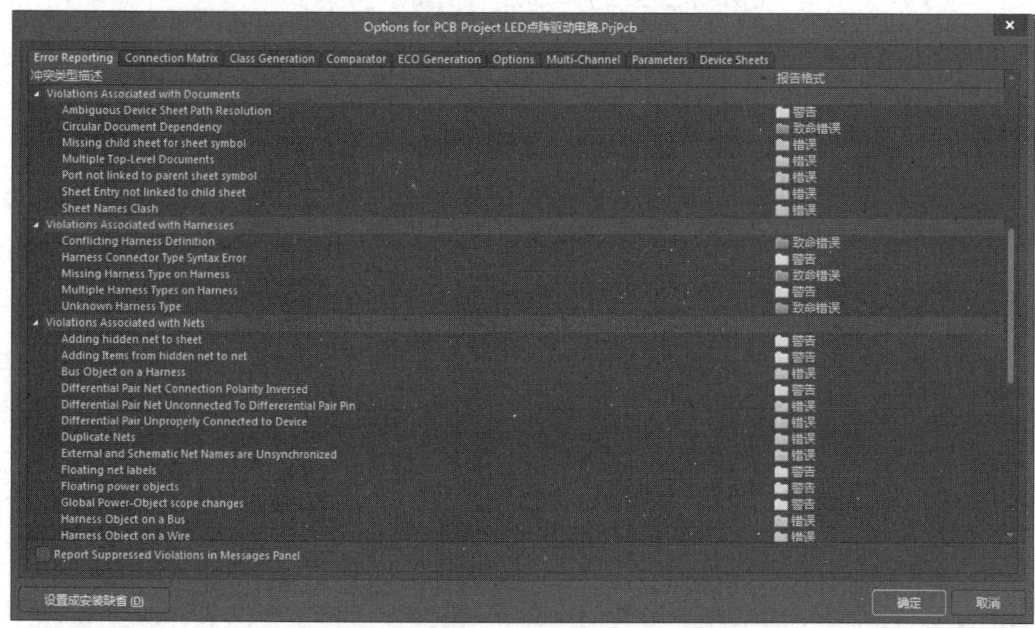

图 3-111 “Options for PCB Project LED 点阵驱动电路.PrjPcb”对话框

在“Error Reporting”（错误报告类型）标签页中，可以设置所有可能出现错误的报告类型。报告类型分为错误、警告、致命错误和不报告 4 种级别。单击“报告格式”栏中的报告类型，会弹出一个下拉列表，如图 3-112 所示。通过选择这个下拉列表中的选项，可以设置类型的级别。

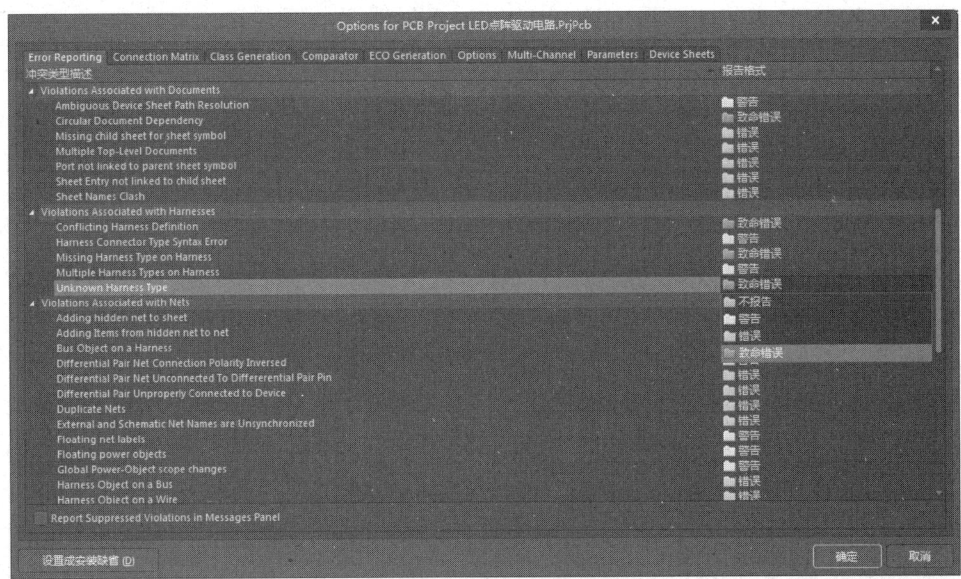

图 3-112　设置报告类型

“Connection Matrix”标签页用来显示设置的电气连接矩阵，如图 3-113 所示。

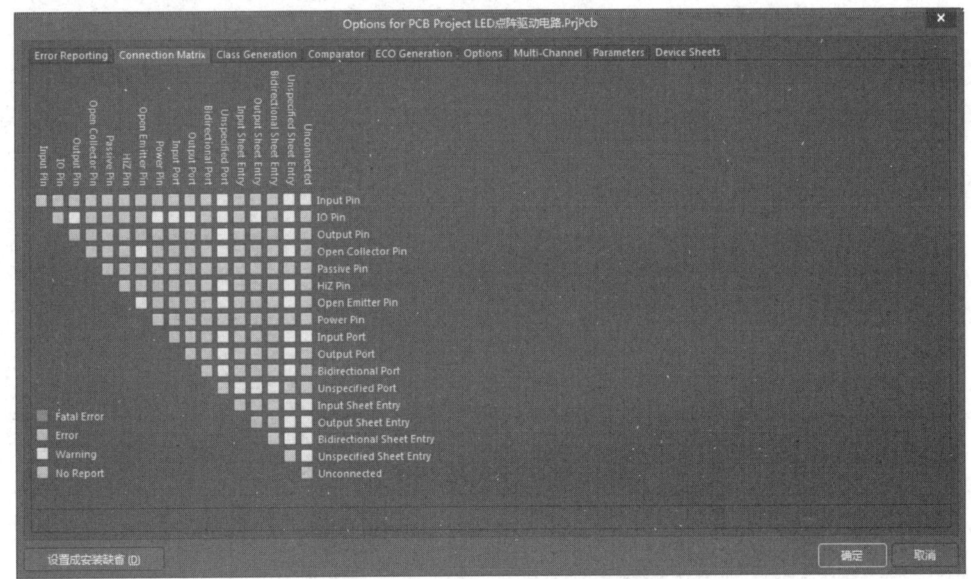

图 3-113　“Connection Matrix”标签页

要设置当不设置电气特性引脚（Passive Pin）未连接时的报告格式，可以在电气连接矩阵的右侧找到“Passive Pin”行，在矩阵的上方找到“Unconnected”（未连接）列。行和列交点处的方块表示 Passive Pin Unconnected，如图 3-114 所示。

移动光标到该方块处，此时光标变成手形，连续单击该方块，可以看到该方块的颜色在绿色、黄色、橙色、红色之间循环变化。其中，绿色表示不报告，黄色表示警告，橙色表示错误，红色表示致命错误。此处，设置当不设置电气特性引脚未连接时系统产生警告信息，即将该方块设置为黄色。

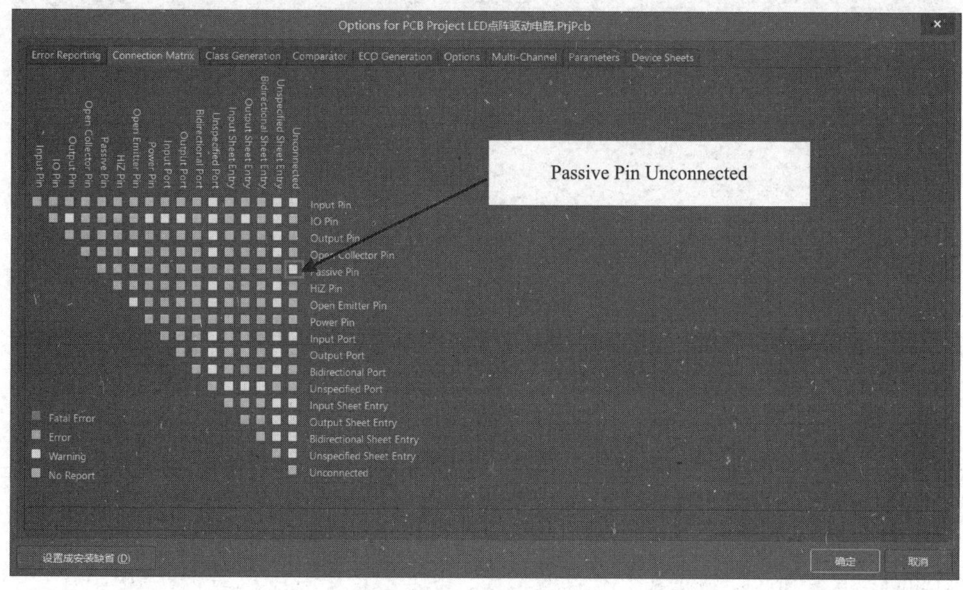

图 3-114　确定 Passive Pin Unconnected 方块

“Comparator”标签页用于显示比较器，如图 3-115 所示。如果希望在改变封装模型后，系统在编译时有信息提示，就找到“Different Footprints”行，如图 3-116 所示，单击其右侧“模式”栏。若在下拉列表中选择“Find Differences”选项，则在改变封装模型后系统在编译时有信息提示；若选择“Ignore Differences”选项，则会忽略该提示。

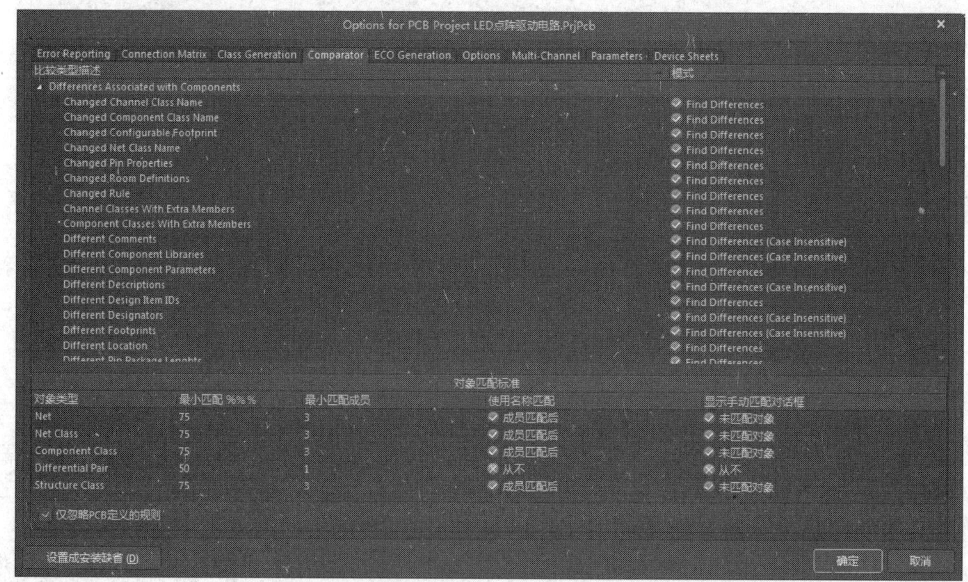

图 3-115　“Comparator”标签页

当设置完所有信息后，单击“确定”按钮，退出该对话框。

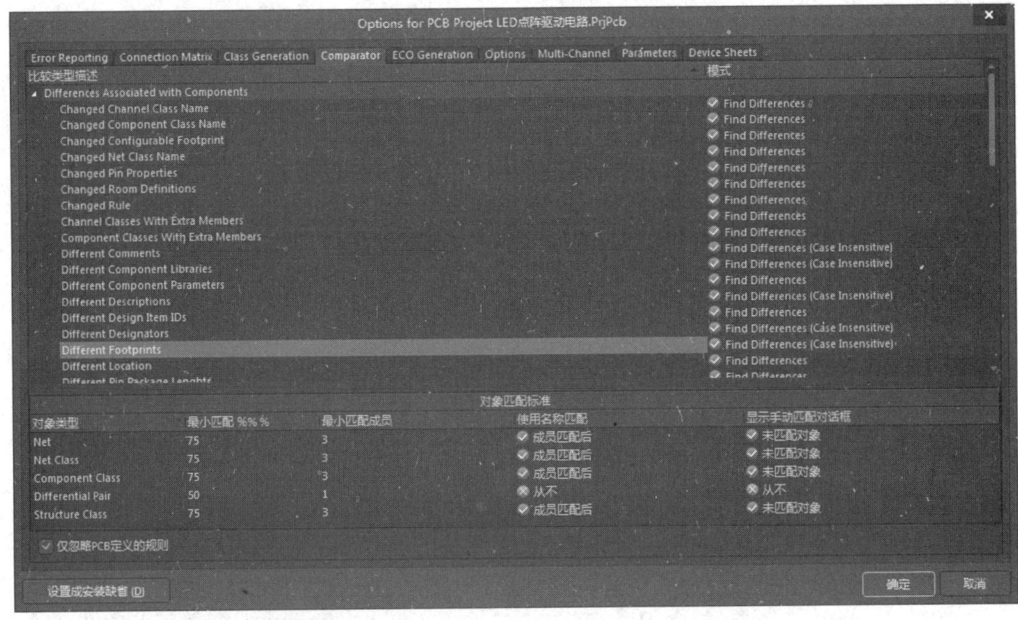

图 3-116　找到“Different Footprints”行

2. 编译项目同时查看系统信息

在完成项目选项后，在原理图编辑环境中，执行“工程”→“Validate PCB Project LED 点阵驱动电路.PrjPcb”命令，如图 3-117 所示，系统同步显示编译信息报告，如图 3-118 所示。

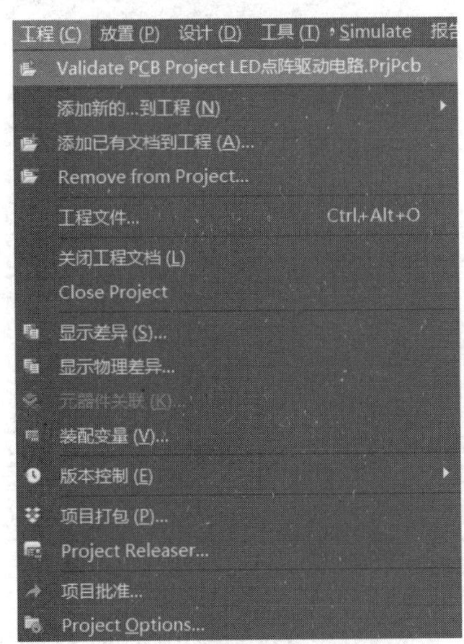

图 3-117　执行“工程”→“Validate PCB Project LED 点阵驱动电路.PrjPcb”命令

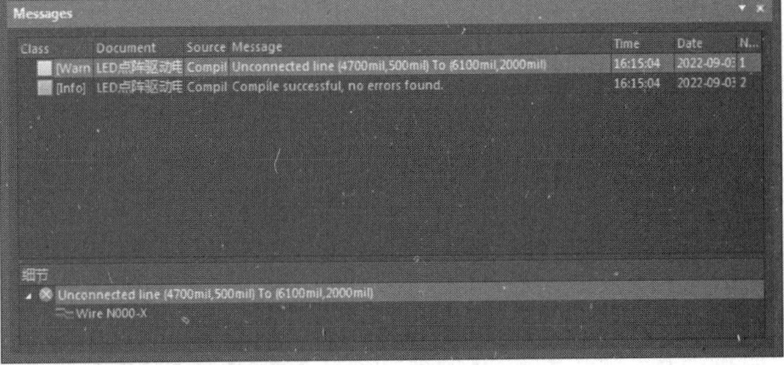

图 3-118　编译信息报告

可以看出这一部分报错是由总线造成的报错，可以忽略。如果没有弹出“Messages”面板，就单击整个界面右下角的“Panels”按钮，选择“Messages”选项。

3.9 生成原理图网络表文件

网络表可以提供该项目文件的网络连接信息，借助网络表可以检查元件参数和网络连接是否正确。本节以 3.7 节的设计为例，来介绍生成原理图网络表文件的操作。

在原理图编辑环境中，执行“设计”→“工程的网络表”→“Protel”命令，如图 3-119 所示，则会在该项目中生成一个与项目文件同名的网络表文件，双击打开该文件，如图 3-120 所示。

图 3-120 所示的网络表文件主要分为两部分。

前一部分描述元件的属性参数（元件序号、封装模型和元件的文本注释），方括号是一个元件的标志。“[”为起始标志，其后为元件序号、封装模型和元件注释，“]”为结束标志。

后一部分描述原理图文件中的电气连接，标志为圆括号。“(”为起始标志，其后为网络标签，之后按字母顺序依次列出与该网络标签相连接的元件引脚号，“)”为结束标志。

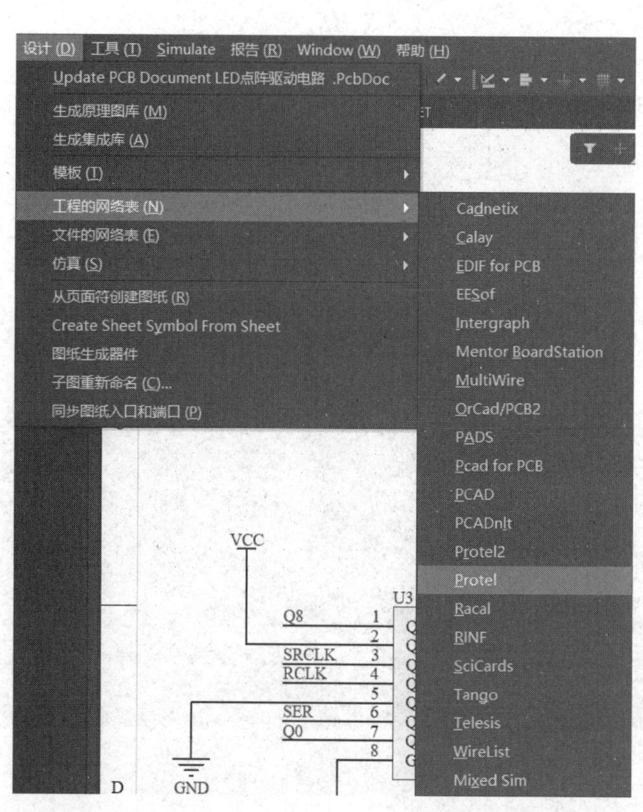

图 3-119 执行“设计”→“工程的网络表”→“Protel”命令

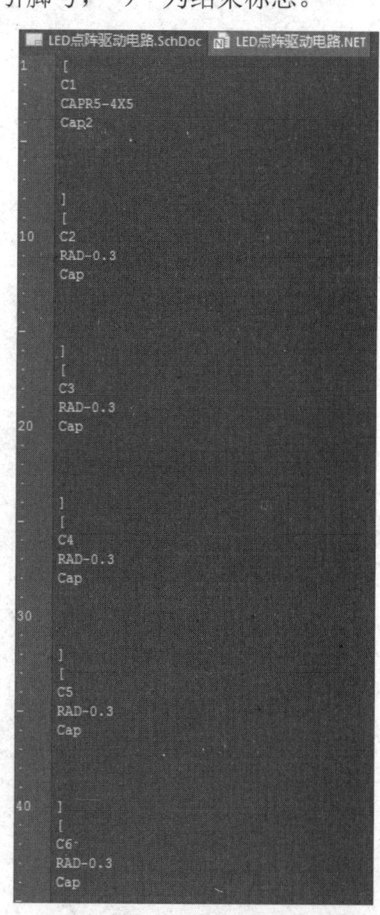

图 3-120 网络表文件

3.10　生成和输出各种报表和文件

电路原理图设计完成后，除了保存有关的项目文件和设计文件，还要输出和整个设计项目相关的信息，并以表格形式保存。Altium Designer 中除了可以生成网络表文件，还可以将整个项目中的元件类别和总数以多种报表或文件格式输出保存或打印，以便将绘制的 PCB 信息导出为其他格式，供厂商和其他设计师浏览。本节以 3.7 节的设计为例，来介绍生成和输出各种输出报表和文件的操作。

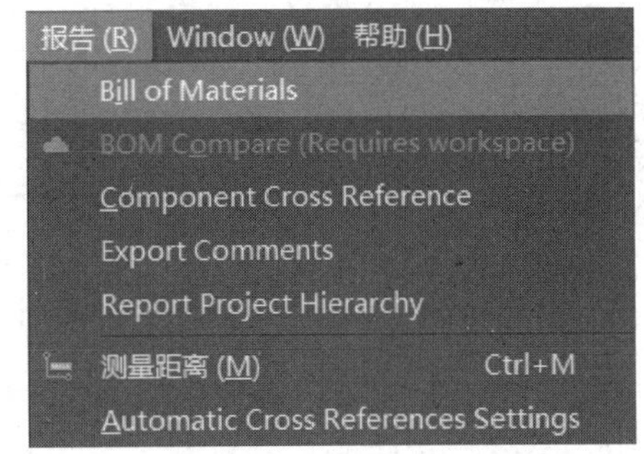

图 3-121　执行“报告”→“Bill of Materials”命令

1. 输出元件报表

在原理图编辑环境中，执行“报告”→“Bill of Materials”命令，如图 3-121 所示，弹出“Bill of Materials for Project”对话框，如图 3-122 所示。

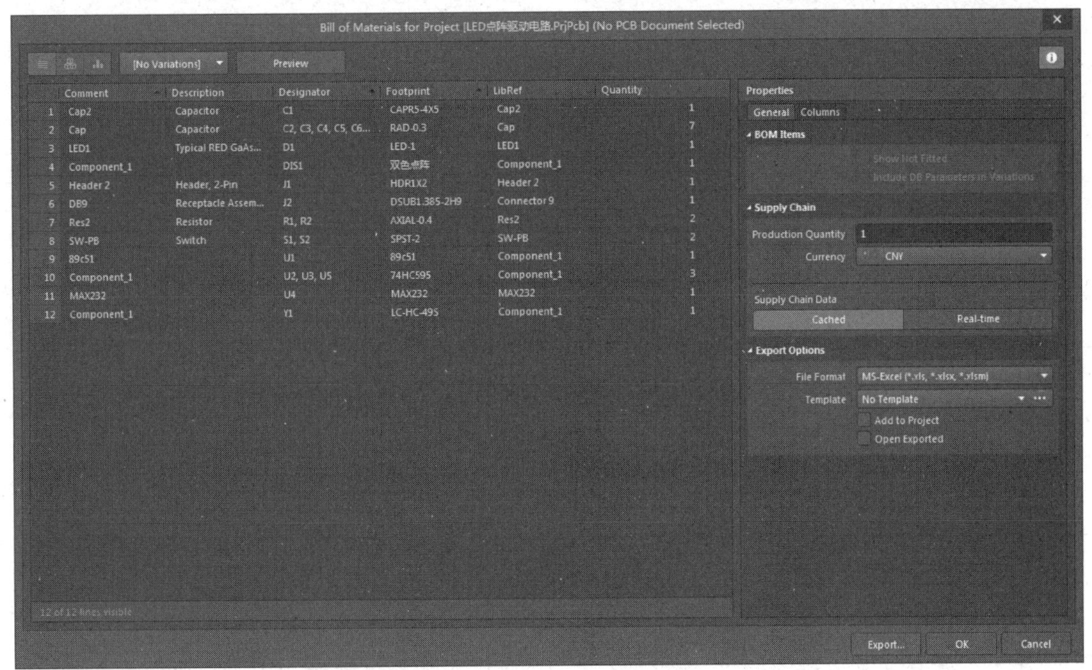

图 3-122　“Bill of Materials for Project”对话框

该对话框中列出了项目中用到的所有元件，在 Altium Designer 22 中右侧的“Properties”区域为设计师们提供了供应链等信息。在“Columns”标签页中可以对报表中的信息来源和显示与否进行设置。

在“Bill of Materials for Project”对话框中单击“Preview”按钮，系统将下载并打开一个如图 3-123 所示的报表预览界面。

Comment	Description	Designator	Footprint	LibRef	Quantity
Cap2	Capacitor	C1	CAPR5-4X5	Cap2	1
Cap	Capacitor	C2, C3, C4, C5, C6, C7	RAD-0.3	Cap	7
LED1	Typical RED GaAs LE	D1	LED-1	LED1	1
Component_1		DIS1	双色点阵	Component_1	1
Header 2	Header, 2-Pin	J1	HDR1X2	Header 2	1
DB9	Receptacle Assembly	J2	DSUB1.385-2H9	Connector 9	1
Res2	Resistor	R1, R2	AXIAL-0.4	Res2	2
SW-PB	Switch	S1, S2	SPST-2	SW-PB	2
89c51		U1	89c51	Component_1	1
Component_1		U2, U3, U5	74HC595	Component_1	3
MAX232		U4	MAX232	MAX232	1
Component_1		Y1	LC-HC-49S	Component_1	1

图 3-123　报表预览界面

单击“Bill of Materials for Project”对话框中的“Export”按钮，系统将弹出“另存为”对话框，如图 3-124 所示。

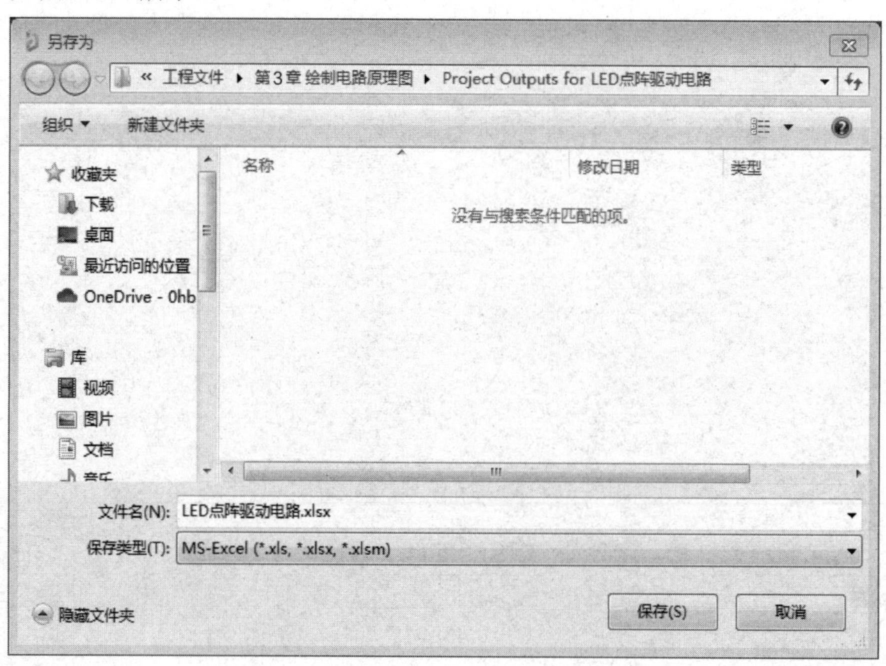

图 3-124　“另存为”对话框

在“文件名”文本框中输入文件的名字，在“保存类型”下拉列表中选择文件类型，一般选择“MS-Excel（*.xls，*.xlsx，*.xlsm）”选项。单击“保存”按钮，系统将把元件报表保存为 Excel 格式的文件，同时用 Excel 打开，如图 3-125 所示。

此时“保存类型”下拉列表已经固定，如需更改，应在“Bill of Materials for Project”对话框的“Export Options”区域中进行设置。

Comment	Description	Designator	Footprint	LibRef	Quantity
Cap2	Capacitor	C1	CAPR5-4X5	Cap2	1
Cap	Capacitor	C2, C3, C4, C5, C6, C7	RAD-0.3	Cap	7
LED1	Typical RED GaAs LE	D1	LED-1	LED1	1
Component_1		DIS1	双色点阵	Component_1	1
Header 2	Header, 2-Pin	J1	HDR1X2	Header 2	1
DB9	Receptacle Assembly	J2	DSUB1.385-2H9	Connector 9	1
Res2	Resistor	R1, R2	AXIAL-0.4	Res2	2
SW-PB	Switch	S1, S2	SPST-2	SW-PB	2
89c51		U1	89c51	Component_1	1
Component_1		U2, U3, U5	74HC595	Component_1	3
MAX232		U4	MAX232	MAX232	1
Component_1		Y1	LC-HC-49S	Component_1	1

图 3-125　用 Excel 打开的元件报表

在“另存为”对话框中的“保存类型”下拉列表中选择“Web Page（*.htm;*.html）”选项，单击“保存”按钮，系统将把元件报表保存为 html 格式的文件，同时用 Edge 浏览器打开，如图 3-126 所示。

Bill of Materials

文件 | C:/Users/Administrator.USER-20200506PH/Desktop/

Comment	Description	Designator	Footprint	LibRef	Quantity
Cap2	Capacitor	C1	CAPR5-4X5	Cap2	1
Cap	Capacitor	C2, C3, C4, C5, C6, C7, C8	RAD-0.3	Cap	7
LED1	Typical RED GaAs LED	D1	LED-1	LED1	1
Component_1		DIS1	双色点阵	Component_1	1
Header 2	Header, 2-Pin	J1	HDR1X2	Header 2	1
DB9	Receptacle Assembly, 9 Position, Right Angle	J2	DSUB1.385-2H9	Connector 9	1
Res2	Resistor	R1, R2	AXIAL-0.4	Res2	2
SW-PB	Switch	S1, S2	SPST-2	SW-PB	2
89c51		U1	89c51	Component_1	1
Component_1		U2, U3, U5	74HC595	Component_1	3
MAX232		U4	MAX232	MAX232	1
Component_1		Y1	LC-HC-49S	Component_1	1

图 3-126　用 Edge 浏览器打开的元件报表

2．输出整个项目电路原理图的元件报表

如果一个设计项目由多个电路原理图组成，那么项目使用的所有元件还可以根据它们所处电路原理图分组显示。在原理图编辑环境中，执行“报告”→“Component Cross Reference”命令，如图 3-127 所示，打开如图 3-128 所示的对话框，该对话框的操作方式与“Bill of Materials for Project”对话框的操作方式相同，这里不再重复介绍。

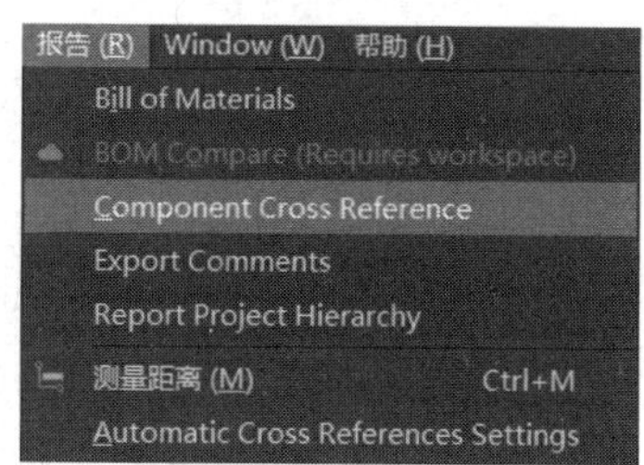

图 3-127　执行“报告”→“Component Cross Reference”命令

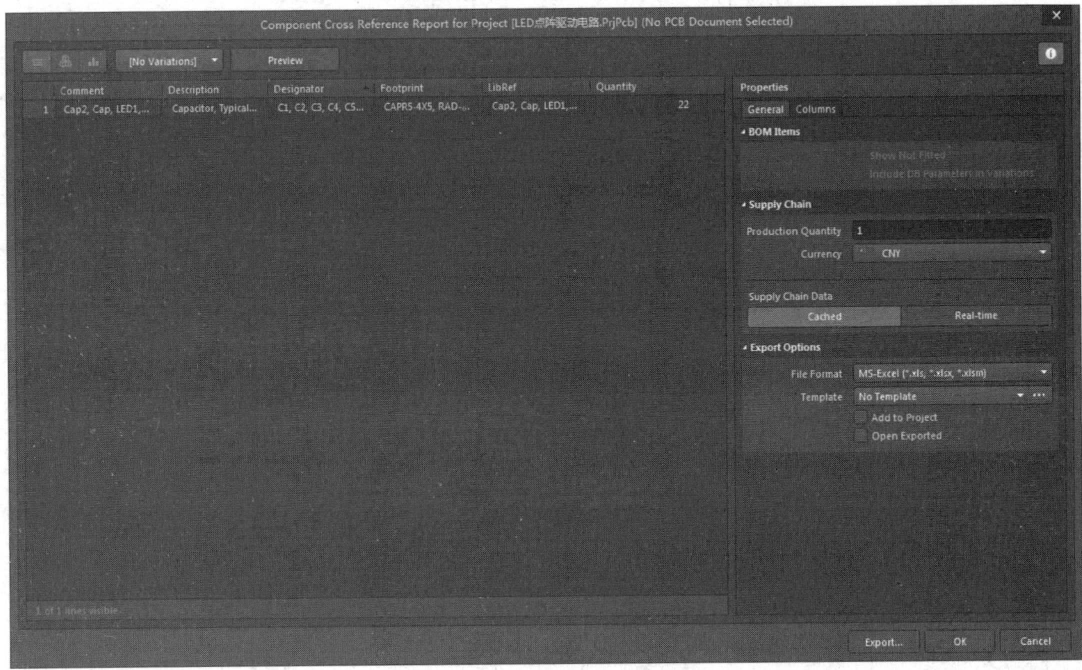

图 3-128 “Component Cross Reference Report for Project”对话框

思考与练习

（1）启动 Altium Designer 22，创建一个项目文件，将该项目文件保存在自己创建的目录中，并为该项目文件加载一个新的原理图文件。

（2）对（1）中新建的原理图文件进行相应的属性设置，设置图纸大小为 800mm × 400mm（本书单位若无特别说明均为 mm）、水平放置，其他参数保持系统默认设置即可。

（3）在新建的原理图文件中绘制如下电路图。

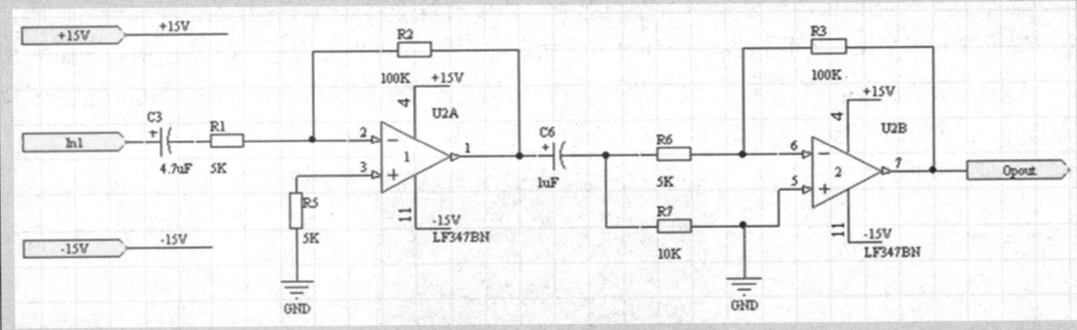

在这个过程中，熟悉对元件库的操作、对元件放置的操作、对元件之间连接的操作。

（4）熟悉电路原理图绘制的相关技巧。

（5）项目编译有哪些意义？

（6）输出（3）中创建的电路原理图的相关报表。

（7）熟悉“Connection Matrix”标签页的设置，设定规则发现 2 个输出引脚连接在一起的错误。

（8）熟悉“Error Reporting”标签页的设置，设定规则发现 2 个不同网络连在一起的错误。

第4章　电路原理图绘制的优化方法

前三章介绍了电路原理图的基本绘制方法，这种方法适用于绘制结构较简单、规模较小的电路。对于功能更复杂，规模更庞大的电路，首先应该考虑选择何种方法优化设计电路原理图，以满足清晰、简洁的目的。一些模块较多的电路包含的元件繁多、功能复杂，因此难以阅读、分析，甚至难以在一张图纸上完成所有电路原理图的绘制。针对这种情况可以设计层次电路，将各模块分别绘制在几张电路原理图上，以使电路原理图更清晰，同时便于多人同时进行设计，加快设计进程。

4.1　使用网络标签进行电路原理图绘制的优化

网络标签实际是一个电气连接点，具有相同网络标签的导线是电气连通的，因此使用网络标签可以避免电路原理图中出现较长的连接线，从而使电路原理图可以清晰地表达电路连接的脉络。下面以 LED 点阵驱动电路为例，来演示电路原理图绘制的优化。

1. 复制电路原理图到新建的原理图文件

在 Altium Designer 的主界面中，执行“文件”→“新的”→“原理图”命令，保存文件名为“LED 点阵驱动电路”，打开新建的原理图文件。将界面切换到绘制好的电路原理图，如图 4-1 所示。

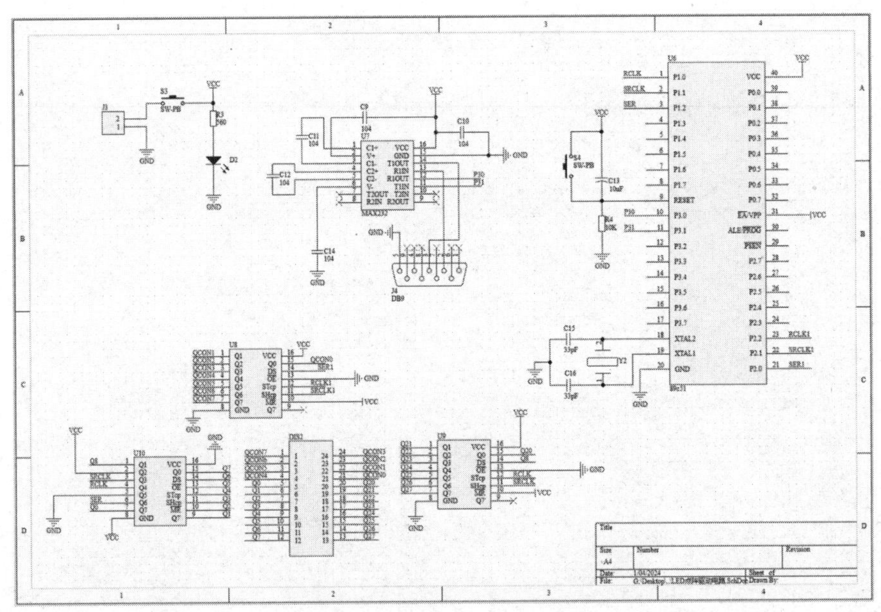

图 4-1　绘制好的电路原理图

在原理图编辑环境中，执行“编辑”→“选择”→“全部”命令，如图 4-2 所示。

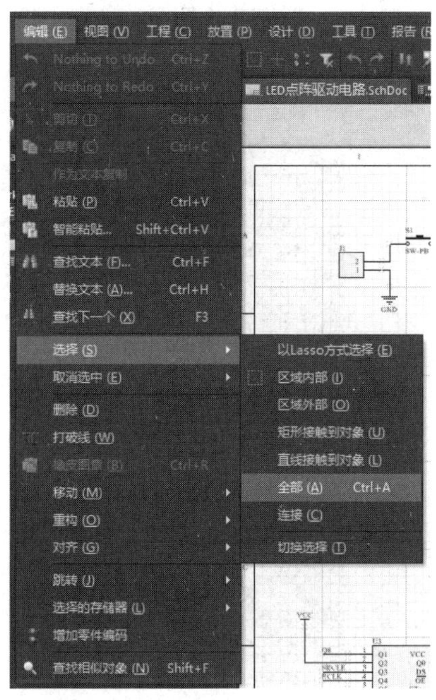

图 4-2　执行“编辑”→“选择”→“全部”命令

选中后的电路原理图如图 4-3 所示。

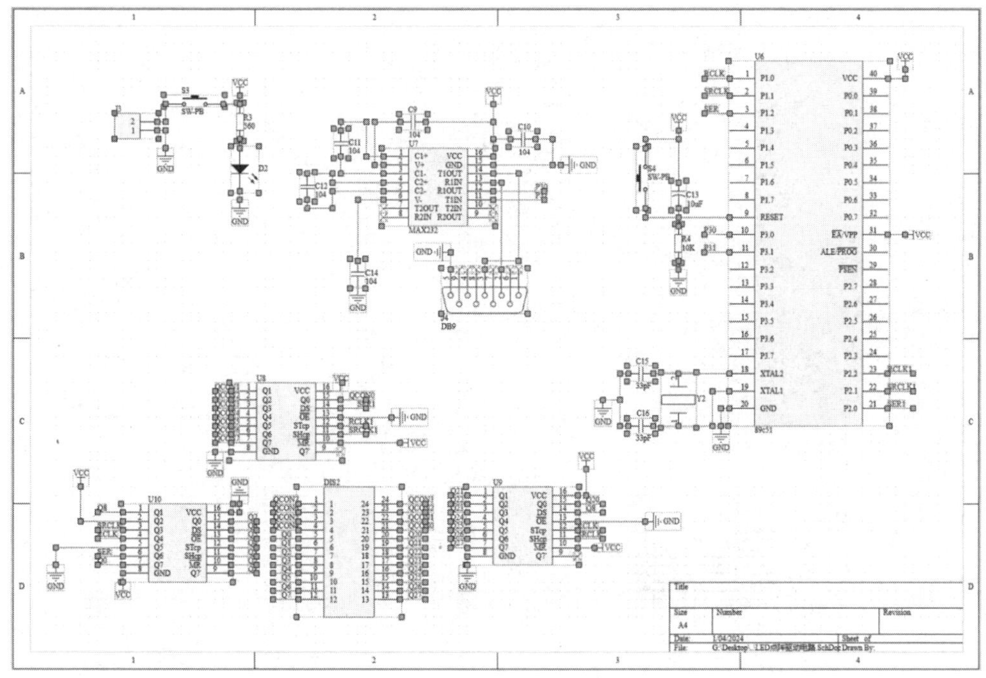

图 4-3　选中后的电路原理图

在原理图编辑环境中，执行“编辑”→“复制”命令，或者右击，在弹出的快捷菜单中执行“复制”命令，如图 4-4 所示。需要注意的是，此处复制时需要取消勾选之前设置的“优选项”对话框中的“Schematic-Graphical Editing”界面中的“粘贴时重置元件位号”复选框，否则在复制粘贴后，所有元件编号都将重置。

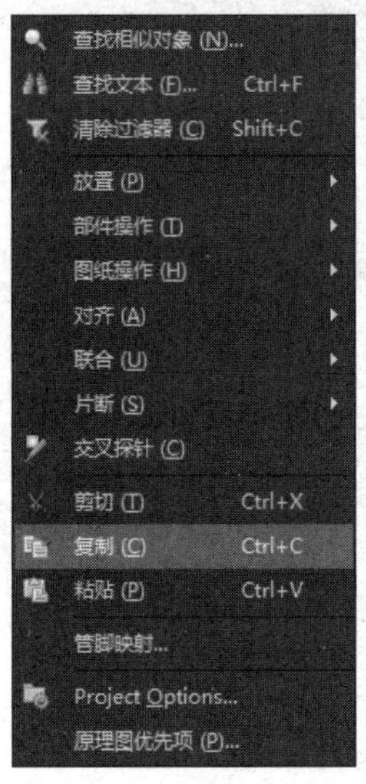

图 4-4　执行“复制”命令

将界面切换到新建的原理图文件，执行“编辑”→“粘贴”命令。此时已绘制好的电路原理图会跟随光标移动，如图 4-5 所示。

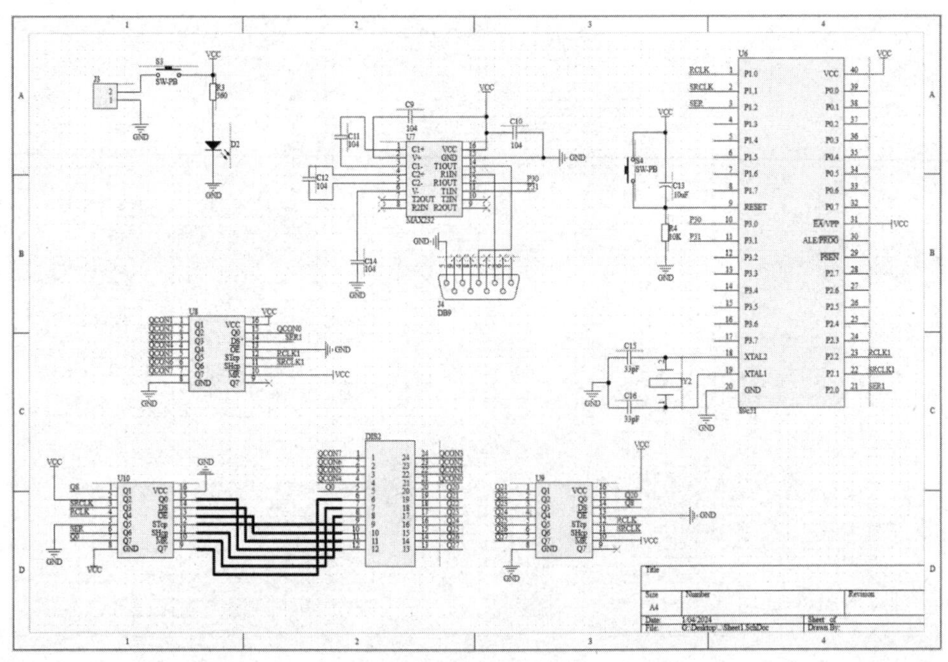

图 4-5　已绘制好的电路原理图跟随光标移动

在期望放置电路原理图的位置单击，放置电路原理图。放置电路原理图后可以在“Projects”面板中看到新创建的原理图文件 Sheet1.SchDoc，如图 4-6 所示。

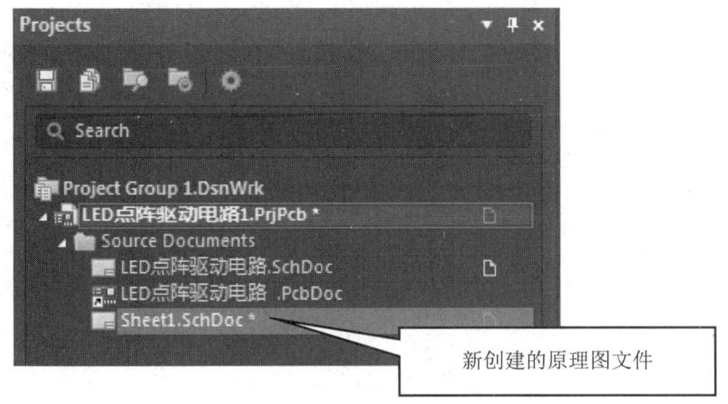

图 4-6　新创建的原理图文件

2. 删除部分连线

电路原理图中有的部分连线比较复杂，使用网络标签可以简化电路原理图，使电路原理图更直观和清晰。在本设计中，拟将电路中的以粗线形式表示的连线删除。待删除的连线如图 4-7 所示。

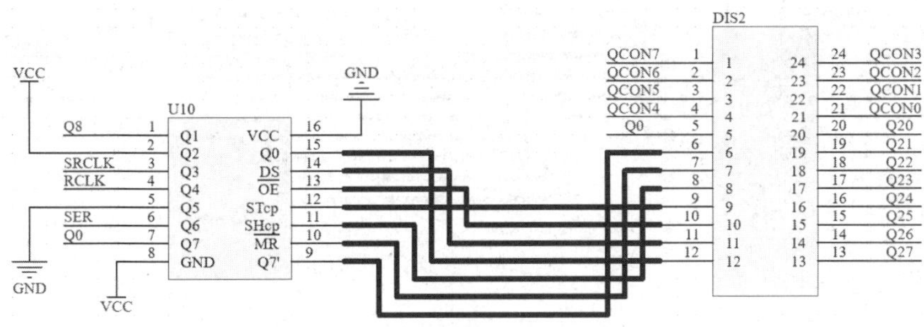

图 4-7　待删除的连线

选择一条待删除的连线，连线各端出现绿色手柄（图中显示为灰色，具体颜色见软件操作），如图 4-8 所示。

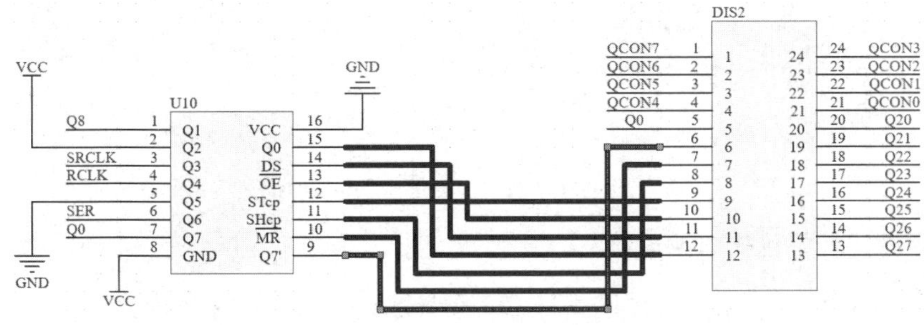

图 4-8　选择一条待删除的连线

按 Delete 键删除连线，如图 4-9 所示。

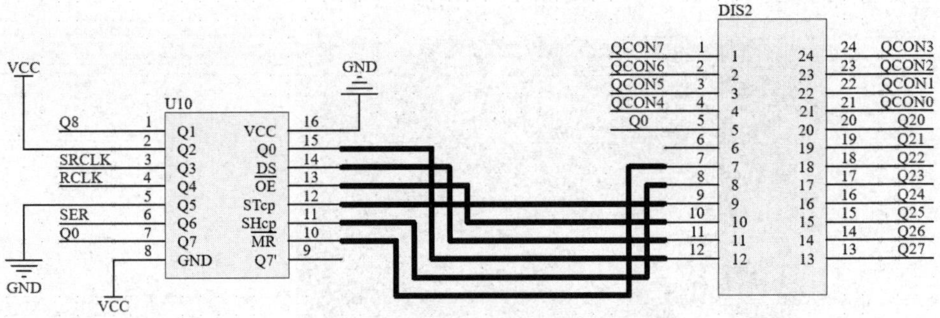

图 4-9　删除连线

当用户已知待删除的连线群时，可采用下述方式删除多条连线。将光标放到待删除的连线上，按住 Shift 键的同时依次单击各条待删除连线，可以同时选中多条待删除的连线，如图 4-10 所示。按 Delete 键删除所有选中的连线，如图 4-11 所示。

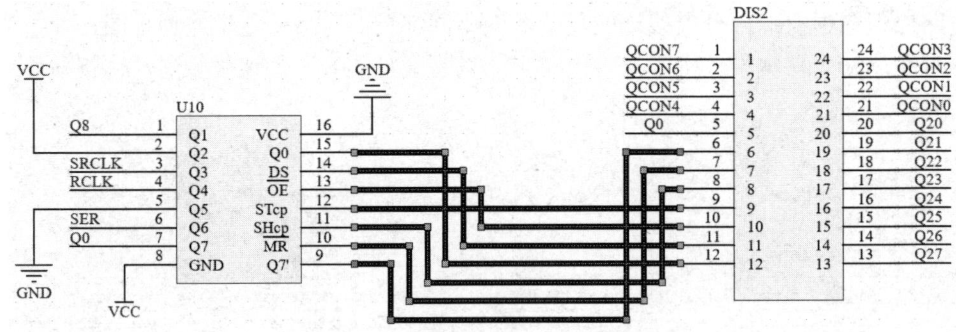

图 4-10　同时选中多条待删除的连线

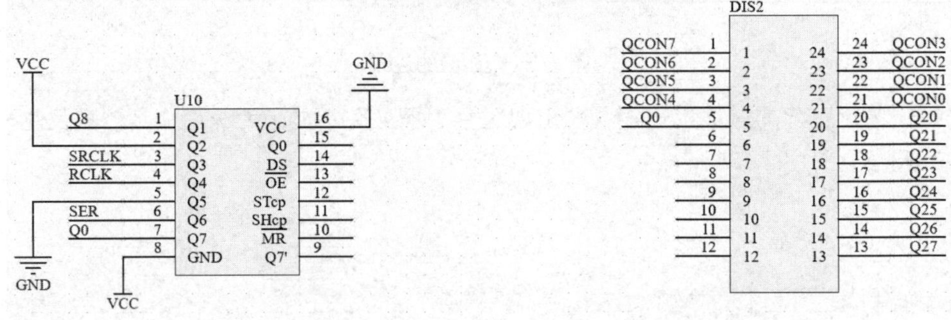

图 4-11　删除所有选中的连线

3．使用网络标签优化电路连接

在配线工具栏中，单击“放置网络标签”图标 Net，如图 4-12 所示。

此时，如图 4-13 所示的网络标签编辑框跟随光标移动。

图 4-12　单击“放置网络标签”图标Net

按 Tab 键，系统弹出如图 4-14 所示的“Properties-Net Label”面板。

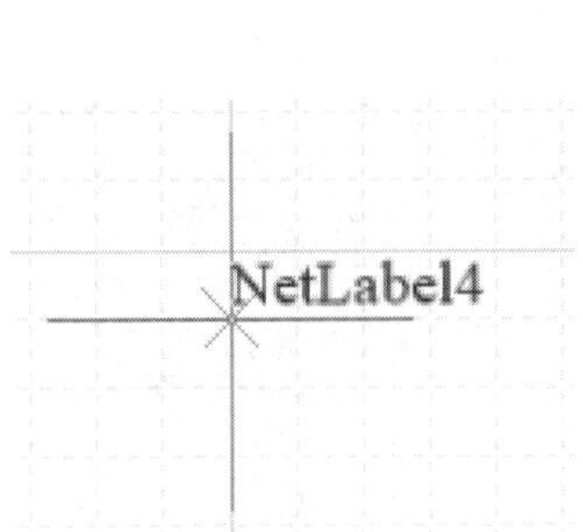

图 4-13　网络标签编辑框

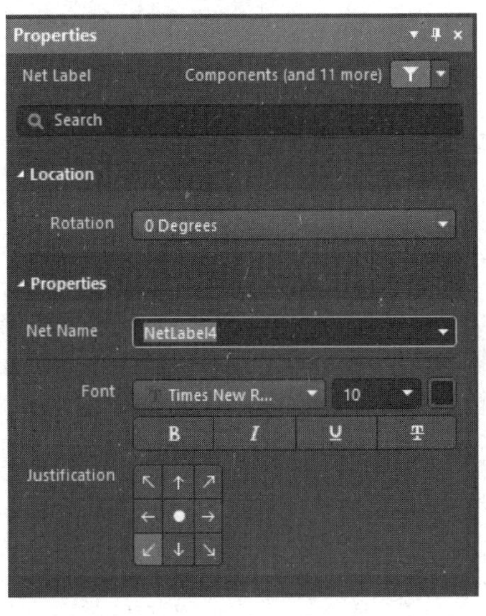

图 4-14　“Properties-Net Label”面板

在“Net Name”文本框中输入“Q0”标号后，在 U10 元件的引脚 7 处单击，放置网络标签，如图 4-15 所示。

按照上述方式标注 U10 元件的其他引脚，标注结果如图 4-16 所示。

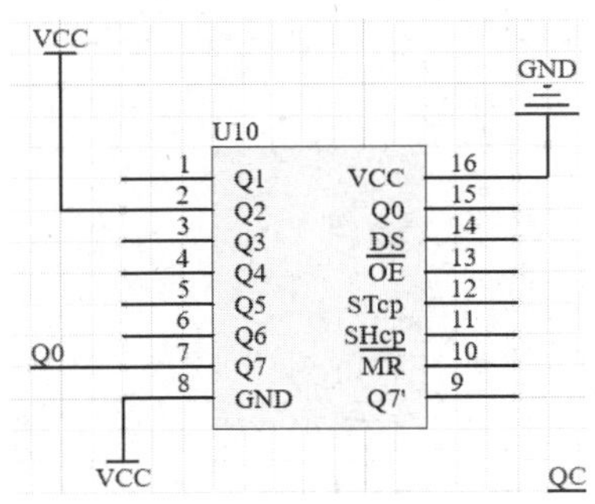

图 4-15　放置网络标签

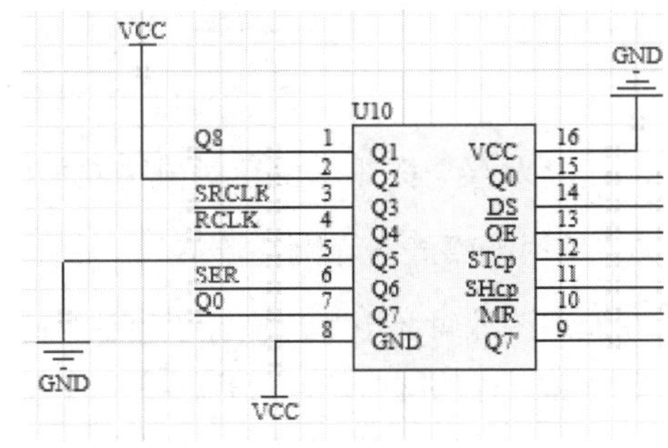

图 4-16　标注结果

按同样的操作方法对 DIS2 的引脚进行标注，标注结果如图 4-17 所示。

再对 DIS2 的其他引脚进行标注，结果如图 4-18 所示。经过网络标签优化后的电路原理图如图 4-19 所示。

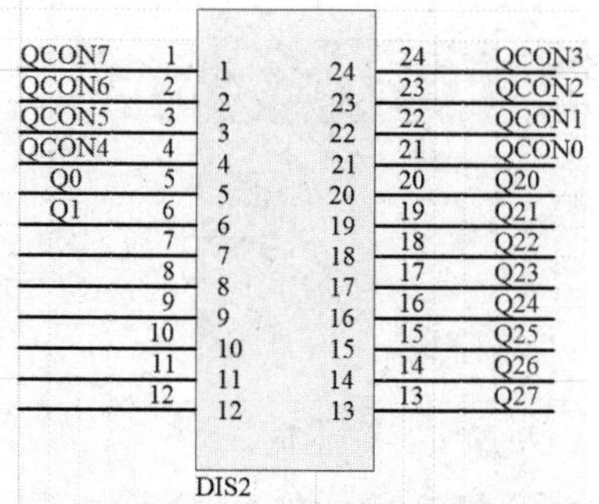

图 4-17　DIS2 的引脚标注结果

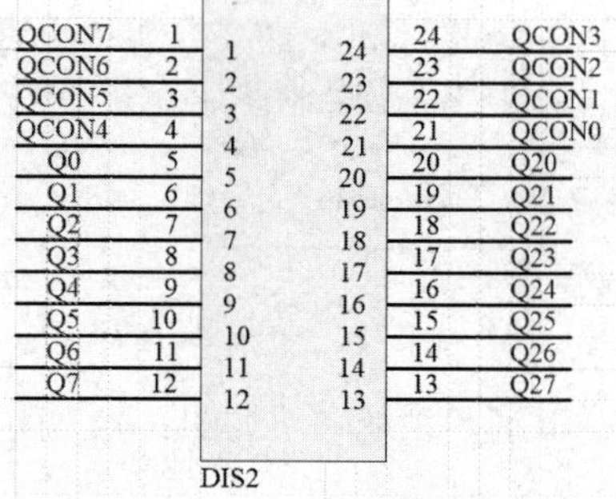

图 4-18　标注 DIS2 其他引脚

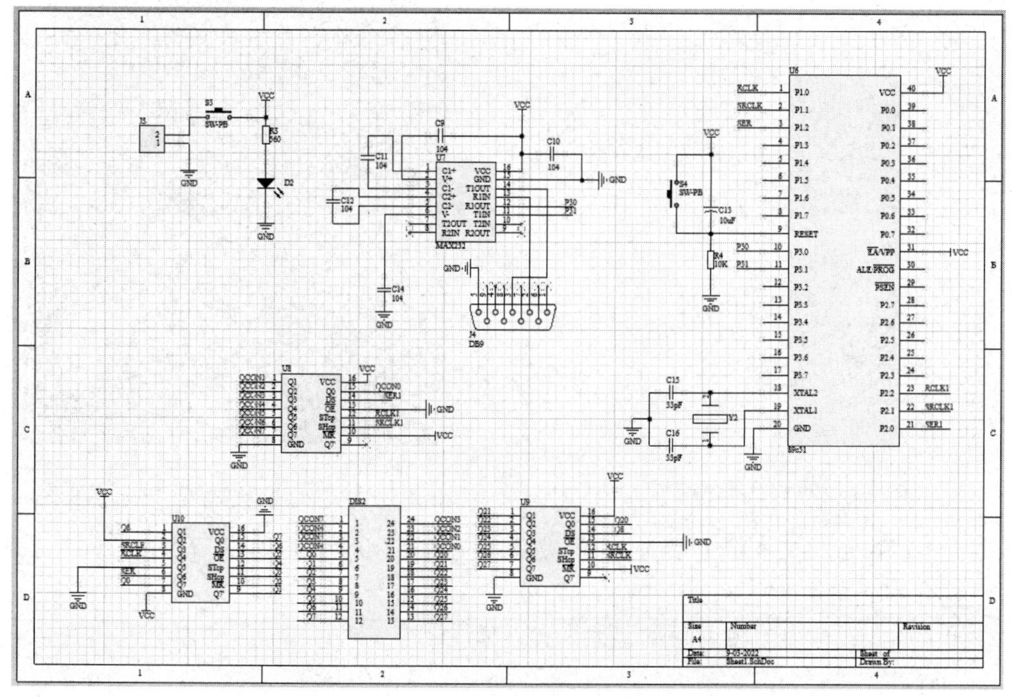

图 4-19　经过网络标签优化的电路原理图

单击“保存”按钮，保存对电路原理图的编辑。

4．使用网络表查看网络连接

在原理图编辑环境中，执行“设计”→“工程的网络表”→“Protel”命令，如图 4-20 所示。既然是工程的网络表，就需要有一个工程文件，所以切记要在工程文件下进行此操作。

系统会在工程文件中添加一个文本文件，其后缀是.NET，如图 4-21 所示。使用鼠标滑轮查看电路的网络连接。

由图 4-22 可知，Q5 网络包含 DIS1 的引脚 10、DIS2 的引脚 10、U3 的引脚 13 和 U10 的引脚 13，与电路连接一致，因此对于连线较复杂的电路原理图可以采用网络标签来优化，使电路原理图变得更直观，更利于用户阅读。

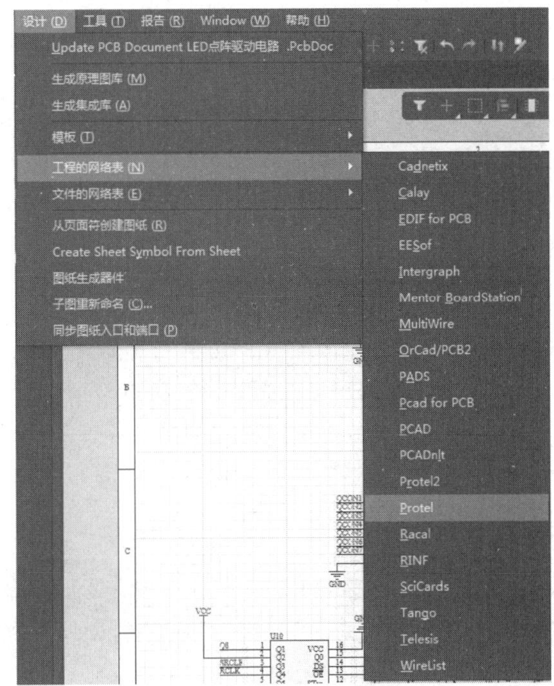

图 4-20　执行“设计”→“工程的网络表”→“Protel”命令

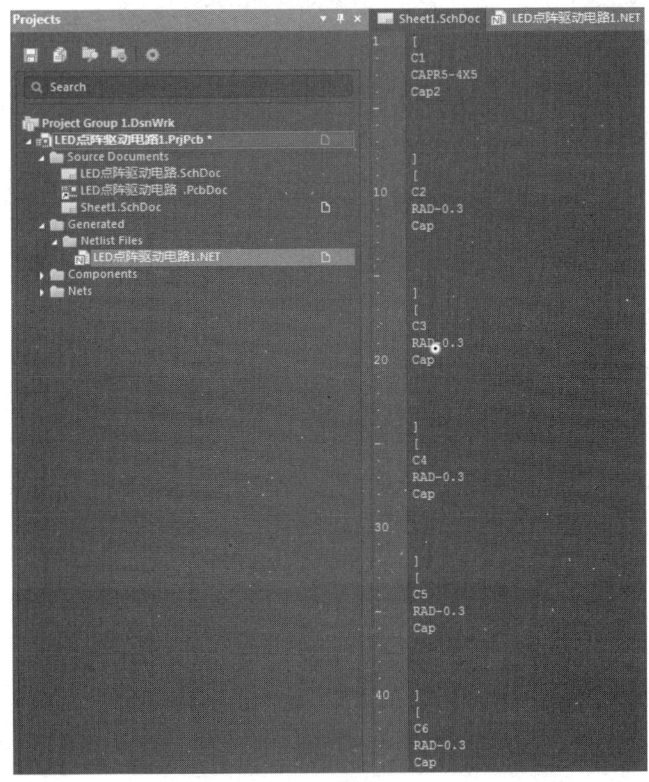

图 4-21　在工程文件中添加一个文本文件

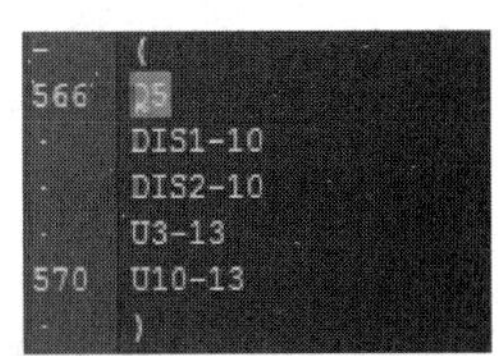

图 4-22　Q5 网络

4.2　使用端口进行电路原理图绘制的优化

在电路中使用端口，并设置某些端口，使其具有相同的名称。具有相同名称的端口可视为同一网络或认为它们在电气关系上是连通的。除网络标签外，使用端口也是进行电路原理图绘制的优化方法，这一方式与网络标签相似。接下来以 LED 点阵驱动电路为例，对电路原理图绘制的优化进行演示。

1．采用另存为方式创建并输入电路原理图

在 4.1 节中创建了 Sheet1.SchDoc 原理图文件。选择“Projects”面板中的“Sheet1.SchDoc”原理图文件，如图 4-23 所示，进入“Sheet1.SchDoc”编辑窗口，在编辑窗口中右击，在弹出的快捷菜单中执行“另存为”命令，如图 4-24 所示，弹出如图 4-25 所示的“Save [Sheet1.SchDoc] As”对话框。

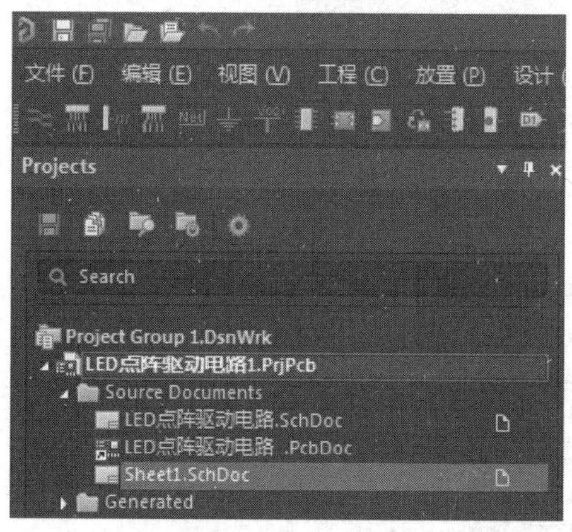

图 4-23　选择 Sheet1.SchDoc 原理图文件

图 4-24　在弹出的快捷菜单中执行“另存为”命令

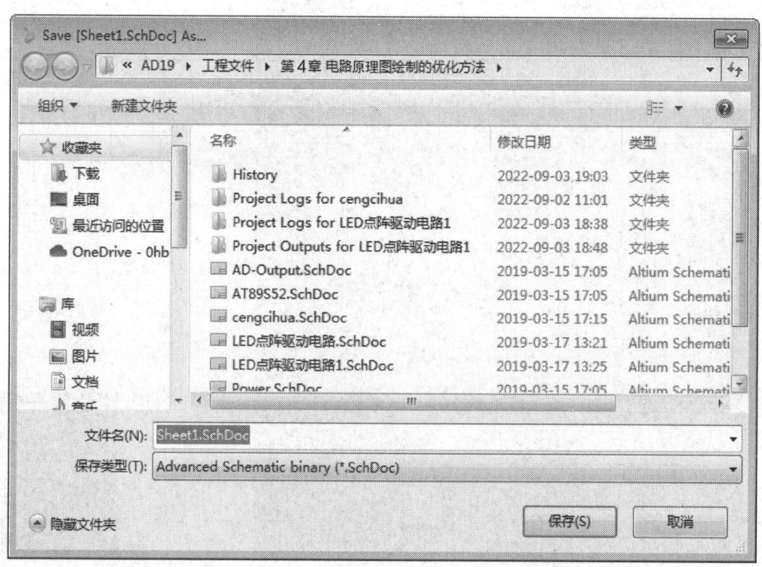

图 4-25　“Save [Sheet1.SchDoc] As”对话框

单击“保存”按钮，切换到“Sheet1.SchDoc”编辑窗口，如图 4-26 所示。

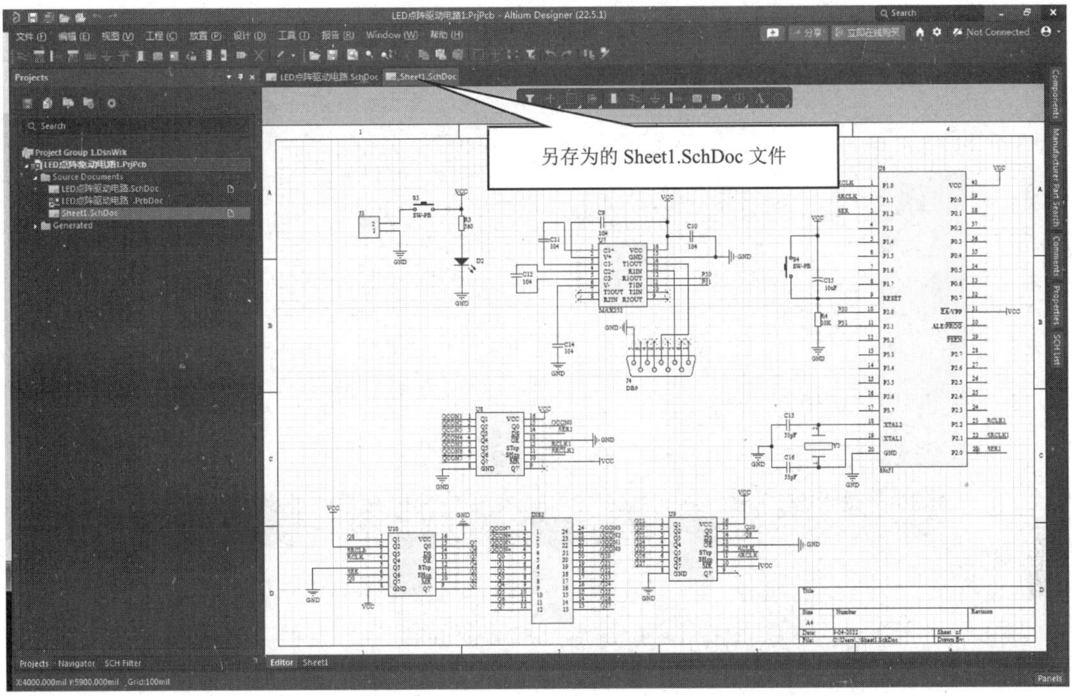

图 4-26　“Sheet1.SchDoc”编辑窗口

在图 4-26 中，DIS2 元件与 U10 元件相同的网络标签可以使用端口来优化电路连接。

2. 删除电路原理图中的网络标签

单击网络标签“Q27”，如图 4-27 所示，按 Delete 键删除网络标签“Q27”，如图 4-28 所示。

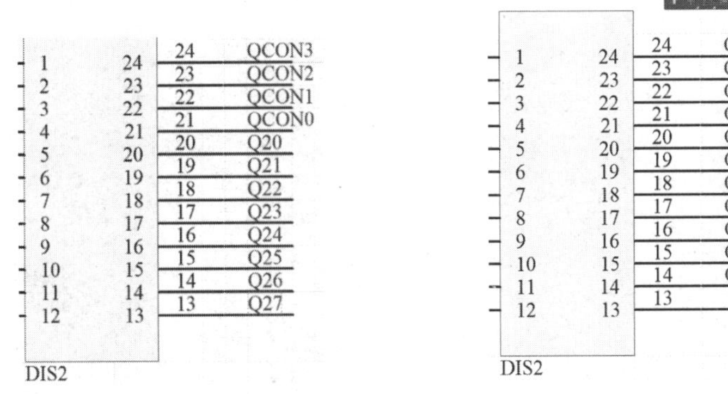

图 4-27　单击网络标签“Q27” 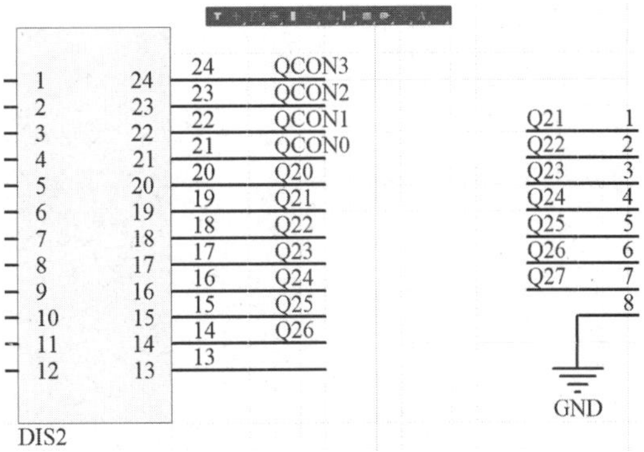　　　　图 4-28　删除网络标签“Q27”

按照上述方法，删除电路原理图中 DIS2 元件与 U10 元件相同的网络标签，结果如图 4-29 所示。

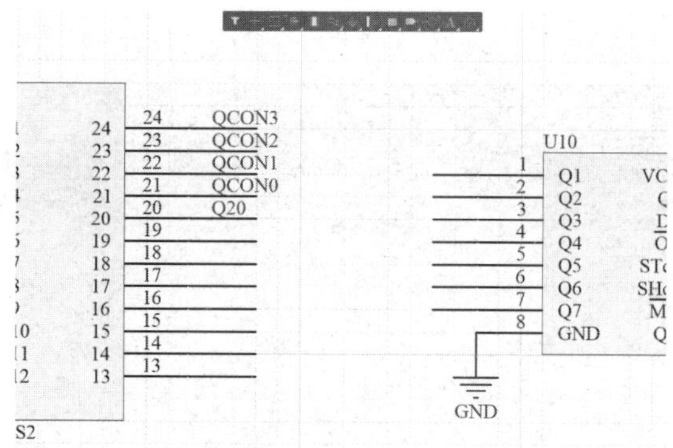

图 4-29　删除 DIS2 元件与 U10 元件相同的网络标签

3. 使用端口优化电路

单击配线工具栏中的“放置端口”图标，如图 4-30 所示。

图 4-30　单击“放置端口”图标

此时光标下将有一个端口跟随光标移动，如图 4-31 所示。

按 Tab 键，弹出如图 4-32 所示的“Properties-Port”面板。

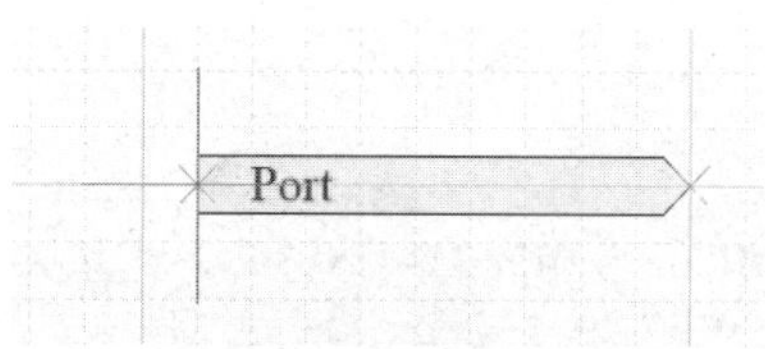

图 4-31　端口跟随光标移动

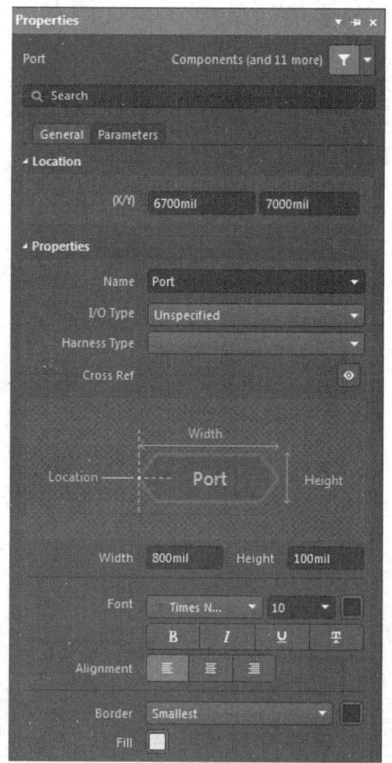

图 4-32　“Properties-Port”面板

- “Name”文本框：在该文本框中输入端口名称。
- “I/O Type”下拉列表：单击下拉按钮，可以看到系统提供了 4 种端口类型：Unspecified（未指定）、Output（输出端口）、Input（输入端口）及 Bidirectional（双向端口）。
- “Harness Type”下拉列表：用来设置线束类型。单击“Harness Type”下拉按钮，打开“Harness Type”下拉列表，可以看到 Altium Designer 没有提供线束类型，如图 4-33 所示。

图 4-33 线束类型

- “Alignment”区域：端口名称的放置位置，用户可以看到系统提供了 3 种位置：Center（居中）、Left（左对齐）及 Right（右对齐）。

在“Name”文本框中输入端口名“Q21”，设置“I/O Type”为“Output”，设置“Alignment”为“Center”，其他参数保持系统默认设置，设置完成后关闭“Properties-Port”面板，并将端口放到 DIS2 元件的引脚 19 处，结果如图 4-34 所示。

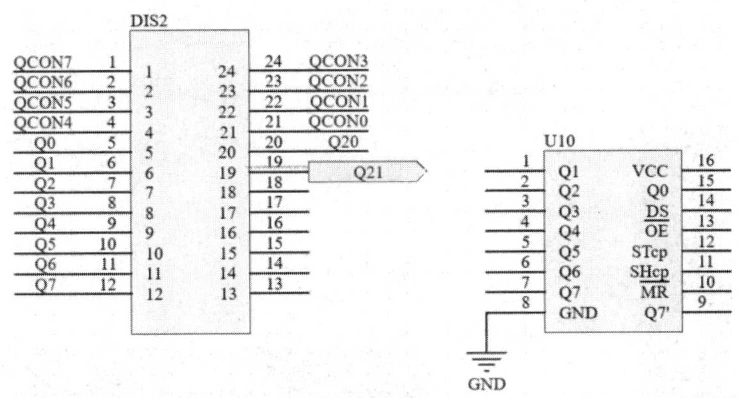

图 4-34 放置并设置端口

按照上述操作方式，在 DIS2 元件的其他引脚线上放置端口 Q22～Q27，同样地，设置各端口的“I/O Type”为“Output”，设置“Alignment”为“Center”，其他参数保持系统默认设置，结果如图 4-35 所示。

按照上述操作方式，放置 U10 元件的引脚 1～8 的端口，应注意 U10 放置的端口的“I/O Type”为“Input”，结果如图 4-36 所示。

单击“保存”按钮，保存对电路原理图的编辑。

在原理图编辑环境中，执行“设计”→“工程的网络表”→“Protel”命令，打开 Sheet3.SchDoc 网络表，如图 4-37 所示。

使用鼠标滑轮查看电路的网络连接。使用 Ctrl+F 组合键，弹出如图 4-38 所示的对话框。

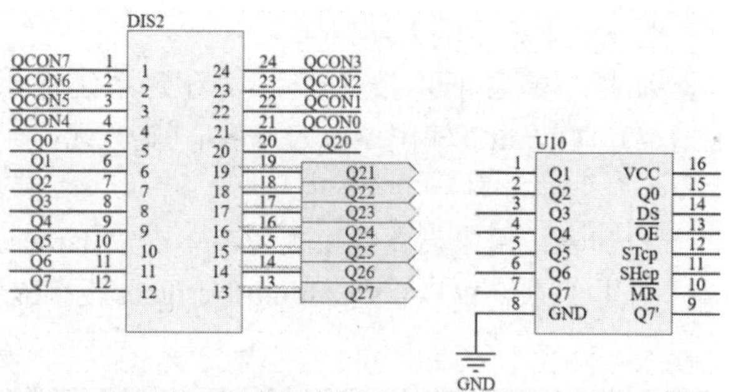

图 4-35　放置其他端口

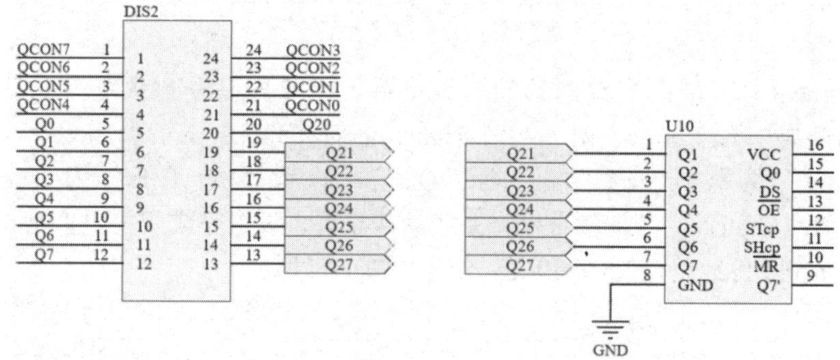

图 4-36　完成端口优化的电路原理图

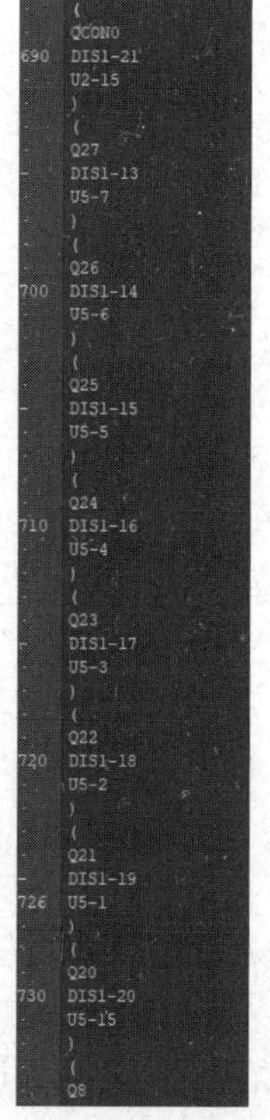
```
(
QCON0
DIS1-21
U2-15
)
(
Q27
DIS1-13
U5-7
)
(
Q26
DIS1-14
U5-6
)
(
Q25
DIS1-15
U5-5
)
(
Q24
DIS1-16
U5-4
)
(
Q23
DIS1-17
U5-3
)
(
Q22
DIS1-18
U5-2
)
(
Q21
DIS1-19
U5-1
)
(
Q20
DIS1-20
U5-15
)
(
Q8
```

图 4-37　Sheet3.SchDoc 网络表

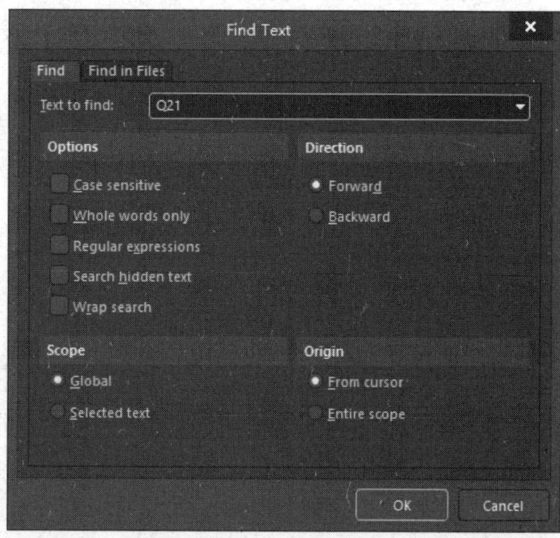

图 4-38　“Find Text”对话框

在“Text to find”文本框中输入待查找的内容。例如，在Sheet2.SchDoc网络表中查找“Q21”，即在“Tex to Find”文本框中输入“Q21”，单击“OK”按钮，光标停留在第一次查找到的 Q21 处。Q21 所在网络包含的内容如图 4-39 所示。

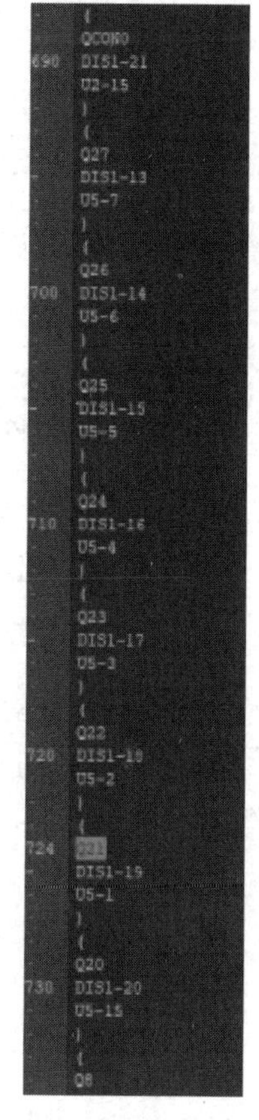

图 4-39　Q21 所在网络包含的内容

由网络表可知，Q21 所在网络包含 DIS1-19 的引脚 19、U5 的引脚 1，与电路连接一致，因此可以在电路原理图连线较复杂时采用端口来优化电路，使电路原理图更直观，更利于用户阅读。

4.3　层次电路的优点

将一个复杂的电路分为几部分，分配给不同的技术人员同时进行设计，可以缩短设计周期。

按功能将电路分为几部分，使具有不同特长的设计者负责不同部分的设计，可以降低设计难度。

当复杂电路图需要使用很大页面的图纸绘制，而采用的打印输出设备不支持打印过大的图纸时，可以将电路原理图分为几部分打印。

目前自上而下的设计策略已成为电路和系统设计的主流，这种设计策略与层次电路结构一致，因此目前相对复杂的电路和系统设计大多采用层次结构。

4.4　自上而下的层次电路设计方法

对于一个庞大的电路设计任务，用户不可能一次完成，也不可能将电路原理图绘制在一张图纸中，更不可能一个人完成。Altium Designer 为满足用户在实践中的需求，提供了层次电路设计方案。

层次设计实际是一种模块化方法。自上而下的层次电路设计需要设计师对工程有一个整体把握，要求在绘制电路原理图之前就对系统有深入了解，这样才能对各个模块有比较清晰的划分。

用户将项目划分为多个子系统模块，子系统模块又由多个基本模块构成，在大工程项目中，还可以将设计进一步细化。将项目分层后，分别完成各子系统模块，各子系统模块之间通过定义好的连接方式连接，就可以完成整个电路的设计。自上而下的层次电路设计方法框图如图 4-40 所示。

1．将电路划分为多个功能模块

可将 AT89S52 电路划分为 3 个功能模块，分别是电源块、单片机及外围电路块、DA 转换输出模块。

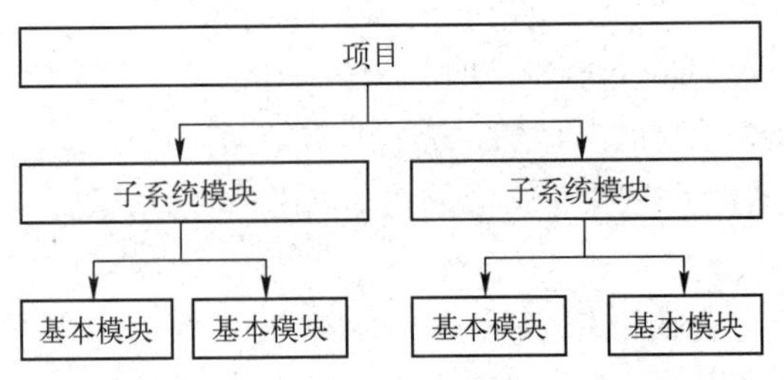

图 4-40　自上而下的层次电路设计方法框图

2．创建原理图文件

创建原理图文件的方法在 4.1 节已经介绍过，这里不再赘述。这里创建文件名为“Sheet3.SchDoc”的文件。

3．绘制主电路原理图

【例 4-1】自上而下的层次电路设计。

第 1 步：将界面切换到“Sheet3.SchDoc”编辑窗口，单击配线工具栏中的“放置页面符”图标，如图 4-41 所示。此时，光标将跟随如图 4-42 所示的子电路块。

图 4-41　单击“放置页面符”图标　　图 4-42　子电路块

按 Tab 键，弹出如图 4-43 所示的“Properties-Sheet Symbol”面板。

该面板中包含对子电路块名称、大小、颜色等参数的设置。如果想要修改“File Name”栏，需要先单击子电路块的标题“File Name”，进入“Properties-Parameter Components”面板，如图 4-44 所示，然后修改 Value 值。在该面板中还可以修改 File Name 的字体、字号颜色等。

完成设置后，在原理图编辑环境中单击，拖曳鼠标，调整子电路块到合适大小再次单击，完成子电路块的放置，如图 4-45 所示。

第 2 步：按照上述方式放置其他子电路块，结果如图 4-46 所示。

接下来编辑 Power 子电路块的端口。Power 子电路块代表电源块，Power 子电路块需放置 3 个输入端口和 3 个输出端口。

第 3 步：单击配线工具栏中的“放置图纸入口”图标，如图 4-47 所示。

将光标放置到子电路块上单击，此时光标下出现子电路块端口，如图 4-48 所示。

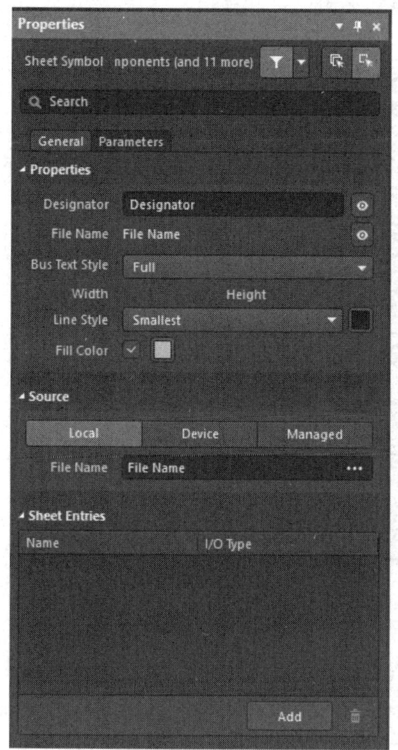

图 4-43　“Properties-Sheet Symbol”面板

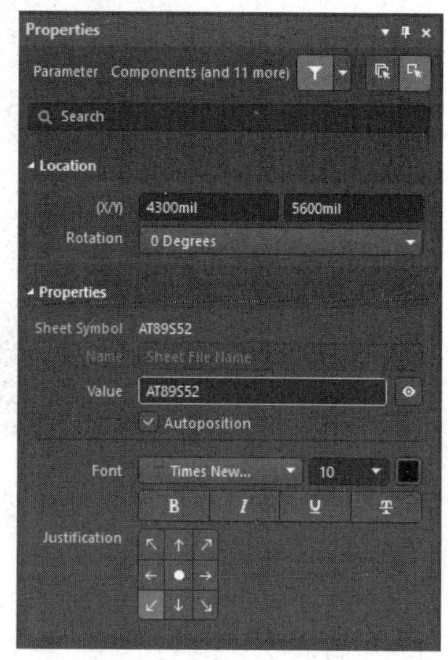

图 4-44　“Properties- Parameter Components”面板

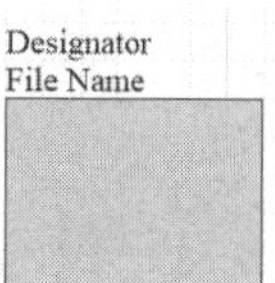

图 4-45　完成子电路块的放置

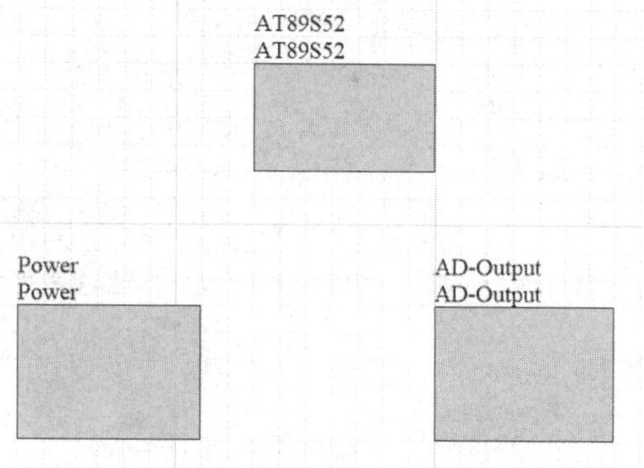

图 4-46　放置其他子电路块

图 4-47　单击“放置图纸入口”图标

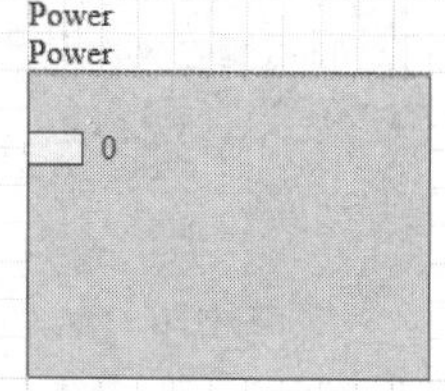

图 4-48　光标下出现子电路块端口

按 Tab 键，弹出如图 4-49 所示的“Properties-Sheet Entry”面板。

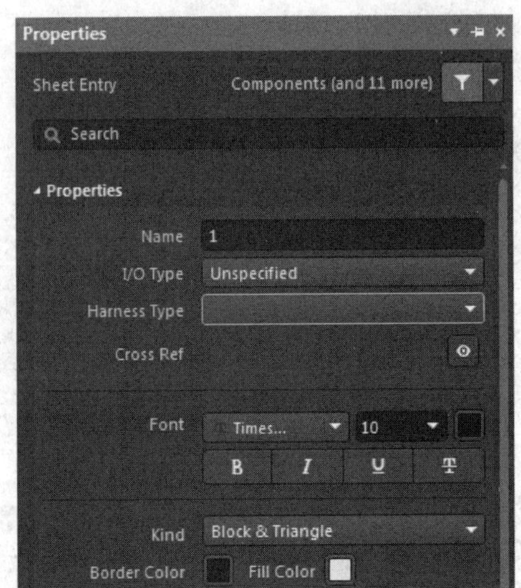

图 4-49 “Properties-Sheet Entry”面板

- “Name”文本框：设置端口名称。
- “I/O Type”下拉列表：设置端口类型。系统提供了 4 种端口类型，具体类型与前文介绍的相同。单击“I/O Type”下拉按钮，选择端口类型。
- “Harness Type”下拉列表：设置线束类型。
- “Kind”下拉列表：设置端口风格。系统提供了 4 种端口风格，包括 Block&Triangle、Triangle、Arrow、Arrow Tail。单击“Kind”下拉按钮，选择端口风格。

设置端口的“Name”为“In1”，“I/O Type”为“Output”，其他参数保持系统默认设置。设置完成的端口如图 4-50 所示。

第 4 步：按照上述方式在 Power 子电路块中放置其他端口，结果如图 4-51 所示。按照上述方式编辑其他子电路块，编辑好的电路如图 4-52 所示。

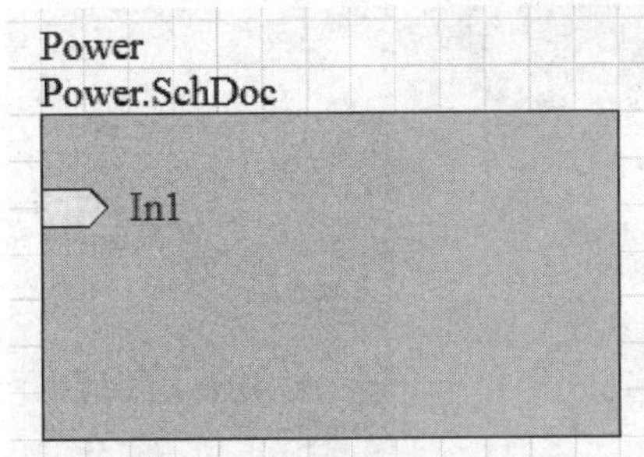

图 4-50 设置完成的端口

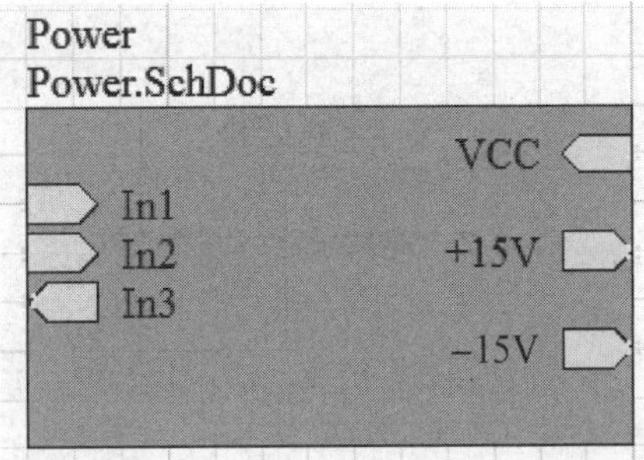

图 4-51 放置其他端口

第 5 步：放置各连接端子，并连接各子电路块，结果如图 4-53 所示。

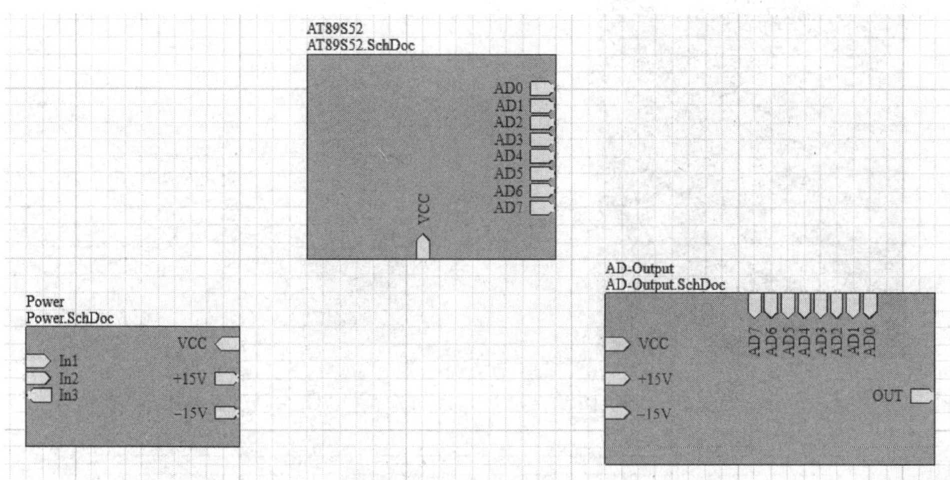

图 4-52　编辑好的电路

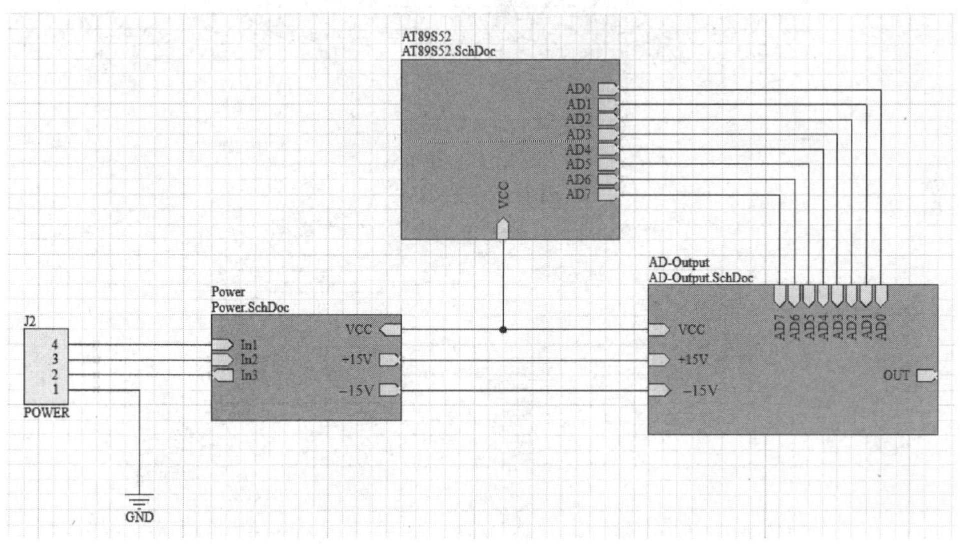

图 4-53　连接子电路块

4．在子电路块中输入电路原理图

用户在为子电路块输入电路原理图时，需要先建立子电路块与电路原理图的连接，Altium Designer 中子电路块与电路原理图通过端口匹配。Altium Designer 提供了由子电路块生成电路原理图端口的功能，这简化了用户的操作。

在原理图编辑环境中，执行“设计”→“从页面符创建图纸”命令，如图 4-54 所示，自动生成端口，如图 4-55 所示。

采用复制方法输入电路原理图，并连接端口。连接好的 Power 子电路块原理图如图 4-56 所示。

按照上述方法输入另外两个子电路块的电路原理图，并连接端口，结果如图 4-57 所示。

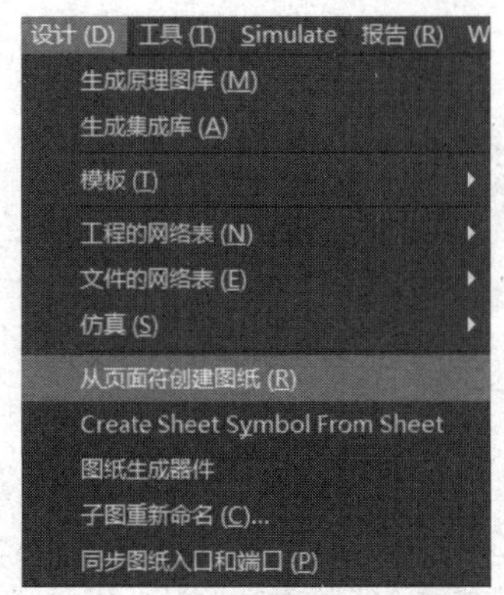

图 4-54 执行“设计”→“从页面符创建图纸”命令

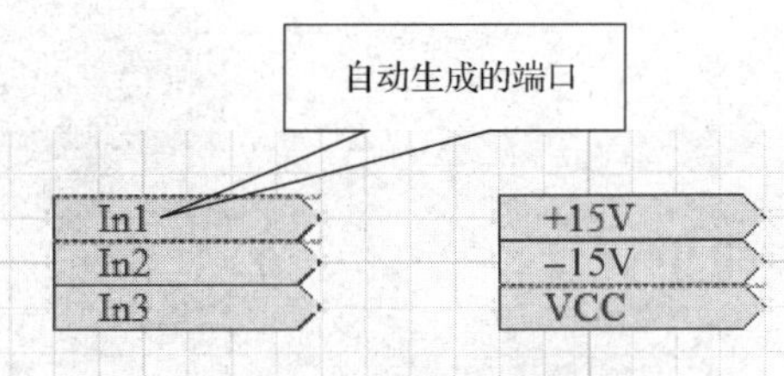

图 4-55 自动生成端口

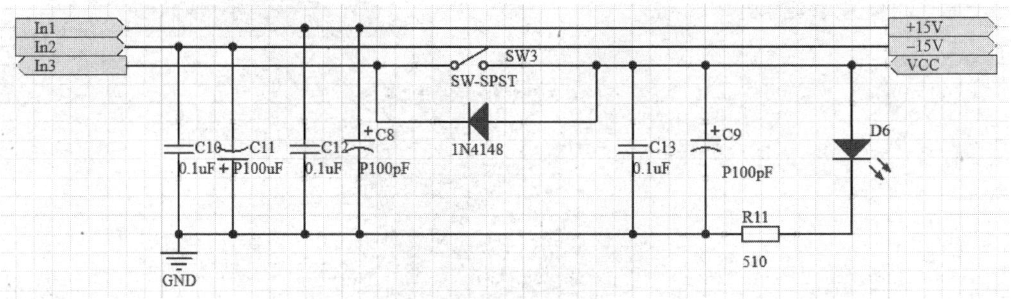

图 4-56 连接好的 Power 子电路块原理图

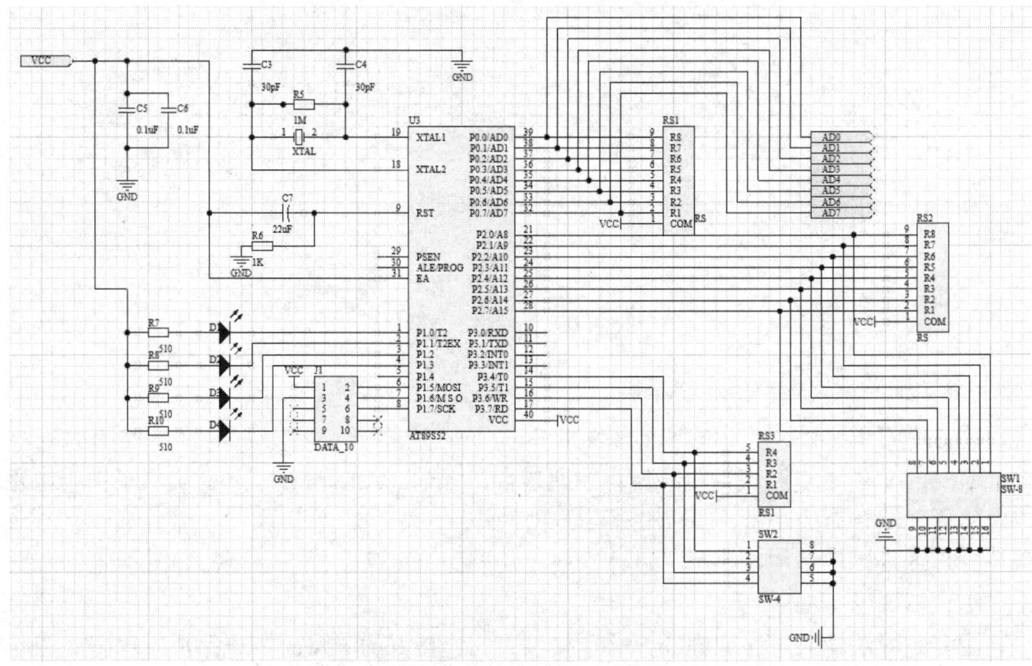

（a）建立了连接的 AT89S52 子电路块原理图

图 4-57 另外两个建立了连接的子电路块原理图

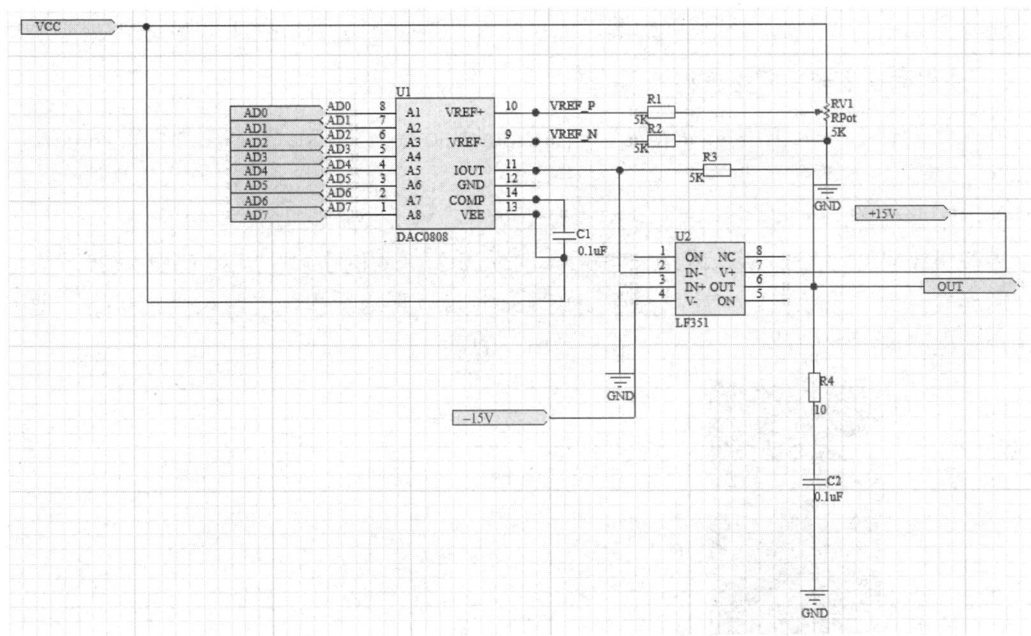

（b）建立了连接的 AD-Output 子电路块原理图

图 4-57　另外两个建立了连接的子电路块原理图（续）

至此就完成了采用自上而下方法设计的层次电路。

在原理图编辑环境中，执行“工具”→“上/下层次”命令，如图 4-58 所示。

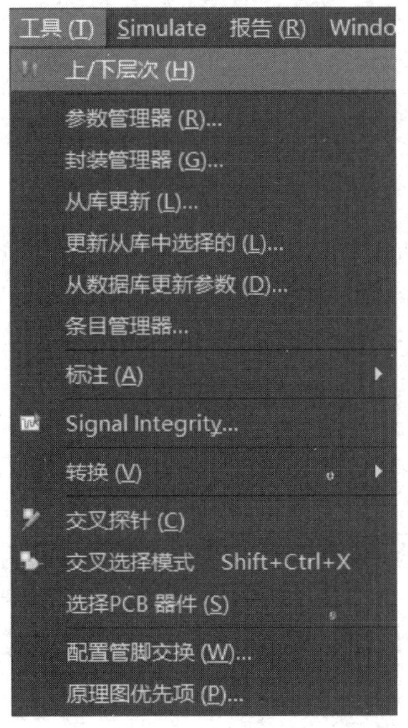

图 4-58　执行“工具”→“上/下层次”命令

光标变为十字形，选中设置好的端口入口，即可实现上层到下层或下层到上层的切换。

5．使用网络表查看网络连接

执行“设计”→“工程的网络表”→“Protel”命令，生成该电路原理图的网络表，如图 4-59 所示。

使用鼠标滑轮，在网络表中找到 AD7 所在网络包含的内容，如图 4-60 所示。

由网络表可知，AD7 所在网络包含 RS4 的引脚 2、U4 的引脚 1、U6 的引脚 32，与电路原理图连接一致，因此在电路原理图连线较复杂时可以采用层次化电路来优化电路原理图的设计，使电路原理图的针对性更强，更利于用户阅读。

```
[
C14
RAD-0.1
Cap



]
[
C15
RAD-0.1
Cap



]
[
C16
RB7.6-15
Cap Pol1



]
[
C17
RB7.6-15
Cap Pol1



]
[
C18
RAD-0.1
Cap



]
[
C19
RB7.6-15
Cap Pol1
```

图 4-59　电路原理图的网络表

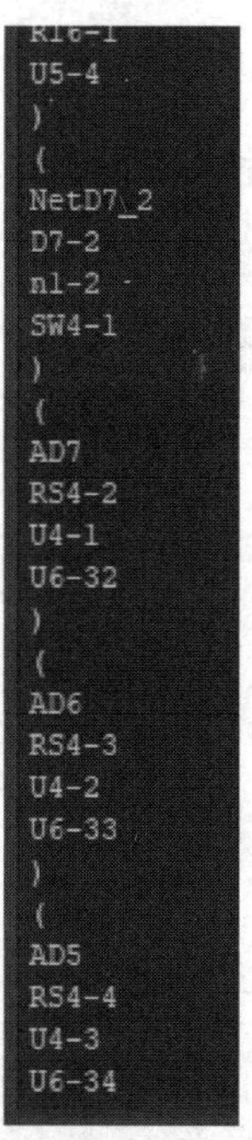

```
R16-1
U5-4
)
(
NetD7_2
D7-2
n1-2
SW4-1
)
(
AD7
RS4-2
U4-1
U6-32
)
(
AD6
RS4-3
U4-2
U6-33
)
(
AD5
RS4-4
U4-3
U6-34
```

图 4-60　AD7 所在网络包含的内容

4.5　自下而上的层次电路设计方法

自下而上的层次电路设计方法，即先设计基本模块再设计子系统模块，先设计底层后设计顶层，先设计部分后设计整体。自下而上的层次电路设计方法框图如图 4-61 所示。

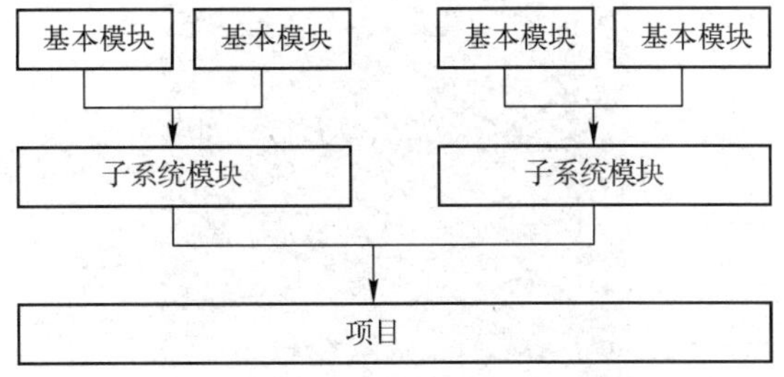

图 4-61　自下而上的层次电路设计方法框图

1. 创建子电路块

采用另存为方式创建子电路块。因为在自上而下的层次电路中已创建子电路块，所以打开 Power.SchDoc 原理图文件，执行“文件”→“保存为”命令，系统弹出“Save [PowerNew.SchDoc] As”对话框，如图 4-62 所示。

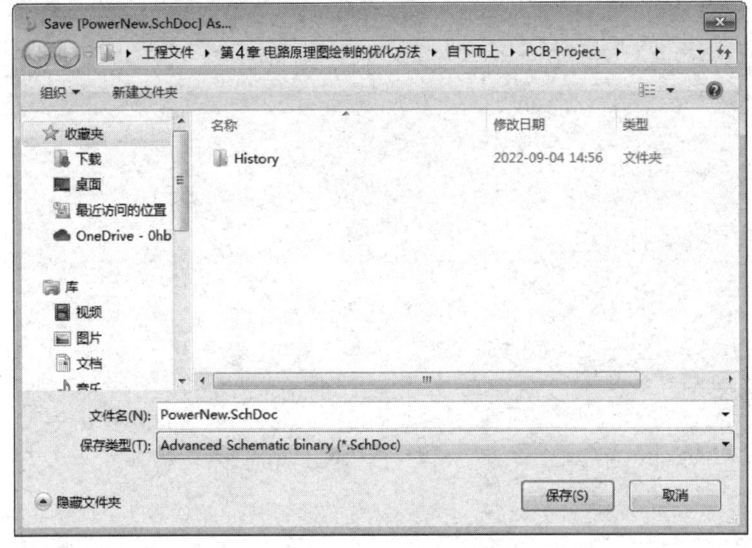

图 4-62　“Save [PowerNew.SchDoc] As”对话框

修改“文件名”为“PowerNew.SchDoc”，单击“保存”按钮。

按照上述方式，创建 AT89S52New.SchDoc 原理图文件与 AD-OutputNew.SchDoc 原理图文件。

2. 从子电路原理图生成子电路块

执行“文件”→“新的”→“原理图”命令，打开一个新的原理图文件，将其命名为“Sheet1.SchDoc”。在原理图编辑环境中，执行“设计”→“Create Sheet Symbol From Sheet”命令，如图 4-63 所示，弹出如图 4-64 所示的对话框。

选择“PowerNew.SchDoc”文件后，单击“OK”按钮，此时，一个子电路块跟随光标移动，在期望放置子电路块的位置单击，放置子电路块，结果如图 4-65 所示。

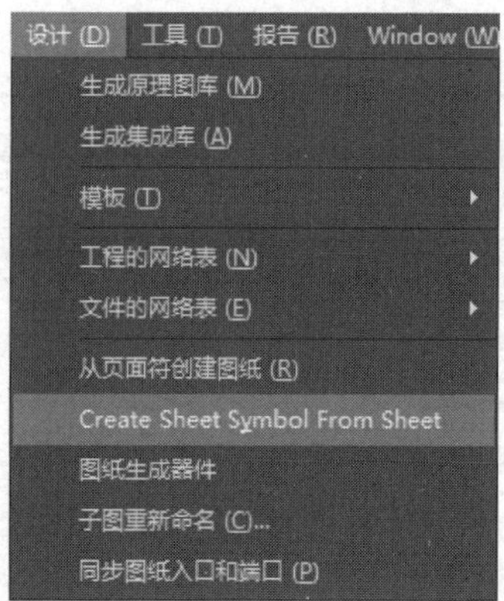

图 4-63　执行“设计”→“Create Sheet Symbol From Sheet”命令

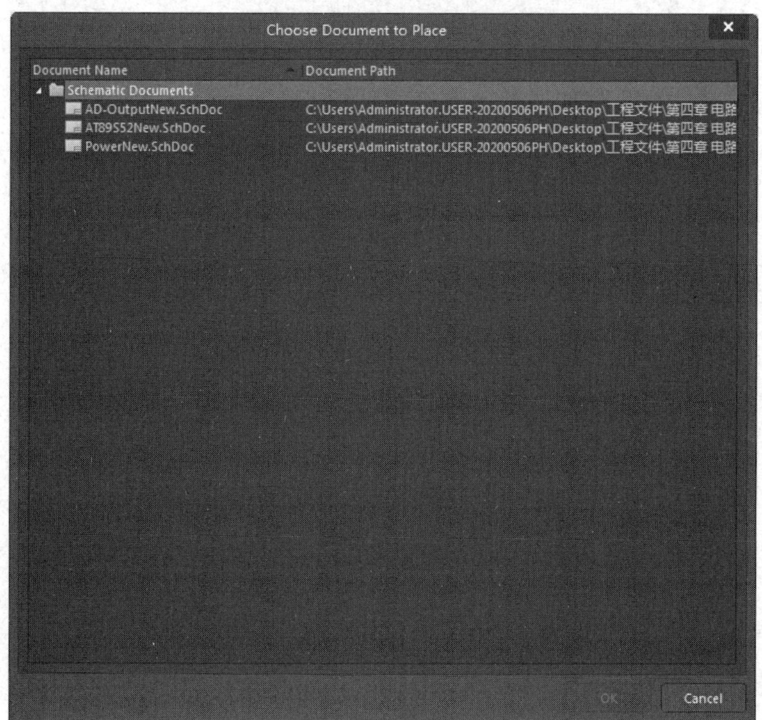

图 4-64　“Choose Document to Place”对话框

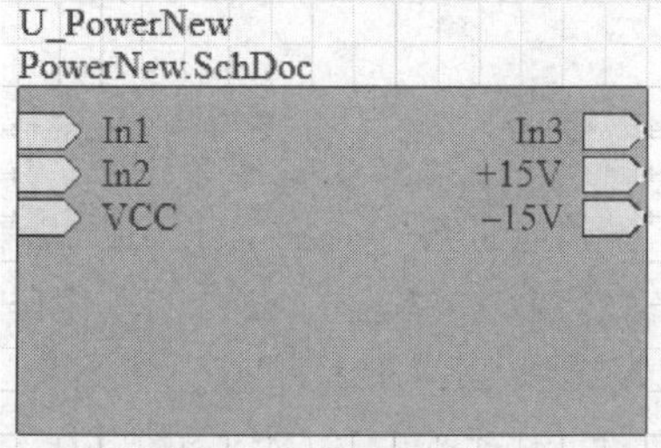

图 4-65　放置子电路块

系统自动创建的子电路块不美观、端口位置不正确，需要进行调整。调整完毕的子电路块如图 4-66 所示。单击子电路块，拖动绿色手柄改变子电路块尺寸，如图 4-67 所示。

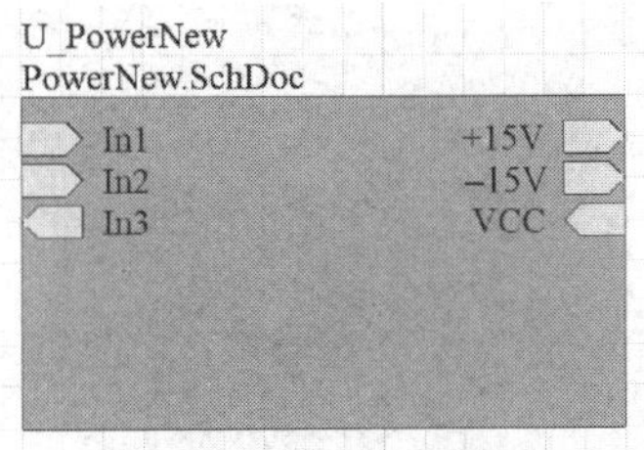

图 4-66　调整完毕的子电路块

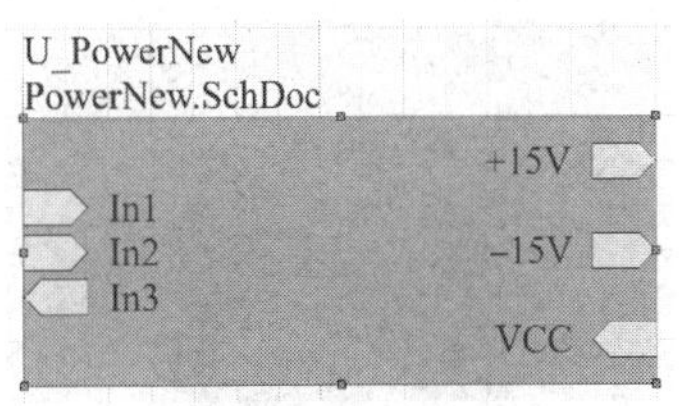

图 4-67　改变子电路块尺寸

按照上述方法创建 AT89S52 子电路块及 AD-Output 子电路块，并进行调整，结果如图 4-68 所示。

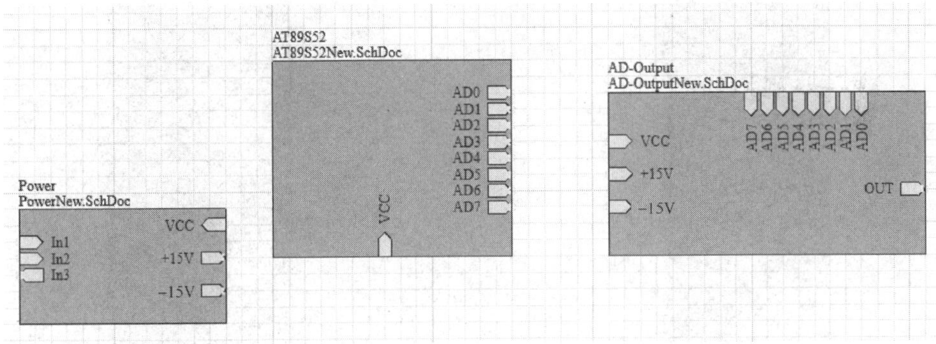

图 4-68　创建 AT89S52 子电路块及 AD-Output 子电路块

3. 连接子电路块

放置各连接端子，并连接各子电路块，结果如图 4-69 所示。

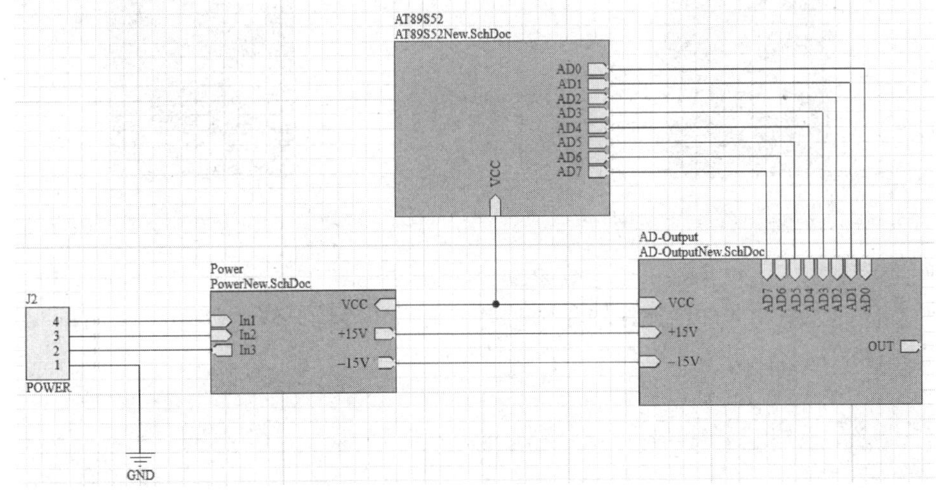

图 4-69　连接后的子电路块

4．使用网络表查看网络连接

在原理图编辑环境中，执行“设计”→“工程的网络表”→“Protel”命令，打开 cengcihua.SchDoc 的网络表，如图 4-70 所示。使用鼠标滑轮，在网络表中找到 AD7 所在网络包含的内容，如图 4-71 所示，

```
(7) Schematic Document
[
C14
RAD-0.1
Cap



]
[
C15
RAD-0.1
Cap



]
[
C16
RB7.6-15
Cap Pol1



]
[
C17
RB7.6-15
Cap Pol1



]
[
C18
RAD-0.1
Cap



]
[
C19
RB7.6-15
Cap Pol1
```

图 4-70　cengcihua.SchDoc 的网络表

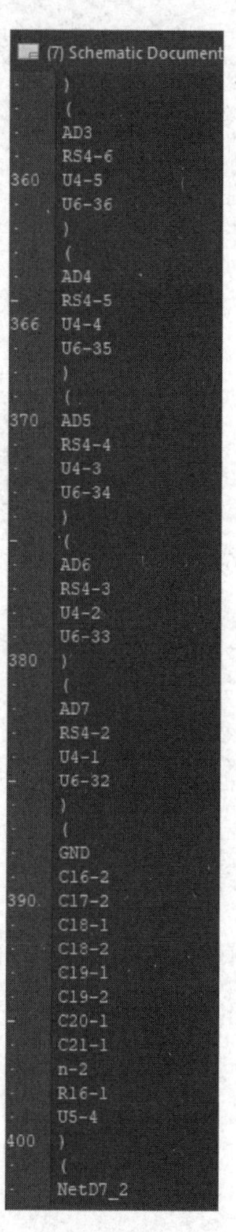

图 4-71　AD7 所在网络包含的内容

由网络表可知，AD7 所在网络包含 RS4 的引脚 2、U4 的引脚 1、U6 的引脚 32，与电路连接一致，因此在电路原理图连线较复杂时可以采用层次化电路来优化电路原理图的设计，使电路原理图的针对性更强，更利于用户阅读。

4.6　在电路原理图中标注元件其他相关参数优化绘制

3.7 节实例电路包含电阻，当有电流流过电阻时，电阻会发热，如果电流过大，电阻就

会被烧毁。为了使电路正常工作，在选择电阻时，用户要考虑电阻的功率。3.7 节设计的电路还包括电容，电容的耐压值是保证电路正常工作的重要参数。除此之外，3.7 节设计的电路还包括二极管，二极管的最大反向工作电压值也是保证电路正常工作的重要参数，如果选择的二极管的反向电压不当，二极管就可能被击穿。因此，在电路原理图中标注元件参数有利于阅读电路。电路原理图中各元件的参数如表 4-1 所示。

表 4-1　电路原理图中各元件的参数

元件类型	元件标号	标称值或类型值及其参数	封装
二极管（包括 LED）	D1	LED/25V	DO-35
	D2	LED/25V	LED-1
	D3	LED/25V	
	D4	LED/25V	
	D5	1N4148/25V	
	D6	LED/25V	
电容	C1	0.1μF/50V	RAD-0.3
	C2	0.1μF/50V	
	C3	30pF/50V	
	C4	30pF/50V	
	C5	0.1μF/50V	
	C6	0.1μF/50V	
	C7	0.1μF/50V	
	C10	0.1μF/50V	
	C12	0.1μF/50V	
	C13	0.1μF/50V	
电解电容	C8	P100μF/50V	RB7.6-15
	C9	P100μF/50V	
	C11	P100μF/50V	
电阻	R1	1MΩ/0.25W	AXIAL-0.4
	R2	5kΩ/0.25W	
	R3	5kΩ/0.25W	
	R4	5kΩ/0.25W	
	R5	1kΩ/0.25W	
	R6	510Ω/0.25W	
	R7	10Ω/0.25W	
	R8	510Ω/0.25W	
	R9	510Ω/0.25W	
	R10	510Ω/0.25W	
	R11	510Ω/0.25W	

双击电路中的电容 C1，打开“Properties-Component”面板，在“Parameters”区域中的“Value”文本框中编辑电容 C1 的耐压值为“50V”，如图 4-72 所示。

编辑完成后，完成设置，结果如图 4-73 所示。

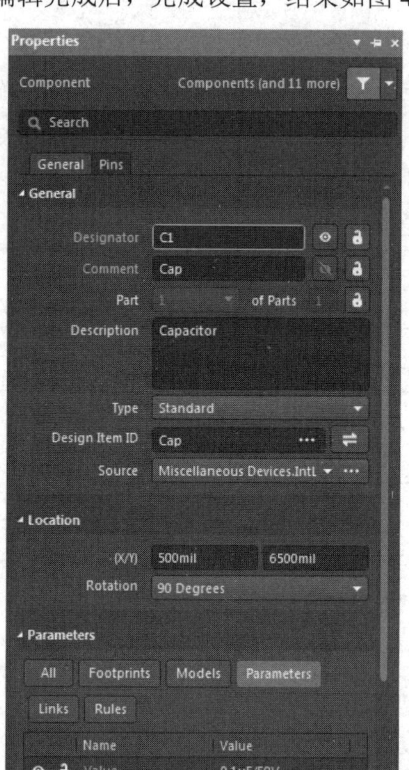

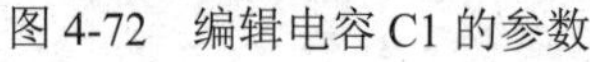
图 4-72　编辑电容 C1 的参数

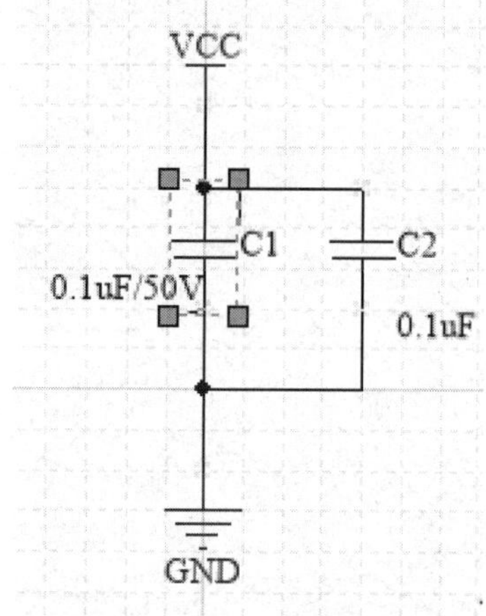

图 4-73　编辑完成后的电容 C1

4.7　使用实用工具箱在电路原理图中标注 I/O 信号

在电路的各个电路块中标注 I/O 信号，可使读者准确判断电路功能，提高电路原理图的可读性。Altium Designer 提供了实用工具箱，如图 4-74 所示，用户可以使用实用工具箱为电路原理图标注 I/O 信号。

本节以一个音频放大器为例，来介绍在 Altium Designer 中如何为电路原理图标注 I/O 信号。

音频放大器是音响系统的关键组成部分，其作用是将传声元件获得的微弱信号放大到足够强度，以推动放声系统中的扬声器或其他电声元件工作。

音频放大器的结构图如图 4-75 所示。

图 4-74　实用工具箱

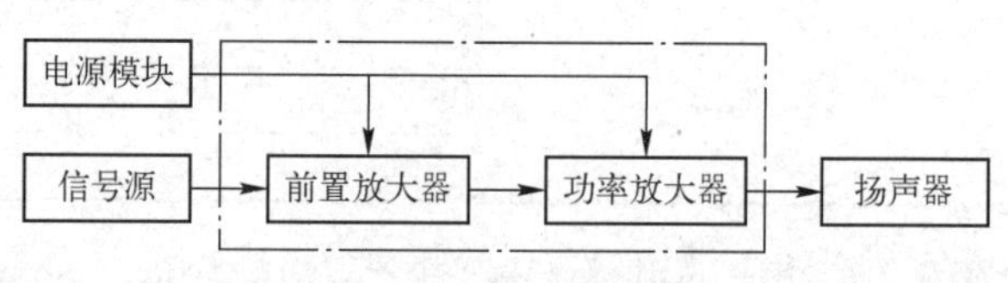

图 4-75　音频放大器的结构图

音频放大器原理图如图 4-76 所示。

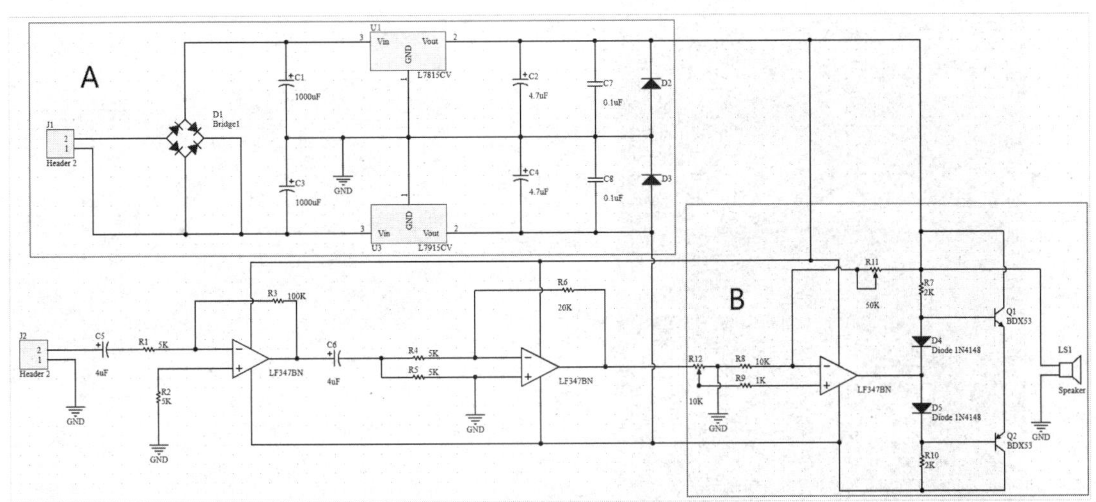

图 4-76　音频放大器原理图

1. 在电源电路中标注 I/O 信号

在音频放大器原理图中，可用端口简化电源部分（A 部分）。电源简化电路如图 4-77 所示。

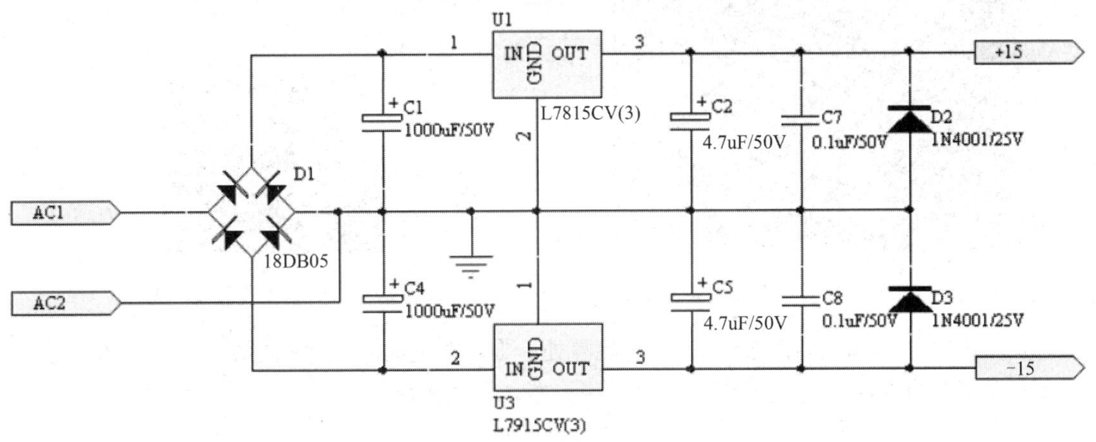

图 4-77　电源简化电路

变压器向电源电路的 AC1 与 AC2 两端输入 18～20V 的交流电，电信号进入整流桥，整流桥整流滤波后得到的直流输入电压分别接在 U1 与 U3 的输入端和公共端之间，此时在输出端可以得到稳定的输出电压。因此可以在电源电路的输入端绘制同频率、相位相反的正弦波信号。

在原理图编辑环境中按 O 键，执行“文档选项”菜单命令，打开“Properties-Document Options”面板，设置“Visible Grid”和“Snap Grid”均为“20mil”，如图 4-78 所示。

接下来绘制 AC1 端的正弦波信号。单击实用工具箱中的“放置线”图标，如图 4-79 所示。

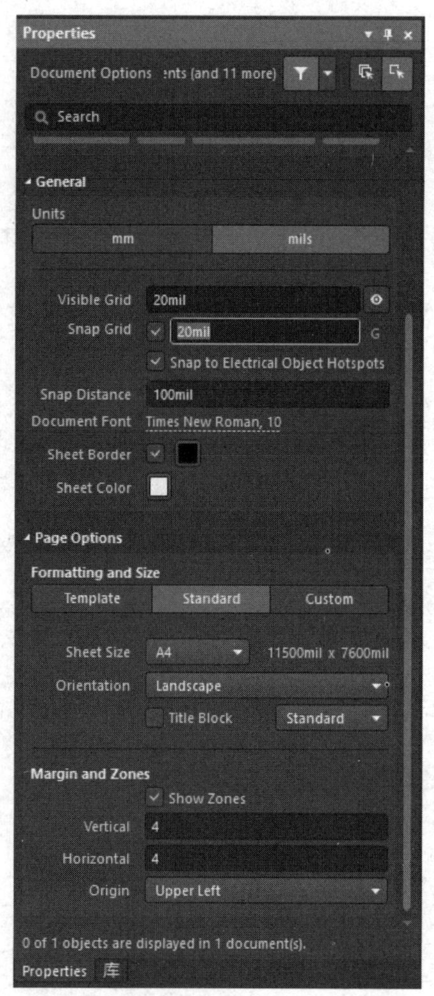

图 4-78 设置“Visible Grid”和“Snap Grid”

图 4-79 单击“放置线”图标

光标变为十字形，在期望绘制直线起始点处单击，拖曳鼠标，绘制直线，如图 4-80 所示。

在期望的直线结束点处单击，即可确定直线，如图 4-81 所示。

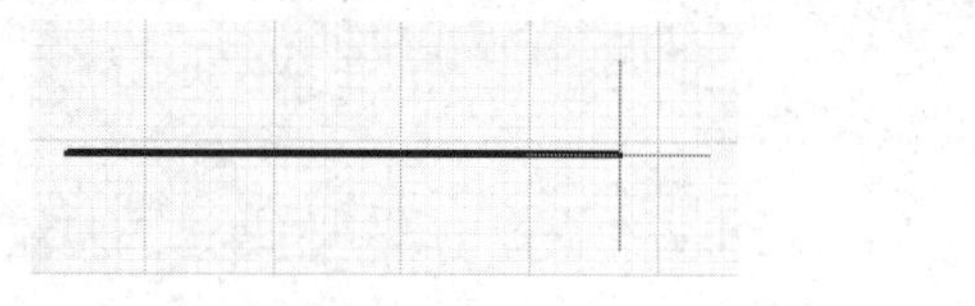

图 4-80 绘制直线

图 4-81 确定直线

按照上述方法绘制坐标系。坐标系绘制效果如图 4-82 所示。

接下来绘制正弦波信号。单击应用工具栏中的“放置弧”图标，选择“贝赛尔曲线”选项，如图 4-83 所示。

光标变为十字形。在期望绘制曲线起始点的位置单击，确定曲线的起始点，如图 4-84 所示。

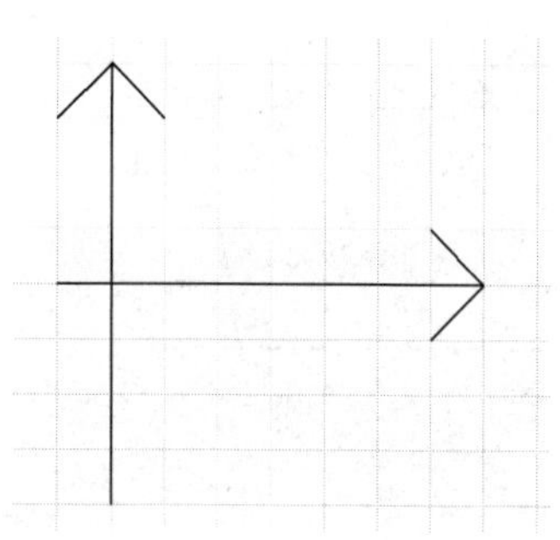

图 4-82　坐标系绘制效果

图 4-83　选择“贝赛尔曲线”选项

拖曳鼠标，将光标移动到期望的第一个控制点处单击，确定第一个控制点，如图 4-85 所示。

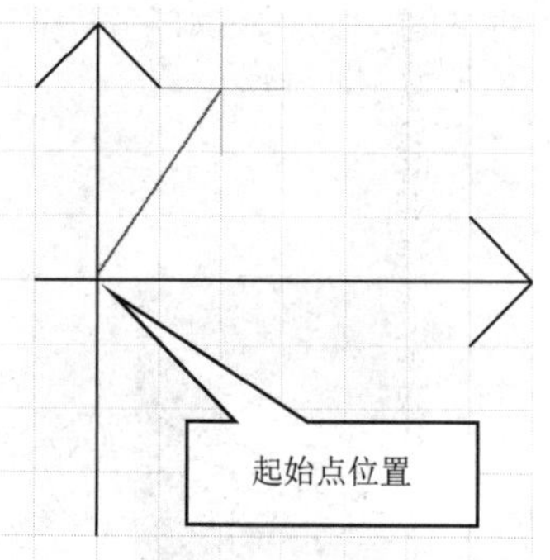

图 4-84　确定曲线的起始点

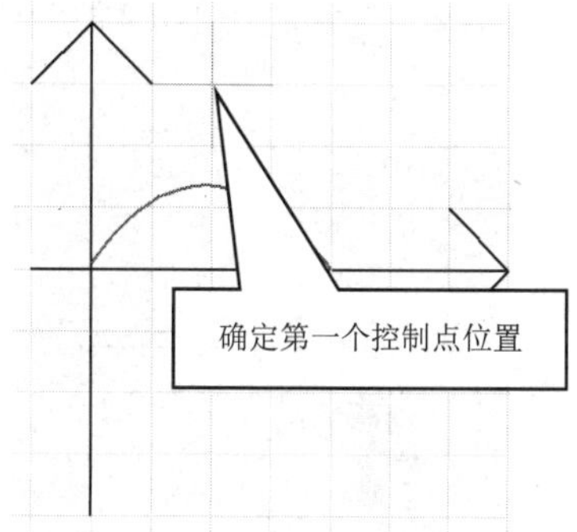

图 4-85　确定第一个控制点

移动鼠标，将光标移动到期望的第二个控制点处单击，确定第二个控制点，如图 4-86 所示。

此时的曲线形状为正弦波的正半波。单击，确定曲线，结果如图 4-87 所示。

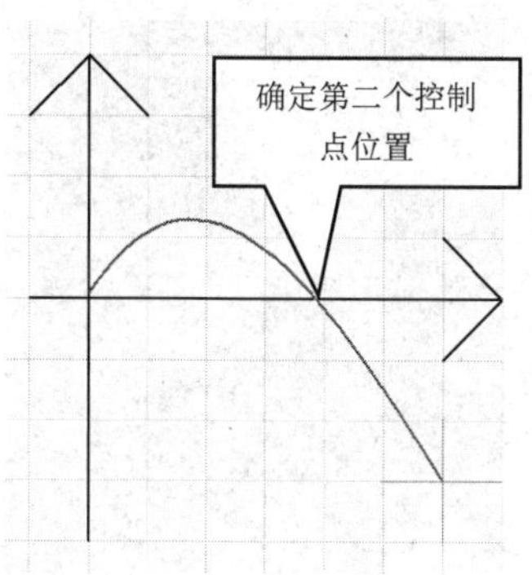

图 4-86　确定第二个控制点

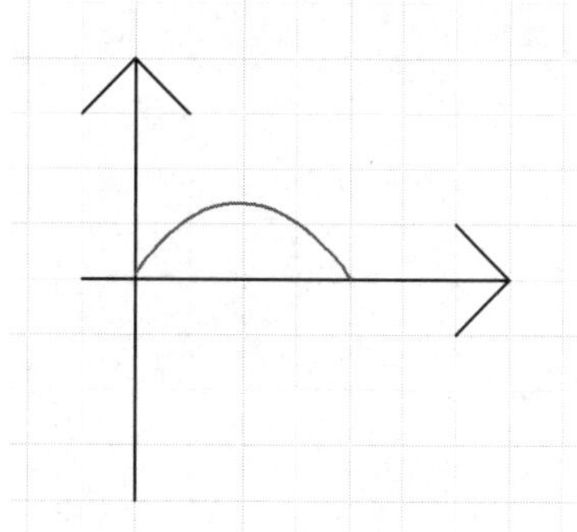

图 4-87　确定正弦波的正半波

拖曳鼠标绘制正弦波的负半波。在以第二个控制点为对称中心，与第一个控制点形成中心对称的位置单击，确定第三个控制点，如图 4-88 所示。

按照上述方式，在以第二个控制点为对称中心，与起始点形成中心对称的位置单击，确定第四个控制点，如图 4-89 所示。

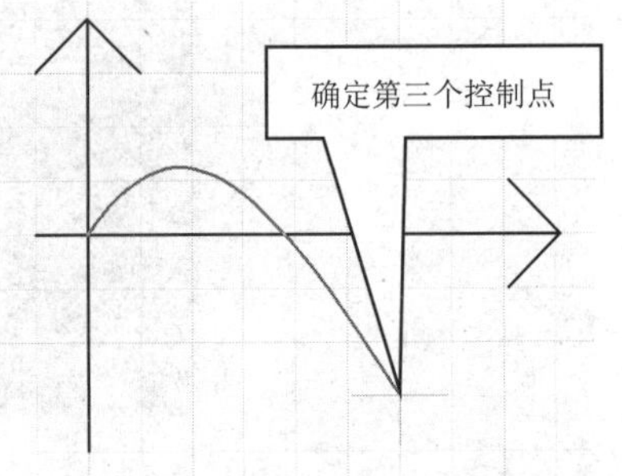

图 4-88 确定第三个控制点

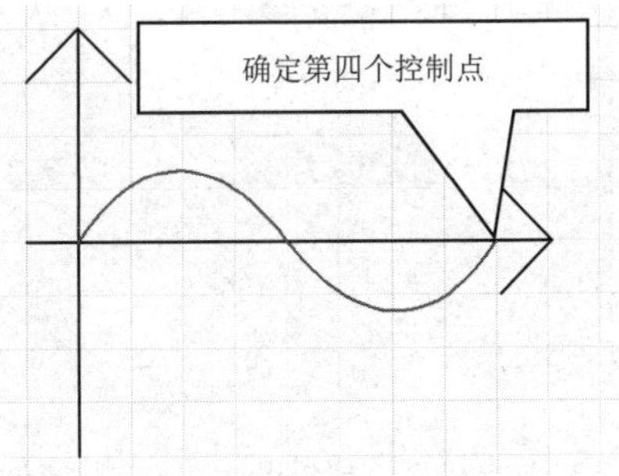

图 4-89 确定第四个控制点

在结束点处再次单击，右击退出曲线绘制状态。绘制好的正弦波信号如图 4-90 所示。

此正弦波信号为变压器的输出信号，单击应用工具栏中的“放置文本字符串”图标，如图 4-91 所示。

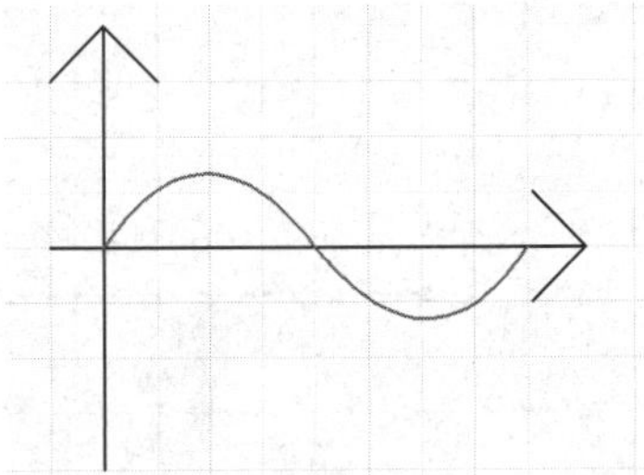

图 4-90 绘制好的正弦波信号

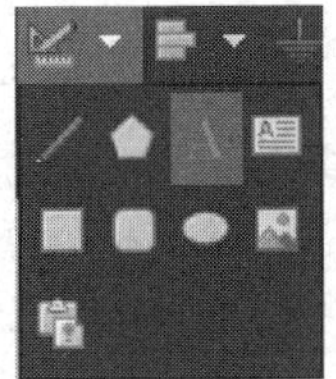

图 4-91 单击“放置文本字符串”图标

此时一个文本编辑框跟随光标移动，如图 4-92 所示。

按 Tab 键，打开“Properties-Text”面板，如图 4-93 所示。

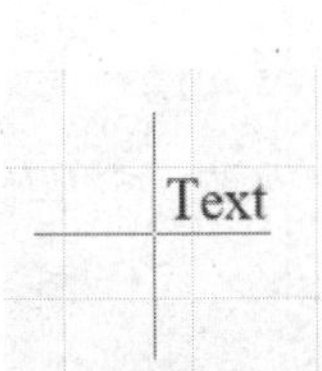

图 4-92 一个文本编辑框跟随光标移动

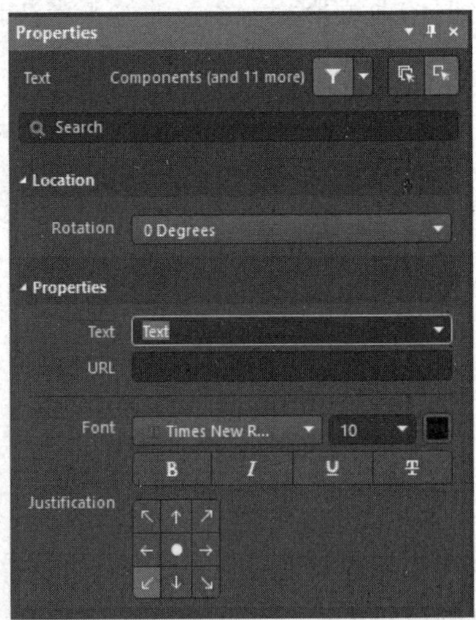

图 4-93 “Properties-Text”面板

在“Properties”区域的“Text”文本框中输入“变压器输出信号”，其他选项保持系统默认设置，设置完成后，确定设置。在期望放置字段的位置单击，放置标注文本，标注效果如图 4-94 所示。按此操作方式对坐标轴进行标注，标注效果如图 4-95 所示。

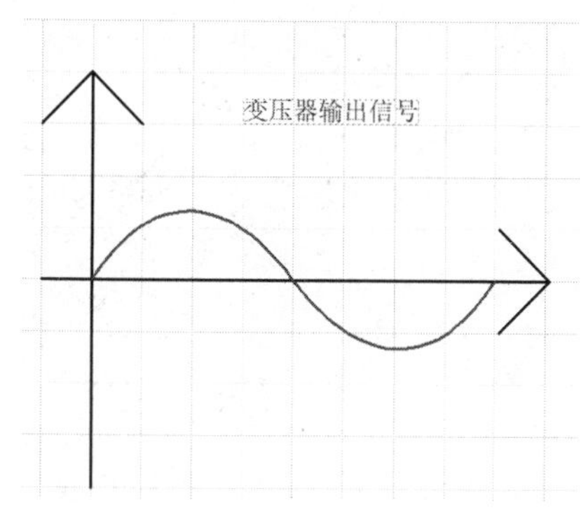

图 4-94　图形标注效果

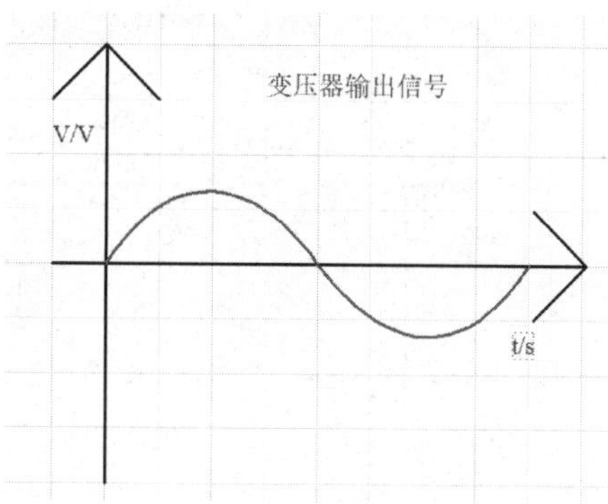

图 4-95　坐标轴标注效果

按照上述操作方式标注 AC2 端的输入信号，标注效果如图 4-96 所示。

变压器输出信号经过整流桥整流后变为单相信号，因此在整流桥后标注输出信号以提高电路原理图的可读性。在原理图编辑环境中，选中变压器输出信号，执行“编辑”→“复制”命令，如图 4-97 所示。

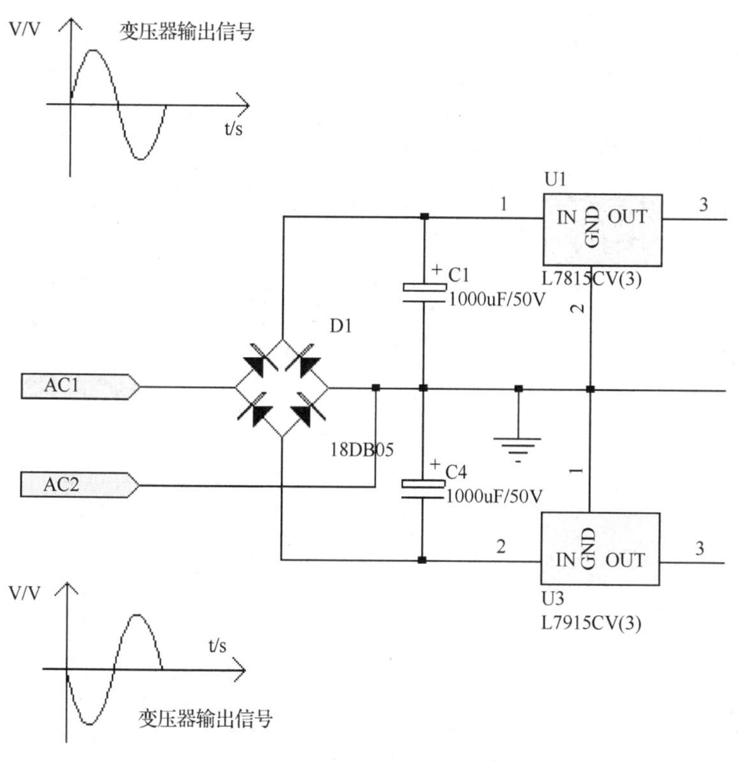

图 4-96　标注 AC2 端的输入信号

图 4-97　执行“编辑”→“复制”命令

在原理图编辑窗口中右击，执行“编辑”→“粘贴”命令，变压器输出信号轮廓跟随光标移动，在期望放置 AC2 端输入信号的位置单击，放置信号，如图 4-98 所示。

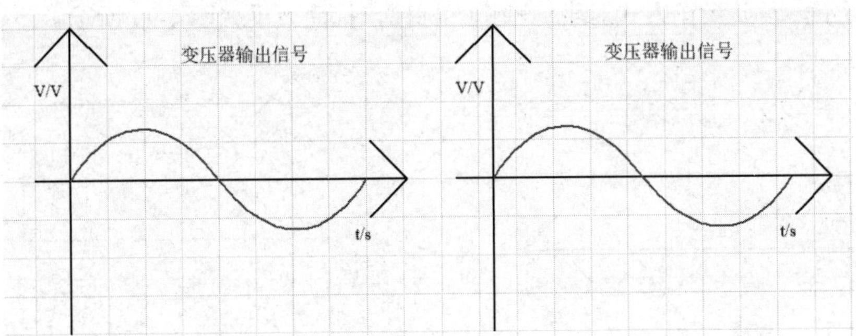

图 4-98 放置信号

单击复制图形中的曲线，曲线四周出现控制点，如图 4-99 所示。

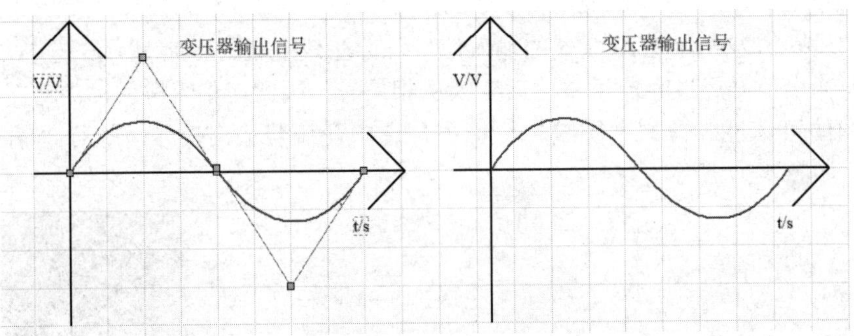

图 4-99 单击曲线

由于正弦波信号经整流桥整流后变为单相信号，因此需要调整曲线。单击曲线最下端的控制点，并将控制点拖动到以横轴为对称轴的位置，如图 4-100 所示。

在原理图编辑窗口空白处单击，退出曲线点选状态，此时的信号如图 4-101 所示。

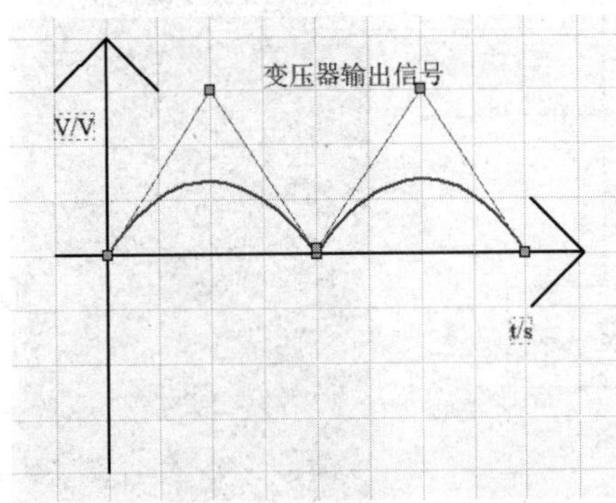

图 4-100 拖动控制点到以横轴为对称轴的位置

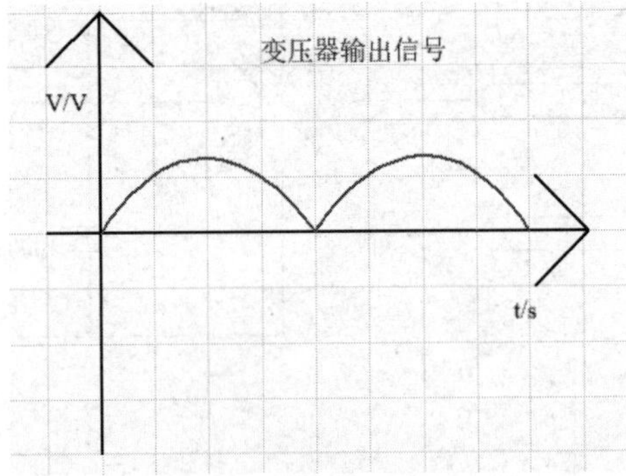

图 4-101 修改后的信号

双击“变压器输出信号”，打开“Properties-Text”面板，如图 4-102 所示。

将面板中的“Text”修改为“全桥整流”，结果如图 4-103 所示。

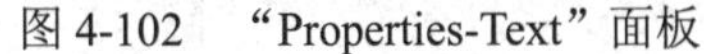

图 4-102　“Properties-Text”面板

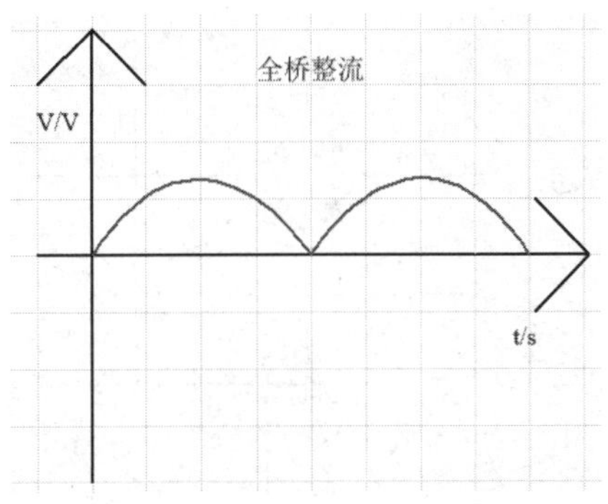

图 4-103　标注修改后的信号

按照上述方式标注经整流桥整流后的另一路信号，结果如图 4-104 所示。

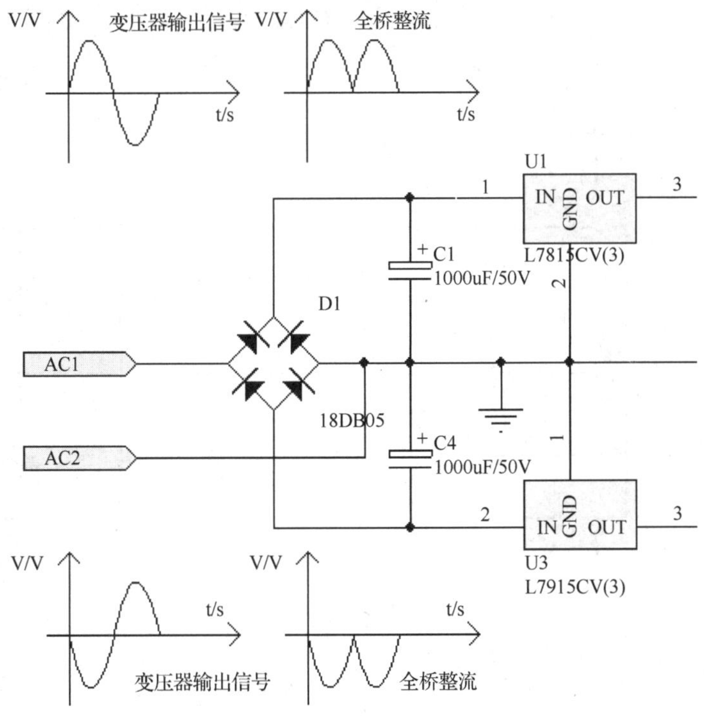

图 4-104　标注经整流桥整流后的另一路信号

全桥整流后的信号经 U1 及 U3 输出直流稳压电流，在电路原理图中标注电源电路的输出信号，结果如图 4-105 所示。用箭头标注各信号对应的测试点，结果如图 4-106 所示。

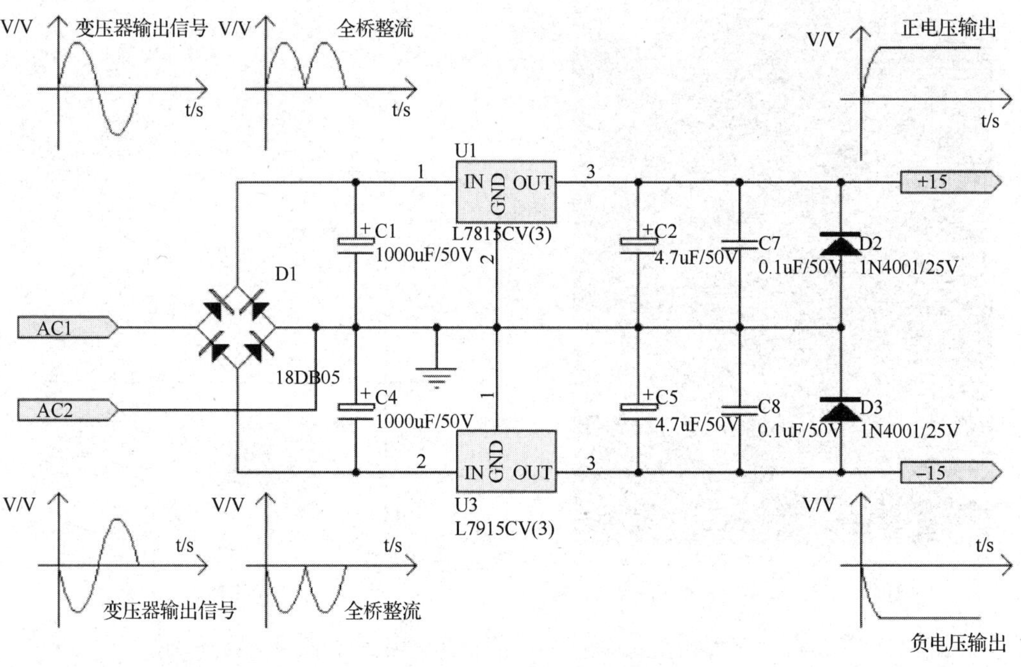

图 4-105　标注电源电路的输出信号结果

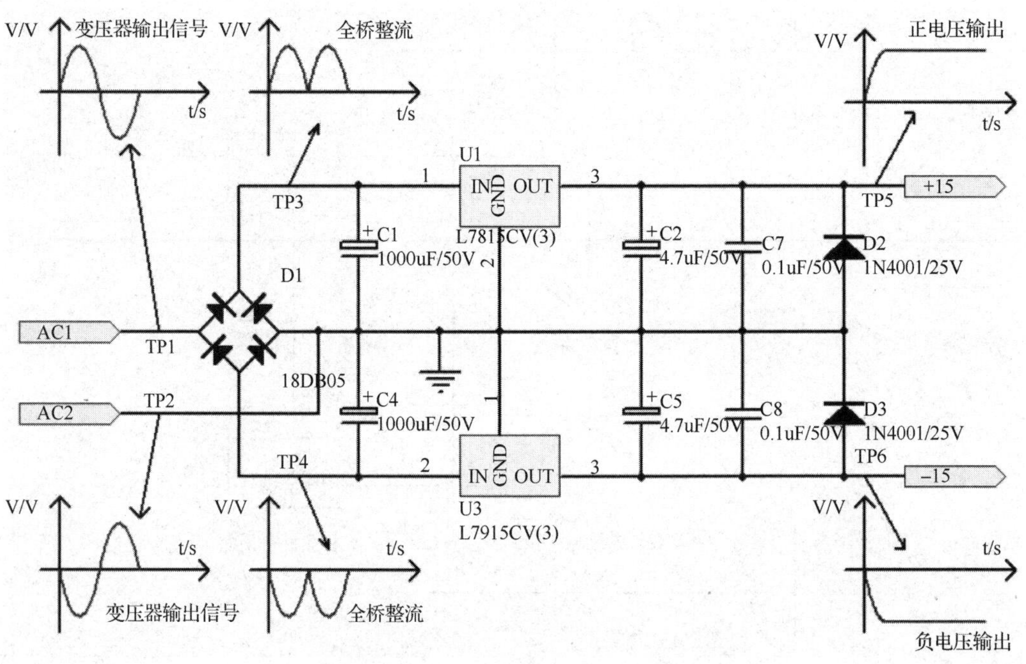

图 4-106　用箭头标注各信号对应的测试点

2．在原理图编辑窗口中放置说明文本

在原理图编辑窗口中放置说明文本，以便读者理解电路。单击实用工具箱中的“放置文本框”图标，如图 4-107 所示，光标变为十字形。

在期望绘制说明文本的位置单击，确定文本框的左上角位置，拖曳鼠标，出现如图 4-108 所示的文本框轮廓。

在期望的结束点单击，确定文本框。此时，文本框以“Text”字段起始，如图 4-109 所示。

双击文本框，弹出“Properties-Text Frame”面板，如图 4-110 所示。

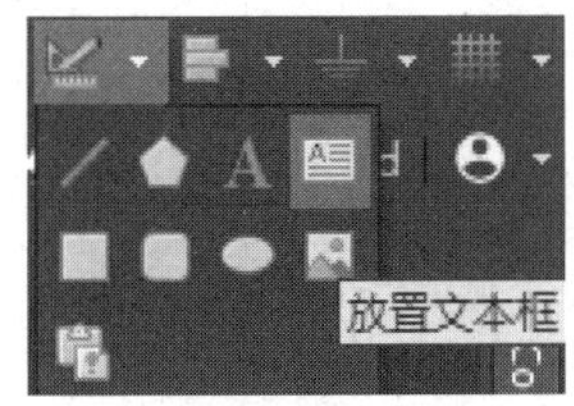

图 4-107　单击“放置文本框”图标

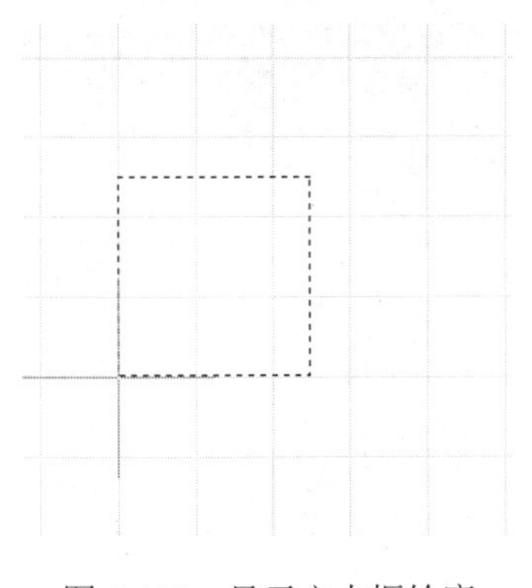

图 4-108　显示文本框轮廓

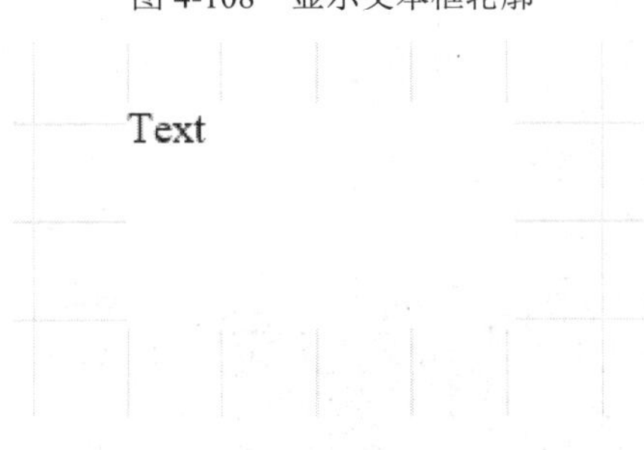

图 4-109　文本框以“Text”字段起始

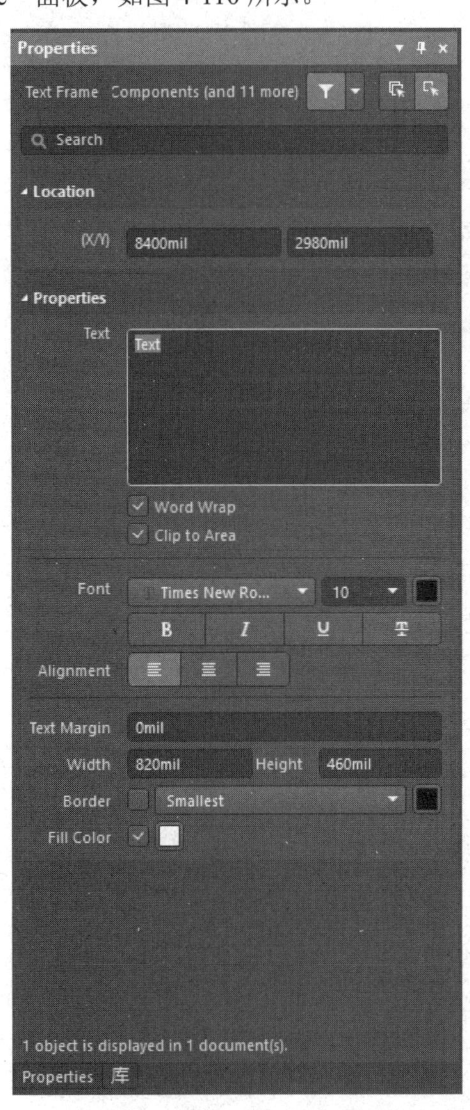

图 4-110　“Properties-Text Frame”面板

- “Location”区域：用于确定文本框的位置。
- “Text”文本框：在此文本框中输入期望的字段。
- “Word Wrap”复选框：用于设置是否自动换行。

- “Clip to Area”复选框：用于设置是否修剪范围。
- “Border”复选框：用于设置是否显示边界。后面的下拉列表和填色框用于设置文本框的颜色和字体粗细。
- “Fill Color”复选框：用于设置文本框填充颜色。
- 其余内容主要为字体、字号、对齐等设置，“Text Margin”文本框用于设置边距，“Width”文本框和“Height”文本框用于设置文本框的大小。

在“Text”文本框中输入“通用音频放大器的输出电流有限，多为十几毫安；输出电压范围受音频放大器电源的限制，不可能太大。因此，可以通过互补对称电路进行电流扩大，以提高电路的输出功率。”，如图 4-111 所示，最终效果如图 4-112 所示。

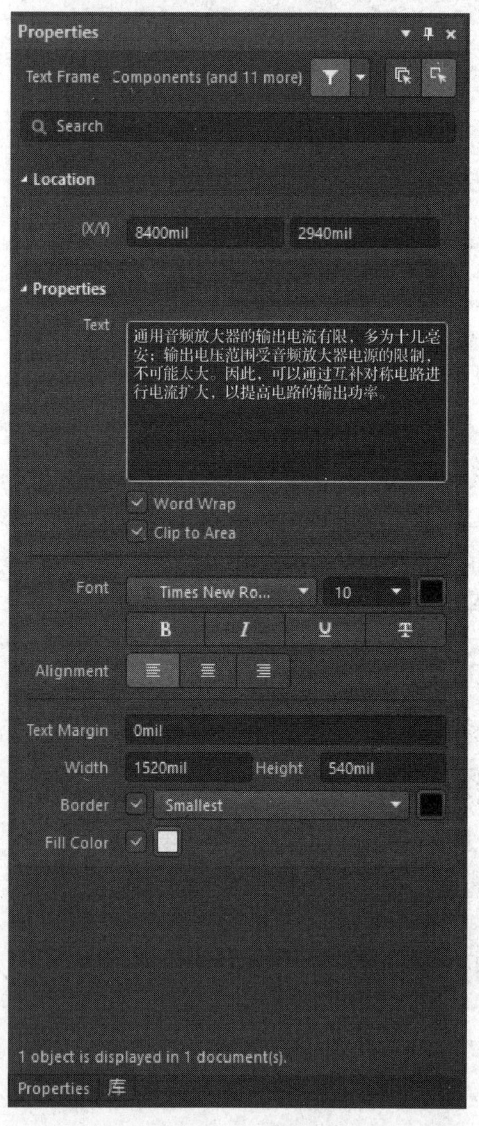

图 4-111 “Text”文本框设置

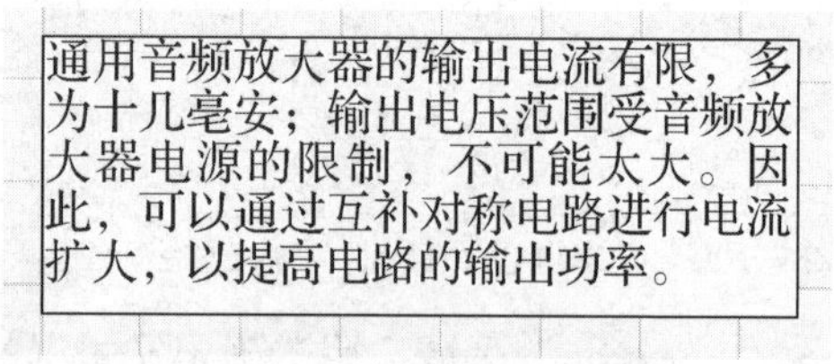

通用音频放大器的输出电流有限，多为十几毫安；输出电压范围受音频放大器电源的限制，不可能太大。因此，可以通过互补对称电路进行电流扩大，以提高电路的输出功率。

图 4-112 说明文本设置效果

编辑后的音频放大器原理图（B 部分）如图 4-113 所示，至此设计优化完成。

通用音频放大器的输出电流有限，多为十几毫安；输出电压范围受音频放大器电源的限制，不可能太大。因此，可以通过互补对称电路进行电流扩大，以提高电路的输出功率。

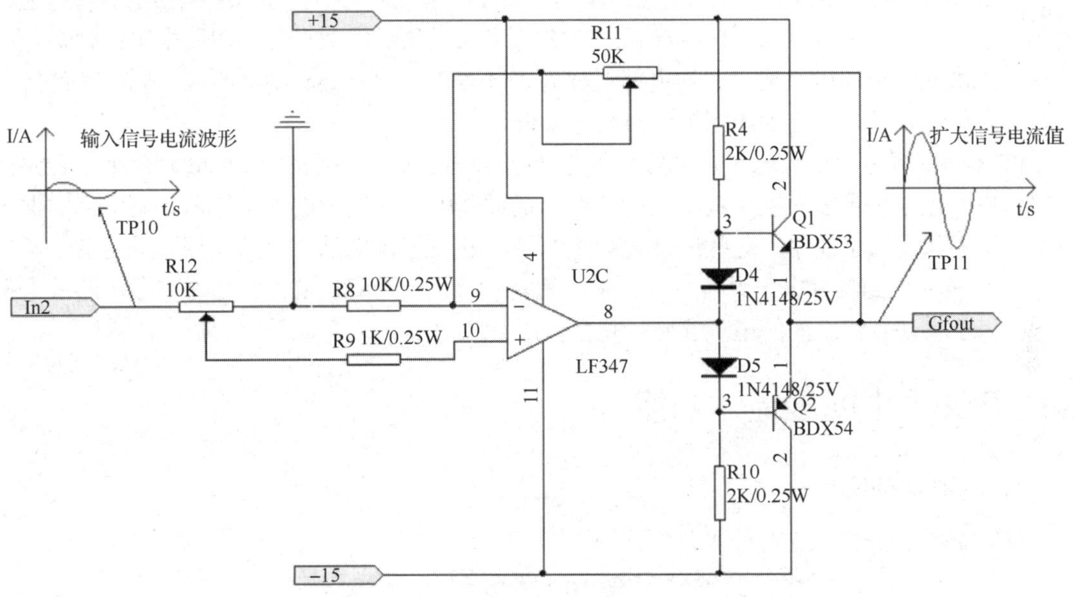

图 4-113　编辑后的音频放大器原理图（B 部分）

思考与练习

（1）电路原理图绘制的优化方法有哪些？

（2）写出自上而下的层次电路设计方法框图和自下而上的层次电路设计方法框图，并简述这两种方法间的差别。

（3）层次电路的优点有哪些？

第5章　PCB设计预备知识

PCB 是 Printed Circuit Board 的英文缩写，中文名为印制电路板。通常把在绝缘材料上根据预定设计制成的印制线路、印制元件或两者组合而成的导电图形称为印制电路；把在绝缘基材上提供元件之间电气连接的导电图形称为印制线路，因此把印制电路或印制线路的成品板称为印制线路板，也称为印制板或印制电路板。

PCB 的基板是由绝缘隔热且不易弯曲的材质制作而成的。在表面可以看到的细小线路是铜箔，原本铜箔是覆盖在整个板子上的，在制造过程中部分铜箔被蚀刻处理，留下来的铜箔就变成了网状的细小线路，这些线路被称作导线，用来为 PCB 上的元件提供电路连接。

PCB 被应用到各种电子设备中，如电子玩具、手机、计算机等。只要有集成电路等电子元件，为了实现它们之间的电气互联，就会使用 PCB。

5.1　PCB 的构成及基本功能

1. PCB 的构成

PCB 的结构图如图 5-1 所示。

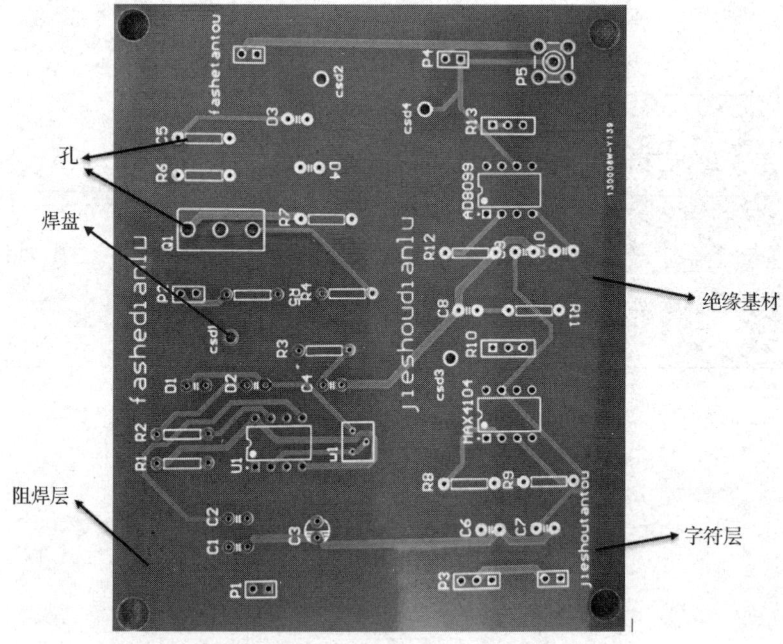

图 5-1　PCB 的结构图

一块完整的 PCB 主要由以下几部分构成。

- 绝缘基材：一般由酚醛纸基板、环氧纸基板或环氧玻纤布基板制成。
- 字符层：用于标注元件的编号和标识，便于在加工 PCB 时识别电路。
- 阻焊层：用于保护铜箔电路，由耐高温的阻焊剂制成。
- 焊盘：用于焊接电子元件，在图 5-1 中位于孔上边的金属化表面区域。
- 孔：用于基板加工、元件安装、产品装配，以及不同板层的铜箔电路之间的连接。
- 铜箔面：铜箔面是 PCB 的主体，由裸露的焊盘和被绿色油漆覆盖的铜箔电路组成。

PCB 上的绿色或棕色是阻焊漆的颜色，这一层是绝缘的防护层，可以保护铜线，也可以防止元件被焊到不正确的地方。在阻焊层上还会印上一层丝网印刷面，通常会在此面上印文字与符号（大多是白色的），以标示各元件在板上的位置。丝网印刷面又称图标面。

2. PCB 的机械支撑功能

PCB 为集成电路等各种元件的固定、装配提供了机械支撑，如图 5-2 所示。

图 5-2　PCB 的机械支撑功能

3. PCB 的电气连接或电绝缘功能

PCB 实现了集成电路等各种元件之间的电气连接，如图 5-3 所示。PCB 也实现了集成电路等各种元件之间的电绝缘。

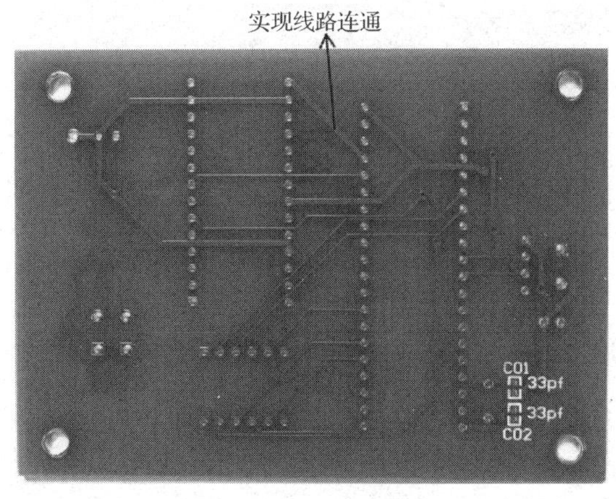

图 5-3　PCB 的电气连接功能

4. PCB 的其他功能

PCB 为自动装配提供阻焊图形，同时为元件的插装、检查、维修提供识别字符和图形，如图 5-4 所示。

图 5-4　识别字符

5.2　PCB 制造工艺流程

1. 菲林底版

菲林底版是 PCB 生产的前导工序。在生产某一种 PCB 时，PCB 的每种导电图形（信号层电路图形和地、电源层图形）和非导电图形（阻焊图形和字符）都应至少有一张菲林底版。

菲林底版在 PCB 生产中可作为图形转移中的感光掩模图形，包括线路图形和光致阻焊图形；可用于制作网印工艺中的丝网模板，包括制作阻焊图形和字符；可作为机加工（钻孔和外形铣）数控机床编程及钻孔的参考。

2. 基板材料

覆铜箔层压板（Copper Clad Laminate，CCL）简称覆铜箔板或覆铜板，是制造 PCB 的基板材料。目前被广泛应用的蚀刻法就是通过在覆铜箔板上有选择地进行蚀刻，来得到需要的线路图形。

覆铜箔板在整块 PCB 上主要负责导电、绝缘和支撑。

3. 拼版及光绘数据生成

PCB 设计完成后，因为 PCB 的板形太小，不能满足生产工艺要求，或者一个产品由几块 PCB 组成，所以需要把若干块小板拼成一个面积符合生产要求的大板，或者将一个产品使用的多块 PCB 拼在一起，此道工序就是拼版。

拼版完成后，用户要生成光绘数据。PCB 生产的基础是菲林底版。早期在制作菲林底版时，要先制作出菲林底图，再利用菲林底图进行照相或翻版。随着计算机技术的发展，PCB 的 CAD 技术有了极大进步，PCB 生产工艺水平不断向多层、细导线、小孔径、高密度方向发展，原有的菲林制版工艺已无法满足 PCB 的设计需要，于是出现了光绘技术。利用光绘技术直接将 CAD 设计的 PCB 图形数据文件送入光绘机的计算机系统，控制光绘机利用光线直接在底片上绘制图形，然后通过显影、定影得到菲林底版。

光绘数据的产生是指将 CAD 软件产生的设计数据转化成光绘数据（多为 Gerber 数据），利用 CAM 软件进行修改、编辑，完成对光绘数据的预处理（拼版、镜像等），使光绘数据达到 PCB 生产工艺的要求。将处理完的光绘数据送入光绘机，由光绘机的光栅（Raster）图像数据处理器转换成光栅数据。光栅数据通过高倍快速压缩还原算法被发送至激光光绘机，完成光绘。

5.3　PCB 的名称定义

1. 导线

铜箔原本是覆盖在整块板子上的，在制造过程中部分铜箔被蚀刻处理，留下来的铜箔就变成了网状的细小线路，这些线路称为导线，如图 5-5 所示。

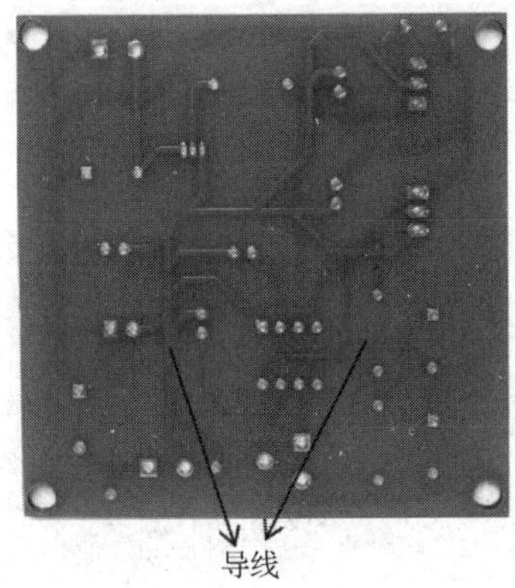

图 5-5　导线

2. ZIF 插座

为了将元件固定在 PCB 上，会将零件的引脚直接焊在导线上。在最基本的 PCB（单面板）上，元件集中在一面，导线集中在另一面。因此需要在板子上打洞，以便引脚能穿过板子到另一面，所以元件的引脚是焊在另一面的。其中，PCB 的正面称为元件面，PCB 的反面称为焊接面。如果 PCB 上某些元件要求在制作完成后可以装卸，那么该元件在安装时会用到插座。由于插座是直接焊在板子上的，元件可以被任意地拆装。零插拔力（Zero Insertion Force，ZIF）插座是一种只需要很小的力就能实现插拔的集成电路插座或电子连接器。这种插座通常附有一支杠杆或滑杆，用户只要将其推开或拉开，插座内的弹簧式接点就会被分开，从而实现只要非常小的力就能实现集成电路的插入（一般而言芯片自身的质量就可给予足够的力）。当杠杆或滑杆回到原位后，接点便会重新闭合并抓紧芯片的针脚。ZIF 插座因为具有这种设计，所以会比其他普通插座贵很多，并且需要较大的面积放置杠杆，因此只有在有需要时才会用到。ZIF 插座如图 5-6 所示。

图 5-6　ZIF 插座

3．边接头

如果要将两块 PCB 相互连接，一般都会用到俗称"金手指"的边接头（Edge Connector）。边接头上有许多裸露的铜垫，这些铜垫实际上是 PCB 导线的一部分。通常在连接时，将其中一片 PCB 上的边接头插入另一片 PCB 上合适的插槽［一般叫作扩充槽（Slot）］。在计算机中，显示卡、声卡或其他类似的界面卡，都是借助边接头来与主机板连接的。边接头如图 5-7 所示。

图 5-7　边接头

5.4　PCB 板层

1．PCB 分类

1）单面板（Single-Sided Board）

在最基本的 PCB 上，元件集中在一面，导线集中在另一面。因为导线只出现在 PCB 的一面，所以这种 PCB 称为单面板。因为单面板在设计线路上有许多严格的限制（因为只有一面可以布线且导线间不能交叉，所以必须绕独自的路径布局），所以只有早期的电路才使用这类板。

2）双面板（Double-Sided Board）

这种 PCB 的两面都有导线。为了使用两面的导线，两面间必须有适当的实现电路连接的“桥梁”。这种电路之间的“桥梁”叫作导通孔（Via）。导通孔是在 PCB 上充满或涂上金属的小洞，它可以与两面的导线相连接。因为双面板的面积是单面板的一倍，而且导线可以互相交错（可以绕到另一面），所以双面板更适合用在比单面板更复杂的电路上。双面板如图 5-8 所示。

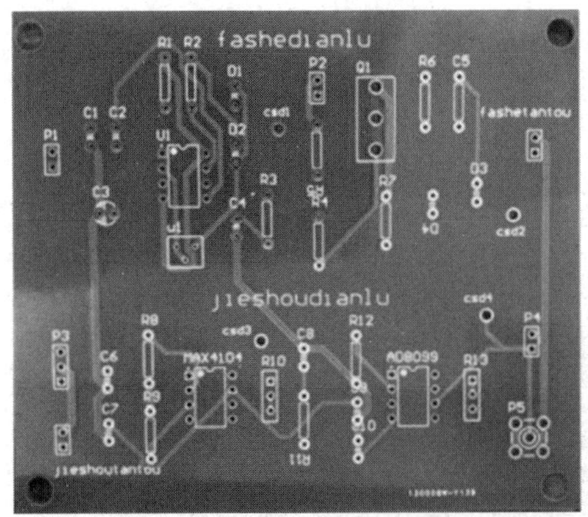

（a）双面板上面

（b）双面板下面

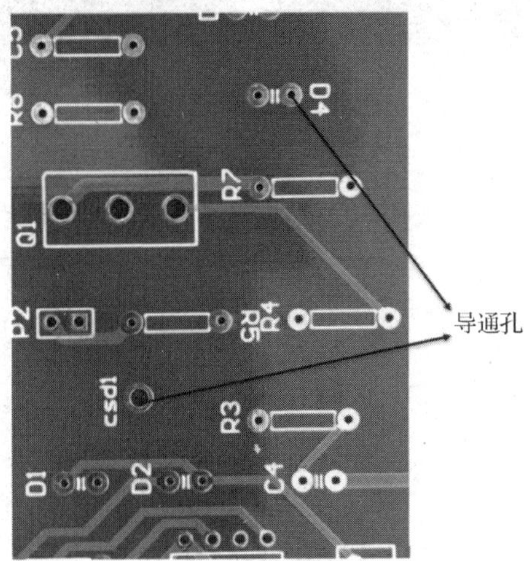

（c）双面板上的导通孔

图 5-8　双面板

3）多层板（Multi-Layer Board）

为了增加可以布线的面积，多层板用上了更多单面或双面的布线板。多层板使用数片双面板，并在每层板间放一层绝缘层后粘牢（压合）。板子的层数代表有几层独立的布线层。在一般情况下，层数是偶数，并且包含最外侧的两层。大部分主机板是 4～8 层结构的，技术上可以做到近 100 层 PCB。大多大型超级计算机使用的是超多层的主机板，但是因为这类计算机可以由许多普通计算机组成的集群代替，所以超多层板渐渐不再被使用。因为PCB 中的各层是紧密结合的，所以一般不容易看出实际数目，若仔细观察主机板也许可以看出来。

导通孔在应用在双面板上时，一定是打穿整块板。对于多层板，如果只想连接其中一些线路，那么使用导通孔可能会浪费其他层的线路空间。埋孔（Buried Vias）和盲孔（Blind Vias）技术可以避免这个问题，因为它们只穿透其中几层。盲孔是将几层内部 PCB 与表面 PCB 连接，无须穿透整块板。埋孔只连接内部 PCB，所以从表面上是看不出来的。

多层板是整层直接连接地线与电源的，因此各层分为信号层（Signal）、电源层（Power）或地线层（Ground）。在一般情况下，当 PCB 上的元件需要不同的电源供应时，会有不少于两层的电源层。

2. Altium Designer 中的板层管理

PCB 板层结构的相关设置及调整是通过如图 5-9 所示的层叠管理器（Layer Stack Manager）来完成的。

PCB1.PcbDoc　PCB1.PcbDoc [Stackup]

+ Add　Modify　Delete

#	Name	Material	Type	Weight	Thickness	Dk	Df
	Top Overlay		Overlay				
	Top Solder	Solder Resist	Solder Mask		0.4mil	3.5	
1	Top Layer		Signal	1oz	1.4mil		
	Dielectric 1	FR-4	Dielectric		12.6mil	4.8	
2	Bottom Layer		Signal	1oz	1.4mil		
	Bottom Solder	Solder Resist	Solder Mask		0.4mil	3.5	
	Bottom Overlay		Overlay				

图 5-9　层叠管理器

图 5-10　执行“设计”→“层叠管理器”命令

在执行“文件”→“新的”→“PCB”命令后，可以采用以下两种方式打开层叠管理器。

（1）执行“设计”→“层叠管理器”命令，如图 5-10 所示。

（2）在 PCB 编辑环境中按 O 键，在弹出的快捷菜单中执行“层叠管理器”命令。

执行上述命令后将弹出两部分内容，如图 5-11 所示。

为了适应软硬板，Altium Designer 22 可以进行多个叠层的设定。Altium Designer 22 的层叠管理器对各个层的设定做了优化，使得可设置的内容变得更详细而操作变得更简单。在“Material”栏中可以对层的材质进行预定，完成预定以后便可在层叠管理器中直接使用。对于过孔和背钻，Altium Designer 22 做了可视化处理。

单击下方的“Impedance”标签切换分页，进入阻抗设置界面，如图 5-12 所示。图 5-12 所示的线宽等参数均为默认值，读者可根据实际情况自行修改。Altium Designer 22 对高速电路多层板的阻抗计算进行了优化，支持更复杂的阻抗计算公式，也支持差分线的阻抗计算。

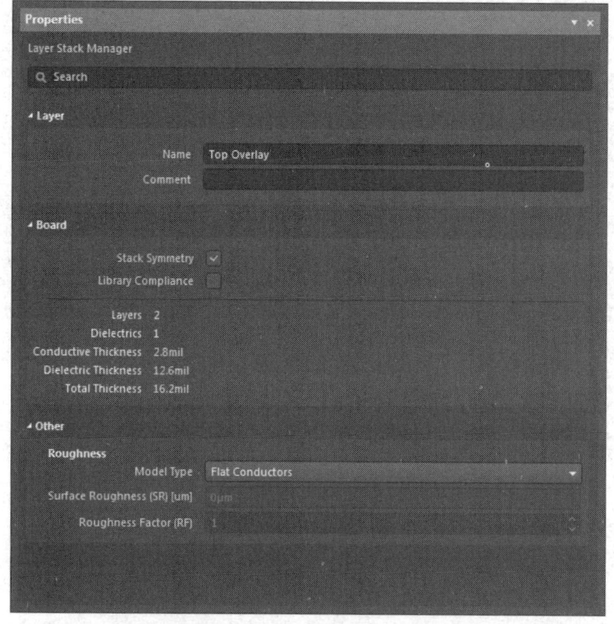

（a）“Properties-Layer Stack Manager”面板

PCB1.PcbDoc　PCB1.PcbDoc [Stackup]

+ Add　Delete

#	Name	Material	Type	Weight	Thickness	Dk	Df
	Top Overlay		Overlay				
	Top Solder	Solder Resist	Solder Mask		0.4mil	3.5	
1	Top Layer		Signal	1oz	1.4mil		
	Dielectric 1	FR-4	Dielectric		12.6mil	4.8	
2	Bottom Layer		Signal	1oz	1.4mil		
	Bottom Solder	Solder Resist	Solder Mask		0.4mil	3.5	
	Bottom Overlay		Overlay				

Stackup　Impedance　Via Types

（b）层叠管理器

图 5-11　层叠管理器内容

+ Add　Delete　S50

#	Name	Material	Type	Weight	Thickness	Dk	Top Ref	Bottom Ref	Width (W1)	Impe...	Devia...	Delay...
	Top Overlay		Overlay									
	Top Solder	Solder Resist	Solder Mask		0.4mil	3.5						
1	Top Layer		Signal	1oz	1.4mil			2 - Bottom···	21.047mil	50.02	0.04%	160.1···
	Dielectric 1	FR-4	Dielectric		12.6mil	4.8						
2	Bottom Layer		Signal	1oz	1.4mil		1 - Top La···		21.047mil	50.02	0.04%	160.1···
	Bottom Solder	Solder Resist	Solder Mask		0.4mil	3.5						
	Bottom Overlay		Overlay									

图 5-12　阻抗设置界面

单击下方的“Via Types”标签切换分页，进入过孔设置界面如图 5-13 所示。图 5-13 所示为默认的模式，读者可根据实际情况自行修改过孔的宽度、占比等内容。从图 5-13 所示界面可以看出该过孔的位置，这就是 Altium Designer 22 做出的可视化处理。

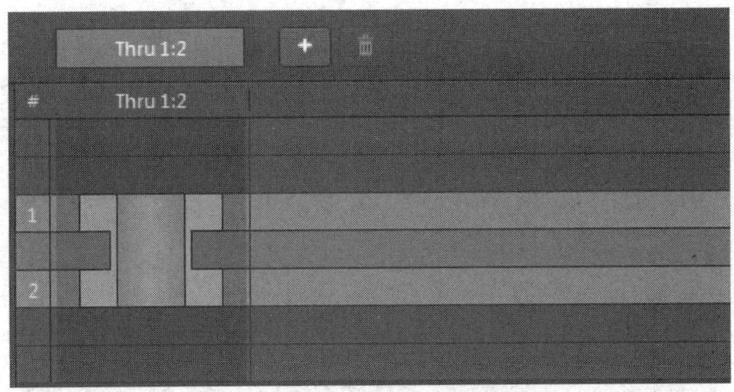

图 5-13　过孔设置界面

5.5　Altium Designer 中的层次设置

Altium Designer 为用户提供了多个工作层，板层标签用于切换 PCB 工作层，被选中的板层标签对应的颜色框将显示在最前端。在 PCB 编辑环境中，按 O 键，在弹出的快捷菜单中执行“板层及颜色（视图选项）”命令，可打开“View Configuration”（视图配置）面板，如图 5-14 所示。

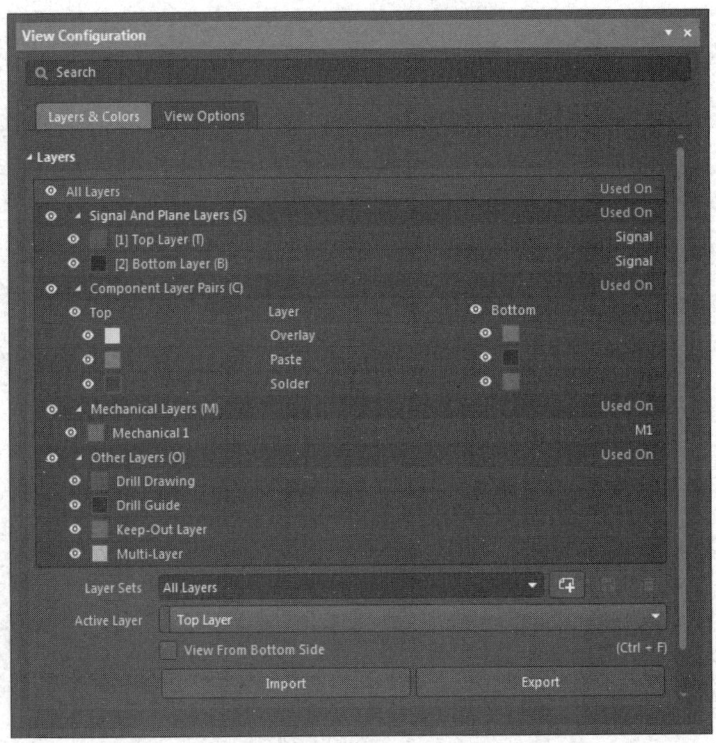

图 5-14　“View Configuration”面板

在“View Configuration”面板中，可以设置某一层板的颜色、显示与否，以及某一功能的显示与否。设置“Layer Sets”（层合集）下拉列表，可以使得操作更方便。单击

“Import”按钮，将打开“Import Layer Sets From File”对话框，如图 5-15 所示，进而可以导入已设定好的层合集。

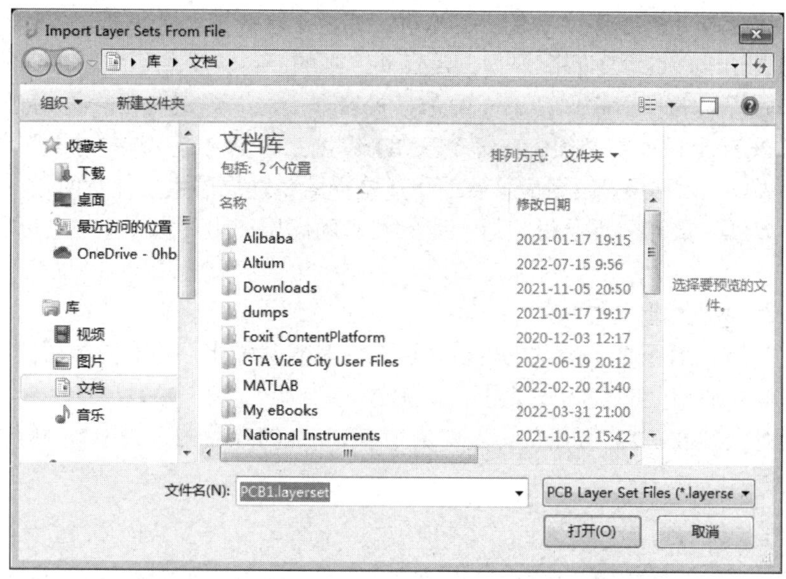

图 5-15　“Import Layer Sets From File”对话框

Altium Designer 提供的工作层主要有以下几种。

1. 信号层

Altium Designer 提供了 32 个信号层，分别为 Top Layer（顶层）、Mid-Layer 1（中间层 1）、Mid-Layer 2（中间层 2）……Mid-Layer 30（中间层 30）和 Bottom Layer（底层）。信号层主要用于放置元件（顶层和底层）和布线。

2. 内平面层

Altium Designer 提供了 16 个内平面层，分别为 Internal Plane 1（内平面层 1）、Internal Plane 2（内平面层 2）……Internal Plane 16（内平面层 16）。内平面层主要用于布置电源线和地线。

3. 机械层

Altium Designer 提供了 16 个机械层，分别为 Mechanical 1（机械层 1）、Mechanical 2（机械层 2）……Mechanical 16（机械层 16）。机械层一般用于放置有关制板和装配方法的指示性信息，如 PCB 轮廓、尺寸标记、数据资料、过孔信息、装配说明等。在制作 PCB 时，系统默认的机械层为机械层 1。

4. 掩模层

Altium Designer 提供了 4 个掩模层，分别为 Top Solder（顶层阻焊层）、Bottom Solder（底层阻焊层）、Top Paste（顶层助焊层）和 Bottom Paste（底层助焊层）。顶层阻焊层和底层阻焊层是系统根据 PCB 文件中的焊盘和过孔数据自动生成的，主要用于铺设阻焊漆。阻焊层采用的是负片输出，所以板层上显示的焊盘和过孔部分代表PCB不铺设阻焊漆的区域，也就是可以进行焊接的部分。通常采用阻焊层上划线去绿油，然后加锡的方法来达到增加铜线厚度的效果。在焊盘以外的各部位涂覆一层涂料，通常采用绿油、蓝油等，以阻止这些部位上锡。阻焊层用于在设计过程中匹配焊盘，是自动产生的。

助焊层和阻焊层的作用相似，不同的是在机器焊接时助焊层对应的是 SMD 的焊盘。在将 SMD 贴在 PCB 上以前，必须先在每个 SMD 焊盘上涂上锡膏，这样才可以加工出来菲林胶片。输出助焊层的 Gerber 数据最重要的一点是弄清楚助焊层主要针对的是 SMD。由于从菲林胶片图中看助焊层和阻焊层很相似，因此要对助焊层和阻焊层作比较，以弄清二者的不同作用。

阻焊层和助焊层的区分如下。

阻焊层：是指PCB上要上绿油的部分；因为它是负片输出，没有阻焊层的区域都要上绿油，所以有阻焊层的部分的实际效果是不上绿油。

助焊层：是安装SMD时要用的，是对应所有SMD的焊盘的，大小与阻焊层一样，是用来开钢网漏锡的。

5. 丝印层

Altium Designer 提供了 2 个丝印层，分别为 Top Overlay（顶层丝印层）和 Bottom Overlay（底层丝印层）。丝印层主要用于绘制元件的外形轮廓、元件的编号、标识符或其他文本信息。

6. 其余层

- Drill Guide（钻孔说明）和 Drill Drawing（钻孔视图）：用于绘制钻孔图和钻孔的位置。
- Keep-Out Layer（禁止布线层）：用于定义元件布线的区域。
- Multi-Layer（多层）：焊盘与过孔都要设置在多层上，如果关闭此层，焊盘与过孔就无法显示出来。

5.6 元件封装技术

1. 元件封装的具体形式

元件封装分为插入式封装和贴片式封装。其中，将元件安置在PCB一面，并将引脚焊接在 PCB 另一面的技术称为插入式封装；而引脚与元件封装同一面，不用为了焊接引脚而在 PCB 上钻洞的技术称为表面贴片式封装。采用插入式封装的元件比采用贴片式封装的元件与 PCB 连接的构造好，使用插入式封装元件需要占用大量空间，并且要为每个引脚钻一个洞，实际上引脚占用的是两面的空间，而且焊点也比较大；采用贴片式封装的元件比采用插入式封装的元件小，因此使用表面安装技术的PCB上的元件要密集很多；采用贴片式封装的元件比采用插入式封装的元件便宜，所以如今的PCB上大部分都是采用贴片式封装的元件。

元件封装的具体形式如下。

1）SOP/SOIC 封装

SOP 是英文 Small Outline Package 的缩写，即小外形封装。SOP 技术由飞利浦公司开发，随后逐渐派生出 SOJ（J 型引脚小外形）封装、TSOP（薄小外形封装）、VSOP（甚小外形封装）、SSOP（缩小型 SOP）、TSSOP（薄的缩小型 SOP）及 SOT（小外形晶体管）、SOIC（小外形集成电路）等。SOJ-14 封装如图 5-16 所示。

2）DIP

DIP 是英文 Double In-line Package 的缩写，即双列直插式封装。属于插入式封装，引脚从封装两侧引出，封装材料有塑料和陶瓷两种。DIP 是应用范围最广的插入式封装，应用范围包括标准逻辑集成电路、LSI 及微机电路。DIP-14 封装如图 5-17 所示。

图 5-16　SOJ-14 封装

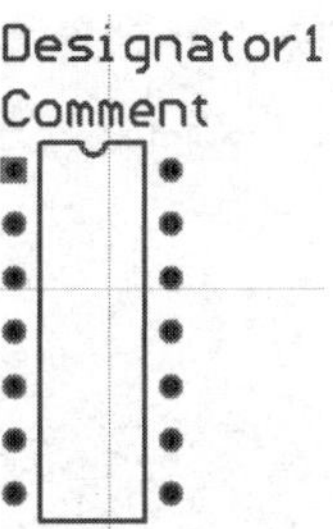

图 5-17　DIP-14 封装

3）PLCC 封装

PLCC 是英文 Plastic Leaded Chip Carrier 的缩写，PLCC 封装即塑封 J 引脚封装。PLCC 封装外形呈正方形，四周都有引脚，外形尺寸比 DIP 小得多。PLCC 封装适合用表面安装技术在 PCB 上布线，具有外形尺寸小、可靠性高的优点。PLCC-20 封装如图 5-18 所示。

4）TQFP 封装

TQFP 是英文 Thin Quad Flat Package 的缩写，即薄塑封四角扁平封装。TQFP 能有效利用空间，从而降低 PCB 空间大小的要求。TQFP 由于缩小了高度和体积，因此非常适用于对空间要求较高的场合，如 PCMCIA 卡和网络元件。

5）PQFP

PQFP 是英文 Plastic Quad Flat Package 的缩写，即塑封四角扁平封装。采用 PQFP 的芯片引脚之间距离很小，引脚很细。在一般情况下大规模或超大规模集成电路会采用 PQFP。PQFP84（N）封装如图 5-19 所示。

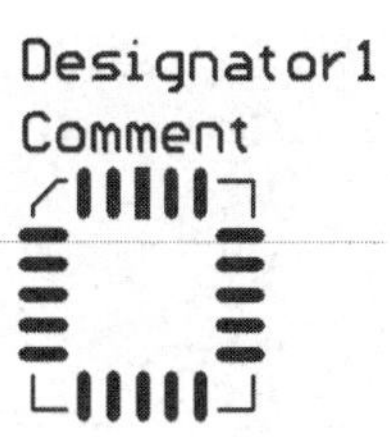

图 5-18　PLCC-20 封装

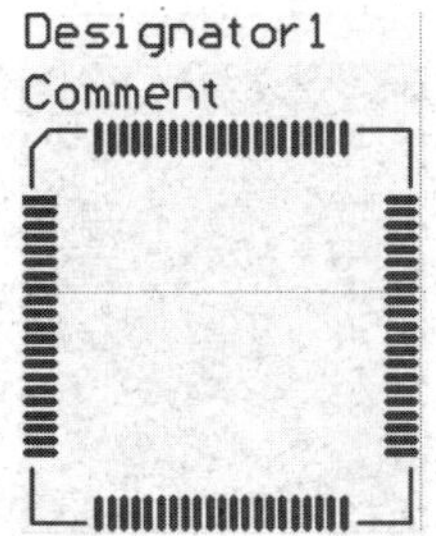

图 5-19　PQFP84（N）封装

6）TSOP

TSOP 是英文 Thin Small Outline Package 的缩写，即薄型小尺寸封装。TSOP 的一个典型

特征就是在封装芯片的周围制作引脚，TSOP 适合用表面安装技术在 PCB 上布线，适用于高频应用场合，操作比较方便，可靠性也比较高。TSOP8×14 封装如图 5-20 所示。

7）BGA 封装

BGA 是英文 Ball Grid Array 的缩写，BGA 封装就是球栅阵列封装。在 BGA 封装中，I/O 端子以球形或柱形焊球的形状呈阵列状排列于封装底部。采用 BGA 封装的元件的优点是引脚数虽然增加了，但引脚间距不仅没有减小反而增大了，提高了组装成品率；虽然功耗增加了，但是能用可控塌陷芯片法焊接，从而改善了电热性能；厚度和质量较以前的封装技术有所减少；寄生参数减小，信号传输时延小，使用频率大大提高；可采用共面焊接方法组装，可靠性高。BGA10-25-1.5 封装如图 5-21 所示。

图 5-20 TSOP8×14 封装

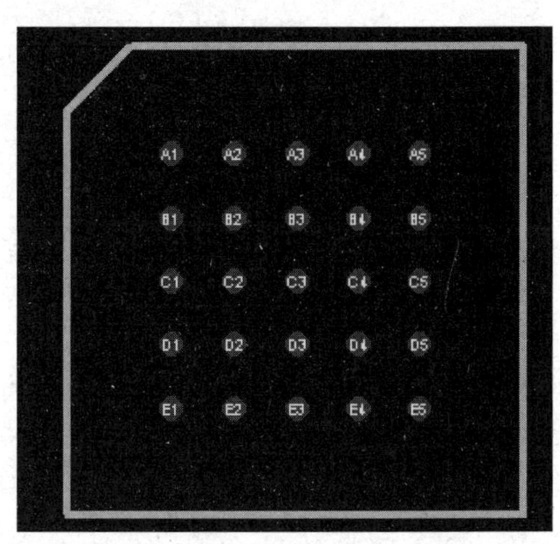

图 5-21 BGA10-25-1.5 封装

2．Altium Designer 中的元件及封装模型

Altium Designer 提供了许多元件及其封装模型，如电阻、电容、二极管、三极管等。

1）电阻

电阻是电路中常用的元件，实物图如图 5-22 所示。

Altium Designer 中的电阻标识为 Res1、Res2、Res3 等，其封装属性为 AXIAL 系列。Altium Designer 中的电阻如图 5-23 所示。

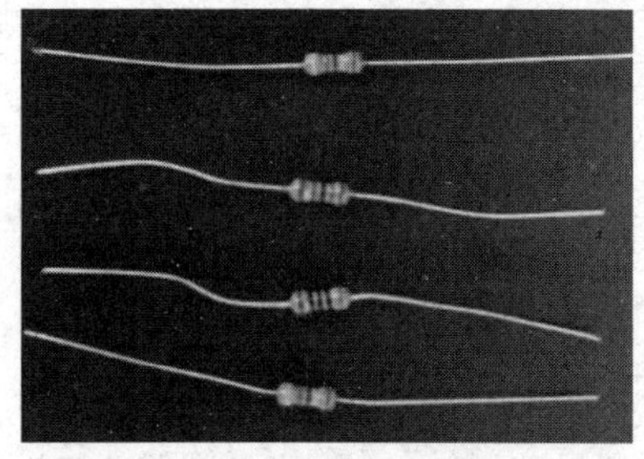

图 5-22 电阻实物图

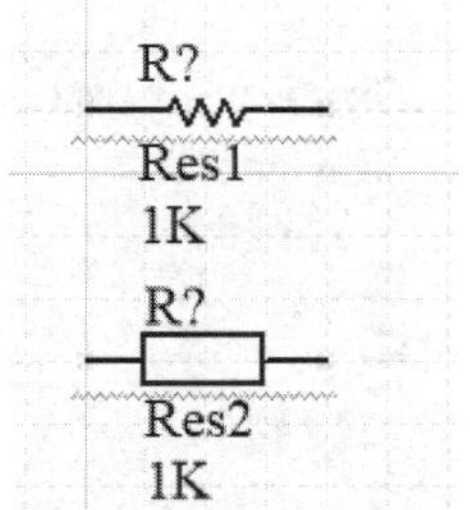

图 5-23 Altium Designer 中的电阻

Altium Designer 提供的 AXIAL 系列电阻封装模型如图 5-24 所示，图中的电阻封装模型

为 AXIAL 0.3、AXIAL 0.4、AXIAL 0.5，单位是 in，1in=25.4mm=1000mil。其中 0.3 是指在 PCB 上该电阻焊盘间的距离为 300mil，0.4 是指在 PCB 上该电阻焊盘间的距离为 400mil，依次类推。

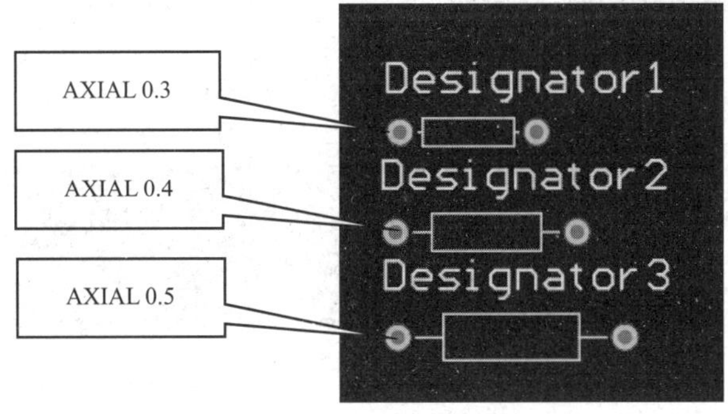

图 5-24　Altium Designer 提供的 AXIAL 系列电阻封装模型

2）电位器

电位器实物图如图 5-25 所示。Altium Designer 中的电位器标识为 RPot 等，其封装属性为 VR 系列。Altium Designer 中的电位器如图 5-26 所示。

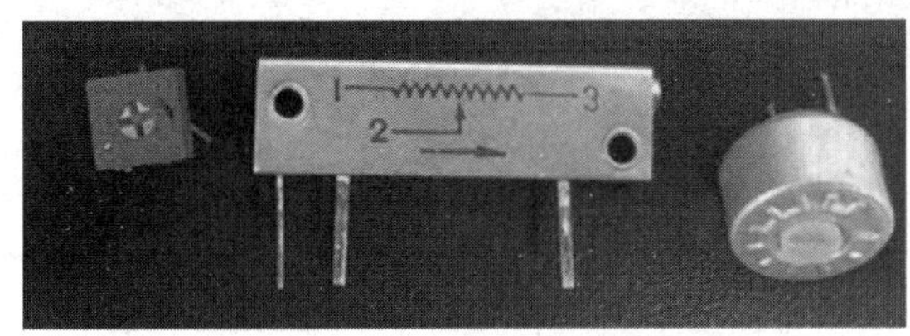

图 5-25　电位器实物图

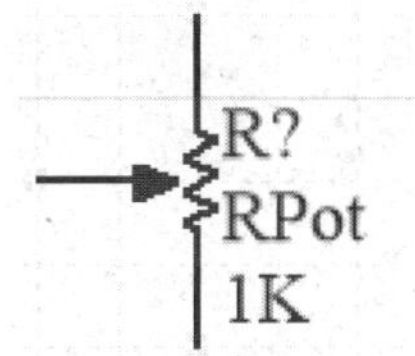

图 5-26　Altium Designer 中的电位器

Altium Designer 提供的 VR 系列电位器和抽头电阻封装模型如图 5-27 所示。

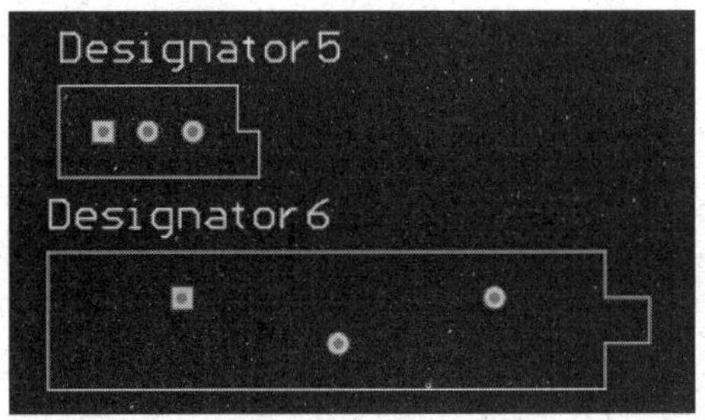

图 5-27　Altium Designer 提供的 VR 系列电位器和抽头电阻封装模型

3）无极性电容

无极性电容实物图如图 5-28 所示。Altium Designer 中的无极性电容标识为 Cap，其封装属性为 RAD 系列。Altium Designer 中的无极性电容如图 5-29 所示。

Altium Designer 提供的 RAD 系列无极性电容封装模型如图 5-30 所示。

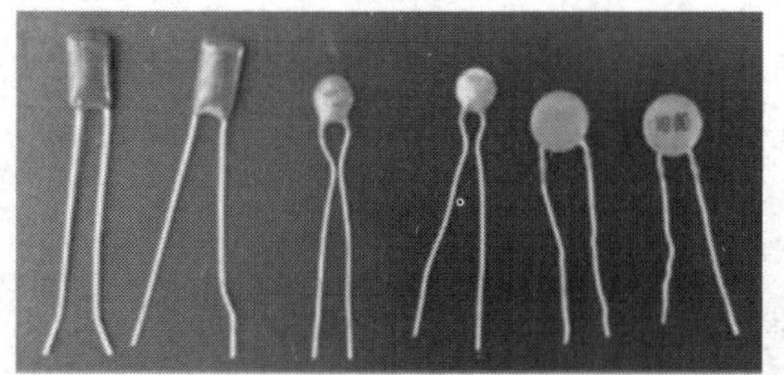

图 5-28　无极性电容实物图

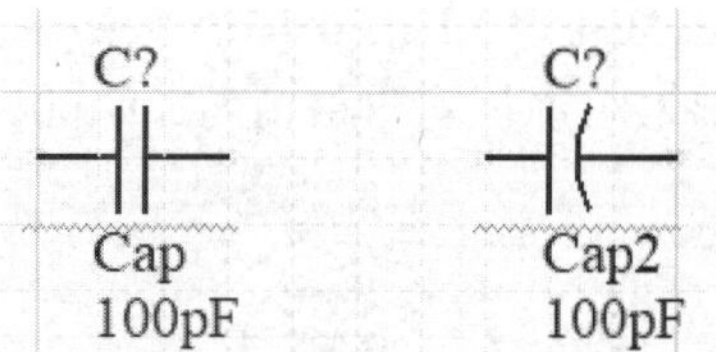

图 5-29　Altium Designer 中的无极性电容

图 5-30　Altium Designer 提供的 RAD 系列无极性电容封装模型

图 5-30 中的左图为图 5-29 中 Cap 的 RAD-0.3 封装模型，图 5-30 中的右图为图 5-29 中 Cap2 的 CAPR5-4X5 封装模型，其中 0.3 是指在 PCB 上该电容焊盘间的距离为 300mil。

4）电解电容

电解电容实物图如图 5-31 所示。Altium Designer 中的电解电容的标识为 Cap Pol，其封装属性为 RB 系列。Altium Designer 中的电解电容如图 5-32 所示。

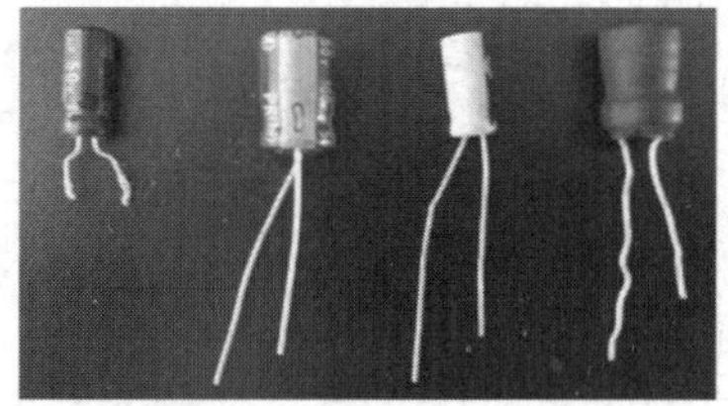

图 5-31　电解电容实物图

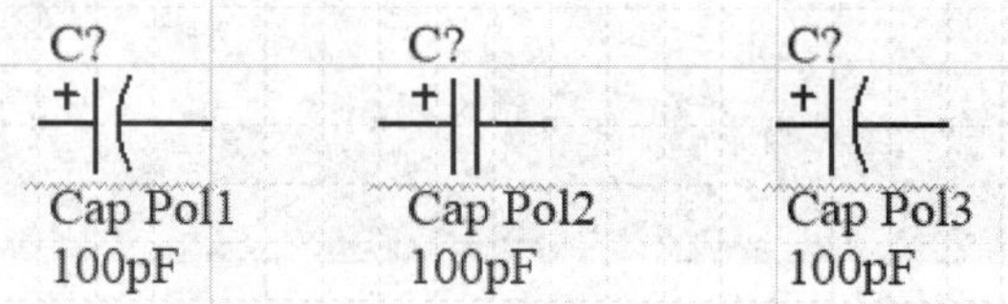

图 5-32　Altium Designer 中的电解电容

Altium Designer 提供的 RB 系列电解电容封装模型如图 5-33 所示，从左到右分别为 RB7.6-15、POLAR0.8、C0805，其中 RB7.6-15 中的 7.6 表示在 PCB 上该电解电容焊盘间的距离为 7.6mm，15 表示该电解电容圆筒的外径为 15mm。

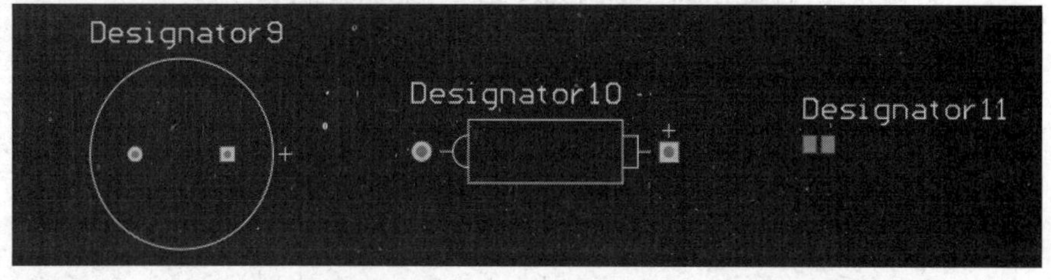

图 5-33　Altium Designer 提供的 RB 系列电解电容封装模型

5）二极管

二极管实物图如图 5-34 所示，其种类比较多，图中的二极管是常用的整流二极管 1N4001 和开关二极管 1N4148。

Alitum Designer 中的二极管标识有 Diode（普通二极管）、D Schottky（肖特基二极管）、

D Tunnel（隧道二极管）、D Varactor（变容二极管）及 D Zener（稳压二极管），其封装属性为 DO 系列，如 DO-35 等。Altium Designer 中的二极管如图 5-35 所示。

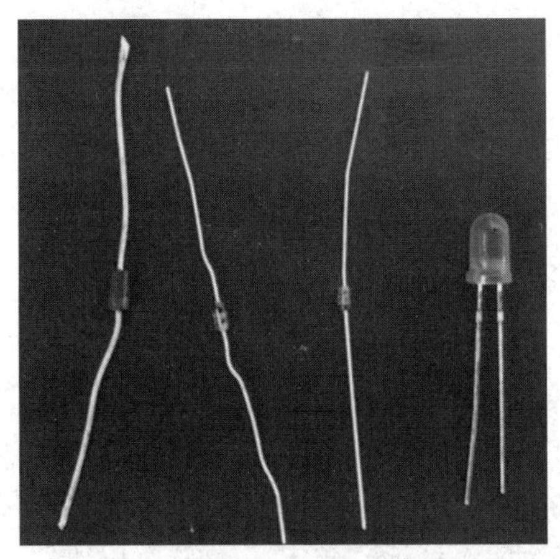

图 5-34　二极管实物图

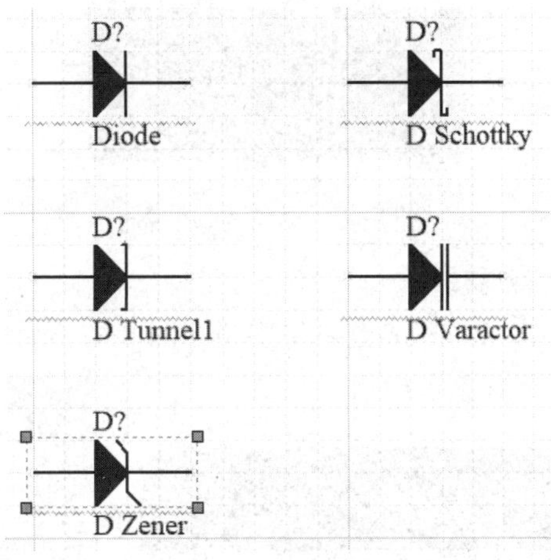

图 5-35　Alitum Designer 中的二极管

Altium Designer 提供的 DIODE 系列二极管封装模型如图 5-36 所示，从左到右依次为 DIODE-0.4、DIODE-0.7，其中后缀数字越大，表示二极管的功率越大。

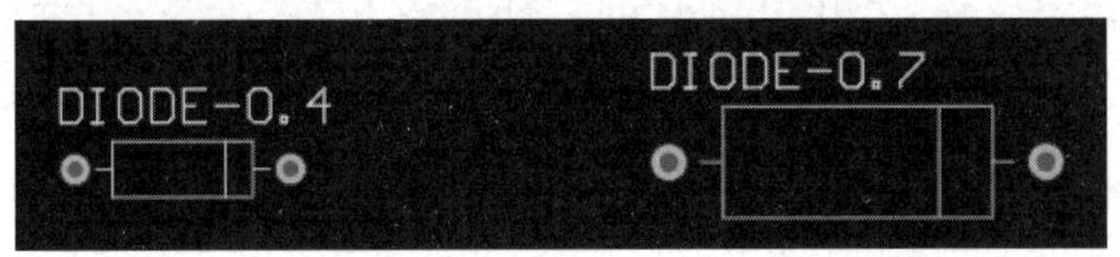

图 5-36　Altium Designer 提供的 DIODE 系列二极管封装模型

Altium Designer 中的发光二极管标识符为 LED，如图 5-37 所示。使用 Atlium Designer 提供的发光二极管封装模型有 LED-0、LED-1，如图 5-38 所示。

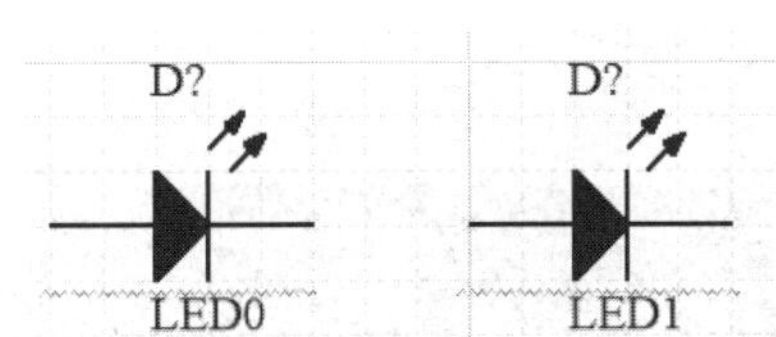

图 5-37　Alitum Designer 中的发光二极管

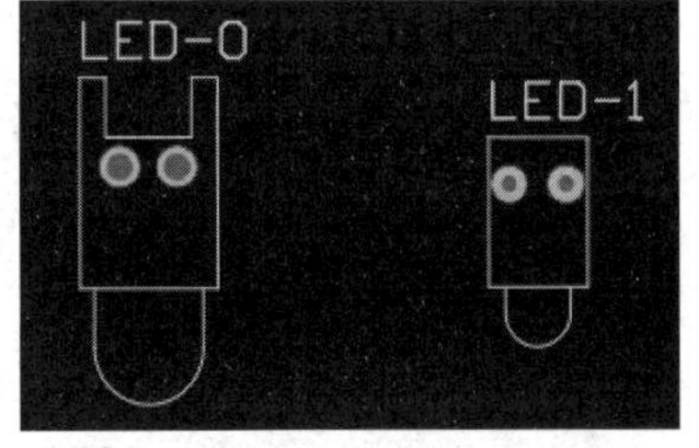

图 5-38　LED-0、LED-1 封装模型

6）三极管

三极管分为 PNP 型和 NPN 型，三极管的 3 个引脚分别为 E、B 和 C。三极管实物图如图 5-39 所示。Altium Designer 中的三极管的封装属性为 TO 系列。Altium Designer 中的三极管如图 5-40 所示。

Altium Designer 提供的 2N3904 与 2N3906 的 TO-92A 封装模型如图 5-41 所示。

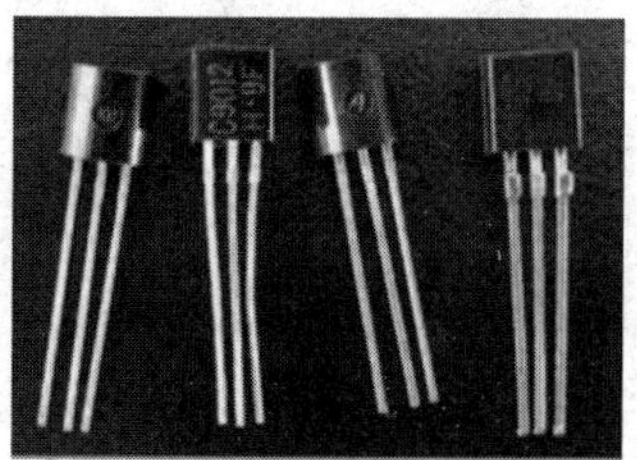

图 5-39 三极管实物图

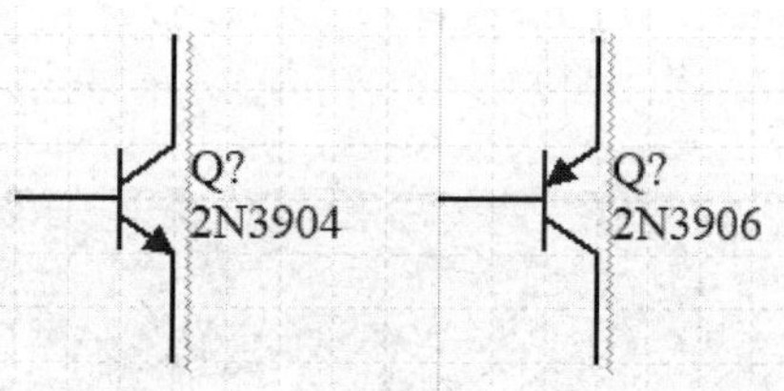

图 5-40 Altium Designer 中的三极管

7）集成电路

常用的集成电路实物图如图 5-42 所示。

图 5-41 Altium Designer 提供的 2N3904 与 2N3906 的 TO-92A 封装模型

图 5-42 常用的集成电路实物图

集成电路有 DIP 式，也有 SIP 式。Altium Designer 中常用的集成电路如图 5-43 所示。Atlium Designer 提供的 DIP、SIP 系列集成电路封装模型如图 5-44 所示。

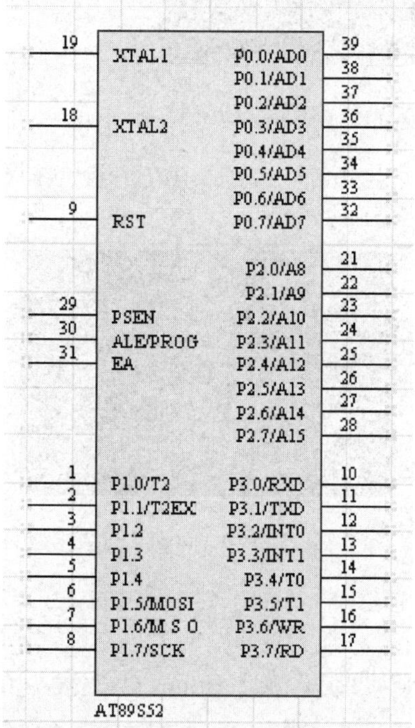

图 5-43 Atlium Designer 中常用的集成电路

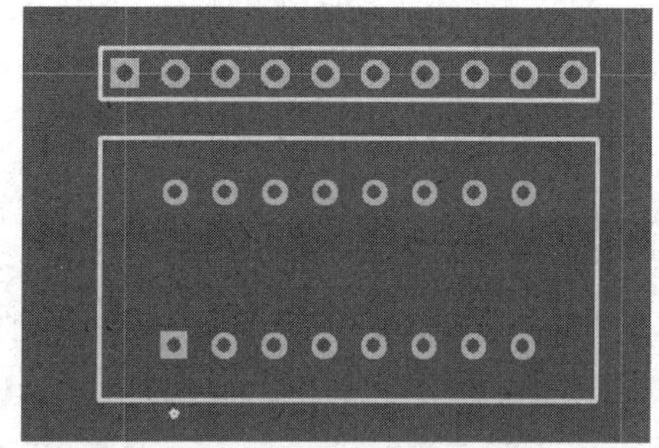

图 5-44 Atlium Designer 提供的 DIP、SIP 系列集成电路封装模型

图 5-44 中的上图是 SIP 式集成电路，下图是 DIP 式集成电路。

8）单排多针插座

单排多针插座实物图如图 5-45 所示。Altium Designer 中的单排多针插座标识为 Header。Altium Deisnger 提供的单排多针插座如图 5-46 所示。

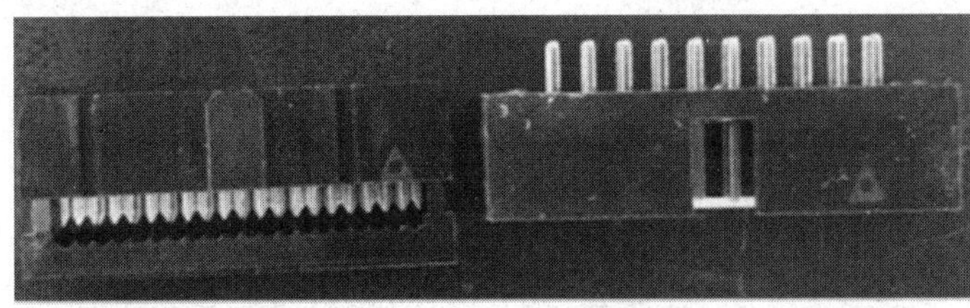

图 5-45　单排多针插座实物图

Header 后的数字表示单排多针插座的引脚数，如 Header 12 表示 12 个引脚的单排多针插座。

Altium Designer 提供的 SIP 式单排多针插座封装模型如图 5-47 所示。

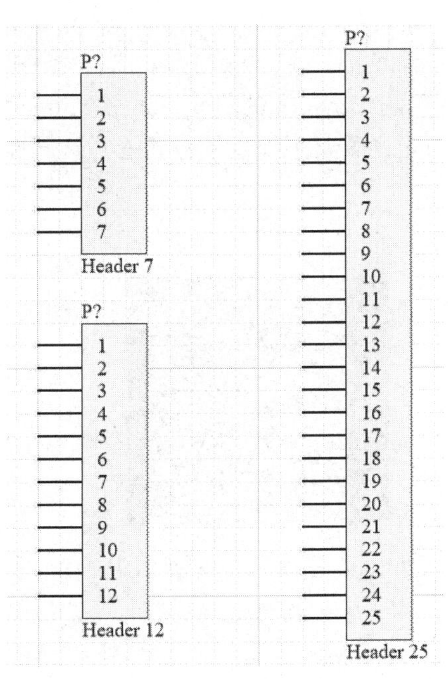

图 5-46　Altium Designer 提供的单排多针插座

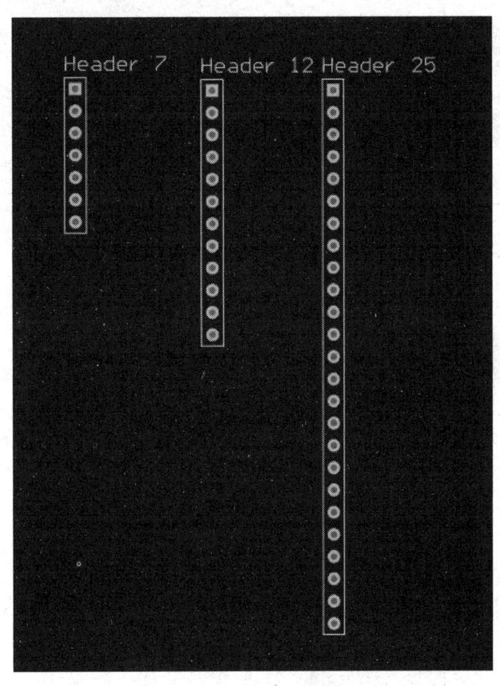

图 5-47　Altium Designer 提供的 SIP 式单排多针插座封装模型

9）整流桥

整流桥实物图如图 5-48 所示。Altium Designer 中的整流桥标识为 Bridge。Altium Designer 中的整流桥如图 5-49 所示。

Altium Designer 提供的整流桥 D-38 封装模型和整流桥 D-46_6A 封装模型如图 5-50 所示。

图 5-48 整流桥实物图

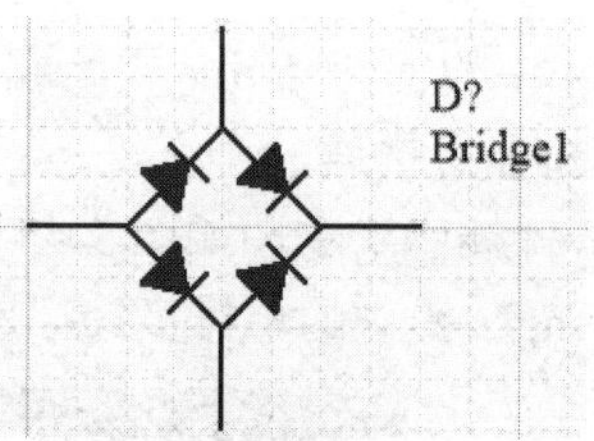

图 5-49 Altium Designer 中的整流桥

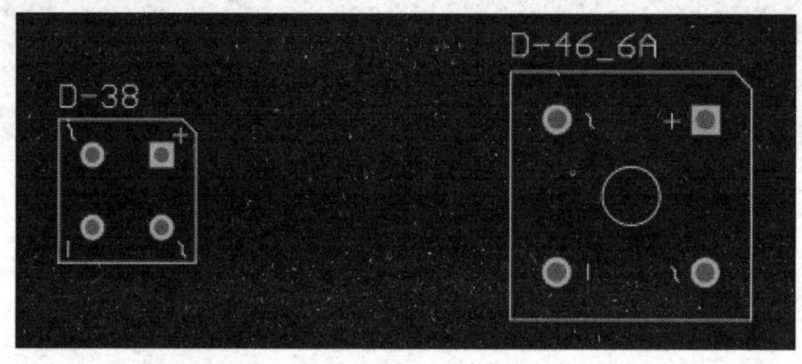

图 5-50 Altium Designer 提供的整流桥 D-38 封装模型和整流桥 D-46_6A 封装模型

图 5-51 数码管实物图

10）数码管

数码管实物图如图 5-51 所示。

Altium Designer 数码管标识为 Dpy Amber。Altium Designer 中的数码管如图 5-52 所示。Altium Designer 提供的数码管封装属性为 LEDDIP 系列，如图 5-53 所示。

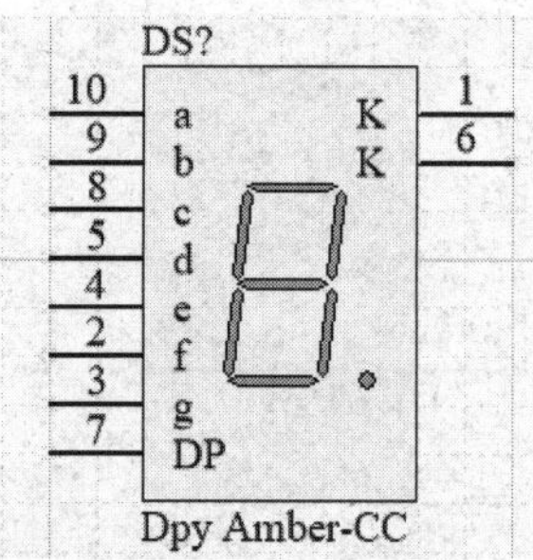

图 5-52 Altium Designer 中的数码管

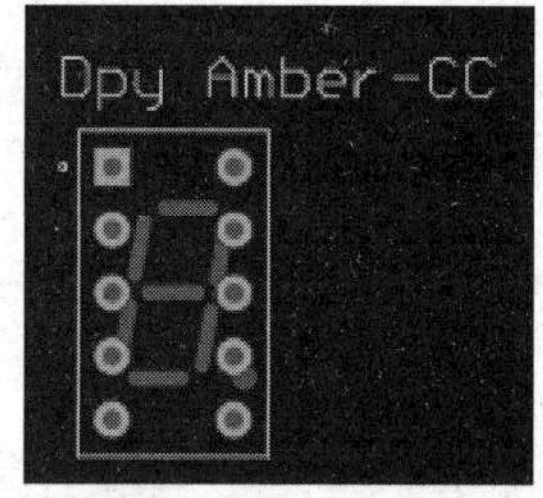

图 5-53 Altium Designer 提供的 LEDDIP 系列数码管封装模型

3．元件引脚间距

不同元件的引脚间距不同。但大多数引脚都是 100mil（2.54mm）的整数倍。在进行 PCB 设计时必须准确测量元件的引脚间距，因为它决定着焊盘孔距。对于非标准元件的引脚间距，用户可使用游标卡尺进行测量。

焊盘孔距是根据元件引脚间距确定的。而元件引脚间距有软尺寸和硬尺寸之分。软尺寸是基于引脚能够弯折的元件的，如电阻、电容、电感等，如图 5-54 所示。

因引脚间距为软尺寸的元件引脚可弯折，故该类元件的焊盘孔距设计比较灵活。硬尺寸是基于引脚不能弯折的元件的，如排阻、三极管、集成电路，如图 5-55 所示。由于引脚不可弯折，因此引脚间距为硬尺寸的元件对焊盘孔距的精确度要求较高。

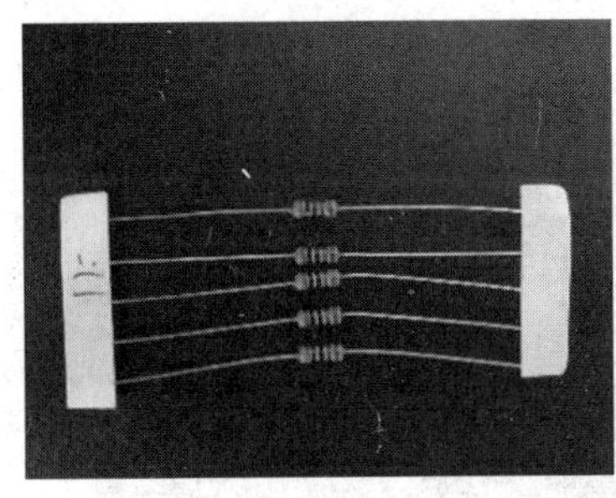
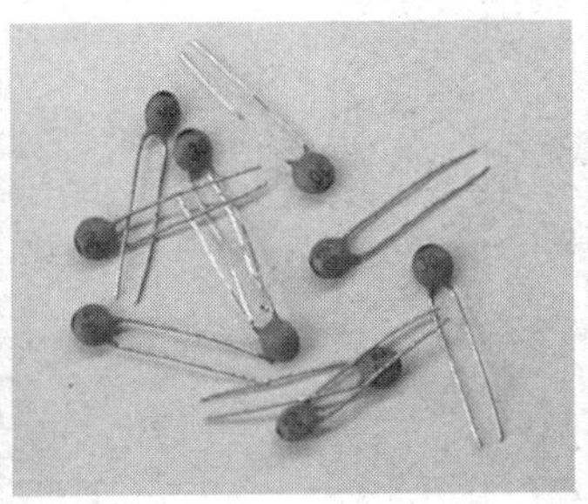
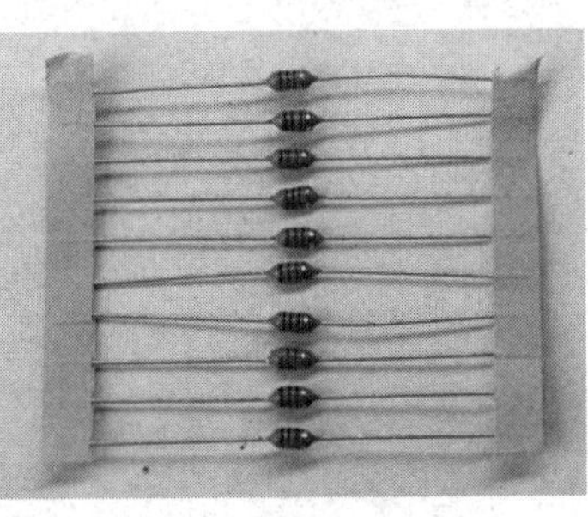

图 5-54　引脚间距为软尺寸的元件

图 5-55　引脚间距为硬尺寸的元件

5.7　PCB 形状及尺寸定义

PCB 尺寸的设置直接影响 PCB 成品的质量。PCB 尺寸大，印制线路必然长，因此阻抗变大，电路的抗噪声能力降低，成本增加；PCB 尺寸小，则 PCB 散热性不好，且印制线路密集，邻近线路易受干扰。因此，PCB 尺寸定义应引起设计者的重视。在电子产品设计中，应当依据产品内部的空间布局、预定位置、形状，以及与其他组件的相互关系来决定 PCB 的几何形状和尺寸参数。

1. 根据安装环境设置 PCB 的形状及尺寸

当设计的 PCB 有具体的安装环境时，用户要根据实际的安装环境设置 PCB 的形状及尺寸。例如，在设计并行下载电路时，要根据并行下载电路 PCB 的安装环境设置其形状及尺寸。并行下载电路的安装插头如图 5-56 所示。并行下载电路 PCB 设计如图 5-57 所示。

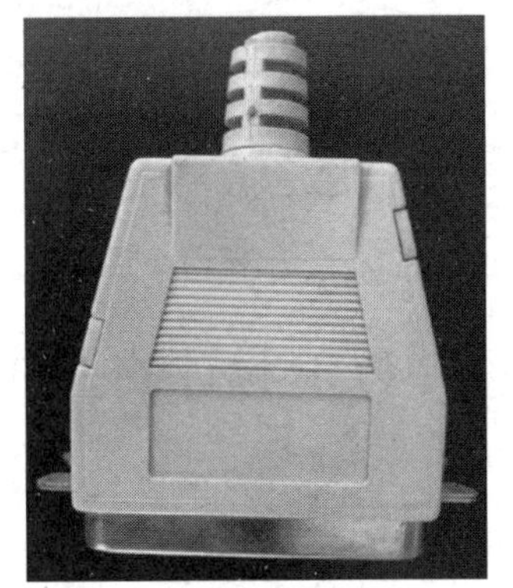

图 5-56　并行下载电路的安装插头

2. 布线后定义 PCB 的形状及尺寸

在对 PCB 的形状及尺寸没有特别要求时，可在完成布线后，再定义板框。布线如图 5-58 所示。电路没有具体的板框形状及尺寸要求，因此用户可先根据电路功能进行布线。

在布线后，用户可以根据布线结果绘制 PCB 边界，如图 5-59 所示。

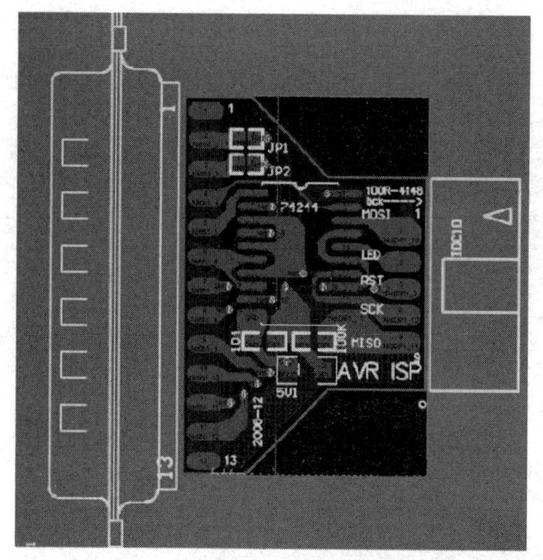

（a）并行下载电路的 PCB

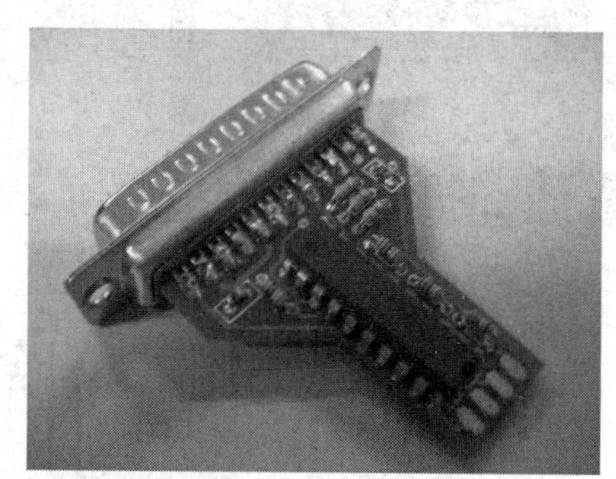

（b）并行下载电路实物板

图 5-57 并行下载电路 PCB 设计

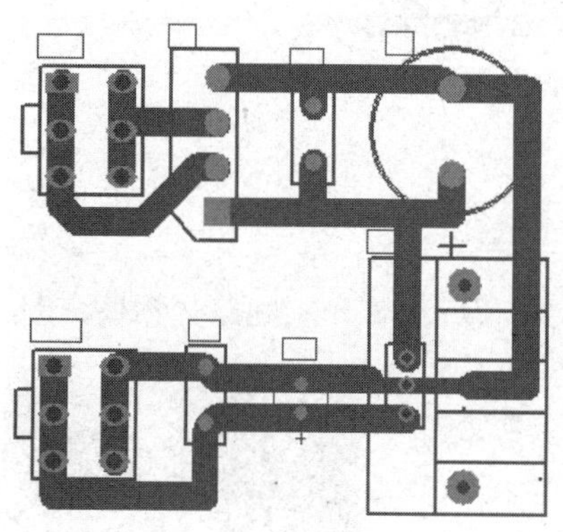

图 5-58 布线

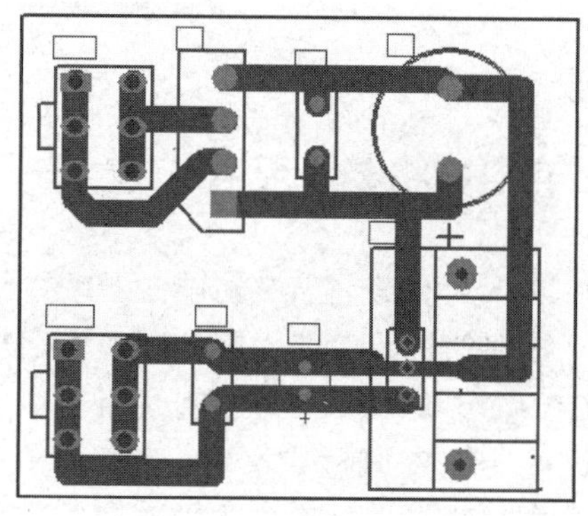

图 5-59 绘制 PCB 边界

5.8 PCB 设计的一般原则

1．PCB 导线

在 PCB 设计中，用户应注意导线的长度、宽度、间距。

1）导线长度

在 PCB 设计中，导线长度应尽量短。

2）导线宽度

导线宽度与电路电流承载值有关。在一般情况下，导线越宽其承载电流的能力越强。因此在进行 PCB 布线时，应尽量加宽电源线、地线的宽度，最好是地线比电源线宽，它们的关系是地线宽度>电源线宽度>信号线宽度。信号线宽度一般为 0.2～0.3mm（8～12mil）。

在实际的 PCB 制作过程中，导线宽度应以能满足电气性能要求且便于生产为宜，它的最小值由承受的电流大小而定，导线宽度和间距可取 0.3mm（12mil）。在大电流情况下，关于导线宽度还要考虑温升问题。

对于 DIP 式集成电路，引脚间往往要通过导线，当 2 个引脚间通过 2 条导线时，焊盘直径可以设为 50mil，导线宽度与导线间距都为 10mil；当 2 个引脚间只通过 1 条导线时，焊盘直径可以设为 64mil，导线宽度与导线间距都为 12mil。

3）导线间距

相邻导线间必须满足电气安全要求，其最小间距至少要能承载直流或交流峰值电压。导线最小间距主要取决于相邻导线的峰值电压差、环境大气压力、PCB 表面的涂覆层。无外涂覆层的导线间距（海拔低于 3048m）如表 5-1 所示。

表 5-1　无外涂覆层的导线间距（海拔低于 3048m）

导线间的直流或交流峰值电压/V	最小间距	最小间距
0～50	0.38mm	15mil
51～150	0.635mm	25mil
151～300	1.27mm	50mil
301～500	2.54mm	100mil
>500	0.005mm/V	0.2mil/V

无外涂覆层的导线间距（海拔高于 3048m）如表 5-2 所示。

表 5-2　无外涂覆层的导线间距（海拔高于 3048m）

导线间的直流或交流峰值电压/V	最小间距	最小间距
0～50	0.635mm	25mil
51～100	1.5mm	59mil
101～170	3.2mm	126mil
171～250	12.7mm	500mil
>250	0.025mm/V	1mil/V

内层和外层均有涂覆层的导线间距（任意海拔）如表 5-3 所示。

表 5-3　内层和外层均有涂覆层的导线间距（任意海拔）

导线间的直流或交流峰值电压/V	最小间距	最小间距
0～9	0.127mm	5mil
10～30	0.25mm	10mil
31～50	0.38mm	15mil
51～150	0.51mm	20mil
151～300	0.78mm	31mil
301～500	1.52mm	60mil
>250	0.003mm/V	0.12mil/V

此外，导线的拐角不得小于 90°。

2. PCB 焊盘

元件通过 PCB 上的导孔进行安装，并采用焊锡进行焊接以确保其在 PCB 上的机械固定。印制导线将焊盘相互连接，以建立元件间的电气连接，导孔及其周围的铜箔称为焊盘。PCB 中的焊盘如图 5-60 所示。

焊盘直径和内孔直径要考虑元件引脚直径、公差尺寸、焊锡层厚度、内孔金属化电镀层厚度等方面。焊盘内孔直径一般不小于 0.6mm（24mil），因为直径小于 0.6mm（24mil）的内孔在开模冲孔时不易加工，通常将金属引脚直径值加 0.2mm（8mil）作为焊盘内孔直径。例如，电容的金属引脚直径为 0.5mm（20mil），其焊盘内孔直径应设置为 0.5mm+0.2mm= 0.7mm（28mil）。焊盘直径与内孔直径间的关系如表 5-4 所示。

表 5-4 焊盘直径与内孔直径间的关系

内孔直径/mm	焊盘直径/mm	内孔直径/mil	焊盘直径/mil
0.4	1.5	16	59
0.5		20	
0.6		24	
0.8	2	31	79
1.0	2.5	39	98
1.2	3.0	47	118
1.6	3.5	63	138
2.0	4	79	157

通常焊盘的外径至少比内孔直径大 1.3mm（51mil）。

当焊盘直径为 1.5mm（59mil）时，为了提高焊盘抗剥强度，可采用长度不小于 1.5mm（59mil）、宽度为 1.5mm（59mil）的椭圆形焊盘，如图 5-61 所示。

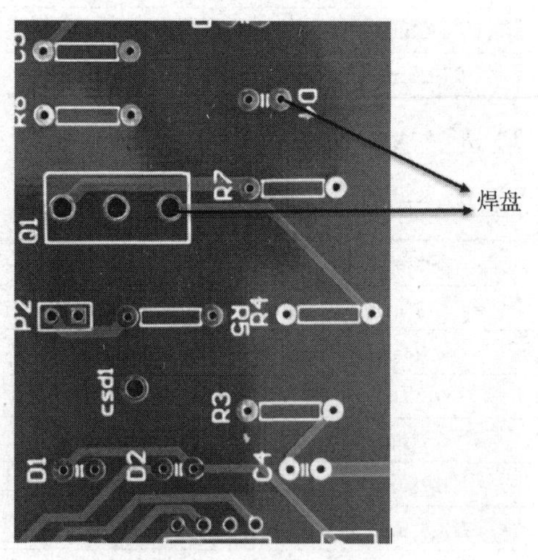

图 5-60 PCB 中的焊盘

图 5-61 椭圆形焊盘

在进行 PCB 设计时，焊盘的内孔边缘距离 PCB 边缘应大于 1mm（39mil），以免加工时焊盘缺损；当与焊盘连接的导线较细时，要将焊盘与导线之间的连接点设计成水滴状，以免导线与焊盘断开；相邻焊盘要避免成锐角等。

此外，在进行 PCB 设计时，用户可以根据电路特点选择不同形状的焊盘。焊盘形状选取原则如表 5-5 所示。

表 5-5　焊盘形状选取原则

焊盘形状	形状描述	用途
	圆形焊盘	被广泛用于元件规则排列的单面板、双面板中
	方形焊盘	用于 PCB 上元件大而少且印制线路简单的电路
	多边形焊盘	用于区别外径接近而内孔直径不同的焊盘，以便加工和装配

3. PCB 抗干扰设计

PCB 抗干扰设计与具体电路有着密切联系，这里仅介绍 PCB 抗干扰设计常用的几项措施。

1）电源线设计

根据 PCB 电流的大小，选择合适的电源线，尽量加大电源线宽度，减小环路电阻。同时，电源线、地线的走向和电流方向应一致，这样做有助于提高抗噪声能力。

2）地线设计

（1）数字地与模拟地分开。若 PCB 上既有逻辑电路又有线性电路，二者应尽量分开。低频电路的地应尽量采用单点并联接地，当实际布线有困难时可部分串联后再并联接地。高频电路宜采用多点串联接地，地线应短而粗，高频元件周围应尽量用栅格状的大面积铜箔。

（2）地线应尽量加粗。若地线用很细的线，则接地点会随电流的变换而变化，从而使 PCB 的抗噪声能力降低。因此地线应尽量加粗，以通过 3 倍的 PCB 上的允许电流。若条件允许，地线宽度应小于 2mm。

（3）地线构成环路。只由数字电路组成的 PCB 的接地电路构成闭环，能提高抗噪声能力。

5.9　PCB 测试

PCB 制作完成之后，用户要测试 PCB 是否能正常工作。测试分为两个阶段：第一阶段是裸板测试，主要目的在于测试未接入元件前 PCB 中相邻铜膜导线间是否存在短路现象；第二阶段的测试是组合板测试，主要目的在于测试接入元件后整个 PCB 的工作情况是否符合设计要求。

PCB 测试是通过测试仪器（如示波器、频率计或万用表等）来完成的。为了使测试仪器的探针便于测试电路，Altium Designer 提供了生成测试点功能。

在一般情况下，合适的焊盘和内孔都可以作为测试点，当电路中没有合适的焊盘和内孔时，用户可以自行设置测试点。测试点可以位于 PCB 的顶层或底层，也可以两面都有。

以下是设置测试点的一些基本原则和要求。

- PCB 上可以设置若干个测试点，这些测试点可以是内孔或焊盘。
- 测试孔设置与再流焊导通孔设置要求相同。
- 探针测试支撑导通孔和测试点。

采用在线测试时，PCB 上要设置若干个探针测试支撑导通孔和测试点，当这些孔或点和焊盘相连时，可以从相关导线的任意处引出，但应注意以下几点。

- 不同直径的探针进行自动在线测试（ATE）时的最小间距可能不同。
- 探针测试导通孔不能选在焊盘的延长部分，与再流焊导通孔设置要求相同。
- 测试点不能选在元件的焊点上。

思考与练习

（1）说说 PCB 的构成和基本功能。

（2）俗称的金手指是什么？

（3）如何对 PCB 进行分类？

（4）什么是元件封装技术？

第6章　PCB 设计基础

PCB 是从电路原理图变成一个具体产品的必经之路。因此，PCB 设计是电路设计中最关键的一步。使用 Altium Designer 进行 PCB 设计的具体流程如图 6-1 所示。

数据库文件已在绘制电路原理图时创建，在这里从创建 PCB 文件开始。其中各流程的作用如下。

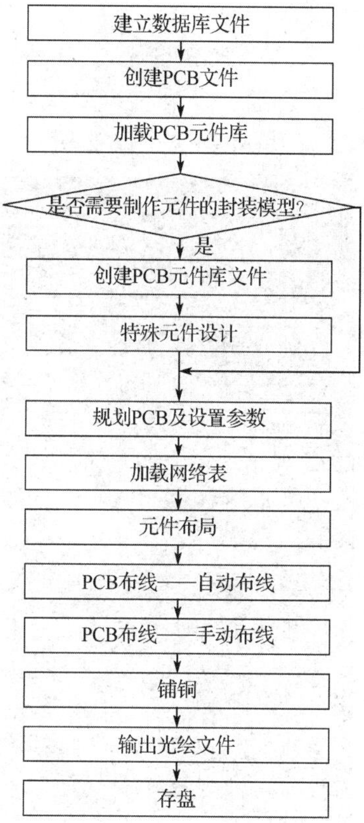

- 创建 PCB 文件：用于调用 PCB 服务器。
- 加载 PCB 元件库：用于在 PCB 中放置对应元件。
- 制作元件的封装模型：用于创建 PCB 库中未包含的元件的封装模型。
- 规划 PCB：用于确定 PCB 的尺寸，确定 PCB 为单层板、双层板或多层板。
- 设置参数：是 PCB 设计中非常重要的步骤，用于设置布线层、地线线宽、电源线线宽、信号线线宽等。
- 加载网络表：用于实现电路原理图与 PCB 的对接。
- 元件布局：当网络表加载到 PCB 文件后，所有元件都会放在工作区的零点，重叠在一起，下一步工作就是把这些元件分开，按照一定规则摆放，即元件布局。元件布局分为自动布局和手动布局，为了使元件布局更合理，多数设计者采用手动布局。
- PCB 布线：分为自动布线和手动布线，其中自动布线采用的是无网络、基于形状的对角线技术，只要设置相关参数，元件布局合理，自动布线的成功率几乎是 100%。在自动布线后，用户常采用 Altium Designer 提供的手动布线功能调整自动布线不合理的地方，以使电路走线趋于合理。
- 铺铜：通常对大面积的地或电源进行铺铜，以起到屏蔽作用；对布线较少的 PCB 板层铺铜，可以保证电镀效果，或者保证压层不变形；此外，铺铜可以为高频数字信号提供一个完整的回流路径，并减少直流网络的布线。
- 输出光绘文件：光绘文件用于驱动光学绘图仪。

图 6-1　使用 Altium Designer 进行 PCB 设计的具体流程

6.1　创建 PCB 文件

在 Altium Designer 中，可以采用两种方法创建 PCB 文件，一种方法是使用系统提供的工程向导；另一种方法是在 Altium Designer 主界面中，执行“文件”→“新的”→“PCB”命令，新建一个 PCB 文件。需要说明的是，这样创建的 PCB 文件的各项参数均为系统的默认值。因此在具体设计时，还需要设计者进行全面设置。

6.2　PCB 设计环境

在进行 PCB 设计之前，应该先熟悉操作环境。

在创建一个新的 PCB 文件或打开一个现有的 PCB 文件后，就进入了 Altium Designer 的 PCB 编辑环境，如图 6-2 所示。

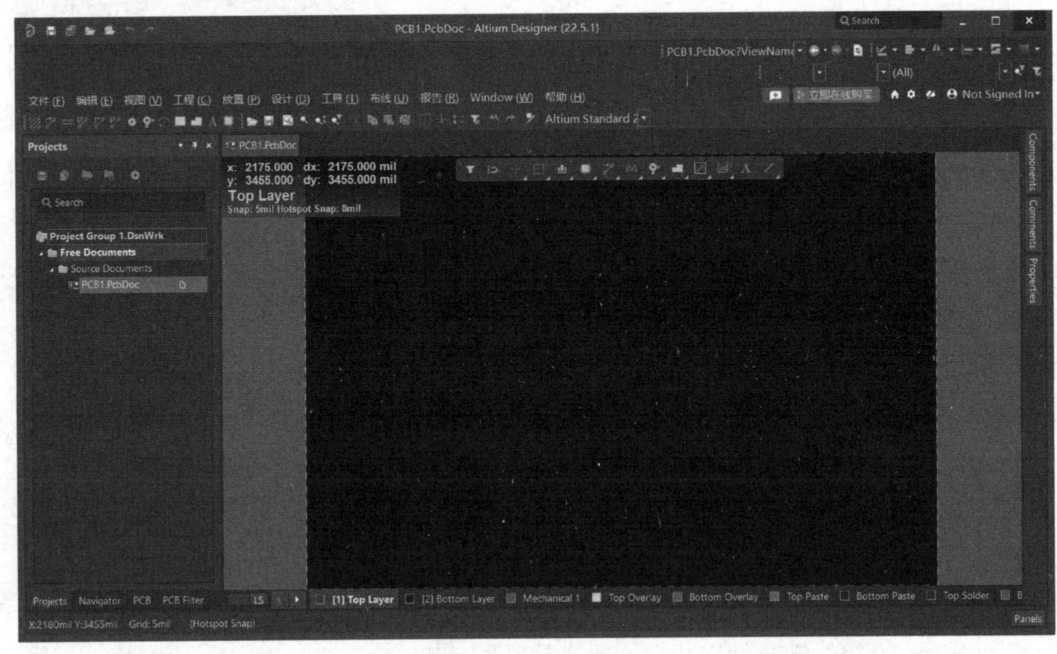

图 6-2　PCB 编辑环境

1．菜单栏

菜单栏显示了供用户选用的菜单操作，与其他界面相似，如图 6-3 所示。在设计过程中，为了完成各种操作，会用到菜单栏中的各种命令。

文件 (F)　编辑 (E)　视图 (V)　工程 (C)　放置 (P)　设计 (D)　工具 (T)　布线 (U)　报告 (R)　Window　帮助 (H)

图 6-3　菜单栏

2．PCB 标准工具栏

PCB 标准工具栏也与其他界面的内容基本一致，如保存、缩放、打印、选择范围等，如图 6-4 所示。

图 6-4　PCB 标准工具栏

3．配线工具栏

配线工具栏不仅提供了 PCB 设计中常用的几种布线操作，如交互式布线连接、交互式差分对连接、使用灵巧布线交互布线连接，还提供了常用的图元放置命令，如焊盘、过孔、元件等，如图 6-5 所示。

图 6-5　配线工具栏

4．过滤工具栏

在过滤工具栏中设置网络、元件标号等过滤参数，满足设置条件的图元将高亮显示在编辑窗口内。过滤工具栏如图 6-6 所示。

图 6-6　过滤工具栏

5．导航工具栏

导航工具栏用于指示当前页面的位置，借助此栏中的“左”按钮、“右”按钮可以实现在 Altium Designer 系统中打开的窗口之间的相互切换。导航工具栏如图 6-7 所示。

图 6-7　导航工具栏

6．PCB 编辑窗口

PCB 编辑窗口是 PCB 设计的工作平台，主要用来进行元件的布局、布线等相关操作。放置工具栏也在 PCB 编辑窗口内。与其他界面中的放置工具栏类似，该放置工具栏也包含一些常用功能，如区域模块选择、布线、放置等。PCB 编辑窗口如图 6-8 所示。

7．板层标签

通过板层标签可以切换 PCB 工作层，当前选中的板层及其颜色显示在双箭头前，如图 6-9 所示。

8．状态栏

状态栏用于显示光标所指位置的坐标值、所指元件的网络位置、所在板层和有关参数，以及 PCB 编辑器当前的工作状态，如图 6-10 所示。

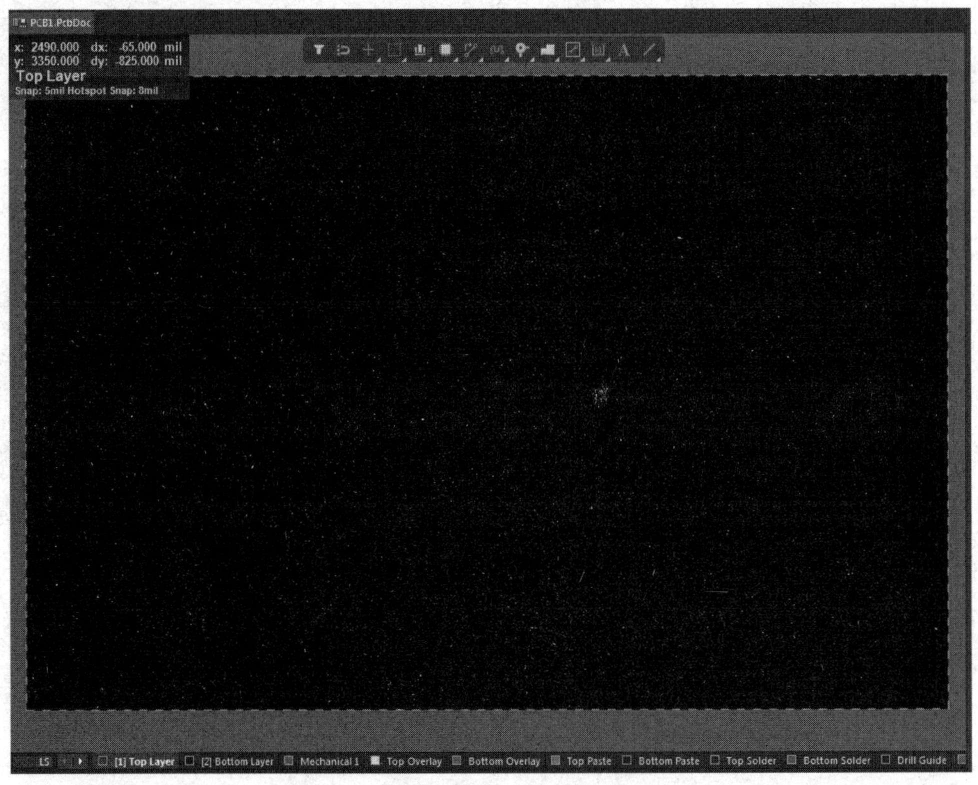

图 6-8　PCB 编辑窗口

图 6-9　板层标签

图 6-10　状态栏

6.3　元件的封装模型在 Altium Designer 中的验证

由于 PCB 设计最终需要到达实物层面，因此必须确保 Altium Designer 中提供的元件的封装模型与元件实物一一对应，接下来验证元件实物与 Altium Designer 中提供的封装模型，以保证最后设计的 PCB 与使用的元件规格匹配，完成设计产品。

1．二极管匹配验证

二极管 1N4001 的元件符号如图 6-11 所示。二极管 1N4001 的实物尺寸如图 6-12 所示。在 Altium Designer 中，二极管 1N4001 采用的是 DO-41 封装模型，如图 6-13 所示。

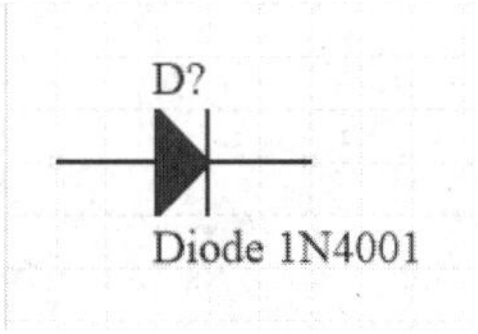

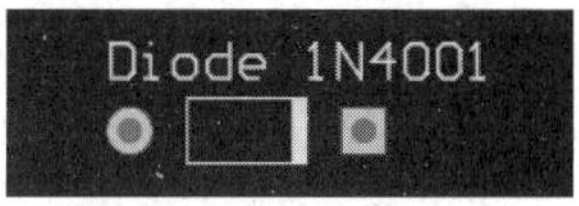

D?

Diode 1N4001

图 6-11　二极管 1N4001 的元件符号

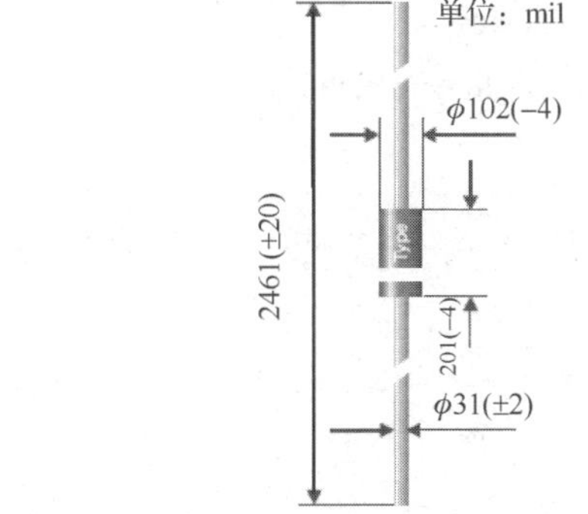

图 6-12　二极管 1N4001 的实物尺寸

图 6-13　DO-41 封装模型

分别双击左、右焊盘，进入对应的“Properties-Pad”面板，如图 6-14 所示。该面板给出了焊盘的各类参数，如焊盘的样板、焊盘的大小等。

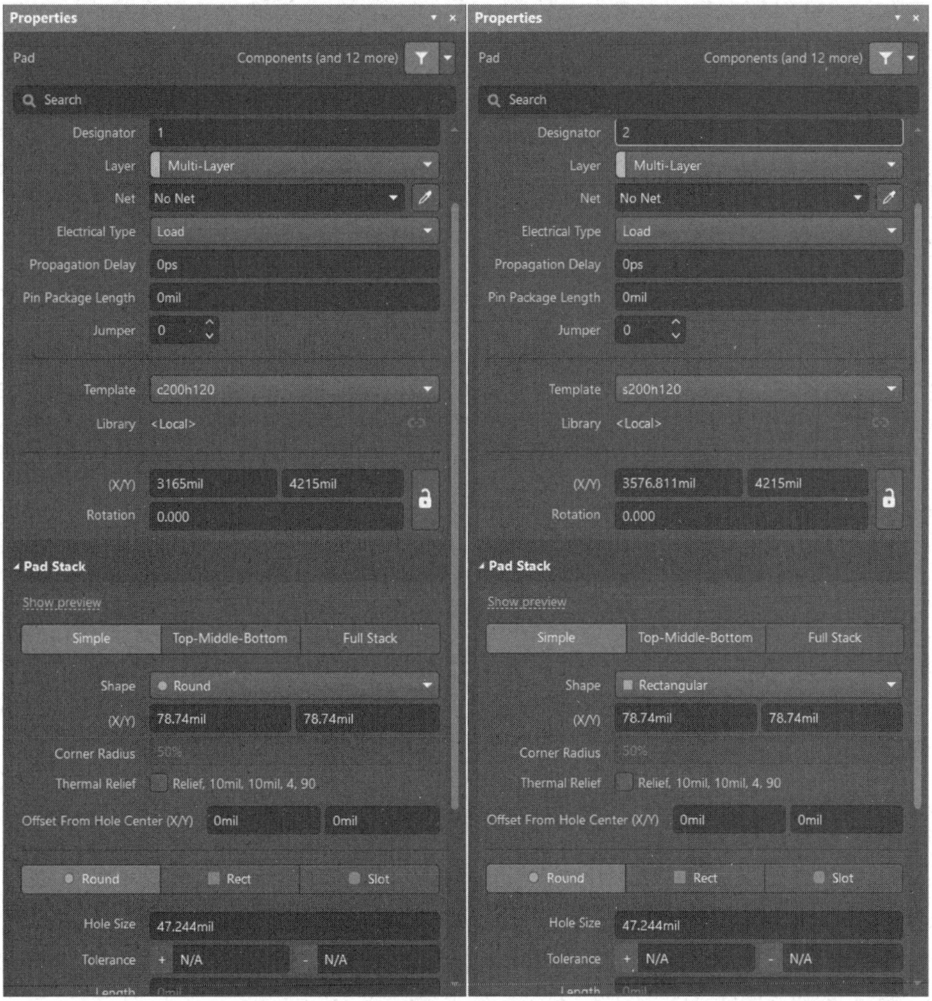

Properties	Pad（左焊盘）	Pad（右焊盘）
Designator	1	2
Layer	Multi-Layer	Multi-Layer
Net	No Net	No Net
Electrical Type	Load	Load
Propagation Delay	0ps	0ps
Pin Package Length	0mil	0mil
Jumper	0	0
Template	c200h120	s200h120
Library	<Local>	<Local>
(X/Y)	3165mil　4215mil	3576.811mil　4215mil
Rotation	0.000	0.000
Pad Stack	Simple / Top-Middle-Bottom / Full Stack	Simple / Top-Middle-Bottom / Full Stack
Shape	Round	Rectangular
(X/Y)	78.74mil　78.74mil	78.74mil　78.74mil
Corner Radius	50%	50%
Thermal Relief	Relief, 10mil, 10mil, 4, 90	Relief, 10mil, 10mil, 4, 90
Offset From Hole Center (X/Y)	0mil　0mil	0mil　0mil
Round / Rect / Slot	Round	Round
Hole Size	47.244mil	47.244mil
Tolerance	+ N/A　- N/A	+ N/A　- N/A
Length	0mil	0mil

图 6-14　焊盘的具体数据

通过计算，两焊盘孔距为 411.811mil，焊盘直径为 78.74mil，孔径为 47.244mil。与二极管的实物尺寸对照，可知 Altium Designer 提供的封装模型与二极管实物尺寸相匹配。

2．运算放大器匹配验证

运算放大器 LF347N 的实物尺寸如图 6-15 所示，图中的数值单位为 in（mm），图中的英文标注含义如下。

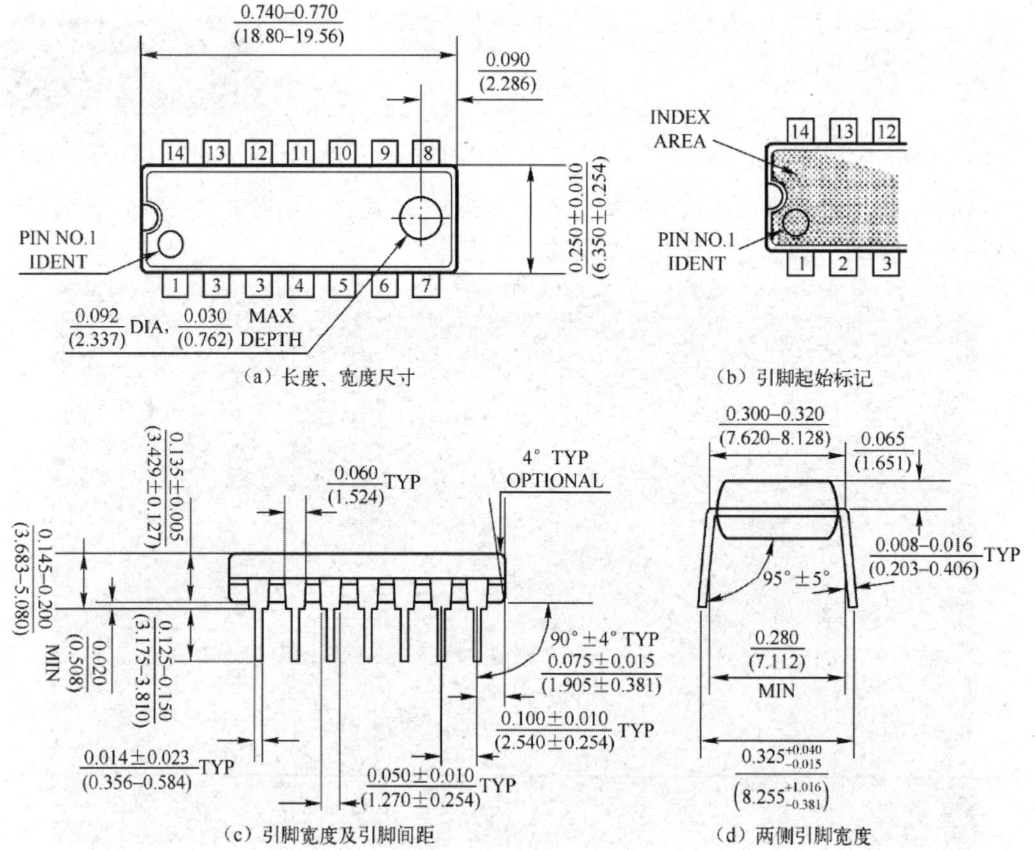

图 6-15　运算放大器 LF347N 的实物尺寸

- INDEX AREA（指示区域）：用于标识元件引脚 1 的位置。通常，引脚 1 会在元件的外观或包装上标有特殊标记或凹槽，以帮助正确安装元件，确保它以正确的方向插入 PCB。
- PIN NO.1 IDENT（引脚编号 1 标识）：表示引脚编号 1，用于指示元件引脚 1 的位置。引脚编号非常重要，因为它决定了元件的方向，确保了连接的正确性。
- DIA（直径）：表示直径（Diameter），通常与圆形元件或特征尺寸相关，用于表示元件的直径或某个特征的直径。
- MAX DEPTH（最大深度）：表示最大深度，通常用于描述孔、凹槽或特定元件特征的最大深度，确保了元件或特征不会深入到不希望的程度。
- OPTIONAL（可选项）：表示某些特性、功能或配置是可选的，不是必需的，用于指示在特定应用中可以根据需要选择是否使用某个特性或配置。

- TYP（典型值）：是“Typical”的缩写，用于表示某个尺寸或参数的典型值或平均值。该值通常是期望的值，但可能会在一定范围内变化。

运算放大器 LF347N 的元件符号如图 6-16 所示。

在 Altium Designer 中，运算放大器 LF347N 的封装模型如图 6-17 所示。

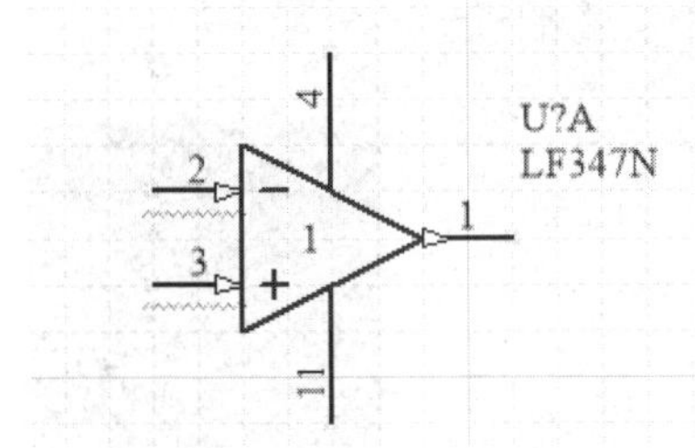

图 6-16　运算放大器 LF347N 的元件符号

图 6-17　运算放大器 LF347N 的封装模型

与二极管匹配验证中的操作类似，分别双击任意 2 个相邻引脚，打开“Properties-Pad”面板，如图 6-18 所示。计算出相邻引脚之间的距离为 100mil，相对引脚之间的距离为 300mil，孔径为 35.433mil。与运算放大器 LF347N 的实物尺寸对照，可知 Altium Designer 提供的封装模型与实物尺寸相匹配。

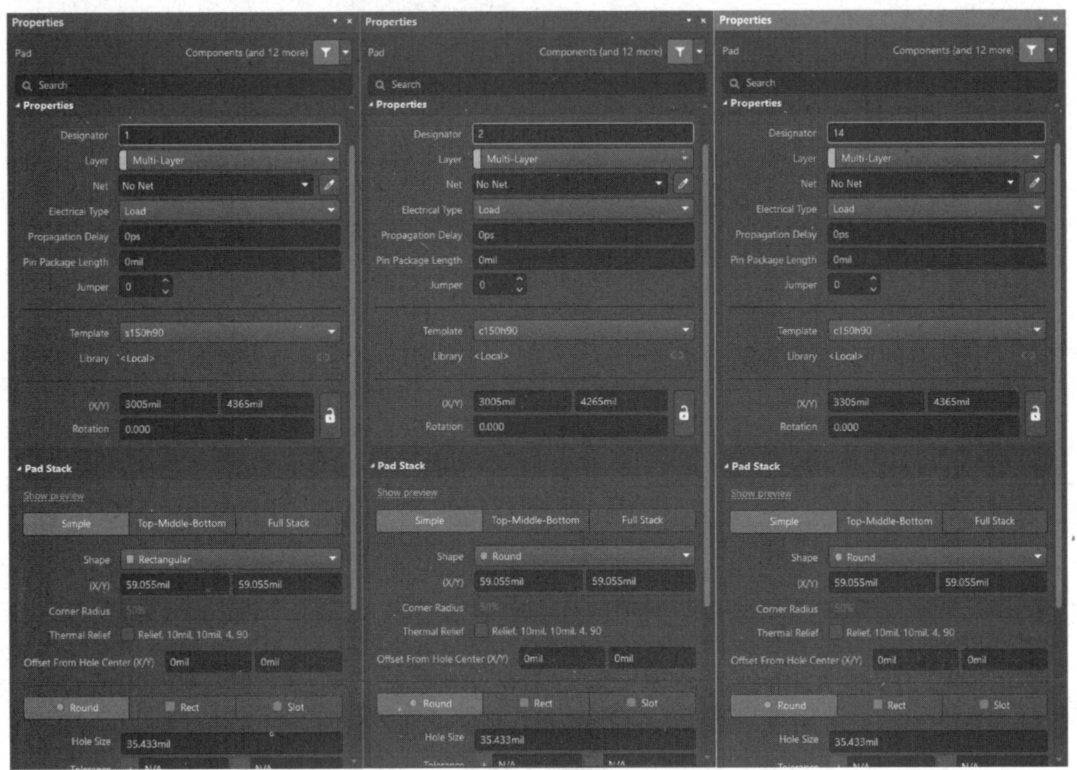

图 6-18　“Properties-Pad”面板

3．电解电容匹配验证

电容量为 1000μF、耐压为 50V 的电容实物图如图 6-19 所示，外径为 13.12mm（约为 517mil），焊盘孔距为 6.08mm（约为 239mil），引脚粗直径为 0.5mm（约为 20mil）。电解电容元件符号如图 6-20 所示。

Altium Designer 给出的 RB7.6-15 的封装模型如图 6-21 所示。分别双击它的 2 个引脚可计算出 2 个引脚间的距离为 300mil（约为 7.62mm），与实物的设计尺寸相符。

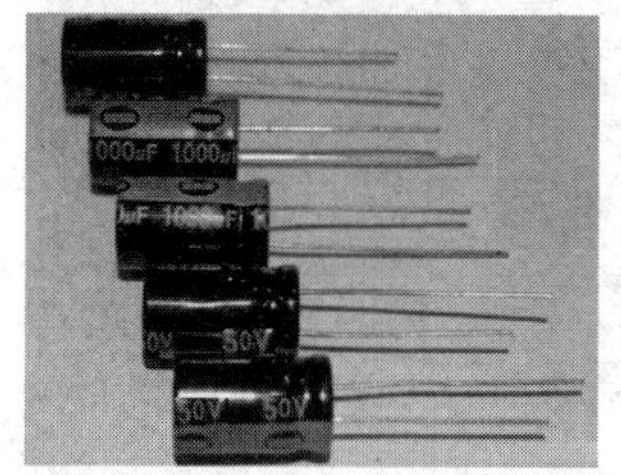

图 6-19　电容量为 1000μF、耐压为 50V 的电容实物图

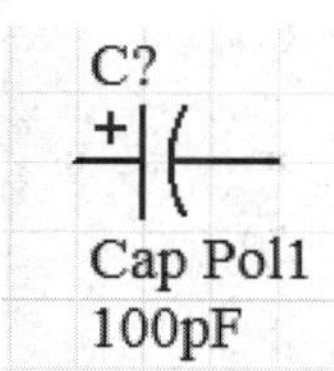

图 6-20　电解电容元件符号

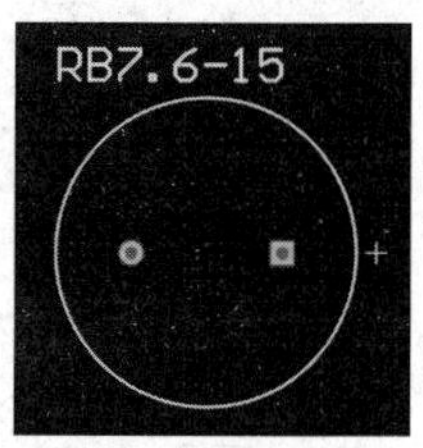

图 6-21　Altium Designer 给出的 RB7.6-15 的封装模型

4．无极性电容匹配验证

电容量为 100pF、耐压为 50V 的无极性电容实物图如图 6-22 所示，其尺寸示意图如图 6-23 所示，实物尺寸如表 6-1 所示。

图 6-22　电容量为 100pF、耐压为 50V 的无极性电容实物图

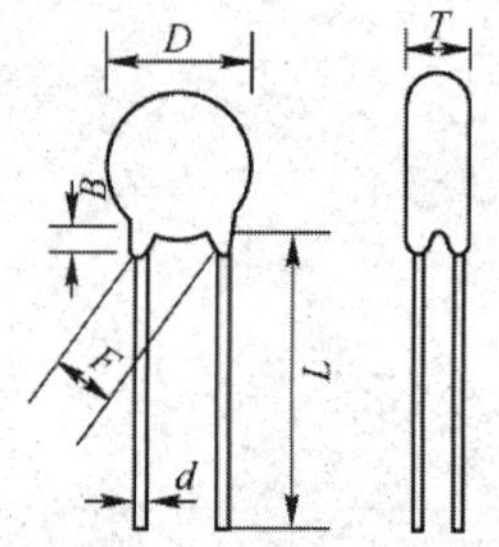

图 6-23　电容量为 100pF、耐压为 50V 的无极性电容的尺寸示意图

表 6-1　电容量为 100pF、耐压为 50V 的无极性电容的实物尺寸

B		*D*		*d*		*F*		*L*		*T*	
mm	mil	mm	mil	mm	mil	mm	mil	mm	mil	mm	mil
2	79	7.16	282	0.5	20	6.88	271	25	984	4.36	172

Altium Designer 给出的无极性电容的封装模型为 RAD-0.3，如图 6-24 所示。分别双击 2 个焊盘，打开对应的“Properties-Pad”面板，查看相关属性，如图 6-25 所示。

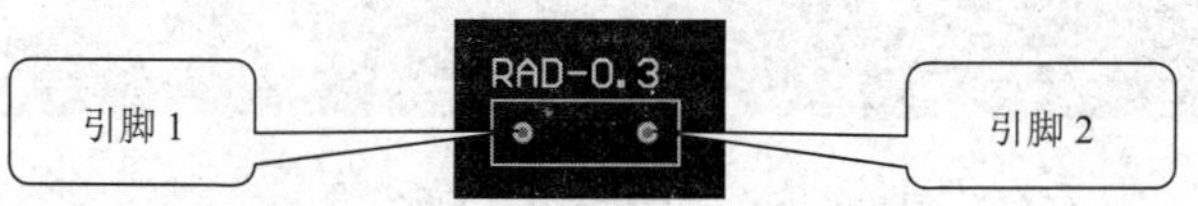

图 6-24　无极性电容的封装模型

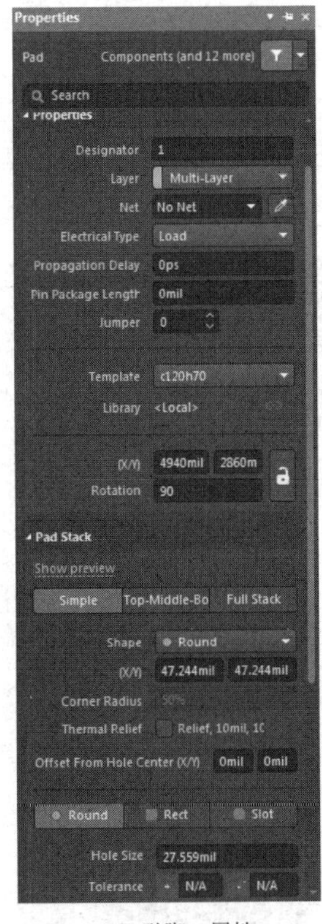

（a）引脚 1 属性

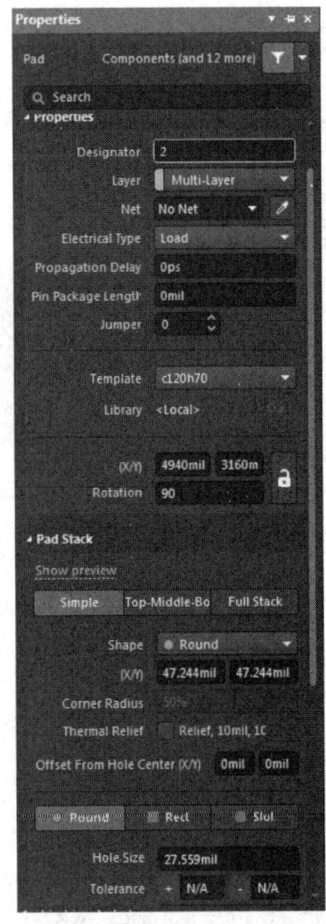

（b）引脚 2 属性

图 6-25　无极性电容引脚属性

通过计算可知，采用 RAD-0.3 封装模型的无极性电容的焊盘孔距为 300mil。与电容的实际物理尺寸比较，由于无极性电容的焊盘孔距为软尺寸，因此 Altium Designer 提供的 RAD-0.3 封装模型可以满足实物设计的尺寸要求。

5. 电阻匹配验证

电阻外形如图 6-26 所示，尺寸示意图如图 6-27 所示，实物尺寸如表 6-2 所示。

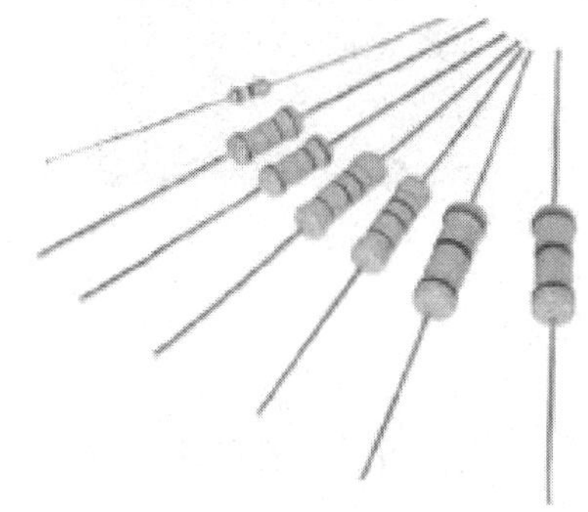

图 6-26　电阻外形

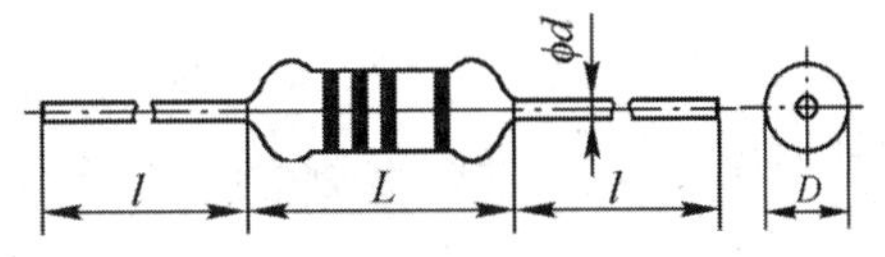

图 6-27　尺寸示意图

表 6-2 电阻的实物尺寸

L		*D*		*d*		*l*	
mm	mil	mm	mil	mm	mil	mm	mil
6.90	272	3.24	128	0.50	20	5.3	209

在 Altium Designer 中，电阻采用的封装模型是 AXIAL-0.4，如图 6-28 所示。

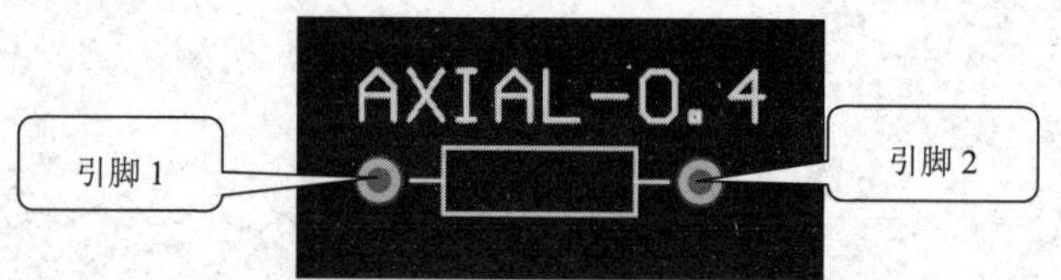

图 6-28 AXIAL-0.4 封装模型

分别双击两个焊盘，可以查看 AXIAL-0.4 封装的引脚属性，如图 6-29 所示。

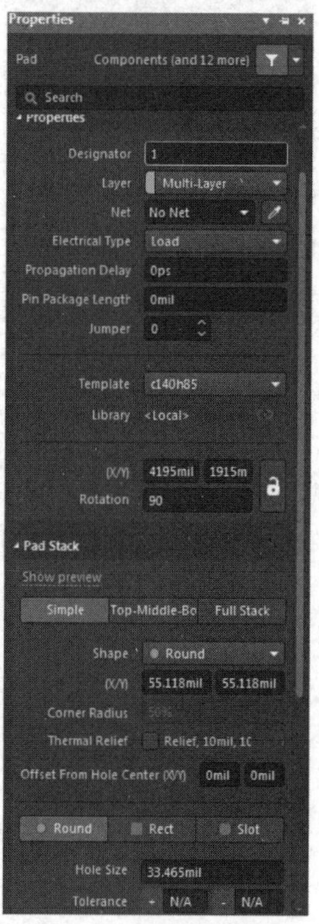

（a）引脚 1 属性

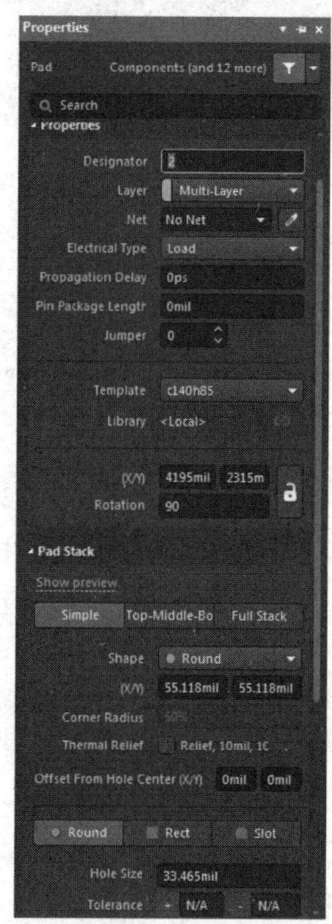

（b）引脚 2 属性

图 6-29 电阻引脚属性

通过计算可知，两个焊盘之间的距离为 400mil，过孔尺寸为 33.465mil，与电阻实际物理尺寸对比可知，Altium Designer 提供的 AXIAL-0.4 封装模型满足实物设计要求。

6．变阻器匹配验证

变阻器实物图如图 6-30 所示。变阻器的实物尺寸如表 6-3 所示。

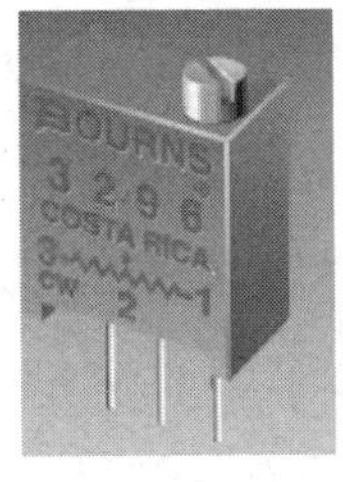

图 6-30　变阻器实物图

表 6-3　变阻器的实物尺寸

长度		宽度		焊盘孔距		引脚与边界的距离	
mm	mil	mm	mil	mm	mil	mm	mil
8.13	320	6.10	240	2.54	100	2.54	100

在 Altium Designer 中，变阻器采用的封装模型是 VR5，如图 6-31 所示。

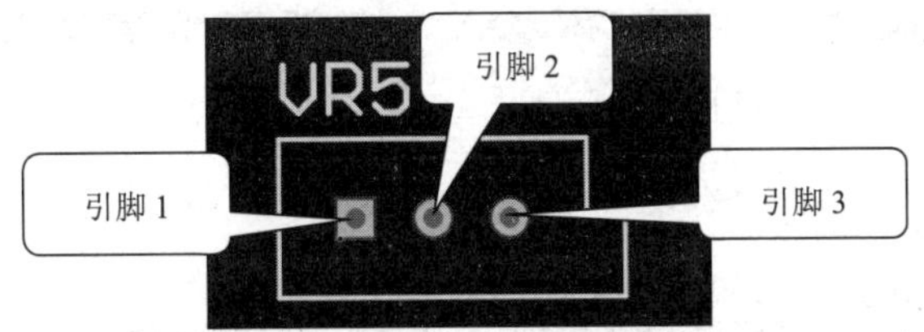

图 6-31　VR5 封装模型

分别双击 2 个焊盘，查看 VR5 封装模型的引脚属性，如图 6-32 所示。

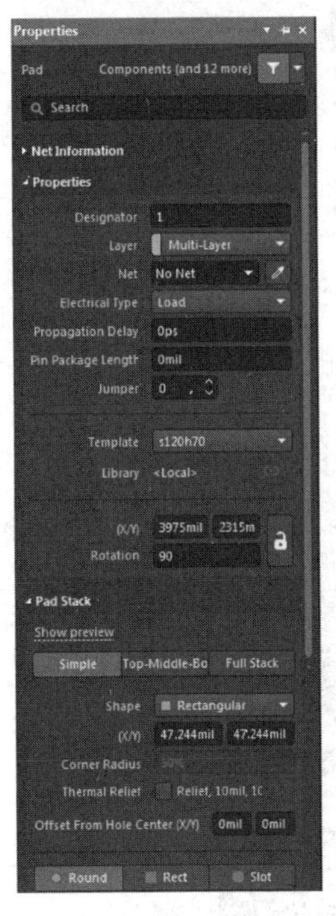

（a）引脚 1 属性

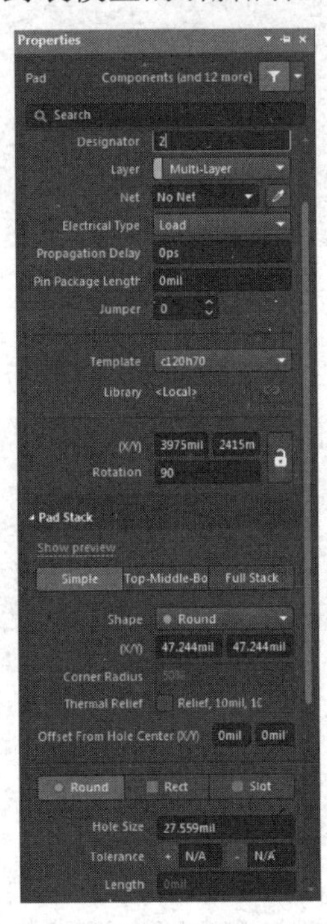

（b）引脚 2 属性

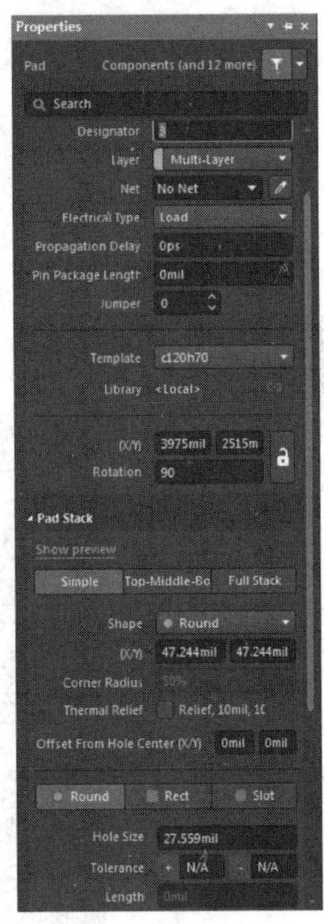

（c）引脚 3 属性

图 6-32　VR5 封装模型的引脚属性

经计算可知，VR5 封装模型相邻 2 个引脚之间的距离为 100mil，与变阻器实际物理尺寸对比可知，满足实物设计要求。

6.4 规划 PCB 及参数设置

对于要设计的电子产品，设计者需要先确定其PCB的尺寸。因此，PCB的规划成为PCB制板中首先需要解决的问题。规划 PCB 就是确定 PCB 的物理边界，并且确定 PCB 的电气边界。下面介绍如何手动规划 PCB。

【例 6-1】手动规划 PCB。

第 1 步：单击 PCB 编辑窗口下方的“Mechanical 1”板层标签，将工作层切换为机械层，如图 6-33 所示。

LS Top Layer Bottom Layer Mechanical 1 Top Overlay Bottom Overlay Top Paste Bottom Paste Top Solder Bottom Solder Drill Guide

图 6-33 将工作层切换为机械层

在 PCB 编辑环境中，执行“设计”→“板子形状”→“定义板切割”命令，如图 6-34 所示。

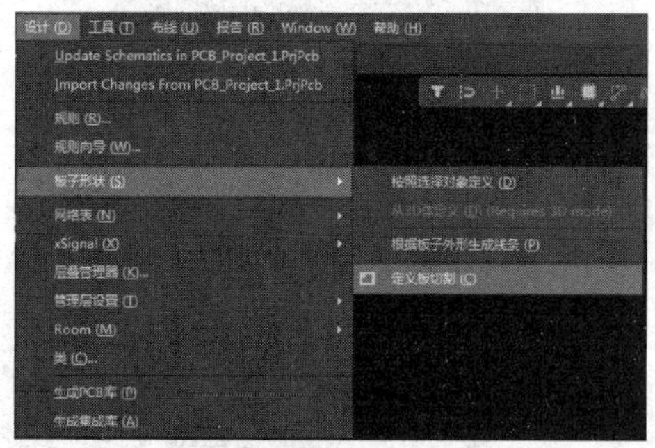

图 6-34 执行“设计”→“板子形状”→“定义板切割”命令

进入规划 PCB 外形界面，用十字形光标框选出一个矩形，如图 6-35 所示。

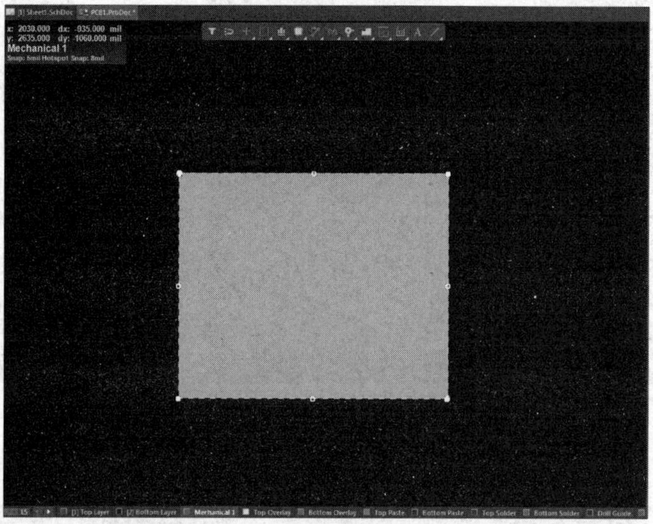

图 6-35 用十字形光标框选出一个矩形

第 2 步：右击，退出规划 PCB 外形界面，按数字键 3，进入 3D 显示状态，如图 6-36 所示，由此可知框选的部分为裁掉部分。

图 6-36　3D 显示状态

第 3 步：按数字键 2，返回 2D 显示状态，单击“Keep-Out Layer”板层标签切换工作层到禁止布线层，执行“设计”→“板子形状”→“根据板子外形生成线条”命令，弹出“从板外形而来的线/弧原始数据”对话框，如图 6-37 所示。

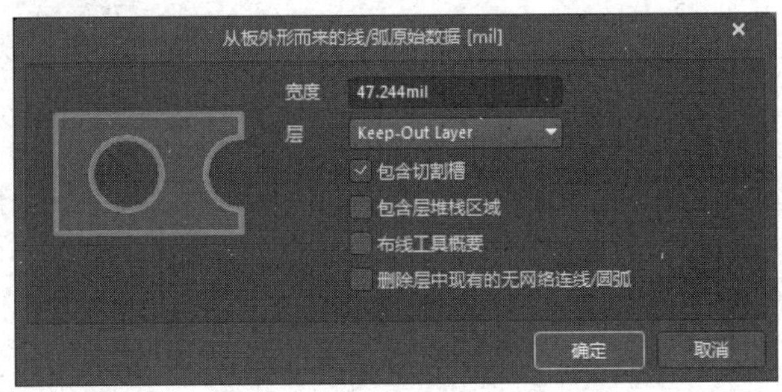

图 6-37　“从板外形而来的线/弧原始数据”对话框

第 4 步：勾选“包含切割槽”复选框，并单击“确定”按钮，绘制 PCB 的电气边界，如图 6-38 所示。

至此第一种规划 PCB 的方法介绍完毕，接下来按照选择对象来规划 PCB。

【例 6-2】按照选择对象规划 CPB。

第 1 步：在 PCB 编辑环境中，执行“放置”→“矩形”命令，绘制 PCB 的物理边界，如图 6-39 所示。

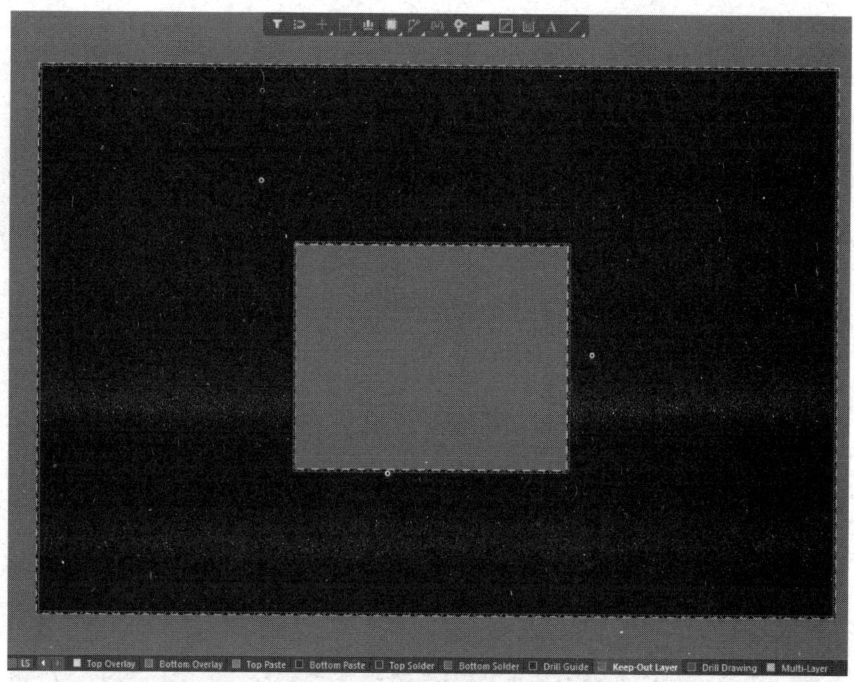

图 6-38　绘制 PCB 的电气边界

图 6-39　绘制 PCB 的物理边界

选中整个矩形框，执行“设计”→“板子形状”→“按照选择对象定义”命令，在矩形框内单击，PCB 就裁剪好了。裁剪好的 PCB 如图 6-40 所示，虚线框外部为裁掉部分。

第 2 步：单击“Keep-Out Layer”板层标签，切换工作层到禁止布线层，如图 6-41 所示。

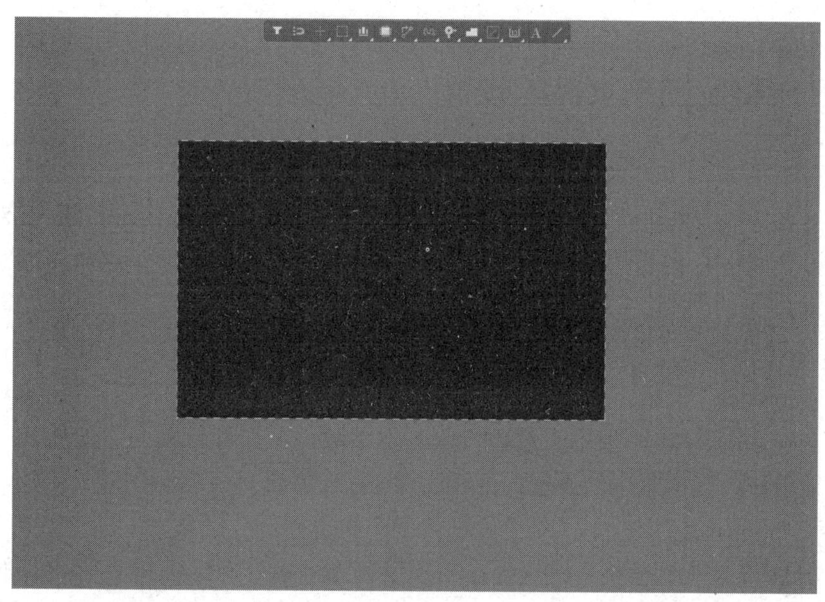

图 6-40　裁剪好的 PCB

LS　Top Overlay　Bottom Overlay　Top Paste　Bottom Paste　Top Solder　Bottom Solder　Drill Guide　Keep-Out Layer　Drill Drawing　Multi-Layer

图 6-41　切换工作层到禁止布线层

第 3 步：再次执行“放置”→“矩形”命令，绘制 PCB 的电气边界，如图 6-42 所示。至此，就完成了按照选择对象来规划 PCB。

图 6-42　绘制 PCB 的电气边界

6.5 PCB 网格及图纸页面的设置

网格就是PCB编辑窗口内显示的格子。设计工作人员借助网格可以更准确地对元件进行定位，以及对布线的方向进行设置。网格设置主要通过“Properties-Board”面板来完成。

恰当地设置网格有利于更加便捷、舒适地进行PCB设计，下面介绍常规的设置内容与常用的参数设置。

在 PCB 编辑环境中，按 K 键，或者单击右下角的“Panels”按钮，选择“Properties”选项，打开“Properties”面板，单击PCB，PCB编辑窗口中的PCB切换至“Properties-Board”面板，如图 6-43 所示。该面板用于设置一些基本参数，其作用范围是当前的 PCB 文件，主要由 6 个区域组成，其中常用的设置如下所述。

- “Snap Options”区域：本区域提供了若干个复选框，分别如下。
  - “Girds”（捕捉到栅格）复选框：用于设置光标是否能捕获 PCB 上定义的网格。
  - “Guides”（捕捉到向导）复选框：用于设置光标是否能捕获手动放置的线性参考线。
  - “Axes”复选框：用于设置光标是否能捕获动态对齐向导线，动态对齐向导线是通过接近所放置对象的热点生成的。当在工作区域移动对象时，系统会在光标附近自动产生参考线，这个参考线是基于已放置的对象的捕获点的。光标可以根据捕获点的位置实现对象在水平方向或垂直方向的对齐。
  - “Objects for snapping”（用于捕捉对象）复选框：用于捕捉轨迹、圆弧顶点、圆弧、圆弧对应的圆心等。捕获范围可以在“Snap Distance”文本框中设置，如图 6-43 中为系统默认的范围值“8mil”。
- “Board Information”（图纸信息）区域：给出了图纸的大小（Board Size）及打开的文件网络等信息。单击该区域中的蓝色带下画线数字，即可弹出相关窗口。
- “Grid Manager”（网格管理）区域：如图 6-44 所示，单击“Add”下拉按钮，可以添加笛卡儿网格（Cartesian Grid）和极坐标网格（Polar Grid），同时可以对两种网格的属性进行设置。

选择“Add”下拉列表中的“Add Cartesian Grid”选项，进入“Cartesian Grid Editor”对话框，如图 6-45 所示。“步进值”区域用于设置在 PCB 视图中的“步进 X”值和“步进 Y”值；“显示”区域提供了直线式（Line）、点阵式（Dots）和不画（Do Not Draw）三种栅格类型，在该区域可以自定义栅格颜色及倍增值。

设置好后，单击“适用”按钮后单击“确定”按钮，退出“Cartesian Grid Editor”对话框。

- “Guide Manager”（向导管理）区域：用于添加各种类型的捕获参考线和捕获参考点，如图 6-46 所示。

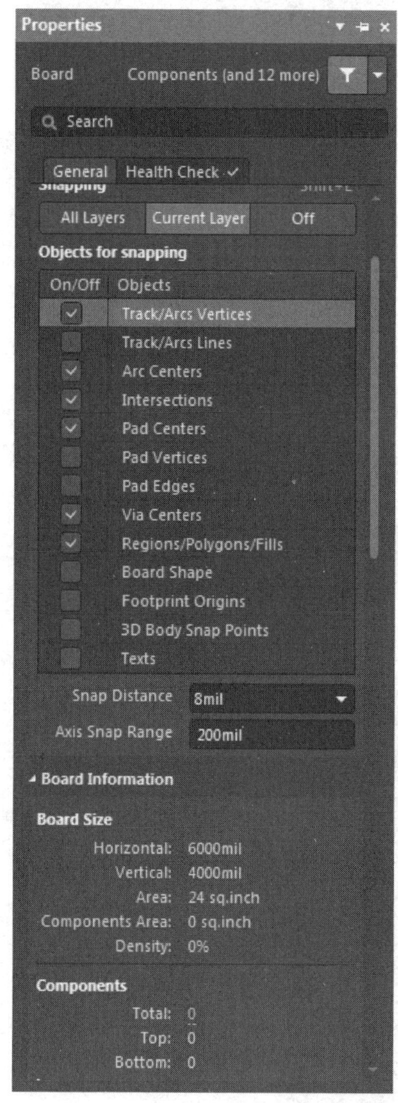

图 6-43　“Properties-Board”面板

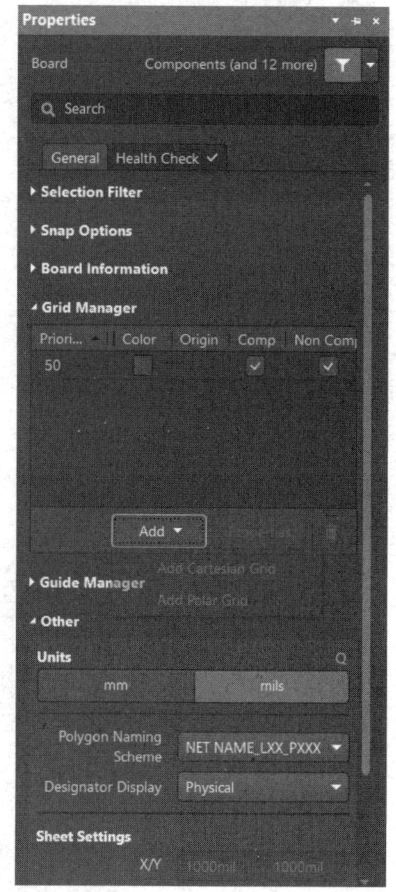

图 6-44　“Grid Manager”区域

- “Units”（度量单位）区域：这部分内容在“Other”下拉列表中，用于设置 PCB 设计中使用的度量单位，有公制单位“mm”和英制单位“mils”两个选项。常用的封装模型多选用英制单位。例如，DIP 式元件，其引脚间距是 100mil，宽度为 300mil 或 600mil，非表面贴装式元件的引脚间距大都是 100mil 的整数倍。为了布局、布线方便，常使用英制单位作为度量单位。在该区域内还有“Polygon Naming Scheme”（多边形的命名方式）、“Designator Display”（标识显示）等选项可以进行设置。其中，“Designator Display”（标识显示）选项用于设定元件标识的显示方式，有显示物理标识（Physical）和显示逻辑标识（Logical）两种显示方式。

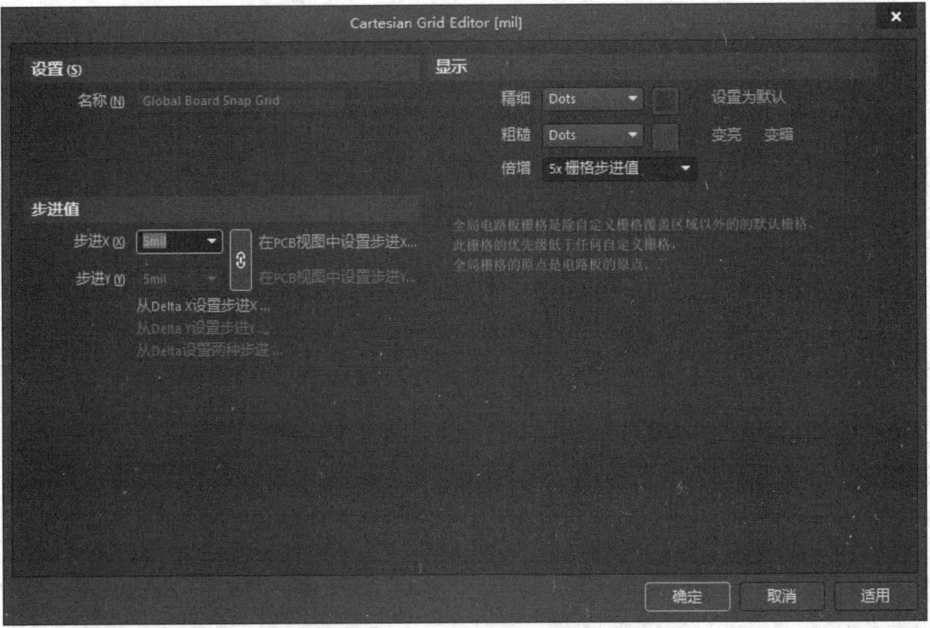

图 6-45　“Cartesian Grid Editor”对话框

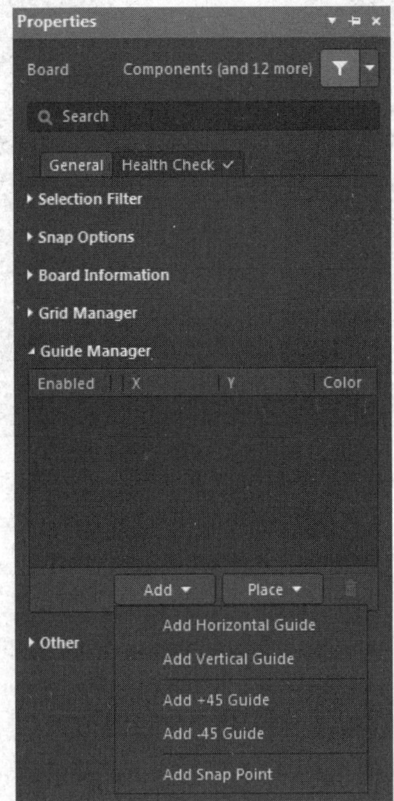

图 6-46　“Guide Manager”区域

6.6　PCB 工作层的颜色及显示的设置

为了便于区分，PCB 编辑窗口内显示的不同板层应该选用不同的颜色，设计者可以通过 PCB 的“View Configuration”窗格，根据自己的设计习惯，用自己熟悉的方式区分板层，以提高工作效率。通过“View Configuration”窗格还可以设定相应板层是否在 PCB 编辑窗口中显示。

在 PCB 编辑环境中，按 O 键后在菜单中执行“板层及颜色（视图选项）”命令，或者使用组合键 Ctrl+D，打开“View Configuration”窗格，如图 6-47 所示。该窗格主要分为两部分：工作层颜色设置和系统颜色设置。

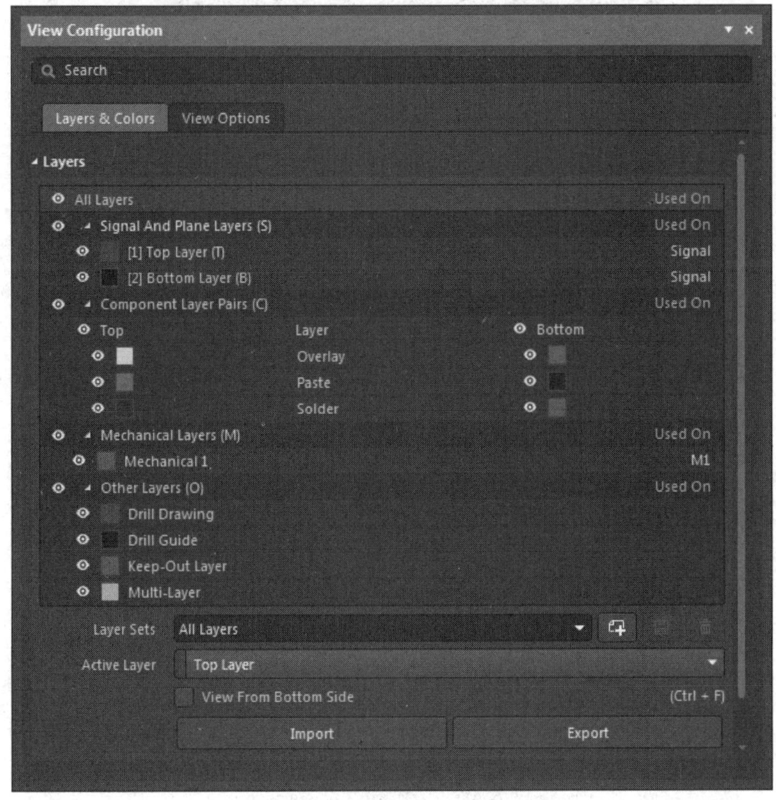

图 6-47　“View Configuration”窗格

1．工作层颜色设置

PCB 的工作层是按照信号层、内平面层、机械层、掩模层、其他层和丝印层 6 个区域分类设置的。各个区域中，每个工作层的后面都有一个颜色选择块和一个复选框，勾选该复选框，相应的工作层标签就会显示在 PCB 编辑窗口中。

2．系统颜色设置

有若干个系统颜色设置选项，如图 6-48 所示，其中常用的几个选项如下。

- “Connection Lines”选项：用于设置连线颜色。
- “Selection/Highlight”选项：用于设置被选中图元的或高亮显示内容的颜色。
- “Pad Holes”选项：用于设置焊盘孔的颜色。
- “Via Holes”选项：用于设置过孔的颜色。
- “DRC Error/Waived DRC Error Markers”选项：用于设置违反 DRC 设计规则的错误信息的颜色，或者放置的违反 DRC 设计规则的错误信息的颜色。
- “Board Line/Area”选项：用于设置 PCB 边界线/区域的颜色。
- “Workspace in 2D (3D) Mode Start/End”选项：用于设置 PCB 编辑窗口起始端和终止端的颜色。

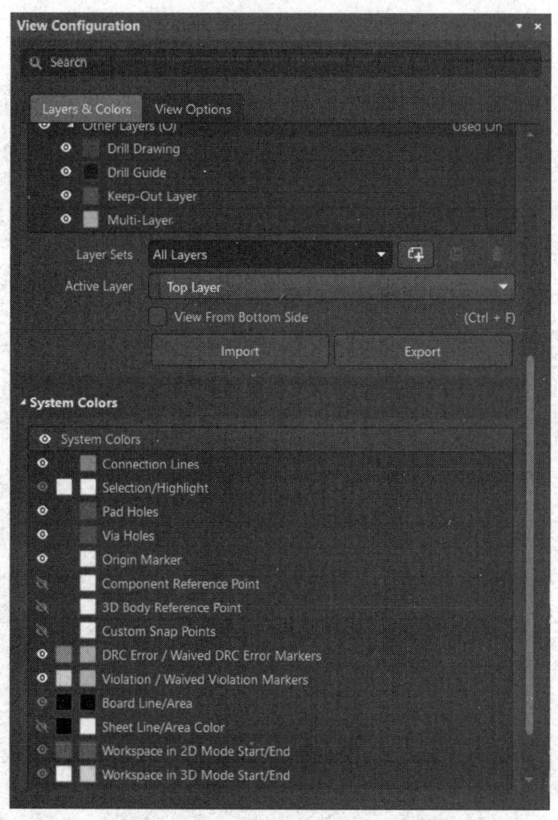

图 6-48　系统颜色设置选项

6.7　PCB 系统环境参数的设置

系统环境参数的设置是 PCB 设计过程中非常重要的操作，用户根据个人设计习惯，设置合理的环境参数，可以大幅提高设计效率。

那么，如何对 PCB 编辑环境进行参数设置呢？

在 PCB 编辑环境中，执行“工具”→“优先选项”命令，如图 6-49 所示，或者在 PCB 编辑窗口内右击，在弹出的快捷菜单中执行“优先选项”命令，打开 PCB 编辑器的“优选项”对话框，如图 6-50 所示。

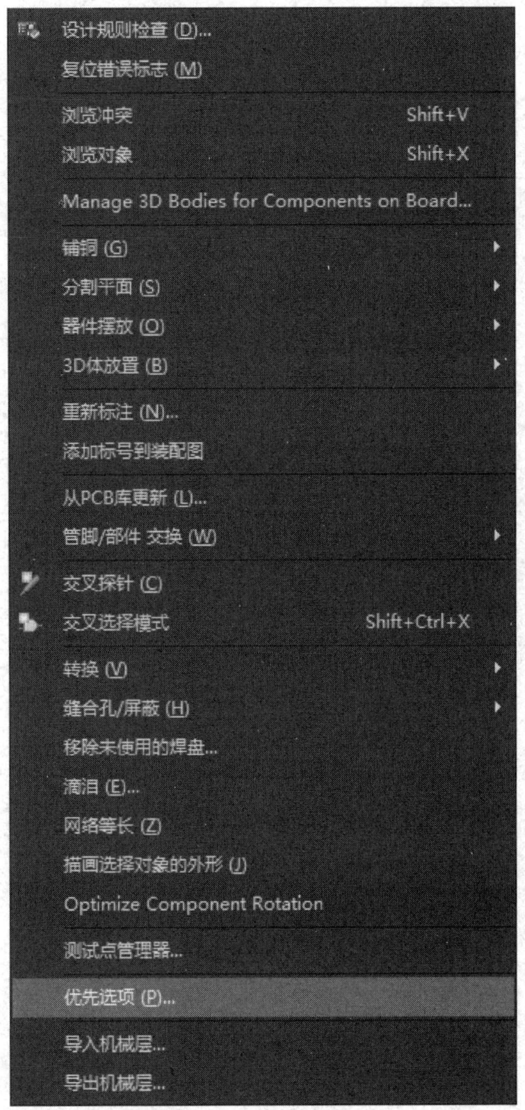

图 6-49　执行“优先选项”命令

“优选项”对话框中有以下标签页供设计者进行设置。

- “PCB Editor-General”标签页：用于设置 PCB 设计中的各类操作模式，如在线 DRC、智能元件捕捉、移除复制品、双击运行交互式属性等，如图 6-50 所示。
- “PCB Editor-Display”标签页：用于设置 PCB 编辑窗口内的显示模式，如显示选项、高亮选项和层绘制顺序等，如图 6-51 所示。
- “PCB Editor-Board Insight Display”标签页：用于设置 PCB 文件在编辑窗口内的显示方式，包括焊盘与过孔显示选项、可用的单层模式、实时高亮、显示对象已锁定的结构，如图 6-52 所示。

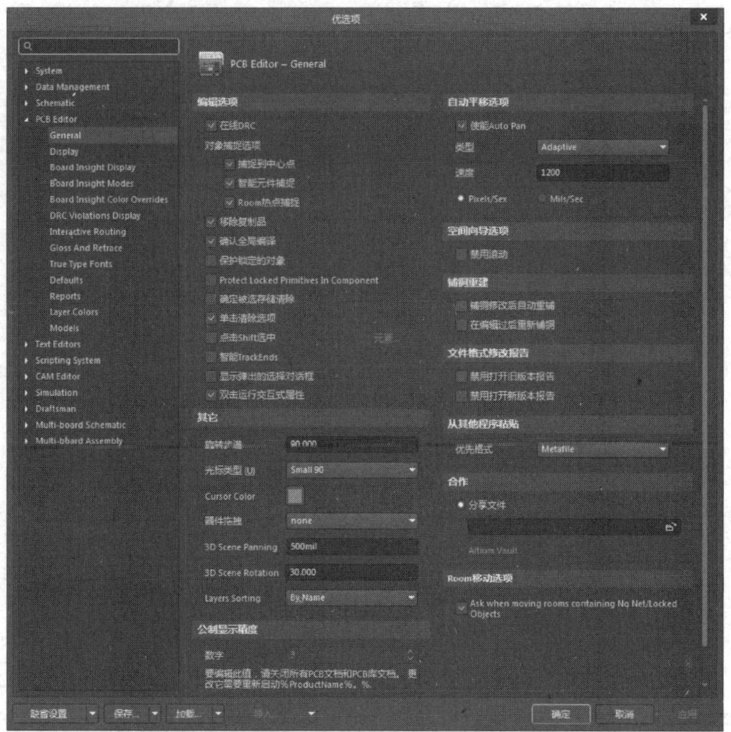

图 6-50　“优选项”对话框

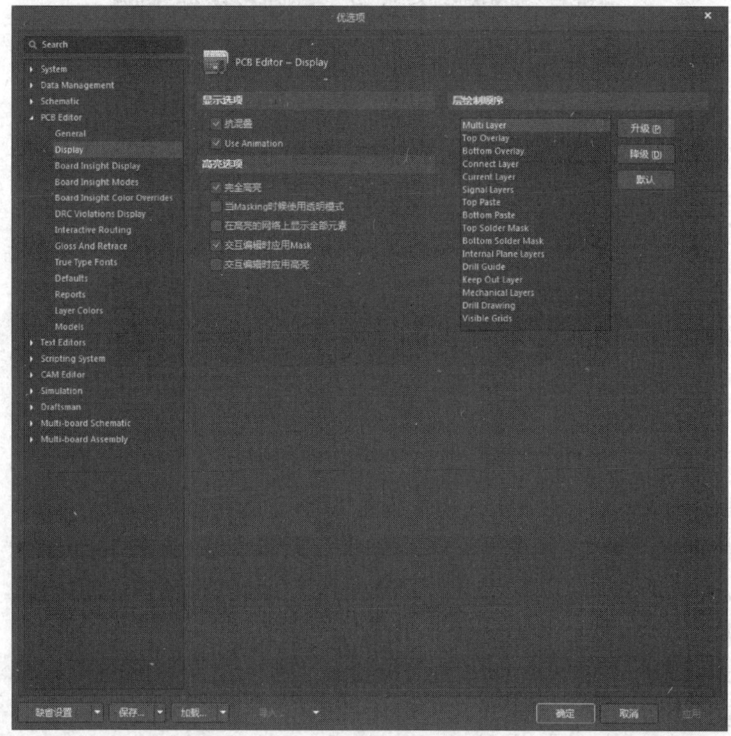

图 6-51　“PCB Editor-Display”标签页

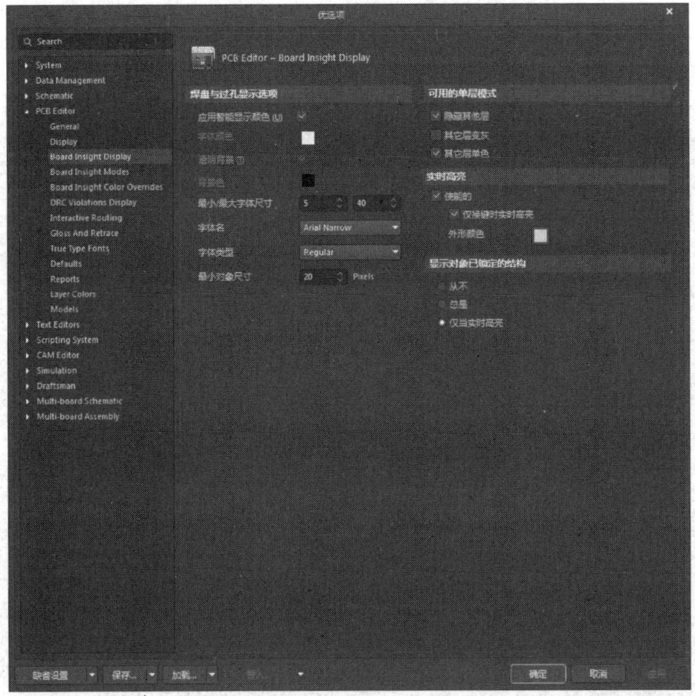

图 6-52　“PCB Editor-Board Insight Display”标签页

- “PCB Editor-Board Insight Modes”标签页：用于设置系统的显示模式，如图 6-53 所示。

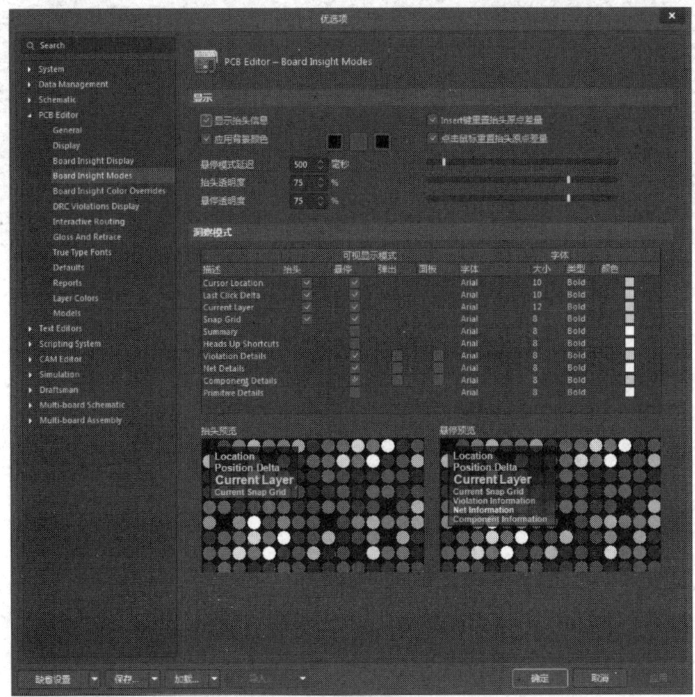

图 6-53　“PCB Editor-Board Insight Modes”标签页

- “PCB Editor-Board Insight Color Overrides”标签页：用于设置系统的覆盖色模式，如图 6-54 所示。

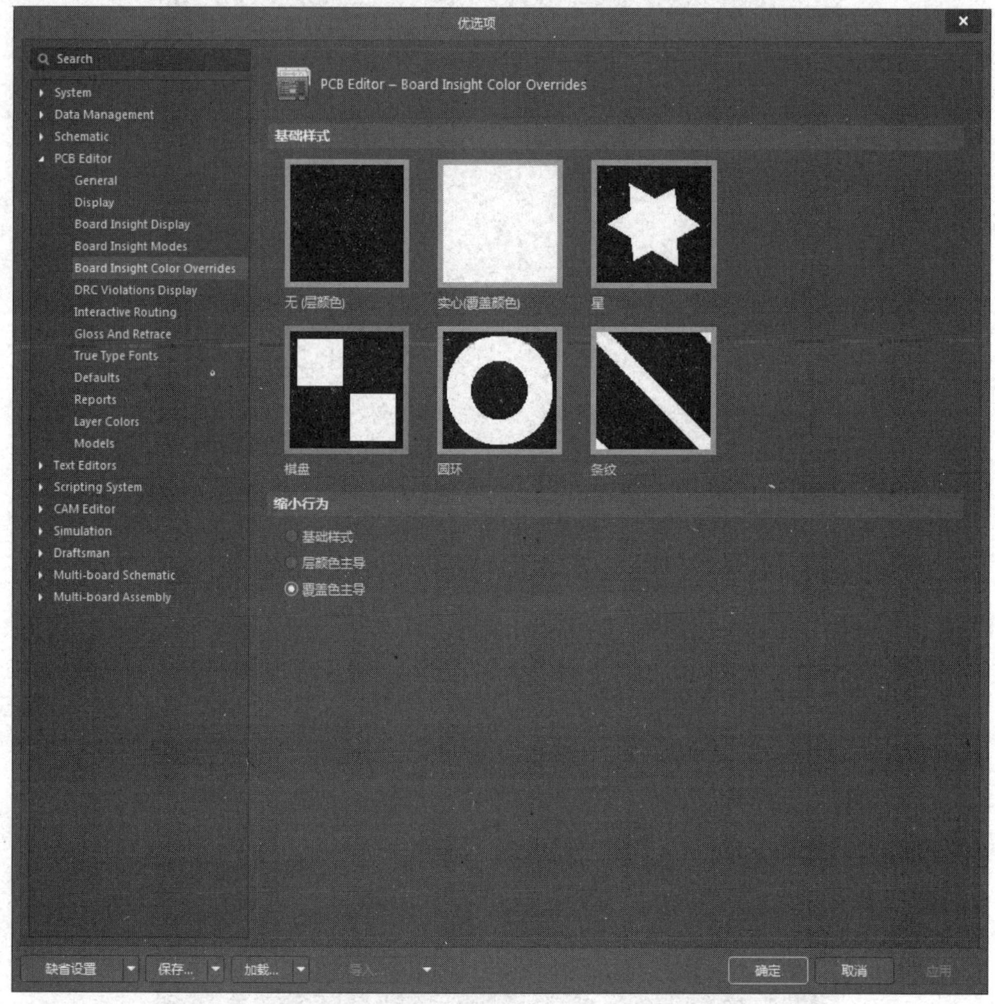

图 6-54 “PCB Editor-Board Insight Color Overrides”标签页

- “PCB Editor-DRC Violations Display”标签页：用于设置 DRC 冲突显示模式，如图 6-55 所示。
- “PCB Editor-Interactive Routing”标签页：用于设置交互式布线操作的模式，包括布线冲突方案、交互式布线选项、通用等设置，如图 6-56 所示。
- “PCB Editor-Gloss And Retrace”标签页：该标签页是 Altium Designer 22 新增加的，是为了帮助用户更好地控制线路优化处理的过程而引入的，用于配置“Routing”（布线）→“Gloss Selected”（优化选中走线）命令选项和“Routing”（布线）→“Retrace Selected”（返回所选项）命令选项。该标签页可用于对 PCB 设计中的导线进行美化处理并优化布线，以提高设计的质量和效率，减少手动调整布线花费的时间，同时确保设计符合制造和性能的要求，如图 6-57 所示。

图 6-55　“PCB Editor-DRC Violations Display”标签页

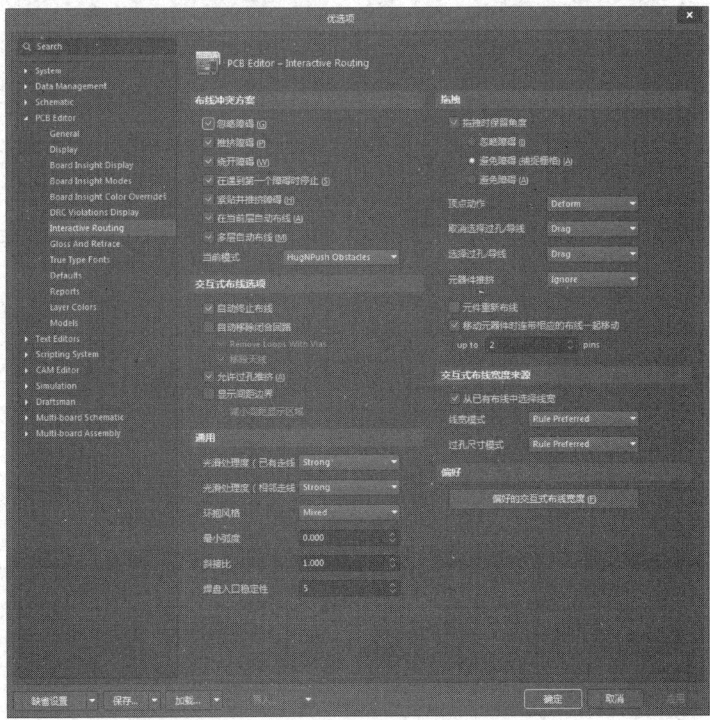

图 6-56　“PCB Editor-Interactive Routing”标签页

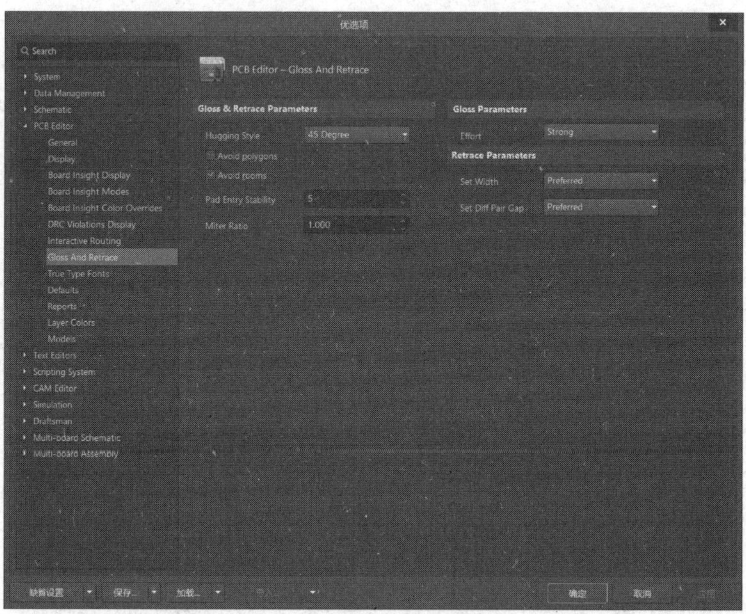

图 6-57　“PCB Editor-Gloss And Retrace”标签页

- “PCB Editor-True Type Fonts”标签页：用于设置 PCB 设计中使用的 True Type 字体，如图 6-58 所示。

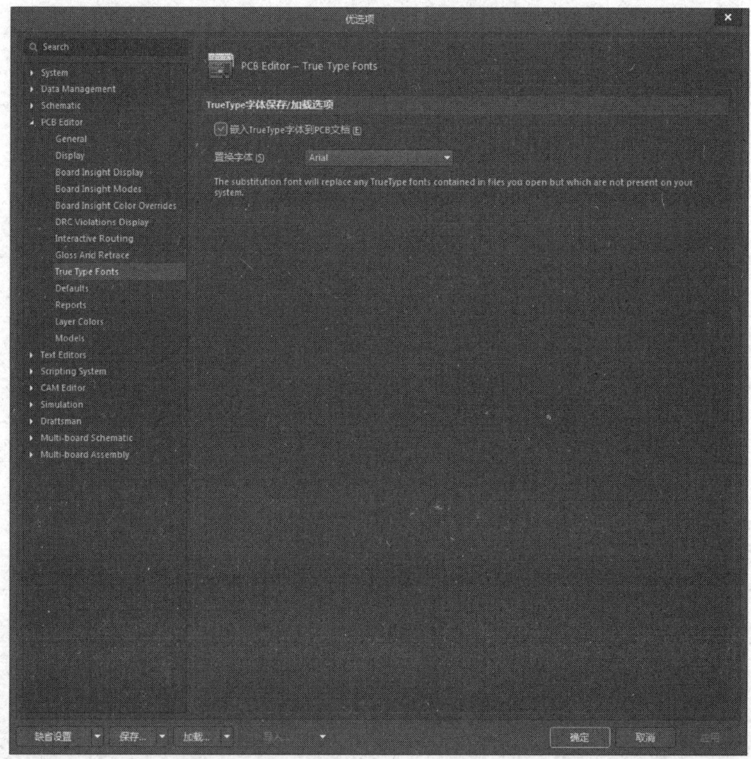

图 6-58　“PCB Editor-True Type Fonts”标签页

- “PCB Editor-Defaults”标签页：用于设置各种类型图元的系统默认值，在该标签页中可以对 PCB 图中的各项图元的值进行设置，也可以将设置后的图元值恢复到系统默认状态，如图 6-59 所示。

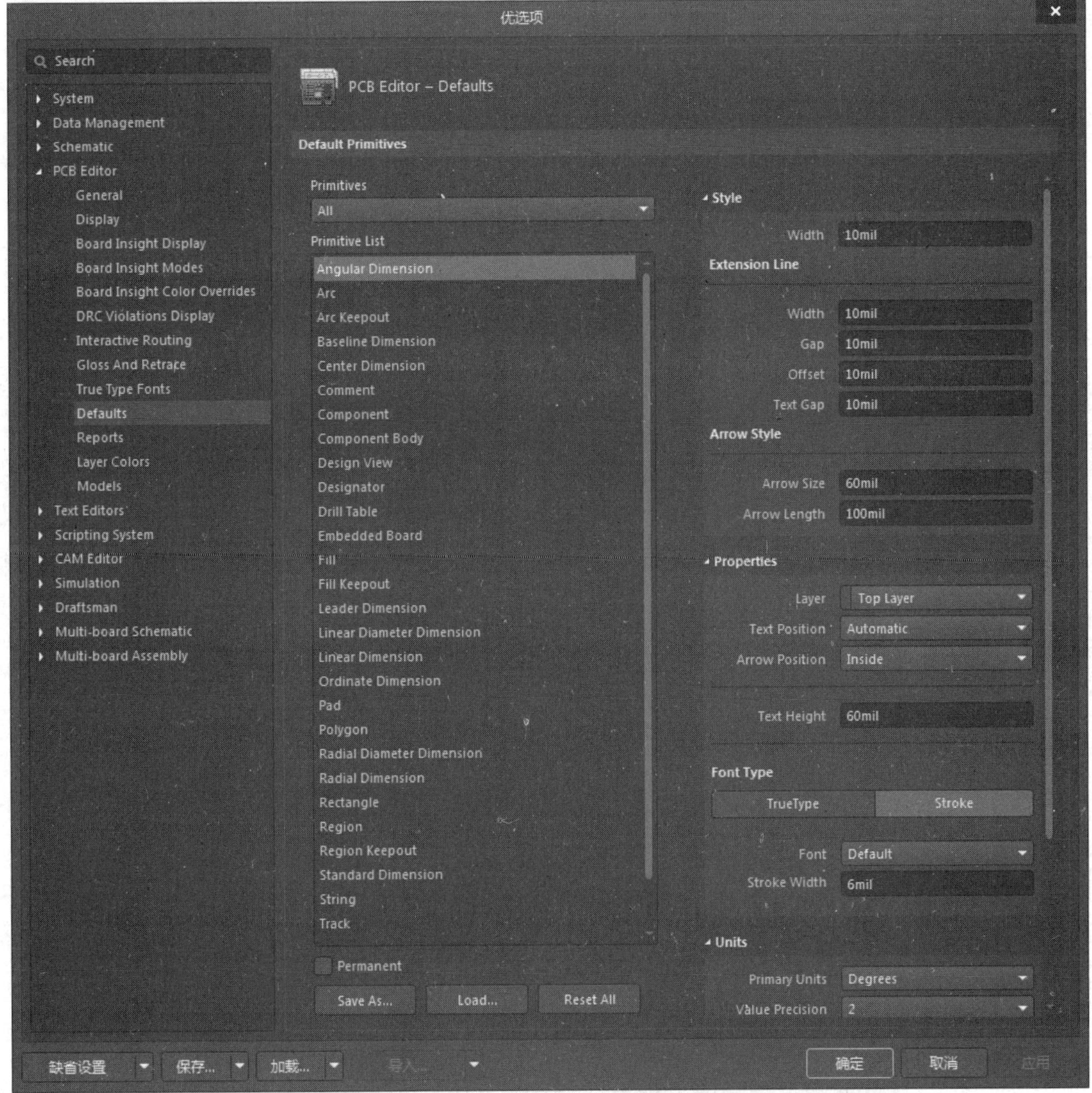

图 6-59　“PCB Editor-Defaults”标签页

- “PCB Editor-Reports”标签页：用于设置 PCB 相关文档的批量输出，如图 6-60 所示。
- “PCB Editor-Layer Colors”标签页：用于设置 PCB 各板层的颜色，如图 6-61 所示。
- “PCB Editor-Models”标签页：用于设置模型搜索路径等，如图 6-62 所示。

图 6-60 “PCB Editor-Reports”标签页

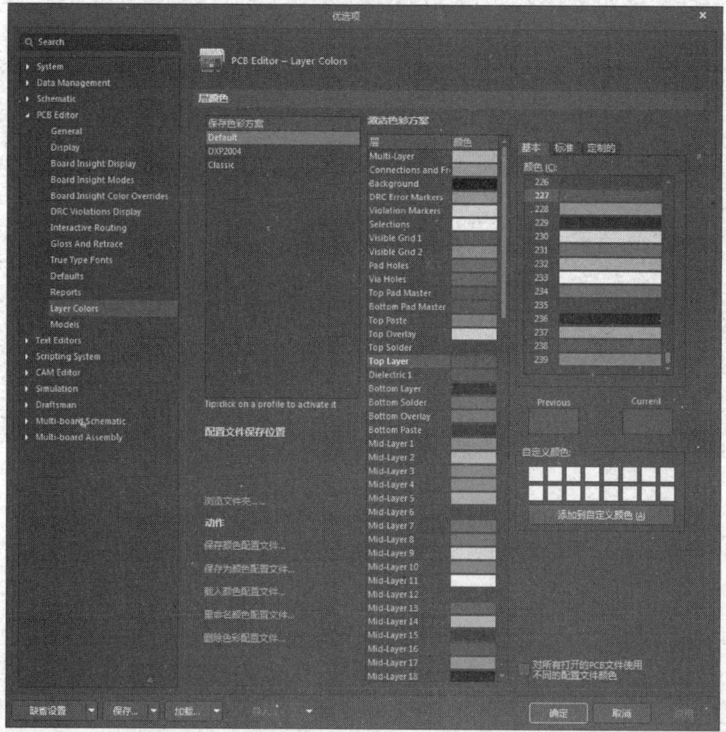

图 6-61 “PCB Editor-Layer Colors”标签页

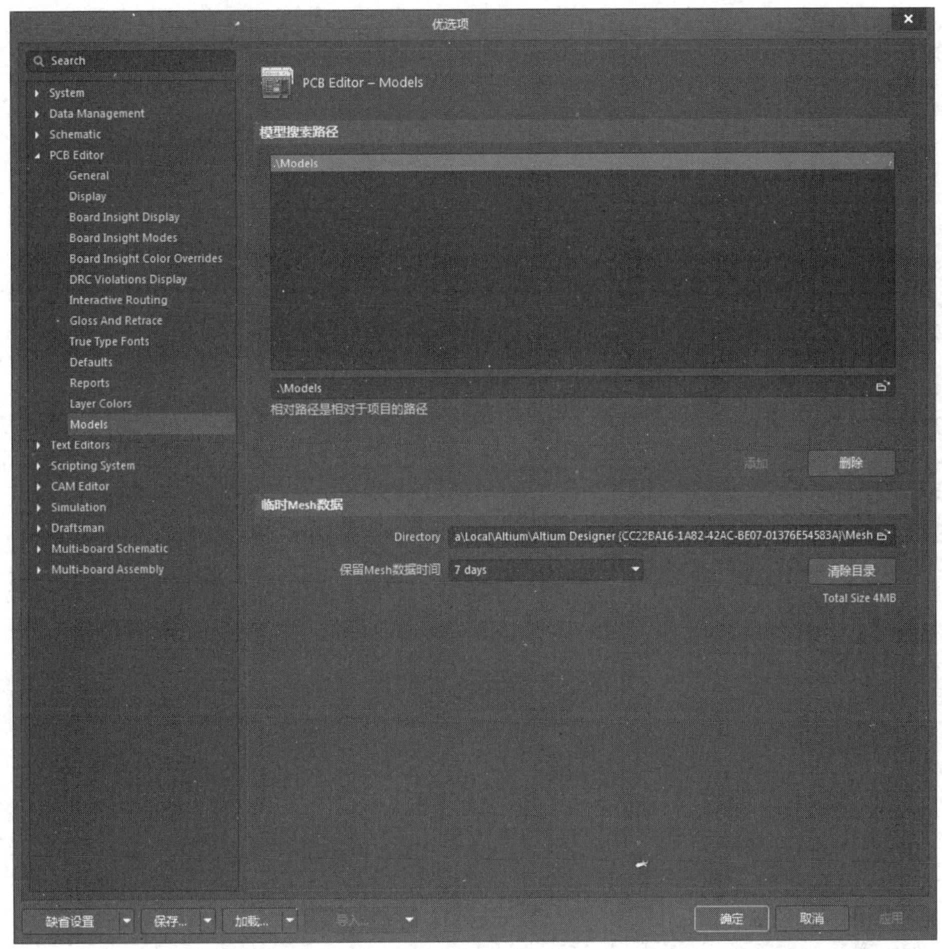

图 6-62　“PCB Editor-Models”标签页

6.8　加载网络表

加载网络表，即将电路原理图中各元件的相互连接关系及封装模型尺寸数据输入 PCB 编辑器，实现电路原理图向 PCB 的转化，以便进一步制板。

1．准备设计转换

要将电路原理图中的设计信息转换到新的空白 PCB 文件中，应先完成以下准备工作。

- 对项目中绘制的电路原理图进行编译检查，验证设计，确保电气连接的正确性和封装模型的正确性。
- 确认与电路原理图和 PCB 文件相关联的所有元件库均已加载，保证在原理图文件中指定的所有封装模型在可用库文件中均能被找到并使用。PCB 元件库的加载和原理图元件库的加载方法完全相同。
- 将新建的 PCB 空白文件添加到与原理图文件相同的项目中。

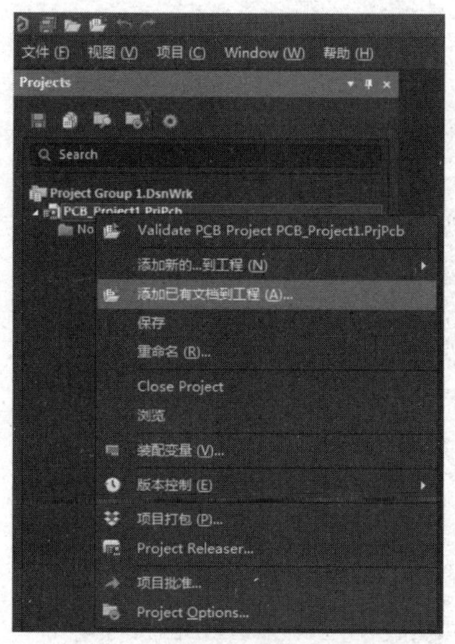

图 6-63 执行“添加已有文档到工程”命令

2. 网络与封装模型的载入

Altium Designer 为用户提供了两种载入网络与封装模型的方法。

- 在原理图编辑环境中使用设计同步器。
- 在 PCB 编辑环境中执行菜单命令。

这两种方法的本质是相同的——都是通过启动工程变更指令来完成的。下面就以相同的例子，对这两种方法进行介绍。

1）在原理图编辑环境中使用设计同步器

创建新的工程项目“PCB_Project1.PrjPcb”，在项目名上右击，在弹出的快捷菜单中执行“添加已有文档到工程”命令，如图 6-63 所示，将已绘制好的电路原理图和需要进行设计的 PCB 文件导入该工程。

将工作界面切换到已绘制好的电路原理图界面，如图 6-64 所示。

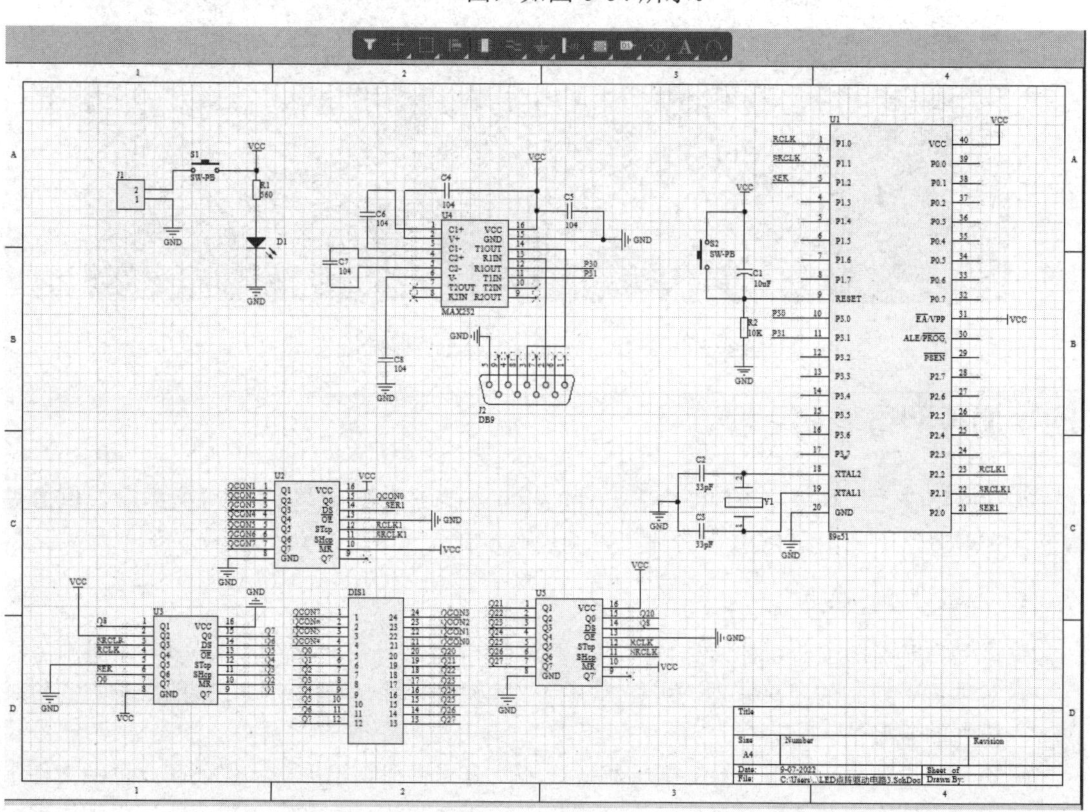

图 6-64 已绘制好的电路原理图界面

执行“工程”→“Validate PCB Project PCB_Project1.PrjPcb”命令，编译 PCB_Project1.

PrjPcb 项目。若没有弹出错误信息提示，则证明电路原理图绘制正确。将项目重命名为“LED 点阵驱动电路.PrjPcb”。

在原理图编辑环境中，执行“设计”→“Update Schematics in LED 点阵驱动电路.PrjPcb”命令，如图 6-65 所示。

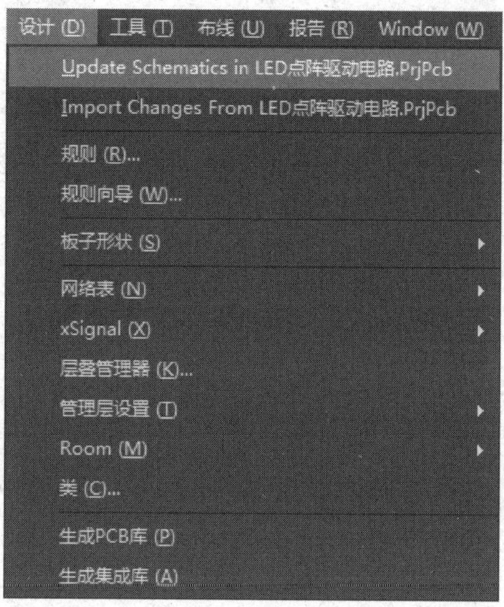

图 6-65　执行“设计”→“Update Schematics in LED 点阵驱动电路.PrjPcb”命令

在更新PCB文件时，应先对文件进行保存，同时应该确认所有用到的PCB库都已安装或都加在工程文件下。

执行上述命令后，会打开“Comparator Results (72 Differences)”对话框，单击“Yes”按钮，进入“Differences between Schematic Document [Sheet1.SchDoc] and PCB Document [PCB1.PcbDoc]”对话框，在对话框中右击，并在弹出的快捷菜单中执行“Update All in >>PCB Document [PCB1.PcbDoc]”命令，单击左下角的“创建工程变更列表”按钮，进入“工程变更指令”对话框，该对话框中显示了本次要载入的封装模型及载入的 PCB 文件名等，如图 6-66 所示。

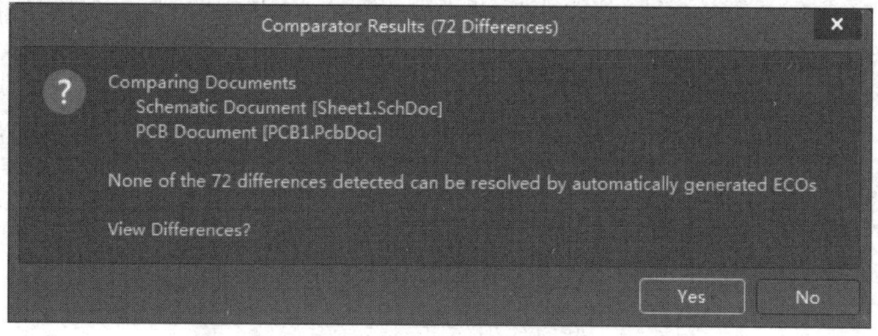

(a)“Comparator Results (72Differences)”对话框

图 6-66　创建工程变更列表操作流程

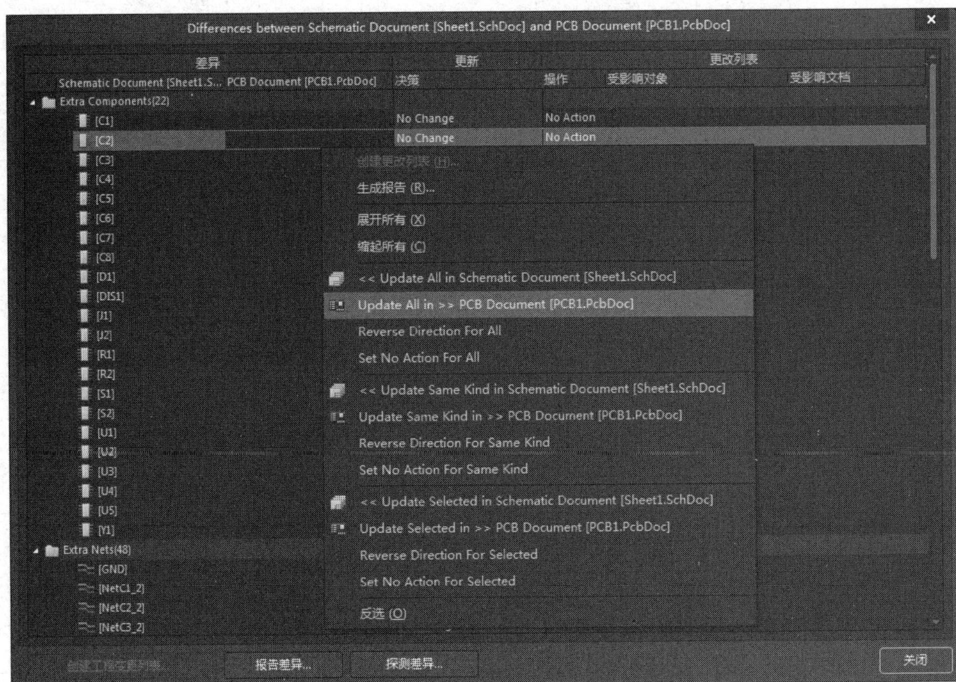

（b）“Differences between Schematic Document [Sheet1.SchDoc] and PCB Document [PCB1.PcbDoc]”对话框

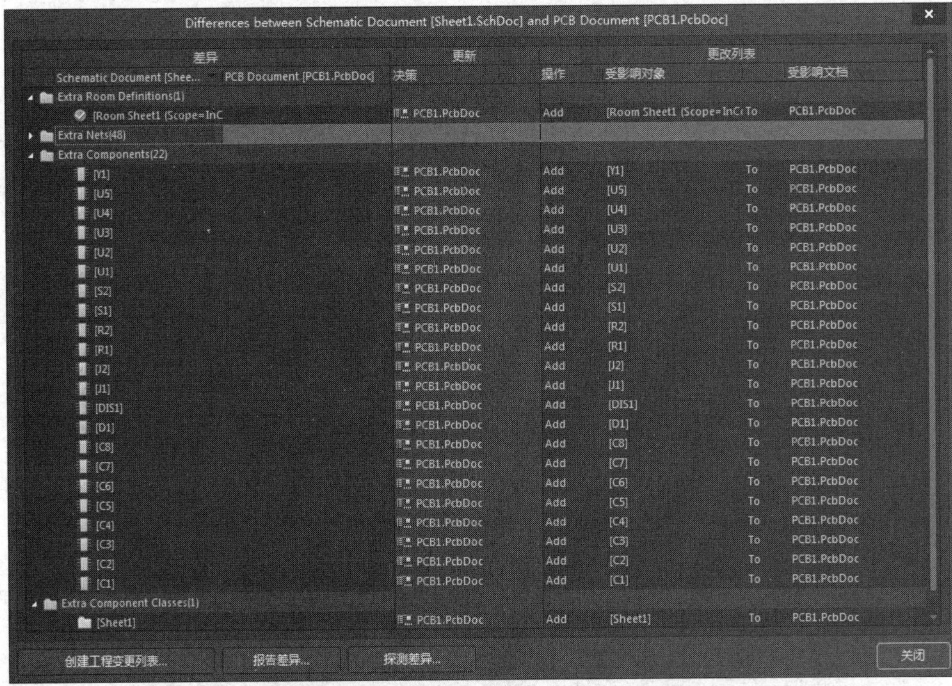

（c）单击“创建工程变更列表”按钮

图 6-66　创建工程变更列表操作流程（续）

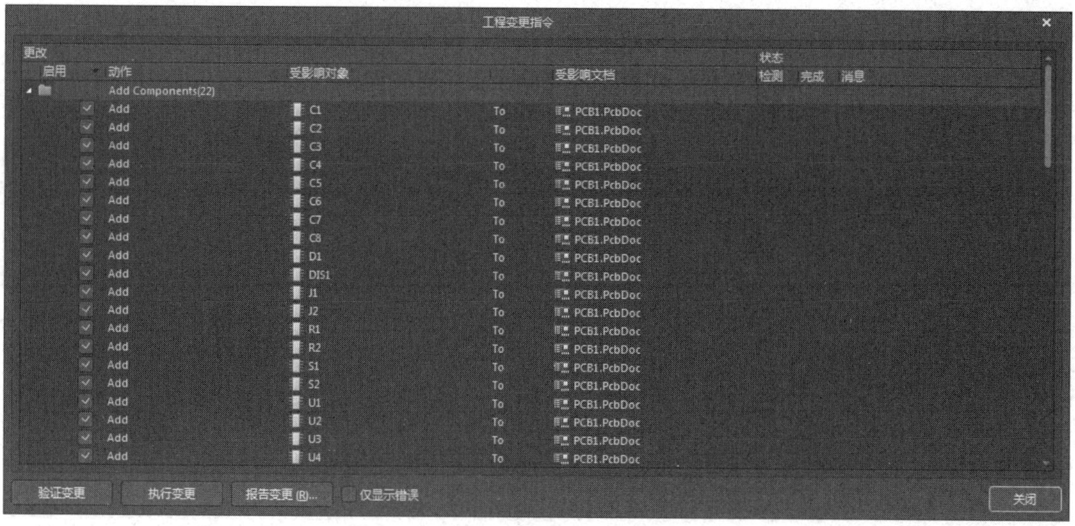

（d）“工程变更指令”对话框

图 6-66　创建工程变更列表操作流程（续）

单击“验证变更”按钮，在“状态”区域中的“检测”栏中将会显示检查结果，绿色的对勾标志表示对网络及封装模型的检查是正确的，变更有效；红色的叉号标志表示对网络及封装模型的检查是错误的，变更无效。效果如图 6-67 所示。

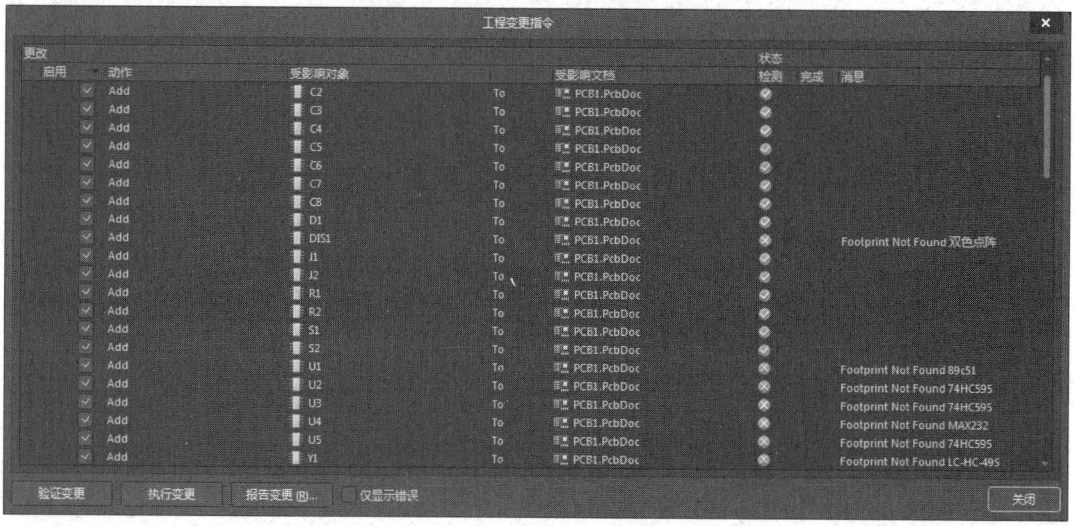

图 6-67　检查网络及封装模型

需要强调的是，网络及封装模型检查错误，通常是由没有装载可用的集成库、无法找到正确的封装模型导致的。

单击“执行变更”按钮，将网络及封装模型载入 PCB 文件 PCB1.PcbDoc，当载入正确时，在“状态”区域中的“完成”栏中会显示绿色的对勾标志，如图 6-68 所示。

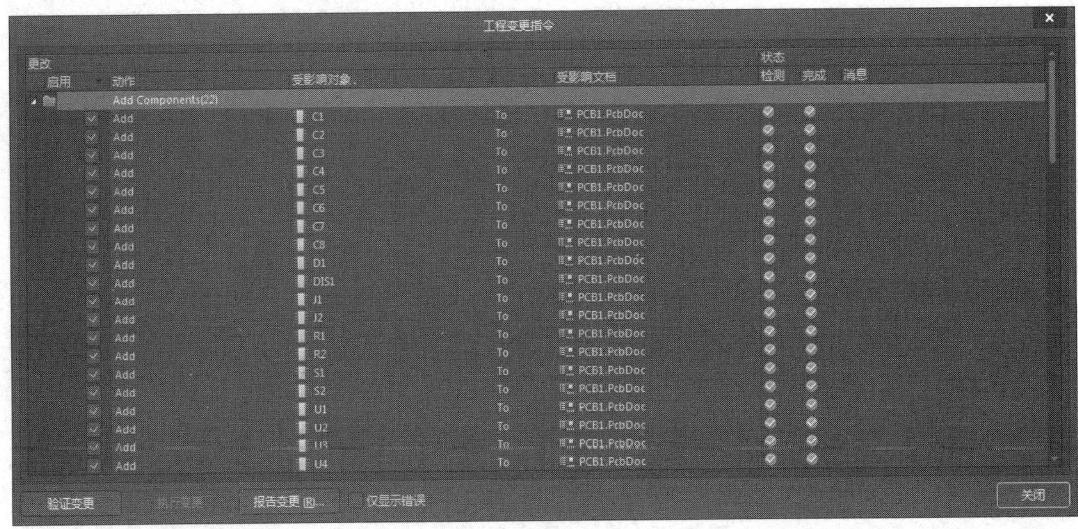

图 6-68　完成载入

单击“关闭”按钮，关闭“工程变更指令”对话框，可以看到载入的网络与元件封装模型被放置在 PCB 的电气边界外，并且以飞线的形式显示网络和元件封装模型之间的连接关系，如图 6-69 所示。

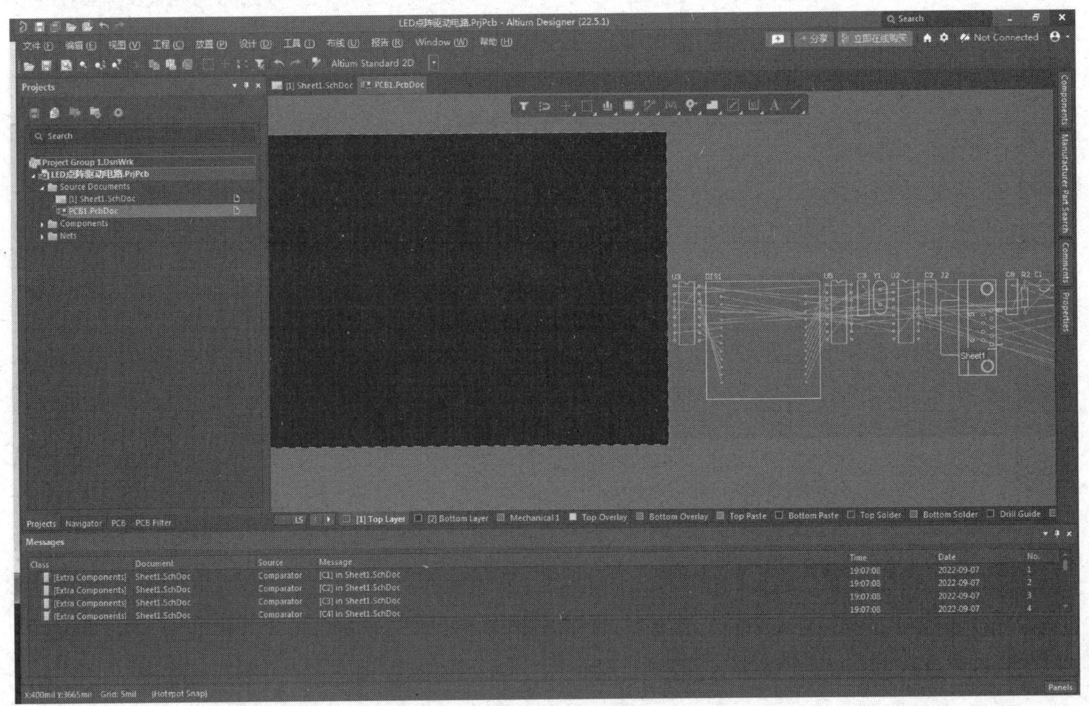

图 6-69　载入网络与元件封装模型的效果

2）在 PCB 编辑环境中执行菜单命令

确认原理图文件及 PCB 文件已经加载到新建的工程项目中，操作与前面相同。将界面切换到 PCB 编辑环境，执行“设计”→“Import Changes From LED 点阵驱动电路.PrjPcb”命令，打开“工程变更指令”对话框，如图 6-70 所示。

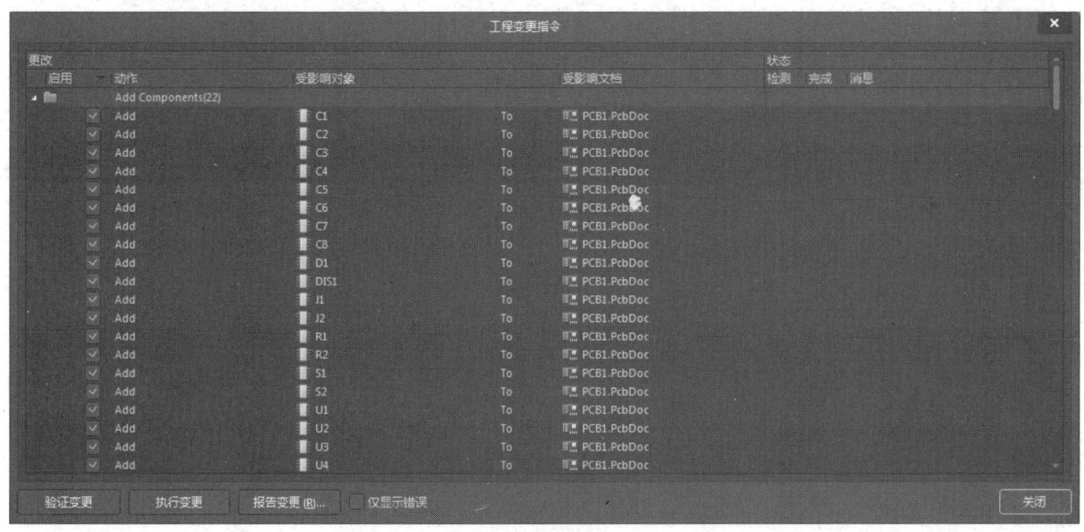

图 6-70　“工程变更指令”对话框

之后的操作与在原理图编辑环境中使用设计同步器方法相同，这里就不再重复描述。

3）飞线

将原理图文件导入 PCB 文件后，系统会自动生成飞线，如图 6-71 所示。飞线是一种形式上的连线。它只从形式上表示各个焊点间的连接关系，没有电气连接意义，其按照电路的实际连接将各个节点相连，使电路中的所有节点都能够连通，且无回路。

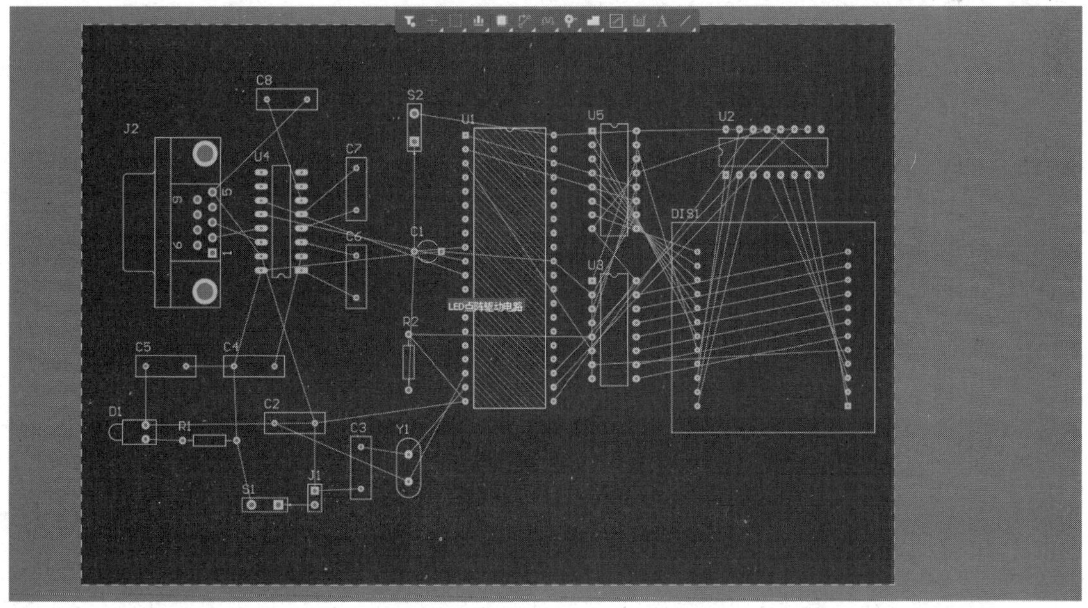

图 6-71　飞线

思考与练习

（1）在第 3 章思考与练习（1）建立的工程文件中，添加一个新的 PCB 文件。

（2）重新定义 PCB 形状，给出 PCB 的物理边界和电气边界。

（3）在第 3 章思考与练习（3）的基础上，导出网络表到该 PCB 文件中。

第7章　元件布局

载入网络和封装模型后，用户需要将封装模型放入工作区，这就是对元件进行布局。在PCB 设计中，元件布局是一个重要环节。元件布局的好坏将直接影响布线效果，可以认为合理的元件布局是 PCB 设计成功的第一步。

元件布局的方式分为 2 种，即自动布局和手动布局。

自动布局，是指设计者在进行元件布局前先设定好布局规则，系统自动在PCB上对元件进行布局。自动布局效率较高，布局结构比较优化，但布局合理性较差，所以在完成自动布局后，需要进行一定的手工调整，以达到设计要求。

手动布局，是指设计者手工在PCB上对元件进行布局，包括移动元件、排列元件。手动布局结果一般比较合理、实用，但效率比较低，完成一块PCB布局的时间比较长。所以一般采用自动布局和手动布局相结合的方式进行 PCB 设计。

7.1　自动布局

为了实现系统的自动布局，设计者要先对布局规则进行设置。合理设置自动布局规则可以使自动布局结果更完善，在这里有必要介绍一下布局规则设置选项。

1. 布局规则设置

在 PCB 编辑环境中，执行“设计”→“规则”命令，如图 7-1 所示，打开“PCB 规则及约束编辑器”对话框，如图 7-2 所示。

图 7-1　执行“设计”→“规则”命令

该对话框左侧的列表框中列出了系统提供的 10 类设计规则，分别是“Electrical”规则（电气规则）、“Routing”规则（布线相关规则）、“SMT”规则（贴片式封装相关规则）、“Mask”规则（阻焊相关规则）、“Plane”规则（中间层布线相关规则）、“Testpoint”规则（测试点相关规则）、“Manufacturing”规则（生产制造相关规则）、“High Speed”规则（高速信号相关规则）、“Placement”规则（元件放置相关规则）、“Signal Integrity”规则（信号完整性相关规则）。

这里需要进行设置的规则是“Placement”。单击“Placement”规则前面的三角按钮，可以看到“Placement”规则包含 6 项子规则，如图 7-3 所示。

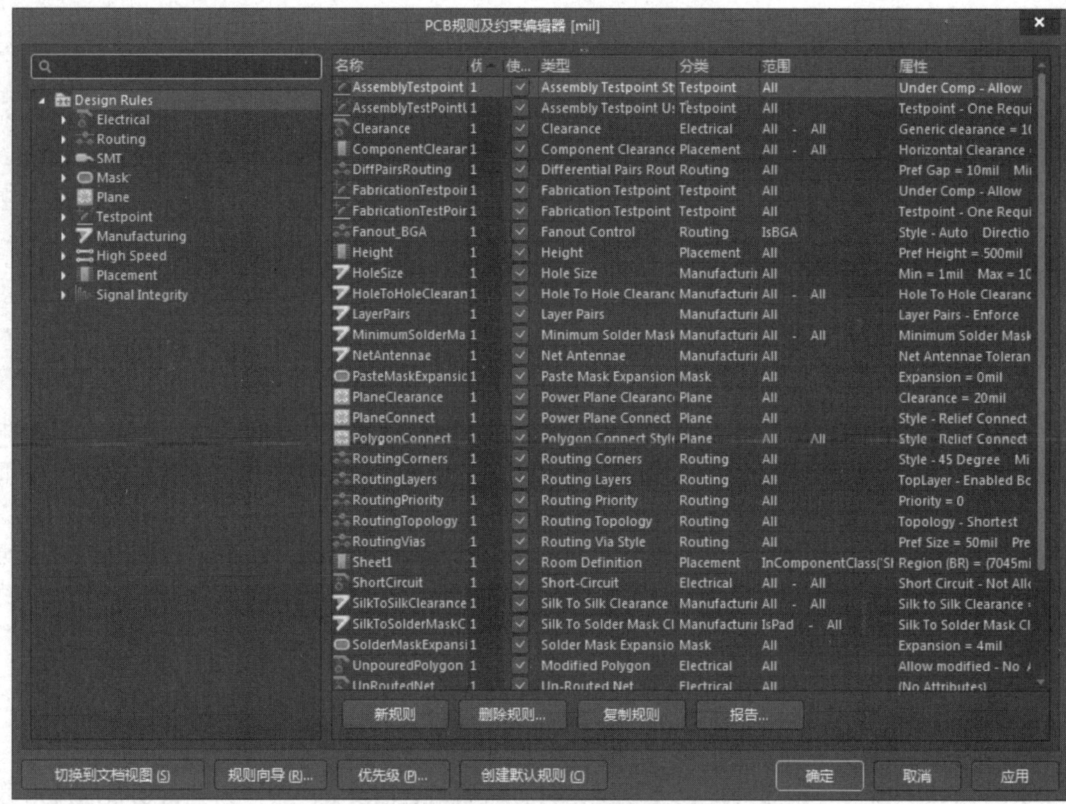

图 7-2 “PCB 规则及约束编辑器”对话框

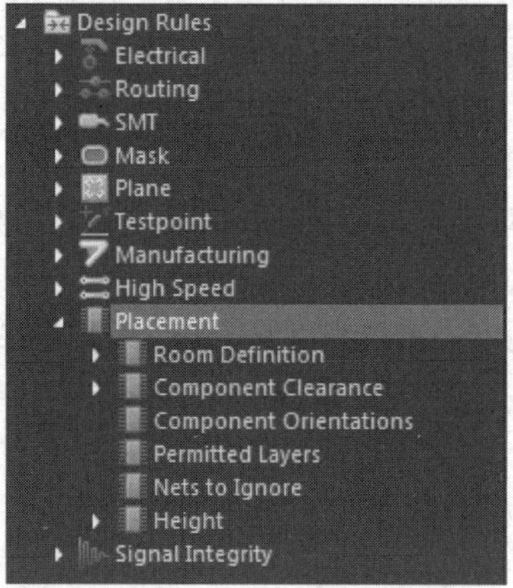

图 7-3 “Placement”规则包含的子规则

1）“Room Definition”（空间定义）子规则

“Room Definition”子规则主要用来设置 Room 空间的尺寸，以及它在 PCB 中所在的工作层。单击“Room Definition”子规则，进入如图 7-4 所示的界面。

单击“新规则”按钮，“Room Definition”子规则下会出现“Sheet1”子规则，单击新生成的“Sheet1”子规则，如图 7-5 所示。

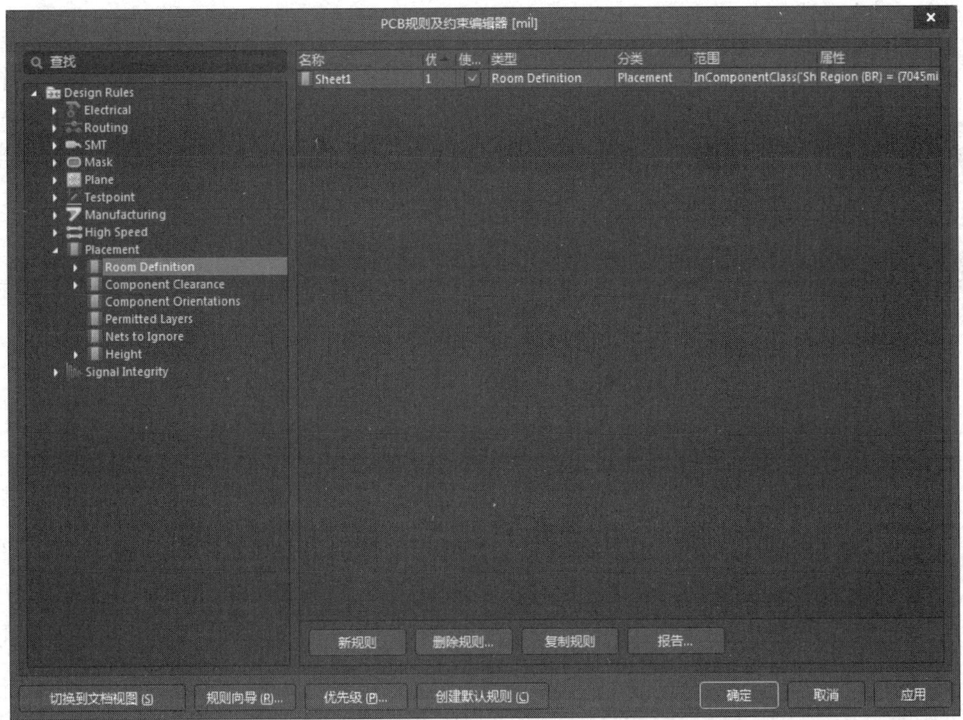

图 7-4　“Room Definition”子规则设置界面

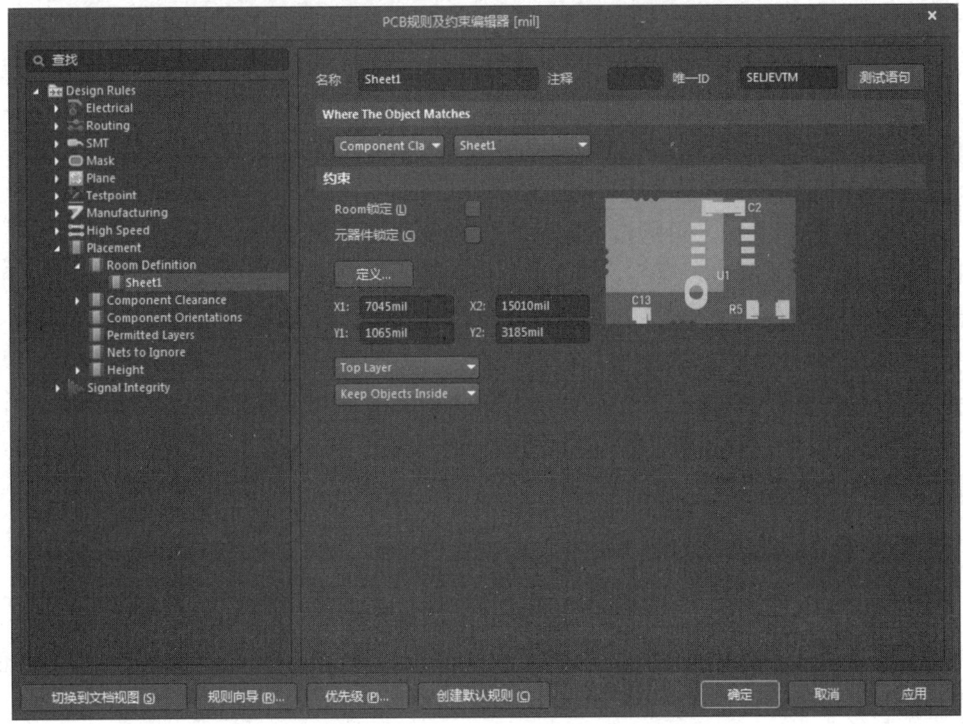

图 7-5　“Sheet1”子规则设置界面

图 7-5 所示界面右侧分为上、下两部分。上半部分主要用于设置该规则的具体名称及适用范围。在后面的一些子规则设置中，上半部分的设置基本相同。这部分主要包括 3 个文本框（功能是对子规则进行命名，以及填写子规则描述信息等）和 2 个下拉列表（功能是供用户设置规则匹配对象的范围）。其中左侧下拉列表如图 7-6 所示，这 6 个选项的含义分别如下。

图 7-6　左侧下拉列表

- “All”选项：表示当前设定的规则在整个 PCB 上有效。
- “Component”选项：表示当前设定的规则在某个选定的元件上有效，此时在右侧下拉列表中可设置元件名称。
- “Component Class”选项：表示当前设定的规则可在某类元件上有效。
- “Footprint”选项：表示当前设定的规则在选定的引脚上有效，此时在右侧下拉列表中可设置引脚名称。
- “Package”选项：表示当前设定的规则在选定的范围内有效。
- “Custom Query”选项：选择该选项后“询问助手”按钮将被激活，单击该按钮，将打开“Query Helper”对话框，在该对话框中编辑一个表达式，可自定义规则的适用范围。

下半部分主要用于设置规则的具体约束特性。对于不同的规则，约束特性的设置内容是不同的。在“约束”区域中，需要设置如下几个选项。

- “Room 锁定”复选框：勾选该复选框后，PCB 图纸上的 Room 空间将被锁定，此时用户不能再重新定义 Room 空间，在进行自动布局或手动布局时该空间也不能再被拖动。
- “元器件锁定”复选框：勾选该复选框后，Room 空间中的元件的位置和状态将被锁定，在进行自动布局或手动布局时，不能再移动它们的位置和编辑它们的状态。

对于 Room 空间大小，可通过“定义”按钮或通过设置“X1”“X2”“Y1”“Y2”4 个值，来确定对角坐标来完成。其中，“X1”数值框和“Y1”数值框用来设置 Room 空间左下角的横坐标和纵坐标的值，“X2”数值框和“Y2”数值框用来设置 Room 空间右上角的横坐标和纵坐标的值。

“约束”区域最下方是两个下拉列表：上面的下拉列表用于设置Room空间所在工作层，包括两个选项，即“Top Layer”（顶层）选项和“Bottom Layer”（底层）选项；下面的下拉列表用于设置元件所在位置，包括两个选项，即“Keep Objects Inside”（元件位于 Room 空间内）选项和“Keep Objects Outside”（元件位于 Room 空间外）选项。

2）“Component Clearance”（元件间距）子规则

“Component Clearance”子规则是用来设置自动布局时元件之间的安全间距的。

单击“Component Clearance”子规则前面的三角形按钮，展开一个“ComponentClearance”子规则，单击该子规则，进入如图 7-7 所示的界面。

元件间距是相对于两个对象而言的，因此在该标签页中有两个规则匹配对象范围的设置选项，设置方法与如图 7-5 所示的界面中对应内容的设置方法相同。

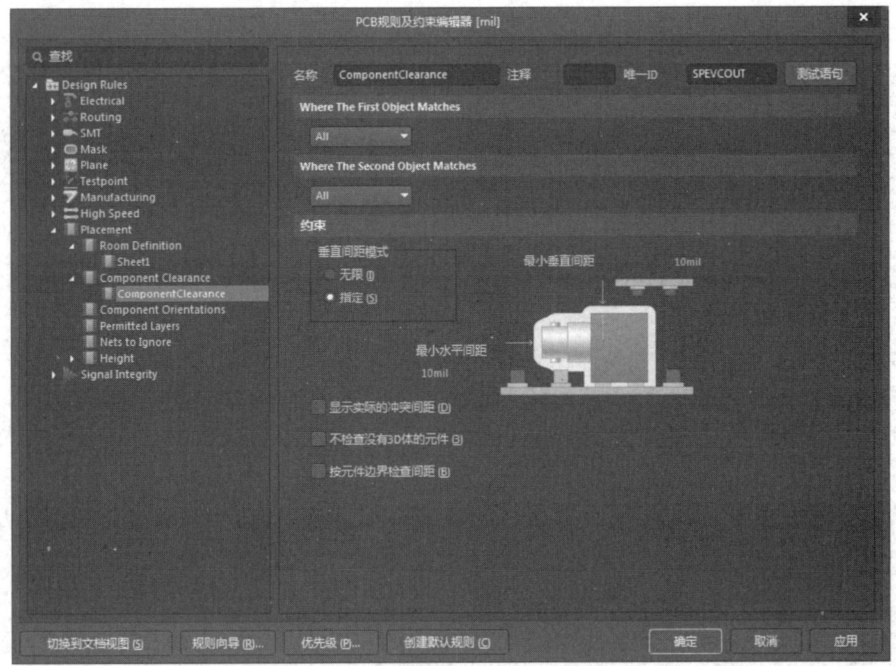

图 7-7　“ComponentClearance”子规则设置对话框

“约束”区域内的“垂直间距模式”栏提供了两个单选按钮，这两个单选按钮对应不同检查模式。不同检查模式在布局中对于是否违规的判断依据有所不同。

- “无限”单选按钮：以元件的外形尺寸为依据。选择该单选按钮，“约束”区域就会变成如图 7-8 所示的形式。在该检查模式下，只需要设置最小水平间距。
- “指定”单选按钮：以元件本体图元为依据，忽略其他图元。选择该单选按钮，“约束”区域就会变成如图 7-9 所示的形式。在该检查模式下，需要设置元件本体图元之间的最小水平间距和最小垂直间距。

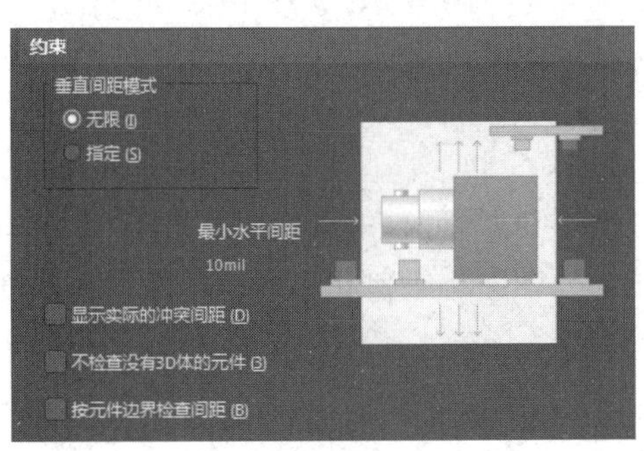

图 7-8　选择“无限”单选按钮

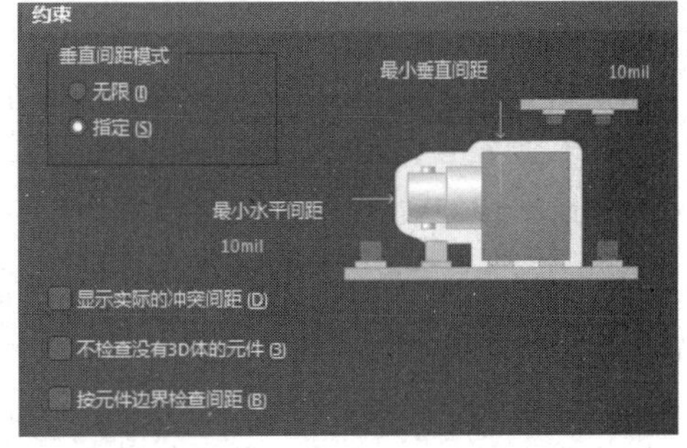

图 7-9　选择“指定”单选按钮

3）“Component Orientations”（元件布局方向）子规则

“Component Orientations”子规则用于设置元件放置在 PCB 上的方向。通过图 7-7 可以看到，该子规则前没有三角形按钮，说明该子规则并未被激活。右击“Component Orientations”子规则，在弹出的快捷菜单中执行“新规则”命令，新建一个“ComponentOrientations”子规则，单击新建的子规则，打开如图 7-10 所示的界面。

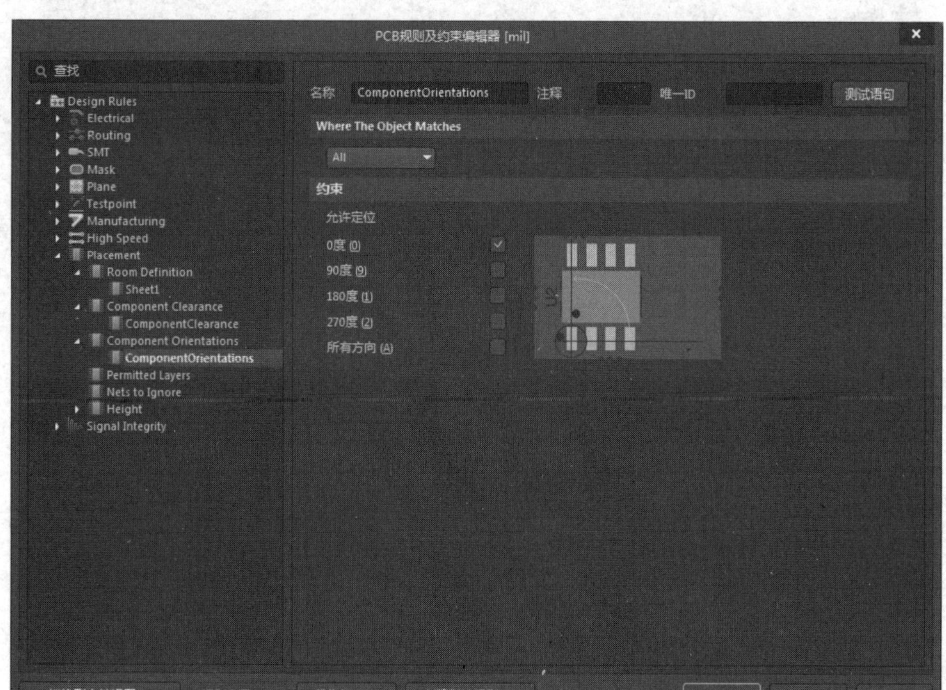

图 7-10　“ComponentOrientations”子规则设置界面

“约束”区域提供了如下 5 种允许元件旋转角度的复选框。

- “0 度”复选框：勾选该复选框，在放置元件时将不可以旋转。
- “90 度”复选框：勾选该复选框，在放置元件时将可以旋转 90°。
- “180 度”复选框：勾选该复选框，在放置元件时将可以旋转 180°。
- “270 度”复选框：勾选该复选框，在放置元件时将可以旋转 270°。
- “所有方向”复选框：勾选该复选框，在放置元件时将可以旋转任意角度。当勾选该复选框后，其他复选框将处于不可选状态。

4）“Permitted Layers”（工作层设置）子规则

“Permitted Layers”子规则主要用于设置 PCB 上允许放置元件的工作层。右击“Permitted Layers”子规则，在弹出的快捷菜单中执行“新规则”命令，新建一个“PermittedLayers”子规则，单击新建的子规则，打开如图 7-11 所示的界面。

“约束”区域内提供了 2 个复选框，分别为“顶层”复选框和“底层”复选框，用于设置允许放置元件的工作层。一般过孔式元件都放置在 PCB 的顶层，而采用贴片式封装的元件既可以放置在顶层，也可以放置在底层。若要求某一层不能放置元件，则可以通过该设置实现。

5）“Nets To Ignore”（忽略网络）子规则

“Nets To Ignore”子规则用于设置在采用成群的放置方式进行自动布局时可以忽略的网络，在一定程度上提高了自动布局的质量和效率。右击“Nets To Ignore”子规则，在弹出的快捷菜单中执行“新规则”命令，新建一个“NetsToIgnore”子规则，单击新建的子规则，打开如图 7-12 所示的界面。

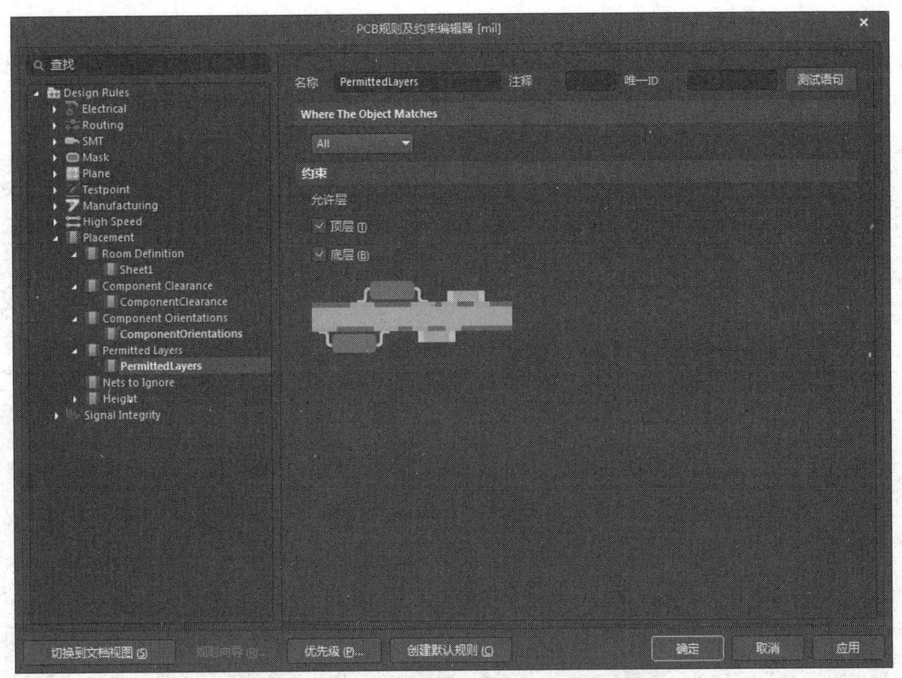

图 7-11　“PermittedLayers”子规则设置界面

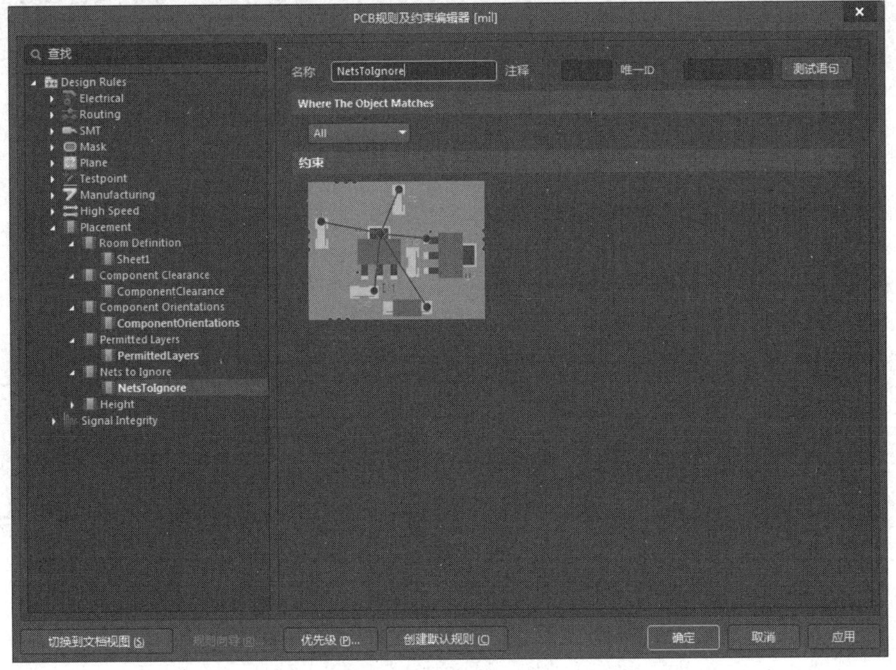

图 7-12　“NetsToIgnore”子规则设置界面

“约束”区域中是针对上面的规则匹配对象适用范围的设置选项，从中选出要忽略的网络名称即可。

6）“Height”（高度）子规则

“Height”子规则用于设置元件封装模型的高度范围。单击“Height”子规则前面的三角形按钮，展开一个“Height”子规则，单击该子规则，打开如图 7-13 所示的界面。

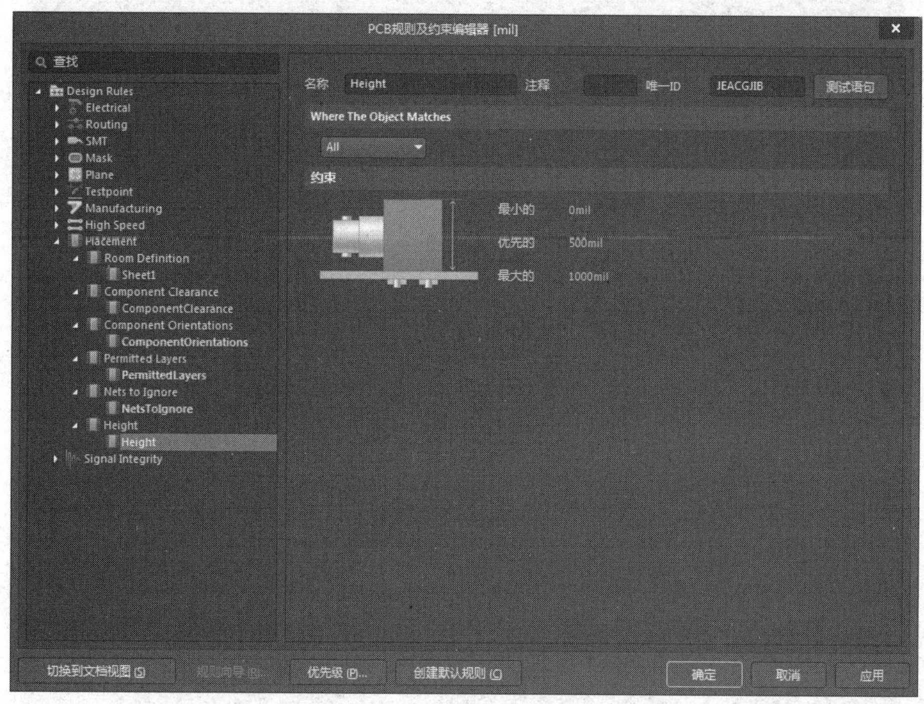

图 7-13　“Height”子规则设置界面

在“约束”区域内可以对元件封装模型的最小高度、最大高度及优先高度进行设置。

2. 元件自动布局

【例 7-1】以 LED 点阵驱动电路为例对元件进行自动布局。

第 1 步：先对自动布局规则进行设置，具体如图 7-14 所示。

名称	优	使	类型	分类	范围	属性
ComponentClearanc	1	✓	Component Clearance	Placement	All - All	Horizontal Clearance =
ComponentOrientat	1	✓	Component Orientatio	Placement	All	Allowed Rotations - 0,
example	1	✓	Room Definition	Placement	InComponentClass('LEI	Region (BR) = (999.803
Height	1	✓	Height	Placement	All	Pref Height = 500mil
NetsToIgnore	1	✓	Nets to Ignore	Placement	All	(No Attributes)
PermittedLayers	1	✓	Permitted Layers	Placement	All	Permitted Layers - Top,

图 7-14　所有自动布局规则设置

打开已导入网络和元件封装模型的 PCB 文件，选中 Room 空间“LED 点阵驱动电路”，拖曳鼠标，将 Room 空间移动到 PCB 内，如图 7-15 所示。

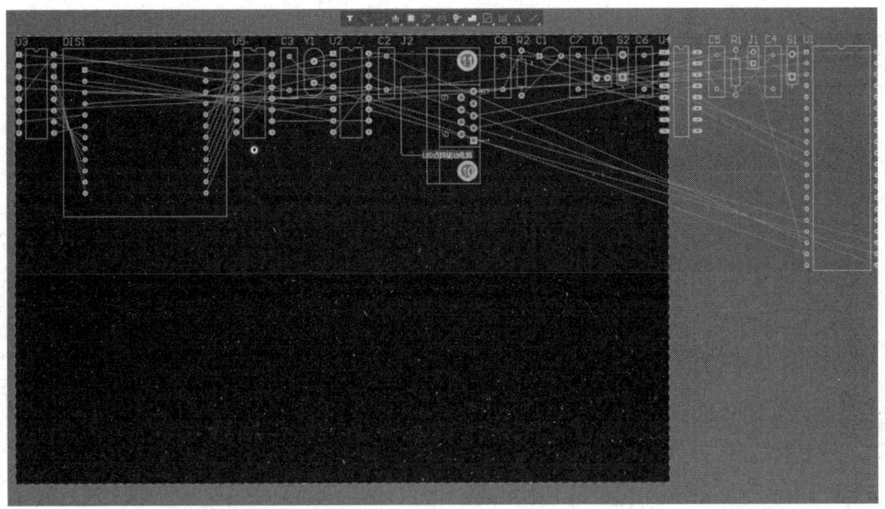

图 7-15　移动 Room 空间到 PCB 内

第 2 步：选中所有元件，执行“工具”→“器件摆放”→“在矩形区域排列”命令，如图 7-16 所示。

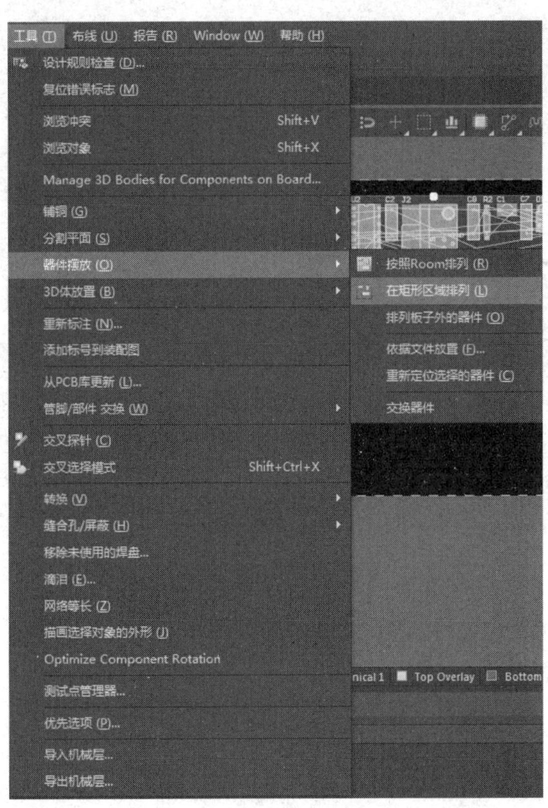

图 7-16　执行“工具”→“器件摆放”→“在矩形区域排列”命令

在 PCB 中的目标位置画出矩形，本例选取的是整个设计区域，如图 7-17 所示。

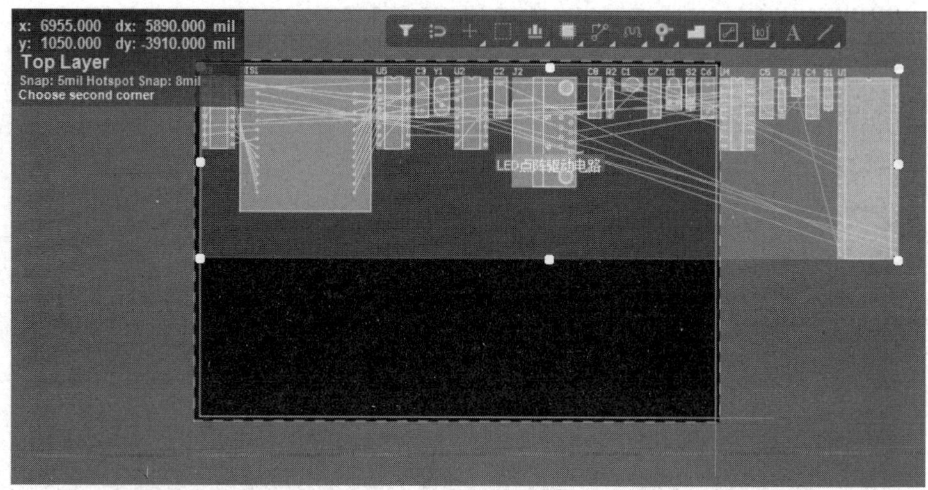

图 7-17　框选目标位置

此时元件自动布局，如图 7-18 所示。

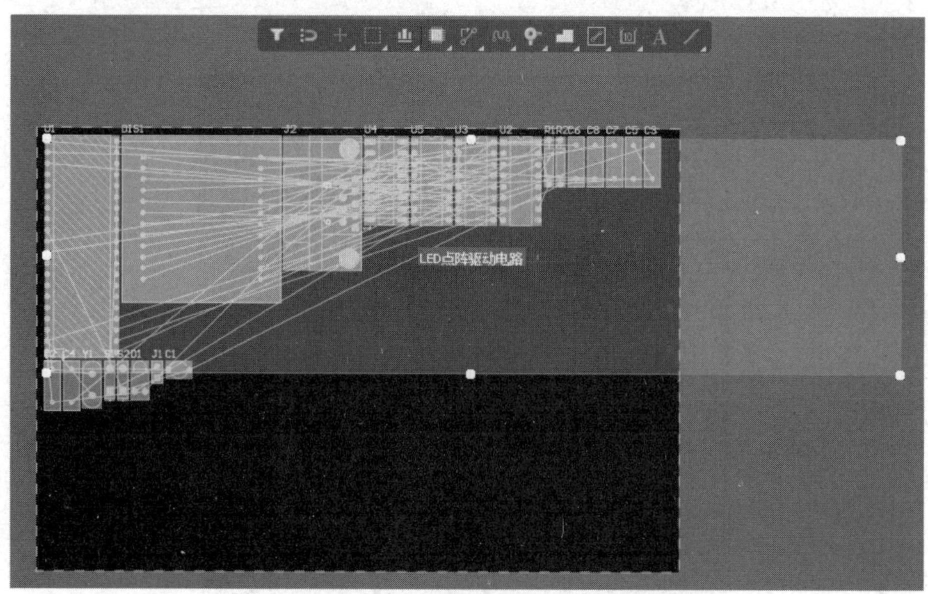

图 7-18　元件自动布局

按照 Room 空间也可实现元件的自动布局。先调整 Room 空间到目标位置，如图 7-19 所示。

然后选中所有元件，执行“工具”→“器件摆放”→“按照 Room 排列”命令，单击想要排列的 Room 空间，结果如图 7-20 所示。

从元件布局结果来看，自动布局只是将元件放入 PCB，并未考虑电路信号流向及特殊元件的布局要求，因此只进行自动布局一般不能满足用户的需求，用户还需要采用手动布局进行调整。

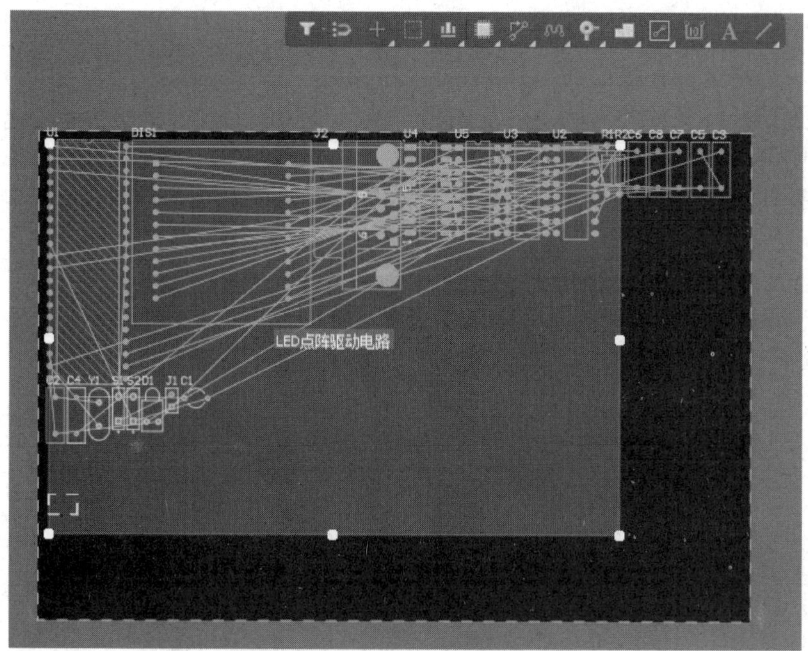

图 7-19　设置 Room 区域

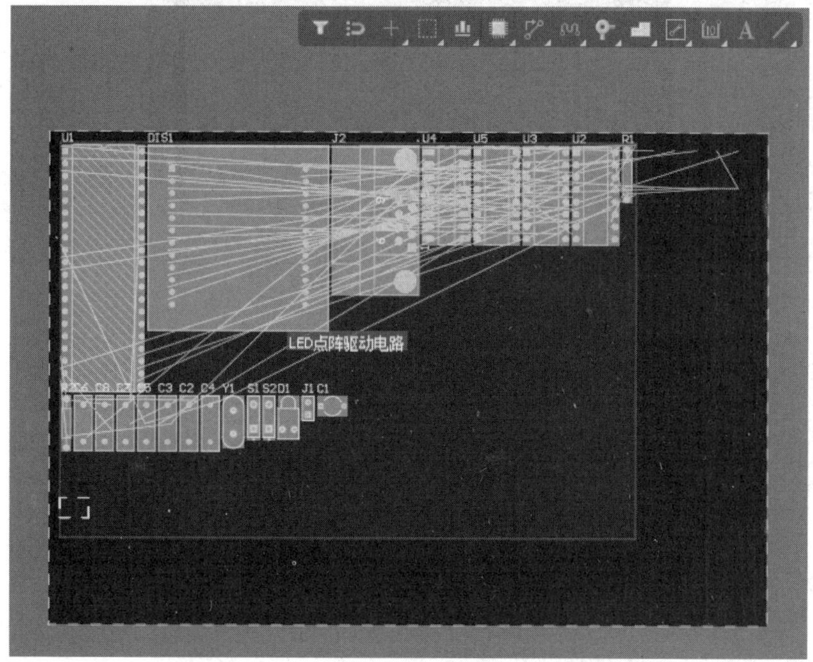

图 7-20　按照 Room 空间实现元件自动布局

7.2　手动布局

虽然自动布局简单方便，但是在一般情况下只进行自动布局难以实现设计目的，因此需要进行手动布局，以使设计达到要求。在对元件进行手动布局时应严格遵循电路原理图的绘制结构。先将全图最核心的元件放到合适的位置，然后将其外围元件，按照电路原理图的结构放置到核心元件的周围。通常使具有电气连接的元件间的引脚较近，以使走线距离短，从而使整个 PCB 的导线易于连通。

【例 7-2】以 LED 点阵驱动电路为例对元件进行手动布局。

第 1 步：执行“编辑”→“对齐”命令，打开“对齐”子菜单，如图 7-21 所示。

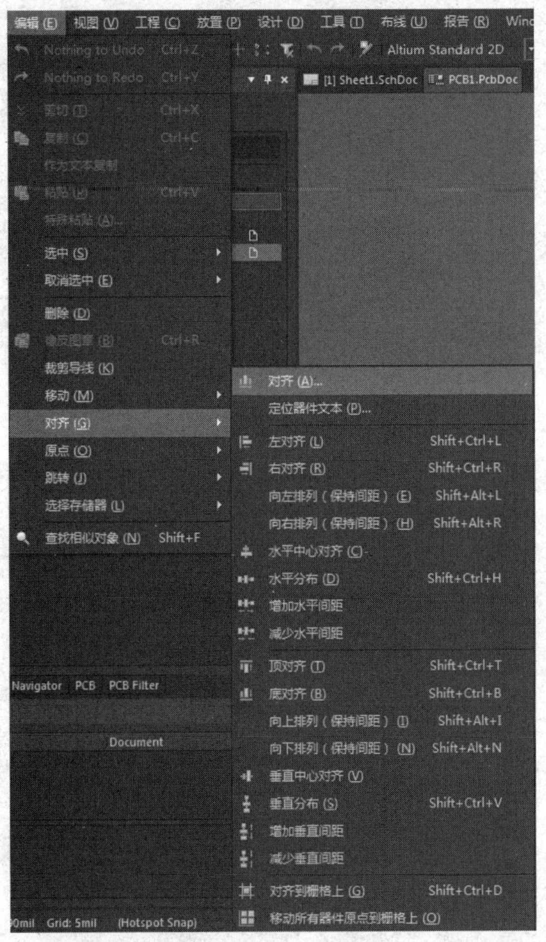

图 7-21 “对齐”子菜单

“对齐”子菜单中的各图标的意义如下。

- ：将选取的元件向最左边的元件对齐。
- ：将选取的元件向最右边的元件对齐。
- ：将选取的元件水平中心对齐。
- ：将选取的元件水平平铺。
- ：将选取的元件的水平间距扩大。
- ：将选取的元件的水平间距缩小。

- ：将选取的元件与最上边的元件对齐。
- ：将选取的元件与最下边的元件对齐。
- ：将选取的元件按元件的垂直中心对齐。
- ：将选取的元件垂直平铺。
- ：将选取的元件的垂直间距扩大。
- ：将选取的元件的垂直间距缩小。
- ：将选取的元件对齐到栅格上。
- ：移动所有元件原点到栅格上。

执行“编辑”→“对齐”→“定位器件文本”命令，打开如图 7-22 所示的“元器件文本位置”对话框。在该对话框中，用户可以对元器件文本（标识符和注释）的位置进行设置，也可以直接手动调整元器件文本的位置。

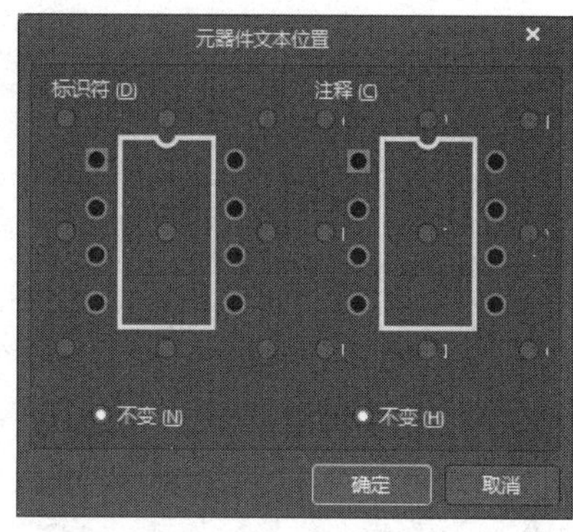

图 7-22　“元器件文本位置”对话框

使用“对齐”菜单命令，可以实现元件的排列，使 PCB 的布局更整齐，同时可以提高效率。

在完成网络和元件封装模型的载入后，就可以开始在 PCB 上放置元件了，如图 7-23 所示。

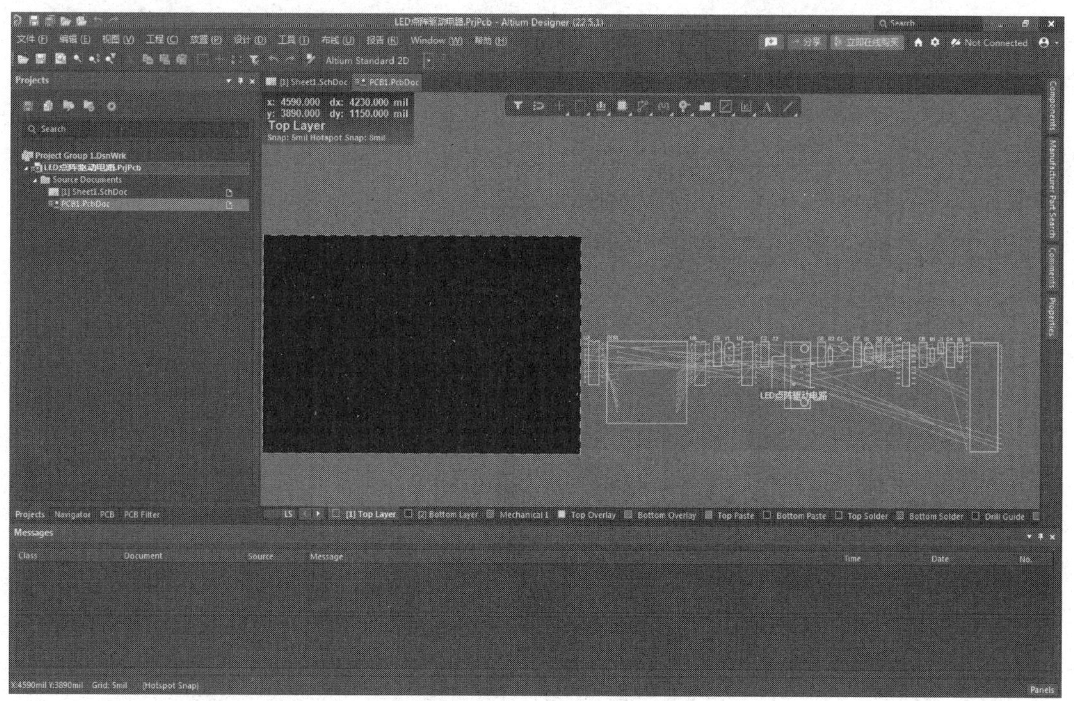

图 7-23　完成网络和元件封装模型的载入

第 2 步：单击“Projects”按钮，打开“Properties”面板，单击 PCB，切换至“Properties-Board”面板，设置合适的栅格参数，如图 7-24 所示。

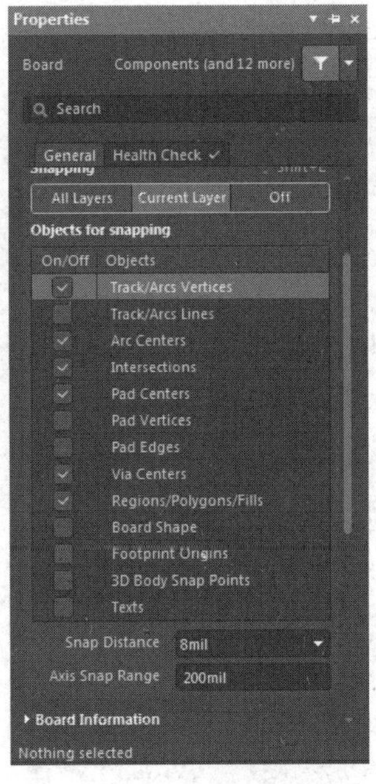

图 7-24　设置合适的栅格参数

依次按 V 键（视图菜单栏）和 D 键（设计菜单栏），使整个 PCB 和所有元件显示在 PCB 编辑窗口中。

参照电路原理图，先将核心元件 U1 的封装模型移动到 PCB 上。将光标放在 U1 封装模型的轮廓上单击，光标变成十字形，按住鼠标左键，拖动鼠标，将 U1 的封装模型移动到合适的位置，松开鼠标左键完成 U1 的封装模型的放置，如图 7-25 所示。

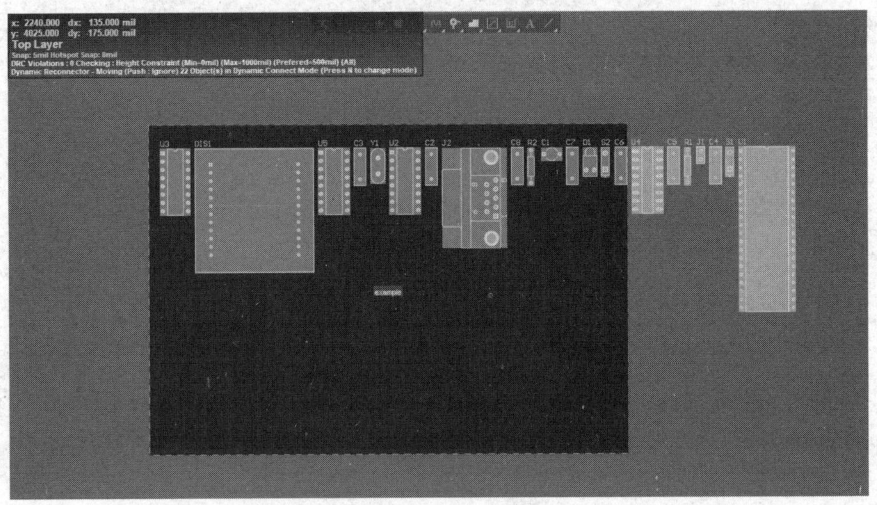

图 7-25　放置 U1 的封装模型到 PCB 上

第 3 步：用同样的操作方法，将其余元件的封装模型一一放置到 PCB 上，直至完成所有元件封装模型的放置，如图 7-26 所示。

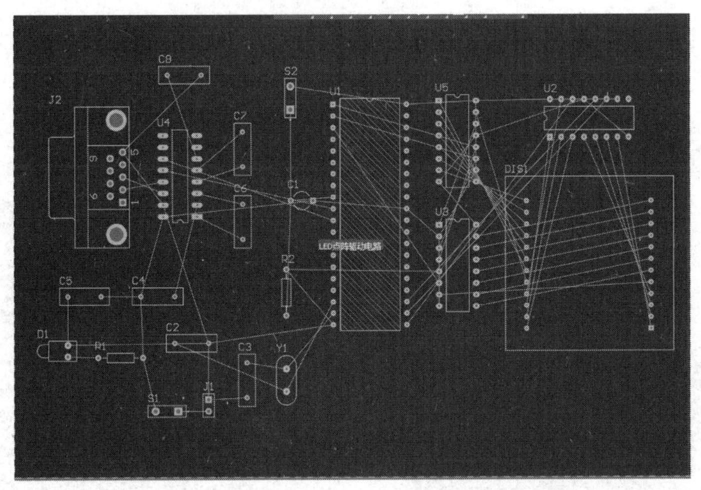

图 7-26　完成所有元件封装模型的放置

第 4 步：调整元件封装模型的位置，使之尽量对齐，并重新定位标注文字。无论是自动布局，还是手动布局，在根据电路的特性要求在 PCB 上放置了元件封装模型后，一般都需要进行一些排列对齐操作。图 7-27 所示为一组待排列的电容封装模型。

执行“顶对齐”命令后，该组电容封装模型将以 C2 为基准对齐，效果如图 7-28 所示。

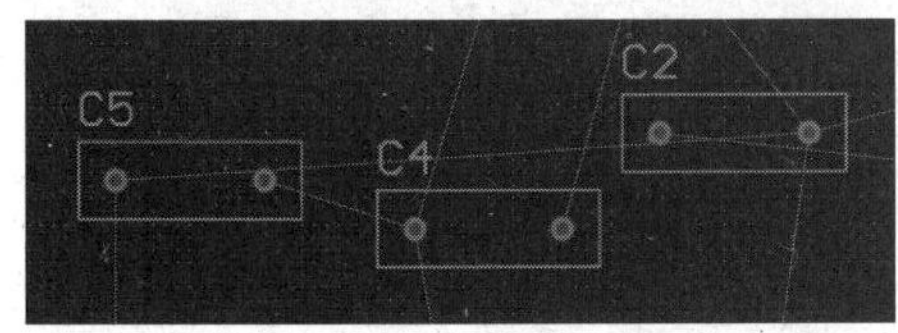

图 7-27　一组待排列的电容封装模型

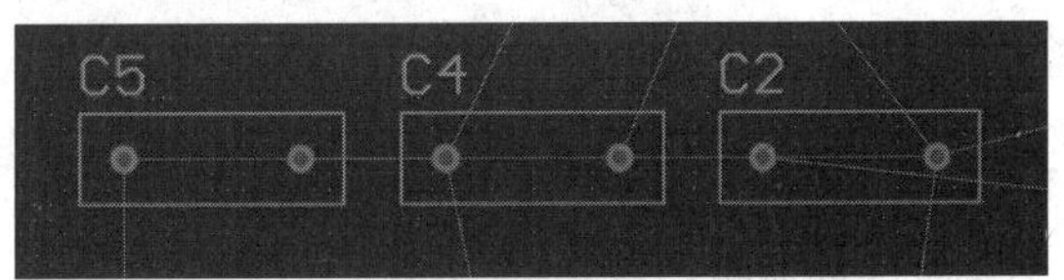

图 7-28　顶对齐后的效果

执行“水平分布”命令，该组电容封装模型将水平分布，效果如图 7-29 所示。

Altium Designer 提供的“对齐”菜单中的命令，不只是针对元件与元件之间的对齐，还包括焊盘与焊盘之间的对齐。如图 7-30 所示，C2 和 R2 相对的两个焊盘，为了遵循布线时的最短走线原则，应使两个焊盘对齐。

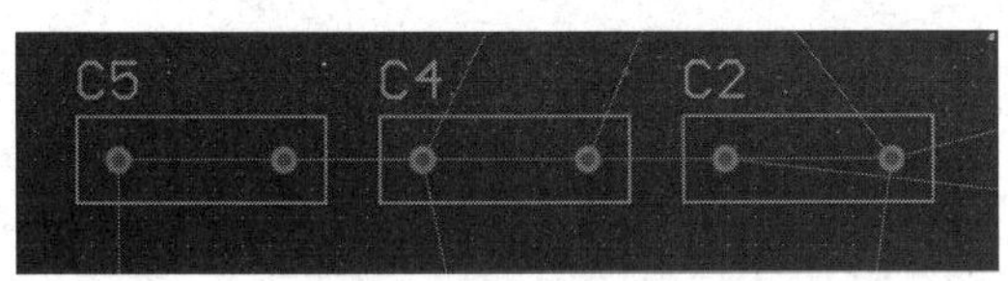

图 7-29　水平分布的效果

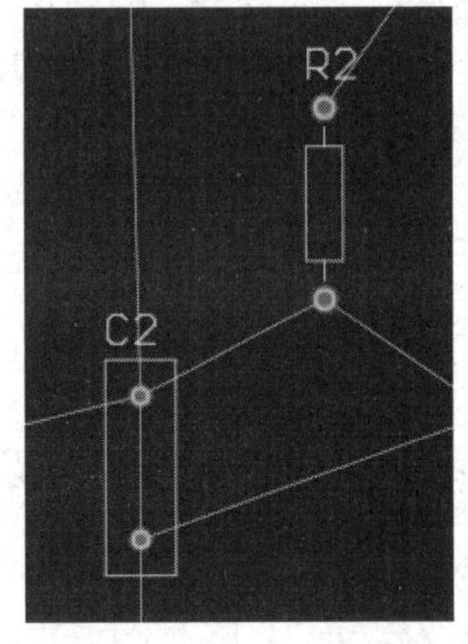

图 7-30　两个待对齐的焊盘

选中其中一个焊盘，按 Tab 键，执行“底对齐”命令，使两个焊盘对齐到一条直线上，效果如图 7-31 所示。

在上述初步布局的基础上，为了使电路更加美观、经济，用户需进行优化。在已布局电路中，C8 存在交叉线，如图 7-32 所示。

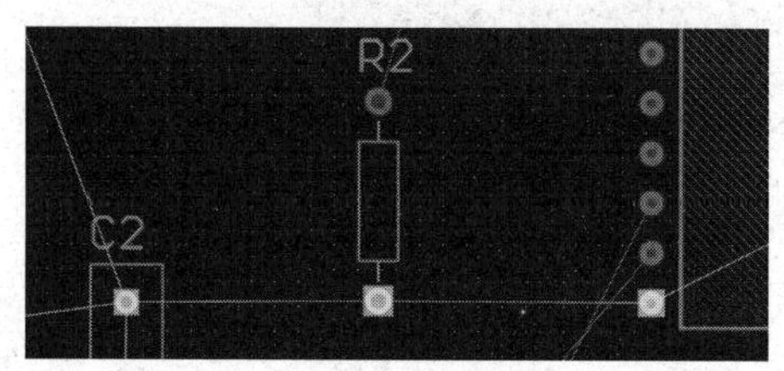

图 7-31 对齐焊盘

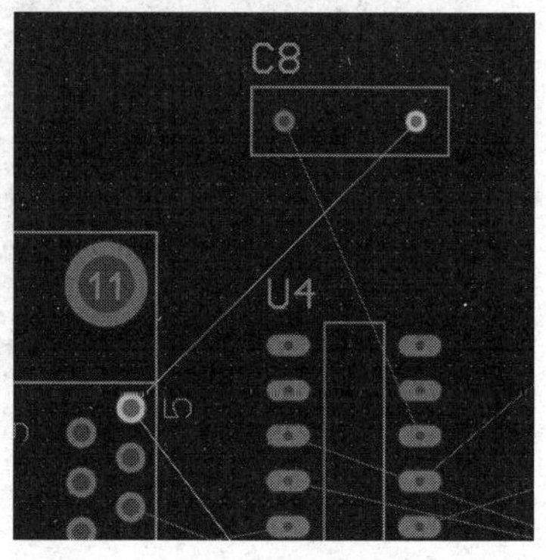

图 7-32 C8 存在交叉线

因此用户需按空格键，调整 C8 的方位以消除交叉线，调整后的效果如图 7-33 所示。同样地，标注文字的方位也是可以调整的，调整方式与元件封装模型的调整方式相同。例如，调整图 7-33 中的 C8 的标注的方位，将光标放置到 C8 的标注上单击，按空格键，此时标注将发生旋转，如图 7-34 所示，调整后的效果如图 7-35 所示。

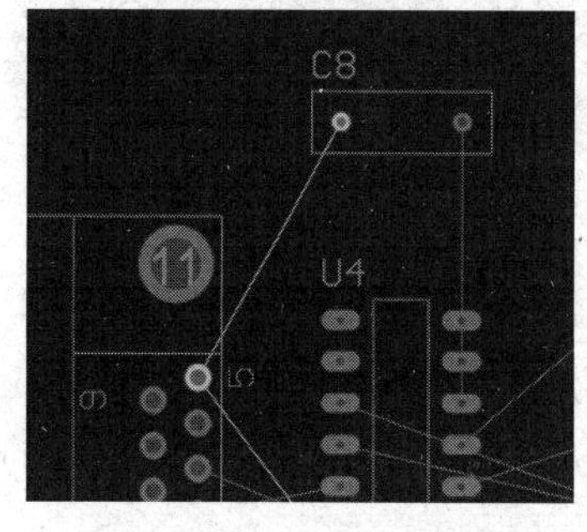

图 7-33 调整 C8 方位后的效果

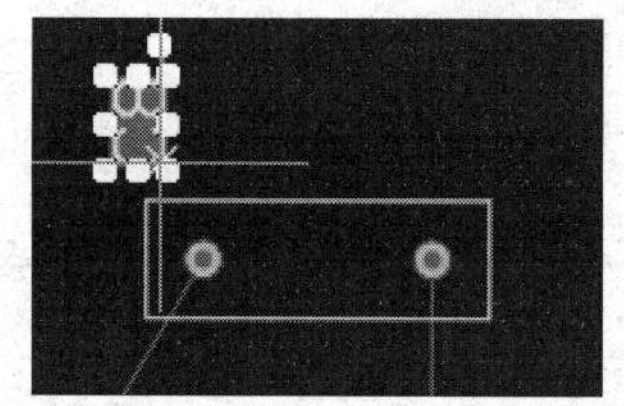

图 7-34 调整 C8 的标注的方位

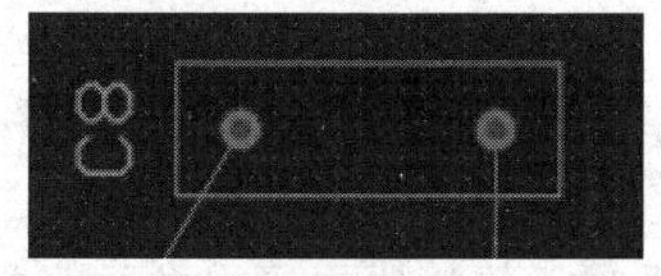

图 7-35 C8 的标注调整后的效果

7.3 元件布局注意事项

元件布局依据的原则：保证电路功能和性能指标；满足工艺、检测和维修等方面的要求；元件排列整齐、疏密得当。对于初学者，合理的元件布局是确保 PCB 正常工作的前提，因此用户需要特别注意。

1. 按照信号流向布局

在对元件进行布局时，应遵循信号流向从左到右或从上到下的原则，即在对元件进行布局时输入端放在 PCB 的左侧或上方，输出端放在 PCB 的右侧或下方。按信号流向布局如图 7-36 所示。

按照信号的流向逐一排布元件，便于信号流通。此外，与输入端直接相连的元件应当放在靠近输入接插件的地方。同理，与输出端直接相连的元件应当放在靠近输出接插件的地方。

当元件因连线优化或空间的约束，需要放置到 PCB 同侧时，输入端与输出端不宜靠得太近，以免产生寄生电容，引起电路振荡，甚至导致系统工作不稳定。

（a）电源电路

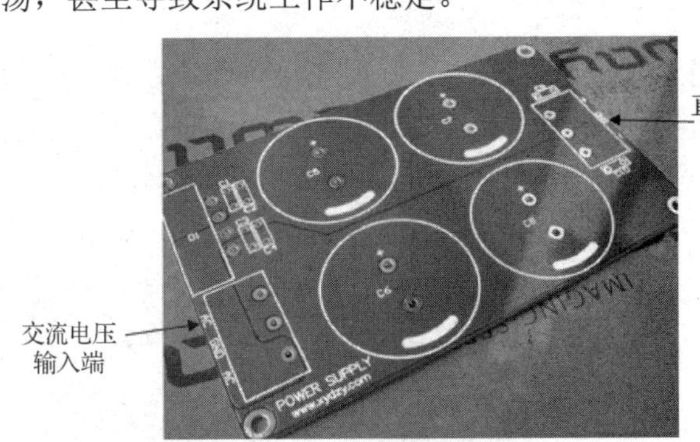

（b）电源电路 PCB

图 7-36　按信号流向布局

2．优先确定核心元件的位置

先根据电路功能判别电路的核心元件，然后以核心元件为中心，围绕核心元件布局，如图 7-37 所示。优先确定核心元件的位置有利于对其余元件进行布局。

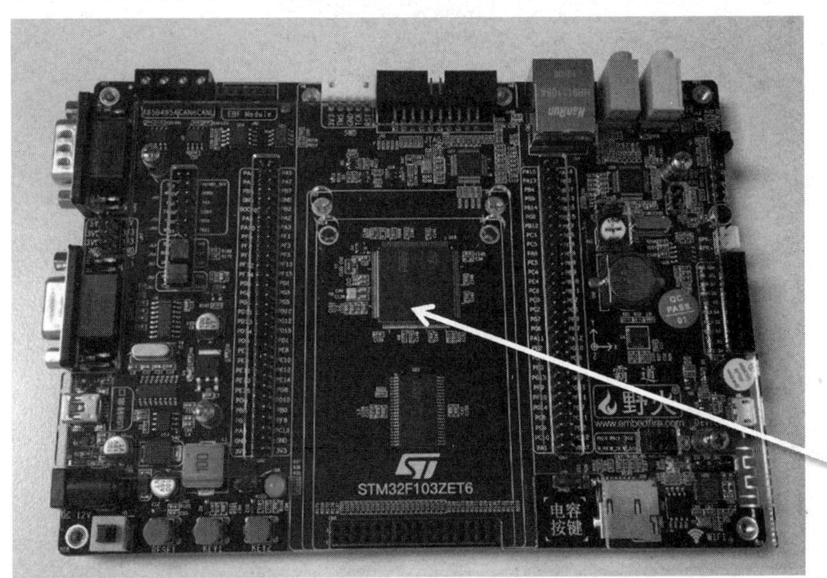

图 7-37　围绕核心元件布局

3．考虑电路的电磁特性

在对元件进行布局时，应充分考虑电路的电磁特性。通常强电部分（220V 交流电）与弱电部分应布置得尽量远，电路的输入级与输出级的元件应尽量分开。同时，当直流电源引线较长时，要增加滤波元件，以防 50Hz 干扰。

当元件间可能有较高的电位差时，应加大它们之间的距离，以免出现因放电、击穿引起的意外。此外，金属壳的元件应避免相互接触。

4．考虑电路的热干扰

对于发热元件，其封装模型应尽量放置在靠近外壳或通风较好的位置，以便利用机壳上开凿的散热孔散热。当元件需要安装散热装置时，应将元件放置到 PCB 的边缘，以便安装散热器或小风扇，以确保元件的温度在允许范围内。安装散热装置的 PCB 如图 7-38 所示。

温度敏感的元件，如晶体管、集成电路、热敏电路等，不宜放在热源附近。

图 7-38　安装散热装置的 PCB

5．可调元件的布局

在对可调电位器、可调电容器、可调电感线圈等可调元件进行布局时，需要考虑其机械结构。可调元件实物图如图 7-39 所示。

图 7-39　可调元件实物图

在放置可调元件的封装模型时，应尽量布置在操作者方便操作的位置，以便使用。

一些带高电压的元件应尽量布置在操作者手不易触及的地方，以确保调试、维修安全。

元件布局还应考虑以下事项。

- 按电路模块布局，实现同一功能的相关电路被称为一个模块，电路模块中的元件应遵循就近原则，同时数字电路和模拟电路应分开。
- 定位孔、标准孔等非安装孔周围 1.27mm（50mil）内不得贴装元件，螺钉等安装孔周围 3.5mm（138mil）（对于 M2.5）及 4mm（157mil）内不得贴装元件。
- 表面装贴式元件焊盘的外侧与相邻插装式元件的外侧距离应大于 2mm（79mil）。
- 采用金属壳体封装的元件和金属体（屏蔽盒等）不能与其他元件接触，不能紧贴印制线、焊盘，其间距应大于2mm（79mil）；定位孔、紧固件安装孔、椭圆孔及板中其他方孔外侧与 PCB 边的距离应大于 3mm（118mil）。
- 高热元件要均衡分布。
- 电源插座要尽量布置在 PCB 的四周，电源插座与其相连的汇流条接线端应布置在同侧，且电源插座及焊接连接器的布置间距应便于电源插头的插拔。
- 所有集成电路单边对齐，有极性元件的极性应标示明确，同一块 PCB 上，极性标示不得多于两个方向，且在出现两个方向时，两个方向应互相垂直。
- 表面装贴式元件应单边对齐，字符方向应一致，封装方向应一致。

思考与练习

（1）设置元件布局规则。

（2）在第 6 章思考与练习（3）的基础上，对元件进行布局。

（3）元件布局时应考虑哪些问题?

第8章 PCB布线

在整个PCB设计中，布线的设计过程要求最高、工作量最大。PCB布线分为单面布线、双面布线、多层布线，具体可以使用系统提供的自动布线和手动布线两种方式。虽然系统为设计者提供了一个操作方便的自动布线功能，但是在实际设计中，仍然会有不合理的地方，这时就需要设计者手动调整PCB上的导线，以获得最佳设计效果。

Altium Designer 22及近些版本早已优化了推挤布线和在拖曳已完成布线的元件时自动跟进布线，避免了在推挤时产生不符合规则的布线等；同时支持根据外形进行弧形布线（可关闭），避免了在布线时产生锐角和回路等。

8.1 布线的基本原则

PCB 设计的好坏对电路的抗干扰能力有很大影响。因此，在进行布局时，必须遵守PCB 设计的基本原则，并应符合抗干扰设计要求，以使电路获得最佳性能。布线的基本规则如下所述。

- 导线的布设应尽可能短；同一元器件的各条地址线或数据线应尽可能保持一样长；在高频电路或布线密集的情况下，导线的拐角应为圆角，若导线的拐角为直角或尖角，将会影响电路的电气特性。
- 在进行双面布线时，两面的导线应互相垂直、斜交或弯曲，避免相互平行，以减小寄生电容和耦合电容。
- PCB尽量使用45°折线布线，而不用90°折线布线，以免产生高频信号。
- 电路输入及输出用的导线应尽量避免与相邻的导线平行，以免发生回流，在这些导线之间最好加地线。
- 当板面布线疏密差别大时，应以网状铜箔填充，网格宽度应大于8mil（0.2mm）。
- 贴片焊盘上不能有通孔，以免焊膏流失，造成元器件虚焊。
- 传输重要信号的导线不准从插座间穿过。
- 卧装电阻、电感（插件）、电解电容等元件的下方避免布放过孔，以免经波峰焊后孔与元件壳体短路。
- 在进行手动布线时，应先布电源线，再布地线，且电源线应尽量在同一板层。
- 信号线不能出现环路，如果不得不出现环路，要尽量减小环路面积。
- 当导线通过两个焊盘之间而不与它们连通时，导线应该与它们保持最大且相等的间距。
- 导线与导线之间的距离应当均匀、相等并且保持最大。

- 导线与焊盘连接处的过渡要圆滑，避免出现尖角。
- 当焊盘之间的中心距小于焊盘的外径时，连接焊盘的导线的宽度可以和焊盘的外径相同；当焊盘之间的中心距大于焊盘的外径时，应减小连接焊盘的导线的宽度；当一条导线上有 3 个以上焊盘时，焊盘的距离应该大于 2 倍焊盘直径。
- 印制线路的公共地线应尽量布置在 PCB 的边缘。在 PCB 上应尽可能多地保留铜箔作为地线，这样得到的屏蔽效果比一条长地线的屏蔽效果要好，同时可以改善信号线传输特性和屏蔽作用，另外还可以起到减小分布电容的作用。印制线路的公共地线最好形成环路或网状，这是因为当在同一块 PCB 上有许多集成电路时，由于图形上的限制，产生了接地电位差，从而引起噪声容限的降低，当做成回路时，接地电位差会减小。
- 为了抑制噪声，接地线和电源线应尽可能与数据的流动方向平行。
- 在多层 PCB 中，可将若干层作为屏蔽层，电源层、地线层均可视为屏蔽层。要注意的是，一般地线层和电源层设计在多层 PCB 的内层，信号线设计在 PCB 的内层或外层。
- 数字区与模拟区尽可能进行隔离，并且数字地与模拟地要分离，最后接于电源地。

8.2　布线规则的设置

在布线之前对布线规则进行设置，设置完成后，整个布线过程将自动遵守布线规则。布线规则通过“PCB 规则及约束编辑器”对话框来完成设置，在该对话框提供的 10 类规则中，与布线有关的主要是“Electrical”规则和“Routing”规则。下面对这两类规则分别进行设置。

1．“Electrical”规则

“Electrical”规则针对的是具有电气特性的对象，用于设置设计规则检查（Design Rule Check，DRC）规则。在布线时，只要违反“Electrical”规则，DRC 校验器就会自动报警，提示用户修改布线。在 PCB 编辑环境中，执行“设计”→“规则”命令，打开“PCB 规则及约束编辑器”对话框，在该对话框左边的规则列表中，单击“Electrical”规则前面的三角形按钮，可以看到如图 8-1 所示的子规则，共有 6 项，分别是“Clearance”（安全间距）子规则、“Short-Circuit”（短路）子规则、“Un-Routed Net”（非路由网络）子规则、“Un-Connected Pin”（未连接的引脚）子规则、“Modified Polygon”（修改多边形）子规则及“Creepage Distance”（爬电距离）子规则。下面分别介绍这 6 项子规则的用途及参数设置方法。

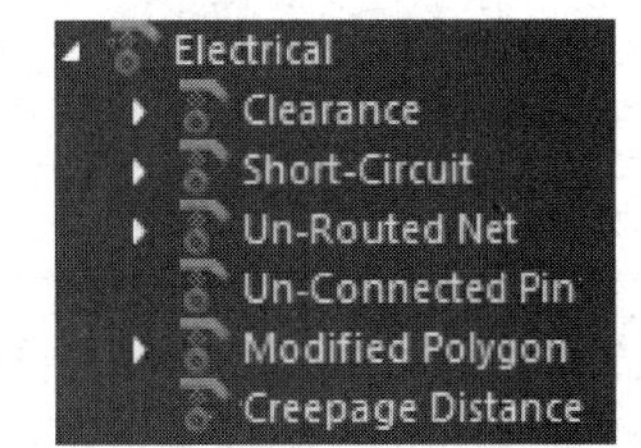

图 8-1　“Electrical”规则包含的 6 项子规则

1）“Clearance”子规则

“Clearance”子规则主要用于设置 PCB 设计中导线与导线之间、导线与焊盘之间、焊盘与焊盘之间等导电对象之间的最小安全间距，以免彼此因距离过近而产生电气干扰。单击

“Clearance”子规则前面的三角形按钮，展开一个“Clearance”子规则，单击该子规则，打开如图 8-2 所示的界面。

图 8-2　“Clearance”子规则设置界面

在 Altium Designer 中，“Clearance”子规则规定了 PCB 上不同网络的布线、焊盘和过孔等导电对象之间必须保持的最小安全距离。在单面板和双面板的设计中，该距离首选值为 10～12mil；在 4 层及以上的 PCB 中，该距离首选值为 7～8mil；最大安全间距一般没有限制。

相邻导线间距必须能满足电气安全要求。为了便于操作和生产，相邻导线间距应尽量宽些。最小安全间距的相邻导线至少要能承受适合的电压。这个电压一般包括工作电压、附加波动电压及其他原因引起的峰值电压。如果相关技术条件允许在导线之间存在某种程度的金属残粒，那么相应的安全间距会减小，设计者在考虑电压时应把这种因素考虑进去。在布线密度较低时，信号线的间距可适当加大，高电压、低电压悬殊的信号线应尽可能地缩短长度并加大间距。

“Electrical”规则下的子规则设置界面与“Placement”规则下的子规则设置界面相似，都是由上、下两部分构成的。上半部分用来设置规则的适用对象范围，下半部分用来设置规则的约束条件。图 8-2 中的“约束”区域主要用于设置该子规则适用的网络范围，由下拉列表给出。

- “Different Nets Only”选项：选择此选项，则子规则仅适用于不同的网络之间。
- “Same Net Only”选项：选择此选项，则子规则仅适用于同一网络。
- “All Net”选项：选择此选项，则子规则适用于所有网络。
- “Different Differential pair”选项：用来设置不同导电对象之间的具体安全间距。在一般情况下，导电对象的间距越大，产生干扰或元件之间短路的可能性就越小，但对 PCB 的要求会变高，成本也会变高，所以应根据实际情况来设定。
- “Same Differential pair”选项：用来设置同类导电对象之间的具体安全间距。

2）“Short-Circuit”子规则

“Short-Circuit”子规则用于设置短路的导线是否允许出现在 PCB 上。单击“Short-Circuit”子规则前面的三角形按钮，展开一个“ShortCircuit”子规则，单击该子规则，打开如图 8-3 所示界面。

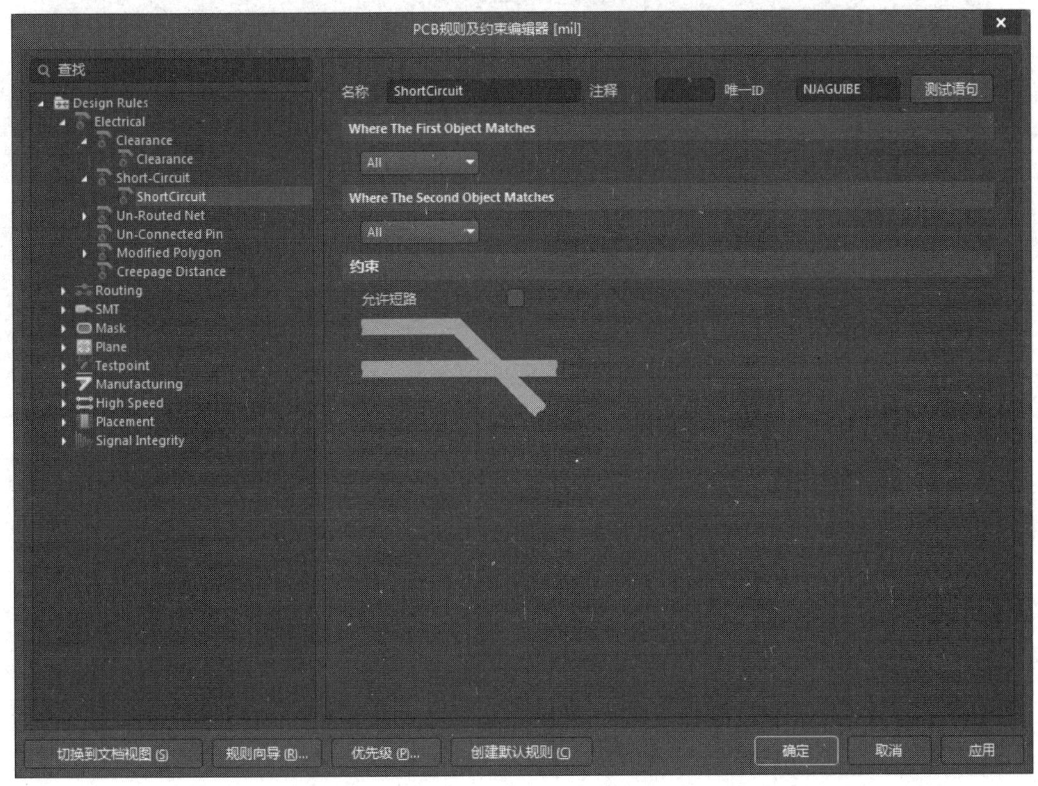

图 8-3　“ShortCircuit”子规则设置界面

“约束”区域内只有一个复选框——“允许短路”复选框，若勾选该复选框，在 PCB 布线时将允许设置的匹配对象中的导线短路。系统默认未勾选该复选框。

3）“Un-Routed Net”子规则

“Un-Routed Net”子规则用于检查 PCB 中指定范围内的网络是否已完成布线，对于没有布线的网络，仍以飞线形式保持连接。单击“Un-Routed Net”前面的三角形按钮，展开一个“UnRoutedNet”子规则，单击该子规则，打开如图 8-4 所示的界面。

“约束”区域内只给出了一个复选框——“检查不完全连接”复选框，若勾选该复选框将开启检查不完全连接的设定。系统默认未勾选状态该复选框。

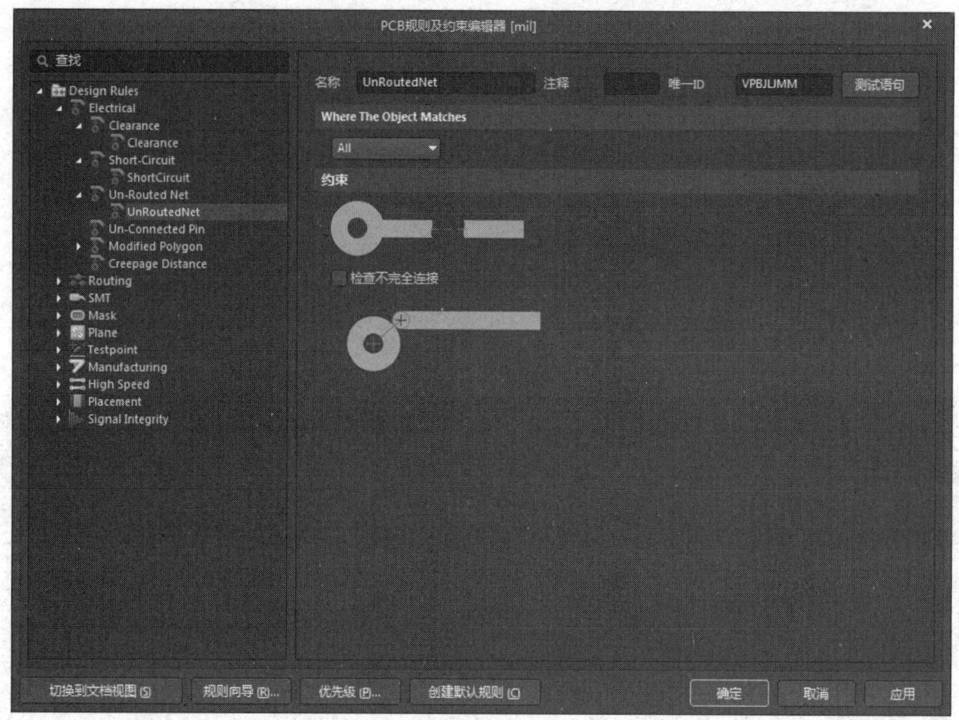

图 8-4 “UnRoutedNet”子规则设置界面

4）“Un-Connected Pin”子规则

“Un-Connected Pin”子规则用于检查指定范围内的元件引脚是否已连接到网络，没有连接到网络的引脚将高亮显示。

选中“Un-Connected Pin”子规则，右击，在弹出的快捷菜单中执行“新规则”命令，或者单击“Un-Connected Pin”子规则，再单击“新规则”按钮，新建一个“UnConnectedPin”子规则。单击该子规则，打开如图 8-5 所示的界面。

“约束”区域内没有任何约束条件设置选项，只需要设定规则的适用范围。当完成该项设置后，未连接到网络的引脚会高亮显示。

5）“Modified Polygon”子规则

“Modified Polygon”子规则用于定义多边形铺铜区域（Polygon Pour）的特殊行为。在 PCB 设计中，铺铜可以用于提高电路的电流承载能力，帮助散热，减少噪声等。通过“Modified Polygon”子规则，设计人员能够指定多边形铺铜的具体参数，如铺铜的连接样式、孤岛移除、温度系数、铺铜与其他导线或元件的最小距离等，以确保多边形铺铜在不影响电路功能的情况下，最大化其在电磁兼容性和散热等方面的益处。

单击“Modified Polygon”子规则前的三角形按钮，展开一个“UnpouredPolygon”子规则。单击该新建子规则，打开如图 8-6 所示的界面。

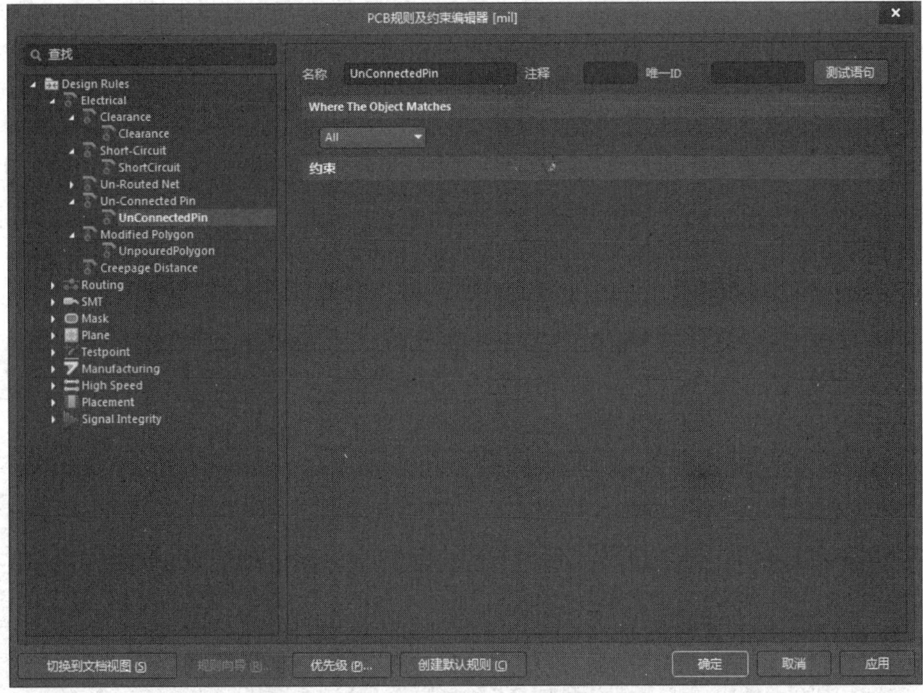

图 8-5　“UnConnectedPin”子规则设置界面

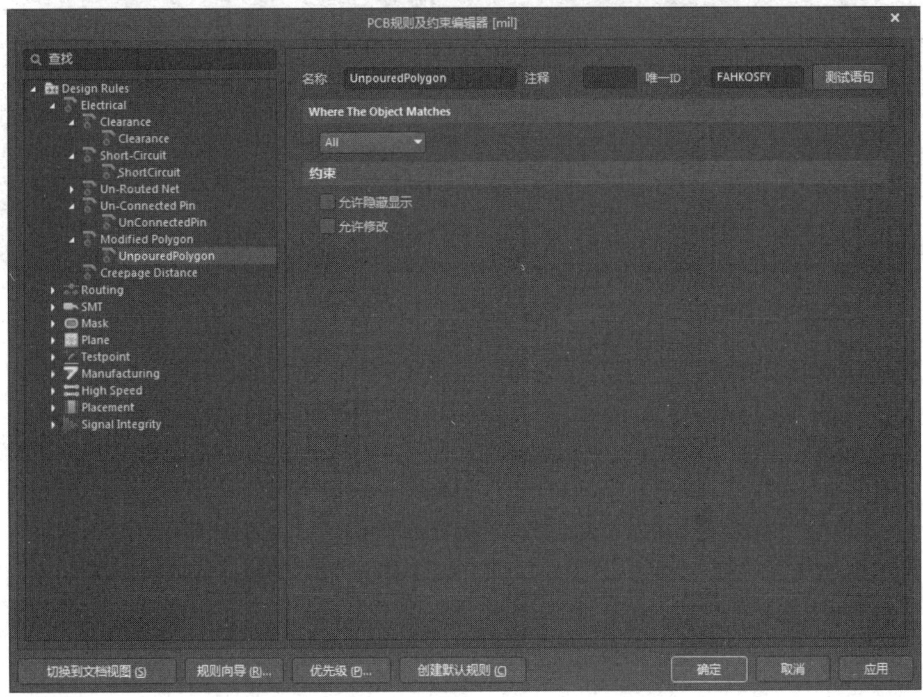

图 8-6　“UnpouredPolygon”子规则设置界面

6）“Creepage Distance”子规则

“Creepage Distance”子规则与电气安全有关，它指定了PCB上不同导电部分之间的最小爬电距离。爬电距离是指在绝缘表面上测量的两个导电部分之间的最短路径长度。“Creepage Distance”规则对于维护电气设备的安全性至关重要，特别是在高压应用中。确保足够的爬电距离可以防止电气击穿和短路，从而避免发生设备损坏和安全事故。设计人员在Altium Designer中设置“Creepage Distance”规则，可以自动检查PCB设计是否满足安全要求，确保不同电压等级之间有足够间距。

选中“Creepage Distance”子规则，右击，执行“新规则”命令，新建一个“Creepage”的子规则，单击该子规则，打开如图8-7所示的界面。

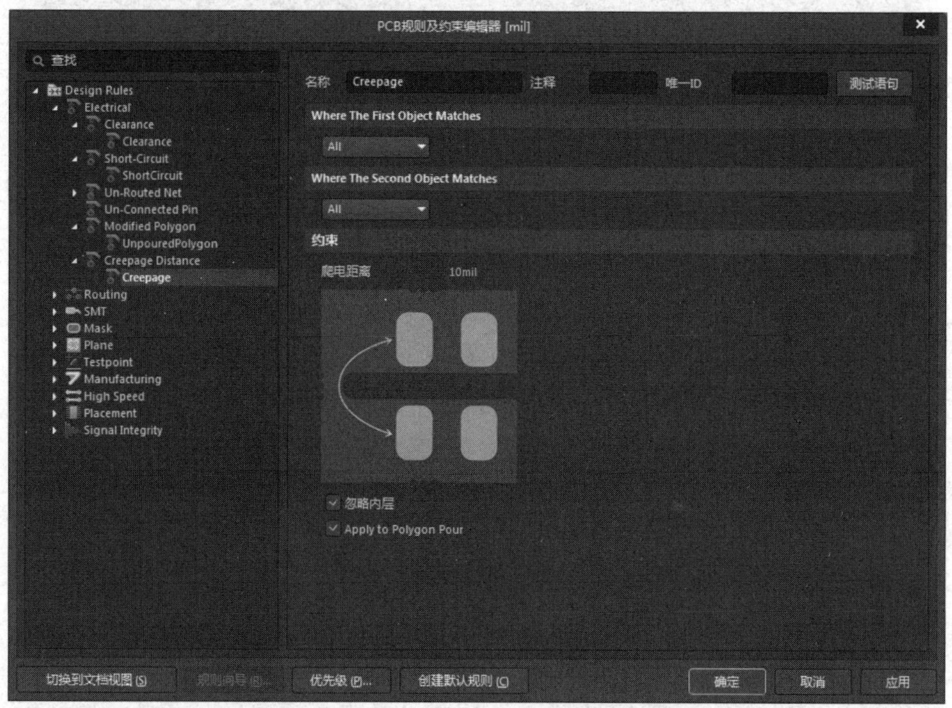

图8-7 “Creepage”子规则设置界面

- “Creepage”子规则是一个二元规则，设置“Where The First Object Matches”下拉列表，确定第一个对象，即识别必须与其他网络保持规定爬电距离的网络；设置“Where The Second Object Matches”下拉列表，确定第二个对象，即识别必须与第一个对象保持爬电距离的网络。
- “爬电距离”数值框：爬电距离是根据在PCB上的剪切块和未镀铜的焊盘孔周围的距离来计算的。当第一个对象上的任何点到第二个对象上的任何点的距离等于或小于此值时，将被标记为违规。

2．“Routing”规则

在PCB编辑环境中，执行“设计”→“规则”命令，打开“PCB规则及约束编辑器”

对话框，在该对话框左边的规则列表中，单击“Routing”规则前面的三角形按钮，可以看到如图 8-8 所示的子规则，共有 8 项，分别是“Width”（布线宽度）子规则、“Routing Topology”（布线拓扑逻辑）子规则、“Routing Priority”（布线优先级）子规则、“Routing Layers”（布线层）子规则、“Routing Corners”（布线拐角）子规则、“Routing Via Style”（布线过孔）子规则、“Fanout Control”（扇出布线）子规则、“Differential Pairs Routing”（差分对布线）子规则。下面分别介绍这 8 项子规则的用途及参数设置方法。

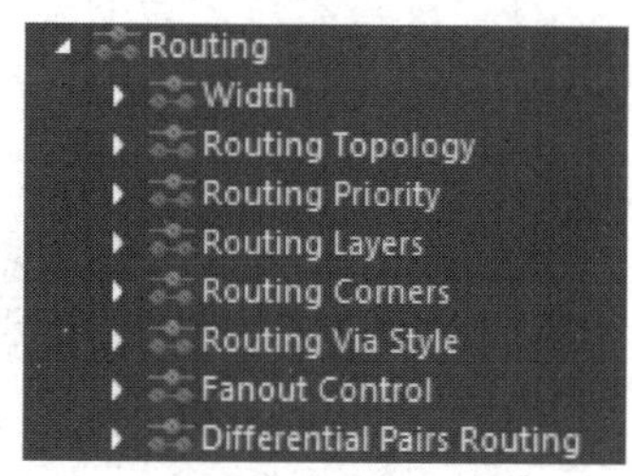

图 8-8　布线子规则

1）“Width”子规则

布线宽度是指 PCB 铜膜导线的实际宽度。在设计 PCB 时，流经大电流的导线要用粗线（如线宽为 50mil 的导线），流经小电流的导线可以用细线（如线宽为 10mil 的导线）。通常线宽的经验值是 10A/mm^2，即横截面积为 1mm^2 的导线能安全通过的电流值为 10A。如果线宽太小，那么在通过大电流时，导线将被烧毁。电流烧毁导线遵循能量守恒公式：$Q=I \times I \times t$，如对于一个 10A 电流的导线来说，突然出现一个持续时间为μs 级的 100A 的电流毛刺，那么采用宽度为 30mil 的导线是肯定能够承受得住的，因此在实际中要综合考虑导线的线宽。

PCB 导线的宽度应满足电气性能要求且便于生产，最小宽度主要由导线与绝缘基板间的黏附强度和流过的电流值决定，但最小不宜小于 8mil。在高密度、高精度的印制线路中，导线宽度和间距一般可取 12mil。导线宽度在大电流情况下还要考虑温升，单面板实验表明，当铜箔厚度为 50μm、导线宽度为 1～1.5mm、通过电流为 2A 时，温升很小，一般选取宽度为 40～60mil 的导线就可以满足设计要求而不致引起温升。印制线路的公共地线应尽可能粗，这对于带有微处理器的电路中尤为重要，因为当地线过细时，流经地线的电流的变化会引起地电位变动，从而使微处理器定时信号的电压不稳定，噪声容限劣化。在封装形式为 DIP 的集成电路的引脚间走线，可采用“10-10”与“12-12”的原则，即当 2 个引脚间通过 2 条线时，焊盘直径可设为 50mil，线宽与线距均为 10mil；当两个引脚间只通过 1 条线时，焊盘直径可设为 64mil，线宽与线距均为 12mil。

“Width”子规则用于设置 PCB 布线时允许采用的导线宽度。单击“Width”子规则前面的三角形按钮，展开一个“Width”子规则，单击该子规则，打开如图 8-9 所示的界面。

在“约束”区域内设置导线宽度，包括最大宽度、最小宽度、首选宽度。其中最大宽度和最小宽度确定了导线的宽度范围，而首选宽度是放置导线时系统默认的导线宽度值。

在“约束”区域内还包含 3 个选项。

- “检查导线/弧的最大/最小宽度”单选按钮：选择该单选按钮，可设置检查导线和圆弧的最大/最小宽度。
- “检查连接铜（线轨，圆弧，填充，焊盘和过孔）最小/最大物理宽度”单选按钮：选择该单选按钮，可设置检查线轨、圆弧、填充、焊盘和过孔的最小/最大宽度。

• “使用阻抗配置文件”下拉列表：选择此规则针对的网络适用的阻抗配置文件。该配置文件指定了哪些层为目标信号提供返回路径。该下拉列表的默认是未激活，无法进行设置。

Altium Designer 设计规则针对不同目标对象，可以定义多个同类型的规则。例如，用户可定义一个适用于整个 PCB 的导线宽度约束条件，所有导线都是这个宽度。但由于电源线和地线通过的电流比较大，因此电源线和地线比其他信号线宽，所以要对电源线和地线重新定义一个导线宽度规则。

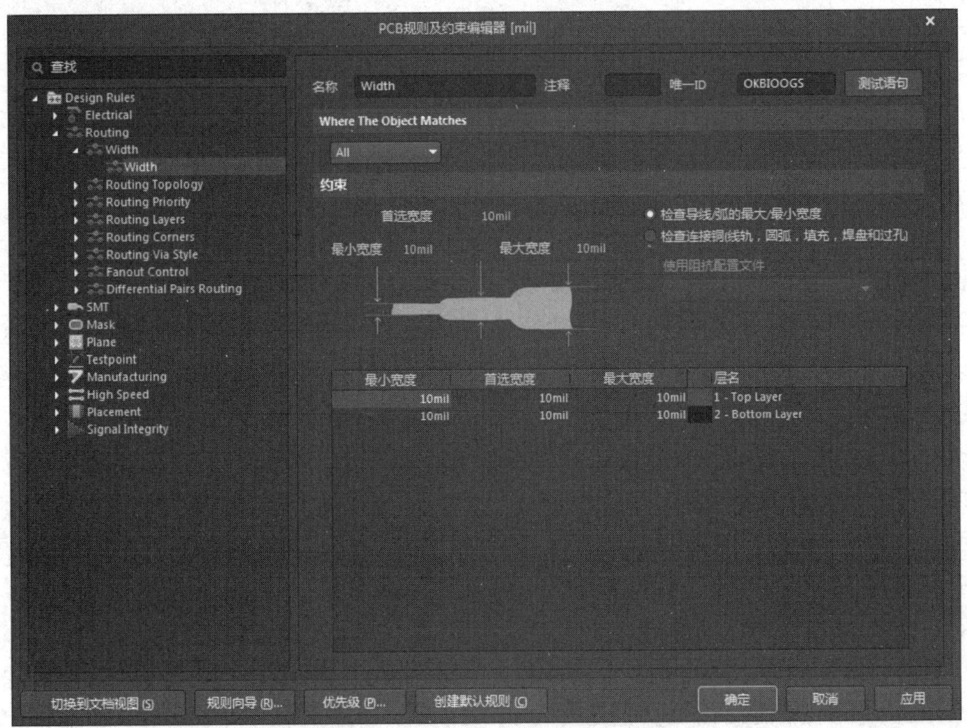

图 8-9 “Width”子规则设置界面

下面以定义两种导线宽度规则为例来介绍如何定义多个同类型的规则。

首先定义第一个导线宽度规则，在打开的“Width”规则设置界面中，设置“最大宽度”、“最小宽度”和“首选宽度”均为“10mil”，在“名称”文本框内输入“All”，设置“Where The Object Matches”下拉列表为“All”，如图 8-10 所示。

设置完成后单击“确定”按钮，继续添加规则。选中“Width”子规则，右击，执行“新规则”命令，新建一个“Width”子规则。单击该子规则，打开“Width”子规则设置界面。

以下操作均需要在之前做好的 PCB 上完成。在“约束”区域内，将“最大宽度”、“最小宽度”和“首选宽度”都设置为“20mil”，在“名称”文本框内输入“VCC and GND”。设置“Where The Object Matches”区域左侧的下拉列表为“Net”，右侧下拉列表为“+15V”，如图 8-11 所示。

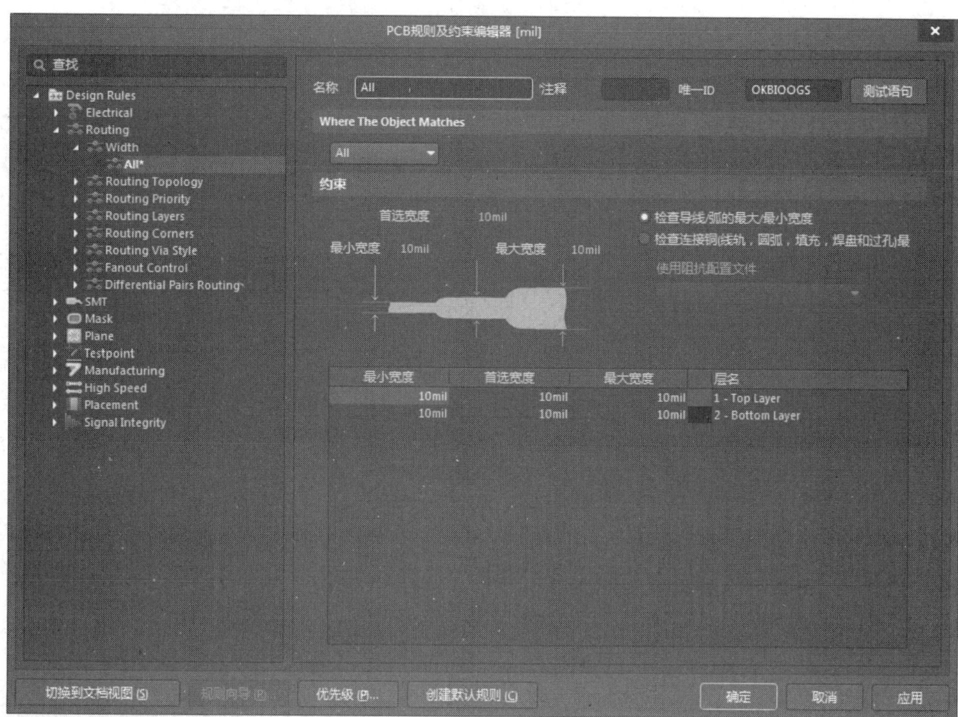

图 8-10　定义第一个导线宽度规则

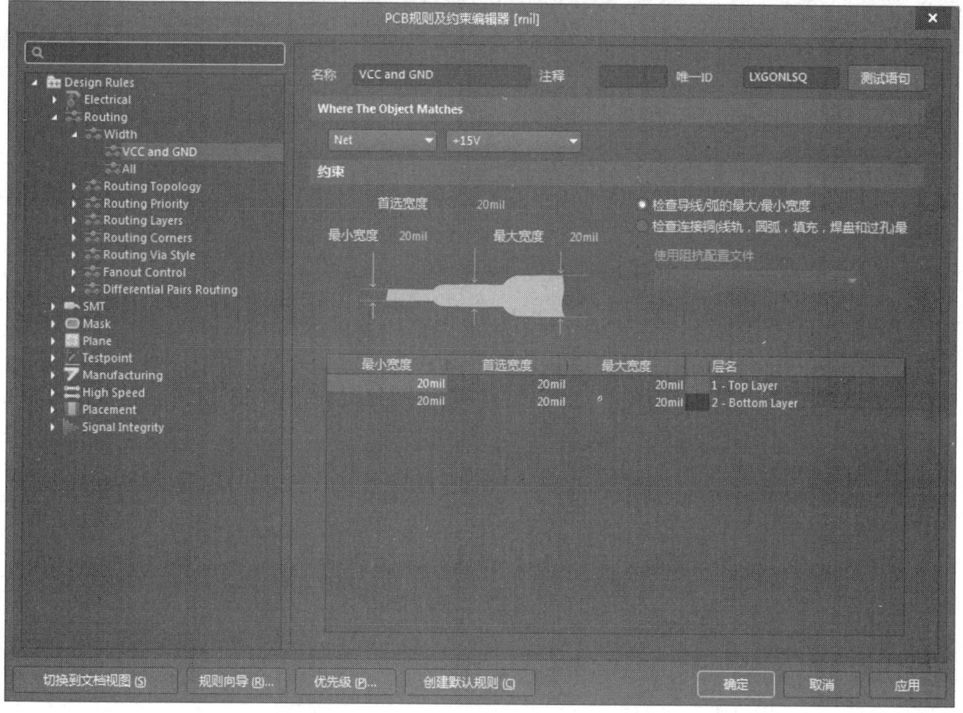

图 8-11　定义第二个导线宽度规则

单击“确定”按钮，在左侧下拉列表中选择“Custom Query”选项，在右侧文本框中输入“InNet（'+15V'）”选项，如图 8-12 所示。

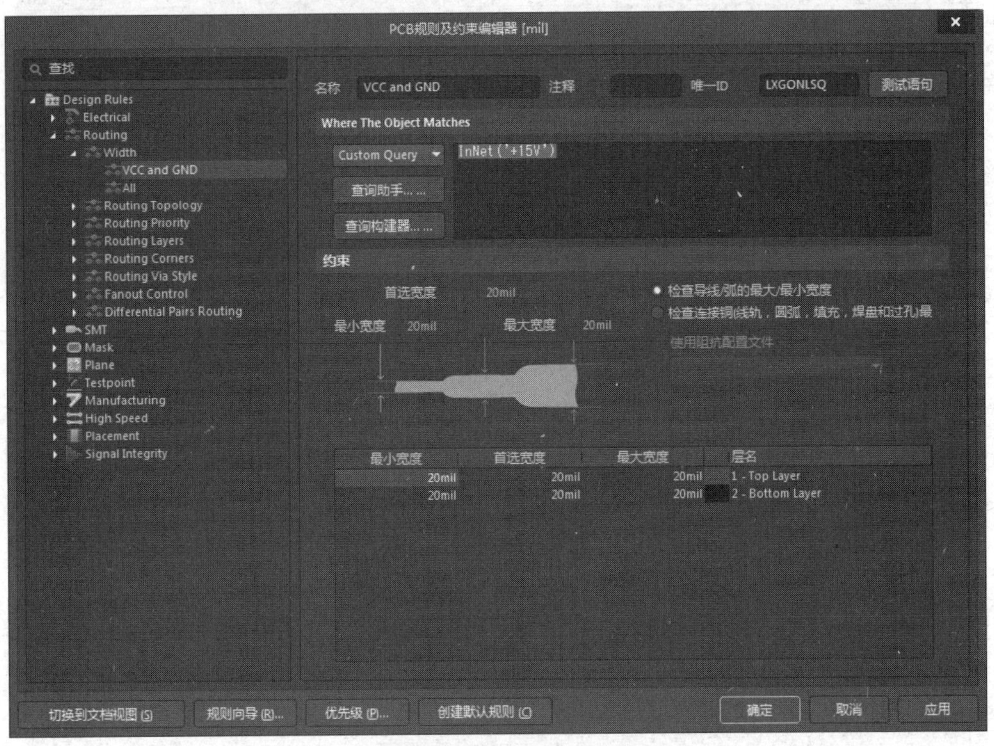

图 8-12　匹配对象范围设置

单击被激活的“查询助手”按钮，启动“Query Helper”对话框。此时在“Query Helper”对话框的“Query”文本框中显示的内容为“InNet（'+15V'）”。单击“Or”按钮，“Query”文本框中显示的内容变为“InNet（'+15V'）Or”。在“Or”的右侧单击，光标停留在“Or”右侧。单击“PCB Functions”下的“Membership Checks”选项，在右侧的“Name”栏中找到“InNet”并双击，此时“Query”文本框中的内容为“InNet（'+15V'） Or InNet（）”。在第二个括号中单击，光标停留在括号内。单击“PCB Objects Lists”下的“Nets”选项，在右侧的“Name”栏中找到“-15V”并双击，此时“Query”文本框中的内容变为“InNet（'+15V'）Or InNet（'-15V'）”。按照上述操作，将 VCC 网络和 GND 网络添加为匹配对象。“Query”文本框中显示的内容最终为“InNet（'+15V'） Or InNet（'-15V'） Or InNet（'GND'）Or InNet（'VCC'）”，如图 8-13 所示。

单击“Check Syntax”按钮，进行语法检查。系统会弹出如图 8-14 所示的检查信息提示框。

单击“OK”按钮，关闭检查信息提示框。单击“Query Helper”对话框中的“OK”按钮，关闭“Query Helper”对话框，返回“VCC and GND”子规则设置界面。

单击“VCC and GND”子规则设置界面左下方的“优先级”按钮，进入“编辑规则优先级”对话框，如图 8-15 所示。

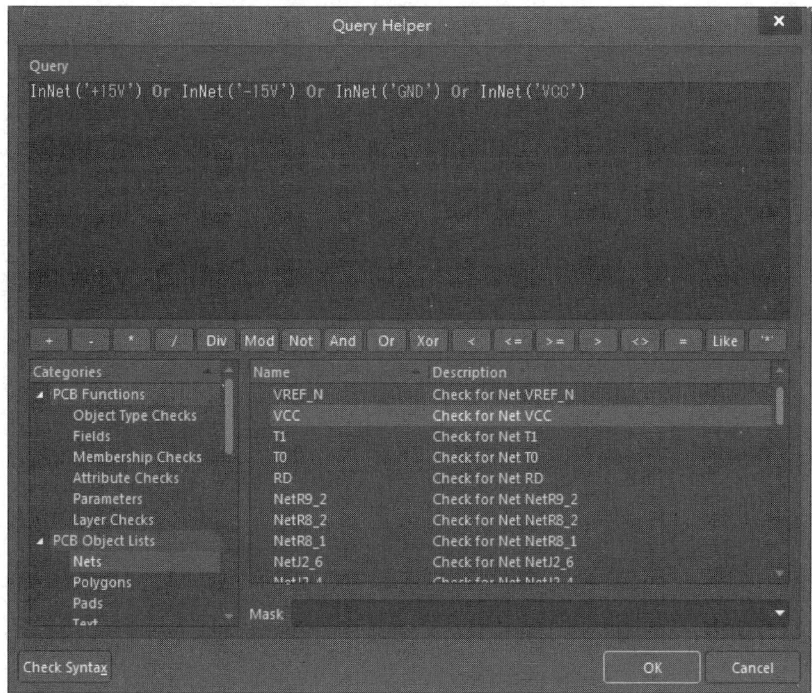

图 8-13　设置规则适用的网络

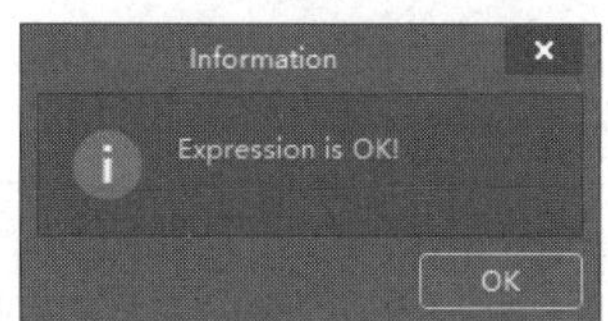

图 8-14　检查信息提示框

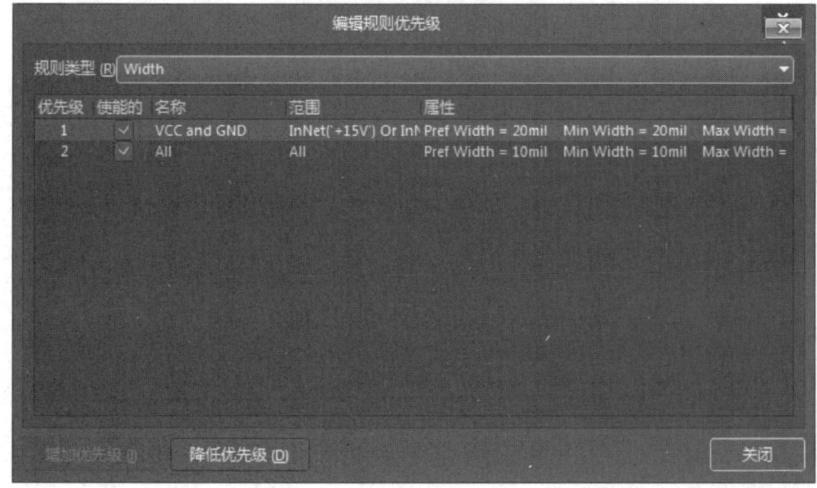

图 8-15　“编辑规则优先级”对话框

该对话框列出了创建的两个导线宽度规则。其中“VCC and GND”规则的优先级为

“1”，“All”规则的优先级为“2”。选择其中一个规则，单击对话框下方的“增加优先级”按钮或“降低优先级”按钮，即可调整该规则的优先级。此处，选择“VCC and GND”规则后单击“降低优先级”按钮，“VCC and GND”规则的优先级将降为“2”，“All”规则的优先级将升为“1”，如图 8-16 所示。

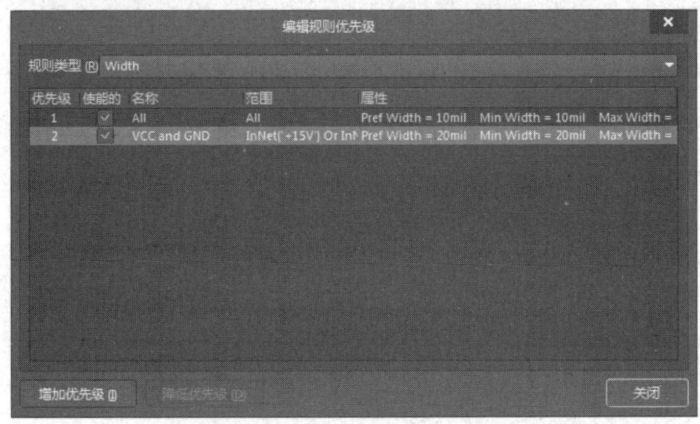

图 8-16　调整规则的优先级

2）“Routing Topology”子规则

“Routing Topology”子规则用于设置自动布线时同一网络内各节点间的布线方式。单击“Routing Topology”子规则前面的三角形按钮，展开一个“RoutingTopology”子规则，单击该子规则，打开如图 8-17 所示的界面。

图 8-17　“RoutingTopology”子规则设置界面

在“约束”区域内，单击“拓扑”下拉按钮，选择相应的拓扑结构，如图 8-18 所示。各拓扑结构的意义如表 8-1 所示。

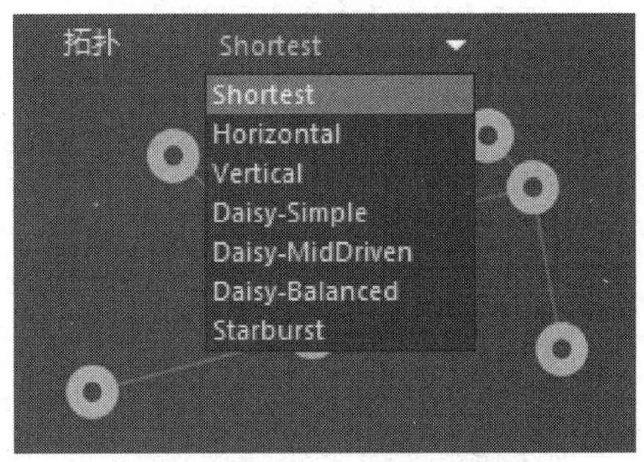

图 8-18　7 种可选拓扑结构

表 8-1　各拓扑结构的意义

名称	图解	说明
Shortest（最短拓扑）		这种拓扑布线方式会选择从信号源到每个目标点的最短路径
Horizontal（水平拓扑）		在连接所有节点后，水平方向连线最短
Vertical（垂直拓扑）		在连接所有节点后，垂直方向连线最短
Daisy-Simple（简单雏菊拓扑）		信号从源点出发，依次经过每个目标点，如同一根线穿过一系列珠子
Daisy-MidDriven（雏菊中点拓扑）		选择一个源点（Source），以它为中心分别向左、右连通所有节点，并使连线最短

续表

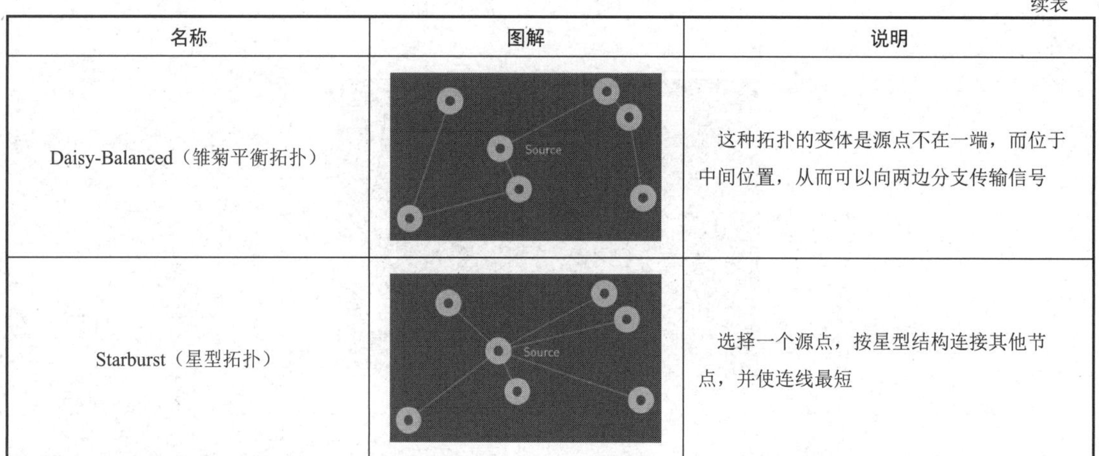

名称	图解	说明
Daisy-Balanced（雏菊平衡拓扑）	Source	这种拓扑的变体是源点不在一端，而位于中间位置，从而可以向两边分支传输信号
Starburst（星型拓扑）	Source	选择一个源点，按星型结构连接其他节点，并使连线最短

用户可根据实际电路选择拓扑结构。在自动布线时，常以布线的线长最短为最佳，因此，在一般情况下，可以保持默认值“Shortest”不变。

3）“Routing Priority”子规则

“Routing Priority”子规则用于设置 PCB 中各网络布线的先后顺序，优先级高的网络先进行布线。单击“Routing Priority”子规则前面的三角形按钮，展开一个“RoutingPriority”子规则，单击该子规则，打开如图 8-19 所示的界面。

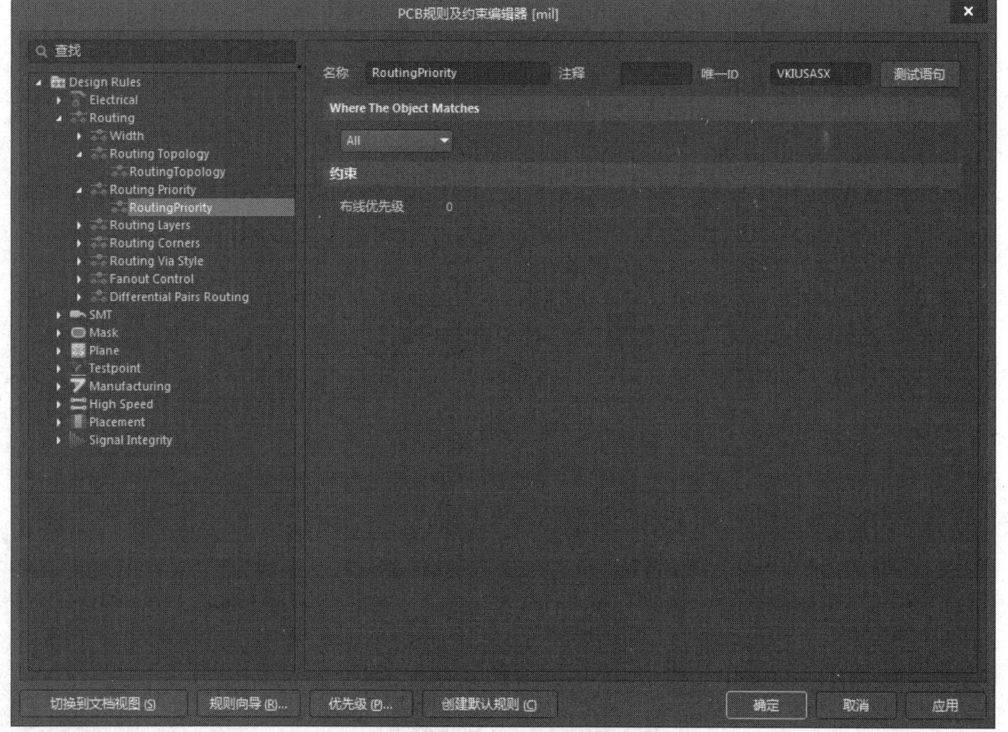

图 8-19 “RoutingPriority”子规则设置界面

“约束”区域只有一个“布线优先级”数值框，用于设置规则匹配对象的布线优先级，优先级的取值范围是“0～100”，数字越大相应的优先级越高，即 0 表示最低优先级，100 表示最高优先级。

假设设置 GND 网络先进行布线：先建立一个“RoutingPriority”子规则，设置“Where The Object Matches”为“All”，设置“布线优先级”为“0”，设置“名称”为“All P”。再选择规则列表中的“Routing Priority”子规则，右击，在弹出的快捷菜单中执行“新规则”命令。将新建立的子规则命名为“GND”，设置“Where The Object Matches”为“InNet ('GND')”，设置“布线优先级”为“1”，如图 8-20 所示。单击“应用”按钮，使系统接受规则设置的更改。这样在布线时就会先对 GND 网络进行布线，再对其他网络进行布线。

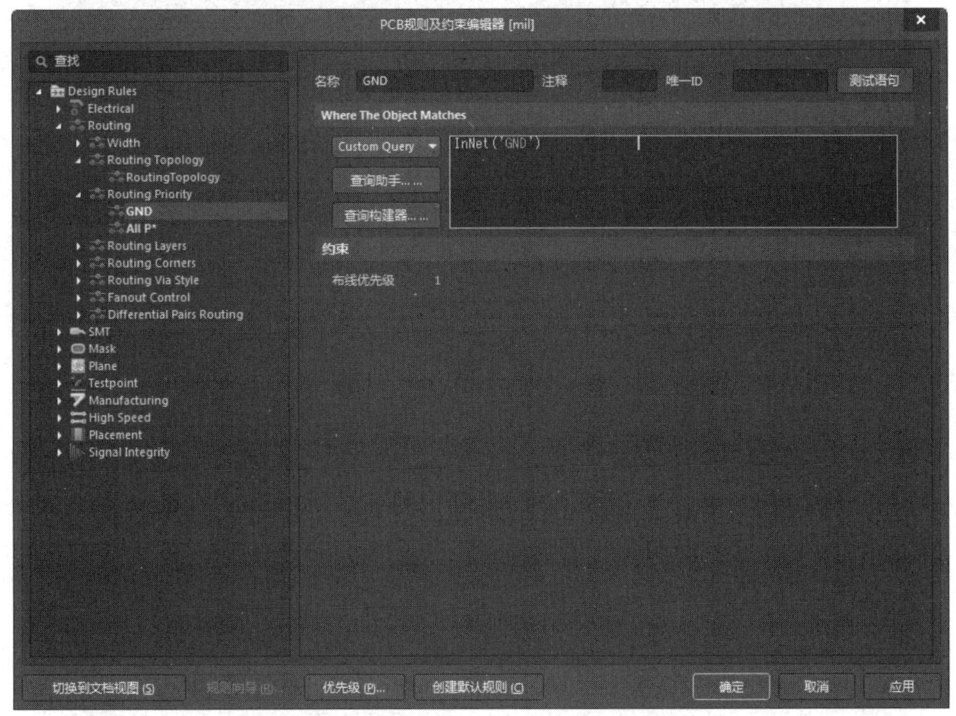

图 8-20　设置 GND 网络优先级

4）“Routing Layers”子规则

“Routing Layers”子规则用于设置在自动布线过程中各网络允许布线的工作层。单击“Routing Layers”子规则前面的三角形按钮，展开一个“RoutingLayers”子规则，单击该子规则，打开如图 8-21 所示的界面。

“约束”区域中的“使能的层”中列出了定义的所有层，如果允许某层布线，就勾选各层对应的复选框。

在该子规则中可以实现 GND 网络布线时只在顶层布线等设置。系统默认所有网络允许在任何层布线。

5）“Routing Corners”子规则

“Routing Corners”子规则用于设置自动布线时导线的拐角模式。单击“Routing

Corners”子规则前面的三角形按钮，展开一个“RoutingCorners”子规则，单击该子规则，打开如图 8-22 所示的界面。

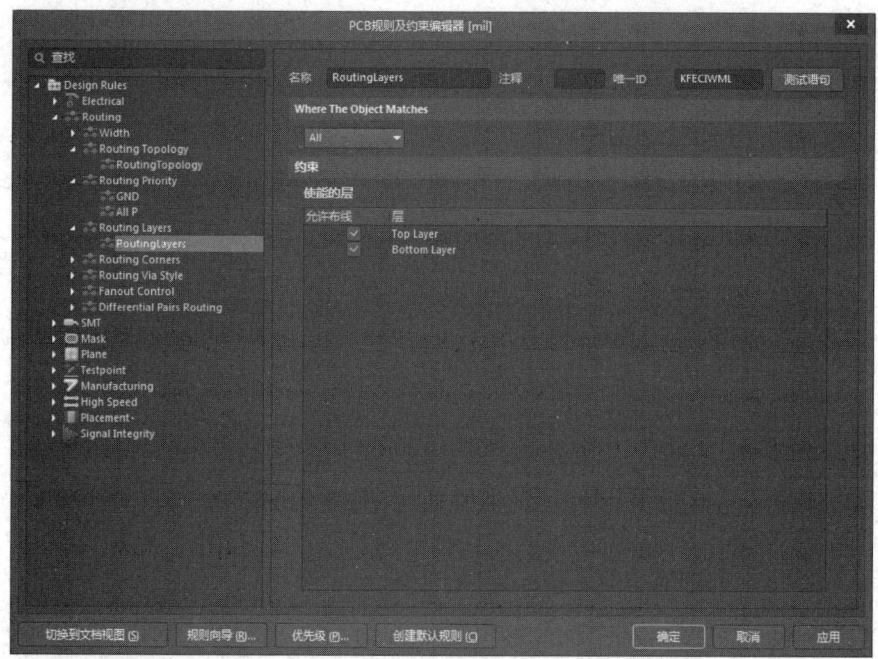

图 8-21 “RoutingLayers”子规则设置界面

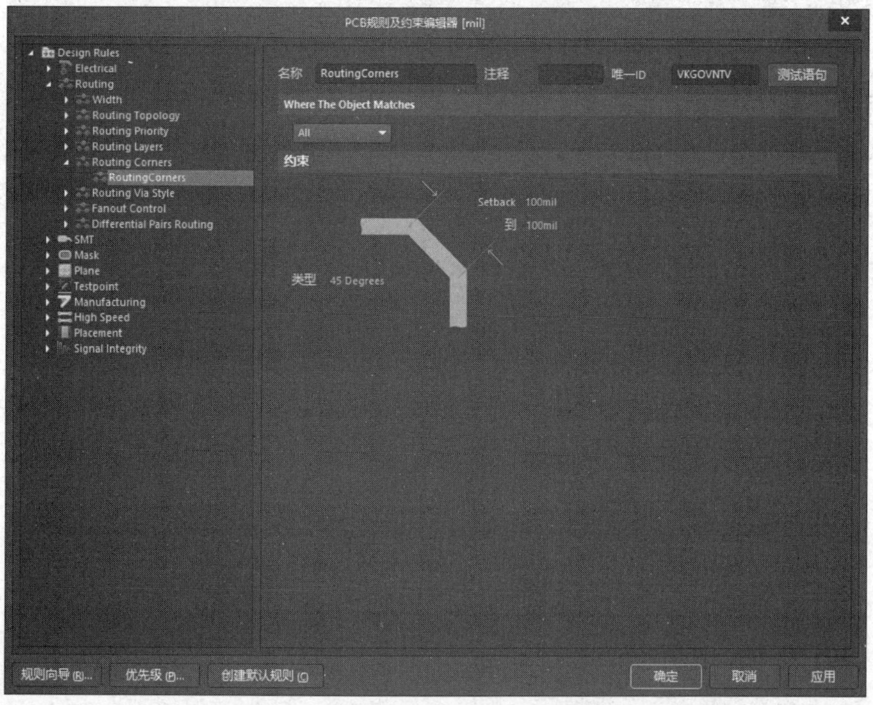

图 8-22 “RoutingCorners”子规则设置界面

系统提供了 3 种可选的拐角模式，分别为 90°、45°、圆弧形，分别对应于“约束”区域中“类型”下拉列表中的“90 Degrees”选项、“45 Degrees”选项、“Rounded”选项，如表 8-2 所示。系统默认“类型”为“45 Degrees”。

表 8-2　系统提供的 3 种拐角模式

拐角模式	图示	说明
90 Degrees		布线比较简单，但因为有尖角所以容易积累电荷，进而会接收或发射电磁波，因此该拐角模式的电磁兼容性比较差
45 Degrees		将 90° 的尖角分成两部分，电路的电荷积累效应降低，提升了电路的抗干扰能力
Rounded		圆弧形布线不存在尖端放电，因此该拐角模式具有较好的电磁兼容性，比较适用于高电压、大电流电路

当“类型”为“90 Degrees”或“45 Degrees”时，需要设置拐角的范围，即在“Setback”后的框中输入拐角的最小值，在“到”后的框中输入拐角的最大值。

6）“Routing Via Style”子规则

“Routing Via Style”子规则用于设置自动布线时放置的过孔尺寸。单击“Routing Via Style”子规则前面的三角形按钮，展开一个“RoutingVias”子规则，单击该子规则，打开如图 8-23 所示的界面。

在“约束”区域内，可以设定过孔直径、过孔孔径的最小值、最大值和首选值。其中最大值和最小值是过孔的极限值，首选值将作为系统放置过孔时的默认值。需要强调的是，单面板和双面板的过孔直径应设置为 40～60mil；过孔孔径应设置为 20～30mil。四层及以上的 PCB 的过孔直径最小值为 20mil，最大值为 40mil；过孔孔径最小值为 10mil，最大值为 20mil。

7）“Fanout Control”子规则

“Fanout Control”子规则用于对采用贴片式封装的元件进行扇出式布线规则设置。那什么是扇出式布线呢？扇出式布线其实就是将采用贴片式封装的元件的焊盘通过导线引出并在导线末端添加过孔，使其可以在其他板层上继续布线。系统提供了 5 种扇出式布线规则，分别对应于不同封装模型，即 Fanout_BGA、Fanout_LCC、Fanout_SOIC、Fanout_Small 和 Fanout_Default，如图 8-24 所示。

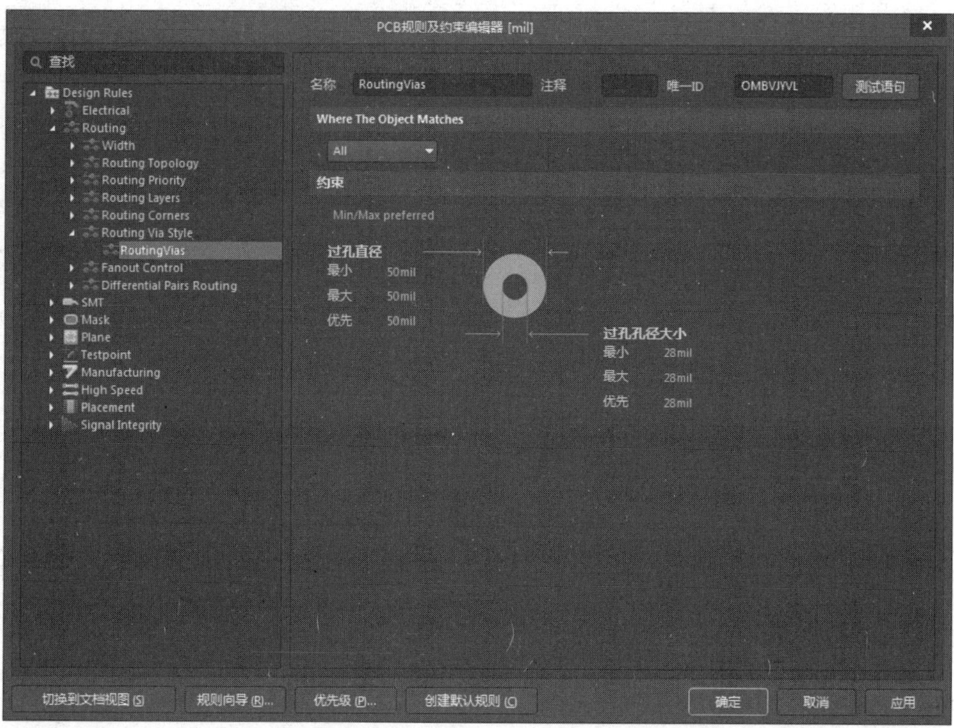

图 8-23 “RoutingVias”子规则设置界面

图 8-24 系统给出的 5 种扇出式布线规则

这几种扇出式布线规则对应的设置界面除了适用范围不同，其“约束”区域内的设置项基本是相同的。图 8-25 所示为“Fanout_BGA”规则设置界面。

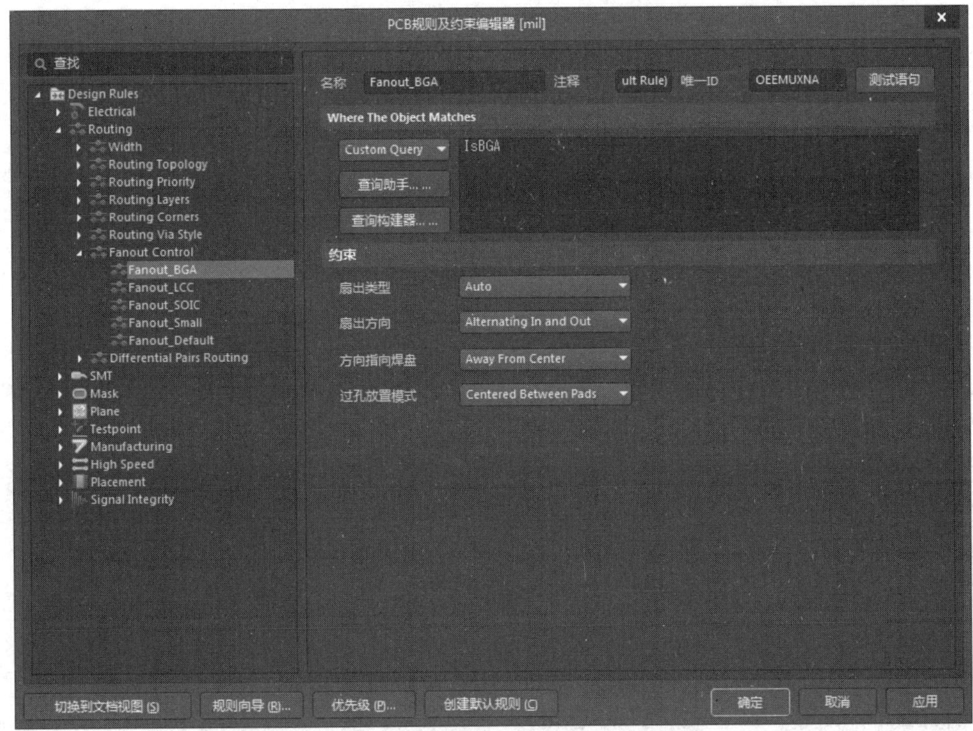

图 8-25　“Fanout_BGA”规则设置界面

“约束”区域由 4 个下拉列表构成，分别是“扇出类型”下拉列表、“扇出方向”下拉列表、“方向指向焊盘”下拉列表和“过孔放置模式”下拉列表。

- “扇出类型”下拉列表包括如下选项。
  - “Auto”选项：自动扇出。
  - “Inline Rows”选项：同轴扇出。
  - “Staggered Rows”选项：交错扇出。
  - “BGA”选项：BGA 形式扇出。
  - “Under Pads”选项：从焊盘下方扇出。
- “扇出向导”下拉列表包括如下选项。
  - “Disable”选项：不设定扇出方向。
  - “In Only”选项：从输入方向扇出。
  - “Out Only”选项：从输出方向扇出。
  - “In Then Out”选项：以先进后出方式扇出。
  - “Out Then In”选项：以先出后进方式扇出。
  - “Alternating In and Out”选项：以交互式进出方式扇出。
- “方向指向焊盘”下拉列表包括如下选项。

- “Away From Center”选项：偏离焊盘中心扇出。
- “North-East”选项：从焊盘的东北方向扇出。
- “South-East”选项：从焊盘的东南方向扇出。
- “South-West”选项：从焊盘的西南方向扇出。
- “North-West”选项：从焊盘的西北方向扇出。
- “Towards Center”选项：从正对焊盘中心的方向扇出。

• “过孔放置模式”下拉列表包括如下选项。
  - “Close To Pad(Follow Rules)”选项：在遵从规则的前提下，过孔靠近焊盘放置。
  - “Centered Between Pads”选项：过孔放置在焊盘之间。

8）“Differential Pairs Routing”子规则

“Differential Pairs Routing”子规则主要用于设置差分对的参数。单击“Differential Pairs Routing”子规则前面的三角形按钮，展开一个“DiffPairsRouting”子规则，单击该子规则，打开如图 8-26 所示的界面。

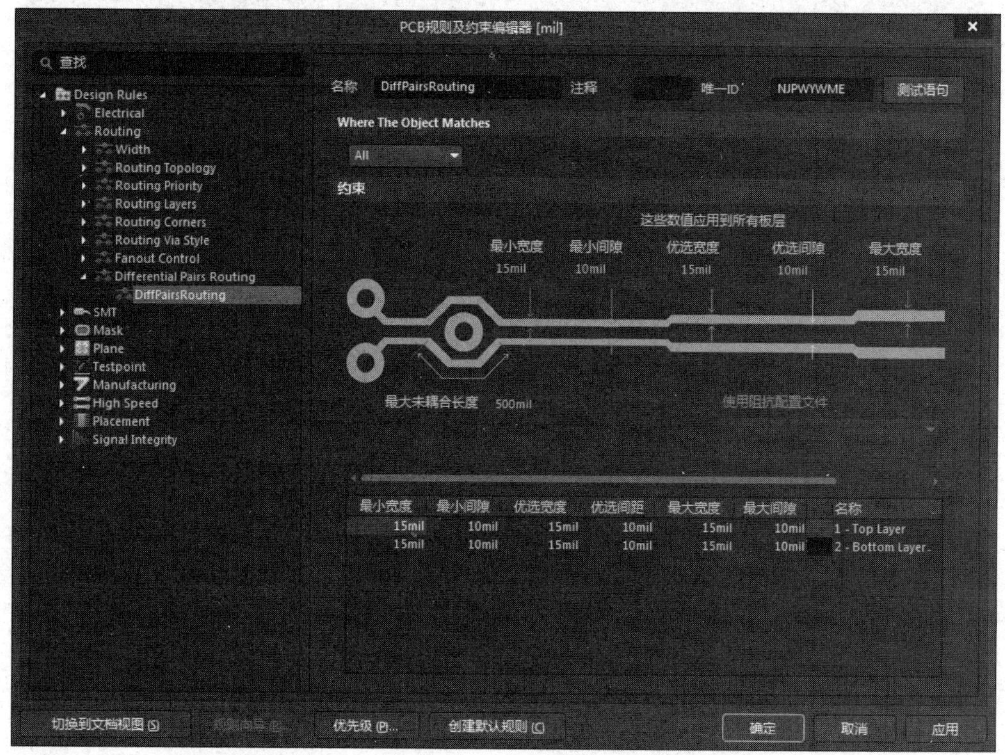

图 8-26　“DiffPairsRouting”子规则设置界面

在“约束”区域内，可以对差分对内部两个网络之间的最小宽度、最小间隙、优选宽度、优选间隙、最大宽度及最大未耦合长度进行设置，以便在交互式差分对布线器中使用，并在进行 DRC 时验证差分对布线。

Altium Designer 22 将该界面中的“仅层堆栈里的层”复选框改为“使用阻抗配置文件”复选框，并默认为未激活状态，其下面的列表中只是显示图层堆栈中定义的工作层。

3．使用规则向导设置规则

在 PCB 编辑环境中，执行“设计”→“规则向导”命令，打开“新建规则向导”对话框，如图 8-27 所示。

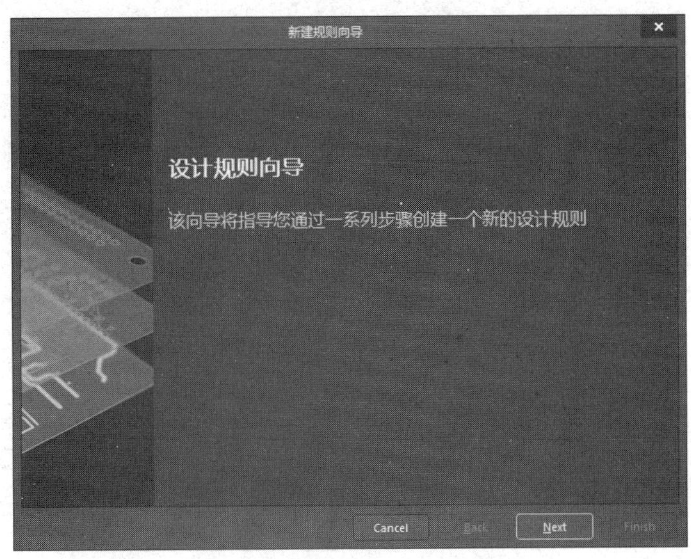

图 8-27　“新建规则向导”对话框

以前面介绍的对电源线和地线重新定义一个导线宽度规则为例，来讲解如何使用规则向导设置规则。

在打开的“新建规则向导”对话框中，单击“Next”按钮，进入“选择规则类型”界面。本例中选择“Routing”规则中的“Width Constraint”子规则，并在“名称”文本框中输入新建规则的名称“V_G”，如图 8-28 所示。

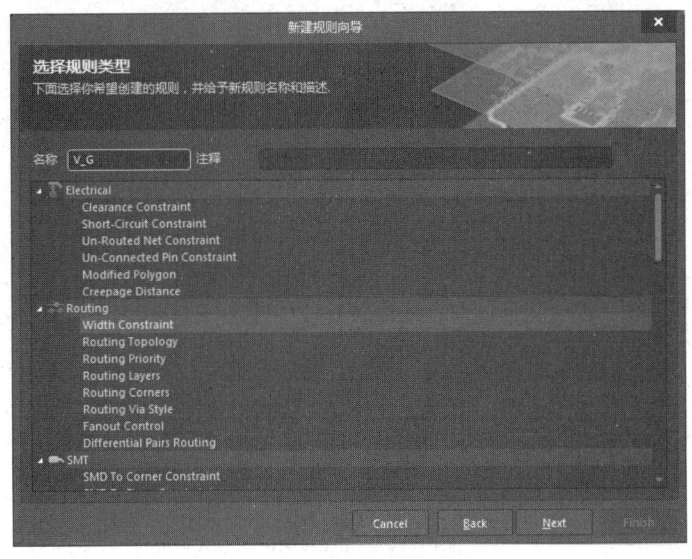

图 8-28　“选择规则类型”界面

单击“Next”按钮，进入“选择规则范围”界面，选择“1 个网络”单选按钮，如图 8-29 所示。

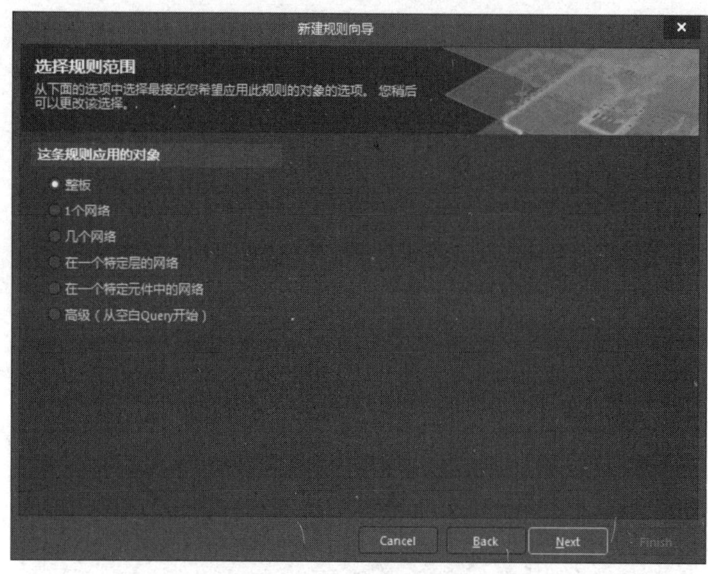

图 8-29 “选择规则范围”界面

单击“Next”按钮，进入“高级规则范围”界面。单击“条件类型/操作符”栏中的“Belongs to Net”，单击对应的“条件值”栏，在打开下拉列表中选择“-15V”选项，此时的“高级规则范围”界面（一）如图 8-30 所示。

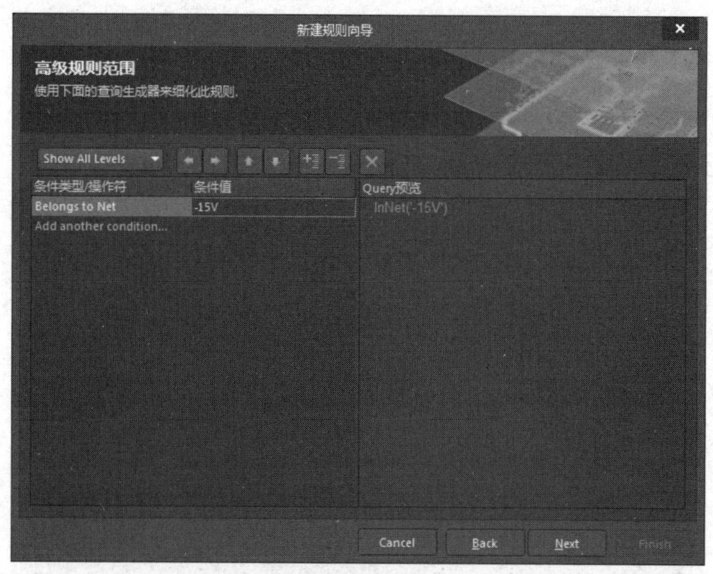

图 8-30 “高级规则范围”界面（一）

单击“条件类型/操作符”栏中的“Add another condition”，在打开的下拉列表中选择“Belongs to Net”选项，在其对应的“条件值”栏中单击，在打开下拉列表中选择“+15V”

选项，将其上方的关系值改成“OR”，此时的“高级规则范围”界面（二）如图 8-31 所示。

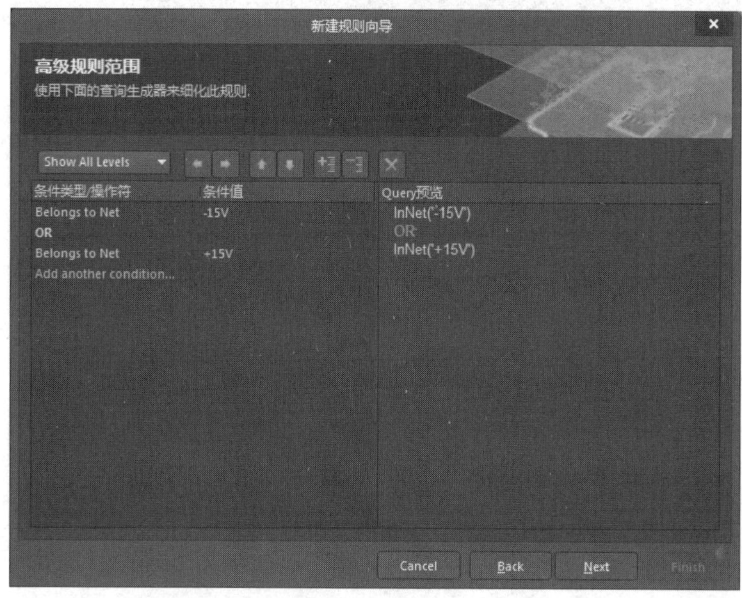

图 8-31　“高级规则范围”界面（二）

按照上述操作，将网络标签 VCC 和网络标签 GND 添加到规则中，此时的“高级规则范围”界面（三）如图 8-32 所示。

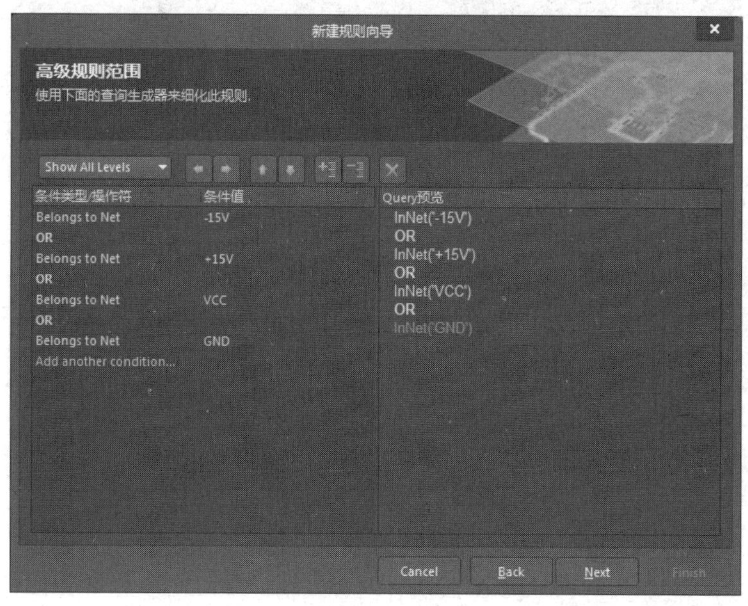

图 8-32　“高级规则范围”界面（三）

单击“Next”按钮，进入“选择规则优先权”界面。该界面中列出了所有规则，如图 8-33 所示。这里不改变任何设置，保持新建规则为最高优先级。

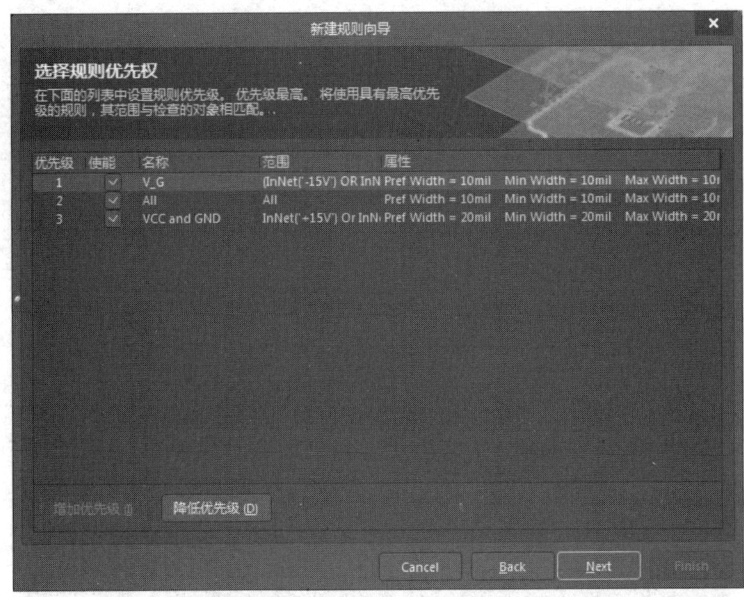

图 8-33　“选择规则优先权”界面

单击“Next”按钮，进入“新规则完成”界面，如图 8-34 所示。

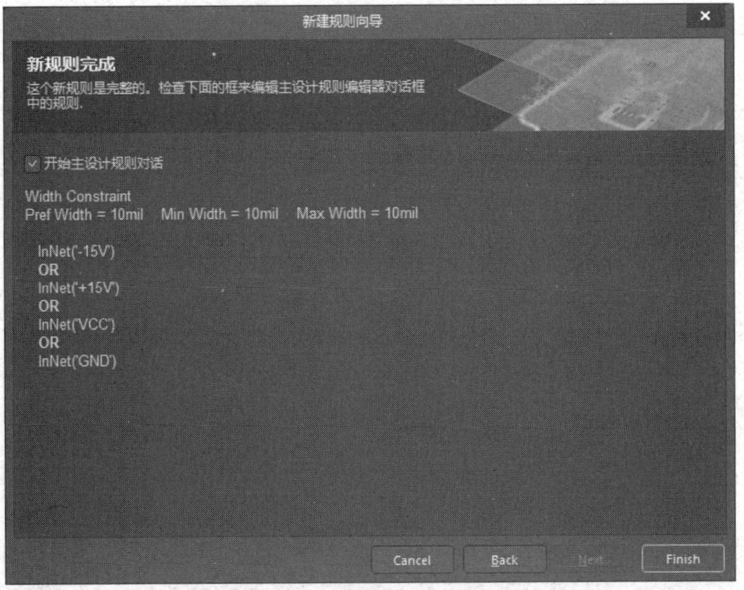

图 8-34　“新规则完成”界面

单击“Finish”按钮，打开“PCB 规则及约束编辑器”对话框，如图 8-35 所示。在该对话框中对新建规则的约束条件进行设置。

由上述过程可以看出，使用规则向导进行规则设置只是设置了规则的应用范围和优先级，约束条件仍然要在“PCB 规则及约束编辑器”对话框中进行设置。

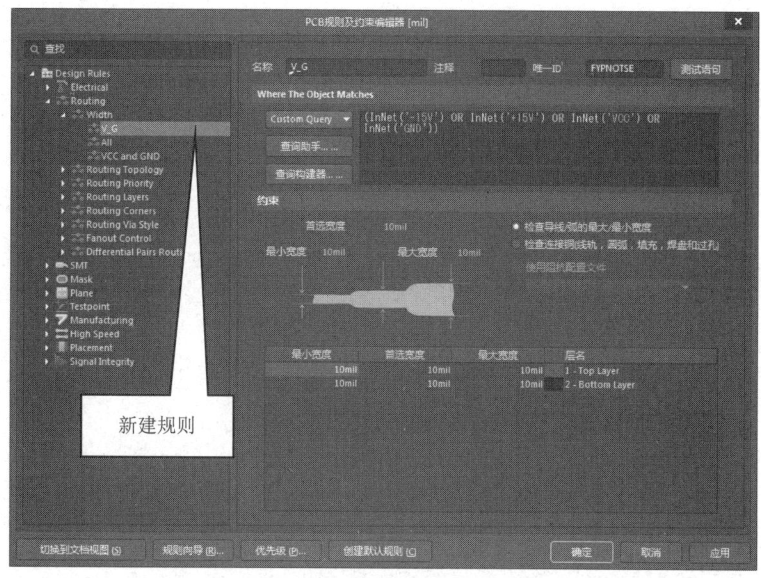

图 8-35　“PCB 规则及约束编辑器”对话框

8.3　布线策略的设置

布线策略是指系统在进行自动布线时采取的策略。在 PCB 编辑环境中，执行“布线”→“自动布线”→“设置”命令，弹出“Situs 布线策略”对话框，如图 8-36 所示。

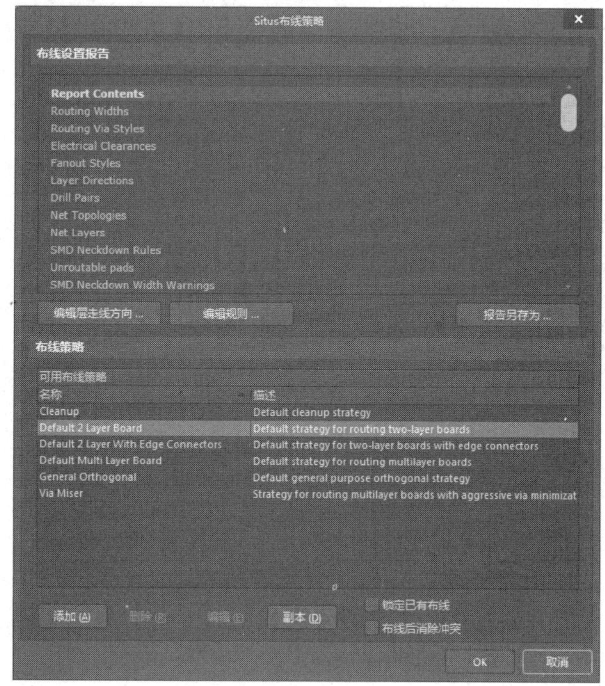

图 8-36　“Situs 布线策略”对话框

“Situs 布线策略”对话框分为上、下两个区域，分别是“布线设置报告”区域和“布线策略”区域。

“布线设置报告”区域用于设置布线规则及其汇总报告受影响的对象。该区域中有 3 个控制按钮。

- “编辑层走线方向”按钮：用于设置各信号层的布线方向，单击该按钮将打开“层方向”对话框，如图 8-37 所示。
- “编辑规则”按钮：单击该按钮将打开“PCB 规则及约束编辑器”对话框，可对各项规则进行修改或设置。
- “报告另存为”按钮：单击该按钮将打开“另存为”对话框，可将规则报告导出为后缀名为“.htm”的文件并保存，如图 8-38 所示。

“布线策略”区域用于选择可用的布线策略或编辑新的布线策略。系统提供了 6 种的布线策略。

- “Cleanup”策略：优化的布线策略。
- “Default 2 Layer Board”策略：双面板布线策略。
- “Default 2 Layer With Edge Connectors”策略：具有边缘连接器的双面板布线策略。
- “Default Multi Layer Board”策略：多层板布线策略。
- “General Orthogonal”策略：常规正交布线策略。
- “Via Miser”策略：尽量减少过孔使用的多层板布线策略。

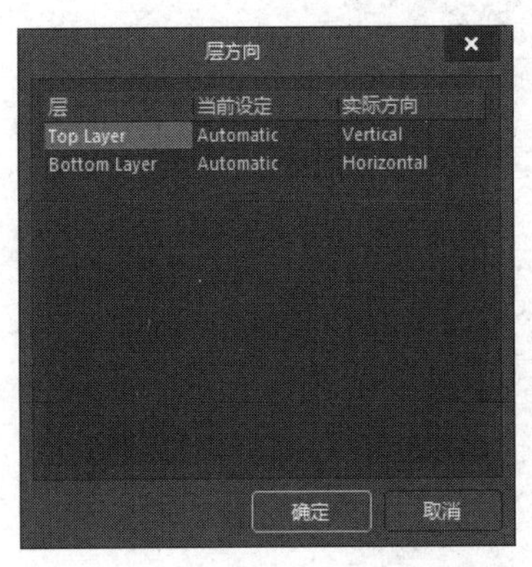

图 8-37 “层方向”对话框

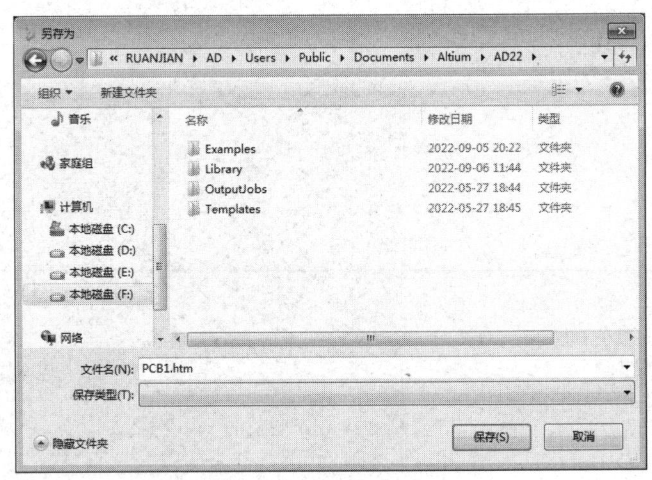

图 8-38 “另存为”对话框

“Situs 布线策略”对话框的下方有 2 个复选框。

- “锁定已有布线”复选框：勾选该复选框，表示可将 PCB 上原有的预布线锁定，在开始自动布线后，自动布线器不会更改原有的预布线。
- “布线后消除冲突”复选框：勾选该复选框，表示重新布线后，系统将自动删除原有布线。

如果系统提供的布线策略不能满足用户的设计要求，就单击“添加”按钮，打开“Situs 策略编辑器”对话框，如图 8-39 所示。

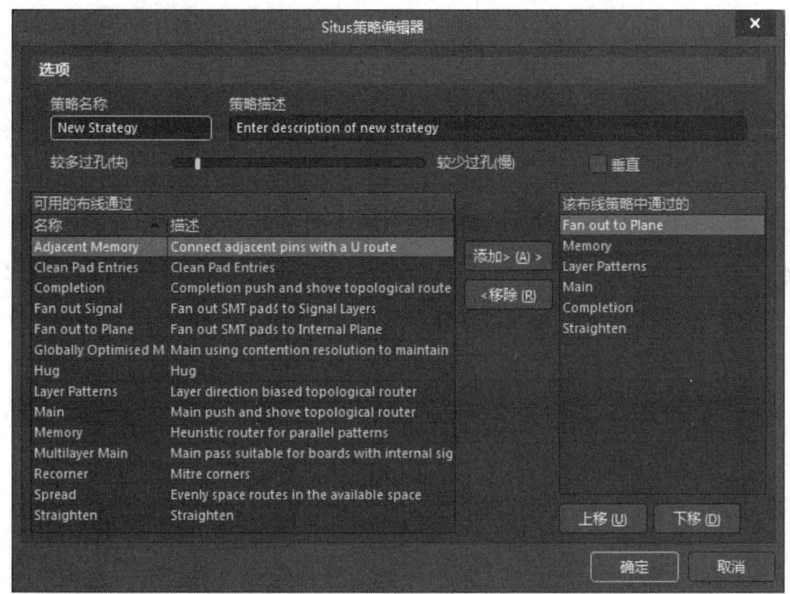

图 8-39　“Situs 策略编辑器”对话框

在“Situs 策略编辑器”对话框中，用户可以编辑新的布线策略或设置布线速度。“Situs 策略编辑器”对话框中提供了 14 种布线方式，具体如下。

- Adjacent Memory：相邻的元件引脚采用 U 形布线方式。
- Clean Pad Entries：清除焊盘上多余的布线，可以优化 PCB。
- Completion：采用推挤式拓扑结构布线方式。
- Fan out Signal：PCB 上的焊盘通过扇出形式连接到信号层。
- Fan out to Plane：PCB 上的焊盘通过扇出形式连接电源线和地线。
- Globally Optimised Main：全局优化的拓扑布线方式。
- Hug：采用环绕的布线方式。
- Layer Patterns：工作层采用拓扑结构布线方式。
- Main：采用 PCB 推挤式布线方式。
- Memory：采用启发式并行模式布线。
- Multilayer Main：采用多层板拓扑驱动布线方式。
- Recorner：斜接转角。
- Spread：两个焊盘之间的布线处于中间位置。
- Straighten：以直线形式进行布线。

8.4　自动布线

布线参数设置好后，就可以利用 Altium Designer 提供的自动布线器进行自动布线了。本节以第 7 章用到的“LED 点阵驱动电路”为例进行举例演示。

1. 全部方式

在 PCB 编辑环境中，执行“布线”→“自动布线”→“全部”命令，弹出“Situs 布线策略”对话框，如图 8-40 所示，在设定好所有布线策略后，单击“Route All”按钮，开始对 PCB 全局进行自动布线。

在布线的同时“Messages”面板会同步显示布线的状态信息，如图 8-41 所示。

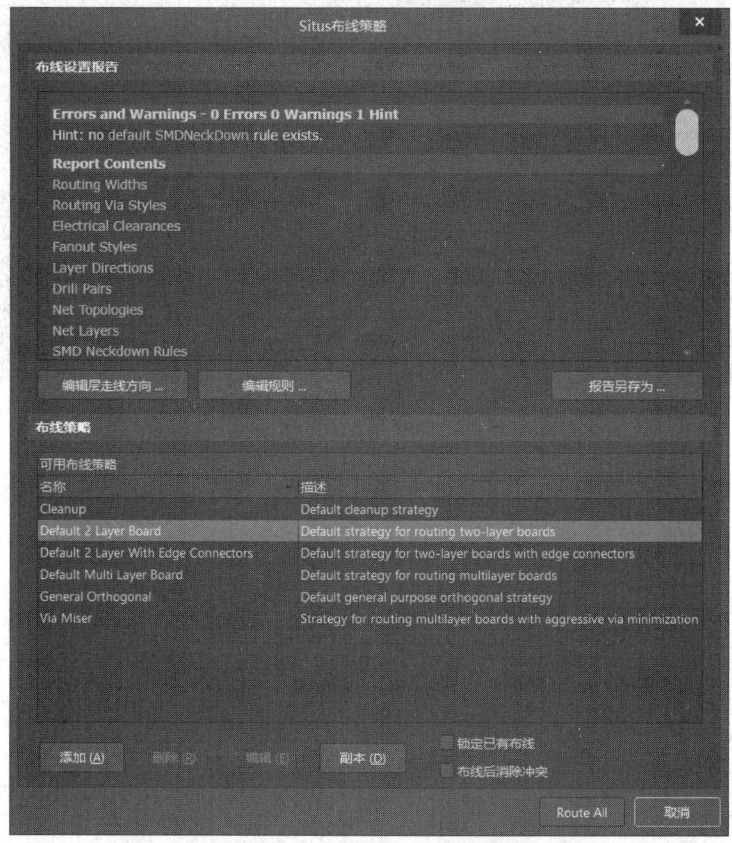

图 8-40 单击“Route All”按钮开始布线

Messages

Class	Document	Source	Message	Time	Date	No.
Situs Event	LED点阵驱动电路3.PcbDoc	Situs	Routing Started	16:05:02	2022-09-13	1
Routing Status	LED点阵驱动电路3.PcbDoc	Situs	Creating topology map	16:05:02	2022-09-13	2
Situs Event	LED点阵驱动电路3.PcbDoc	Situs	Starting Fan out to Plane	16:05:02	2022-09-13	3
Situs Event	LED点阵驱动电路3.PcbDoc	Situs	Completed Fan out to Plane in 0 Seconds	16:05:02	2022-09-13	4
Situs Event	LED点阵驱动电路3.PcbDoc	Situs	Starting Memory	16:05:02	2022-09-13	5
Situs Event	LED点阵驱动电路3.PcbDoc	Situs	Completed Memory in 0 Seconds	16:05:02	2022-09-13	6
Situs Event	LED点阵驱动电路3.PcbDoc	Situs	Starting Layer Patterns	16:05:02	2022-09-13	7
Routing Status	LED点阵驱动电路3.PcbDoc	Situs	41 of 81 connections routed (50.62%) in 1 Second	16:05:03	2022-09-13	8

图 8-41 “Messages”面板

关闭“Messages”面板，可以看到如图 8-42 所示的布线结果。

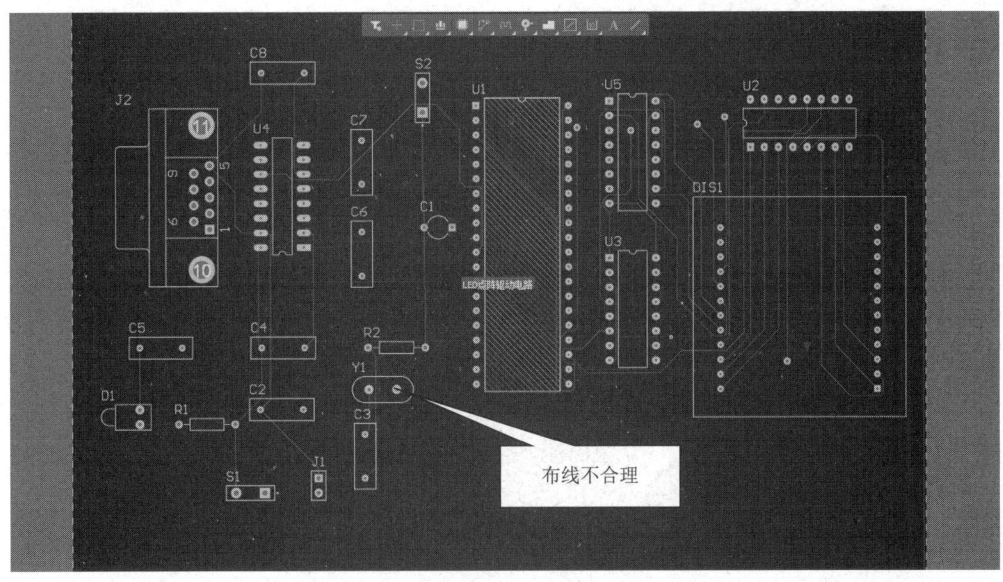

图 8-42　全部自动布线的结果

仔细观察图 8-42 可以看到有几处布线不合理，通过调整元件封装模型的位置或手动布线进一步改善布线结果。先删除刚得到的布线结果：执行“布线”→“取消布线”→“全部”命令，如图 8-43 所示。

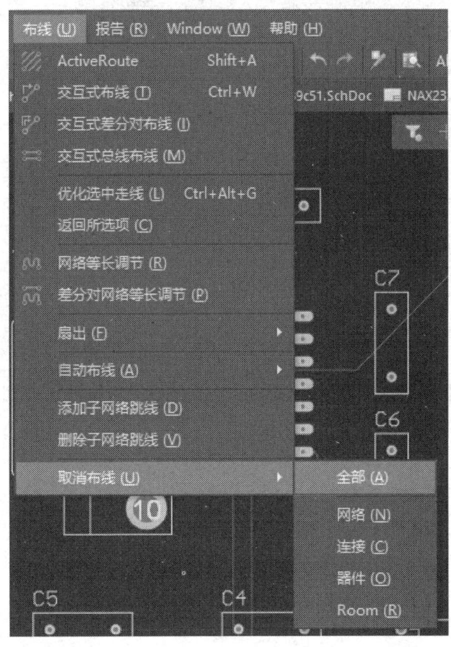

图 8-43　执行“布线”→“取消布线”→“全部”命令

此时所有自动布线结果将被删除，对于不满足要求的布线进行手动布线，如图 8-44 所示。

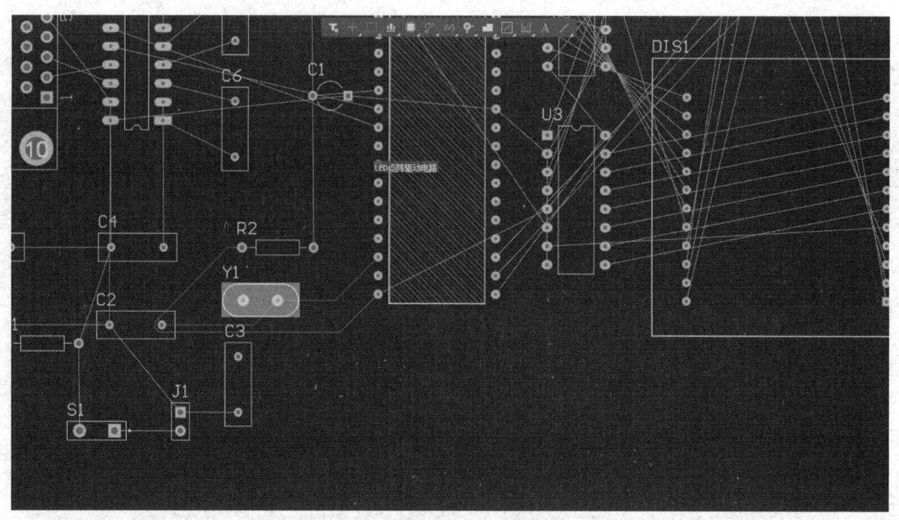

图 8-44　手动布线结果

然后进行自动布线，调整后的布线结果如图 8-45 所示。

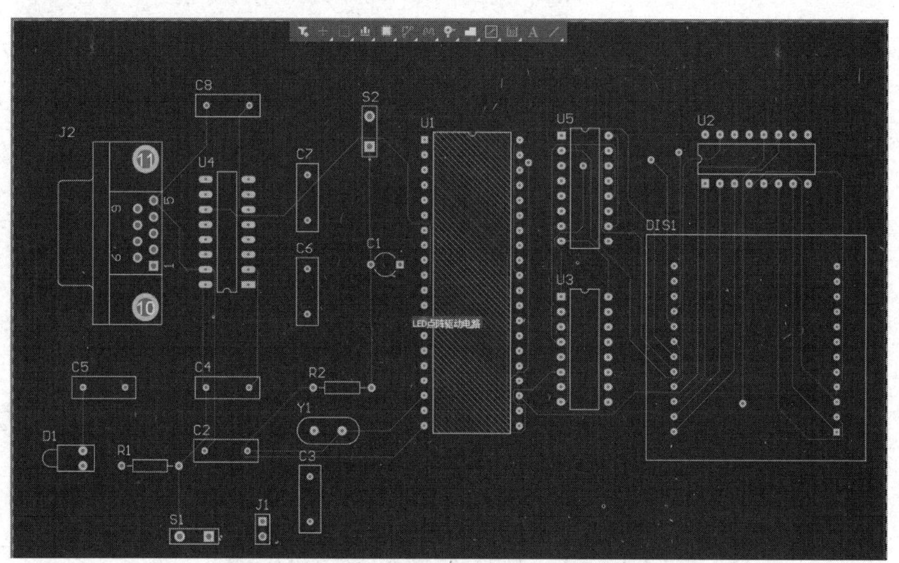

图 8-45　调整后的布线结果

继续调整，直至布线结果满足要求。

2. 网络方式

网络方式即用户以网络为单元，对电路进行布线。先对 GND 网络进行自动布线，然后对剩余的网络进行自动布线。

先查找 GND 网络，用户可使用导航工具栏查找实现，如图 8-46 所示。单击右下角的“Panels”按钮，选择“PCB”选项，打开“PCB”面板，在导航工具栏中选择“Nets”选项，选择“All Nets”选项。

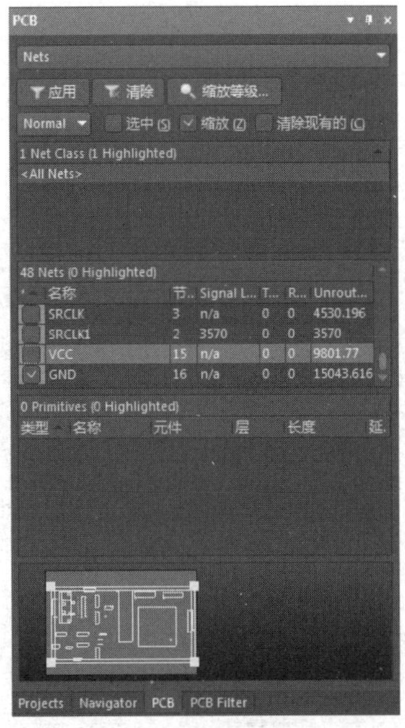

图 8-46　使用导航工具栏查找网络

此时，PCB 编辑环境中的所有 GND 网络以高亮状态显示（用箭头标出部分），如图 8-47 所示。

在 PCB 编辑环境中按住 Ctrl 键的同时单击，可以以单击某一焊盘或导线的方式选中一个网络。

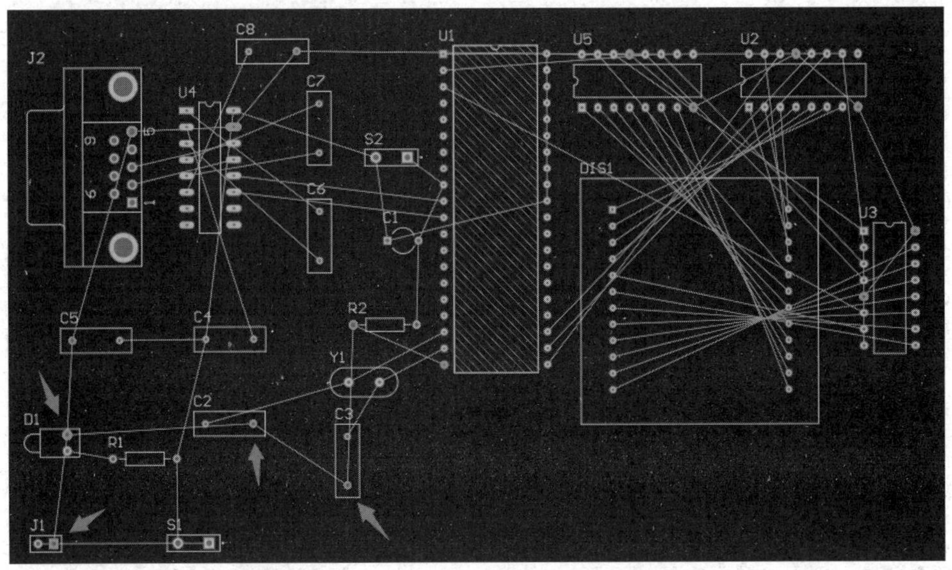

图 8-47　所有 GND 网络以高亮状态显示

在 PCB 编辑环境中，执行“布线”→“自动布线”→“网络”命令，如图 8-48 所示。光标显示为十字形，单击 GND 网络中的飞线，系统将对 GND 网络进行单一网络自动布线操作，GND 网络被黄色实线连接起来（图中显示为灰色，具体颜色见软件操作），结果如图 8-49 所示。

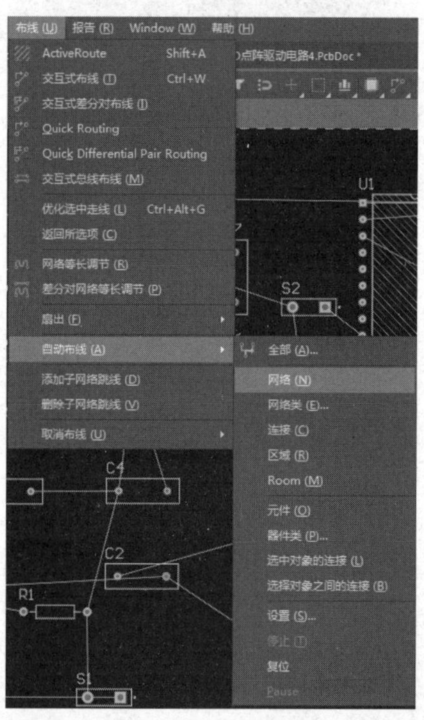

图 8-48 执行“布线”→“自动布线”→“网络”命令

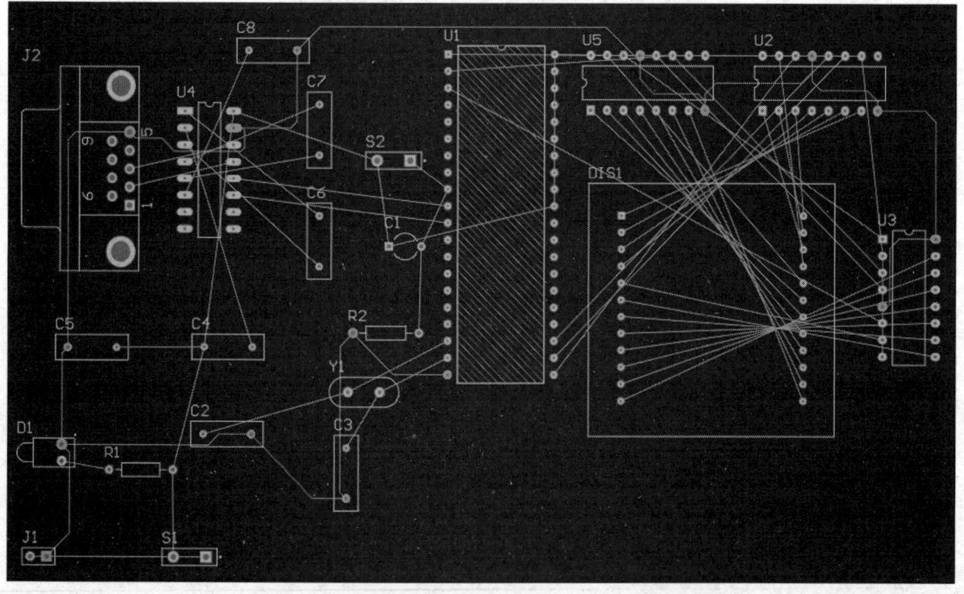

图 8-49 对 GND 网络进行单一网络自动布线操作

右击，退出当前状态。接着对剩余网络进行自动布线，选择“布线”→“自动布线”→“全部”命令，在弹出的“Situs 布线策略”对话框中勾选“锁定已有布线”复选框，如图 8-50 所示。

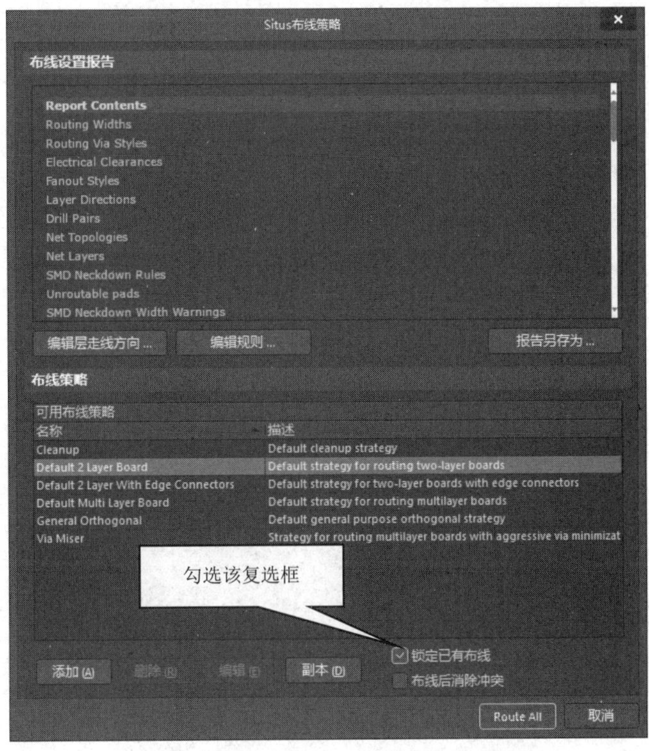

图 8-50　勾选“锁定已有布线”复选框

单击“Route All”按钮对剩余网络进行自动布线，布线结果如图 8-51 所示。

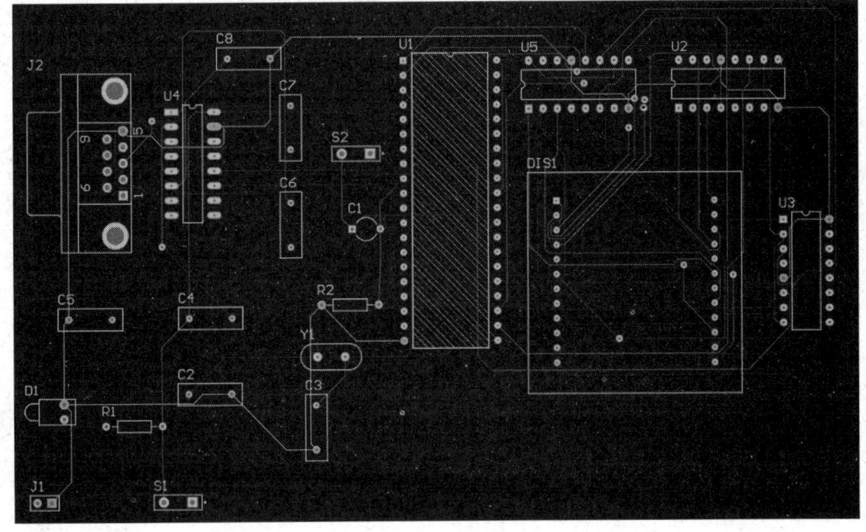

图 8-51　布线结果

3．连接方式

连接方式即用户对指定的飞线进行布线。在 PCB 编辑环境中，执行“布线”→“自动布线”→“连接”命令，如图 8-52 所示。此时光标显示为十字形，在期望布线的飞线上单击，即可对这一飞线进行单一连线自动布线操作，如图 8-53 所示。

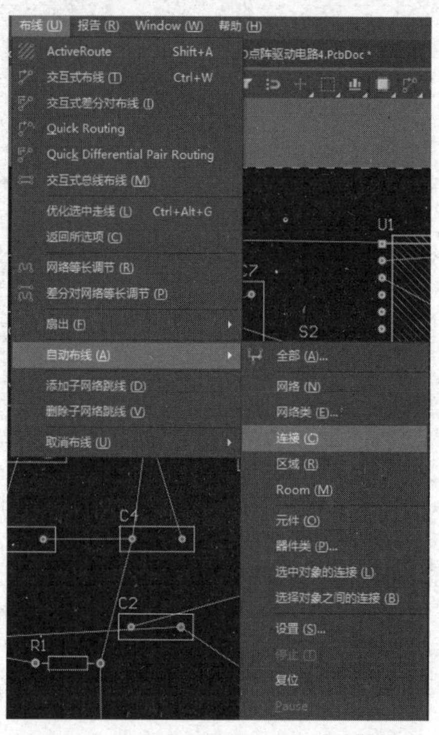

图 8-52 执行“布线”→“自动布线”→“连接”命令

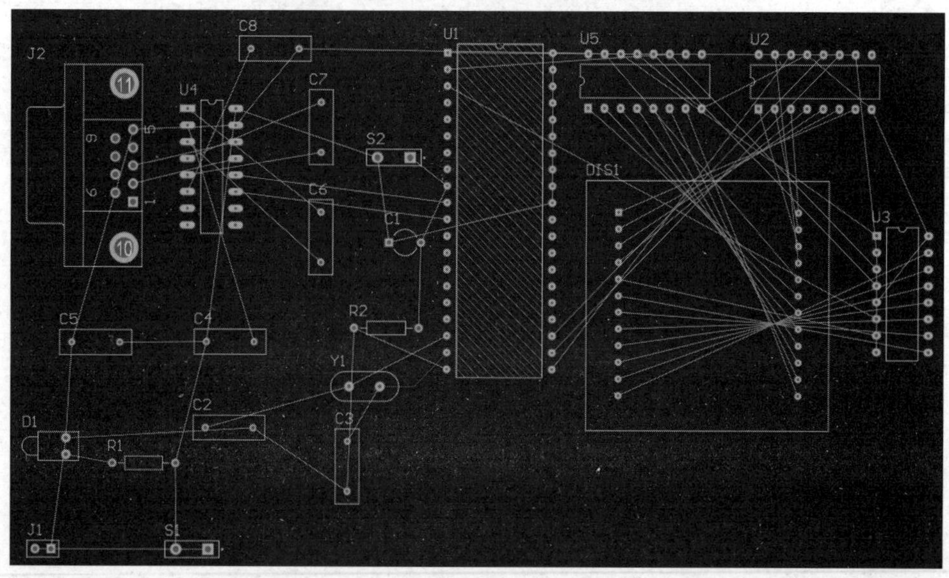

图 8-53 对某一飞线进行单一连线自动布线操作

将期望布线的飞线布置完成后，即可对剩余网络进行布线。

4．区域方式

区域方式即用户对指定的区域进行布线。在 PCB 编辑环境中，执行“布线”→“自动布线”→“区域”命令，如图 8-54 所示。此时光标显示为十字形。拖曳鼠标，框选期望布线的区域，即可对选中的区域进行单一区域自动布线操作，如图 8-55 所示。

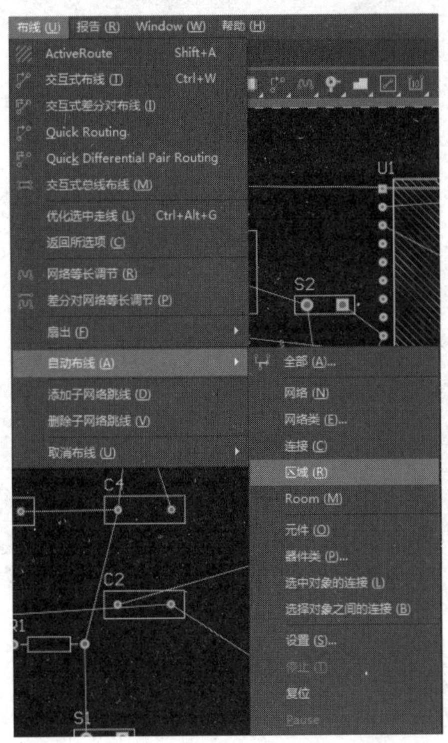

图 8-54　执行“布线”→“自动布线”→“区域”命令

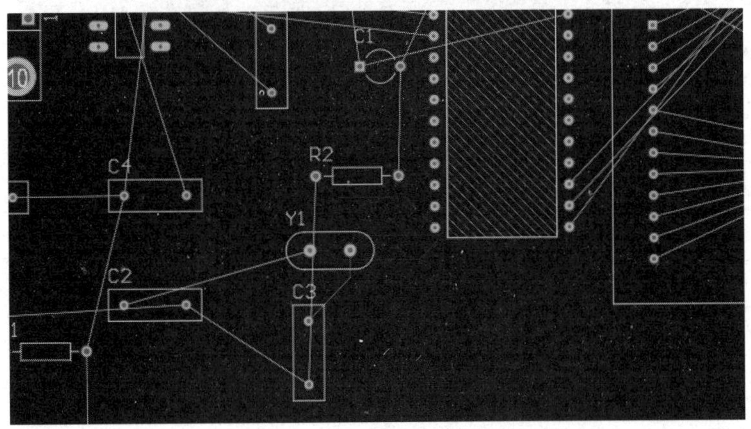

图 8-55　对选中的区域进行单一区域自动布线操作

将期望布线的区域布置完成后，即可对剩余网络进行布线。

5. “元件”方式

“元件”方式即用户对指定的元件进行布线。在 PCB 编辑环境中，执行“布线”→“自动布线”→“元件”命令，如图 8-56 所示。此时光标显示为十字形，在期望布线的元件上单击，即可对这一元件所属网络进行自动布线操作，以 Y1 为例，如图 8-57 所示。

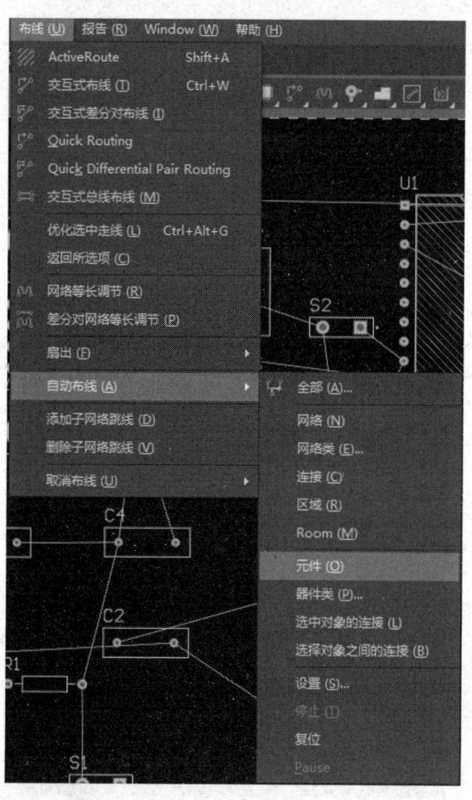

图 8-56 执行“布线”→“自动布线”→“元件”命令

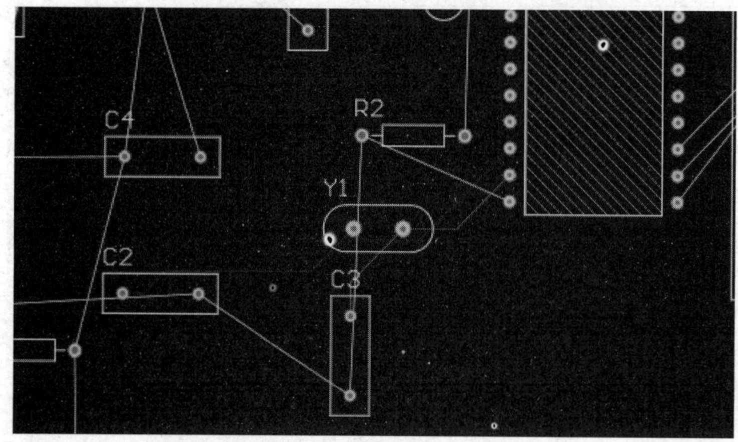

图 8-57 对 Y1 所属网络进行自动布线操作

将期望布线的元件所属网络布置完成后，即可对剩余网络进行布线。

6．选中对象的连接方式

选中对象的连接方式与元件方式的性质是一样的，不同之处是选中对象的连接方式可以一次对多个元件所在的网络进行布线操作。在 PCB 编辑环境中，执行“布线”→“自动布线”→“选中对象的连接”命令，如图 8-58 所示。先选中多个需要进行布线的元件，以 C2 和 Y1 为例，如图 8-59 所示。

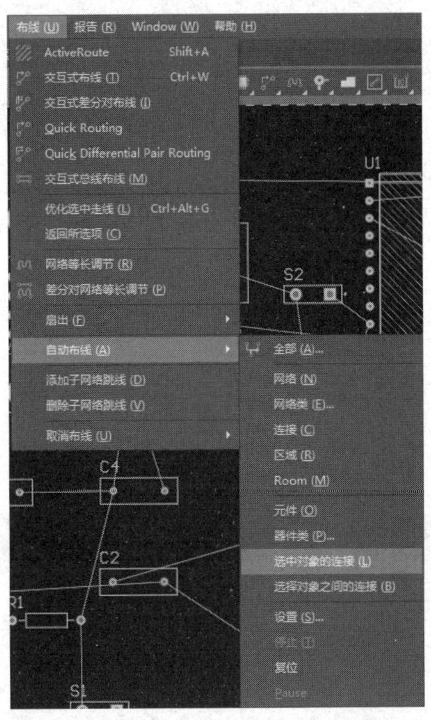

图 8-58　执行“布线”→“自动布线”→“选中对象的连接”命令

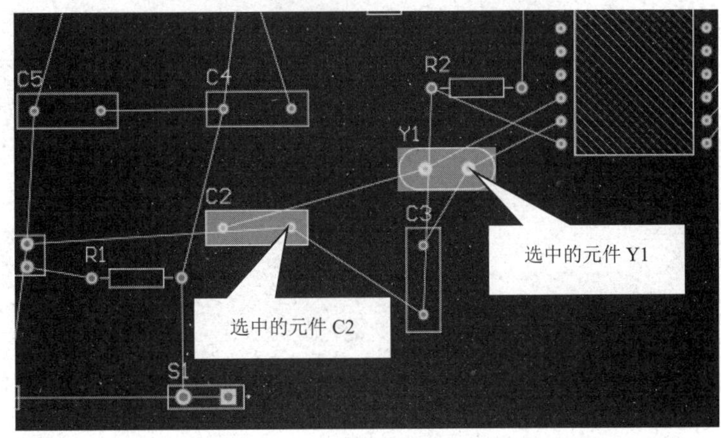

图 8-59　选中多个需要进行布线的元件

然后执行如图 8-58 所示的命令，即可对选中的多个元件所属网络进行自动布线操作，如图 8-60 所示。

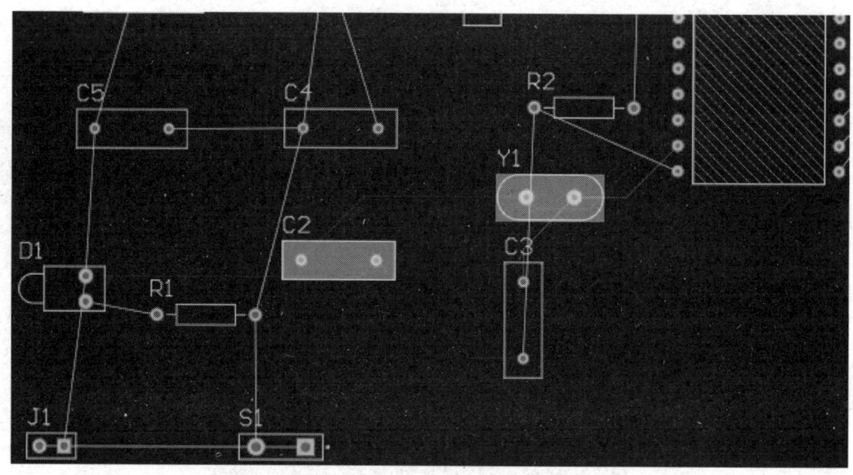

图 8-60　对选中的多个元件所属网络进行自动布线操作

将期望布线的元件布置完成后，即可对剩余网络进行布线。

7．选择对象之间的连接方式

选择对象之间的连接方式是指可以在选中的两个元件之间进行自动布线操作。先选中待布线的两个元件，以 U1 和 U4 为例，如图 8-61 所示。

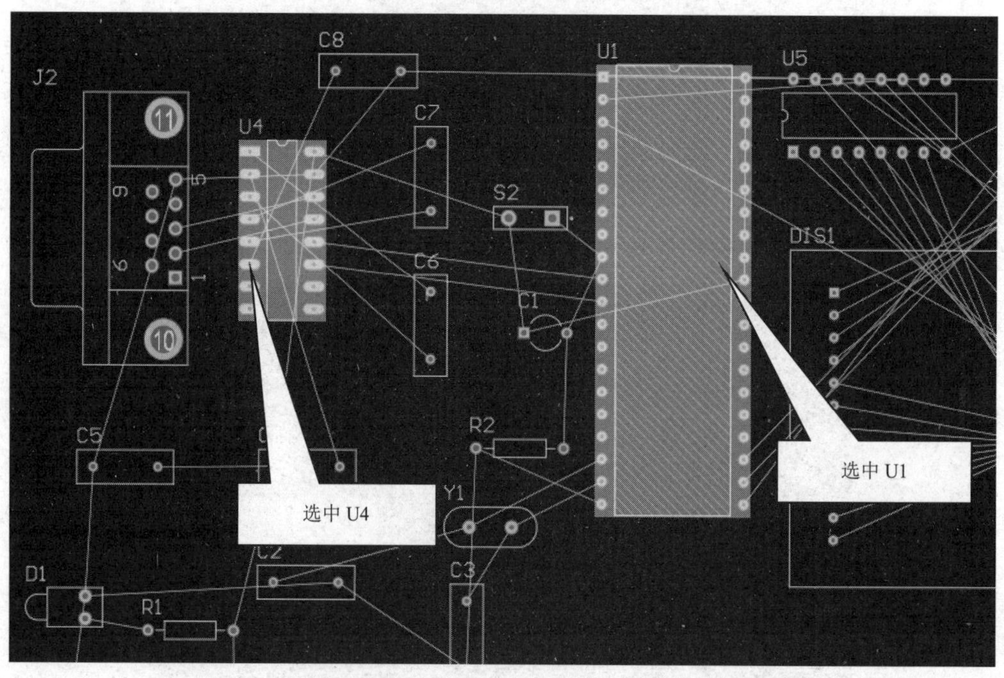

图 8-61　选中待布线的两个元件

然后执行“布线”→“自动布线”→“选择对象之间的连接”命令，如图 8-62 所示，两个元件之间的布线结果如图 8-63 所示。

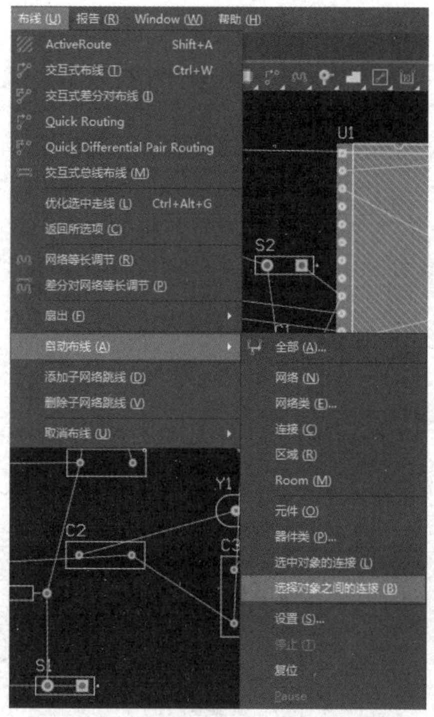

图 8-62　执行“布线”→“自动布线”→“选择对象之间的连接”命令

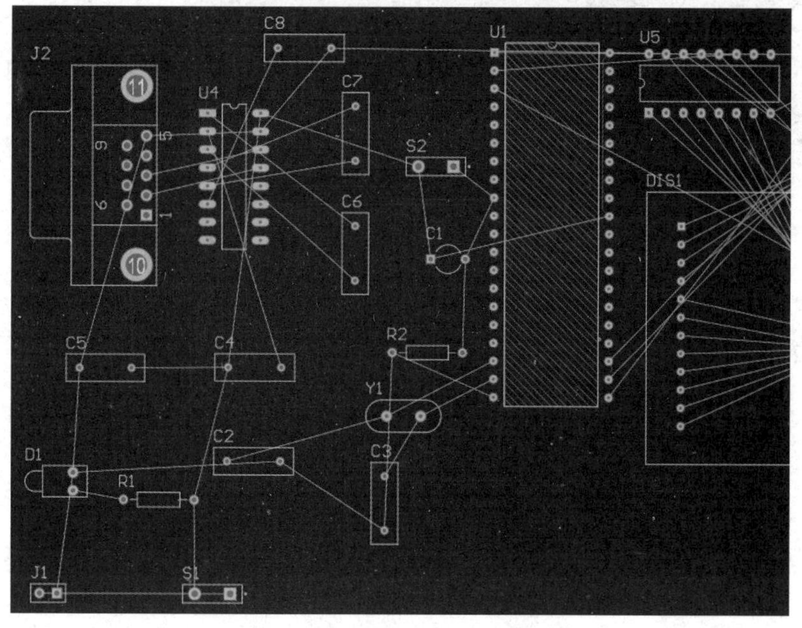

图 8-63　两个元件之间的布线结果

8．其他布线方式

（1）网络类方式：该布线方式是指为指定的网络类进行自动布线。执行“设计”→

“类”命令，弹出“对象类浏览器”对话框，如图 8-64 所示。

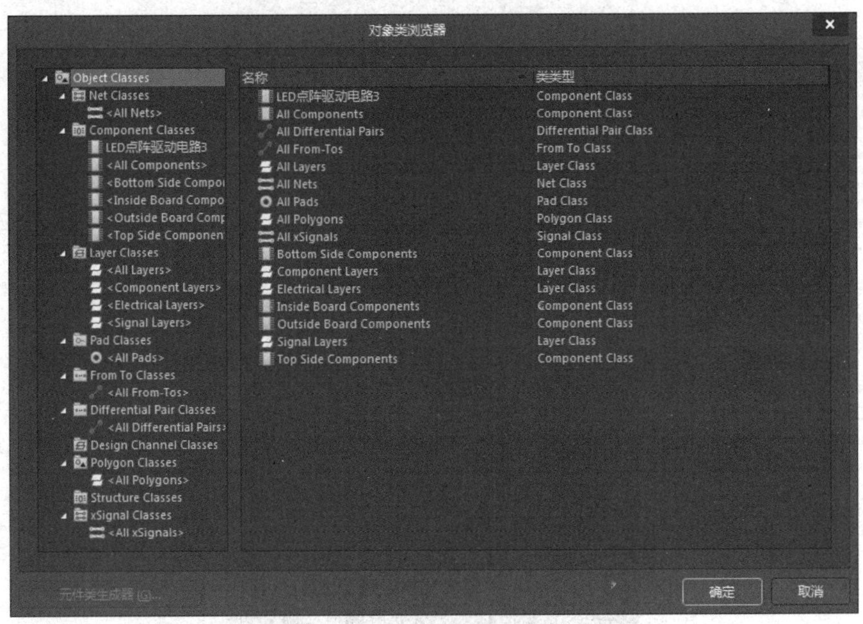

图 8-64　“对象类浏览器”对话框

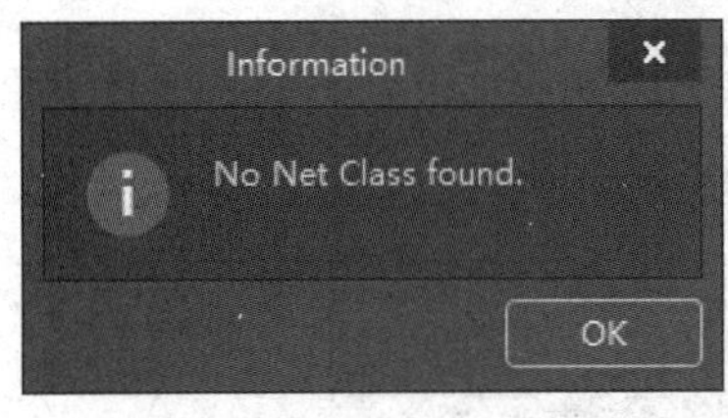

图 8-65　提示框

在“对象类浏览器”对话框中可以添加网络类，以便采用网络类方式布线。在当前 PCB 不存在自定义的网络类时，在进行网络类方式布线后，系统将弹出如图 8-65 所示的提示框。

（2）Room 方式：该布线方式是指为指定的 Room 空间内的所有对象进行自动布线。

（3）扇出方式：该布线方式是指利用扇出方式将焊盘连接到其他网络。

8.5　手动布线

Altium Designer 22 为设计者提供了功能强大、操作方便，而且布通率极高的自动布线器，但在实际设计中，仍然会有不尽如人意的地方，设计者需要手动布线或调整 PCB 上的导线，以便获得更完善的设计效果。还有一些设计者出于个人喜好，习惯对整块 PCB 进行手动布线，对此，Altium Designer 22 提供了很方便的交互式布线模式，在电路原理图生成 PCB 后，各焊点间已用飞线连接，此时用户可使用系统提供的交互式布线模式进行手动布线。

执行“放置”→“走线”命令，或者单击配线工具栏中的“交互式布线连接”图标，如图 8-66 所示。

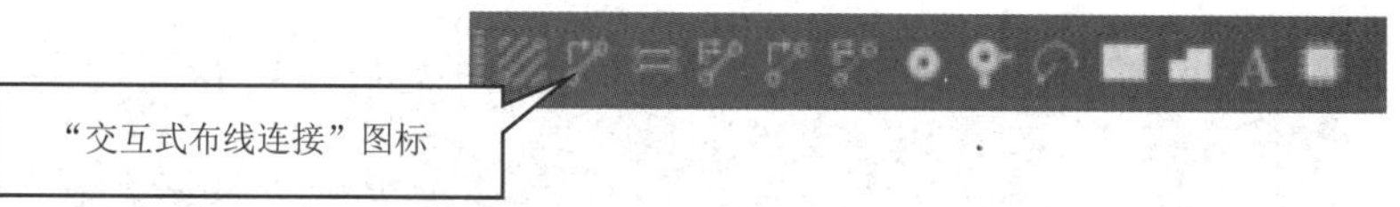

图 8-66　单击“交互式布线连接”图标

在布线完成后，即使小范围地移动器件，也重新进行连线，这样会导致工作量增大。因此，在进行交互式布线前需要先执行“工具”→“优先选项”→“PCB Editor”→“Interactive Routing”命令，在打开的界面中勾选“元件重新布线”复选框。

此时光标变成十字形，进入导线放置状态，在导线放置状态，将光标放在元件的一个焊盘上，当十字形光标中心出现圆圈时（见图 8-67），表明捕捉到了焊盘中心，单击，将会形成有效的电气连接。

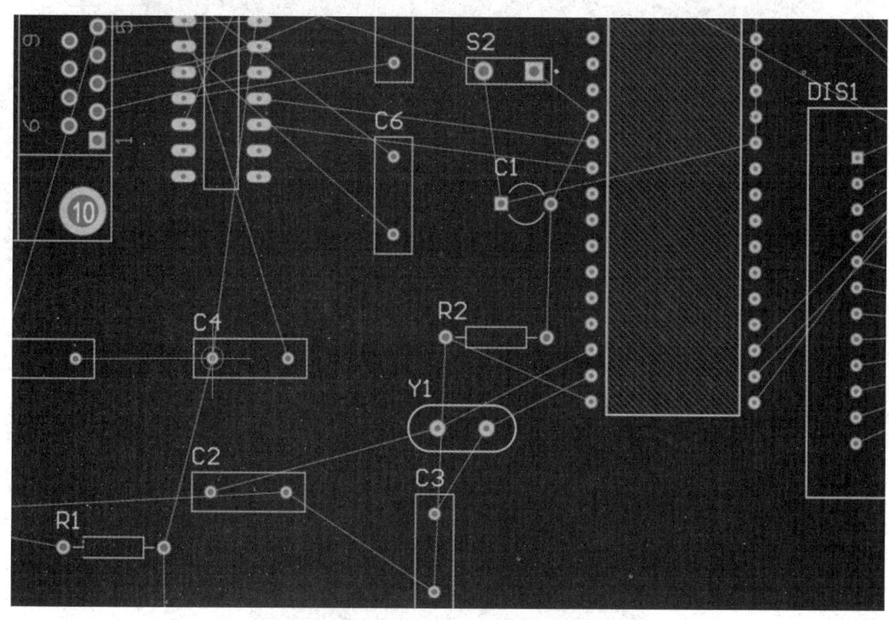

图 8-67　十字形光标中心出现圆圈

除完全手动布线模式外，Altium Designer 22 还提供了交互式布线自动完成模式。在该模式下，系统会自动完成整块 PCB 的布线。在导线放置状态下，在按住 Ctrl 键的同时单击焊盘，即可完成整块 PCB 的布线。当一个焊盘有多个不同方向的连接点时，在自动完成模式下系统将只显示一个方向的布线，这时按数字键 7 可以切换显示其他方向的布线。

单击焊盘开始布线，如图 8-68 所示。此时按空格键可以切换拐角模式，90°、45°、圆弧形。在布线过程中按 Tab 键，即可弹出“Properties-Interactive Routing”面板，如图 8-69 所示。

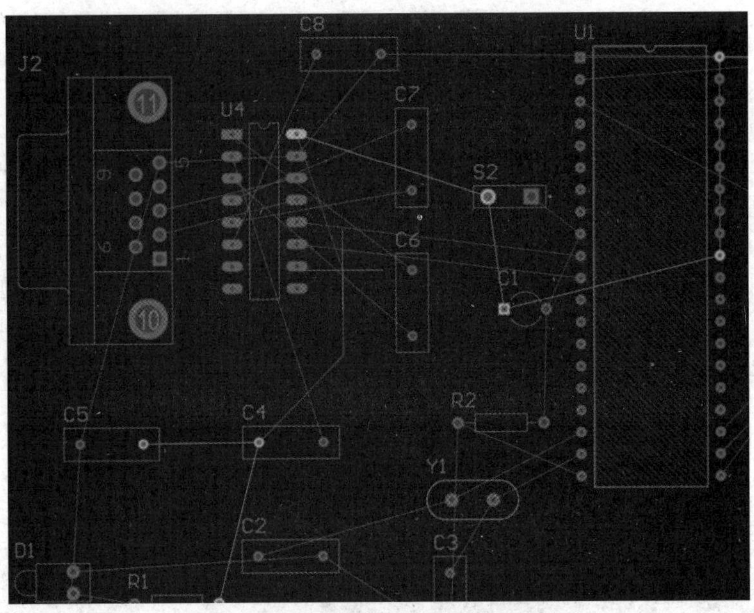

图 8-68　开始布线

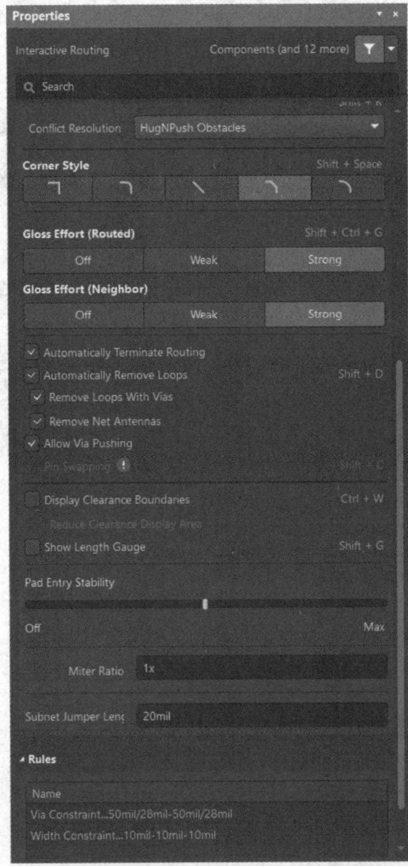

图 8-69　“Properties-Interactive Routing”面板

在“Properties-Interactive Routing”面板中可以调整线宽、过孔大小、布线层、手动布线的模式、布线角度、编辑线宽及过孔规则、常用线宽及过孔值编辑，以及线宽及过孔大小选择方法。在“Properties-Interactive Routing”面板下方可以对交互式布线冲突解决方案、交互式布线选项等进行设置。

在“Rules”区域中，单击“Width Constraint”按钮，进入“Edit PCB Rule-Max-Min Width Rule”对话框，如图 8-70 所示，在该对话框中可以对之前设定的线宽进行修改等操作。

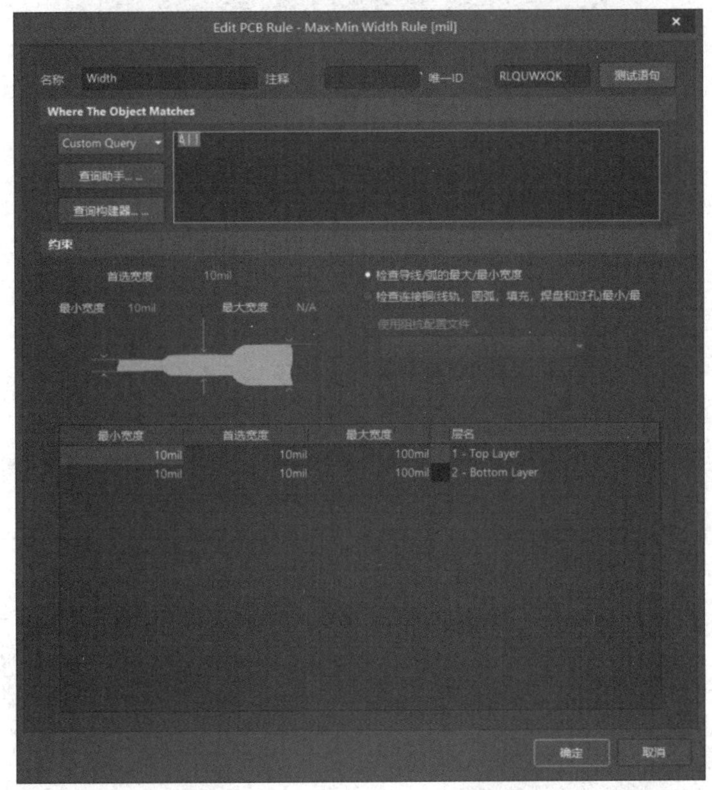

图 8-70　“Edit PCB Rule-Max-Min Width Rule”对话框

设置完成后，单击“确定”按钮，返回“Properties-Interactive Routing”面板，在“Rules”区域，单击“via Constraint”按钮，进入“Edit PCB Rule-Routing Via-Style Rule”对话框，如图 8-71 所示，在该对话框中可以对过孔规则进行具体设置。设置完成后单击“确定”按钮，返回“Properties-Interactive Routing”面板。

“Properties”区域是“Properties-Interactive Routing”面板的重要部分，在该区域可以设置过孔的直径及线宽。该区域右上角的“Num-/Num+”是一个快捷键，用于切换到下/上一层并自动放置过孔，如图 8-72 所示。

“Interactive Routing Options”区域是“Properties-Interactive Routing”面板另一个重要部分，在该区域可以对布线方式、拐角种类及布线优化强度进行设置，如图 8-73 所示。其中“Conflict Resolution”下拉列表给出了 7 种遇到障碍时的布线模式，分别是 Ignore Obstacles（无视障碍）、Walkaround Obstacles（绕过障碍）、Push Obstacles（挤开障碍）、HugNPush

Obstacles（在紧贴下挤开障碍）、Stop At First Obstacles（遇到障碍即停）、AutoRoute Current Layer（自动布线当前层）、AutoRoute MultiLayer（自动布线多层）。

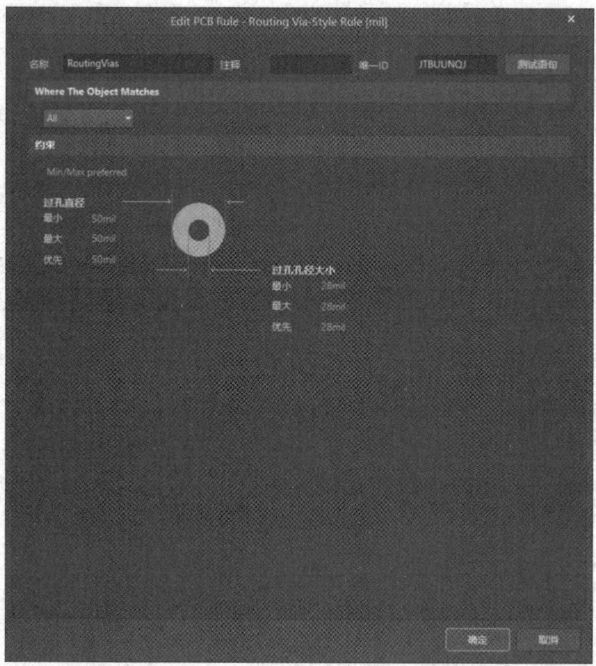

图 8-71 “Edit PCB Rule-Routing Via-Style Rule”对话框

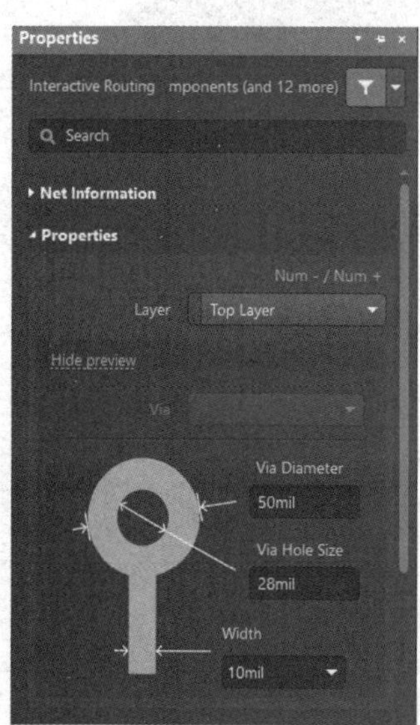

图 8-72 “Properties”区域

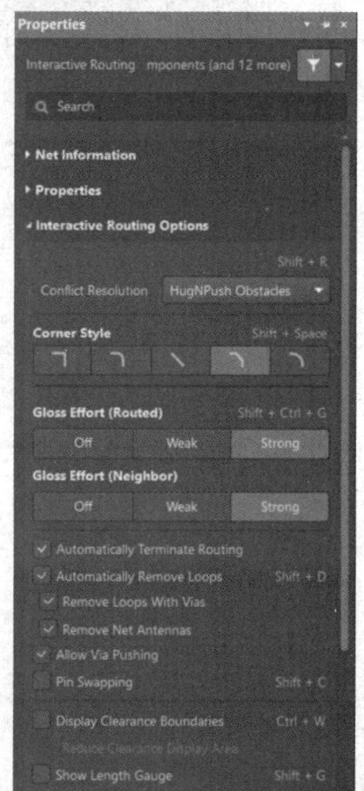

图 8-73 “Interactive Routing Options”区域

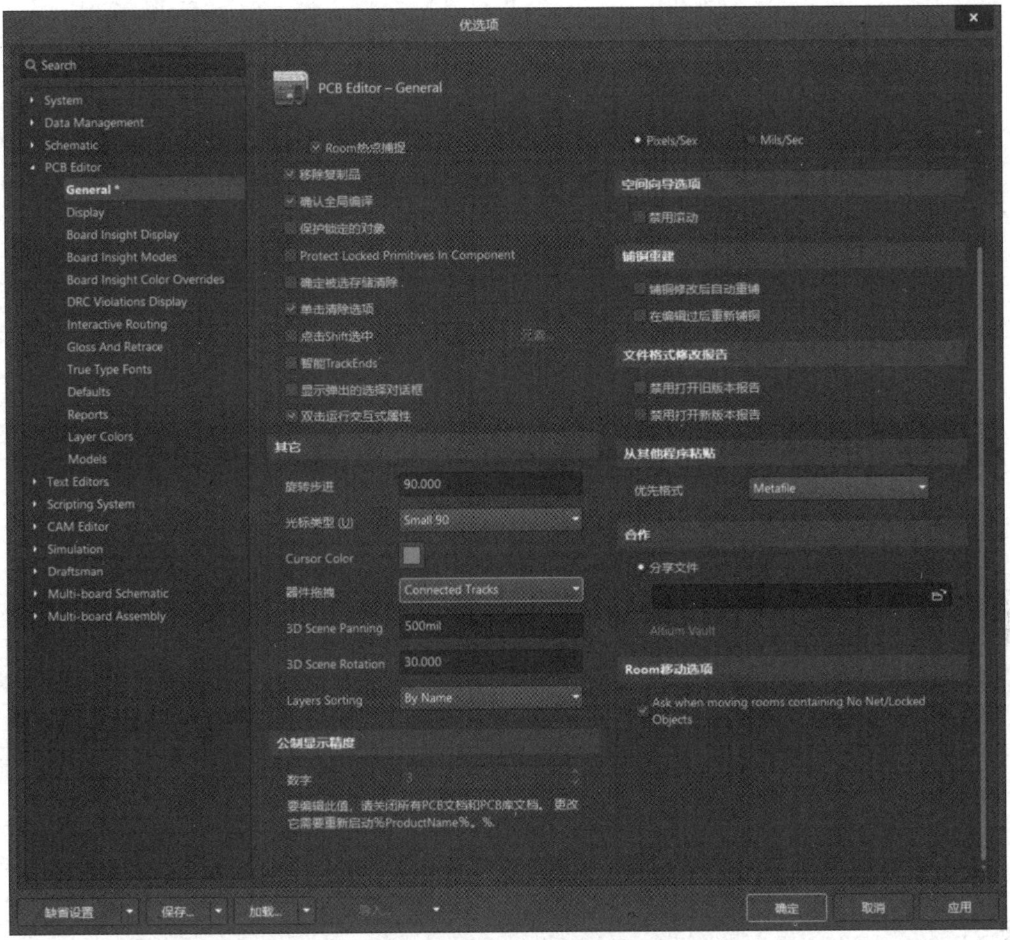

图 8-77　将“器件拖拽”设置为“Connected Tracks”

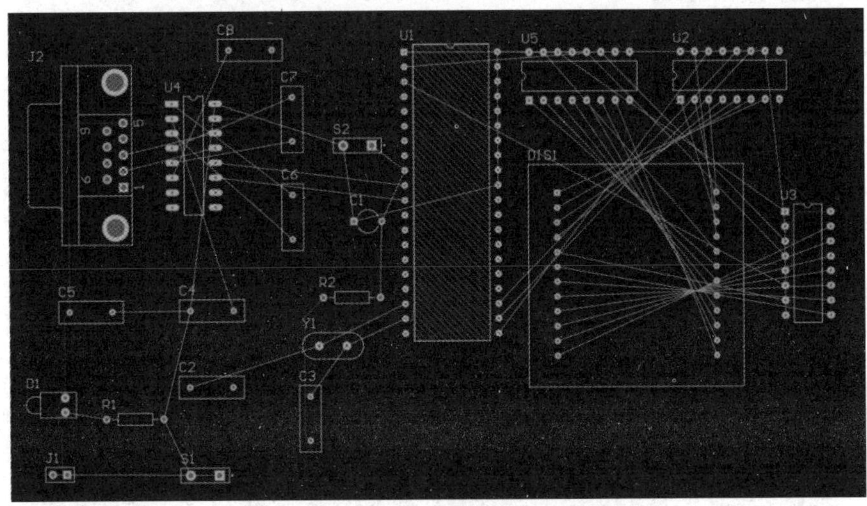

图 8-78　对 GND 网络进行布线的结果

第 2 步：对剩余网络进行布线。执行“布线”→“自动布线”→“全部”命令，在弹出的“Situs 布线策略”对话框中勾选“锁定已有布线”复选框，如图 8-79 所示。

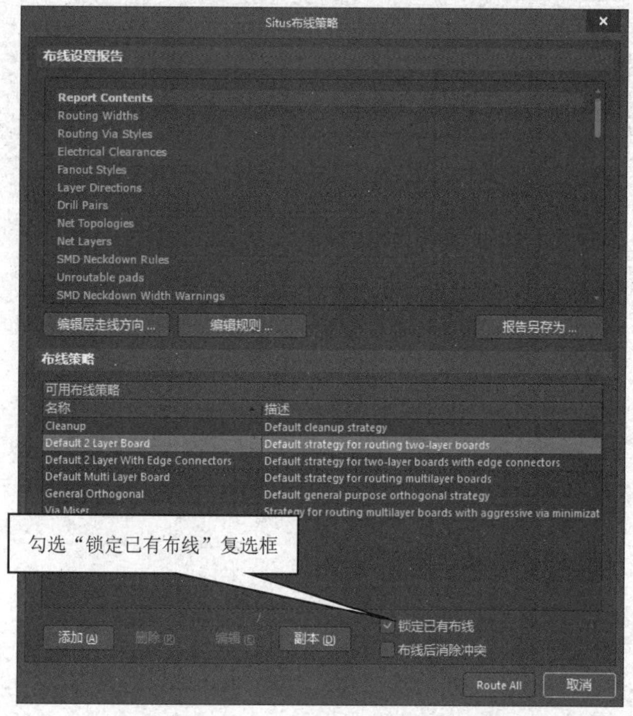

图 8-79　勾选“锁定已有布线”复选框

单击“Route All”按钮对剩余网络进行布线，结果如图 8-80 所示。在自动布线时，Altium Designer 22 会自动添加过孔并完成布线，相较于之前的版本，布线更合理，但有时会出现过孔数量太多的情况。

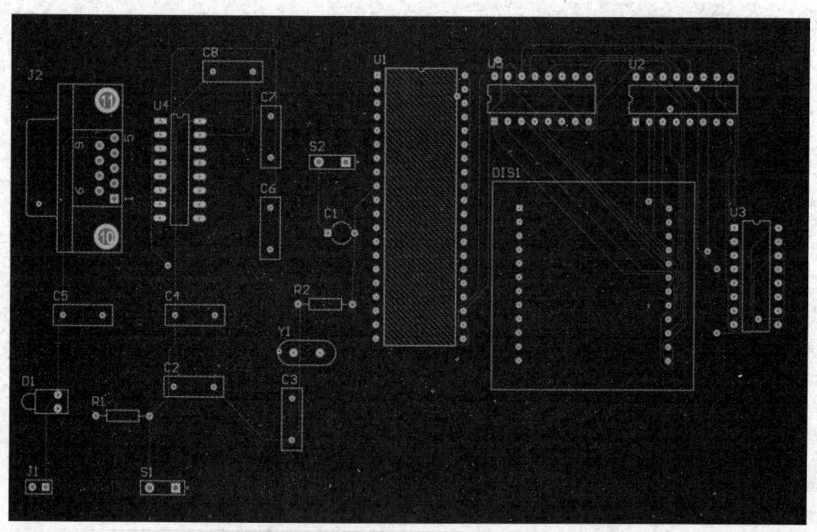

图 8-80　对剩余网络进行布线的结果

第 3 步：在自动布线后，可能会出现不合理的连线。如图 8-81 所示的情况，布线不满足最短走线原则。

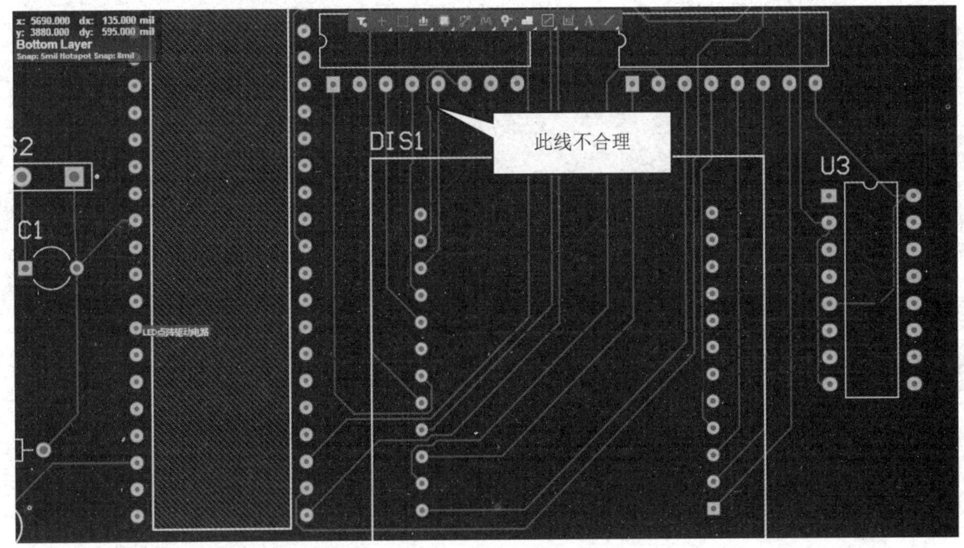

图 8-81　不合理走线

调整图 8-81 中的不合理走线的步骤如下。

先删除该不合理走线，如图 8-82 所示。

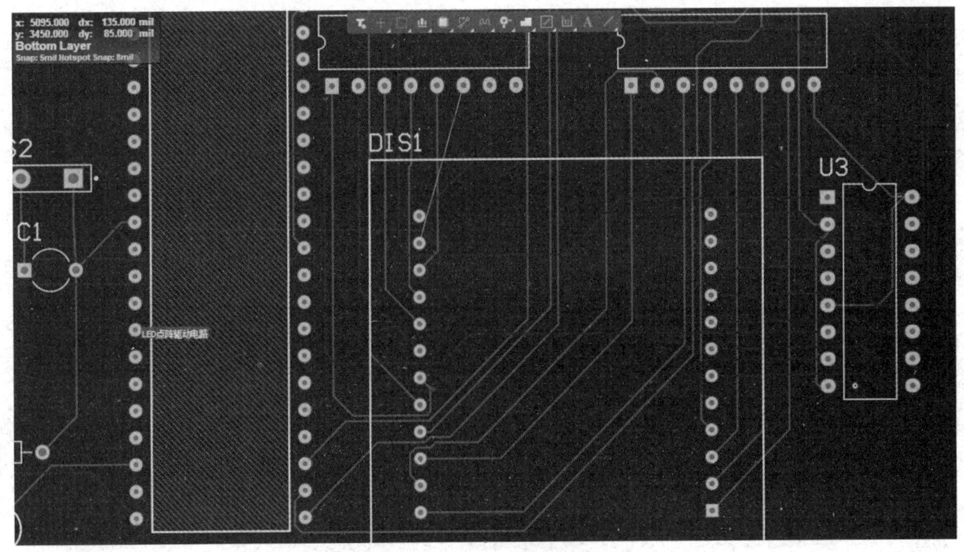

图 8-82　删除不合理走线

然后单击布线工具按钮（“交互式布线”按钮），设置布线层为底层。重新对该点进行布线，如图 8-83 所示。

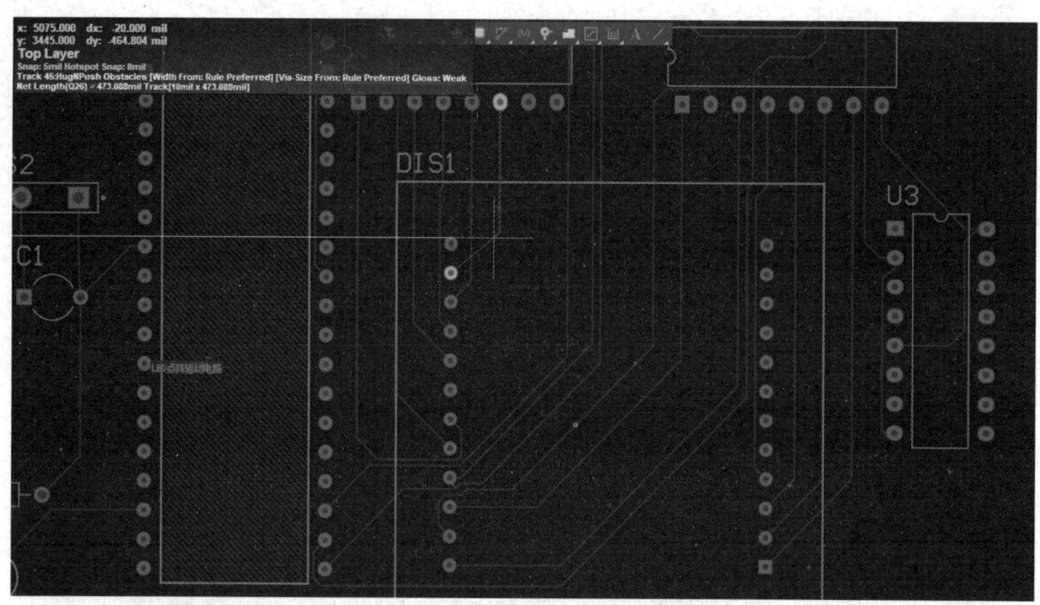

图 8-83　重新布线

当遇到转折点时，可在按 Shift+Ctrl 组合键的同时，用鼠标滑轮切换布线层（按数字小键盘上的 * 键也可以实现在布线时切换到下一层），切换到底层后直接单击任意预选位置，过孔就会加在这里，如图 8-84 所示。

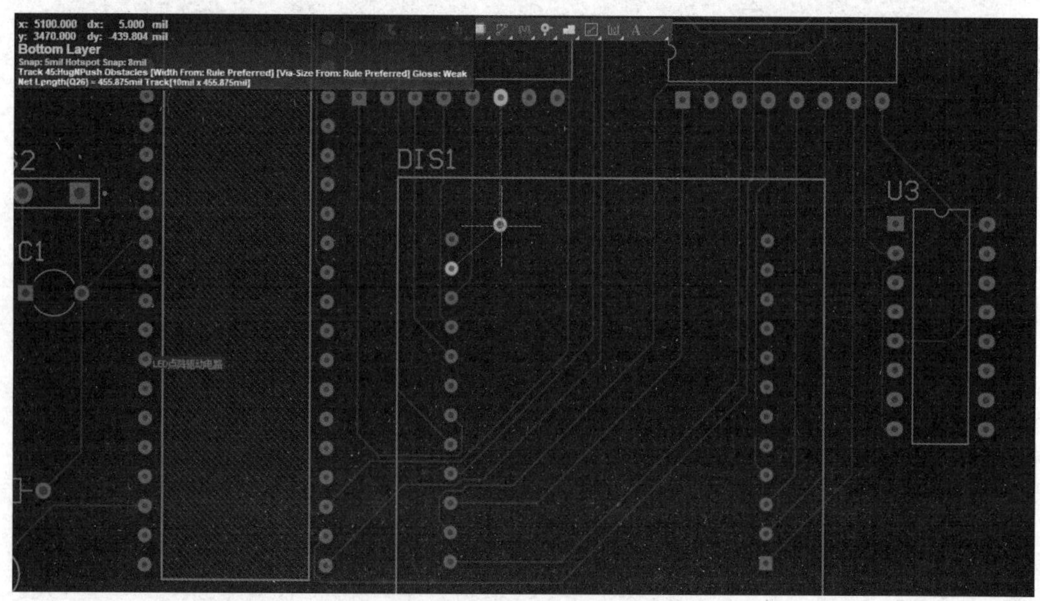

图 8-84　切换布线层并加一个过孔

完成修改后的布线结果如图 8-85 所示。

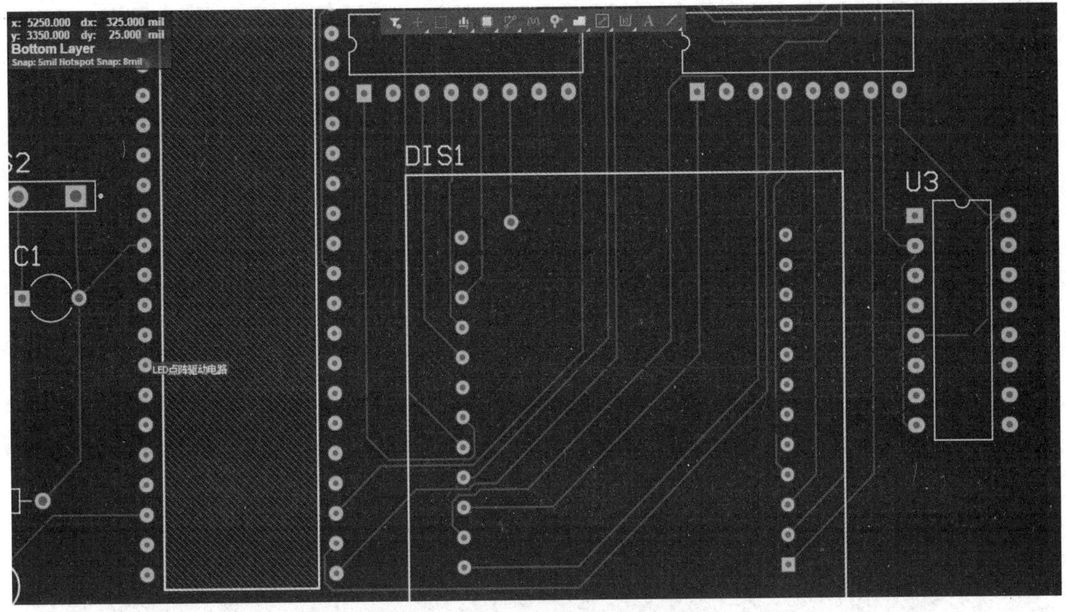

图 8-85　完成修改后的布线结果

第 4 步：按照上述方法调整其他连线，在调整的过程中，用户可以采用单层显示方式。

如何在 Altium Designer 中显示单层呢？将光标移动到 PCB 编辑窗口下方的“Top Layer”标签处，右击，在弹出的快捷菜单中执行“隐藏层”→“Bottom Layer”命令，将隐藏底层，只显示顶层；执行“隐藏层”→“Top Layer”命令，将隐藏顶层，只显示底层，如图 8-86～图 8-88 所示。

图 8-86　右击“Top Layer”标签

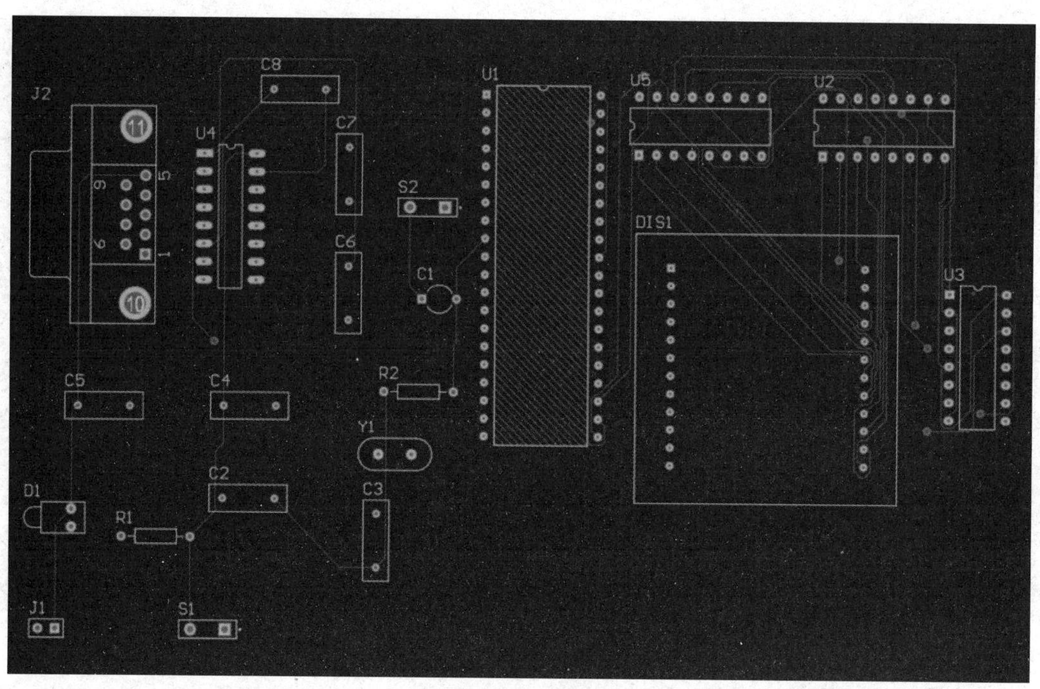

图 8-87　只显示顶层

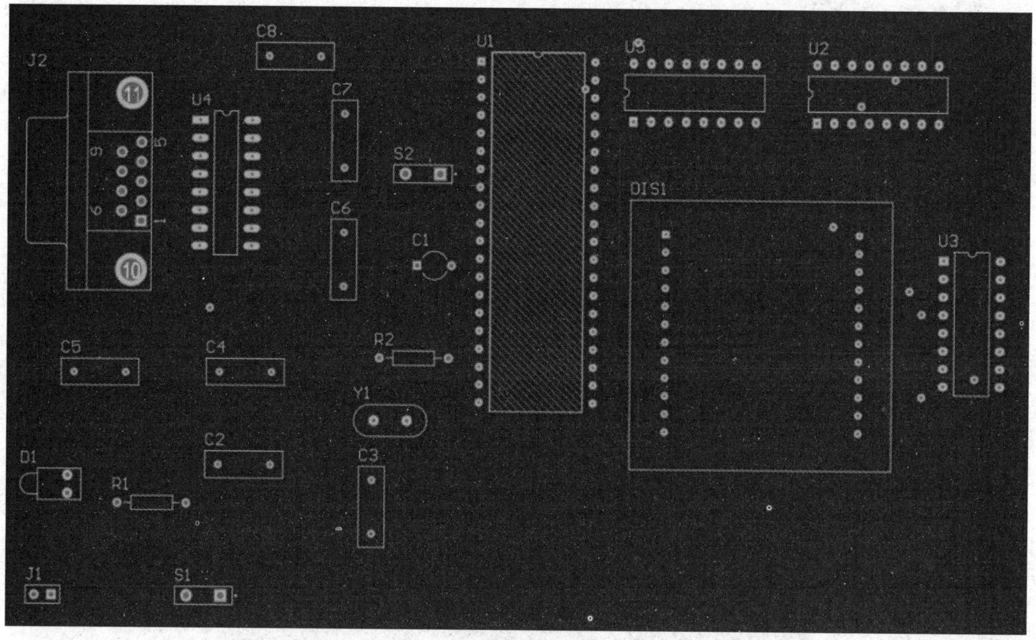

图 8-88　只显示底层

执行“视图”→“切换到 3 维模式”命令，查看布线后的 3D 效果图，如图 8-89 所示。

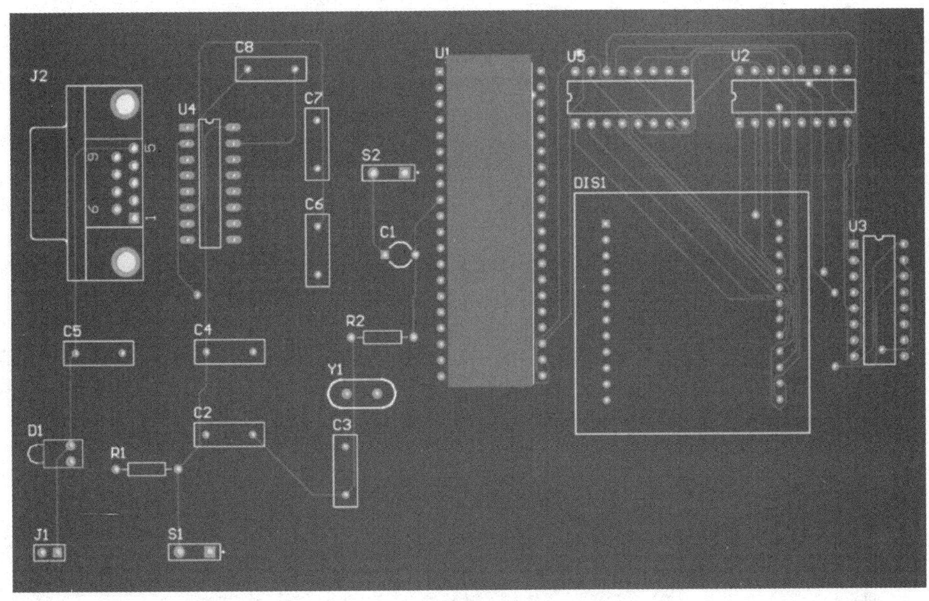

图 8-89　布线后的 3D 效果图

8.7　差分对布线

差分信号又称差动信号，它用两条完全一样、极性相反的信号线传输一路数据，根据两个信号的电平差进行判决。为了保证两个信号完全一致，在布线时线路要保持并行，线宽、线间距要保持不变。在进行差分对布线时，信号源和接收端必须都是差分信号才有意义。接收端差分对间通常会加匹配电阻，阻值等于差分阻抗的值，这样做信号质量会好一些。

差分对布线要注意以下两点。

（1）两条线的长度要尽量一样。

（2）两条线的间距（由差分阻抗决定）要保持不变，也就是两条线要保持平行。

在进行差分对布线时，两条线应适当靠近且两条线保持平行。适当靠近是因为两条线的间距会影响差分阻抗的值，此值是设计差分对的重要参数；两条线保持平行也是因为要保持差分阻抗一致。若两条线忽远忽近，差分阻抗就会不一致，从而会影响信号完整性及时延。

下面以一个流程图来说明如何在 Altium Designer 22 系统中实现差分对布线。差分对布线流程图如图 8-90 所示。

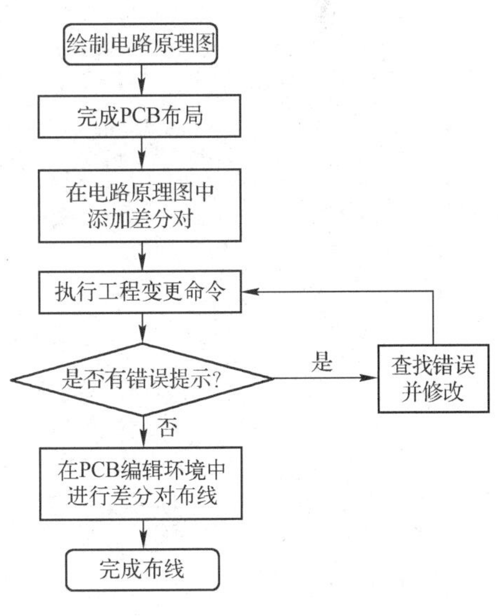

图 8-90　差分对布线流程图

【例 8-2】差分对布线。

第 1 步：新建 PCB 工程项目，并命名为“diff Pair. PrjPCB”，导入已绘制好的电路原理图（见图 8-91）和已完成布局的 PCB 文件（见图 8-92）。

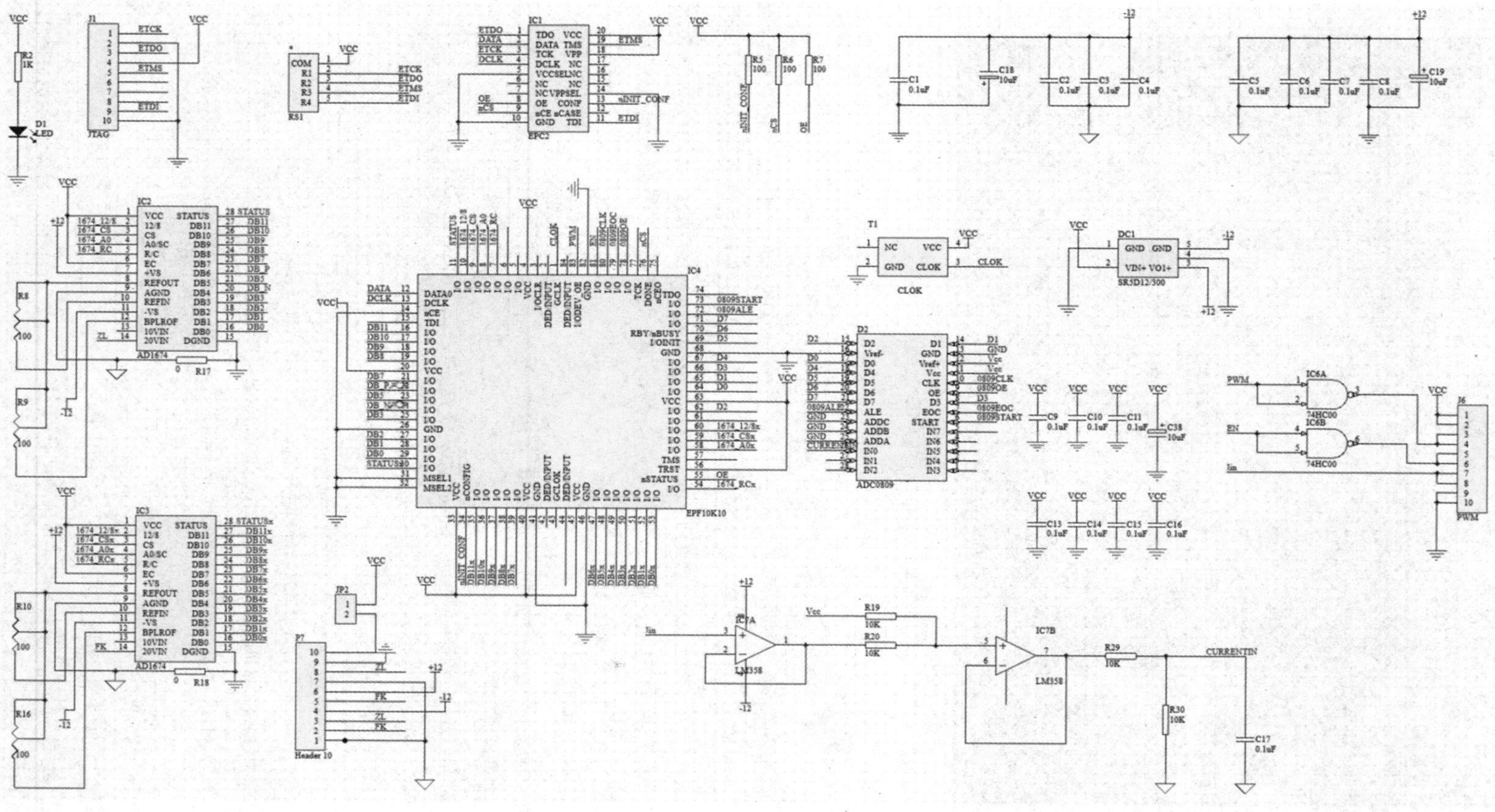

图 8-91　已绘制好的电路原理图

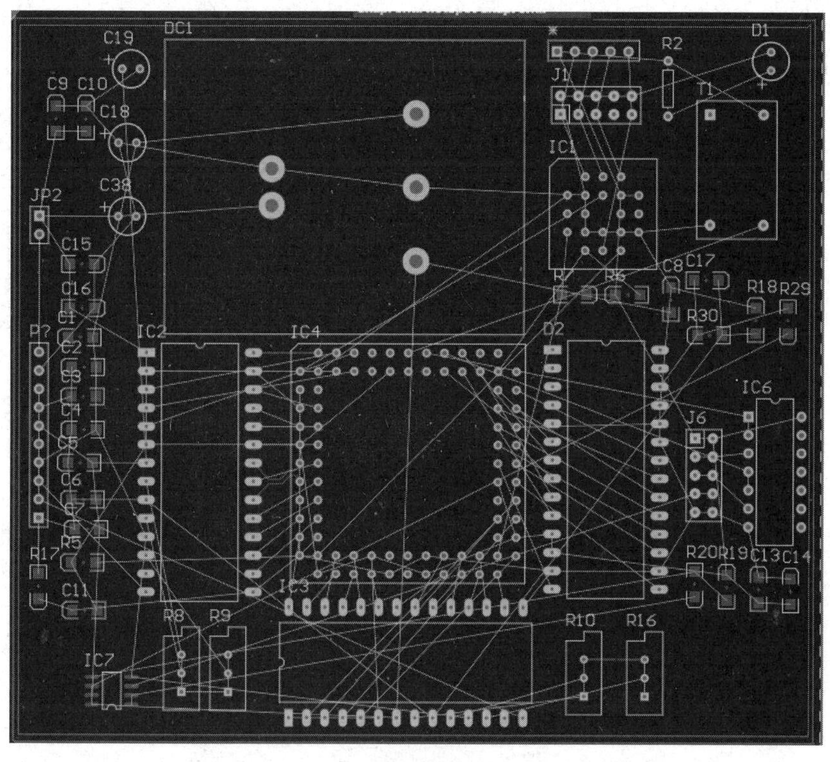

图 8-92　已完成布局的 PCB 文件

第 2 步：切换到原理图编辑环境，将要设置成差分对的一对网络的名称设置为相同的前缀名，后缀分别为 N 和 P。找到一对要设置成差分对的网络，依次双击“DB4”“DB6”，如图 8-93 所示。

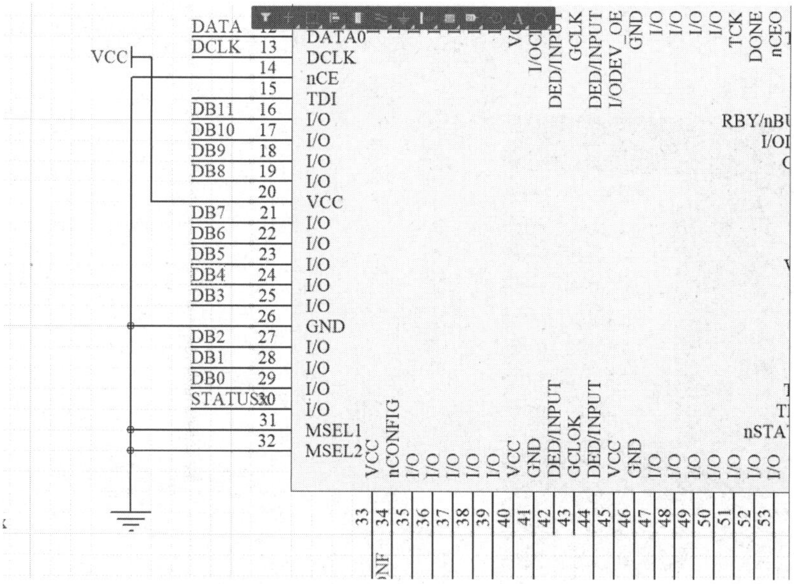

图 8-93　依次双击“DB4”“DB6”

分别双击这网络标签“DB4”和网络标签“DB6”，将“DB4”重新命名为“DB N”，将“DB6”重新命名为“DB P”，如图 8-94 所示。

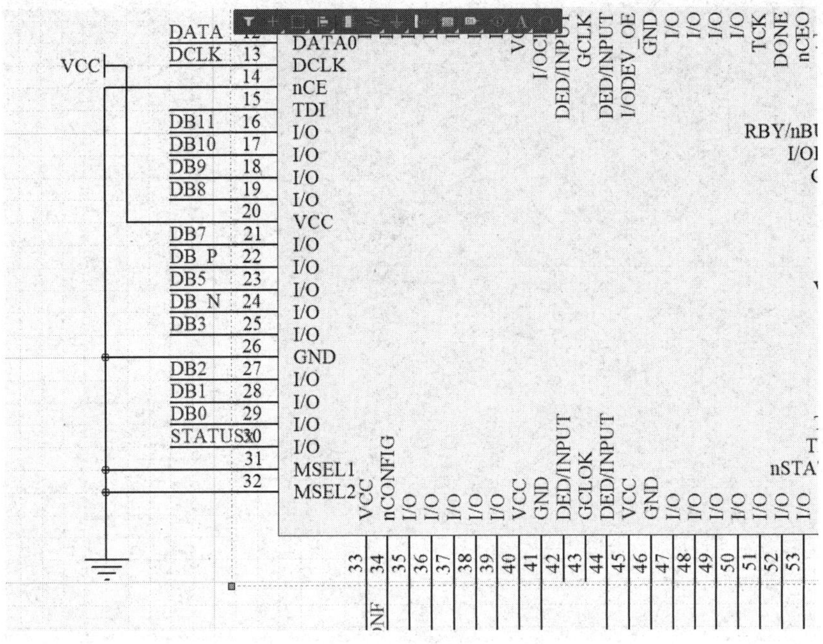

图 8-94 重命名网络标签

由于该电路原理图是采用网络标签实现电气连接的，所以更改此处的网络标签，连接的另一端的网络标签也要更改。在按住 Alt 键的同时单击网络标签，即可看到该网络标签连接的另一端的网络标签。

修改完成后，即可放置差分对标志。在原理图编辑环境中，执行“放置”→“指示”→“差分对”命令，如图 8-95 所示，光标变为十字形，并跟随着待放置的差分对标识，如图 8-96 所示。

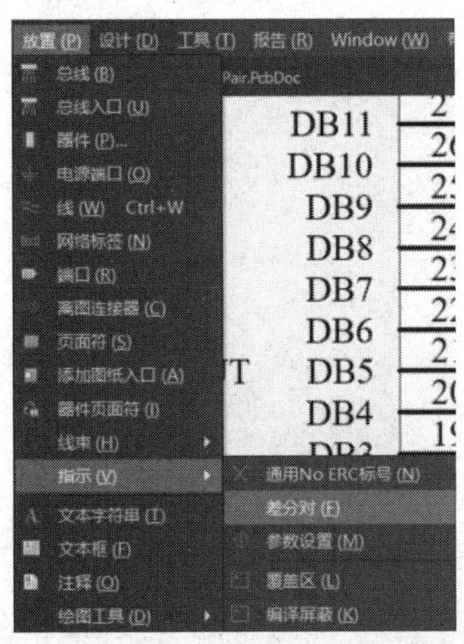

图 8-95 执行“放置”→“指示”→“差分对”命令

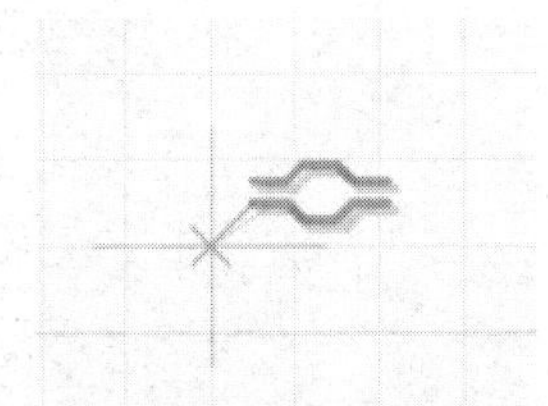

图 8-96 待放置的差分对标识

分别在引脚 DB N 和 DB P 处单击，放置差分对标识，如图 8-97 所示。

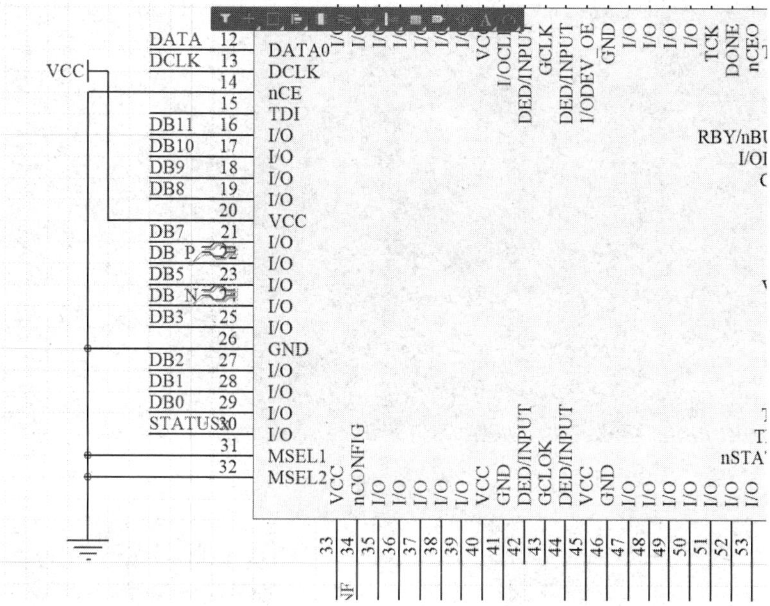

图 8-97　放置差分对标识

第 3 步：在原理图编辑环境中，执行“设计”→“Update PCB Document diff Pair.PcbDoc”命令，如图 8-98 所示。

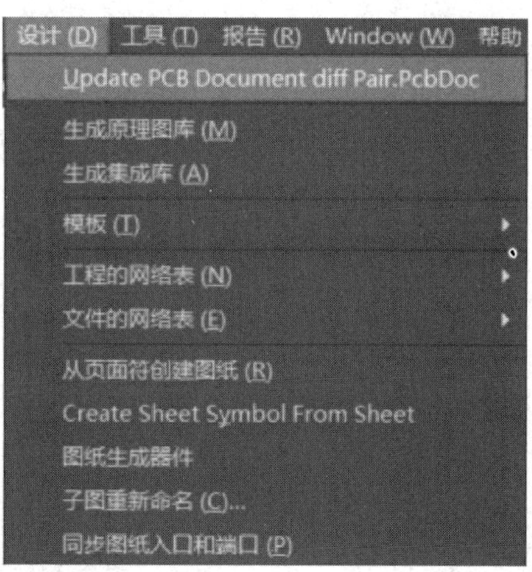

图 8-98　执行“设计”→“Update PCB Document diff Pair.PcbDoc”命令

弹出“工程变更指令”对话框，依次单击“验证变更”按钮和“执行变更”按钮，把与差分对相关的信息添加到 PCB 文件中。此时“工程变更指令”对话框如图 8-99 所示。

第 4 步：在 PCB 编辑环境中，打开“PCB”面板，如图 8-100 所示，在导航工具栏中选择“Differential Pairs Editor”选项，以显示所有差分对，如图 8-101 所示。

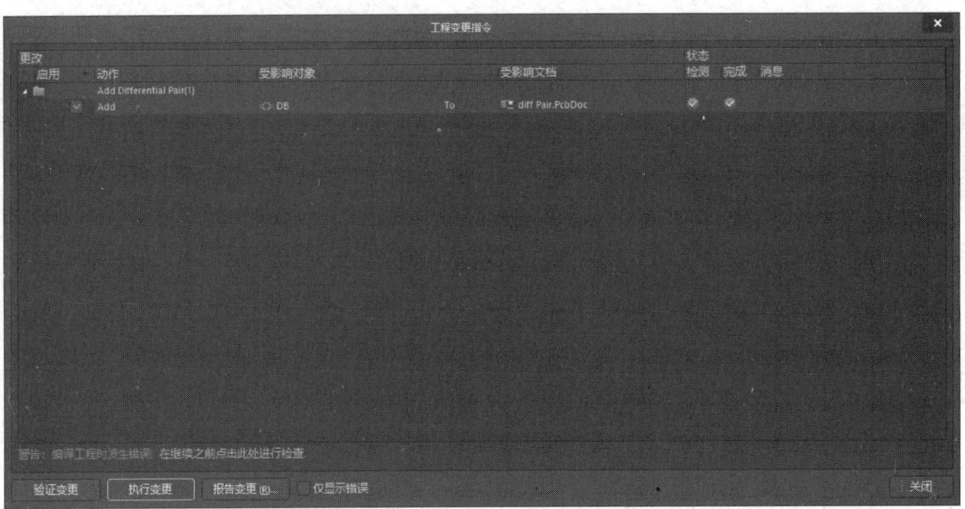

图 8-99 “工程变更指令”对话框

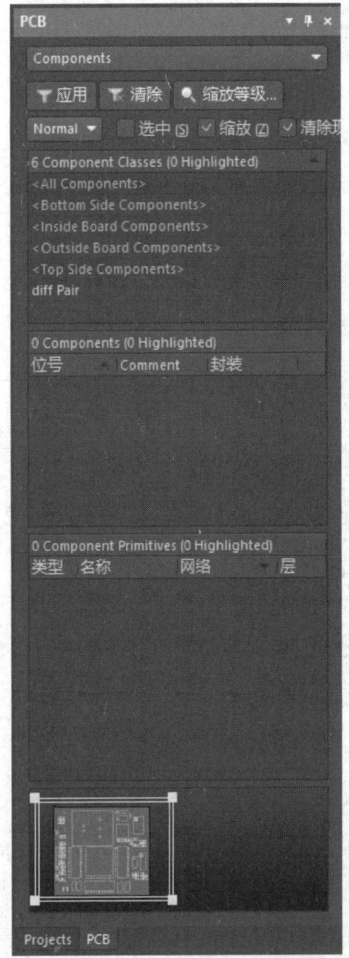

图 8-100 “PCB”面板

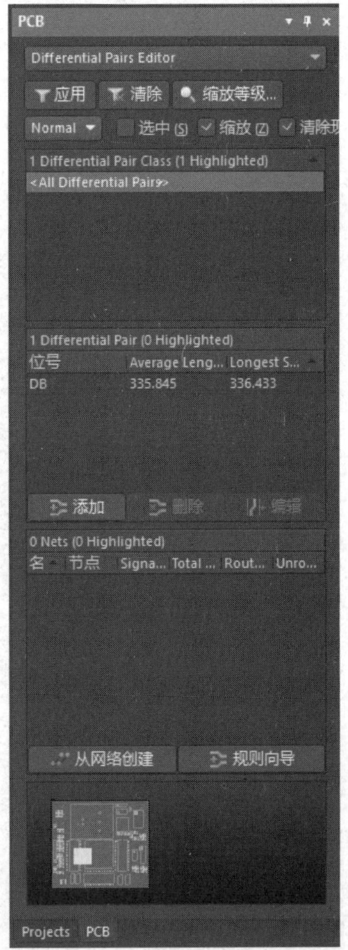

图 8-101 显示所有差分对

第 5 步：选择定义的差分对 DB，单击“规则向导”按钮，弹出“差分对规则向导”对话框，如图 8-102 所示。

图 8-102 “差分对规则向导”对话框

单击“Next”按钮，进入“Choose Rule Names”界面，如图 8-103 所示。利用该界面中的 3 个文本框可以重新定义各个差分对子规则的名称，这里保持系统默认设置。

单击“Next”按钮，进入“Choose Length Constraint Properties”界面，如图 8-104 所示。在该界面中设置差分对布线的模式，以及导线之间的距离等。这里保持系统默认设置。

单击“Next”按钮，进入“Choose Routing Constraint Properties”界面，如图 8-105 所示。该界面中的各项设置在前面已进行了介绍，这里不再赘述。

单击“Next”按钮，进入“Rule Creation Completed”界面，如图 8-106 所示。该界面列出了差分对各项规则的设置情况。

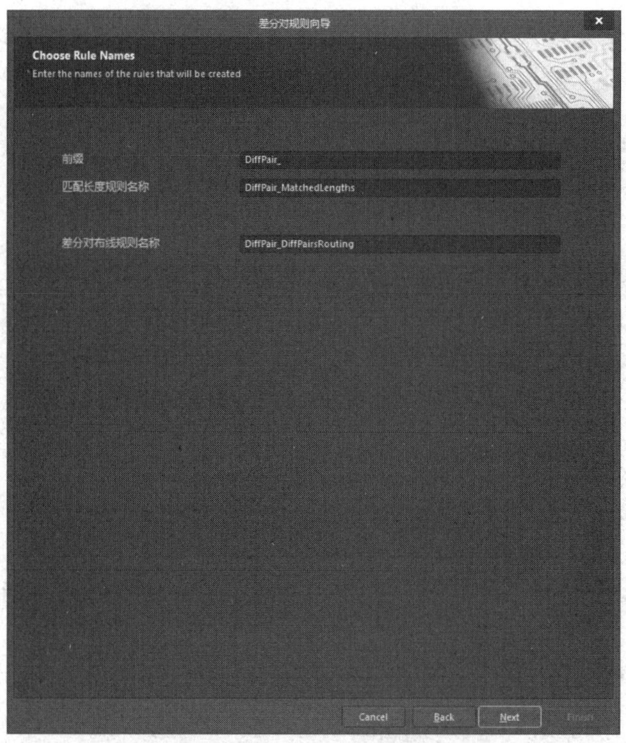

图 8-103　“Choose Rule Names”界面

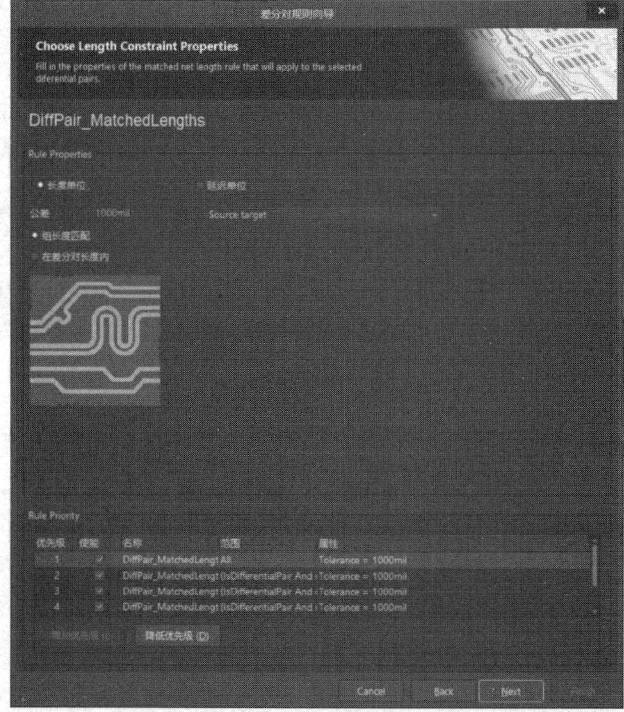

图 8-104　“Choose Length Constraint Properties”界面

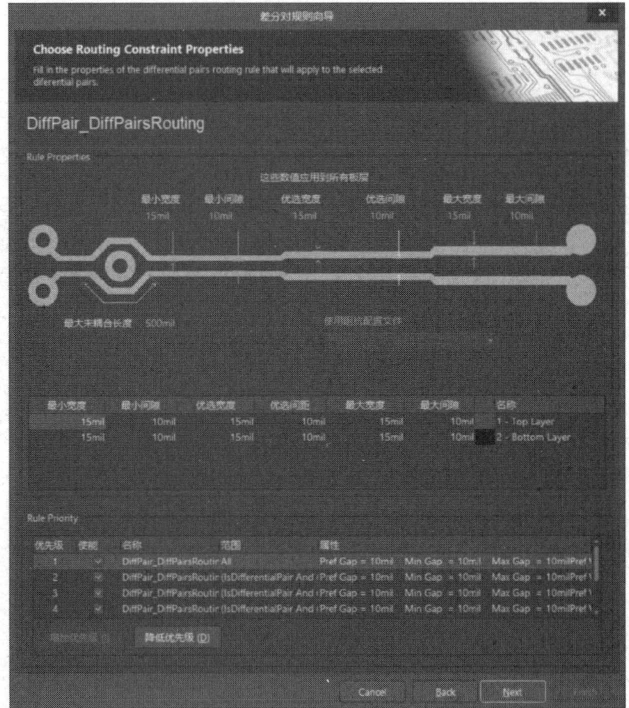

图 8-105　“Choose Routing Constraint Properties”界面

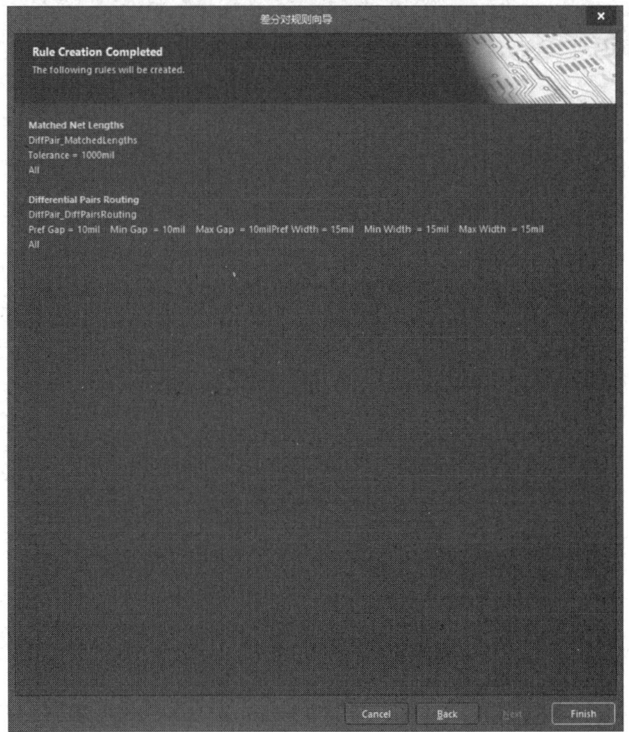

图 8-106　“Rule Creation Completed”界面

单击“Finish”按钮，退出“差分对规则向导”对话框。可以看到，差分对DB完成了布线，全局高亮显示，如图 8-107 所示。

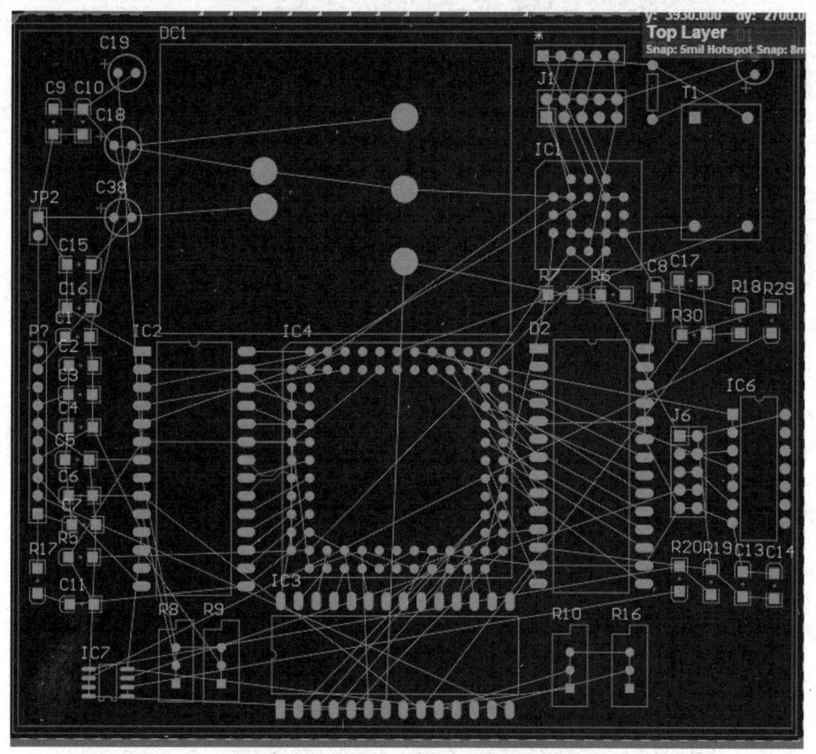

图 8-107　差分对 DB 完成布线

8.8　ActiveRoute

ActiveRoute 是一种自动的交互式布线技术，是交互式布线的一种补充。它在 Altium Designer 中也叫作“对选中的对象自动布线”，对应图标如图 8-108 所示。它是一种引导式的交互式布线，可以同时在多层对选中的网络进行快速、高质量的布线。ActiveRoute 适用于多引脚的采用BGA封装的元件，不仅能够优化逃逸布线，能够进行高质量的River Routing（河流布线），还能够进行差分对布线、自动引脚交换和生成蛇形线以达到等长匹配。值得注意的是，ActiveRoute 可以对已经补好的线进行修改，如优化、改为差分对等。

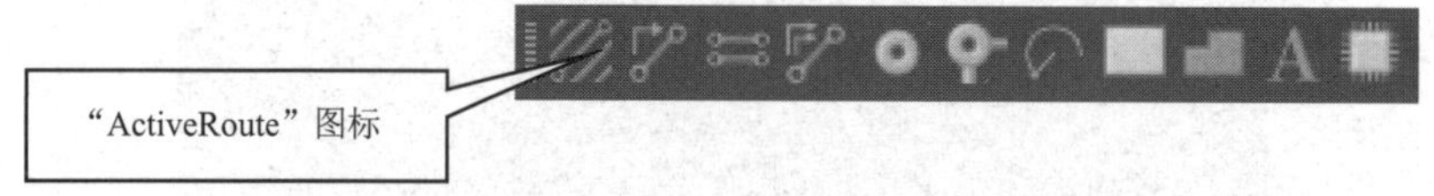

图 8-108　“ActiveRoute”图标

相对于手动布线、交互式布线，ActiveRoute 具有较快的布线速度、较高的布线质量和较高的自动化程度，并且控制难度也不算很高，如图 8-109 所示。

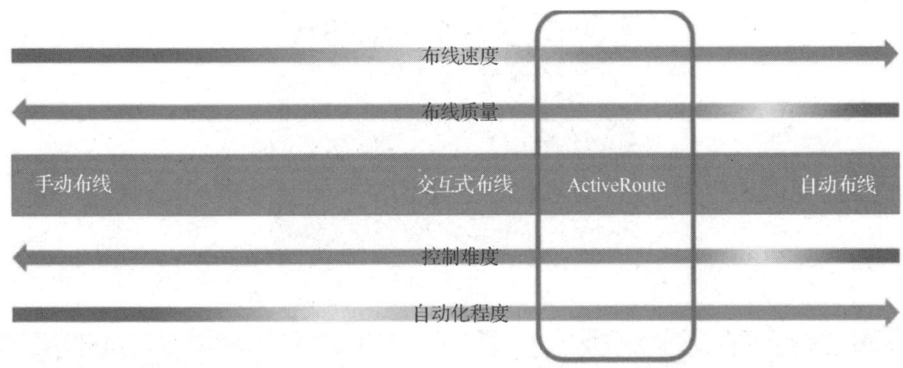

图 8-109　ActiveRoute 比较图

首先需要知道的是，Altium Designer 22 不再默认提供 ActiveRoute，用户需要自行注册并登录 DigPCBA 账号安装此扩展程序，账号注册问题这里不进行过多讲解，读者可以自行在网上查找。登录 DigPCBA 账号后，需要在“优选项”对话框的“System-Installation”标签页中选择“全球安装服务”单选按钮，单击“确定”按钮，然后单击右上角的下拉按钮，选择“Extensions and Updates”选项，进入“Extensions and Updates”界面，在“购买的”标签页中下载 ActiveRoute 扩展程序，如图 8-110～图 8-112 所示。

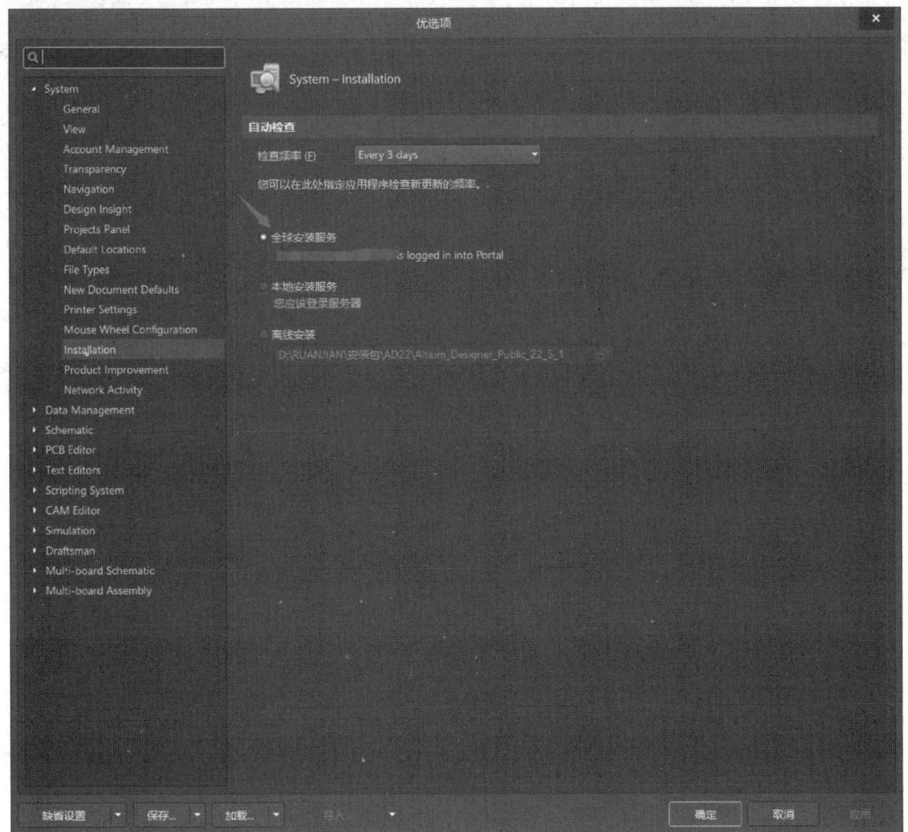

图 8-110　“System-Installation”标签页

图 8-111 选择“Extensions and Updates”选项

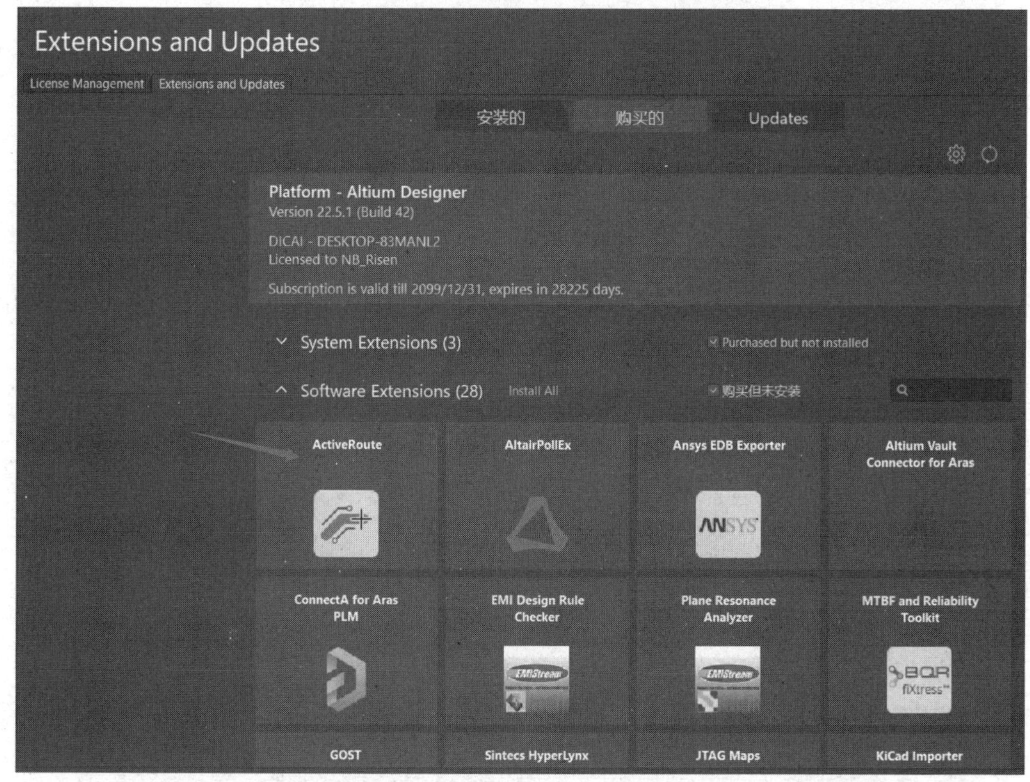

图 8-112 下载 ActiveRoute 扩展程序

下载 ActiveRoute 扩展程序后重启 Altium Designer 22，单击“Panels”按钮，选择“PCB ActiveRoute”选项，即可调出“PCB ActiveRoute”面板，如图 8-113 所示。

值得注意的是，Altium Designer 的中文兼容性不好，可能会出现自动布线失败的情况。自动布线失败提示如图 8-114 所示。因此，在使用 ActiveRoute 进行自动布线前要把 PCB 文件重命名为英文，以保证布线成功。

接下来用一个简单的例子来讲解 ActiveRoute。首先打开 PCB 文件，在 PCB 编辑环境中按住 Alt 键的同时，从右往左依次单击飞线，被选中后飞线会变粗。选择完飞线后，按 K 键或单击“Panels”按钮，选择“PCB ActiveRoute”选项，打开“PCB ActiveRoute”面板，单击布线工具栏中的“对选中的对象自动布线”按钮，或者使用组合键 Shift+A 开始布线，布线结果如图 8-115 所示。

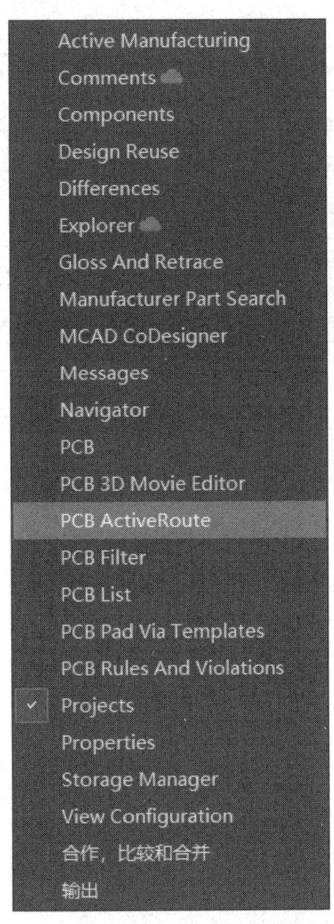

（a）选择“PCB ActiveRoute”选项

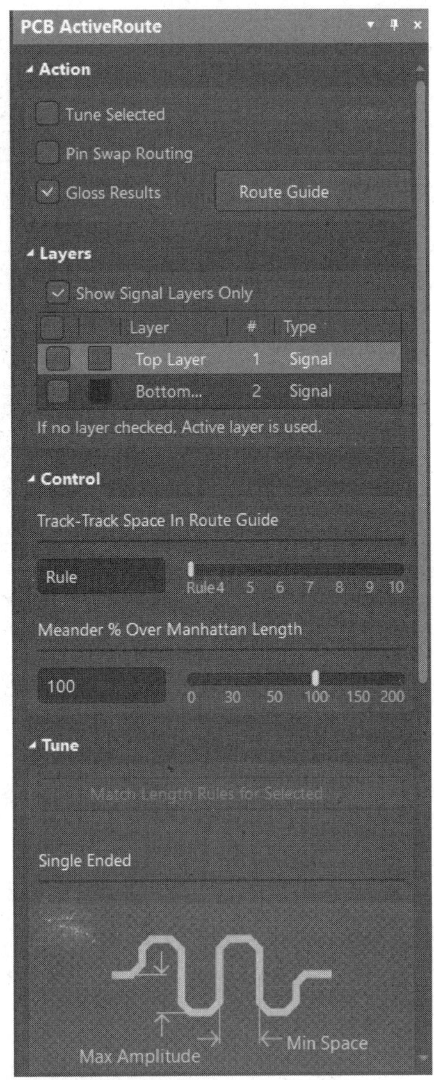

（b）“PCB ActiveRoute”面板

图 8-113　调出“PCB ActiveRoute”面板

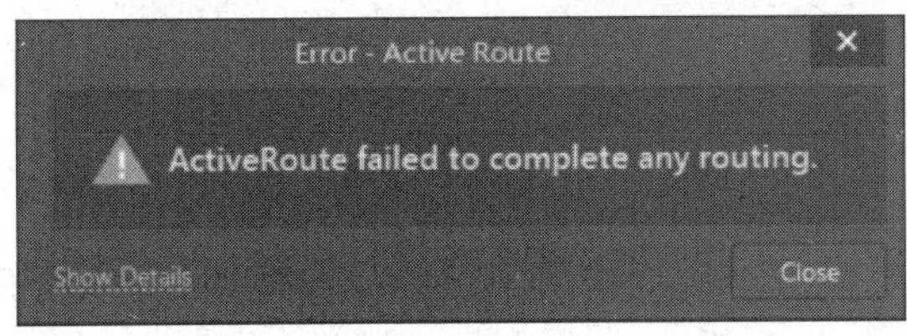

图 8-114　自动布线失败提示

由布线结果可以看出，ActiveRoute 的布线结果与手动布线结果十分相似，它以最优化的方式进行布线，可能会出现一些不太合理的走线，可以手动去修改不合理走线。ActiveRoute 的优势是每次以最优化的方式接近焊盘，不考虑焊盘入口。

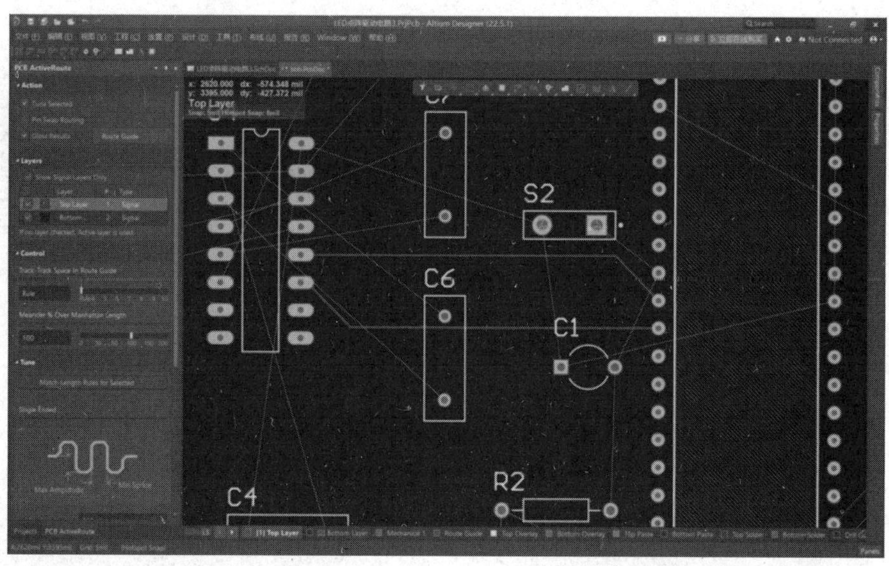

图 8-115　布线结果

下面对“PCB ActiveRoute”面板上的其他功能进行简单介绍。

“Gloss Result”复选框用于设置优化结果，默认处于勾选状态，一般建议用户勾选该复选框。

“Pin Swap Routing”复选框用于设置引脚交换布线，可以实现自动交换引脚。下面通过例 8-3 来展示一下它的效果。

【例 8-3】引脚交换布线示例。

第 1 步：在 Altium Designer 主界面新建工程文件、原理图文件和 PCB 文件，在原理图文件中放置两个 Header 7 并连好线，将原理图文件导入 PCB 文件，在 PCB 编辑环境中，执行“工具”→“管脚/部件交换”→“配置”命令，弹出“在元器件中配置引脚交换信息”对话框，如图 8-116 所示。

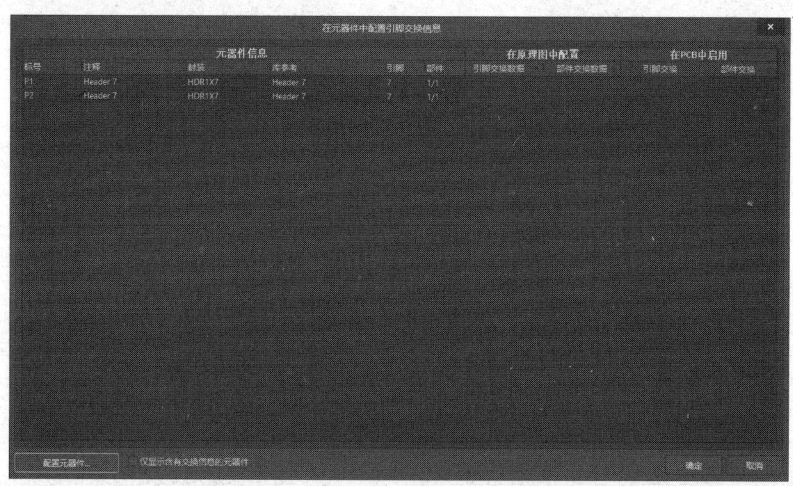

图 8-116　“在元器件中配置引脚交换信息”对话框

第 2 步：双击“引脚交换数据”栏，弹出“Configure Pin Swapping For”对话框，如图 8-117 所示，将 P1 的所有引脚设置到一个引脚群组。同理，将 P2 的所有引脚设置到另一个引脚群组，设置完成后单击“确定”按钮。

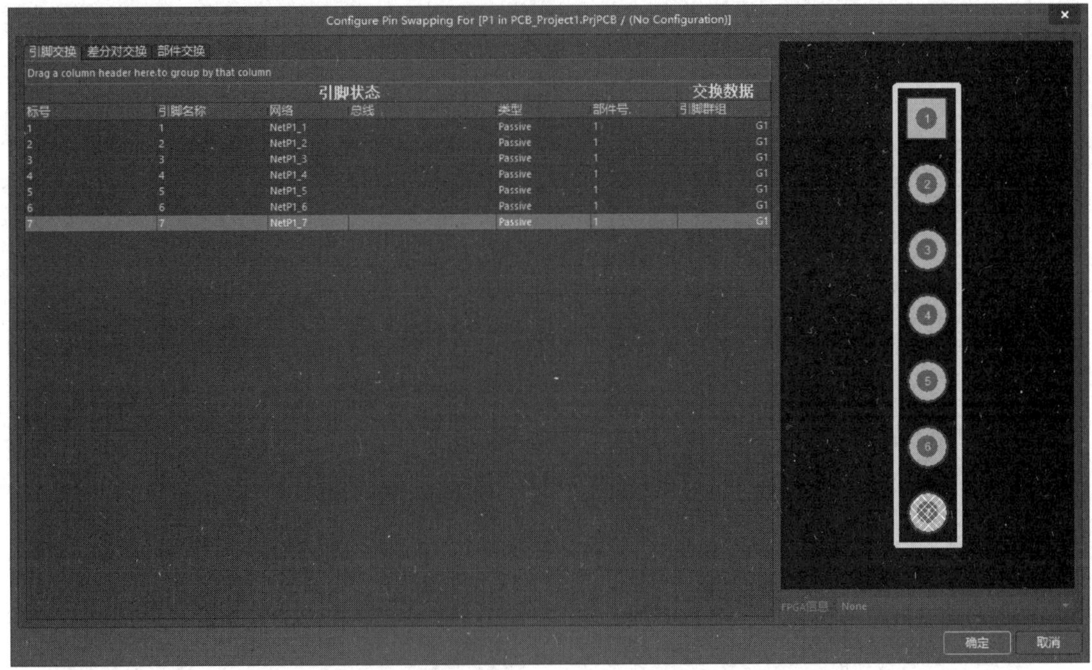

图 8-117　“Configure Pin Swapping For”对话框

第 3 步：切换到 PCB 编辑环境，如图 8-118 所示。可以看到飞线纠缠到了一个点上。虽然本例可以简单地通过放置方式解决，但是在实际中可能会遇到难以解决的情况，这时就需要进行引脚交换布线。

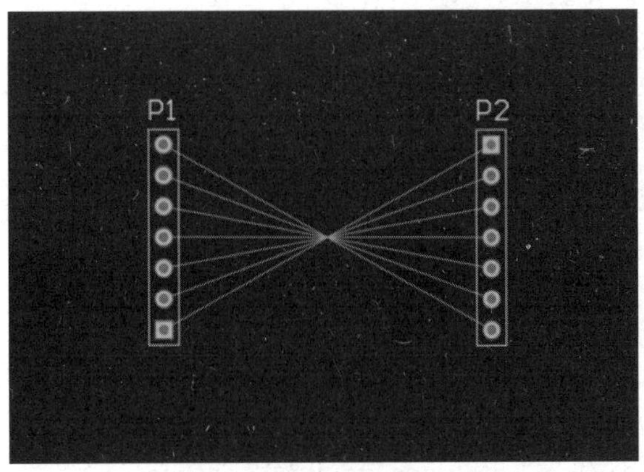

图 8-118　飞线纠缠无法布线

第 4 步：选中其中一个元件，双击，打开该元件对应的“Properties”面板，如图 8-119 所示。在“Swapping Options”区域中勾选“Enable Pin Swapping”复选框。

第 5 步：设置完成后，执行“工程”→“Validate PCB Project PCB Project.PrjPcb”命令，完成编译。调出“PCB ActiveRoute”面板，勾选“Pin Swap Routing”复选框，在“Pin Swap”区域中，勾选“P1-Header 7”复选框，使能 P1 引脚交换布线，如图 8-120 所示。

第 6 步：进行同之前一样的操作，选中网络，单击“ActiveRoute”图标，弹出“Update Schematic with Pin Swap Changes?”（是否更新原理图中的引脚交换？）提示框，如图 8-121 所示。

图 8-119 “Properties”面板

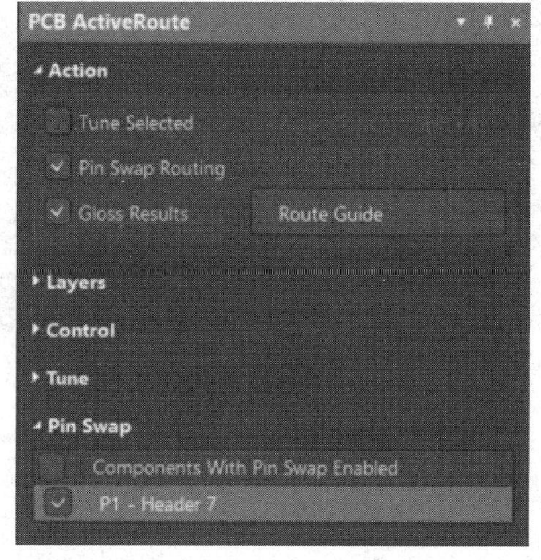

图 8-120 使能 P1 引脚交换布线

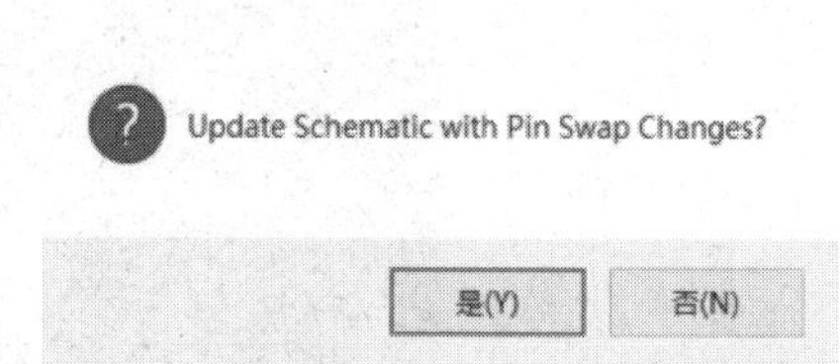

图 8-121 “Update Schematic with Pin Swap Changes?”提示框

单击“是”按钮，弹出“Comparator Results (13 Differences)”对话框，继续单击“Yes”按钮，弹出“工程变更指令”对话框，如图 8-122 所示。执行变更后 PCB 中的布线不再纠缠，原理图布局也随之发生改变，如图 8-123 所示。

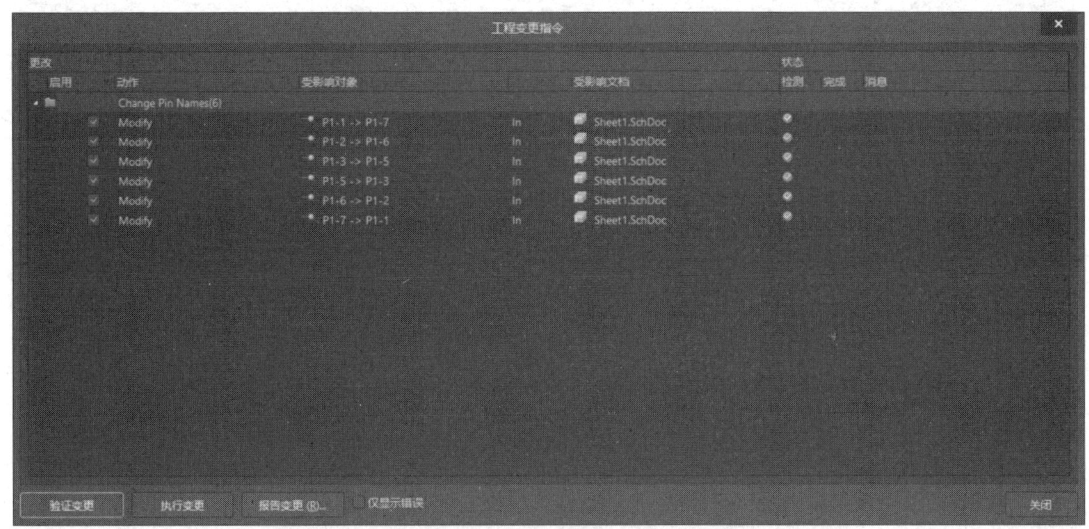

图 8-122　“工程变更指令”对话框

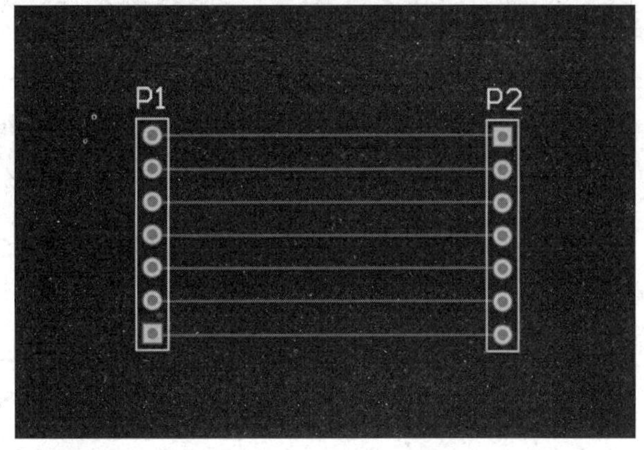

图 8-123　进行引脚交换布线后的 PCB 图

“Route Guide”按钮用于按照工程师引导的布线方向进行布线。下面通过例 8-4 讲解此按钮。

【例 8-4】以 LED 点阵驱动电路为例进行引导布线。

在 PCB 编辑环境中，按住 Alt 键的同时单击需要布线的飞线，单击“PCB ActiveRoute”面板“Action”区域中的“Route Guide”按钮，在 PCB 上定义连线的走向（按键盘上的上、下键可以定义连线走向的范围），这时光标变成带有圆圈的十字形，所有被选中的飞线集中于十字中心，操作界面如图 8-124 所示。

在待进行布线的地方单击，出现绿色线，绿色线就是之前定义的连线走向，拖曳鼠标可以显示预计进行布线的线路，在需要布线的位置再次单击，在最终放置点右击退出布线状态。布线效果如图 8-125 所示。

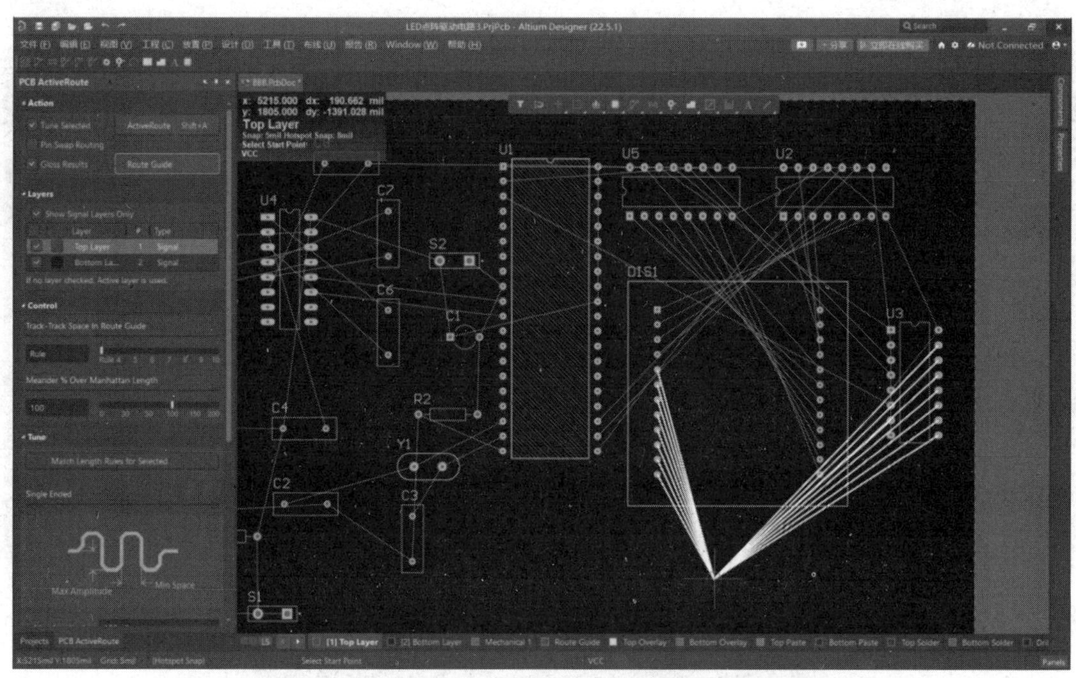

图 8-124　引导布线操作界面

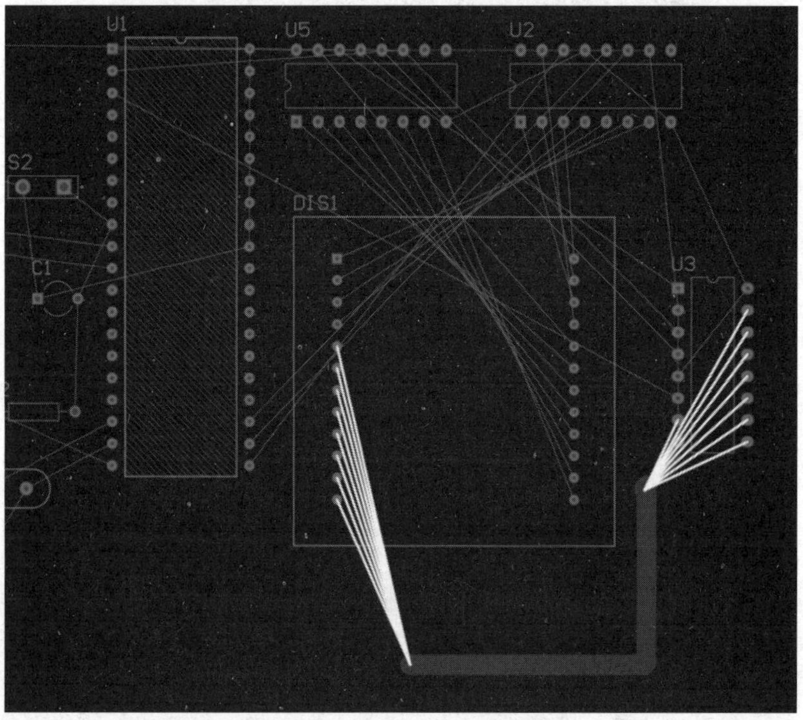

图 8-125　布线效果

单击“ActiveRoute”按钮开始自动布线。进行引导布线的结果如图 8-126 所示。

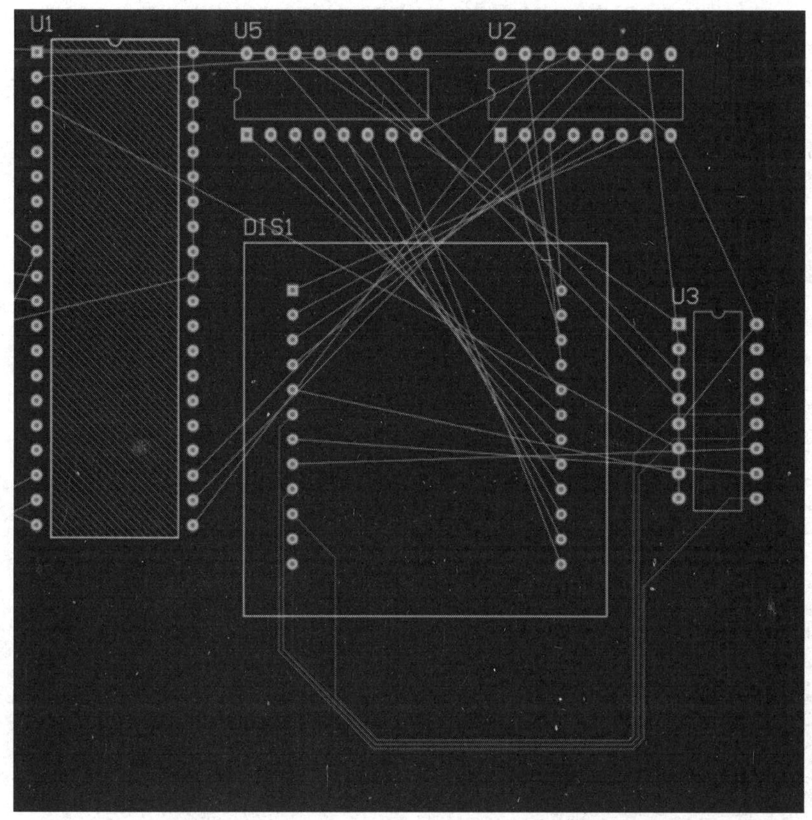

图 8-126　进行引导布线的结果

“PCB ActiveRoute”面板“Control”区域中的“Track-Track Space In Route Guide”用于设置在进行引导布线时的布线间距；“Meander % Over Manhattan Length”是曼哈顿长度上的弯曲率。在使用 ActiveRoute 进行自动布线时会把弯曲的部分尽量优化平直，这可能导致布线空间不足，因此需要把这个弯曲率调高，以提高布线的成功率。

在使用 ActiveRoute 进行自动布线的过程中，有一个非常重要的功能不得不提——等长布线功能，接下来进行简单讲解。

第 1 步：为 ActiveRoute 设置一个规则。执行“设计”→“规则”→“High Speed”→“Matched Lengths”命令，新建规则，设置等长线的“公差”为“50mil”，将“Where The Object Matches”下的下拉列表设为“Net Class”，单击右侧的下拉按钮，选择“New Class”选择，如图 8-127 所示。读者通过执行“设计”→“规则”→“类”→“对象浏览器”→“Net Classes”命令可以添加新的类别。设置完成后单击“确定”按钮，重新编译工程，返回“PCB ActiveRoute”面板。

第 2 步：勾选“Tune Selected”复选框，在“Tune”区域中选中刚才设置“MatchedLengths”规则，如图 8-128 所示。“Single Ended”区域和“Differential Pair”区域分别对应单条线路和差分对的情况，在其中设定该蛇形线的最大幅值和最小步长。

最终布线结果如图 8-129 所示。

图 8-127　建立新规则

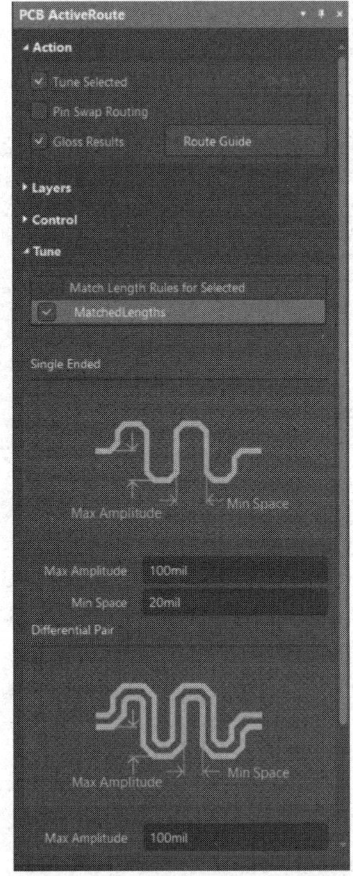

图 8-128　“PCB ActiveRoute”面板

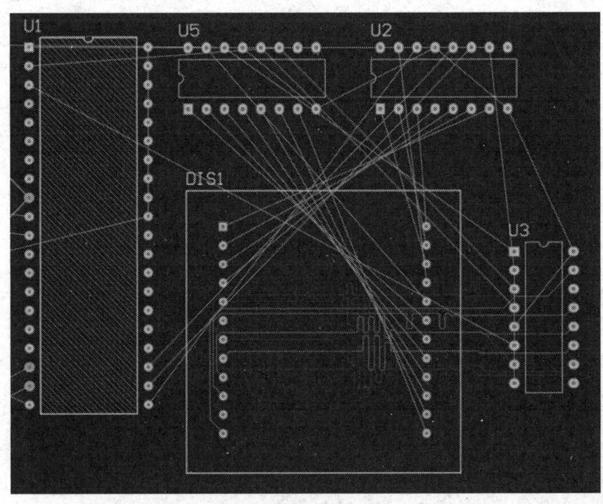

图 8-129　最终布线结果

8.9　设计规则检查

完成布线后，用户可利用 Altium Designer 提供的检查功能进行规则检查，查看布线结果是否遵循设置的规则，如对所有铜元素的铜厚度/宽度检查、锐角布线检查、断点检查及显示等进行设置。在 PCB 编辑环境中，执行“工具”→“设计规则检查”命令，如图 8-130 所示，弹出“设计规则检查器”对话框，如图 8-131 所示。

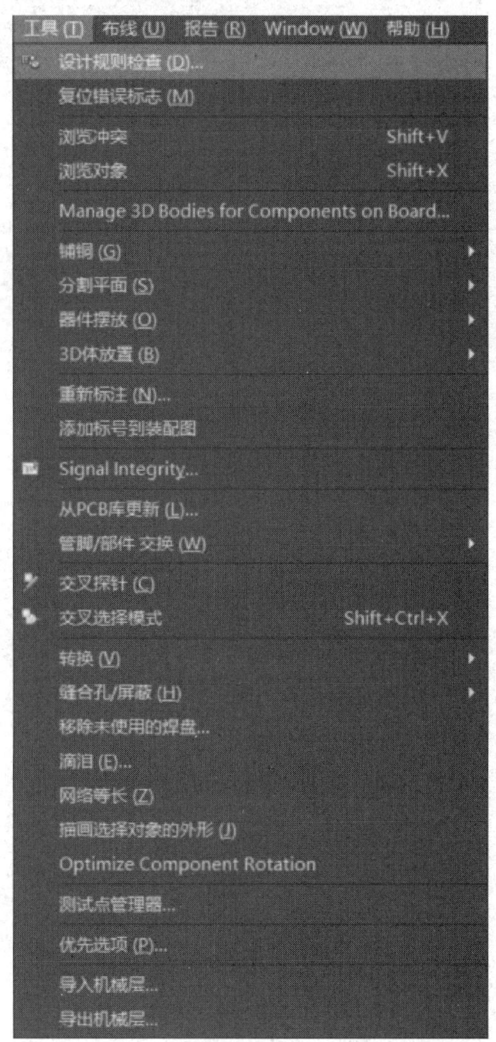

图 8-130　执行“工具”→“设计规则检查”命令

该对话框包含“Report Options”标签页（DRC 报告选项设置）和“Rules To Check”标签页（检查规则设置）。

“Report Options”标签页用于设置生成的 DRC 报告中包含的内容。

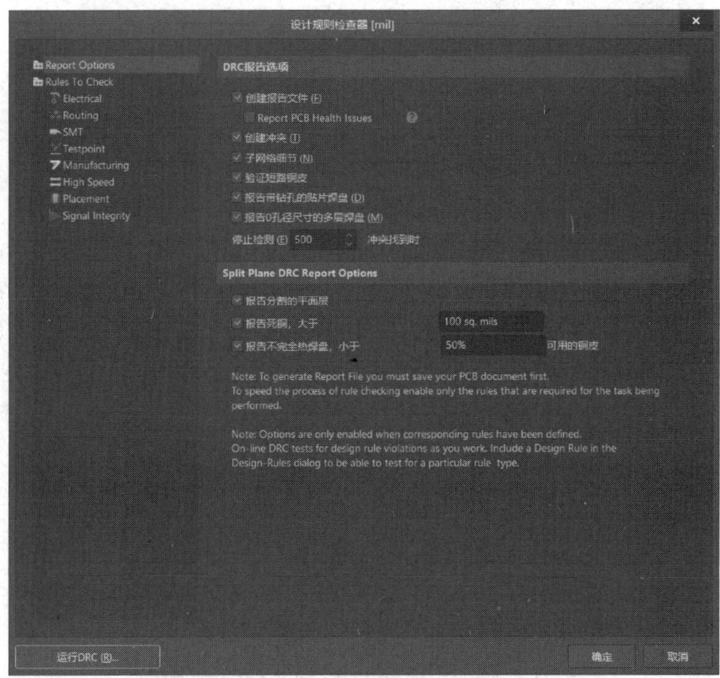

图 8-131 “设计规则检查器”对话框

“Rules To Check”标签页用于设置需要检查的设计规则及检查时采用的方式（在线还是批量），如图 8-132 所示。

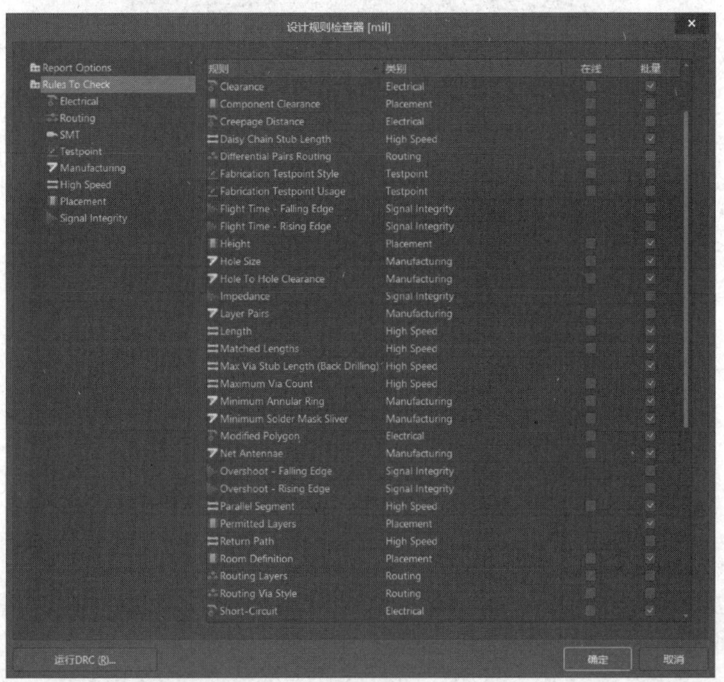

图 8-132 “Rules To Check”标签页

设置完成后，单击“运行 DRC”按钮，弹出“Messages”面板，如图 8-133 所示。如果检查有错误，“Messages”面板将提供所有错误信息；如果检查没有错误，“Messages”面板将是空白的。

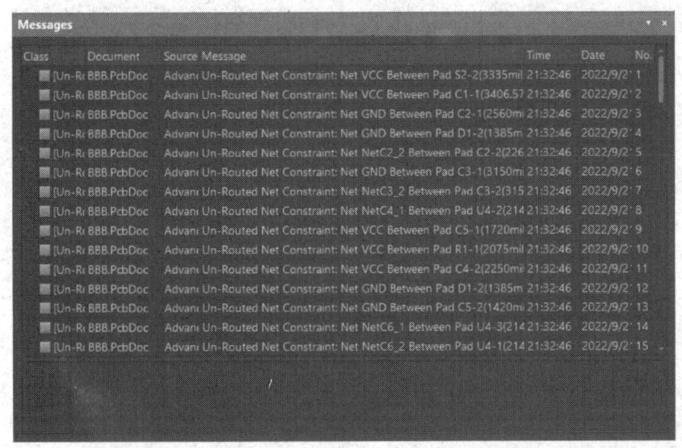

图 8-133　“Messages”面板

由图 8-133 可知，所有错误都是 PCB 中存在未连接的引脚。由于本设计中的引脚并不都是连接的，为了不出现此类错误提示，在“设计规则检查器”对话框中，设置忽略 Un-Routed Net 检查，如图 8-134 所示。

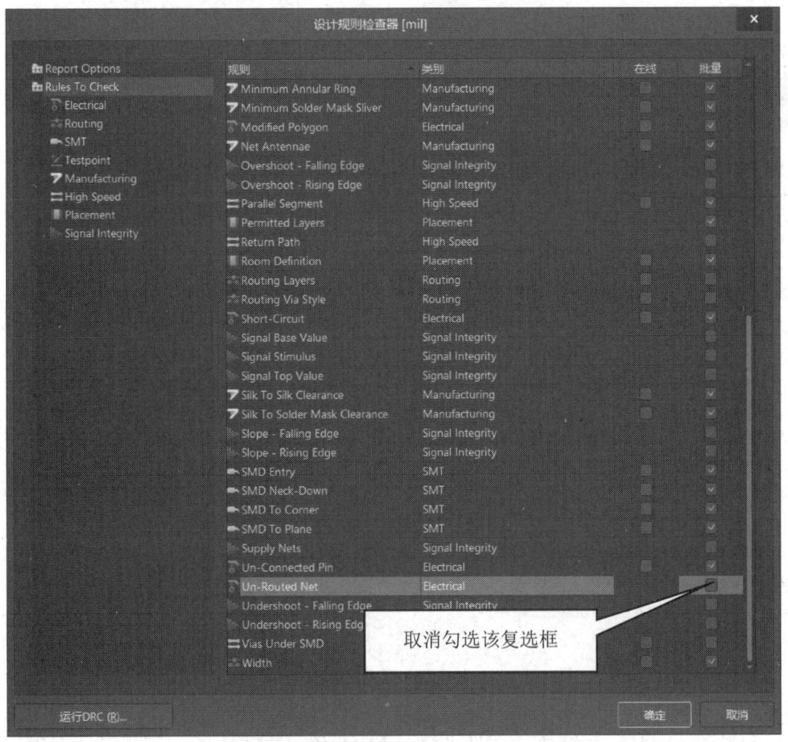

图 8-134　忽略 Un-Routed Net 检查

再次单击“运行 DRC”按钮，“Messages”面板中没有了错误信息提示，如图 8-135 所示。

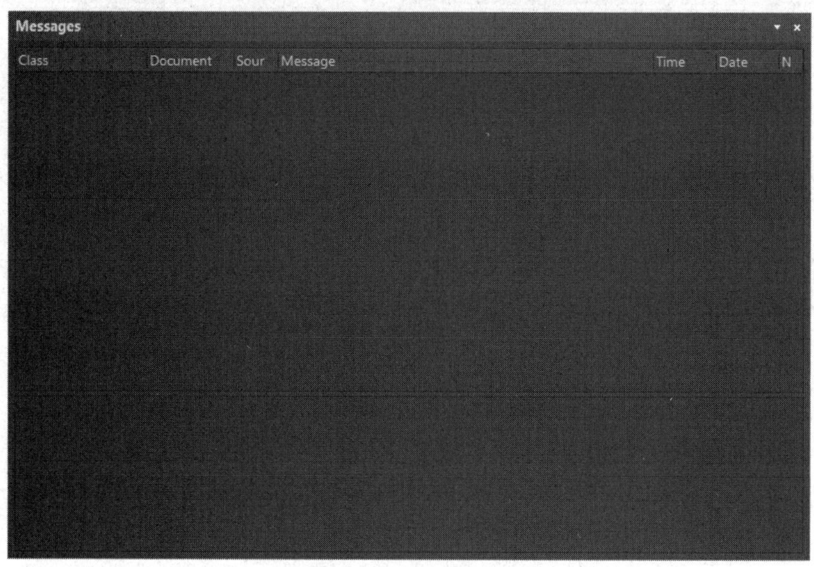

图 8-135 “Messages”面板

同时输出如图 8-136 所示的 DRC 报表。

Altium Designer

Design Rule Verification Report

Date:
Time:
Elapsed Time:
Filename:

Warnings: 0
Rule Violations: 0

Summary

Warnings	Count
Total	0

Rule Violations	Count
Clearance Constraint (Gap=10mil) (All),(All)	0
Short-Circuit Constraint (Allowed=No) (All),(All)	0
Un-Routed Net Constraint ((All))	0
Width Constraint (Min=10mil) (Max=10mil) (Preferred=10mil) (All)	0
Width Constraint (Min=10mil) (Max=10mil) (Preferred=10mil) (InDifferentialPair('DB'))	0
Width Constraint (Min=10mil) (Max=10mil) (Preferred=10mil) (InDifferentialPair('DB'))	0

图 8-136 DRC 报表

该报表由两部分组成，上半部分给出了报表的创建信息，下半部分给出了错误信息和违反各项设计规则的数目。本设计没有违反任何一条设计规则，通过了 DRC。

思考与练习

（1）简述如何设置布线规则。

（2）在第 6 章思考与练习（3）的基础上，对 PCB 进行混合布线。

（3）在第 6 章思考与练习（3）的基础上，尝试实现单线和差分对等长。

（4）对完成布线的 PCB 进行 DRC。

（5）设置规则，在线检查“走线宽度小于 4mil”类错误。

第9章 PCB后续操作

9.1 添加测试点

1. 设置测试点设计规则

为了便于使用仪器测试PCB，用户可在电路中设置测试点。在PCB编辑环境中，执行“设计”→“规则”命令，打开“PCB规则及约束编辑器”对话框，在左边的规则列表中，单击“Testpoint”规则前面的三角形按钮，可以看到需要设置的4项测试点子规则，如图9-1所示。

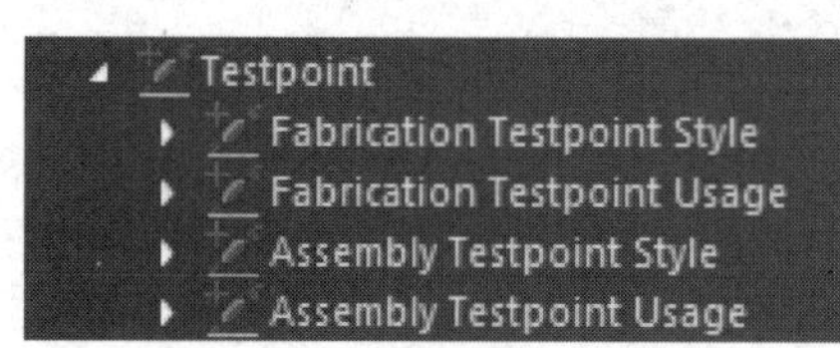

图9-1 测试点子规则

（1）测试点样式（Testpoint Style）子规则：具体包括“Fabrication Testpoint Style”（制造测试点样式）子规则和“Assembly Testpoint Style”（装配测试点样式）子规则，用于设置PCB中测试点的样式，如测试点的大小、测试点的形式、测试点允许所在板层和次序等。单击“Fabrication Testpoint Style”子规则前面的三角形按钮，展开一个子规则，单击“FabricationTestpoint”子规则，打开如图9-2所示界面。同理可打开“AssemblyTestpoint”子规则设置界面，如图9-3所示。

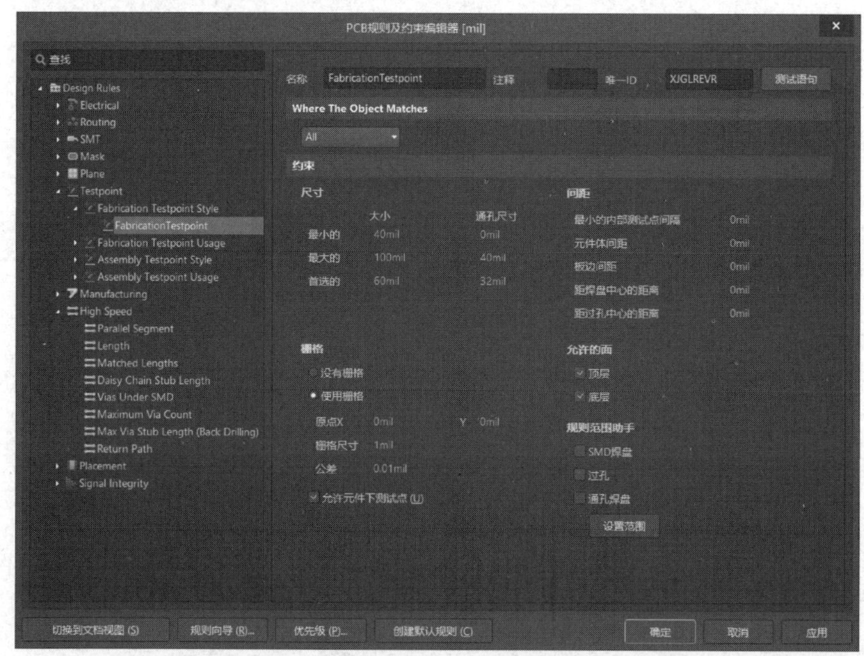

图9-2 “FabricationTestpoint”子规则设置界面

图 9-3　“AssemblyTestpoint”子规则设置界面

在上述两个界面的“约束”区域内，可以对测试点的最大尺寸、最小尺寸、首选尺寸进行设置，可以对元件体间距及板边间距进行设置，还可以设置是否使用栅格。

（2）测试点使用（Testpoint Usage）子规则：包括“Fabrication Testpoint Usage”（制造测试点使用）子规则和“Assembly Testpoint Usage”（装配测试点使用）子规则，用于设置测试点的有效性。“FabricationTestPointUsage”子规则设置界面如图 9-4 所示。“AssemblyTestPointUsage”子规则设置界面如图 9-5 所示。

上述两个界面的“约束”区域内包含三个选项，其意义如下。

“必需的”单选按钮表示在适用范围内必须生成测试点，如果选择此单选按钮，则可以进一步选择测试点的范围。在选择“必需的”单选按钮时，若勾选“允许更多测试点（手动分配）”复选框，则表示可以在同一网络上放置多个测试点。“禁止的”单选按钮表示适用范围内的每一条网络走线都不可以生成测试点。“无所谓”单选按钮表示适用范围内的网络走线可以生成测试点，也可以不生成测试点。

下面以第 8 章完成的 PCB 为例进行介绍，在设置过程中均保持系统的默认设置。

2. 自动搜索并创建合适的测试点

【例 9-1】以 LED 点阵驱动电路为例进行自动搜索并创建测试点。

第 1 步：在 PCB 编辑环境中，执行“工具”→“测试点管理器”命令，如图 9-6 所示。

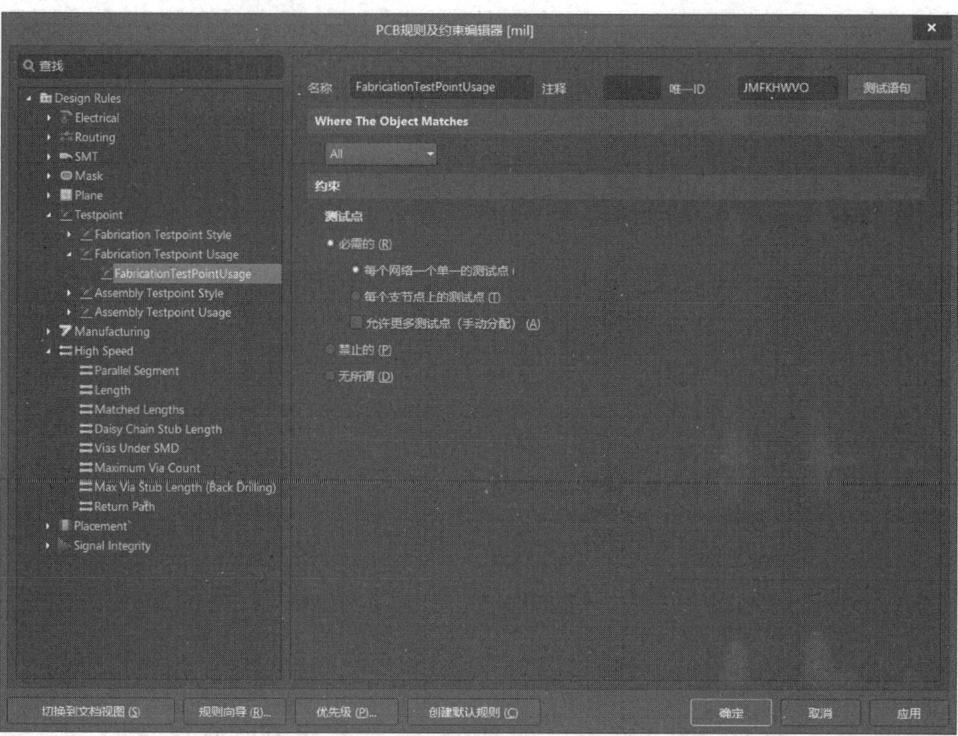

图 9-4 “FabricationTestPointUsage”子规则设置界面

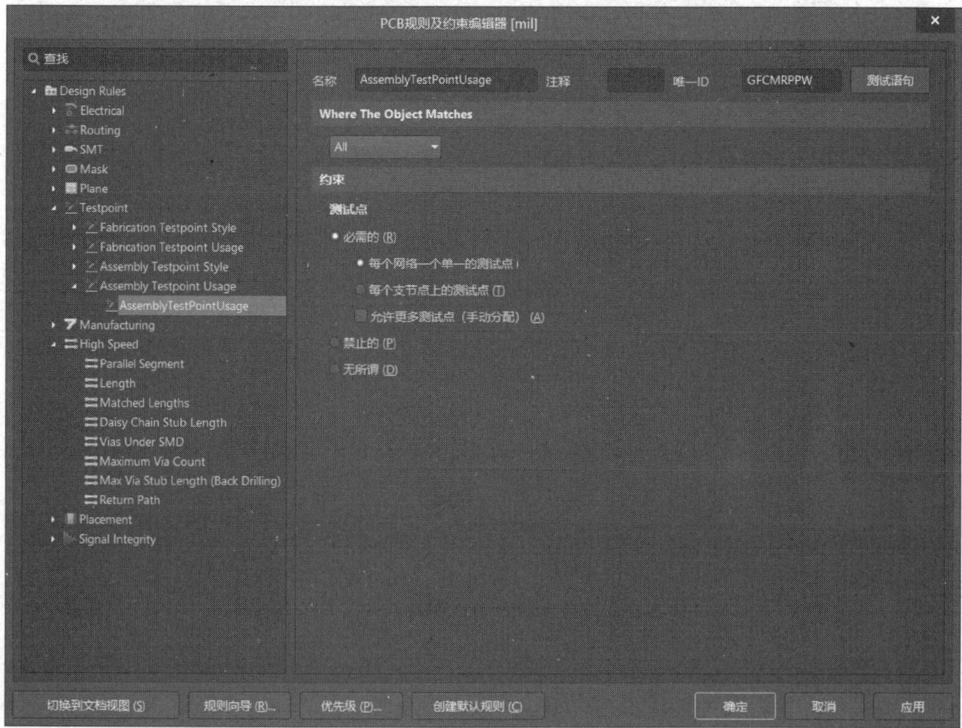

图 9-5 “AssemblyTestPointUsage”子规则设置界面

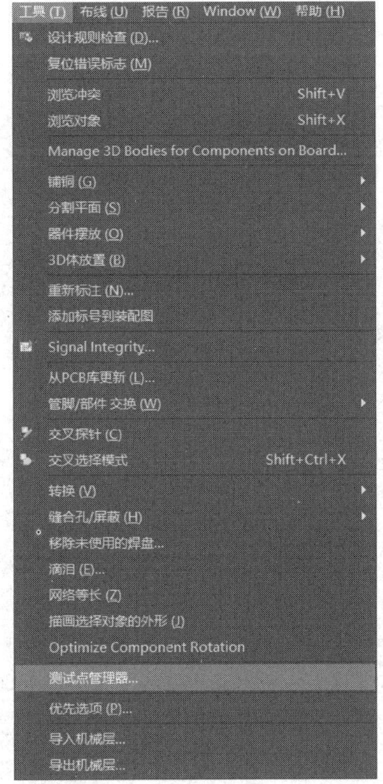

图 9-6　执行“工具”→“测试点管理器”命令

弹出“测试点管理器”对话框，如图 9-7 所示。

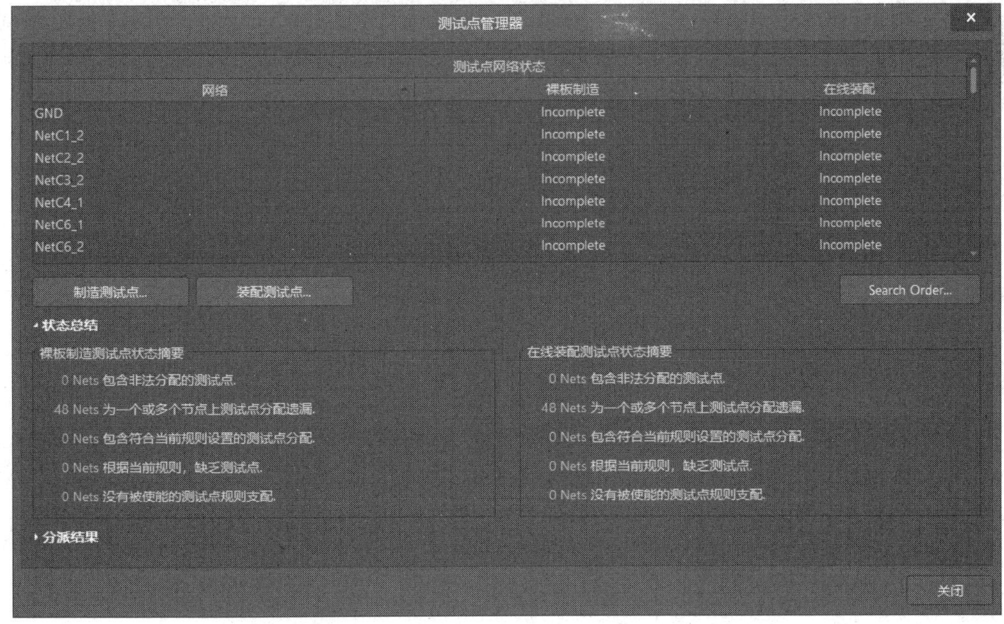

图 9-7　“测试点管理器”对话框

第 2 步：“测试点管理器”对话框中包含“制造测试点”和“装配测试点”两项设置内容。单击“制造测试点”按钮，进入如图 9-8 所示的界面。

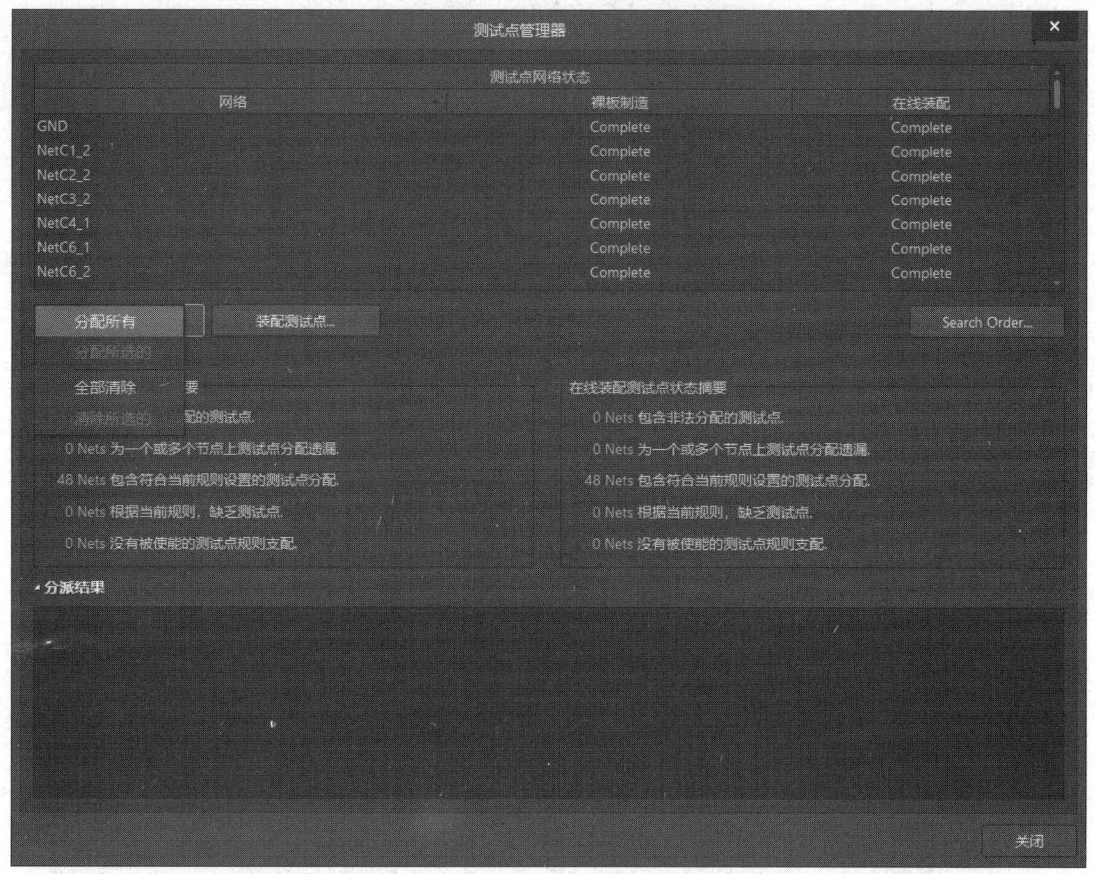

图 9-8　单击“制造测试点”按钮进入的界面

单击“分配所有”按钮，在“分派结果”区域可以看到成功制造 48 个测试点，无遗漏测试点，如图 9-9 所示。

第 3 步：单击“测试点管理器”对话框中的“装配测试点”按钮，进入如图 9-10 所示的界面。

第 4 步：单击“分配所有”按钮，在“分派结果”区域可以看到成功装配 48 个测试点，如图 9-11 所示。

单击“关闭”按钮，即可保存系统自动生成的测试点。

此外，执行“工具”→“测试点管理器”→“制造测试点”→“全部清除”命令和执行“工具”→“测试点管理器”→“装配测试点”→“全部清除”命令，可清除所有测试点，并在“分派结果”区域显示清除结果。

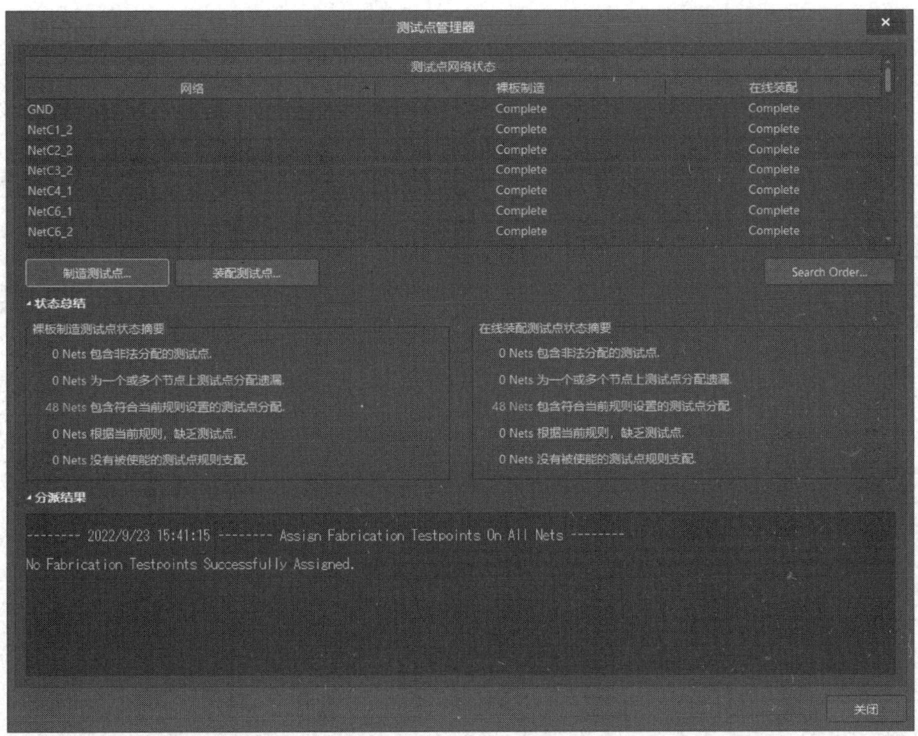

图 9-9　成功制造 48 个测试点

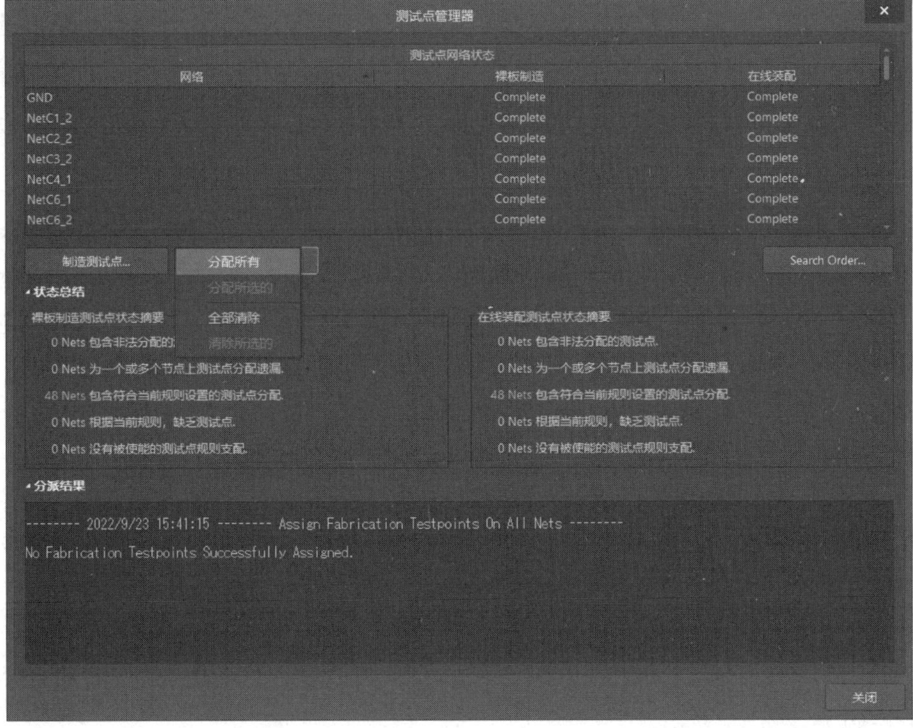

图 9-10　单击“装配测试点”按钮进入的界面

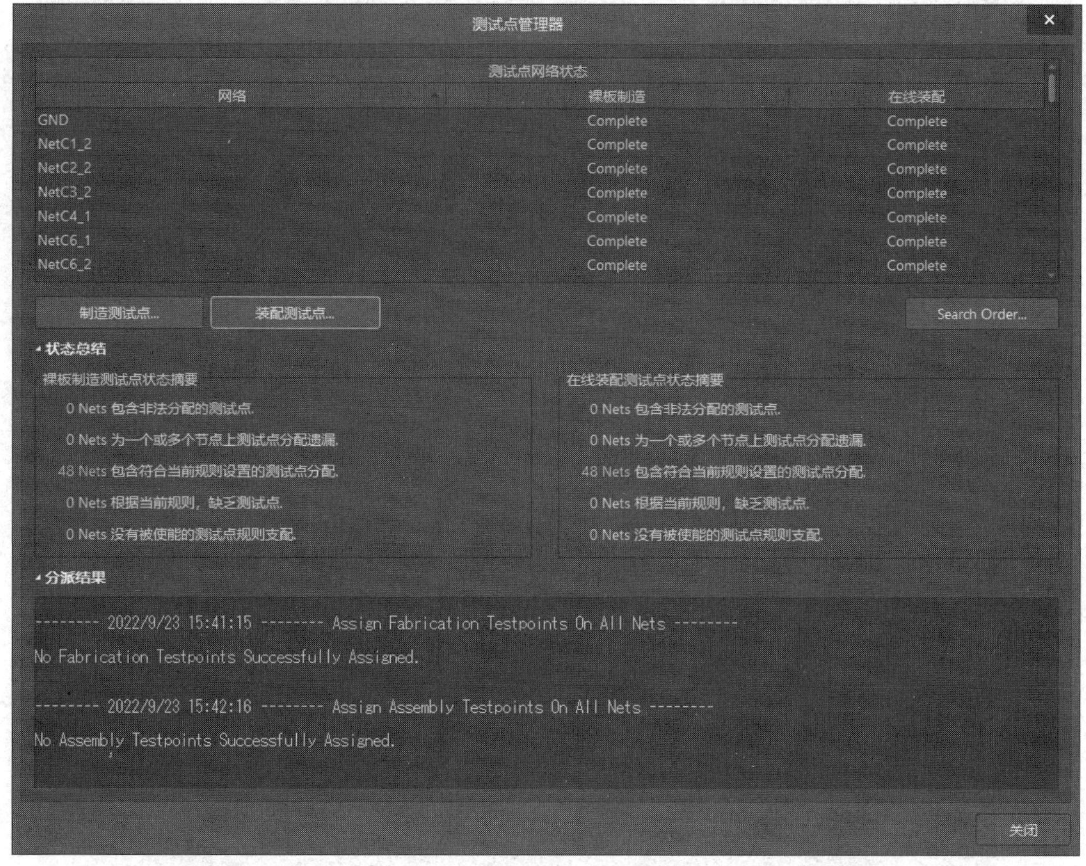

图 9-11　成功装配 48 个测试点

3．手动创建测试点

先设置测试点规则。在 PCB 编辑环境中，执行“设计”→“规则”命令，在弹出的对话框中单击“Testpoint”规则前面的三角形按钮，单击“Fabrication Testpoint Usage”子规则前面的三角形按钮，选择“FabricationFestPointUsage”子规则，进入“FabricationTestPointUsage”子规则设置界面，在“约束”区域选择“无所谓”单选按钮，如图 9-12 所示。

同理，单击“Assembly Testpoint Usage”子规则前面的三角形按钮，选择“AssemblyTestPointUsage”子规则，进入“AssemblyTestPointUsage”子规则设置界面，在“约束”区域选择“无所谓”单选按钮。

由于在自动创建测试点时用户不可直接参与，缺少用户自主性，因此 Altium Designer 为用户提供了手动创建测试点的功能。

假如用户期望在图 9-13 中标注的位置放置测试点。其中，测试点 TP1、TP2 就是电路中的 U2 的 IOUT 引脚、U3 的 OUT 引脚处的两个焊盘。双击要作为测试点的焊盘，在弹出的“Properties-Pad”面板的“Testpoint”区域中根据实际情况勾选“Top”复选框和“Bottom”复选框，如图 9-14 所示。

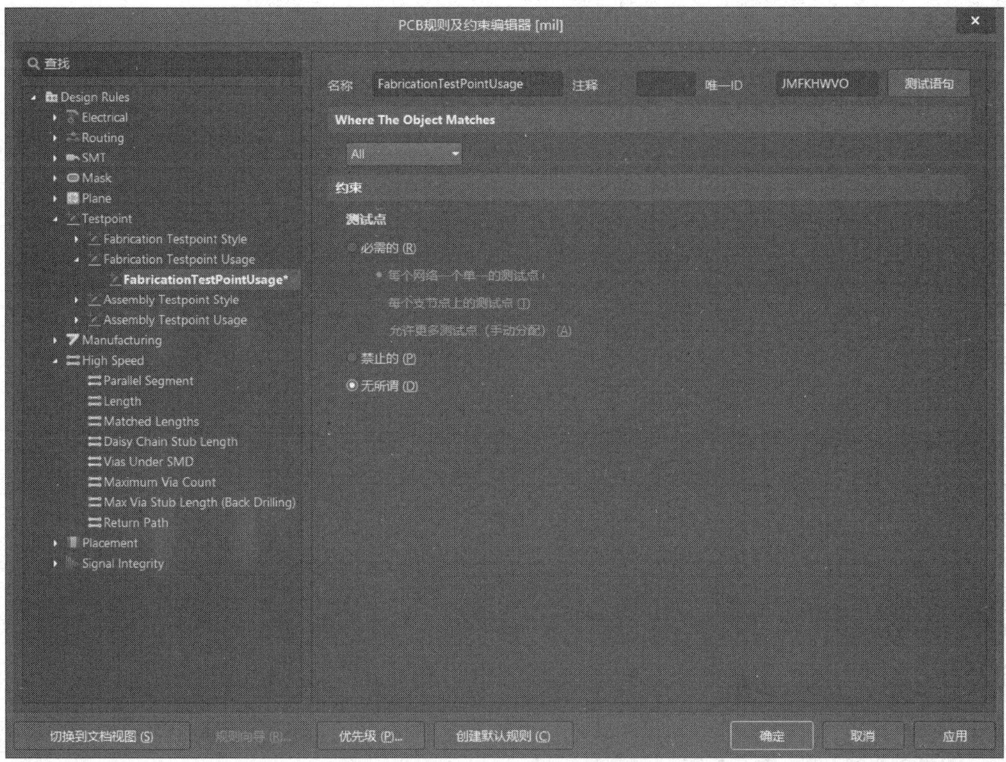

图 9-12　选择“无所谓”单选按钮

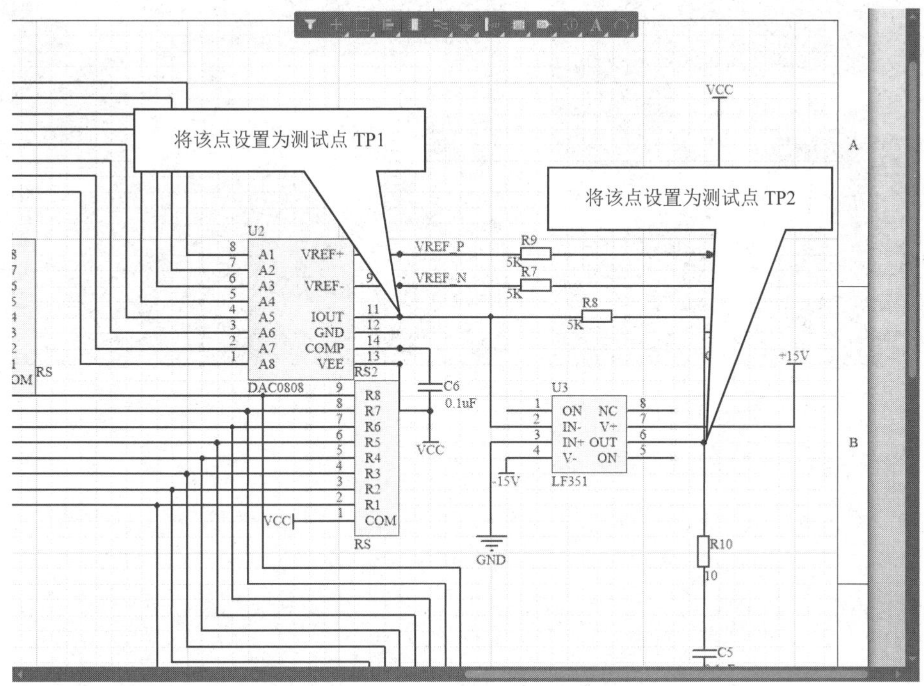

图 9-13　用户期望放置测试点的位置

此时🔒图标处于激活状态，说明此焊盘或过孔被锁定（在手动设置测试点之前为未被锁定状态）。手动生成的测试点如图 9-15 所示。

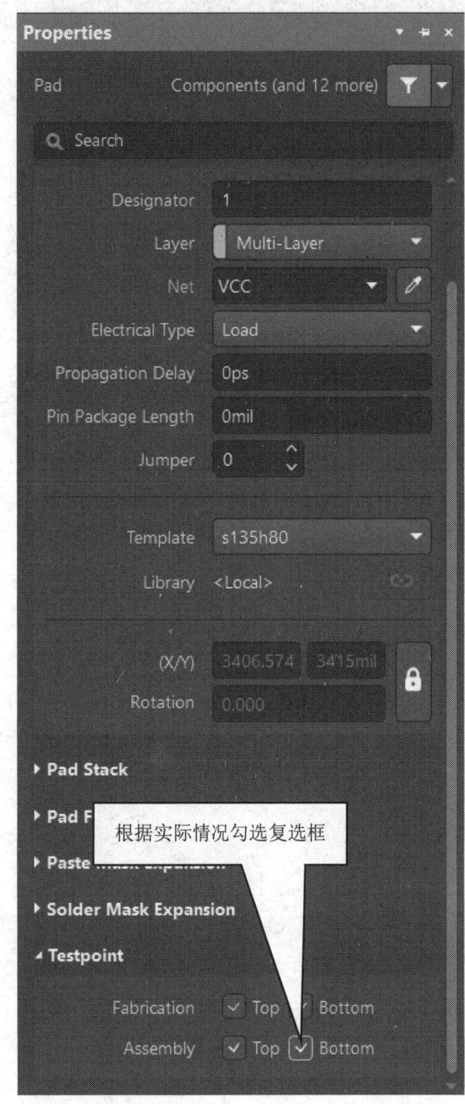

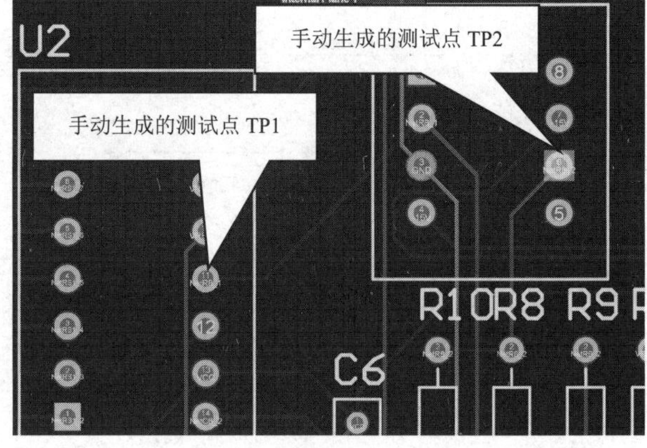

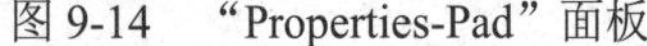

图 9-14　“Properties-Pad”面板　　　　图 9-15　手动生成的测试点

4．放置测试点后的规则检查

在放置测试点之前，用户设置了相应的规则，因此用户可以使用系统提供的检查功能进行规则检查，以查看放置测试点后的结果是否满足设置的规则。在 PCB 编辑环境中，执行“工具”→“设计规则检查”命令，在弹出的“设计规则检查器”对话框的左侧选择“Testpoint”选项，勾选相应的复选框。图 9-16 中勾选了“Assembly Testpoint Style”规则对应的“在线”复选框与“Assembly Testpoint Usage”规则对应的“在线”复选框。

设置完成后，单击“运行 DRC”按钮进行检查，检查结果如图 9-17 所示。

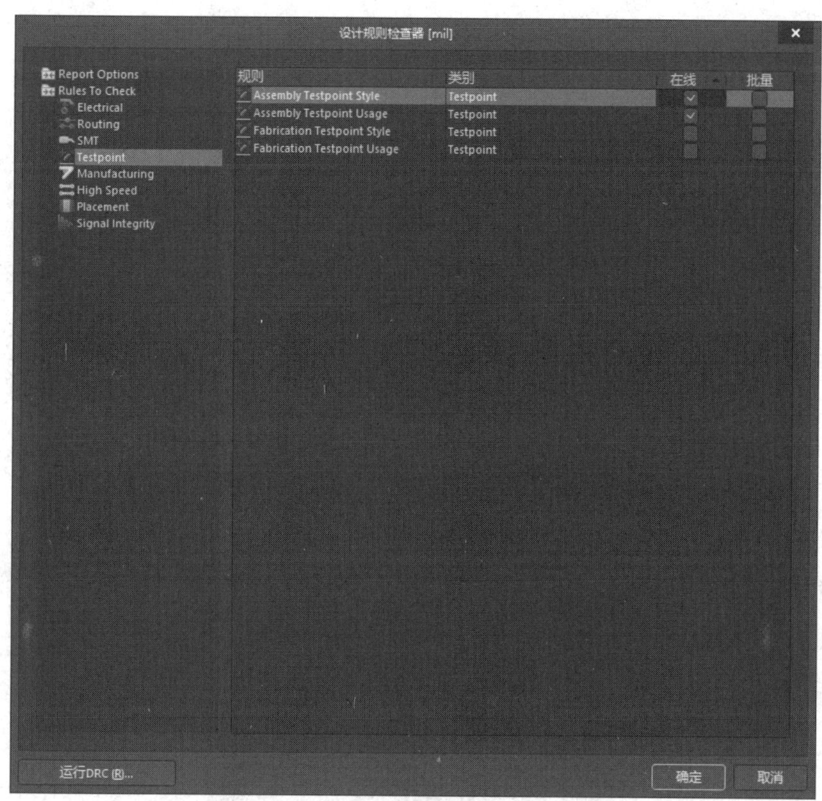

图 9-16　选择需要检查的规则

图 9-17　放置测试点后的规则检查结果

由图 9-17 可知，本设计没有违反任何一条规则。

9.2 补泪滴

简单来说，泪滴（Teardrops）是固定导线与焊盘的机械结构，因形状像泪滴而得名。大多数人在进行 PCB 设计时，若对稳定性有较高要求就会进行补泪滴，若对稳定性无较高要求就不进行补泪滴。实际上，泪滴的作用不只是提高稳定性。

- 泪滴可以避免 PCB 在受到巨大外力的冲撞时，导线与焊盘或导线与导通孔的接触点断开。
- 泪滴可以使 PCB 更加美观。
- 在焊接方面，泪滴可以保护焊盘，避免多次焊接使焊盘脱落。
- 在生产时，泪滴可以避免因蚀刻不均、过孔偏位出现的裂缝等。
- 在信号传输时，泪滴平滑阻抗，减少阻抗的急剧跳变，避免在传输高频信号时线宽突然变小造成的反射。
- 泪滴可以使走线与元件焊盘之间的连接趋于平稳。

在 PCB 编辑环境中，执行“工具”→“滴泪”命令，如图 9-18 所示，弹出如图 9-19 所示的“泪滴”对话框。

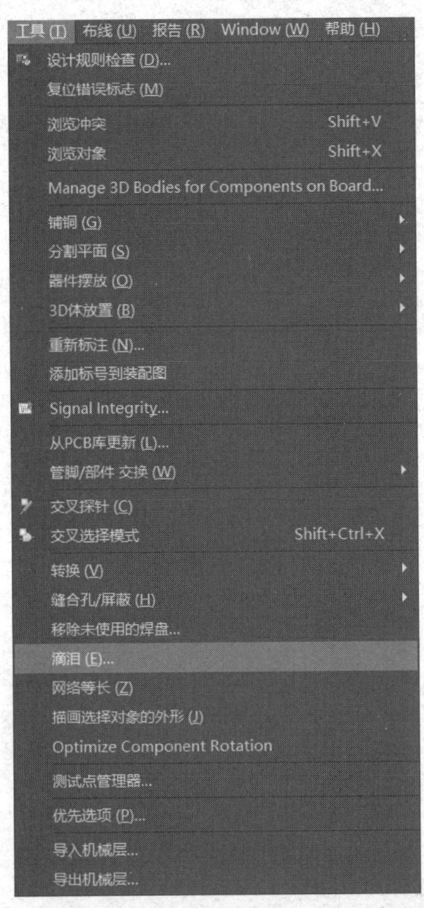

图 9-18 执行“工具”→“滴泪”命令

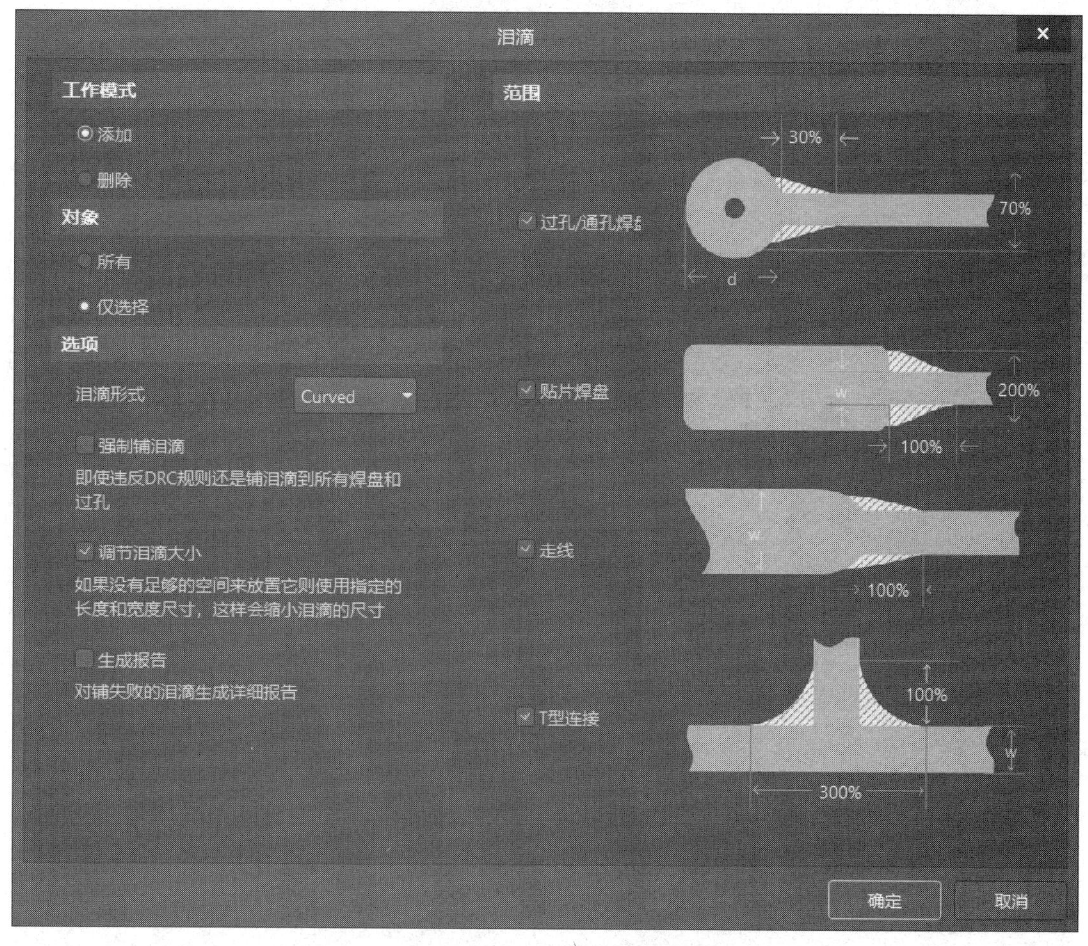

图 9-19　“泪滴”对话框

“泪滴”对话框内有 4 个区域，分别是“工作模式”区域、“对象”区域、“选项”区域和“范围”区域。

- “工作模式”区域包含如下选项。
  - “添加”单选按钮：选择该单选按钮，表示进行的是泪滴的添加操作。
  - “删除”单选按钮：选择该单选按钮，表示进行的是泪滴的删除操作。
- “对象”区域包含如下选项。
  - “所有”单选按钮：选择该单选按钮，表示对所有焊盘过孔进行补泪滴。
  - “仅选择”单选按钮：选择该单选按钮，表示只对选中的元件进行补泪滴。
- “选项”区域包含如下选项。
  - “泪滴形式”下拉列表：
    - “Curved”选项——选择该选项，表示选择圆弧形补泪滴。
    - “Line”选项——选择该选项，表示选择线形补泪滴。

- “强制铺泪滴”复选框：用于设置是否忽略规则约束强制进行补泪滴操作，此项操作可能违反 DRC 规则。
- “调节泪滴大小”复选框：用于设置是否自适应空间去调节泪滴的大小。
- “生成报告”复选框：用于设置补泪滴操作结束后是否生成相关报告。

• “范围”区域：用于对补泪滴范围进行设置，保持默认设置即可。

此处，补泪滴设置如图 9-20 所示。

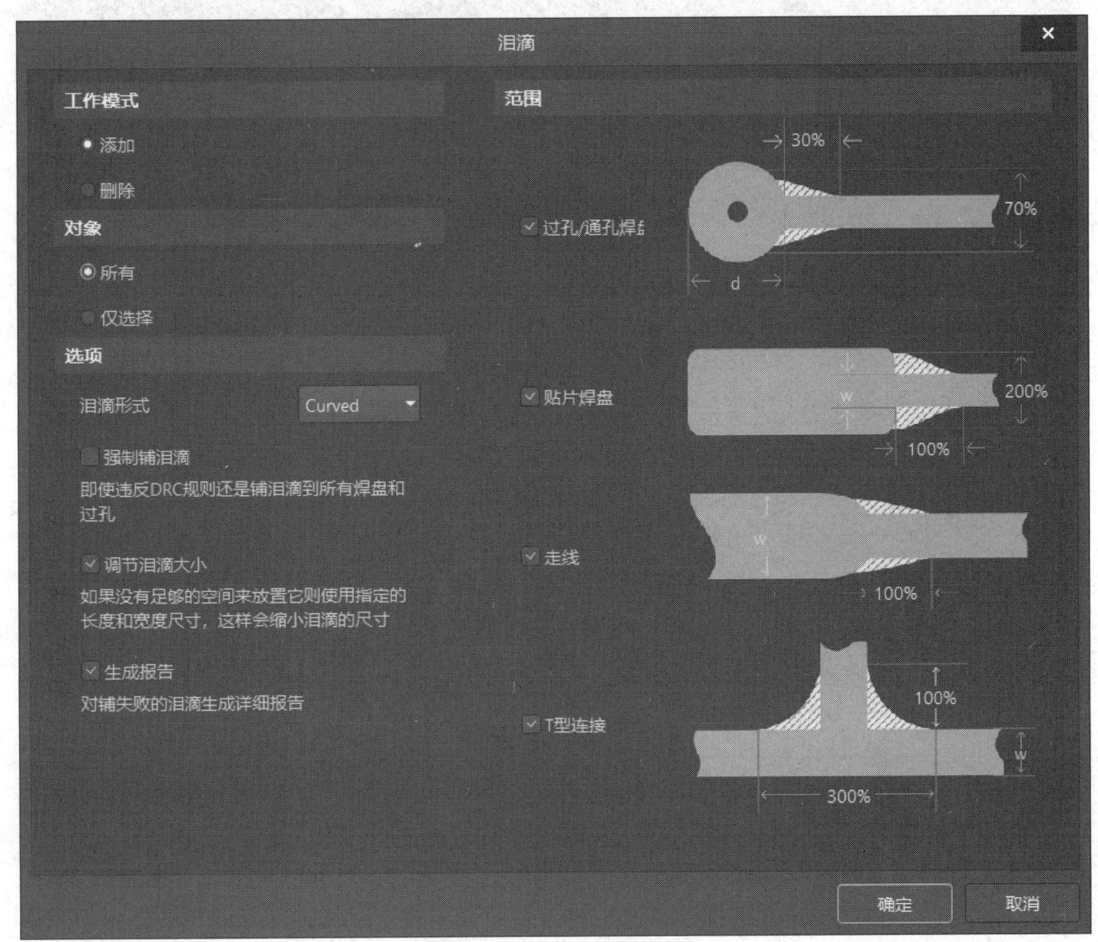

图 9-20　补泪滴设置

完成设置后，单击“确定”按钮即可进行补泪滴操作。使用圆弧形补泪滴的操作结果如图 9-21 所示。

单击“保存”按钮，保存文件。

根据此方法，可以对单个焊盘和过孔或者某一网络中的所有元件的焊盘和过孔进行补泪滴操作。

LED点阵驱动电路3.SchDoc　LED点阵驱动电路3.PcbDoc *　LED点阵驱动电路3.REP

```
Teardrop Report LED点阵驱动电路3.PcbDoc
On 2022/9/23 at 17:03:27

Pads visited              : 169

Vias visited              : 7

Pad teardrops failed : 0

Pad DIS1-13(5935.236mil,2500mil) on Multi-Layer
Pad DIS1-14(5935.236mil,2600mil) on Multi-Layer
Pad DIS1-15(5935.236mil,2700mil) on Multi-Layer
Pad DIS1-16(5935.236mil,2800mil) on Multi-Layer
Pad DIS1-17(5935.236mil,2900mil) on Multi-Layer
Pad DIS1-18(5935.236mil,3000mil) on Multi-Layer
Pad DIS1-19(5935.236mil,3100mil) on Multi-Layer
Pad DIS1-20(5935.236mil,3200mil) on Multi-Layer
Pad DIS1-21(5935.236mil,3300mil) on Multi-Layer
Pad DIS1-22(5935.236mil,3400mil) on Multi-Layer
Pad DIS1-23(5935.236mil,3500mil) on Multi-Layer
Pad DIS1-24(5935.236mil,3600mil) on Multi-Layer
Pad DIS1-12(4825mil,2500mil) on Multi-Layer
Pad DIS1-11(4825mil,2600mil) on Multi-Layer
Pad DIS1-10(4825mil,2700mil) on Multi-Layer
Pad DIS1-9(4825mil,2800mil) on Multi-Layer
Pad DIS1-8(4825mil,2900mil) on Multi-Layer
Pad DIS1-7(4825mil,3000mil) on Multi-Layer
Pad DIS1-6(4825mil,3100mil) on Multi-Layer
Pad DIS1-5(4825mil,3200mil) on Multi-Layer
Pad DIS1-4(4825mil,3300mil) on Multi-Layer
Pad DIS1-3(4825mil,3400mil) on Multi-Layer
Pad DIS1-2(4825mil,3500mil) on Multi-Layer
Pad DIS1-1(4825mil,3600mil) on Multi-Layer
Pad U1-21(4415mil,2655mil) on Multi-Layer
Pad U1-22(4415mil,2755mil) on Multi-Layer
Pad U1-23(4415mil,2855mil) on Multi-Layer
Pad U1-24(4415mil,2955mil) on Multi-Layer
Pad U1-25(4415mil,3055mil) on Multi-Layer
Pad U1-26(4415mil,3155mil) on Multi-Layer
Pad U1-27(4415mil,3255mil) on Multi-Layer
Pad U1-28(4415mil,3355mil) on Multi-Layer
Pad U1-29(4415mil,3455mil) on Multi-Layer
Pad U1-30(4415mil,3555mil) on Multi-Layer
Pad U1-31(4415mil,3655mil) on Multi-Layer
Pad U1-32(4415mil,3755mil) on Multi-Layer
Pad U1-33(4415mil,3855mil) on Multi-Layer
Pad U1-34(4415mil,3955mil) on Multi-Layer
Pad U1-35(4415mil,4055mil) on Multi-Layer
Pad U1-36(4415mil,4155mil) on Multi-Layer
Pad U1-37(4415mil,4255mil) on Multi-Layer
```

（a）补泪滴报告

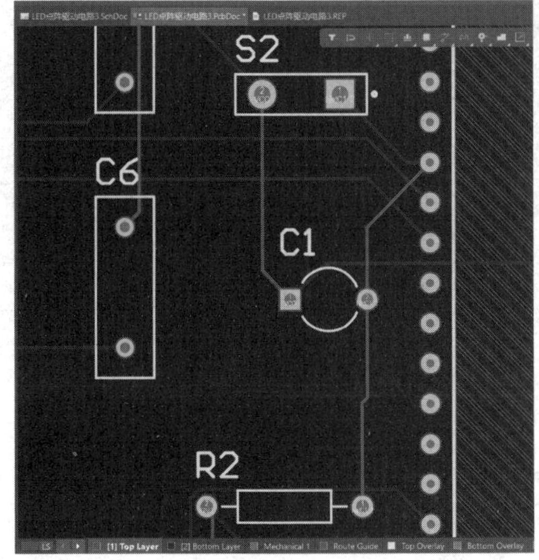

（b）进行补泪滴操作前的电路原理图（局部）

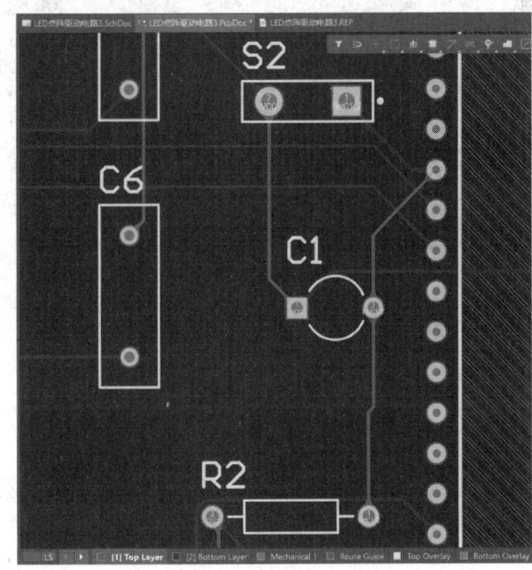

（c）进行补泪滴操作后的电路原理图（局部）

图 9-21　使用圆弧形补泪滴的操作结果

9.3 包地

包地，是指为了保护某些网络布线不受噪声信号干扰，在选定网络的导线周围特别围绕一圈接地导线。

【例 9-2】以 LED 点阵驱动电路为例进行包地操作。

第 1 步：在 PCB 编辑环境中，执行“编辑”→“选中”→“网络”命令，如图 9-22 所示，光标变成十字形。

切换到 PCB 编辑环境，选中要进行包地的网络，如图 9-23 所示，被选中的网络被一个浅灰色的方框包裹。

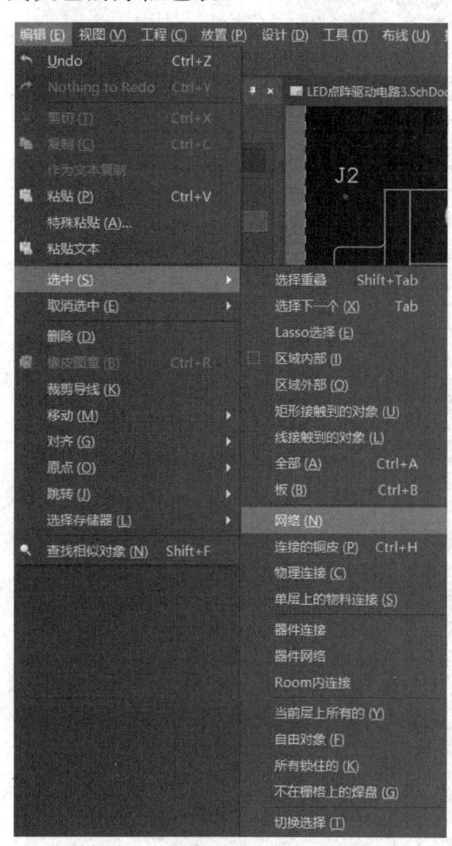

图 9-22 执行“编辑”→“选中”→“网络”命令

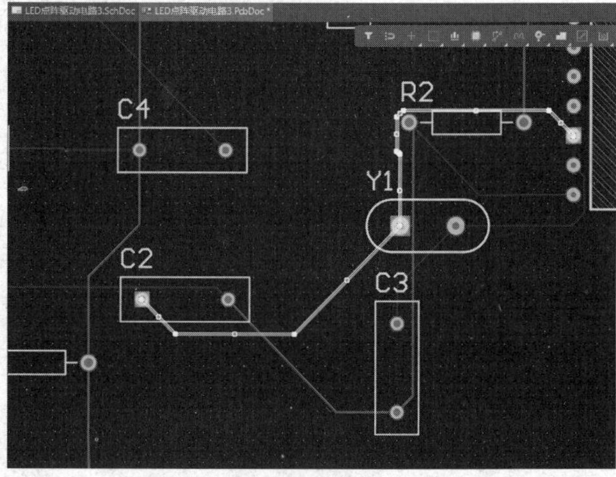

图 9-23 选中要进行包地的网络

第 2 步：执行“工具”→“描画选择对象的外形”命令，如图 9-24 所示，选中的网络周围生成包络线，该网络中的导线、焊盘及过孔被包围起来，如图 9-25 所示。

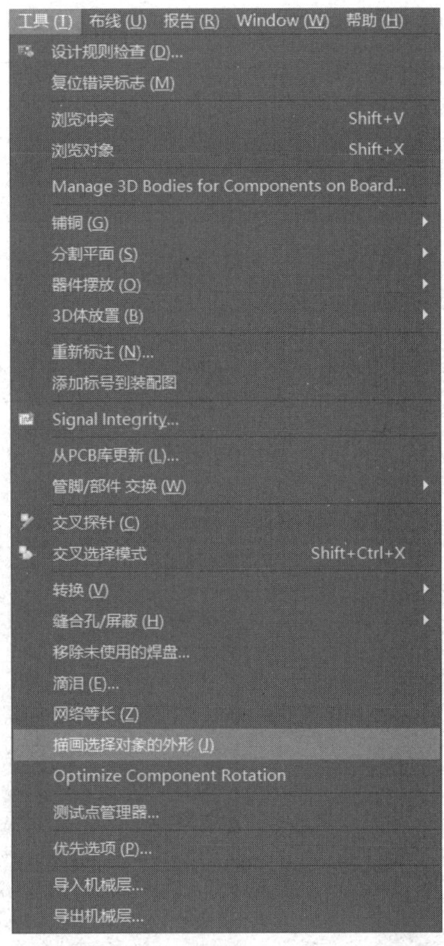

图 9-24　执行“工具”→“描画选择对象的外形”命令

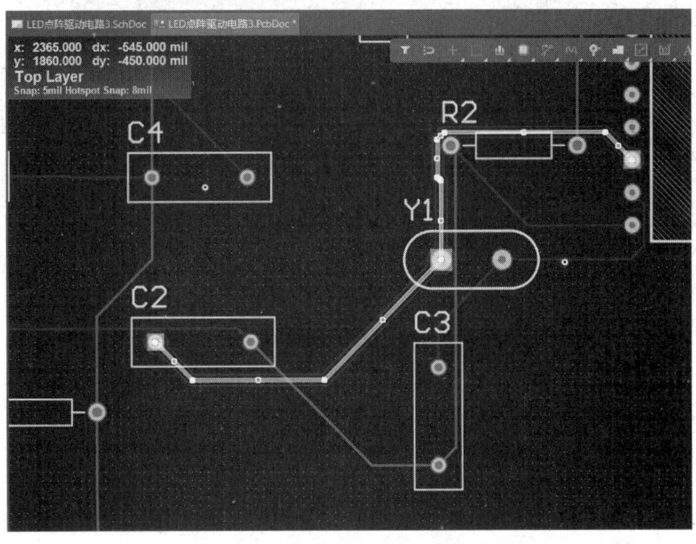

图 9-25　选中的网络完成包地

第 3 步：双击该网络中的导线打开每段包地线的属性设置界面，将“Properties”区域中的“Net”设成“GND”，如图 9-26 所示，执行自动布线或采用手动布线来完成包地操作。

包地线的宽度应与 GND 网络的线宽相匹配。

如果要删除包地线，就执行“编辑”→“选中”→“连接的铜皮”命令，如图 9-27 所示，光标变为十字形，单击要删除的包地线，按 Delete 键即可删除。

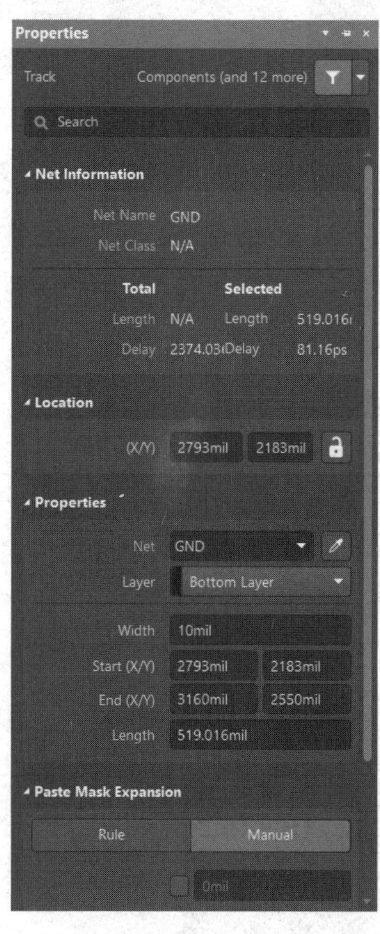

图 9-26　设置“Net”为“GND”

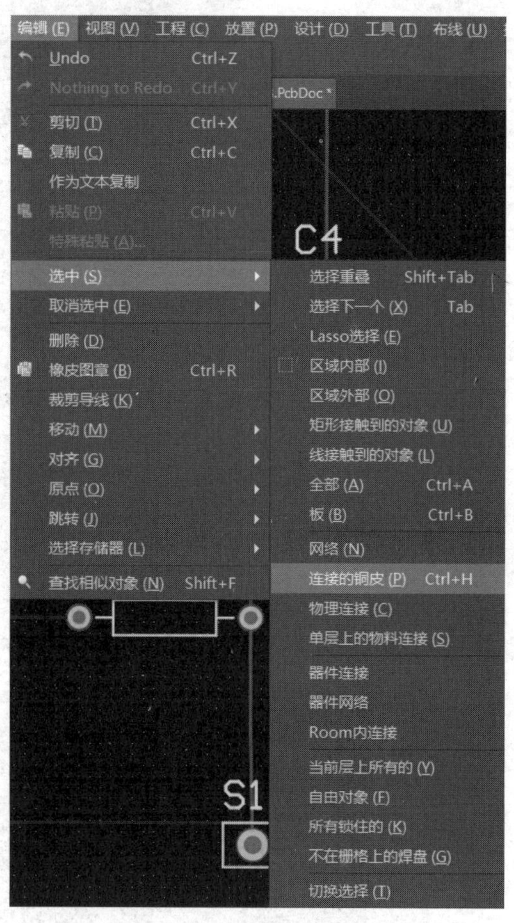

图 9-27　执行“编辑”→“选中”→“连接的铜皮”命令

9.4　铺铜

铺铜又称灌铜，就是将 PCB 上闲置的空间作为基准面，用固体铜填充。铺铜的意义如下。

- 对大面积的地或电源铺铜，可以实现屏蔽效果；对某些特殊地［如 PGND（功率地）］铺铜，可以起到防护效果。

- 铺铜可以满足 PCB 工艺要求。一般为了保证电镀效果，或者层压不变形，会对布线较少的 PCB 板层进行铺铜。
- 铺铜可以满足信号完整性要求。它可以为高频数字信号提供一个完整的回流路径，并减少直流网络的布线。
- 散热及特殊元件安装也要求铺铜。

1．规则铺铜

【例 9-3】以 LED 点阵驱动电路为例进行铺铜。

第 1 步：单击配线工具栏中的“放置多边形平面”图标，如图 9-28 所示，光标变成十字形，按 Tab 键，弹出“Properties-Polygon Pour”面板，如图 9-29 所示。

图 9-28　单击“放置多边形平面”图标

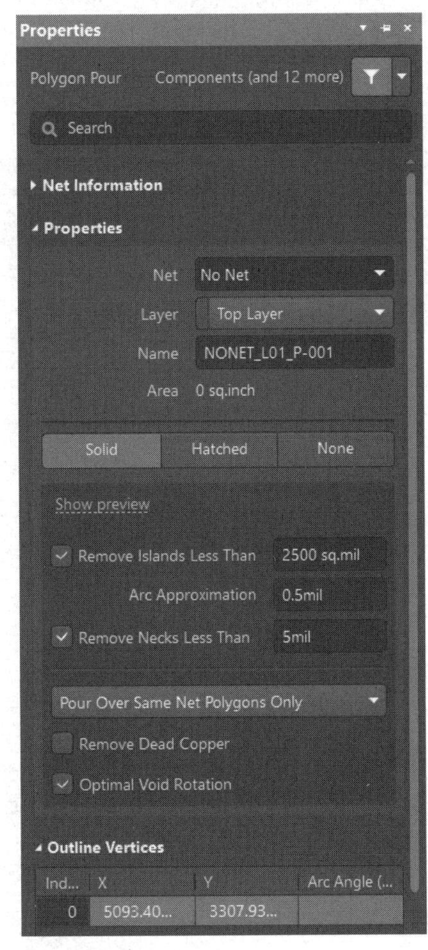

图 9-29　“Properties-Polygon Pour”面板

该面板包含“Net Information”区域、“Properties”区域和“Outline Vertices”区域。

（1）“Net Information”区域：用于设置与铺铜有关的网络。

（2）“Properties”区域：用于设置铺铜所在工作层、铺铜区域的名称、是否自动命名、是否移除死铜等。所谓死铜，就是没有连接到指定网络图元上的封闭区域内的铺铜。该区域提供了 3 种铺铜的填充模式，对应标签页如下所示。

- “Solid”标签页：表示铺铜区域内为全铜铺设。
- “Hatched”标签页：表示铺铜区域内填入网格状的铺铜。
- “None”标签页：表示只保留铺铜的边界，内部无填充。

“None”标签页中还包含一个下拉列表，下拉列表中各选项的意义如下。

- “Don’t Pour Over Same Net Objects”选项：选择该选项，铺铜的内部填充不会覆盖具有相同网络名称的导线，并且只与同网络的焊盘相连。
- “Pour Over All Same Net Objects”选项：选择该选项，表示铺铜将只覆盖具有相同网络名称的多边形填充，不会覆盖具有相同网络名称的导线。
- “Pour Over Same Net Polygons Only”选项：选择该选项，表示铺铜的内部填充将覆盖具有相同网络名称的导线，并与同网络的所有图元相连，如焊盘、过孔等。

（3）“Outline Vertices”区域：列出了多边形各个顶点的位置及角度。

本例设置铺铜的网络为 GND 网络，其他选项的设置如图 9-30 所示。

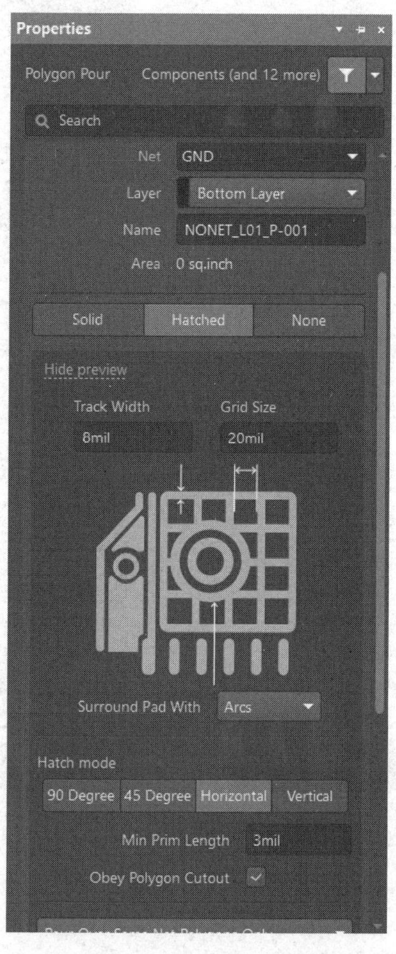

图 9-30　其他选项的设置

其中，“Track Width”数值框用于设置轨迹宽度。如果连线宽度比网格尺寸小，那么多边形铺铜区域是网格状的；如果连线宽度大于或等于网格尺寸，那么多边形铺铜区域是实心的。“Gird Size”数值框用于设置栅格大小，为了使多边形连线的放置最有效，建议避免使用元件引脚间距的整数倍数值设置网格尺寸。“Surround Pad With”下拉列表用于设置包围焊盘的方式，其中“Arcs”表示采用弧形包围，“Octagons”表示采用八角形包围。“Hatch mode”区域用于设置多边形铺铜区域的网格样式，其中的 4 个选项的填充样式如图 9-31 所示。“Min Prim Length”数值框用于设置多边形铺铜区域的精度，该值越小，多边形填充区域越光滑，但铺铜、屏幕重画和输出产生的时间会增长。

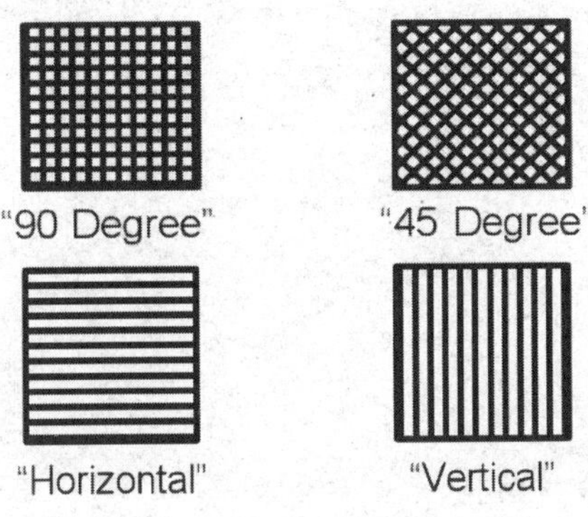

图 9-31　4 个选项的填充样式

第 2 步：设置完成后，回到 PCB 编辑窗口，进入画线状态光标显示为十字形。按住鼠标左键的同时拖曳鼠标，确定铺铜范围，如图 9-32 所示。

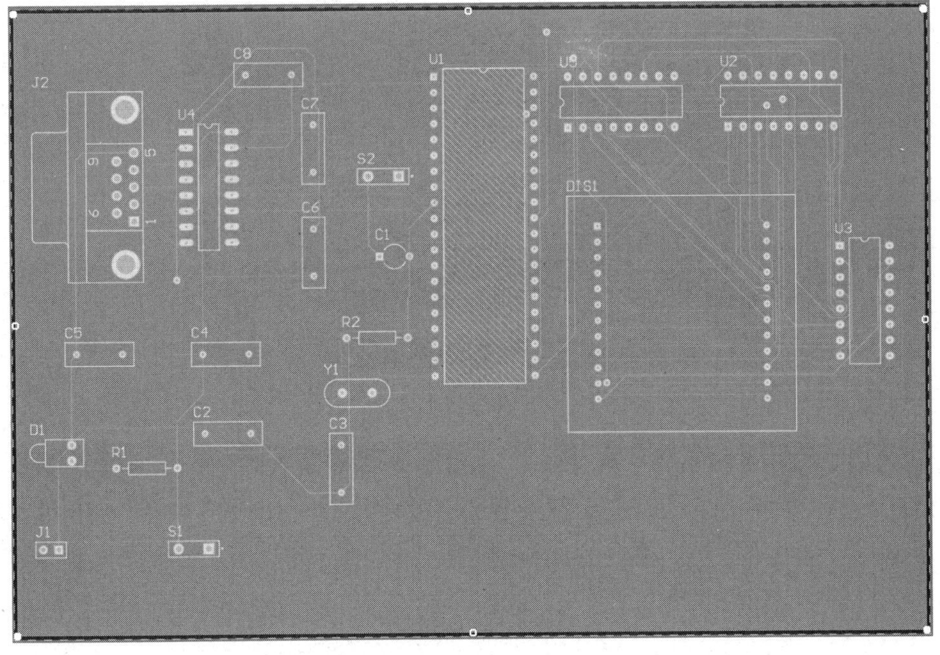

图 9-32　确定铺铜范围

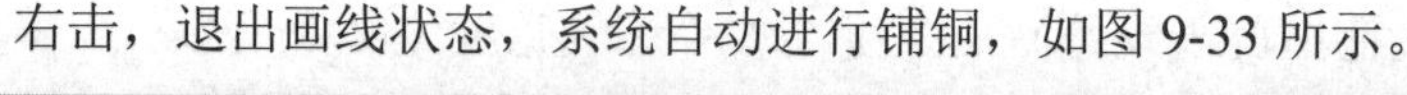

右击，退出画线状态，系统自动进行铺铜，如图 9-33 所示。

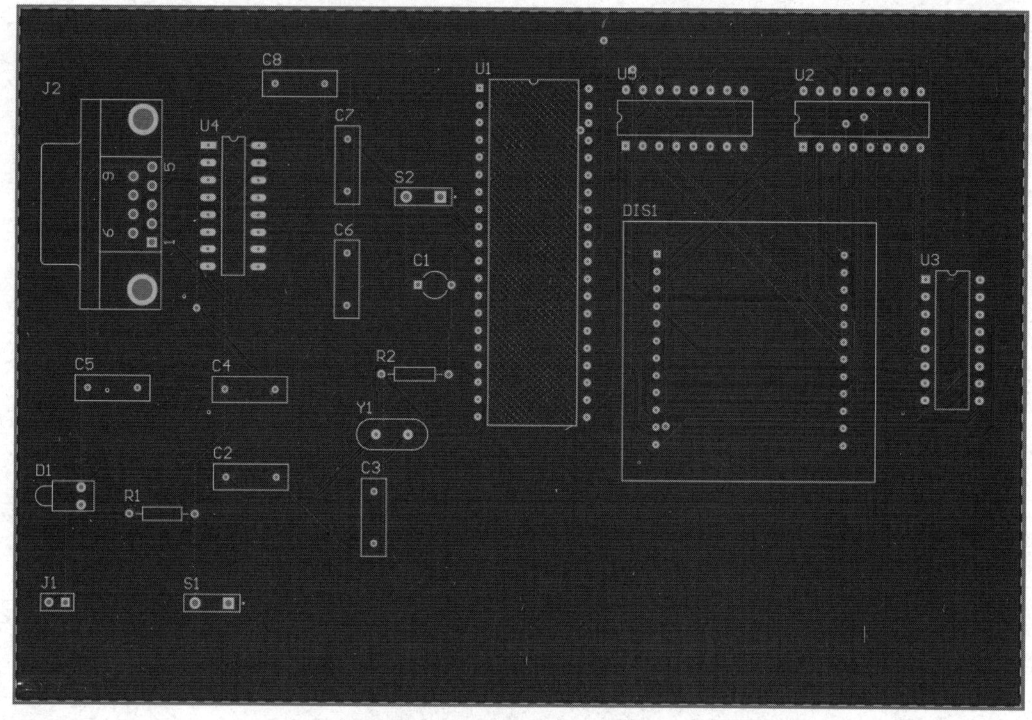

图 9-33　系统自动进行铺铜

和预期的结果一致，铺铜是以弧形出现的，如图 9-34 所示。

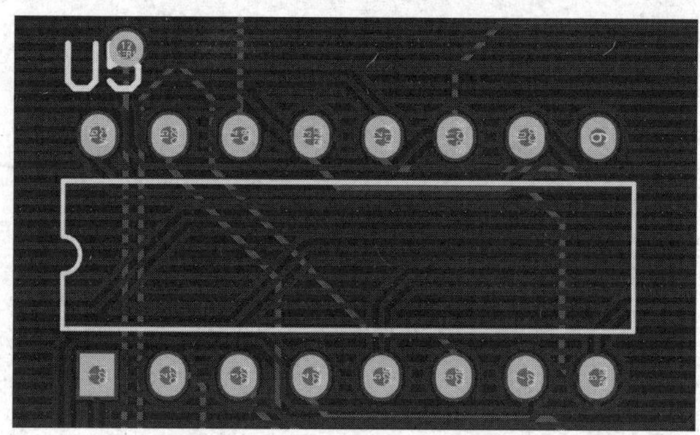

图 9-34　弧形铺铜

第 3 步：尝试更改边角的填充样式。双击电路中的铺铜部分，弹出“Properties-Polygon Pour”面板。在该面板中将“Surround Pad With”设置为“Octagons”，如图 9-35 所示。

设置完成后，单击“Properties-Polygon Pour”面板右上角的“Repour”按钮确认设置，系统重新开始铺铜。八角形铺铜效果如图 9-36 所示。

八角形铺铜和弧形铺铜各有优点，通常采用弧形。

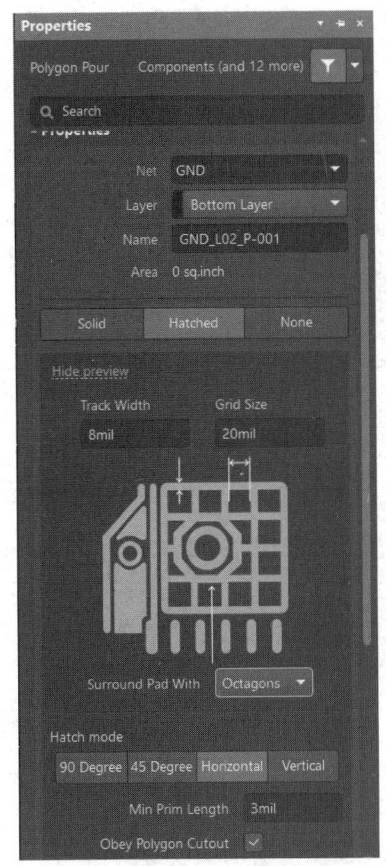

图 9-35　将焊盘包围方式设置为八角形

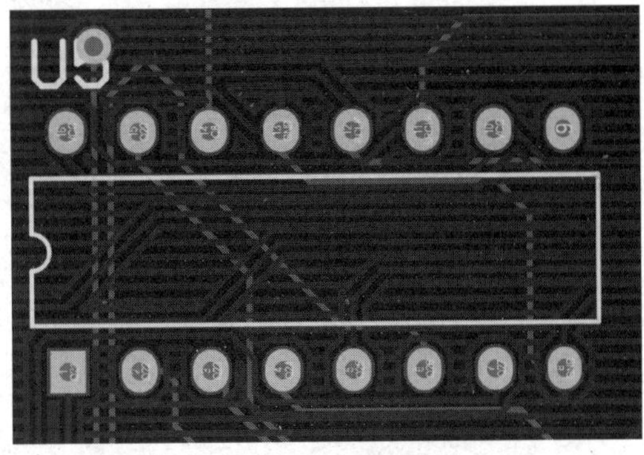

图 9-36　八角形铺铜效果

第 4 步：局部调整。仔细观察会发现电路中某些位置的接地可能没有均匀分布，如图 9-37 所示。

在图 9-37 中，与 GND 相连的线路宽度不同，需要再次设置规则。执行“设计”→“规则”命令，在弹出的“PCB 规则及约束编辑器”对话框中单击“Plane”规则中的“Polygon Connect Style”子规则前面的三角形按钮，展开一个子规则，选择该子规则，进入“PolygonConnect”子规则设置界面，如图 9-38 所示。

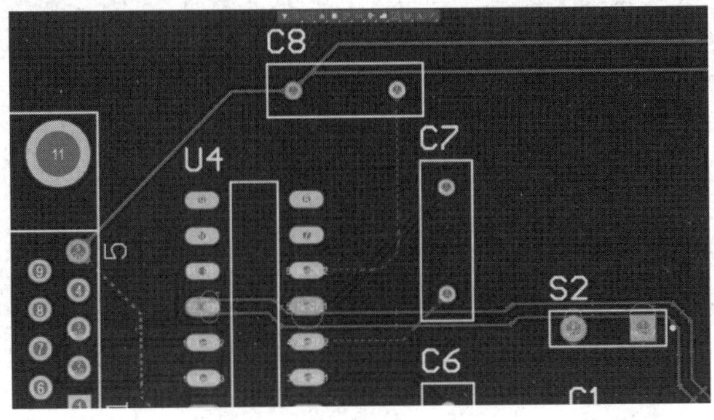

图 9-37　电路中非均地部分

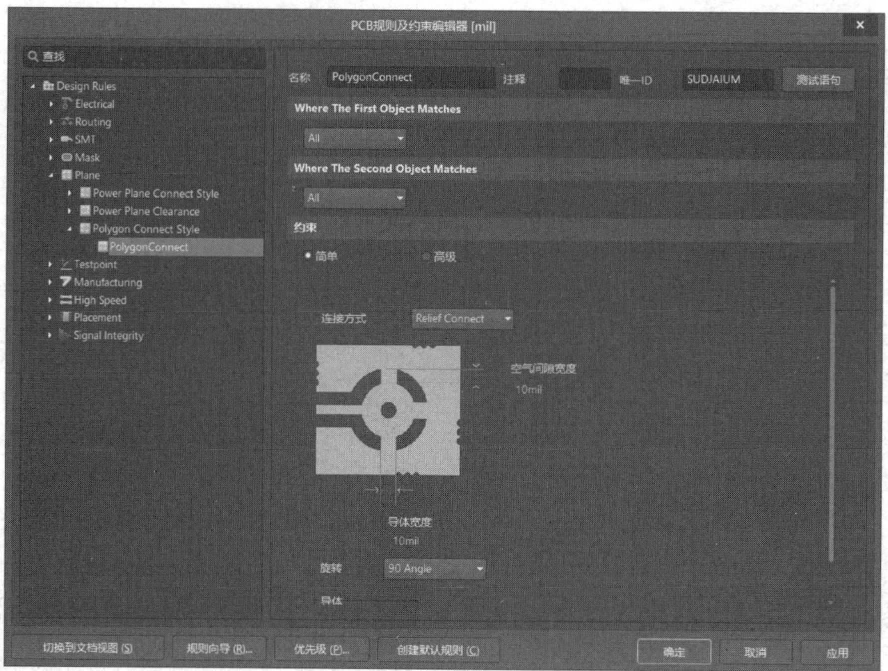

图 9-38 “PolygonConnect”子规则设置界面

“约束”区域中的“导体宽度”为“10mil”，而用户设置的 GND 的导体宽度为 20mil，因此需要将“导体宽度”修改为“20mil”，如图 9-39 所示。

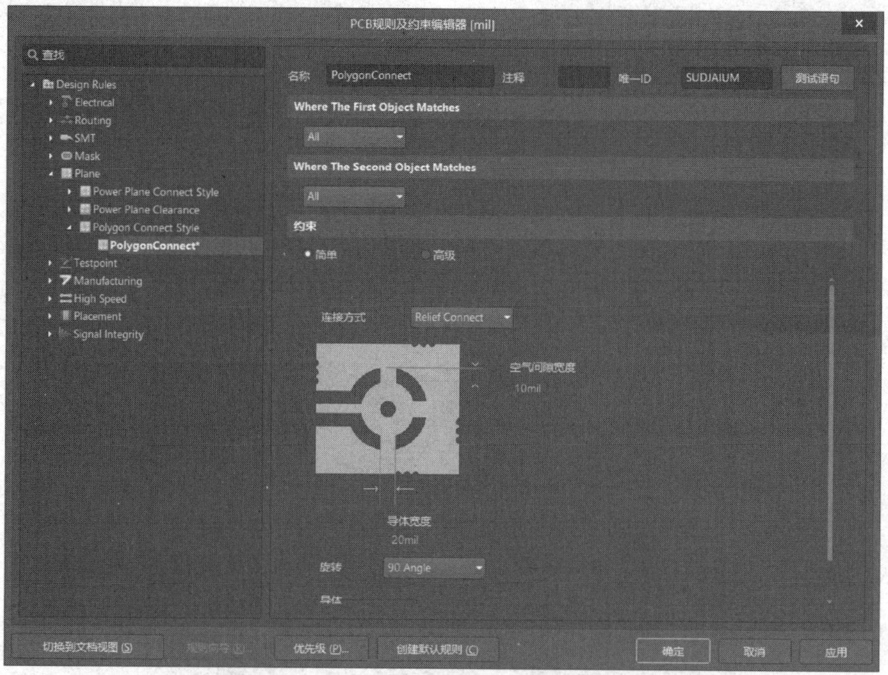

图 9-39 修改“导体宽度”为“20mil”

设置完成后，单击“应用”按钮，确认设置，重新铺铜，结果如图 9-40 所示。

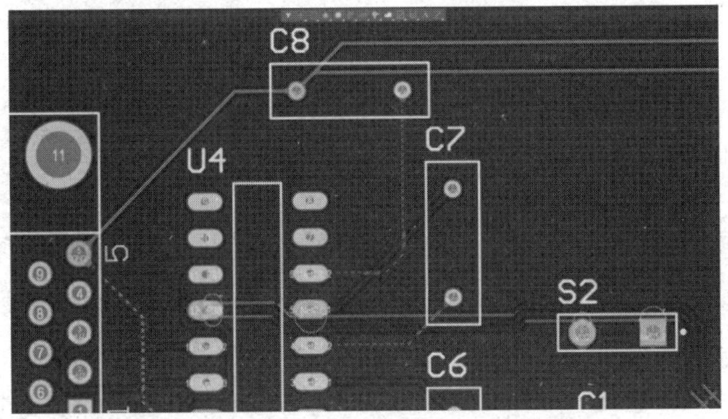

图 9-40　设置铺铜导线宽度后重新铺铜的结果

第 5 步：按照上述方法为顶层铺铜，结果如图 9-41 所示。

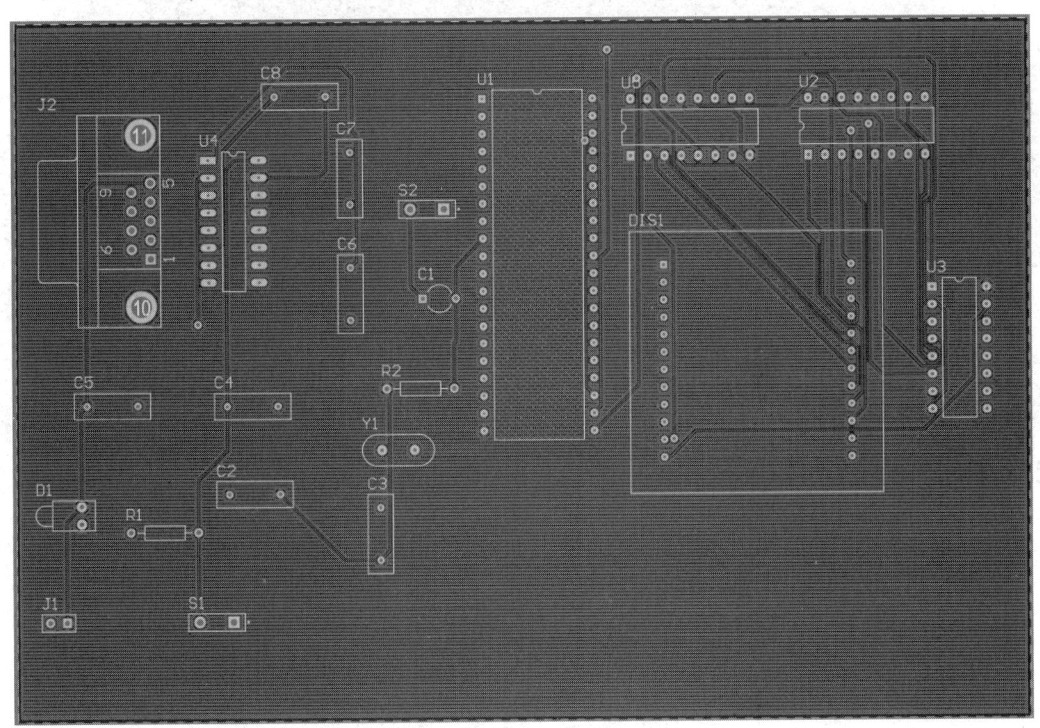

图 9-41　顶层铺铜结果

铺铜后的 3D 效果图如图 9-42 所示。

2. 删除铺铜

在 PCB 编辑环境中，选择“Top Layer”板层标签，在铺铜区域单击，选中顶层的铺铜，按住鼠标左键的同时拖动鼠标，将顶层铺铜拖到电路外，如图 9-43 所示。

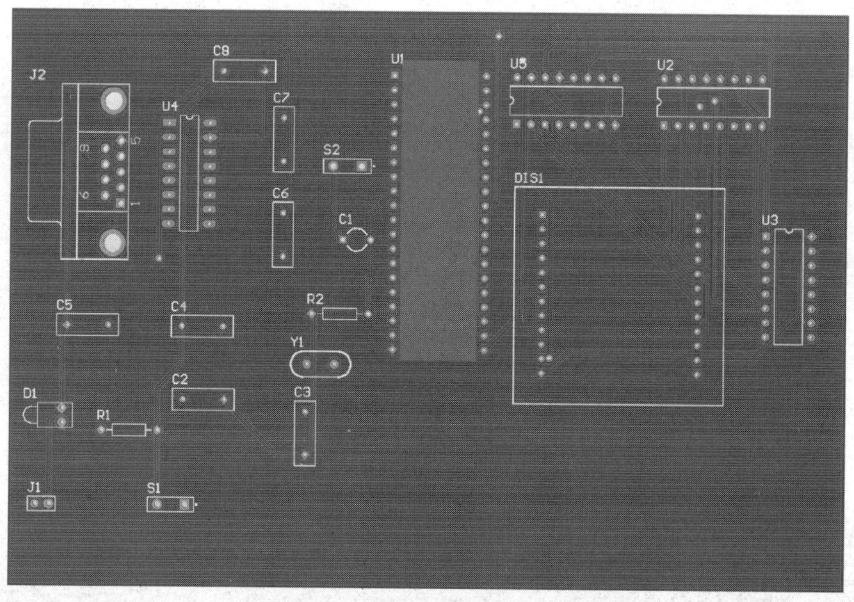

图 9-42 铺铜后的 3D 效果图

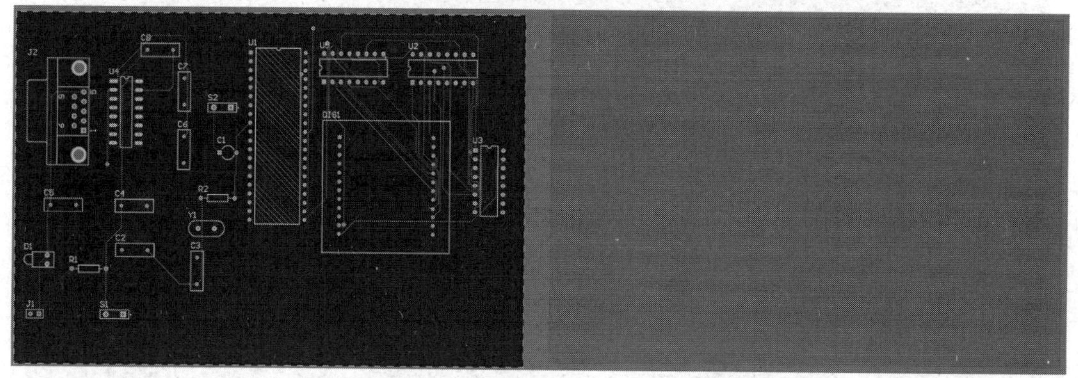

图 9-43 将顶层铺铜拖到电路外

单击剪切工具或按 Delete 键将顶层铺铜删除。同理，按照上述操作可删除底层铺铜。

铺铜的一大好处是可以降低地线阻抗，提高电路的抗干扰能力。数字电路中存在大量尖峰脉冲电流，降低地线阻抗显得很有必要。对于全由数字元件组成的电路，应该大面积铺铜；而对于模拟电路，铺铜形成的地线环路反而会引起电磁耦合。因此，并不是所有电路都要进行铺铜。

9.5 添加过孔

过孔是多层 PCB 的重要组成部分之一，PCB 上的每个孔都可以称为过孔。过孔可用于实现各板层间的电气连接，也可用于固定或定位元件。

在配线工具栏中，单击“放置过孔”图标，如图 9-44 所示，进入放置过孔状态，光标变为十字形，并跟随一个过孔图形。

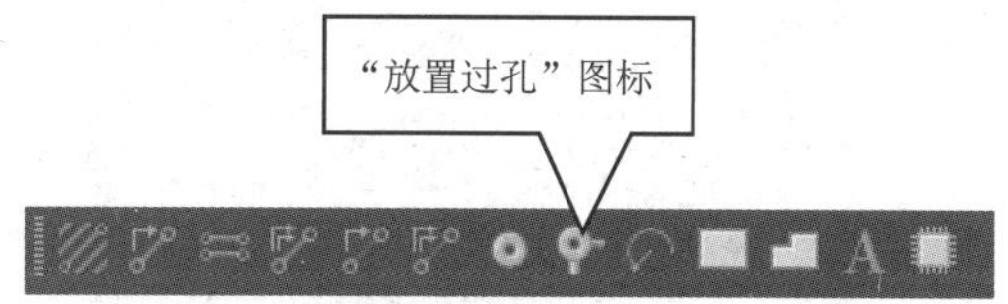

图 9-44　单击“放置过孔”图标

将光标移到需要放置过孔的位置单击，即可放置一个过孔。将光标移到新的位置，再次单击，可以再放置一个过孔。双击鼠标右键，光标变为箭头状，退出放置过孔状态。图 9-45 所示为过孔作为安装孔的图形。

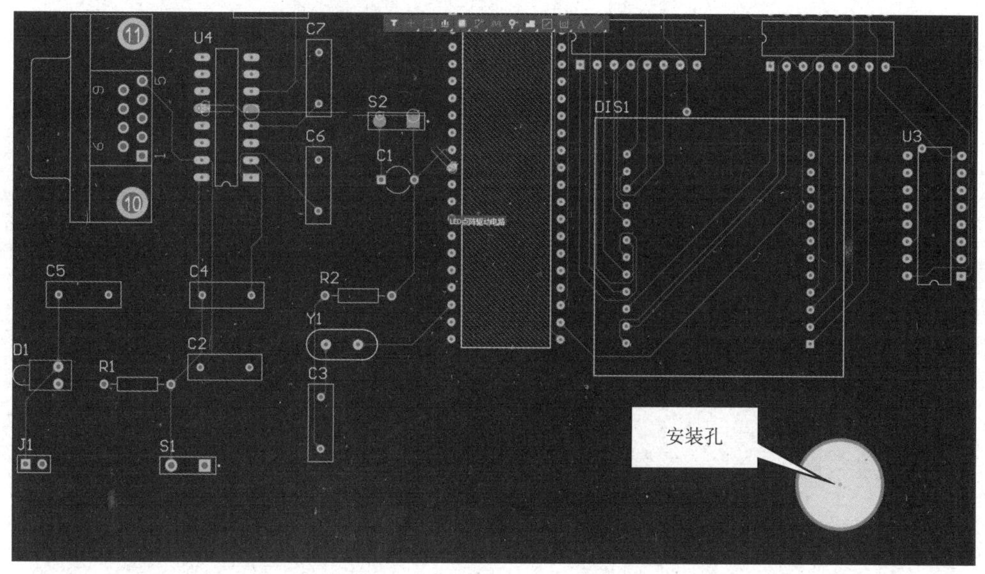

图 9-45　过孔作为安装孔的图形

在放置过孔时按 Tab 键，弹出如图 9-46 所示的“Properties-Via”面板。该面板中各项设置意义如下。

“Net Information”区域、“Definition”区域、“Testpoint”区域中的内容不再赘述。简单介绍一下其他的部分。“Via Stack”区域中有三个标签页分别如下。

- “Simple”标签页：用于设置过孔的尺寸、直径，以及位置。
- “Top-Middle-Bottom”标签页：用于设置处于顶层、中间层和底层的过孔直径。
- “Full Stack”标签页：用于编辑全部层栈的过孔尺寸。

“Solder Mask Expansion”区域：用于设置过孔盖油（塞油）和过孔开窗。过孔盖油：过孔表面有绿油覆盖，表面绝缘。过孔开窗：过孔表面裸露，铜皮或者喷锡，表面导电。需要对哪一层的过孔盖油，就勾选该层对应的“Tented”复选框即可。需要对哪一层的过孔开窗，就取消勾选该层对应的“Tented”复选框即可。PCB 中的过孔盖油和过孔开窗的区别如图 9-47 所示。

“Via Types & Features”区域：用于设置通孔类型和特征。

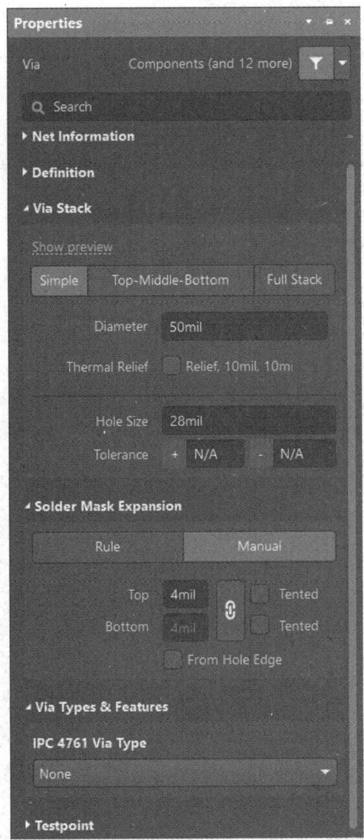

图 9-46 “Properties-Via”面板

（a）过孔盖油

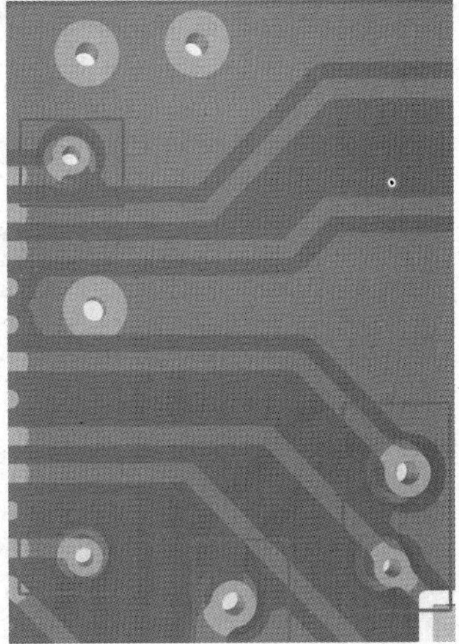

（b）过孔开窗

图 9-47 PCB 中的过孔盖油和过孔开窗的区别

9.6　PCB 的其他功能

在 PCB 设计中，鉴于不同用户有不同需求，Altium Designer 22 还提供了其他功能。

1. 在完成布线的 PCB 中添加新元件

当需要在布好线的 PCB 中不经过电路原理图直接引入其他元件时，应该如何操作呢？下面以 LED 点阵驱动电路为例进行操作演示。

【例 9-4】以 LED 点阵驱动电路为例进行添加焊盘操作。

第 1 步：单击配线工具栏中的“放置焊盘”图标，光标变为十字形，并跟随着一个焊盘，如图 9-48 所示。

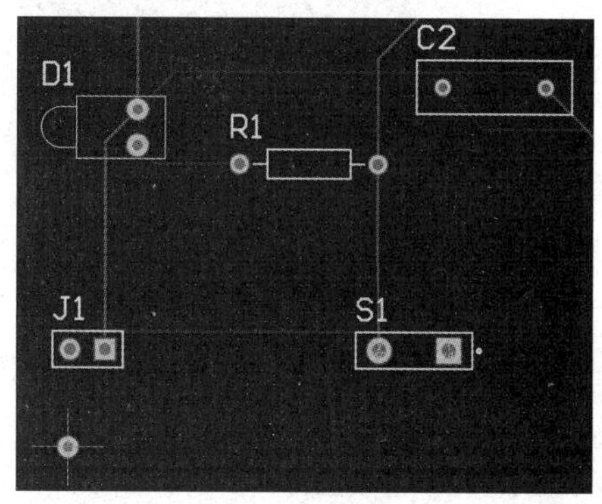

图 9-48　十字形光标跟随着一个焊盘

第 2 步：按 Tab 键，打开“Properties-Pad”面板，在“Properties”区域的“Net”下拉列表中选择焊盘所在的网络，这里选择“GND”选项，即选中属于 GND 网络，如图 9-49 所示。

设置完成后，在期望放置焊盘的位置单击，放置焊盘，此时可以看到放置的焊盘通过飞线与 GND 网络相连，如图 9-50 所示。

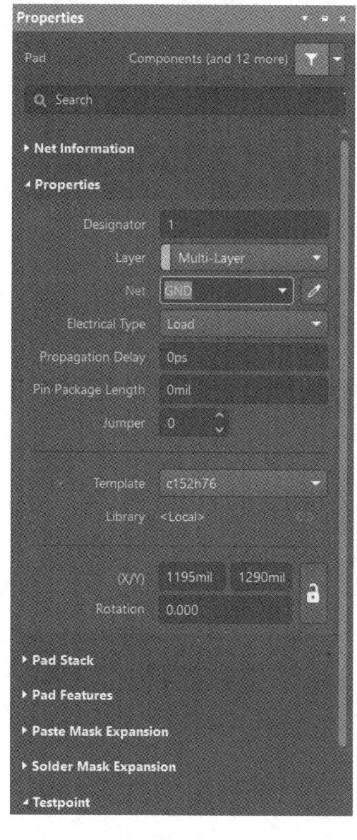

图 9-49　选择焊盘所属网络

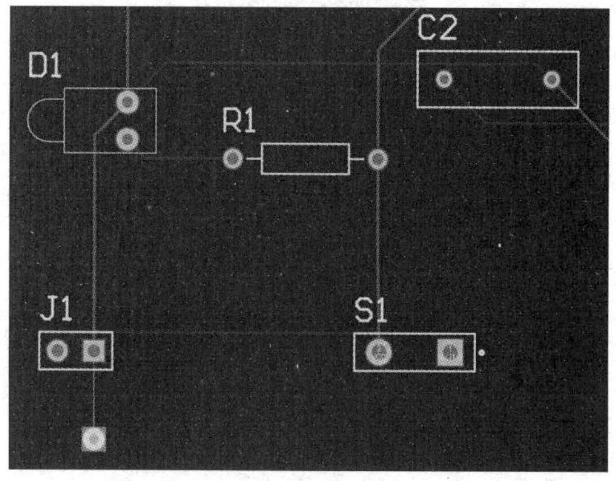

图 9-50　放置的焊盘通过飞线与 GND 网络相连

第 3 步：参照上述方式放置与 VCC 网络相连的焊盘，即将放置的焊盘的“Net”设置为“VCC”。与 VCC 网络相连的焊盘的放置结果如图 9-51 所示。

第 4 步：先按 Ctrl+W 组合键开始进行交互式布线，再在按 Ctrl 键的同时单击焊盘，即可完成对所有焊盘的布线，如图 9-52 所示。

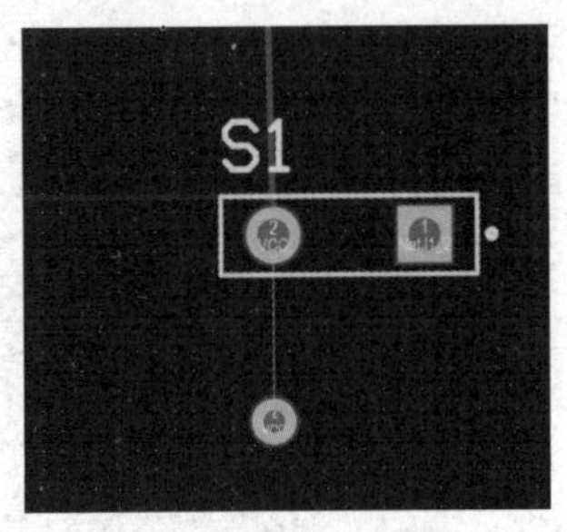

图 9-51　与 VCC 网络相连的焊盘的放置结果

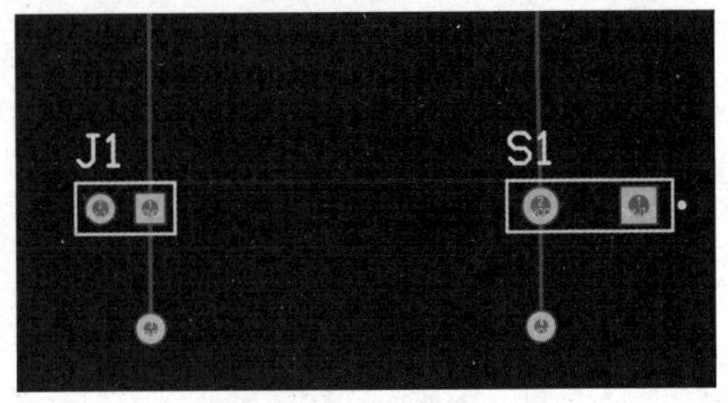

图 9-52　焊盘布线结果

【例 9-5】添加连接端子。

第 1 步：在 PCB 编辑环境中，执行“放置”→“器件”命令，如图 9-53 所示，打开“Components”面板，如图 9-54 所示。

图 9-53　执行“放置”→“器件”命令

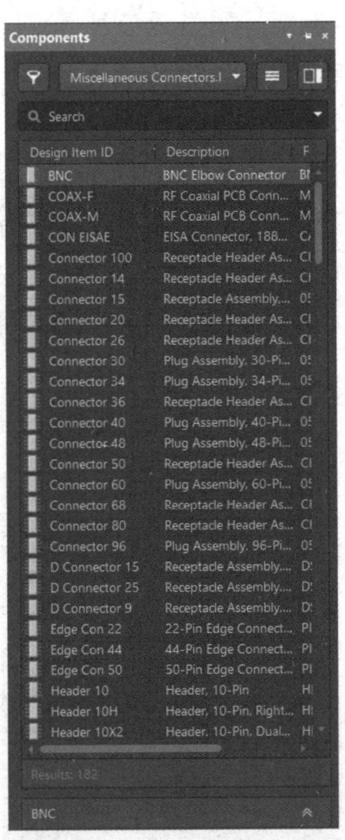

图 9-54　“Components”面板

第 2 步：在“Components”面板中，单击按钮，在下拉列表中选择“File-based Libraries Search”选项，弹出“File-based Libraries Search”对话框，如图 9-55 所示。

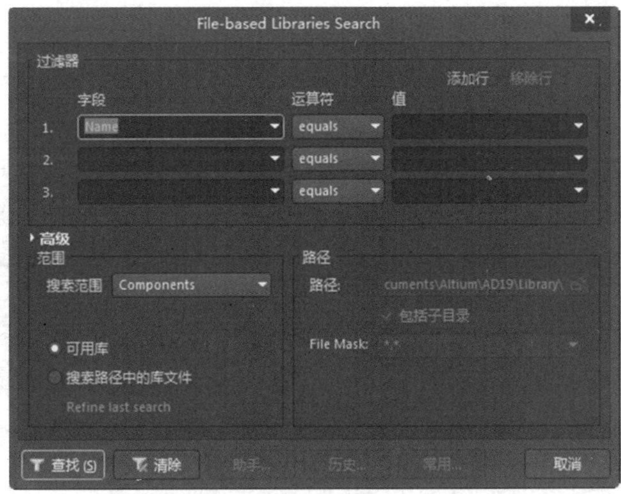

图 9-55　“File-based Libraries Search”对话框

在“File-based Libraries Search”对话框中，可以查找所有已添加库中的封装模型，也可以查找未知库中的封装模型。该对话框的相关操作与绘制电路原理图时对库的操作基本相同，不再作过多介绍。浏览元件列表中的元件，查找期望放置的接插件。本例期望放置 PIN2 接插件，故将“Name”字段对应的“值”设为“pin2”，如图 9-56 所示。

第 3 步：单击“查找”按钮，进入如图 9-57 所示的界面。

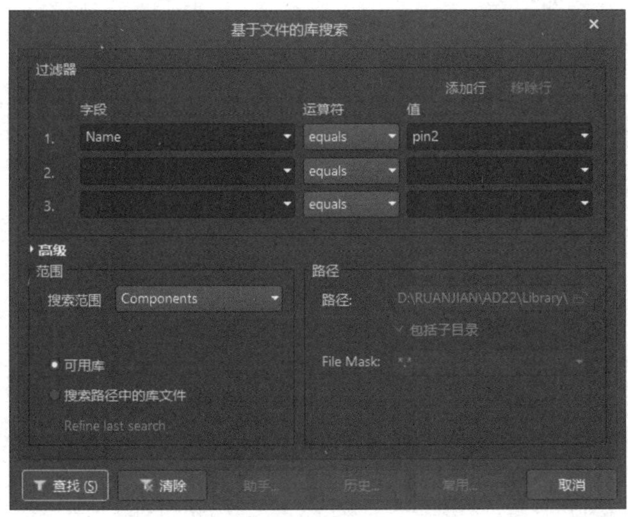

图 9-56　查找 PIN2 接插件

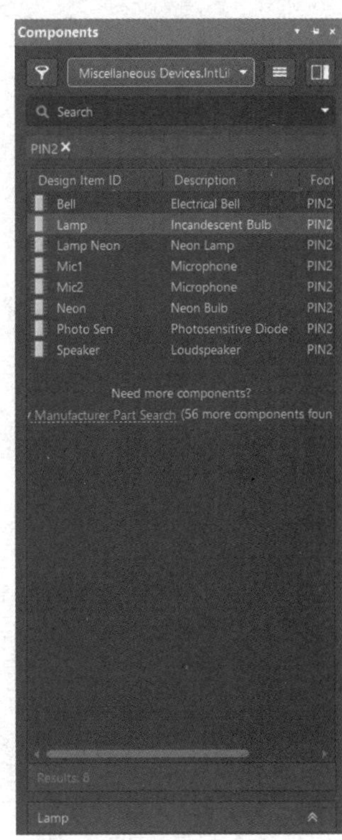

图 9-57　选择封装模型

第 4 步：选中“Lamp”选项，并将其拖动到 PCB 中，光标显示为十字形，并跟随着一个 PIN2 接插件，如图 9-58 所示。按空格键调整元件方向，在期望放置接插件的位置单击，放置 PIN2 接插件，结果如图 9-59 所示。

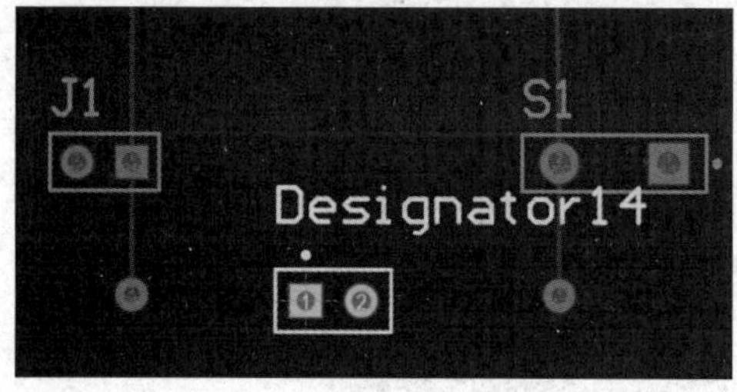

图 9-58 光标跟随着一个 PIN2 接插件

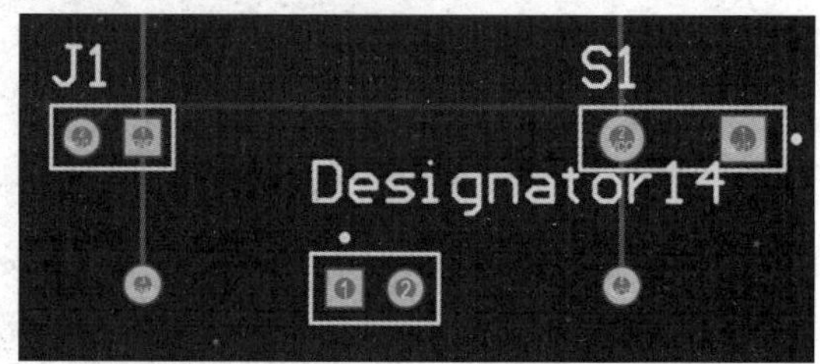

图 9-59 在电路中放置 PIN2 接插件的结果

第 5 步：双击元件，打开“Properties-Component”面板，设置“Designator”为“U4”，如图 9-60 所示。设置完成后，执行“设计”→“网络表”→“编辑网络”命令，如图 9-61 所示。

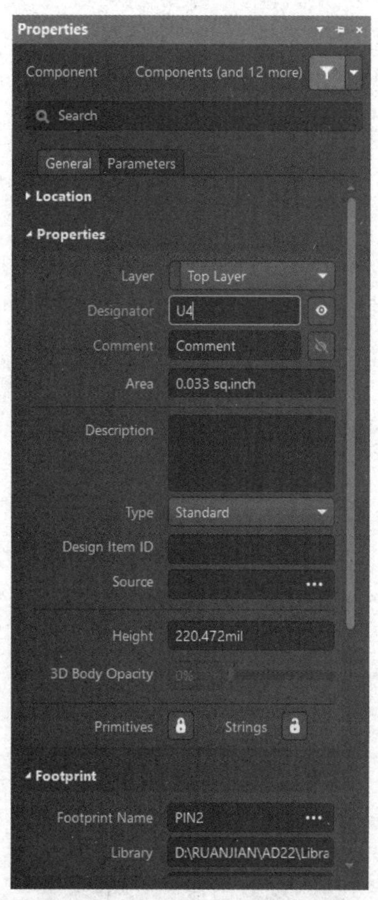

图 9-60 设置“Designator”为“U4”

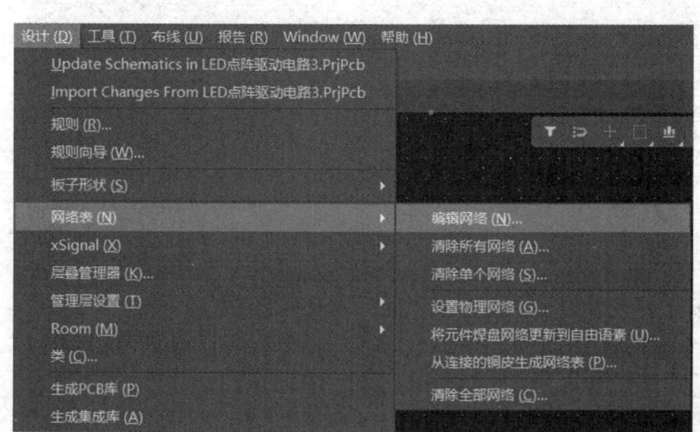

图 9-61 执行“设计”→“网络表”→“编辑网络”命令

弹出如图 9-62 所示的“网表管理器”对话框。

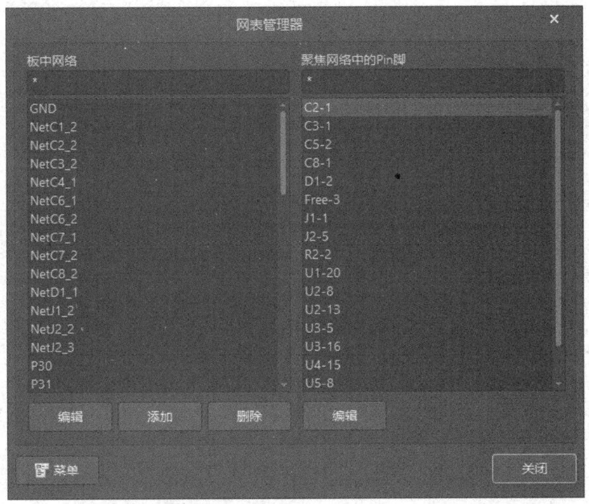

图 9-62　“网表管理器”对话框

第 6 步：选择“板中网络”列表框中的“GND”，单击“板中网络”列表框下的“编辑”按钮，弹出如图 9-63 所示的“编辑网络”对话框。

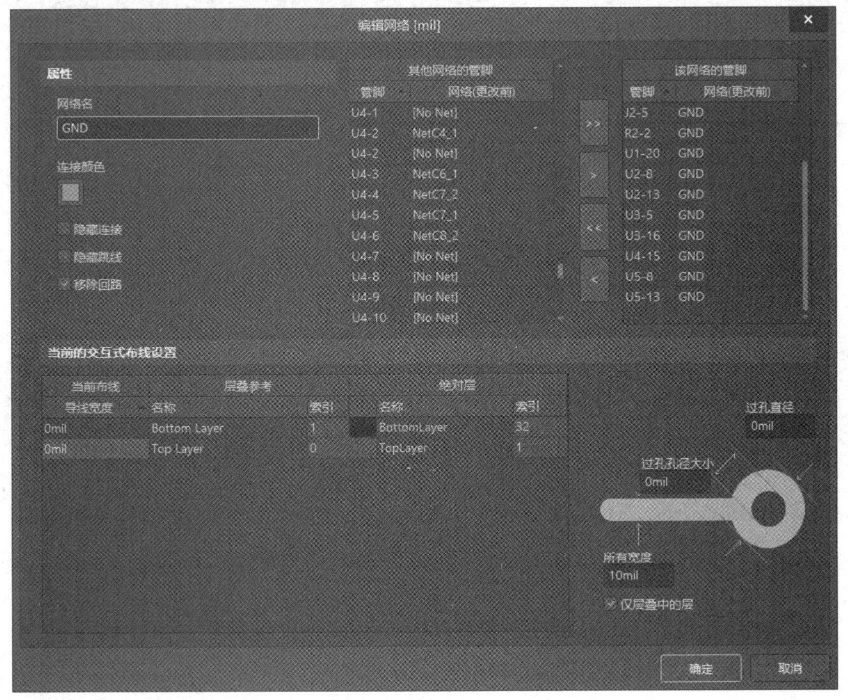

图 9-63　“编辑网络”对话框

第 7 步：在“其他网络的管脚”栏中选择“U4-2”选项，然后单击“>”按钮，将“U4-2”添加到“该网络的管脚”列表框中，如图 9-64 所示。

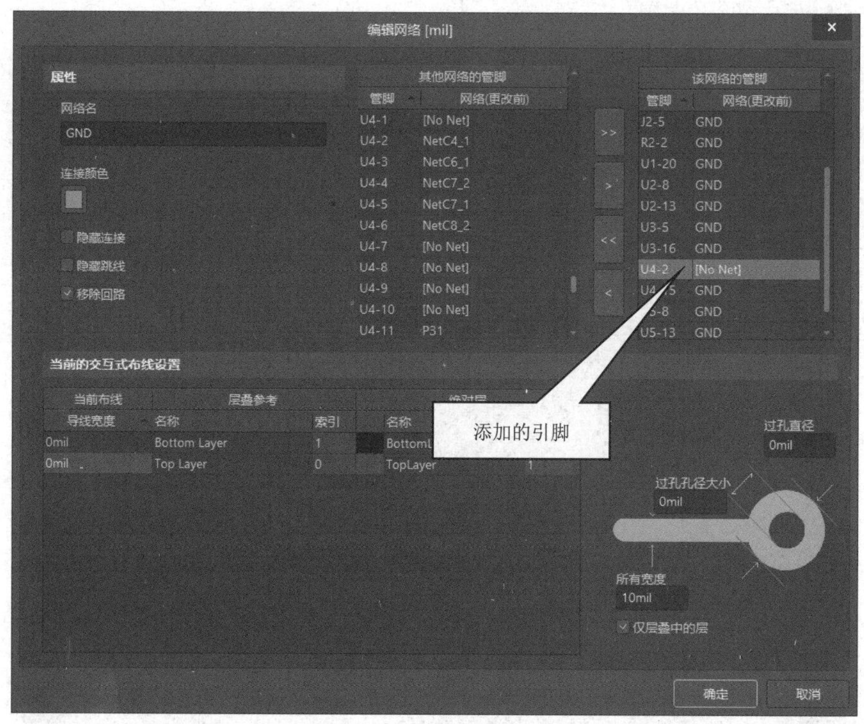

图 9-64　将“U4-2”添加到“该网络的管脚”列表框中

第 8 步：设置完成后，单击“确定”按钮，即可将 U4-2 引脚添加到 GND 网络中。参照上述方式，将 U4-1 引脚添加到 VCC 网络中，添加完成后，单击“关闭”按钮，关闭“网表管理器”对话框。此时用户可看到元件 PIN2 通过飞线与电路连接，如图 9-65 所示。

第 9 步：单击配线工具栏中的“交互式布线连接”图标或使用组合键 Ctrl+W，对 PIN2 进行交互式布线，布线结果如图 9-66 所示。

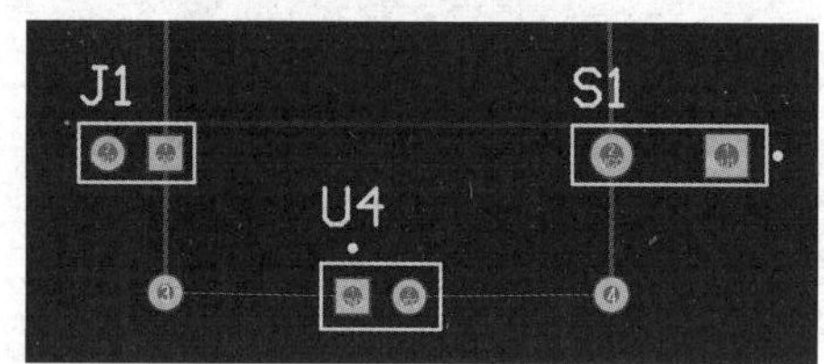

图 9-65　PIN2 通过飞线与电路连接

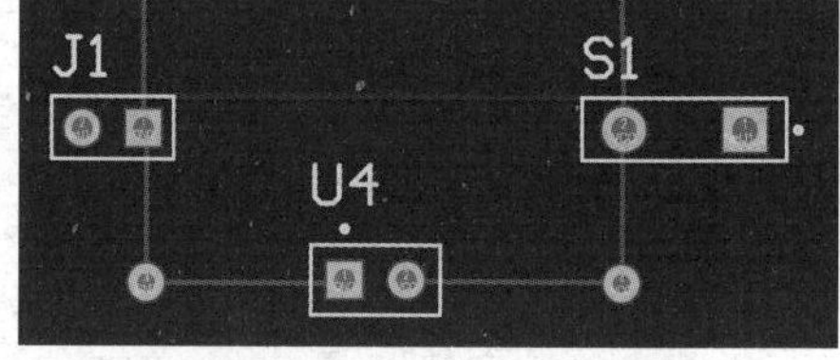

图 9-66　对 PIN2 布线的结果

2. 重编元件标号

当将原理图文件导入 PCB 文件后，元件标号不再有规律，如图 9-67 所示。

为了便于快速在 PCB 中查找元件，通常需要重编元件标号。在 PCB 编辑环境中，执行“工具”→“重新标注”命令，如图 9-68 所示，弹出如图 9-69 所示的“根据位置重新标注”对话框。

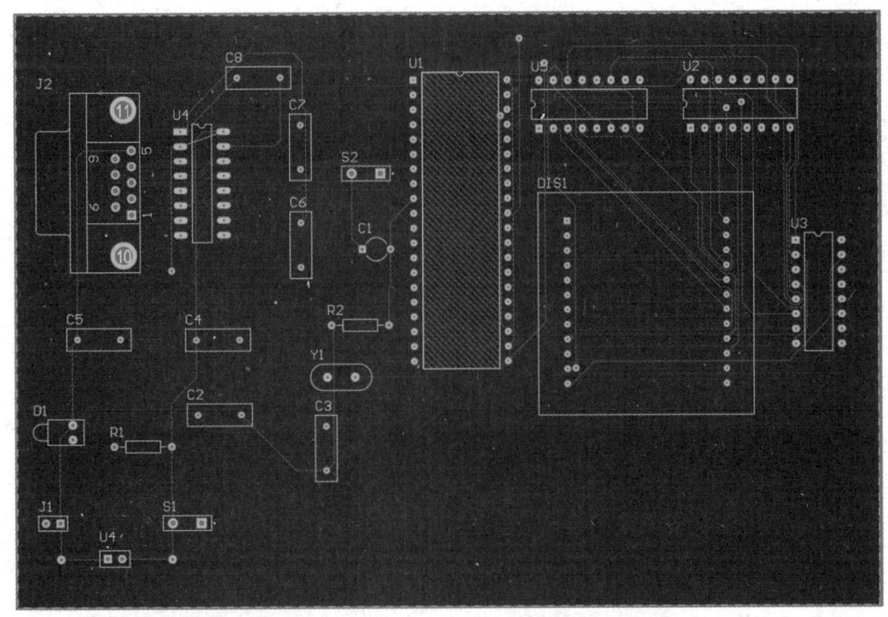

图 9-67　元件标号无规律

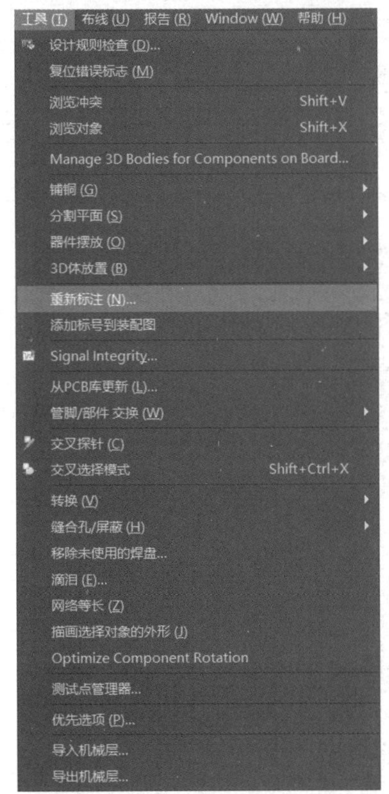

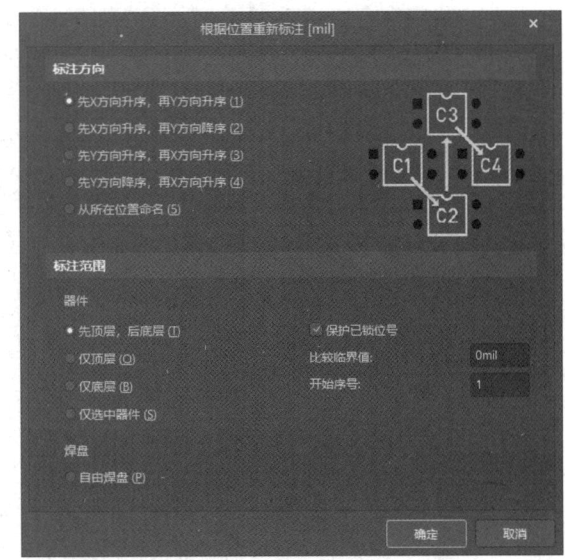

图 9-68　执行“工具”→“重新标注”命令　　　　图 9-69　“根据位置重新标注”对话框

“根据位置重新标注”对话框提供了 5 种编号方式，分别对应“标注方向”区域中的 5 个单选按钮，各单选按钮的意义如表 9-1 所示。

表 9-1　各单选按钮的意义

名称	图解	说明
“先 X 方向升序，再 Y 方向升序”单选按钮		按从左至右、从下到上进行编号
“先 X 方向升序，再 Y 方向降序”单选按钮		按从左至右、从上到下进行编号
“先 Y 方向升序，再 X 方向升序”单选按钮		按从下而上、从左至右进行编号
“先 Y 方向降序，再 X 方向升序”单选按钮		按从上而下、从左至右进行编号
“从所在位置命名”单选按钮		按坐标值编号。例如，R1 的坐标为(50,80)，则 R1 的新标识为 R050-080

此处保持系统默认值。单击“确定”按钮，系统自动对电路中的元件进行编号，效果如图 9-70 所示。

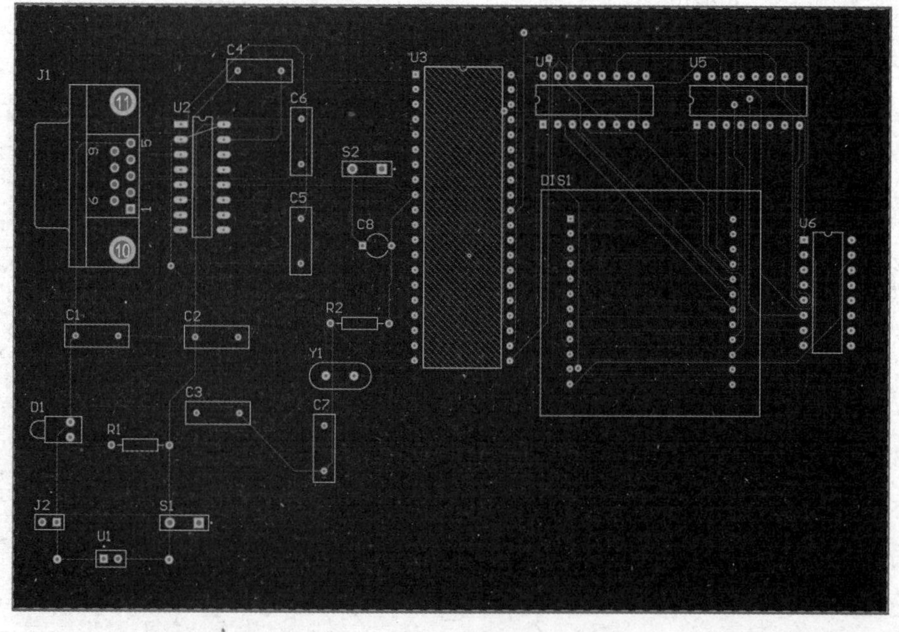

图 9-70　对元件重新编号后的效果

3. 放置文字标注

当 PCB 编辑完成后，用户可在 PCB 上标注制板人及制板时间等信息。例如，在如图 9-71 所示的 PCB 下方标注制板时间。

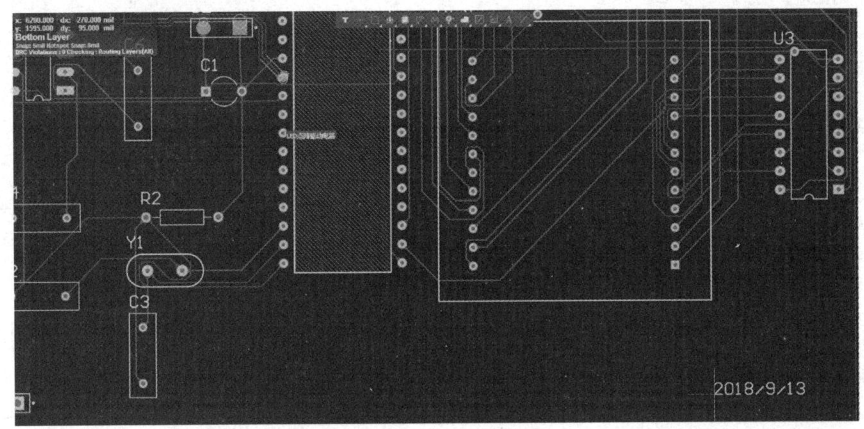

图 9-71　放置文字标注示例

将工作层切换为“Top Overlay”，如图 9-72 所示。

LS [2] Bottom Layer　Mechanical 1　Route Guide　Top Overlay　Bottom Overlay　Top Paste　Bottom Paste　Top Solder　Bottom Solder　Drill Guide　Keep-Out Layer

图 9-72　切换工作层为“Top Overlay”

在 PCB 编辑环境中，执行“放置”→“字符串”命令，如图 9-73 所示，光标变为十字形，并跟随着一个字符串，如图 9-74 所示。

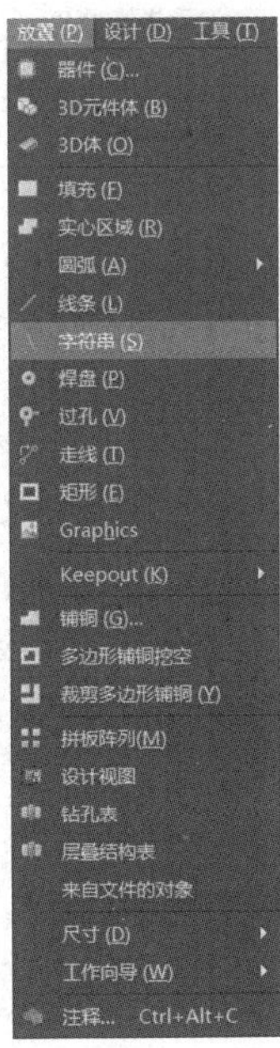

图 9-73　执行“放置”→“字符串”命令

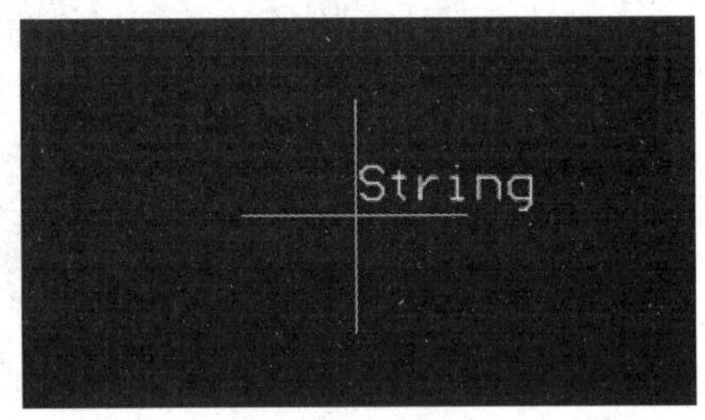

图 9-74　十字形光标跟随着一个字符串

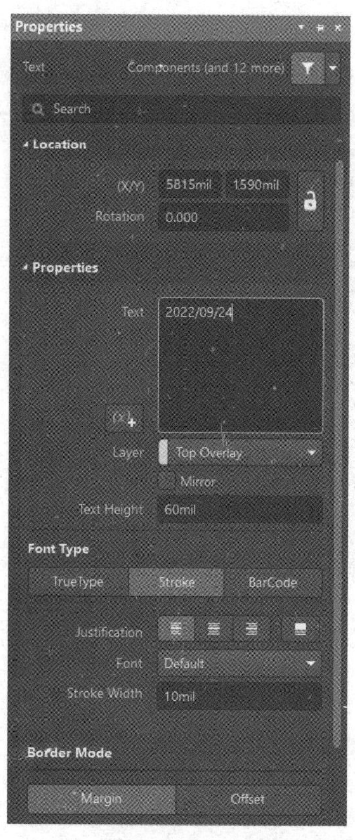

图 9-75　“Properties-Text”面板

按 Tab 键，弹出字符串属性设置界面（“Properties-Text”面板），在“Text”文本框中输入“2022/09/24”字样，如图 9-75 所示。

其他参数，如字号、字体、位置等，均保持系统默认值。设置完成后，移动光标到期望放置文字标注的位置，单击即可放置文字标注，如图 9-76 所示。右击，退出放置文字标注状态。

4．项目元件封装库

在制作 PCB 时，若找不到期望的元件封装模型，用户可以使用 Altium Designer 提供的封装模型编辑功能，创建新的封装模型，并将新建的封装模型放入特定的元件封装库。

1）创建项目元件封装库

项目元件封装库就是将设计的 PCB 中使用的封装模型建成一个专门的元件封装库。打开要生成项目元件封装库的 PCB 文件，如之前完成的“LED 点阵驱动电路.PcbDoc”，在 PCB 编辑环境中，执行“设计”→“生成 PCB 库”命令，如图 9-77 所示。

系统自动切换到元件封装库编辑环境，生成相应的元件封装库，并把文件命名为“LED 点阵驱动电路.PcbLib”，如图 9-78 所示。

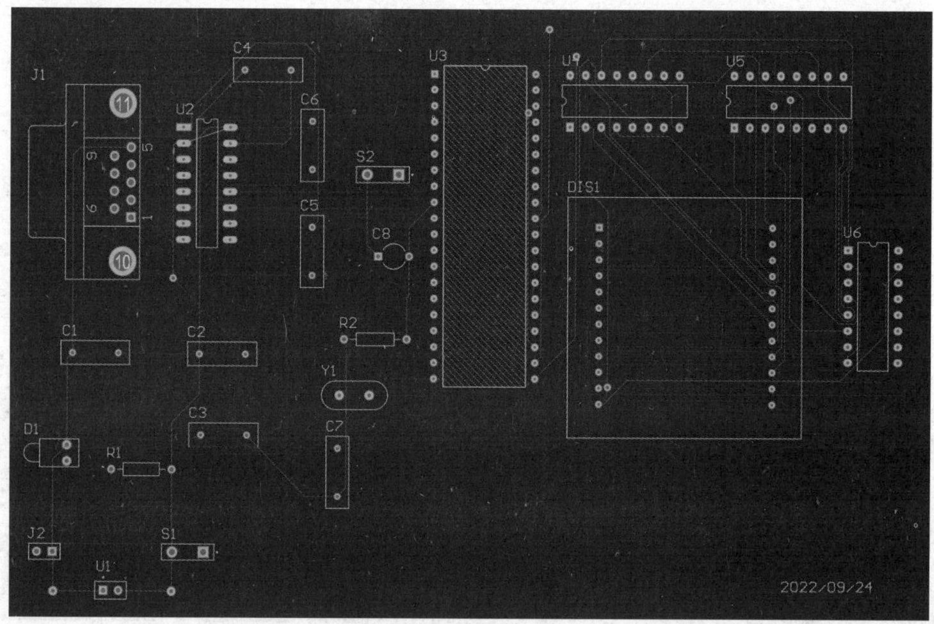

图 9-76　放置文字标注

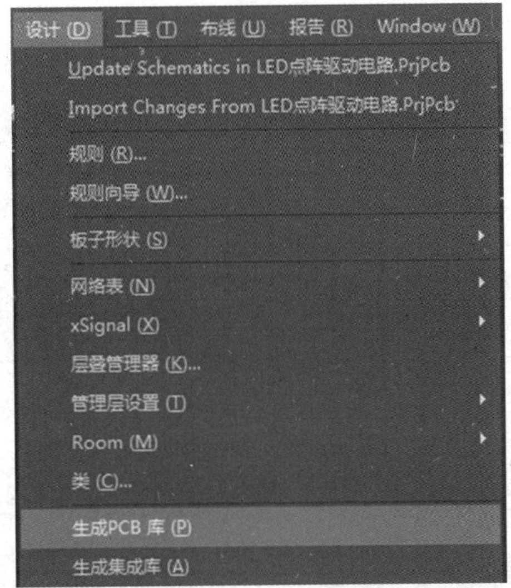

图 9-77　执行“设计”→“生成 PCB 库”命令

图 9-78　自动生成的元件封装库

2）创建封装模型——LED 点阵

以创建 LED 点阵的封装模型为例进行介绍，在“PCB Library”面板中的元件列表中右击，在弹出的快捷菜单中选择“New Blank Footprint”命令，在元件封装列表中添加新的封装模型，如图 9-79 所示。

在 PCB 编辑窗口中编辑双色 LED 点阵封装模型，如图 9-80 所示。

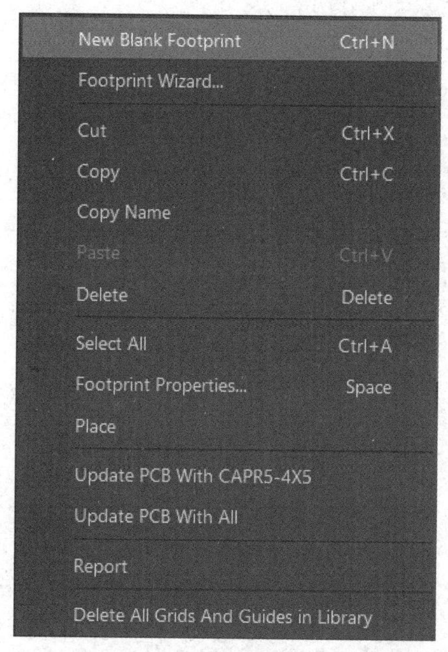

（a）执行“New Blank Footprint”命令

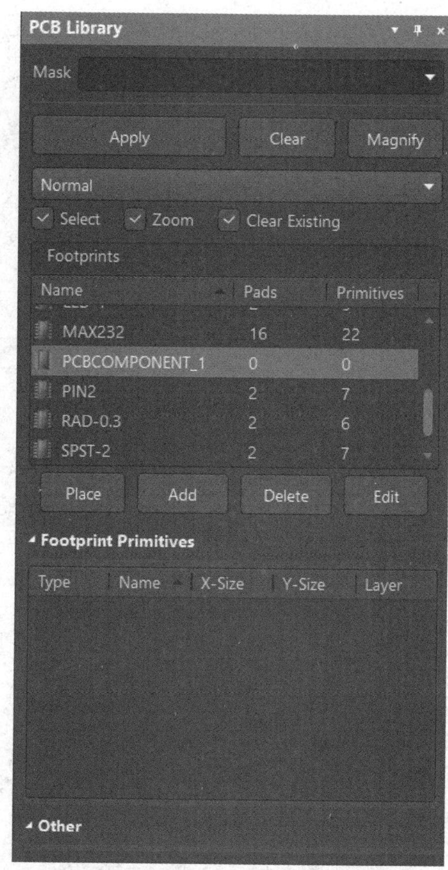

（b）在元件封装列表中添加新的封装模型

图 9-79　创建封装模型

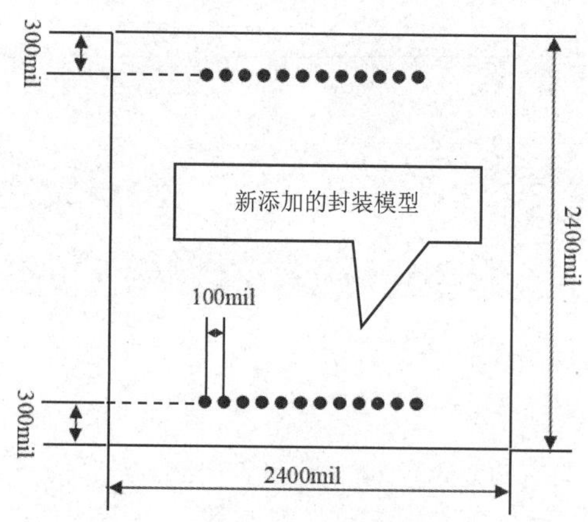

（a）双色 LED 点阵元件尺寸

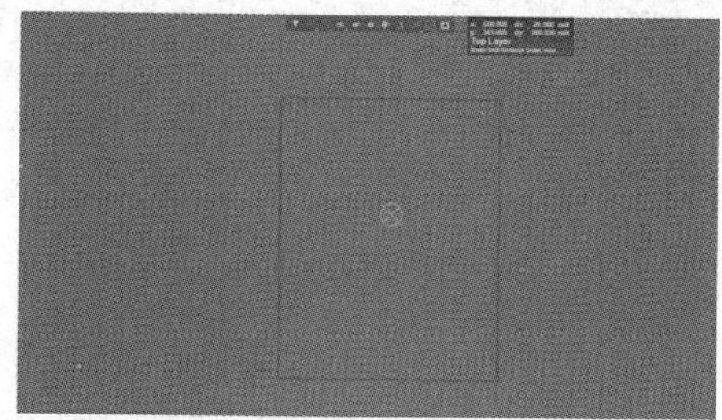

（b）绘制双色 LED 点阵封装模型的外形框

图 9-80　编辑双色 LED 点阵封装模型

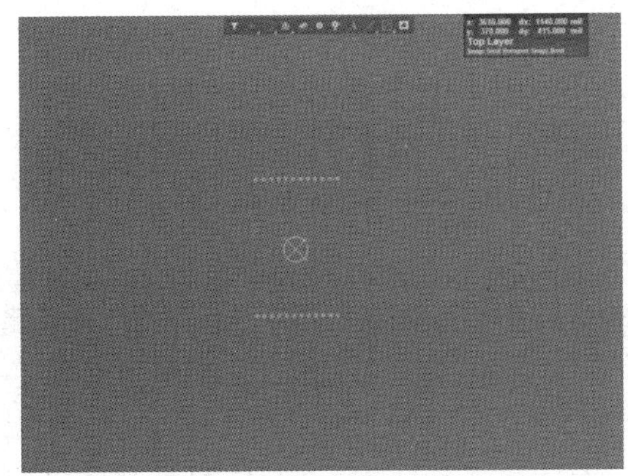

（c）放置双色 LED 点阵元件的焊盘

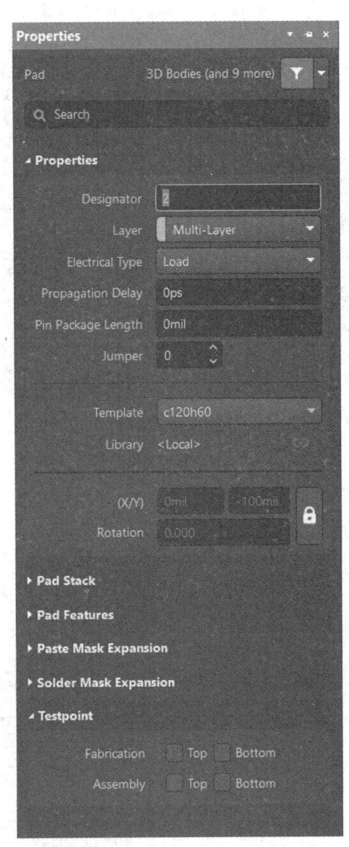

（d）设置双色 LED 点阵元件的焊盘的参数

图 9-80　编辑双色 LED 点阵封装模型（续）

在“PCB Library”面板中，双击新建的封装模型，弹出“PCB 库封装”对话框，如图 9-81 所示。

在该对话框中可以对新建的封装模型进行重新命名，将封装模型命名为“LED Array”，如图 9-82 所示，单击“确定”按钮。至此，双色 LED 点阵封装模型制作完成。

图 9-81　“PCB 库封装”对话框

图 9-82　重新为封装模型命名

3）元件封装库相关报表——元件报表

在 PCB 库编辑环境中，执行“报告”→“器件”命令，如图 9-83 所示，弹出如图 9-84 所示的后缀名为.CMP 的封装模型信息。

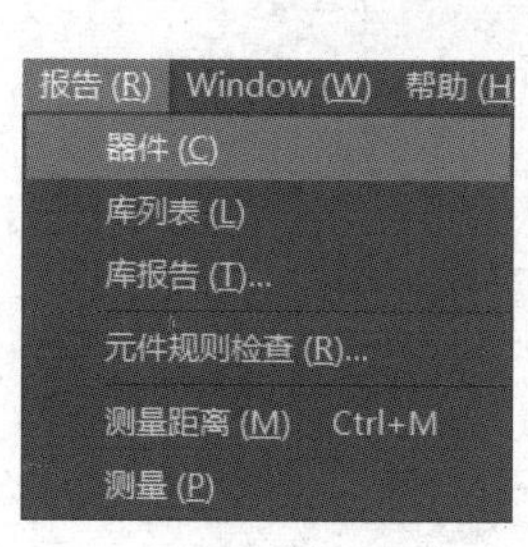

图 9-83 执行“报告”→“器件”命令

```
LED点阵驱动电路.SchDoc  LED点阵驱动电路.PcbDoc  LED点阵驱动电路.PcbLib *  LED点阵驱动电路.CMP
Component    : LED Array
PCB Library  : LED点阵驱动电路.PcbLib
Date         : 2022/9/24
Time         : 17:03:23

Dimension : 1.51 x 1.51 in

Layer(s)              Pads(s)   Tracks(s)   Fill(s)   Arc(s)   Text(s)
------------------------------------------------------------------------
Multi Layer               24         0          0         0        0
Top Overlay                0         4          0         0        0
------------------------------------------------------------------------
Total                     24         4          0         0        0
```

图 9-84 封装模型信息

4）元件封装库相关报表——库列表报表

在 PCB 库编辑环境中，执行“报告”→“库列表”命令，如图 9-85 所示，弹出如图 9-86 所示的后缀名为.REP 的库列表文件，该文件列出了该库包含的所有封装模型的名称。

报告 (R)　Window (W)　帮助 (H)
器件 (C)
库列表 (L)
库报告 (T)...
元件规则检查 (R)...
测量距离 (M)　Ctrl+M
测量 (P)

图 9-85 执行“报告”→“库列表”命令

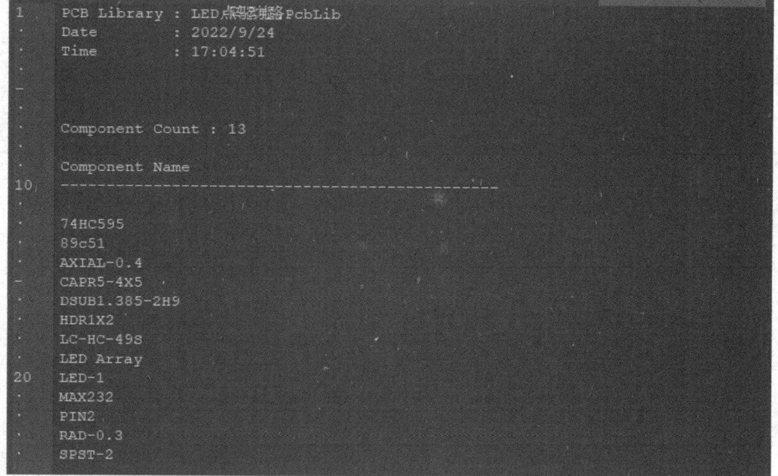
```
LED点阵驱动电路.SchDoc  LED点阵驱动电路.PcbDoc  LED点阵驱动电路.PcbLib *  LED点阵驱动电路.REP
PCB Library : LED点阵驱动电路.PcbLib
Date        : 2022/9/24
Time        : 17:04:51

Component Count : 13

Component Name
-----------------------------------------------

74HC595
89c51
AXIAL-0.4
CAPR5-4X5
DSUB1.385-2H9
HDR1X2
LC-HC-49S
LED Array
LED-1
MAX232
PIN2
RAD-0.3
SPST-2
```

图 9-86 库列表信息

5）元件的封装模型相关报表——元件规则检查报表

在 PCB 库编辑环境中，执行“报告”→“元件规则检查”命令，如图 9-87 所示，弹出如图 9-88 所示的“元件规则检查”对话框。

“元件规则检查”对话框中各项意义如下。

- “重复的”区域。
  - “焊盘”复选框：检查封装模型中是否有重复的焊点序号。
  - “基元”复选框：检查封装模型中是否有图形对象重叠。

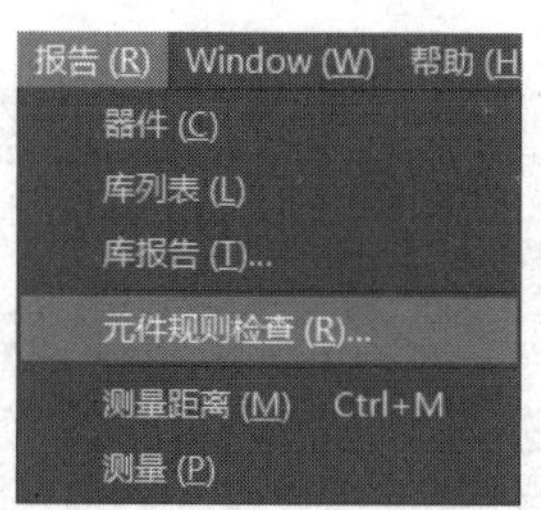

图 9-87　执行“报告”→“元件规则检查”命令

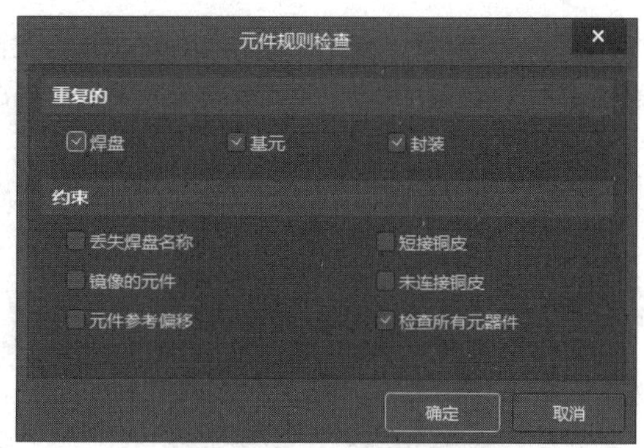

图 9-88　“元件规则检查”对话框

- “封装”复选框：检查元件封装库中是否有不同封装模型具有相同名称。
- “约束”区域。
  - “丢失焊盘名称”复选框：检查元件封装库内是否有封装模型遗漏焊点序号。
  - “镜像的元件”复选框：检查封装模型是否发生翻转。
  - “元件参考偏移”复选框：检查封装模型是否调整过元件的参考原点坐标。
  - “短接铜皮”复选框：检查封装模型的铜膜走线是否短路。
  - “未连接铜皮”复选框：检查封装模型内是否有未连接的铜膜走线。
  - “检查所有元器件”复选框：对元件封装库中的所有封装模型进行检测。

这里保持系统默认设置。单击“确定”按钮，系统自动生成后缀名为.ERR 的元件规则检查报表，如图 9-89 所示。

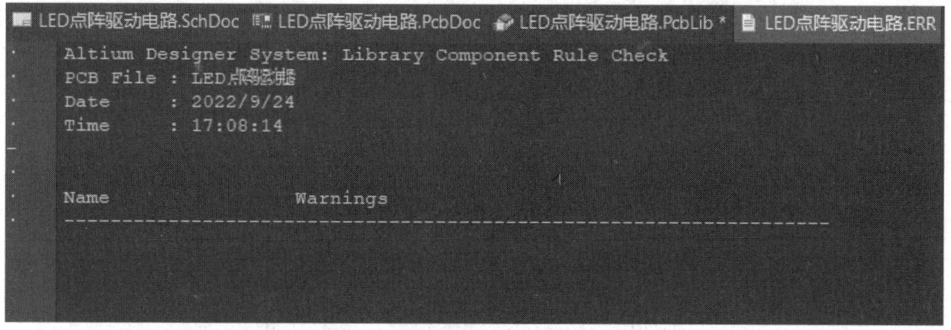

图 9-89　自动生成的元件规则检查报表

6）元件的封装模型相关报表——测量距离

测量距离功能可用于精确测量两个端点之间的距离。

在 PCB 库编辑环境中，执行“报告”→“测量距离”命令，如图 9-90 所示，光标变成十字形，单击待测距离的两个端点，在单击第二个端点的同时，系统将弹出“Measure Distance”提示框，如图 9-91 所示。该提示框中包含两个端点之间的距离信息。

7）元件的封装模型相关报表——对象距离测量报表

对象距离测量报表可用于精确测量两个对象之间的距离。在 PCB 库编辑环境中，执行

“报告”→“测量”命令，如图 9-92 所示，光标变为十字形，单击待测距离的两个对象，在单击第二个对象的同时，系统将弹出“Clearance”提示框，如图 9-93 所示。该提示框中包含两个对象之间的距离信息。

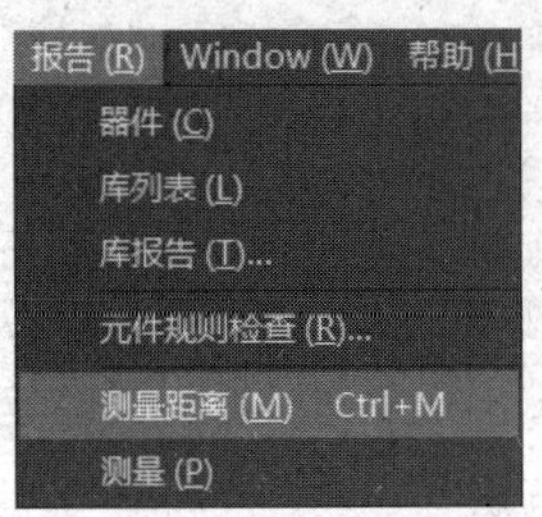

图 9-90 执行“报告”→“测量距离”命令

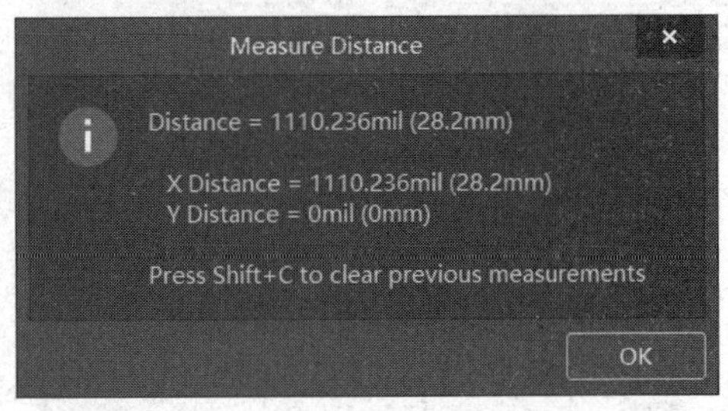

图 9-91 “Measure Distance”提示框

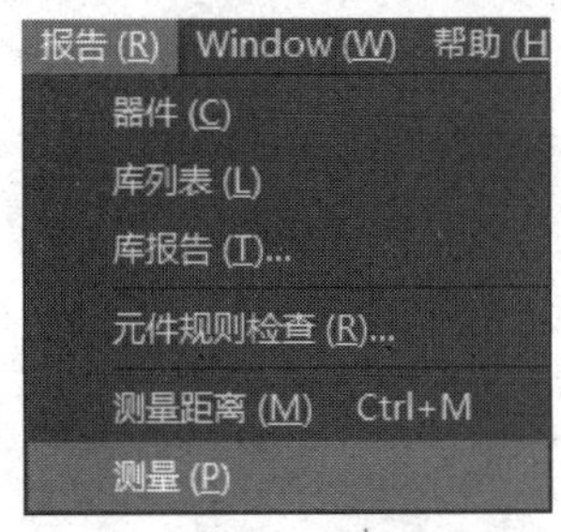

图 9-92 执行“报告”→“测量”命令

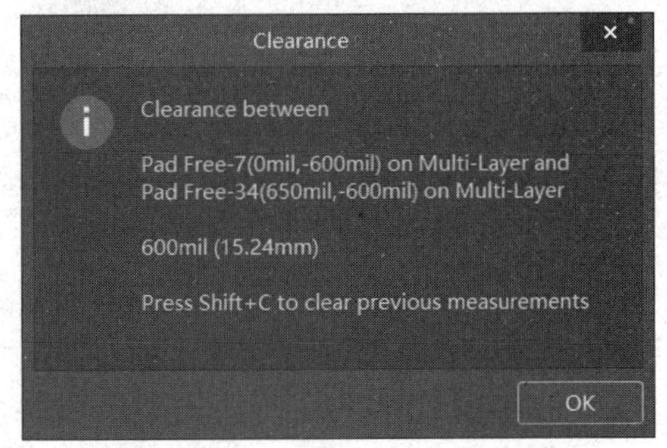

图 9-93 “Clearance”提示框

5. 在电路原理图中直接更换元件

【例 9-6】以 LED 为例进行元件更换操作。

如图 9-94 所示，用户期望将图中的 LED0 替换为 Lamp。

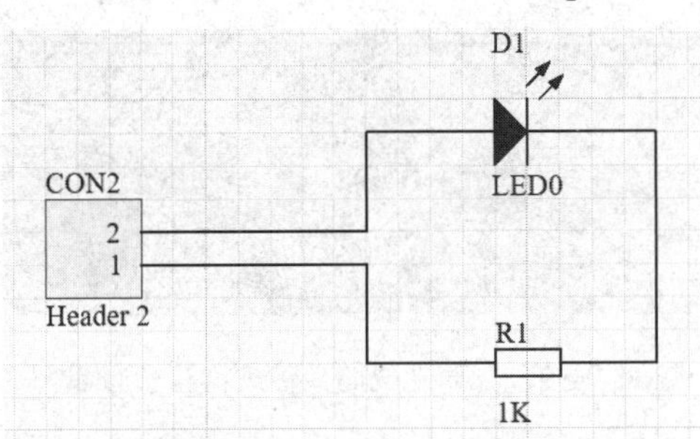

图 9-94 要更换元件的电路原理图

第 1 步：双击 LED0，弹出 LED0 的属性设置面板——“Properties-Component”面板，如图 9-95 所示。

第 2 步：单击“General”区域中的“Source”下拉列表后面的 ··· 按钮，弹出“Replace LED0”对话框，如图 9-96 所示。

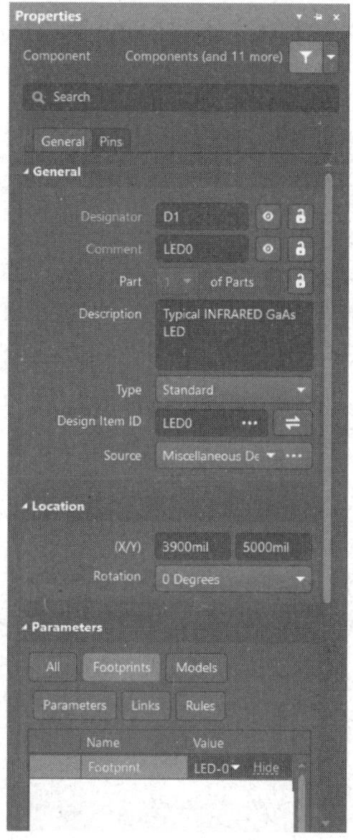

图 9-95　“Properties-Component”面板

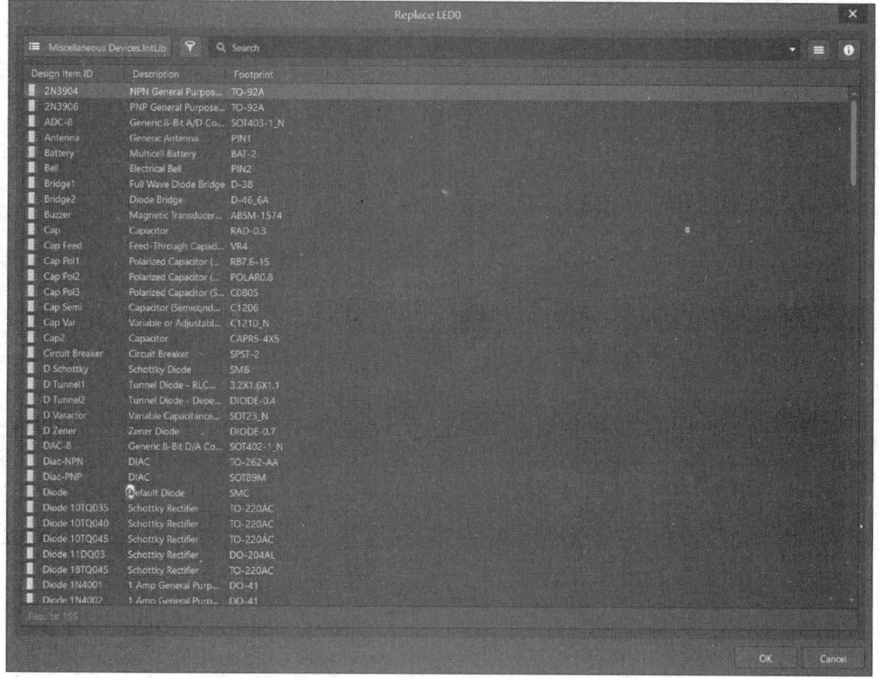

图 9-96　“Replace LED0”对话框

第 3 步：在“Design Item ID”栏中选择“Lamp”选项，单击“OK”按钮，电路原理图中的 LED0 被替换为 Lamp，如图 9-97 所示。需要注意的是，修改后需重新进行连线。

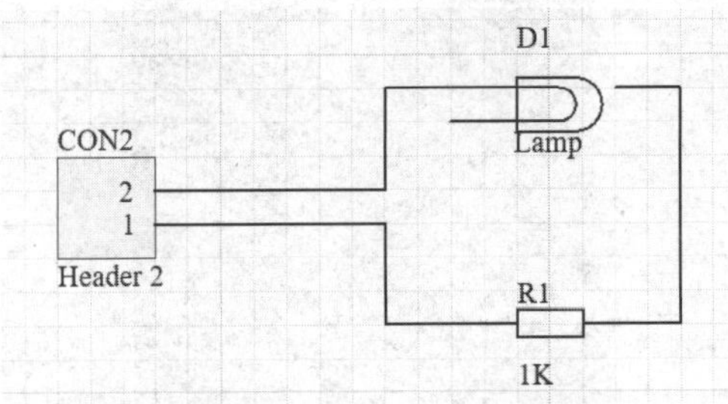

图 9-97　实现元件的替换

6．将其他制图软件绘制的设计文件导入 Altium Designer

Altium Designer 兼容 Protel 98、Protel 99、Protel 99 SE、Protel DXP，并具有对 Protel 99 SE 环境下创建的 DDB 文件和库文件的导入功能，以及对 P-CAD、OrCAD、AutoCAD、PADS PowerPCB 等软件的设计文件和库文件的导入功能。下面以将 Protel 99 SE 生成的 DDB 文件导入 Altium Designer 为例，介绍如何使用导入向导工具将其他制图软件绘制的设计文件导入 Altium Designer。

在 Altium Designer 主界面执行“文件”→“导入向导”命令，如图 9-98 所示，打开“导入向导”对话框，如图 9-99 所示。

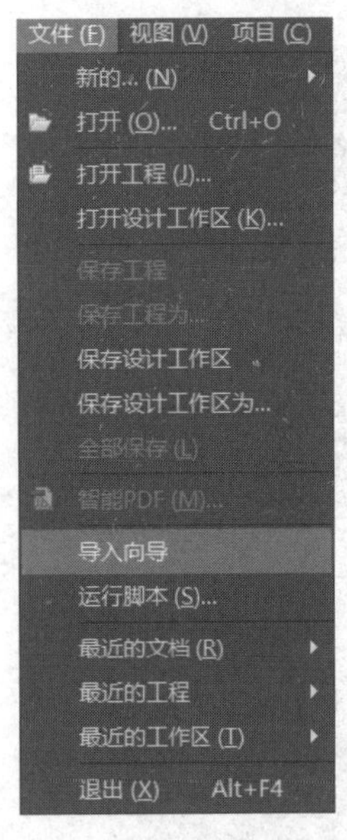

图 9-98　执行“文件”→“导入向导”命令

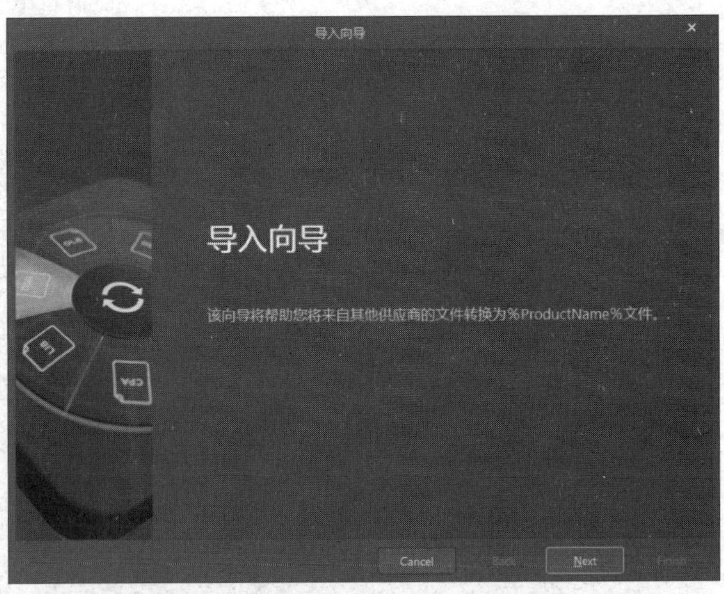

图 9-99　“导入向导”对话框

单击“Next”按钮，进入“Select Type of Files to Import”界面，如图 9-100 所示，在列表中选择要导入的文件类型，这里选择“99SE DDB Files”。

单击“Next”按钮，进入“Choose files or folders to import”界面，如图 9-101 所示，在该界面中单击“待处理文件夹”列表框下的“添加”按钮，将要处理的文件夹、文件添加到“待处理文件夹”列表框中。

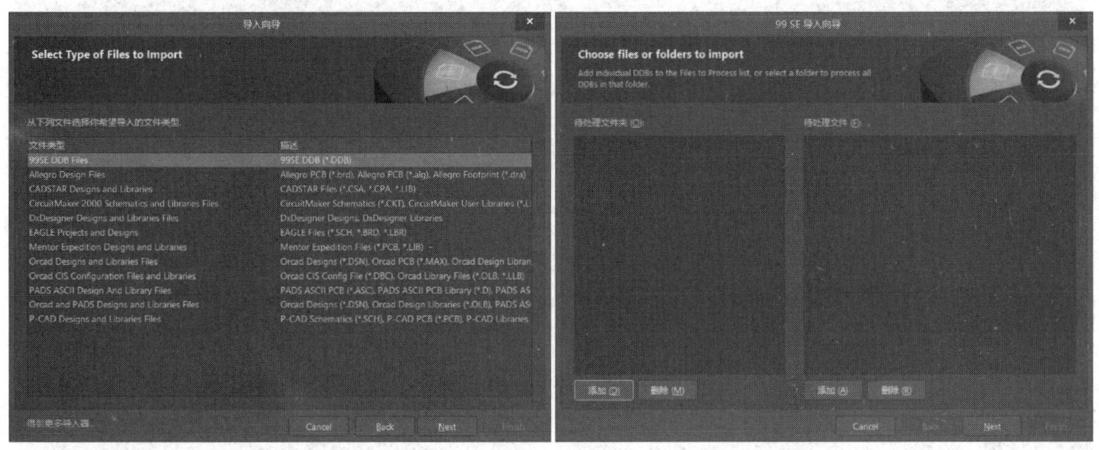

图 9-100　“Select Type of Files to Import”界面　　图 9-101　“Choose files or folders to import”界面

单击“Next”按钮，进入“Set file extraction options”界面，如图 9-102 所示，在该界面中选择一个保存输出文件的文件夹。单击“Next”按钮，进入“Set Schematic conversion options”界面，如图 9-103 所示，设置如何导入非锁定的交会点，这里保持系统默认状态。

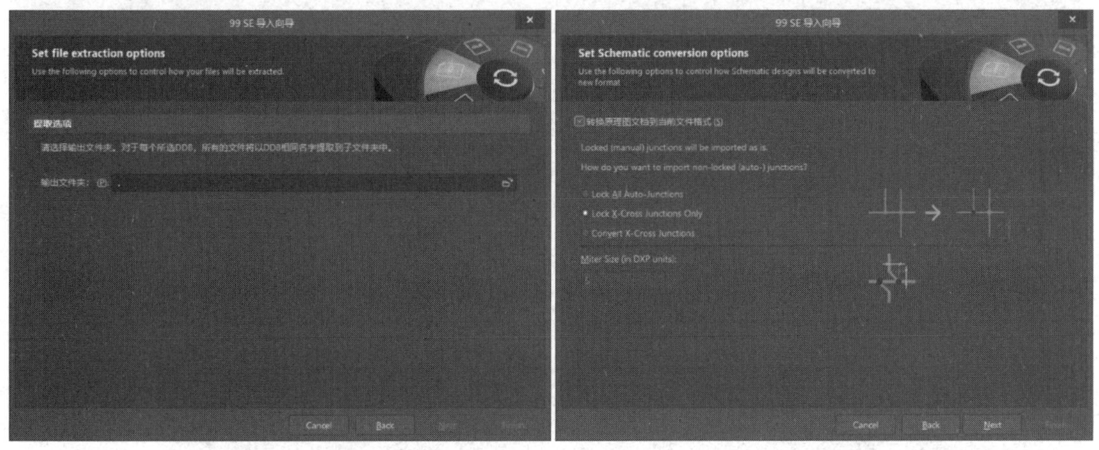

图 9-102　“Set file extraction options”界面　　图 9-103　“Set Schematic conversion options”界面

单击“Next”按钮，进入“Set import options”界面，如图 9-104 所示，在该界面中控制如何将选中的 DDB 文件映射到 Altium Designer 系统中，这里保持系统默认状态。

单击“Next”按钮，进入“Select design files to import”界面，如图 9-105 所示，导入设计文件。

单击“Next”按钮，进入“Review project creation”界面，如图 9-106 所示，创建工程报告。

单击“Next”按钮，进入“Import summary”界面，如图 9-107 所示，导入摘要。

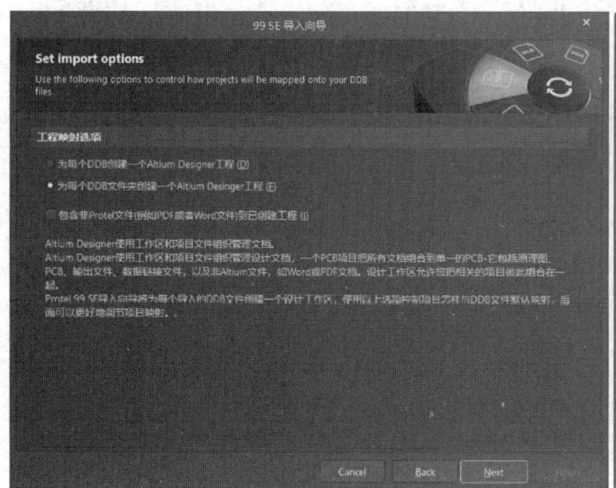

图 9-104　“Set import options”界面

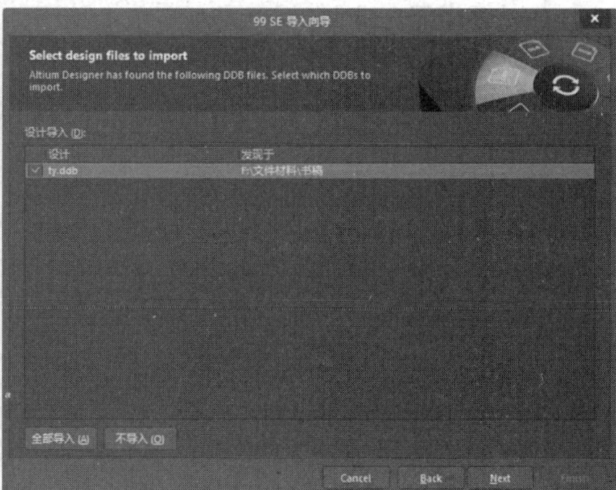

图 9-105　“Select design files to import”界面

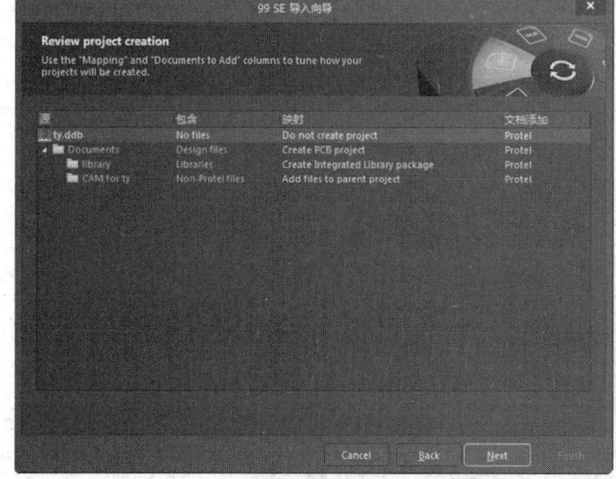

图 9-106　“Review project creation”界面

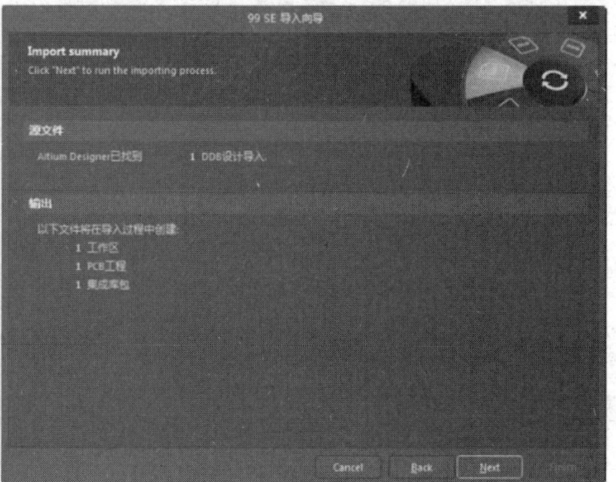

图 9-107　“Import summary”界面

单击“Next”按钮，开始导入文件，同时系统的“Messages”面板会给出相应的状态提示，如图 9-108 所示。

图 9-108　“Messages”面板

此处可根据实际情况自行选择是否打开工作区。本例将工作区打开，即选择“打开选中工作区”单选按钮，如图 9-109 所示。

单击“Next”按钮，进入导入向导完成界面，如图 9-110 所示。

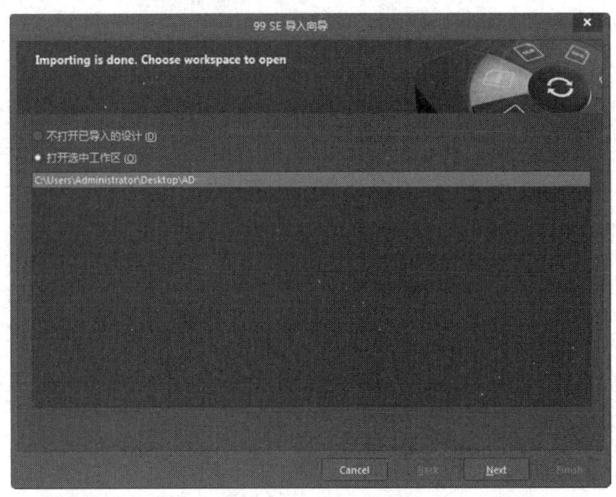

图 9-109　选择“打开选中工作区”单选按钮

单击“Finish”按钮，退出“导入向导”对话框，打开“Projects”面板，发现文件已被加载，如图 9-111 所示。

图 9-110　导入向导完成界面

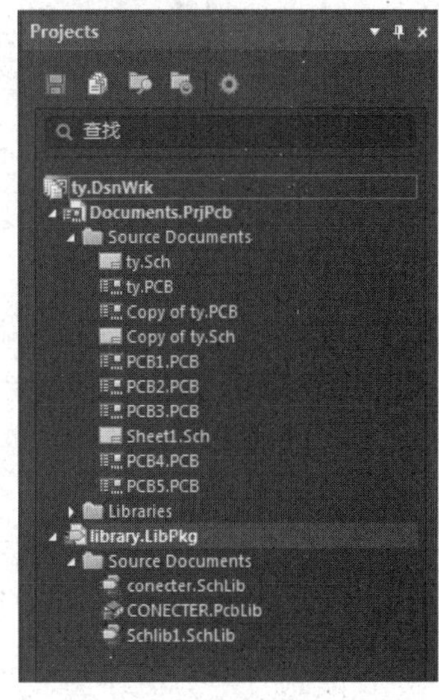

图 9-111　文件已被加载

双击导入文件，就可以在 Altium Designer 系统环境中对该文件进行修改、编辑等操作。

9.7　在 3D 环境下精确测量

Altium Designer 22 提供了在 3D 环境下测量距离的方式，使用这种测量方式得到的数据更直观、更精确，避免了元件外壳尺寸不符合要求等造成的返工问题。

如下是 PCB 在 3D 状态下的快捷操作。

- 执行组合键 V+B，可以实现翻转 PCB。
- 按住 Shift 键的同时按住鼠标右键拖曳可以翻动 PCB。
- 当用 Shift 键加鼠标右键翻动 PCB 后，会发现右键拖曳很难把 PCB 调回正视状态，这时可以通过按数字键 0，来实现 PCB 的快速调整。
- 按数字键 9 可以实现 PCB 的 90° 垂直翻转。

【例 9-7】以稳压电路为例进行 3D 测量。

第 1 步：在 Altium Designer 主界面执行“文件”→“新的”→“项目”命令，新建项目文件，并向此项目文件中添加原理图文件和 PCB 文件。绘制如图 9-112 所示的稳压电路原理图，并命名为“稳压电路”。

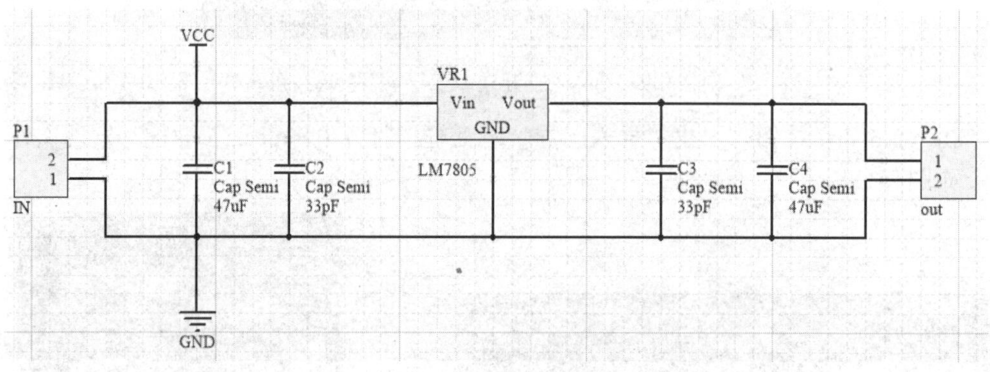

图 9-112　稳压电路原理图

第 2 步：绘制完稳压电路原理图后，在原理图编辑环境中，执行“设计”→“Update PCB Document 稳压电路.PcbDoc”命令，弹出“工程变更指令”对话框。接下来的操作之前已进行介绍，这里不再赘述。经元件布局、自动布线和定义板形状几步操作后，稳压电路 PCB 如图 9-113 所示。

在 PCB 编辑环境中，执行“视图”→“切换到 3 维模式”命令或按数字键 3，查看 3D 状态下的稳压电路 PCB，如图 9-114 所示。

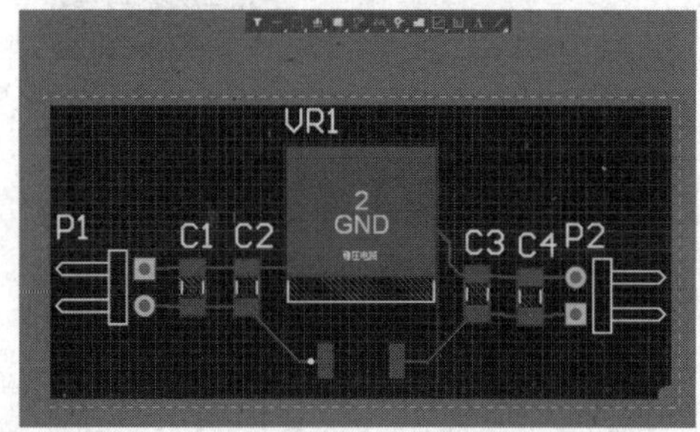

图 9-113　稳压电路 PCB

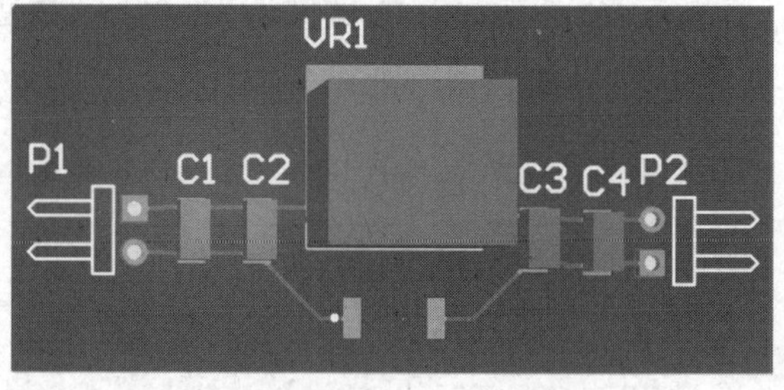

图 9-114　3D 状态下的稳压电路 PCB

第 3 步：在 3D 显示状态下对元件进行测量。在 PCB 编辑环境中，执行“工具”→“3D

体放置”→“测试距离”命令，如图 9-115 所示。

第 4 步：光标变成蓝色，单击，光标变成十字形，选择起始点和终止点。起始点选择如图 9-116 所示。终止点选择如图 9-117 所示。测量结果如图 9-118 所示。如果想清除测量点相关信息，就使用组合键 Shift+C。

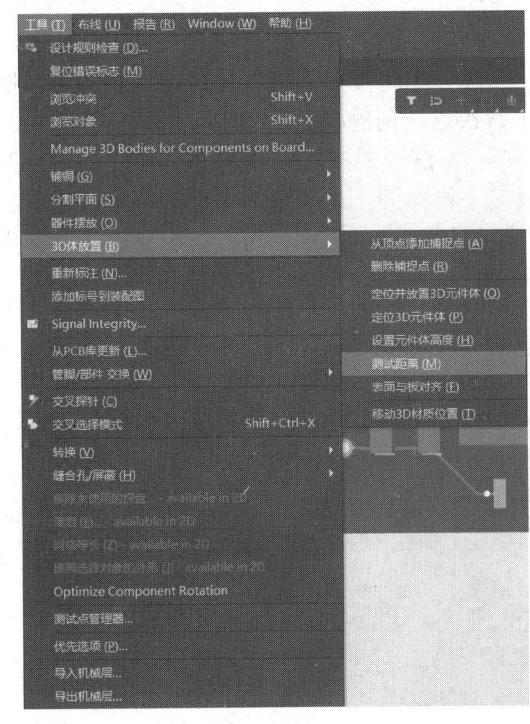

图 9-115　执行“工具”→“3D 体放置”→“测试距离”命令

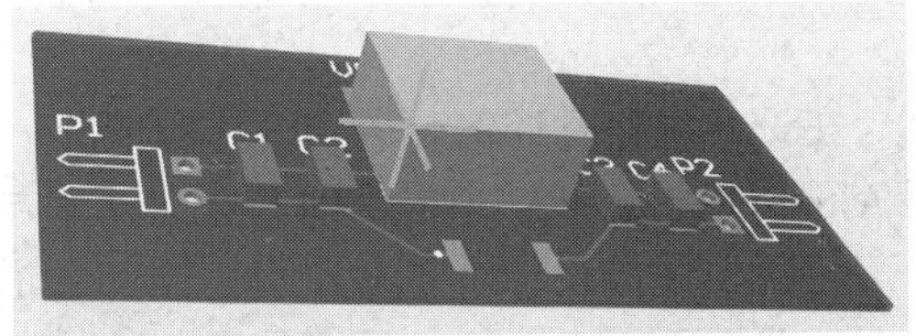

图 9-116　起始点选择

图 9-117　终止点选择

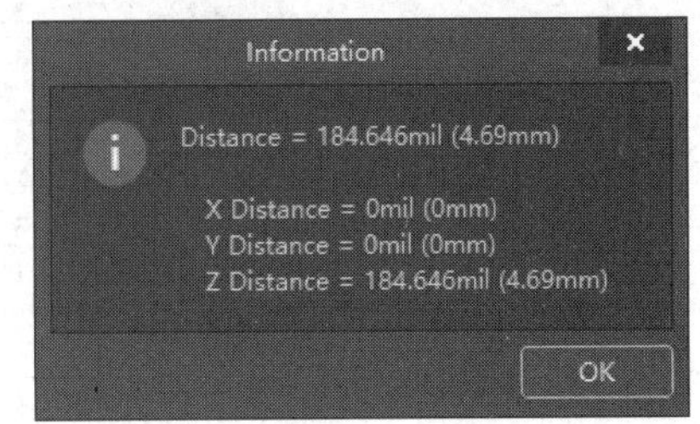

图 9-118　测量结果

根据此方法可以测量视图内任意不同两点间的距离。任何电子设计产品都要安装在机械物理实体中。利用 Altium Designer 的原生 3D 可视化与间距测量功能，可以确保 PCB 在第一次安装时即可与外壳完美匹配，不再需要进行成本很高的设计返工。3D 显示状态可以实时展现 PCB 与外壳的匹配情况，可以在几秒钟内解决 PCB 与外壳之间的碰撞冲突。

思考与练习

（1）说说在电路中进行包地和铺铜操作的意义。

（2）设计 STM32F103 单片机最小系统，并在 3D 显示状态下测量元件之间的距离。

第10章　Altium Designer 的多通道设计

在设计电路时经常会遇到这样的情况——某一部分电路被多次重复使用，这时就可以使用 Altium Designer 22 中提供的多通道设计方法来解决这一问题，从而达到事半功倍的效果。

所谓多通道设计就是多次引用同一通道（子图）。这个通道可以作为一个独立的电路原理图子图只画一次并包含于该项目中。通过放置多个指向同一个通道的原理图符号，或者在一个原理图符号的标识符中包含说明通道使用次数的关键字 Repeat，可以很容易地定义使用该通道的次数。多通道设计的流程图如图 10-1 所示。

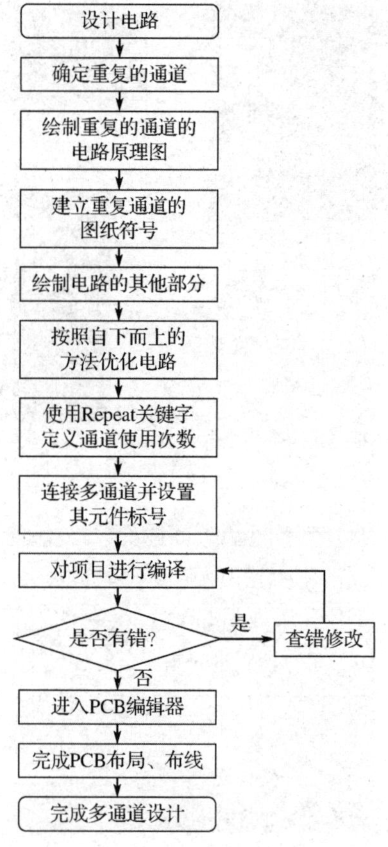

图 10-1　多通道设计的流程图

10.1　示例电路

以音频放大器为例介绍多通道设计的方法。音频放大器是音响系统中的关键部分，其作用是将传声元件获得的微弱信号放大到足够强度去推动放声系统中的扬声器或其他电声元件，以重现原声。

一个音频放大器一般包括 3 部分，即电源模块、前置放大器及功率放大器，如图 10-2 所示。

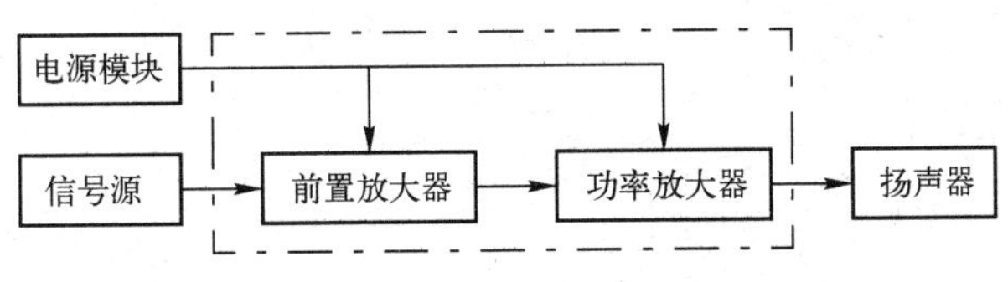

图 10-2　音频放大器组成

由于信号源输出信号的幅度往往很小，不足以激励功率放大器输出额定功率，因此常在信号源和功率放大器之间插入一个前置放大器，将信号源输出的信号放大，同时对信号进行适当的音色处理。

本例中，音频放大器在正弦信号输入电压幅度为 5～10mV、等效负载电阻为 8Ω 的情况下，应达到如下性能指标。

- 额定输出功率大于或等于 2W。
- 带宽大于或等于 50Hz。
- 在额定输出功率下和带宽内的非线性失真系数小于或等于 3%。
- 在额定输出功率下的效率大于或等于 55%。
- 当前置放大器的输入端交流短接到地时，等效负载电阻上的交流噪声功率小于或等于 10mW。

1. 电源模块电路设计

在音频放大器中，用户要用到集成运算放大器 LM347，该集成运算放大器的工作电压为±15V，因此用户需要设计±15V 稳压电源。本例采用桥式整流电路来产生±15V 电压，如图 10-3 所示。

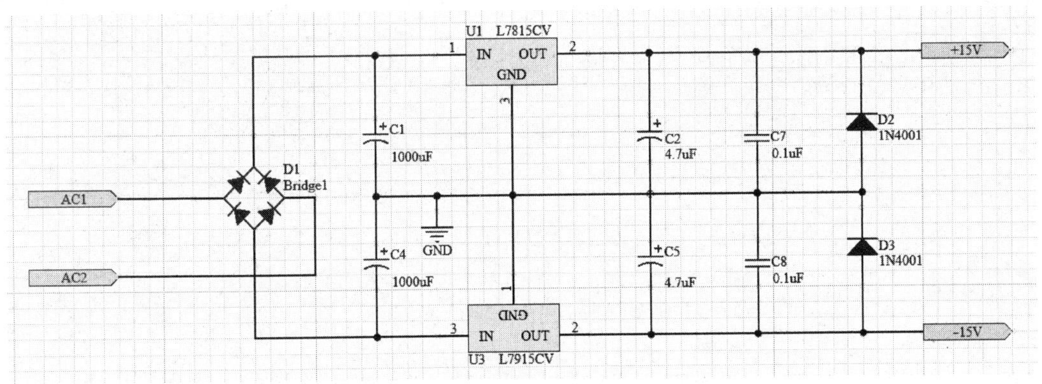

图 10-3　采用桥式整流电路来产生±15V 电压

采用 4 个整流二极管构成全桥整流电路，将交流电压的某个半周电压转换极性，得到两个极性不同的单向脉动性直流电压。全桥整流电路信号波形如图 10-4 所示。

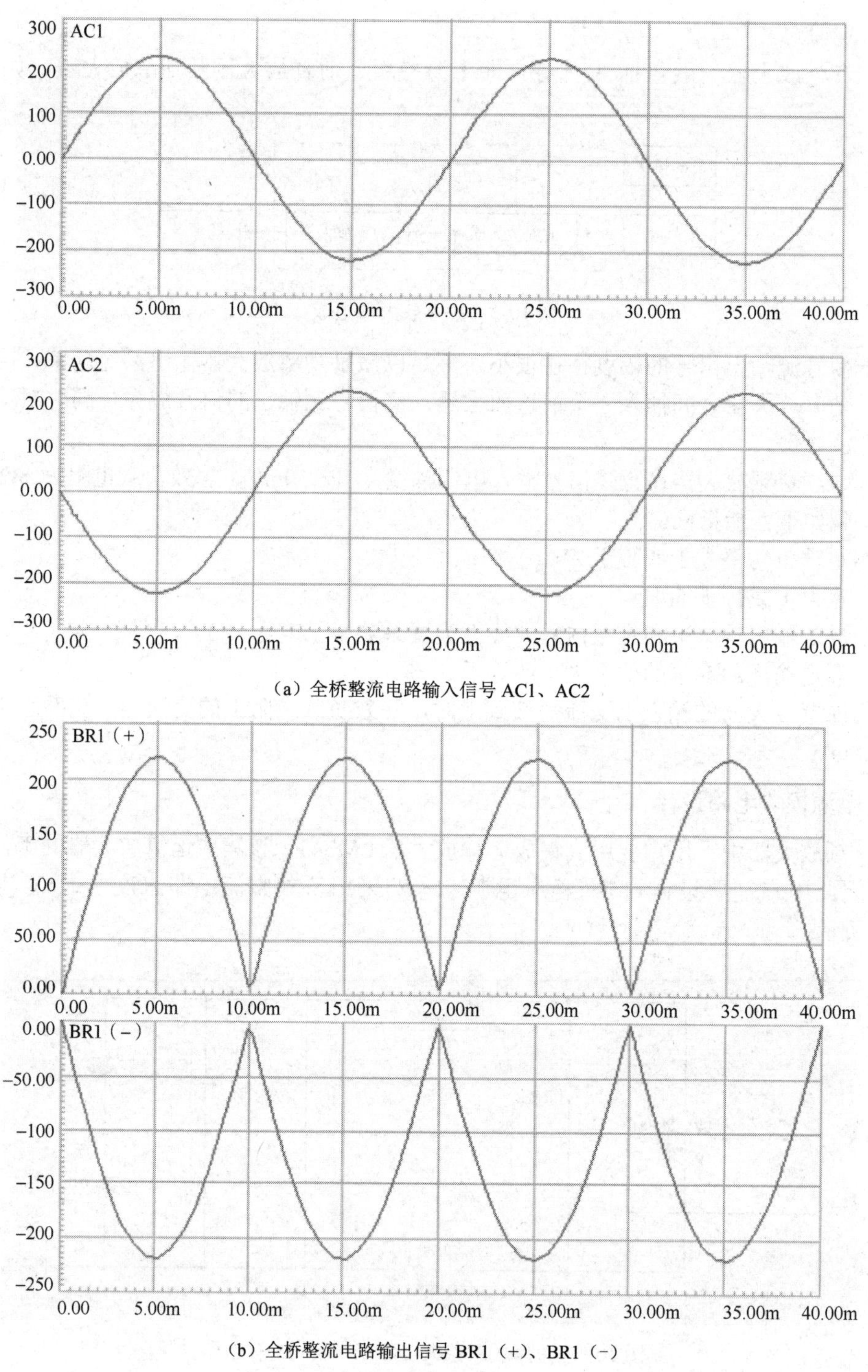

（a）全桥整流电路输入信号 AC1、AC2

（b）全桥整流电路输出信号 BR1（+）、BR1（−）

图 10-4　全桥整流电路信号波形

通过整流桥整流滤波后得到的直流输入电压分别接入 U1 与 U3 的输入端，在输出端输出稳定的±15V 电压，如图 10-5 所示。

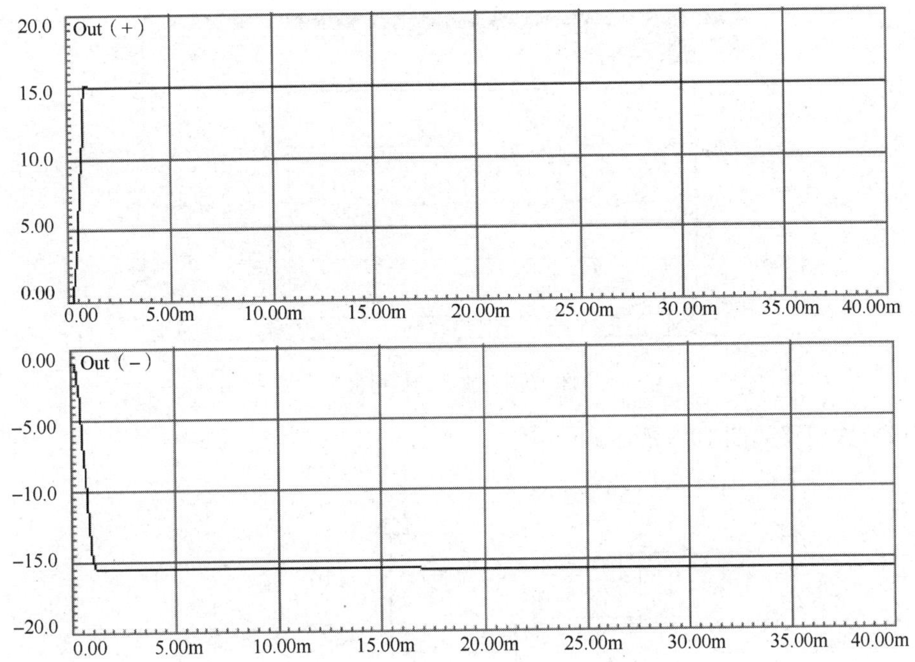

图 10-5　输出端输出电压波形 Out（+）、Out（-）

分别在 U1、U3 的输入端接入电解电容 C1、C4，用于电源滤波，在 U1、U3 输出端接入电解电容 C2、C5，用于减小输入电压波纹，同时分别并入电容 C7、C8，用于改善负载的瞬态响应、抑制高频干扰。此外，并联接入电路的二极管 D2、D3 用于保护电路。

2. 放大器电路设计

放大器包括前置放大电路与二级放大电路。其中，前置放大电路如图 10-6 所示。

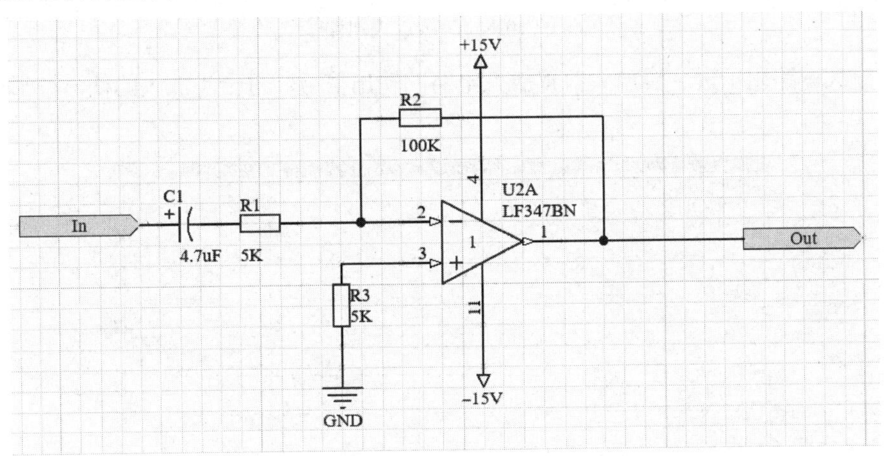

图 10-6　前置放大电路

前置放大电路用于对输入信号进行放大，放大的信号波形如图 10-7 所示。

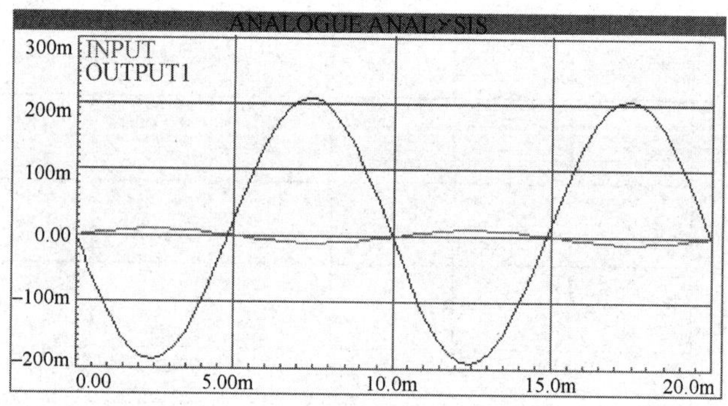

图 10-7 放大的信号波形

二级放大电路如图 10-8 所示。

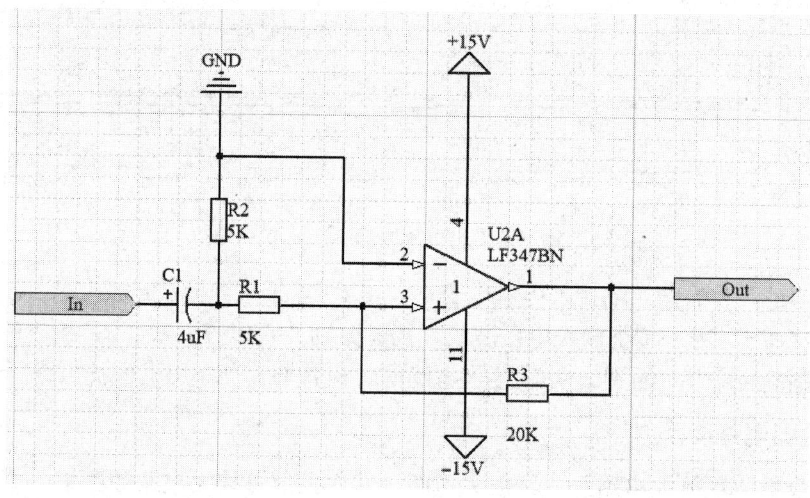

图 10-8 二级放大电路

二级放大电路用于进一步放大前置放大电路的输出信号。进一步放大的信号波形如图 10-9 所示。

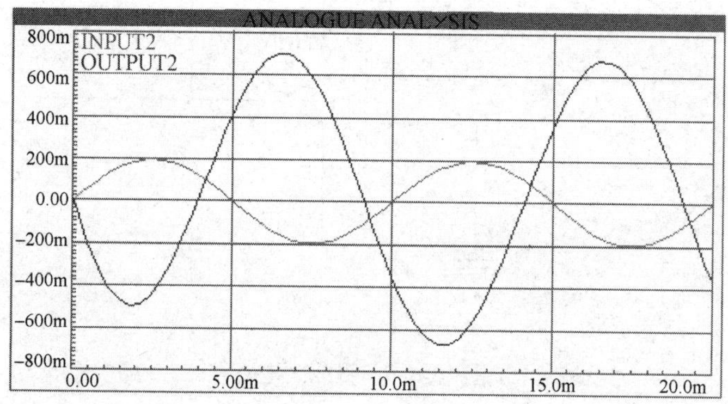

图 10-9 进一步放大的信号波形

二级放大电路对输入信号进行了反相放大，同时输出信号相位发生了偏移，即在放大信号的同时，对输出信号进行一定处理。

3．功率放大器设计

通用功率放大器的输出电流有限，多为十几毫安；输出电压范围受功率放大器电源的限制，不可能太大。因此，可以通过互补对称电路进行电流扩大，以提高电路的输出功率。功率放大器如图 10-10 所示。

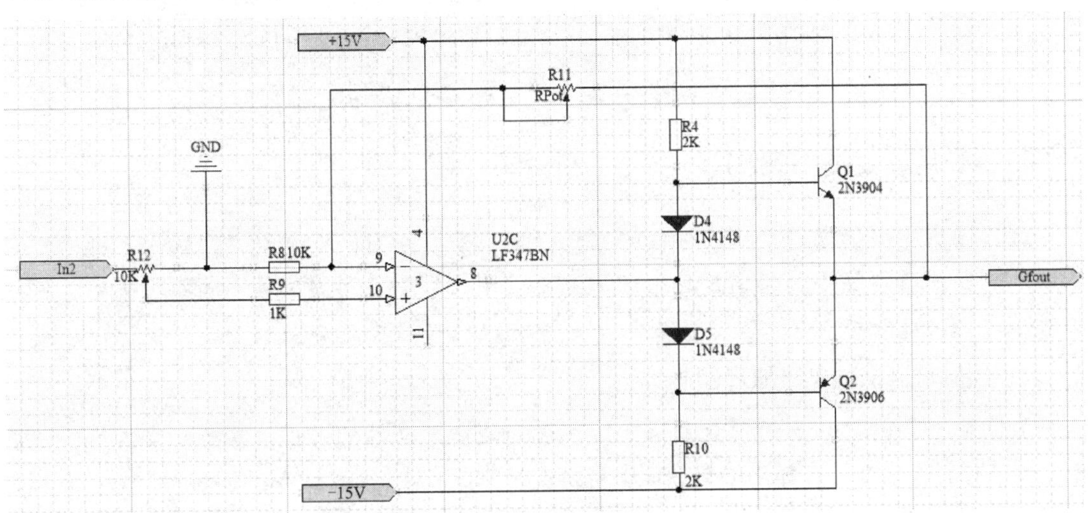

图 10-10　功率放大器

当在功率放大器的输入端输入一定功率的信号时，其输入功率信号波形与输出功率信号波形如图 10-11 所示。

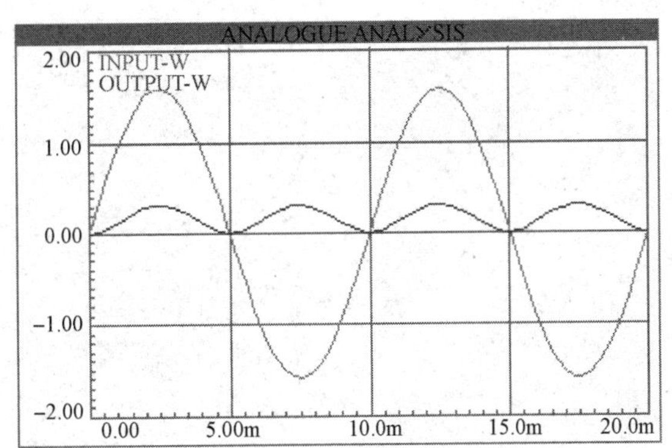

图 10-11　功率放大器的输入功率信号波形与输出功率信号波形

功率放大器可提供电路的带负载能力。此外，调整 R11 及 R12，可改变功率放大器的输入阻抗。调整 R11、R12 后的功率放大器的输出信号波形如图 10-12 所示。

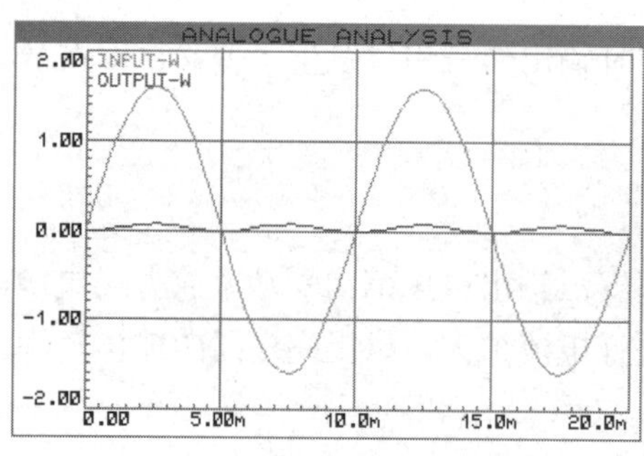

（a）调整 R11、R12 的滑动端到中点

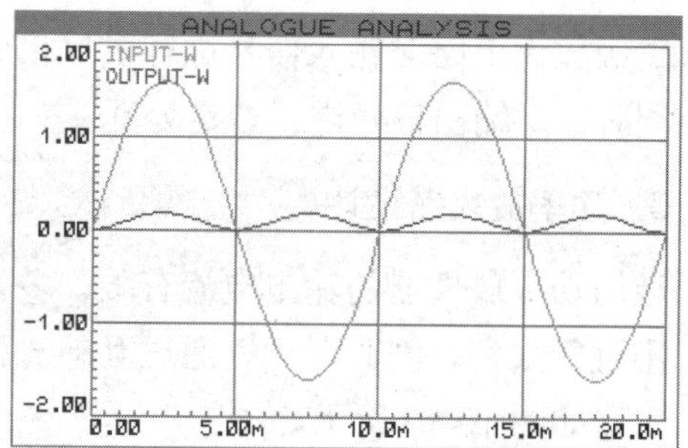

（b）将 R11 的滑动端移至中点，将 R12 完全引入电路

图 10-12　调整 R11、R12 后的功率放大器的输出信号波形

10.2　对重复通道的操作

本设计想完成的功能是实现立体的音频效果，即要求有两个音频信号输出到两个扬声器中。因此，重复使用的通道是功率放大器，使用次数为 2。本节就以音频放大器为例进行介绍。

1. 绘制该通道的电路原理图

先回顾一下前文介绍的建立项目文件和建立原理图文件的过程。执行“文件”→“新的”→“项目”命令，在弹出的对话框中将新建的项目文件命名为“Multichannel ex”，并保存项目文件到指定的位置，如图 10-13 所示。打开“Projects”面板可以看到新建的项目文件，如图 10-14 所示。

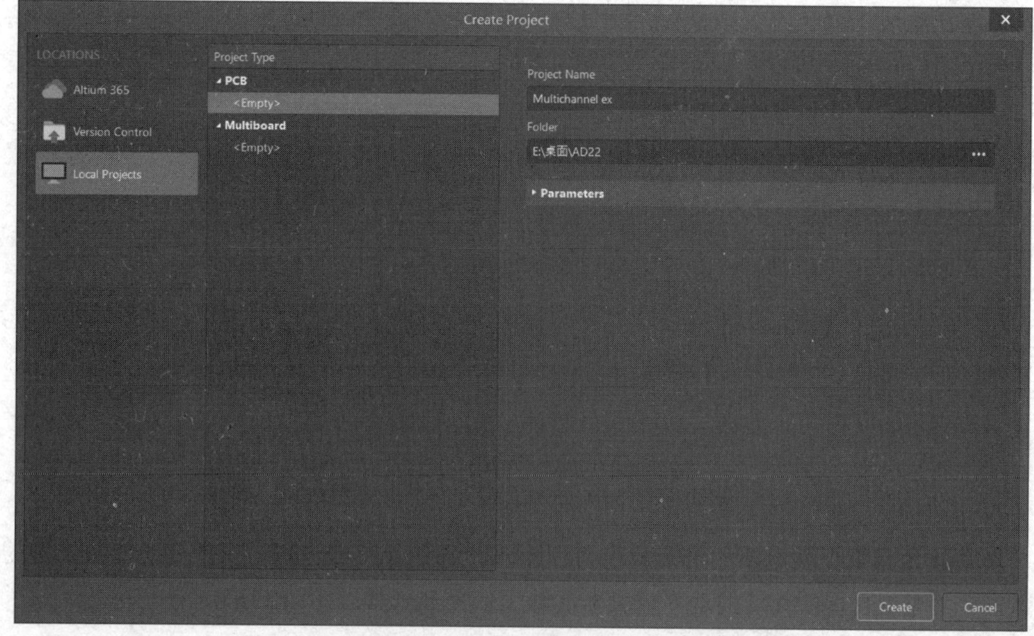

图 10-13　建立项目文件

执行“文件”→“新的”→“原理图”命令，在该项目中添加一个新的空白原理图文件，系统默认名为“Sheet1.SchDoc”，如图 10-15 所示。

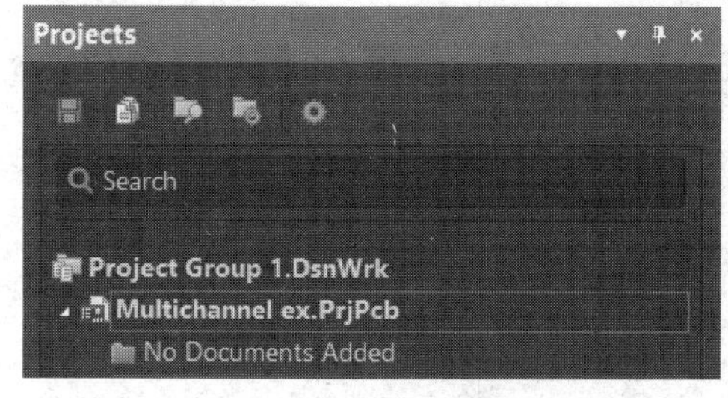

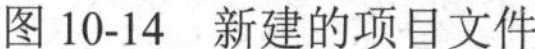
图 10-14　新建的项目文件

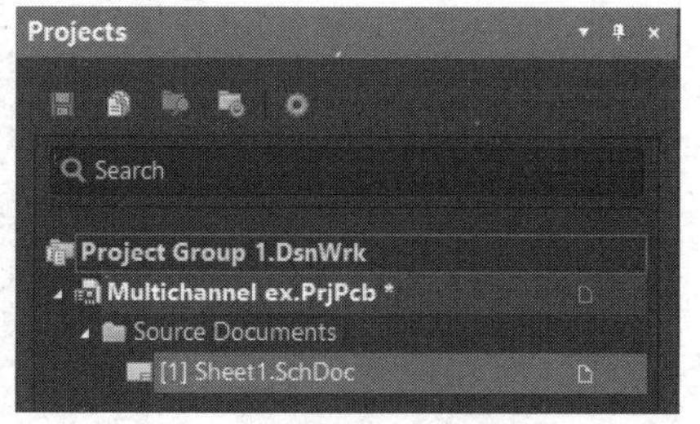

图 10-15　新建原理图文件

右击“Sheet1.SchDoc”文件名，在弹出的快捷菜单中执行“重命名”命令，将文件重命名为“Power amplifier circuit.SchDoc”。在该原理图文件中绘制功率放大器原理图，如图 10-16 所示。

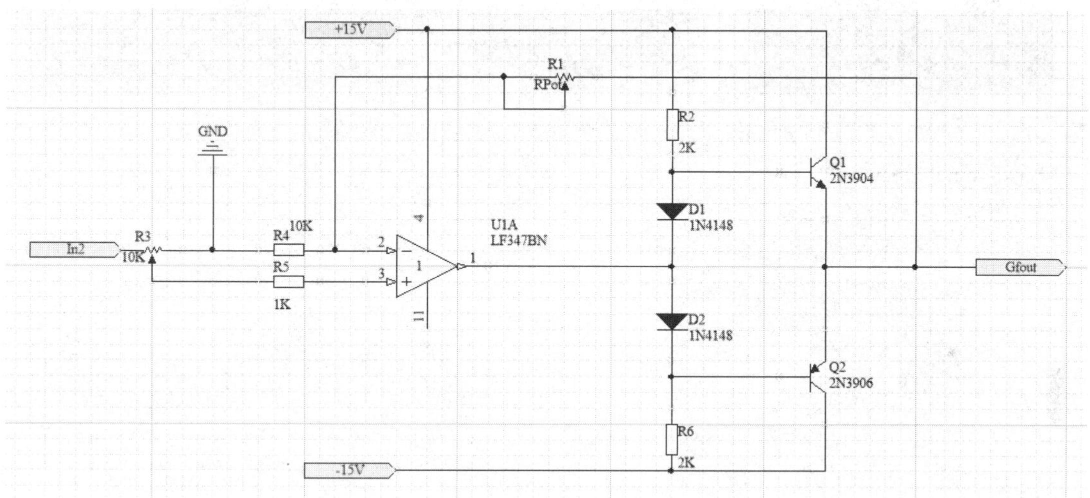

图 10-16　绘制的功率放大器原理图

2. 建立图纸符号

与普通的层次设计一样，多通道设计采用的也是层次设计，也要在新建图纸上建立图纸符号表示子图。

利用菜单命令，新建原理图文件，并将其命名为“Multichannel ex.SchDoc”。在原理图编辑环境中，执行“设计”→“Create Sheet Symbol From Sheet”命令，如图 10-17 所示。

弹出“Choose Document to Place”对话框，如图 10-18 所示，该对话框中列出了该项目中的所有原理图文件，选择要在该图纸上放置图纸符号的文件。

单击“OK”按钮，光标变为十字形，并跟随着一个图纸符号，如图 10-19 所示。移动光标，在合适位置单击放置图纸符号，调整图纸符号的大小、方向，以及输入端子、输出端子的位置。调整后的图纸符号如图 10-20 所示。

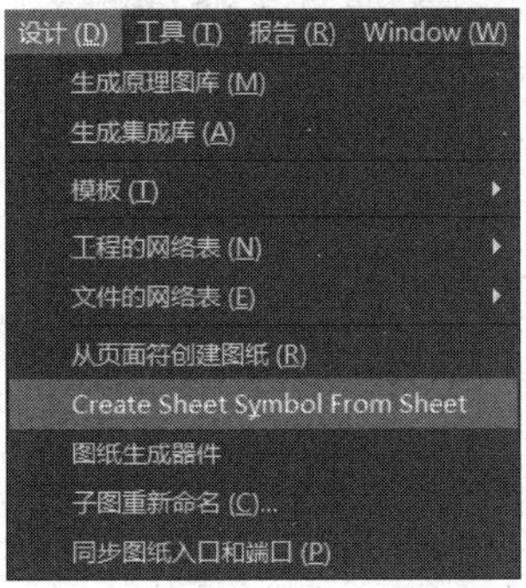

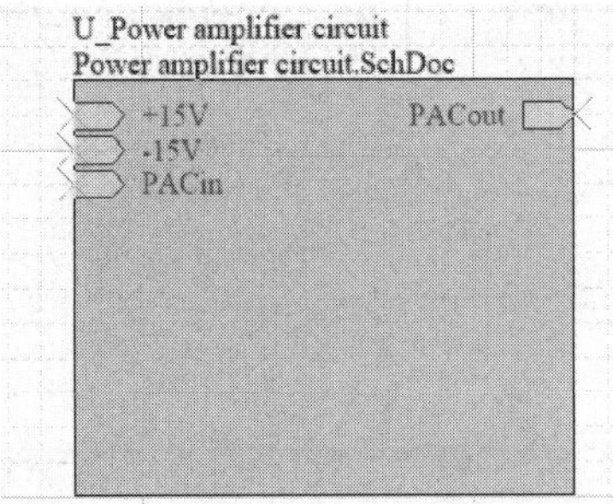

图 10-17 执行“设计”→“Create Sheet Symbol From Sheet”命令

图 10-18 “Choose Document to Place”对话框

图 10-19 图纸符号

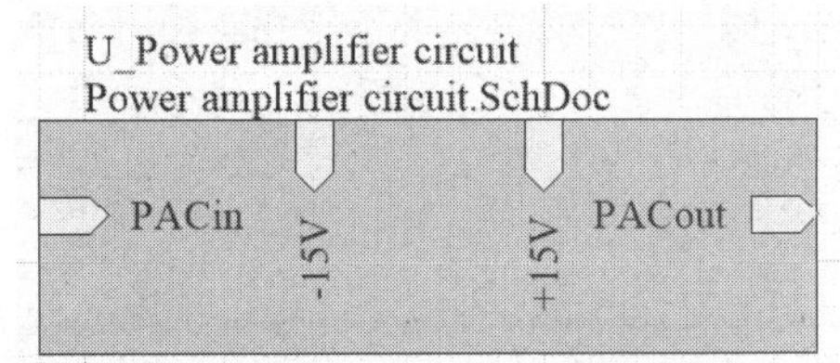

图 10-20 调整后的图纸符号

按照上述操作绘制其他子电路的图纸符号，连接这些图纸符号，如图 10-21 所示。

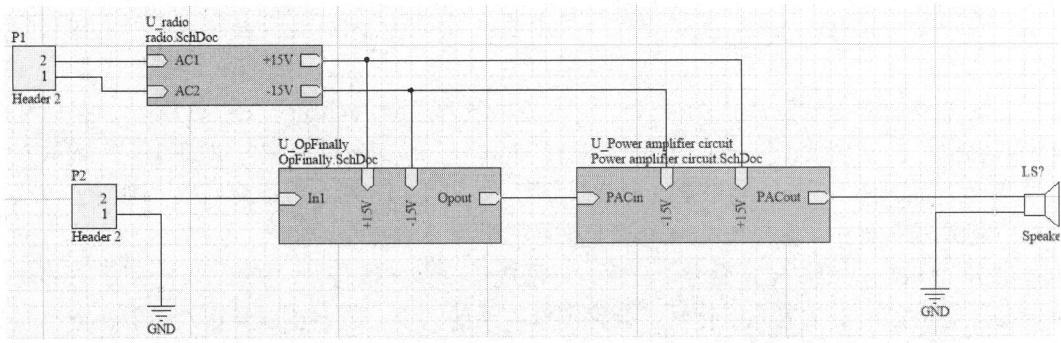

图 10-21 连接图纸符号

3. 定义通道使用次数

如何用一个图纸符号表示需要通道重复使用的次数呢？Altium Designer 提供的 Repeat 命令可用来实现这个功能。Repeat 命令的格式：

```
Repeat(sheet_symbol_name , first_channel , last_channel)
```

双击图纸符号或在放置图纸符号时按 Tab 键，将弹出“Properties-Sheet Symbol”面板，如图 10-22 所示。

在“Properties”区域中的“Designator”文本框中输入关键字“Repeat(Sourse,1,2)”。其中“Sourse”表示图纸的名字。图纸符号可以随便命名，但尽量短一些。因为在编译时图纸符号名和通道序号要加到元件的项目代号后，如 R1 会变为 R1_Sourse*。这条命令的含义就是，该通道通过图纸符号“Sourse”要关联到输入通道原理图 2 次。设置好的“Properties-Sheet Symbol”面板如图 10-23 所示。

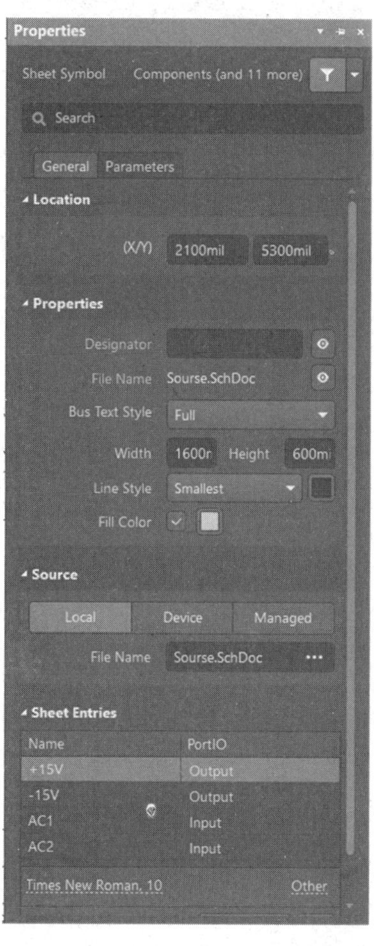

图 10-22　“Properties-Sheet Symbol”面板

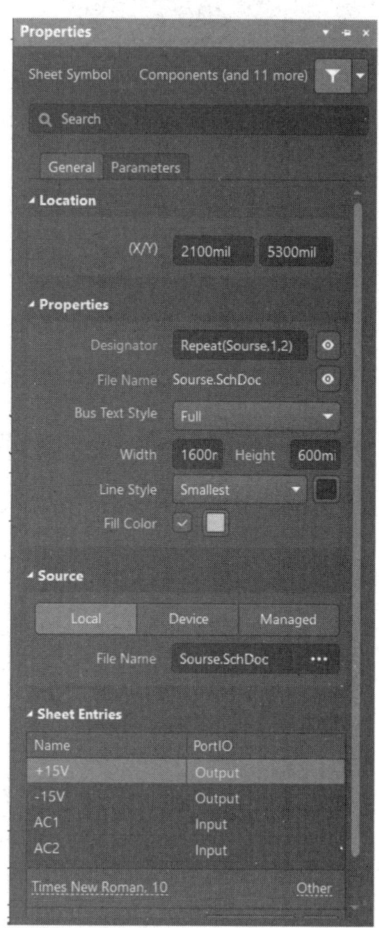

图 10-23　设置好的“Properties-Sheet Symbol”面板

“File Name”文本框中显示的是通道对应的原理文件名。在执行“设计”→“HDL 文件或图纸生成图表符”命令时，文件名会自动填入该文本框。该面板上半部分的选项用于设置图纸符号的外形，一般来说，用光标拖曳的方法设置图形的大小比较方便。

单击“Properties-Sheet Symbol”面板中的“Parameters”标签，如图 10-24 所示。

在“Parameters”标签页中单击“Add”按钮，为该图纸符号添加一个描述性的字符串，对“Parameters”标签页进行如图 10-25 所示的设置，即在“Name”栏中输入“Description”，在“Value”栏中输入“Repeat(Sourse,1,2)”，并单击 “可见的”图标。完成所有设置后，该图纸符号如图 10-26 所示。

图 10-24 “Parameters”标签页

图 10-25 设置好的“Parameters”标签页

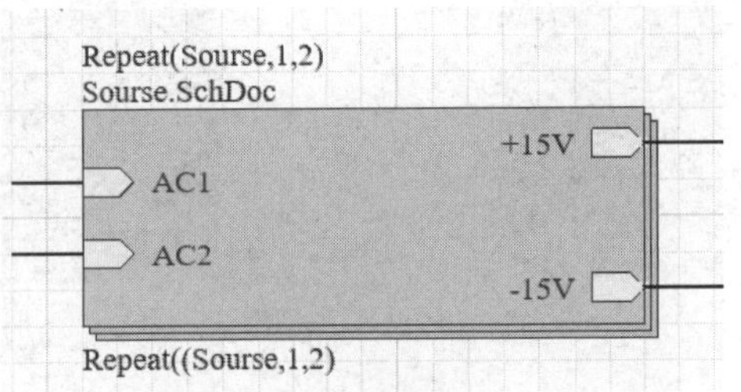

图 10-26 完成设置的图纸符号

4. 网络连接的标注方式

多图纸设置中的其他网络以标准的层次设计网络连接方式连接。在所有通道之间共享连接的网络以标准方式连接。

连接到单独通道的网络是采用总线方式连接的，如图 10-27 所示的 PA 网络的标注形式。需要指出导线上的网络标签不包括总线元素号，图纸符号中的端口带有“Repeat”关键字。设计编译后，总线被一一对应地分配到各个网络通道。以上操作可以使导入 PCB 文件时的飞线简洁、合理。

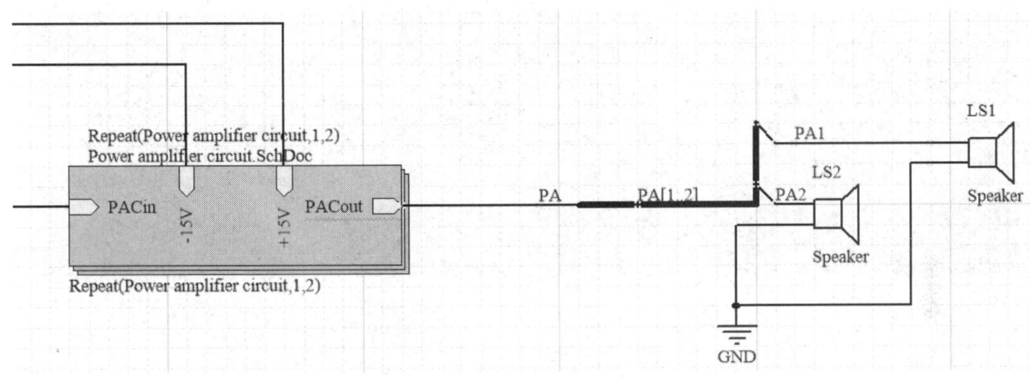

图 10-27　PA 网络标注形式

5. 设置布局空间

建立好图纸符号并将其连接好后，就可以定义布局空间的命名格式和元件的标识符了，以便标识从电路原理图上的单个逻辑元件到 PCB 中的多个物理元件。逻辑标识符被分配给源原理图的各个元件。PCB 设计中的元件的逻辑标识符可以是一样的，但是 PCB 中的每个元件必须有区别于其他元件的唯一确定的物理标识符。

在原理图编辑环境中，执行“工程”→“Project Options”命令，如图 10-28 所示，弹出“Options for PCB Project Multichannel ex.PrjPcb”对话框，在该对话框中打开“Multi-Channel”标签页，如图 10-29 所示。

单击“Room 命名类型”下拉按钮，选择设计中需要用到的布局空间命名格式。当将项目中的原理图文件更新到 PCB 文件时，布局空间将以默认方式被创建。这里提供了 5 种命名类型，其中有 2 种平行的命名方式，3 种层次化的命名方式。Room 命名类型如表 10-1 所示。

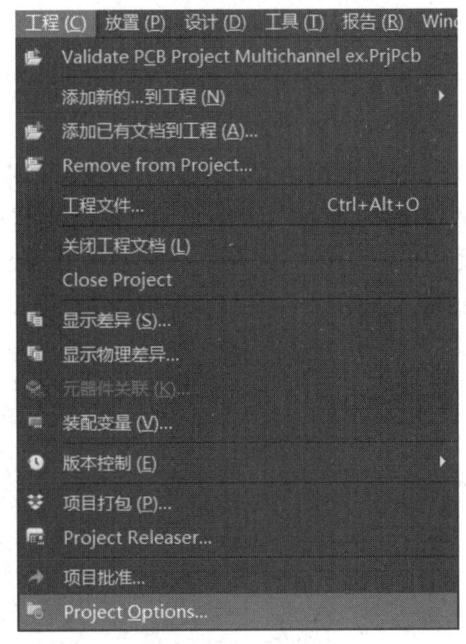

图 10-28　执行“工程”→“Project Options”命令

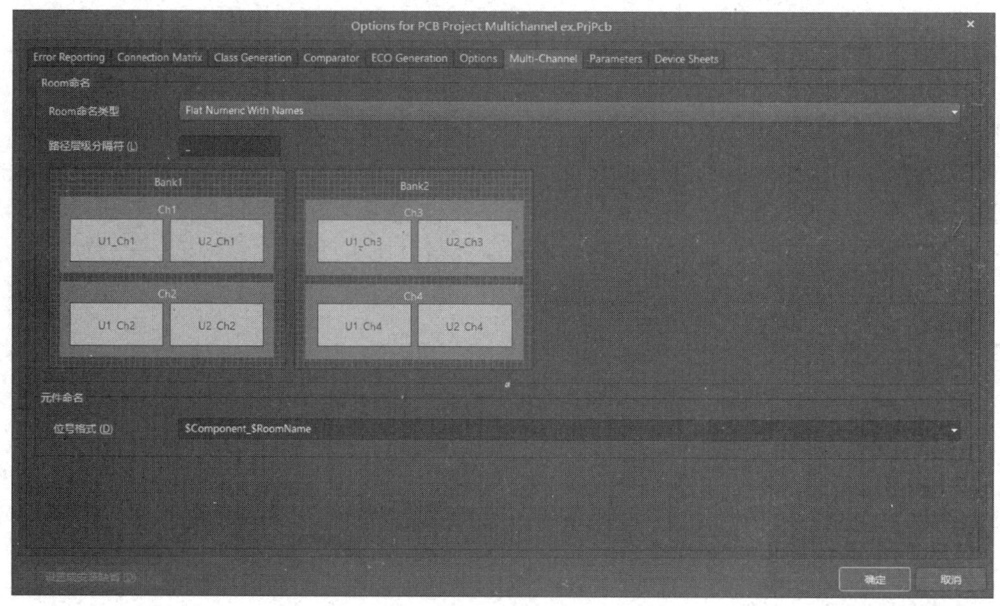

图 10-29 “Multi-Channel”标签页

表 10-1 Room 命名类型

层次化的命名方式	平行的命名方式
Flat Numeric with Names	Numeric Name Path
Flat Alpha with Names	Alpha Name Path
Mixed Name Path	—

层次化的命名方式是指将相应通道路径层次上的所有通道的原理图元件标识连接。

当从“Room 命名类型”下拉列表中选择一种布局空间命名格式时，Multi-Channel 标签页中的图像会被更新，以反映名字的变化，这个变化同时会出现在设计中。如图 10-29 所示的标签页中给出了一个 2×2 通道设计的例子，具体如图 10-30 所示。稍大的交叉线阴影矩形表示两个较高层次的通道，颜色较浅的矩形表示较低层次的通道（在每个通道内都有两个示例元件）。当设计编译后，Altium Designer 会为设计中的每一个电路原理图分别创建一个布局空间，包括组合图和每个低层次通道。

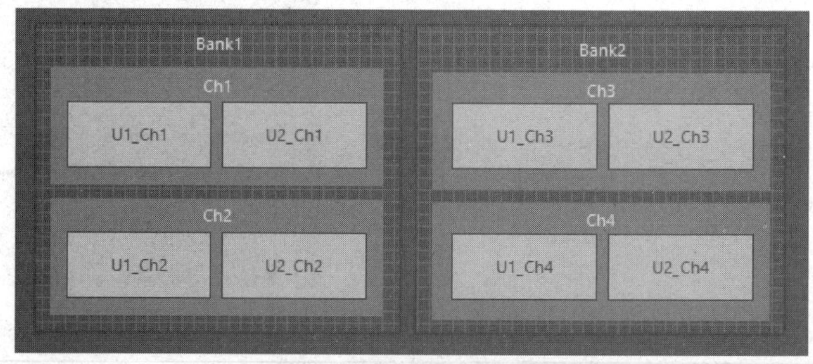

图 10-30 2×2 通道设计的例子

对于图 10-30 中的 2×2 通道设计来说，将有 6 个布局空间被创建，其中两个组合图各对应 1 个布局空间，4 个较低层次通道各对应 1 个布局空间。

6．元件命名

1）系统默认设置

系统给出了几种用于元件命名格式，用户可以选择其中一种格式，或者用合法的关键字自定义特殊格式。在指示器格式下拉列表中选择需要的元件命名格式。元件命名格式如表 10-2 所示，一共有 8 种默认格式，其中 5 种是平行的格式，3 种是上、下层次的格式。

表 10-2　元件命名格式

平行的格式	上、下层次的格式
$Component$ChannelAlpha	$Component_$RoomName
$Component_$ChannelPrefix$ChannelAlpha	$RoomName_$Component
$Component_$ChannelIndex	$ComponentPrefix_$RoomName_$ComponentIndex
$Component_$ChannelPrefix$ChannelIndex	—
$ComponentPrefix_$ChannelIndex_$ComponentIndex	—

平行的格式从第一个通道开始按线性方式逐个为每个元件命名。上、下层次的格式将布局空间的名字包含在元件名中。如果布局空间命名格式选择的是平行的命名方式，那么元件命名格式应该选择平行的格式。如果布局空间命名格式选择的是层次化的命名方式，那么由于命名格式中必须包含路径信息，因此元件命名格式应该选择上、下层次的格式。

如果$RoomName 字符串包含标识格式，“布局空间命名类型”就对应设置为相应的元件命名格式。

2）自定义元件命名格式

自定义元件命名格式如表 10-3 所示。

表 10-3　自定义元件命名格式

Keyword （关键字）	Definition （定义）
$RoomName （空间名称）	Name of the Associated room, as determined by the style chosen in the Room Naming style field （与所选的空间命名格式相关的关键字，用于表示与元件相关的空间的名称）
$Component （元件）	Component logical designator （元件的逻辑标识符）
$ComponentPrefix （元件前缀）	Component logical designator prefix （元件逻辑标识符的前缀）
$ComponentIndex （元件索引）	Component logical designator index （元件逻辑标识符的索引）
$ChannelIndex （信号通道索引）	Logical sheet symbol designator （逻辑页符号的设计标识符）
$ChannelIndex （通道索引）	Channel index （通道的索引）

续表

Keyword （关键字）	Definition （定义）
$ChannelAlpha （通道字母表示）	Channel index expressed as an alpha character .This format is only useful if your design contains less than 26 channels in total, or if you are using a hierarchical designator format （通道索引以字母字符表示的格式。此格式仅在用户的设计中包含少于 26 个通道或使用层次设计标识符格式时才有用）

可以在“位号格式”框中直接输入元件命名格式。需要注意的是，在各元素之间应该输入“_”。

7．编译项目

编译项目的目的是使布局空间命名格式与元件命名格式做的改变有效。

在原理图编辑环境中，执行“工程”→“Validate PCB Project”命令，对项目进行编译。当编译有误时，“Messages”面板中会显示错误和警告，如图 10-31 所示。

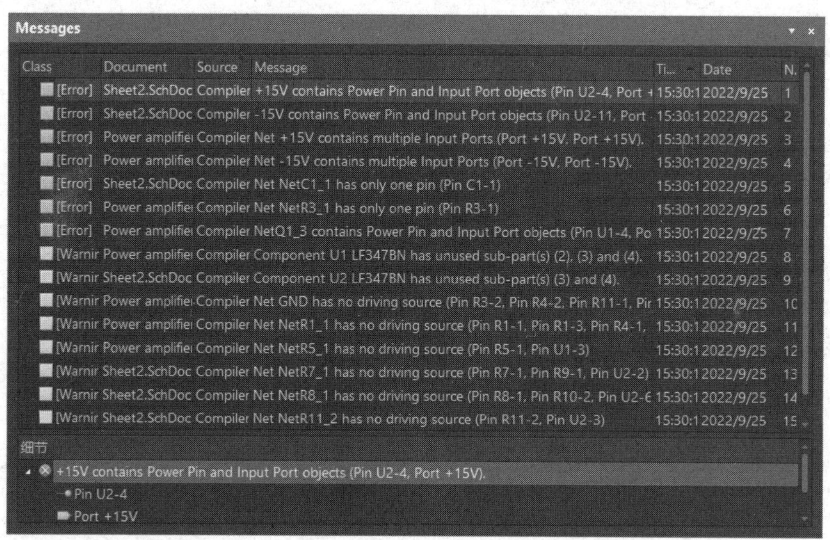

图 10-31 “Messages”面板显示的错误和警告

右击“Messages”面板中的某项错误，在弹出的快捷菜单中执行“交叉探查”命令，或者双击“Messages”面板下方的“细节”栏中的错误行，窗口会自动跳转到该错误所在原理图，有错误部分高亮显示，其他部分呈灰色不可操作状态，如图 10-32 所示。

8．载入网络表

执行“文件”→“新的”→“PCB”命令，打开一个新的 PCB 文件，将其命名为“Multichannel ex.PcbDoc”。在原理图编辑环境中，执行“设计”→“Import Changes From Multichannel ex.PrjPcb”菜单命令，弹出“工程变更指令”对话框，如图 10-33 所示。该对话框中详细列出了传递到 PCB 文件中每种对象的数量，如添加了 46 个元件、29 个网络等。

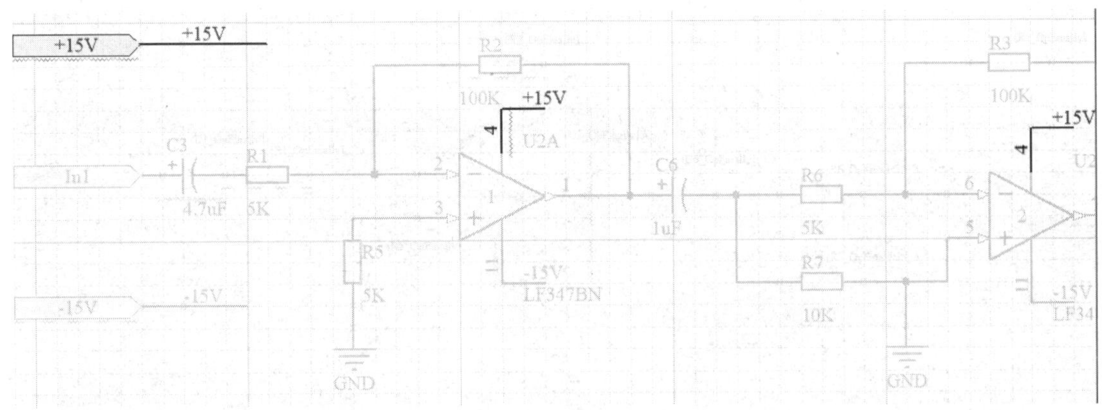

图 10-32 有错误部分高亮显示

工程变更指令

启用	动作	受影响对象		受影响文档	检测	完成	消息
	Add Components(66)						
✓	Add	C1_radio1	To	Multichannel Ex.PcbDoc			
✓	Add	C1_radio2	To	Multichannel Ex.PcbDoc			
✓	Add	C2_radio1	To	Multichannel Ex.PcbDoc			
✓	Add	C2_radio2	To	Multichannel Ex.PcbDoc			
✓	Add	C3_OpFinally1	To	Multichannel Ex.PcbDoc			
✓	Add	C3_OpFinally2	To	Multichannel Ex.PcbDoc			
✓	Add	C4_radio1	To	Multichannel Ex.PcbDoc			
✓	Add	C4_radio2	To	Multichannel Ex.PcbDoc			
✓	Add	C5_radio1	To	Multichannel Ex.PcbDoc			
✓	Add	C5_radio2	To	Multichannel Ex.PcbDoc			
✓	Add	C6_OpFinally1	To	Multichannel Ex.PcbDoc			
✓	Add	C6_OpFinally2	To	Multichannel Ex.PcbDoc			
✓	Add	C7_radio1	To	Multichannel Ex.PcbDoc			
✓	Add	C7_radio2	To	Multichannel Ex.PcbDoc			
✓	Add	C8_radio1	To	Multichannel Ex.PcbDoc			
✓	Add	C8_radio2	To	Multichannel Ex.PcbDoc			
✓	Add	D1_Poweramplifiercircuit1	To	Multichannel Ex.PcbDoc			
✓	Add	D1_Poweramplifiercircuit2	To	Multichannel Ex.PcbDoc			
✓	Add	D2_Poweramplifiercircuit1	To	Multichannel Ex.PcbDoc			
✓	Add	D2_Poweramplifiercircuit2	To	Multichannel Ex.PcbDoc			
✓	Add	D2_radio1	To	Multichannel Ex.PcbDoc			
✓	Add	D2_radio2	To	Multichannel Ex.PcbDoc			

警告：编译工程时发生错误 在继续之前点击此处进行检查.

验证变更 执行变更 报告变更(R)... 仅显示错误 关闭

图 10-33 “工程变更指令”对话框

单击对话框左下方的“验证变更”按钮，校验这些信息的改变，在对话框右侧的“状态”栏的“检测”列中，出现一列绿色的对号标志，表明对网络及封装模型的检查是正确的，变化有效，如图 10-34 所示。

单击“执行变更”按钮，将网络及封装模型加载到“Multichannel Ex.PcbDoc”PCB 文件中，如果载入正确，在“状态”栏的“完成”列中将显示绿色的对勾标志，如图 10-35 所示。

单击“关闭”按钮，关闭“工程变更指令”对话框。加载的网络与封装模型被放置在 PCB 的电气边界外，并且以飞线的形式显示着网络和封装模型间的连接关系，如图 10-36 所示。

工程变更指令

启用	动作	受影响对象		受影响文档	检测	完成	消息
	Add Components(66)						
✓	Add	C1_radio1	To	Multichannel Ex.PcbDoc	✓		
✓	Add	C1_radio2	To	Multichannel Ex.PcbDoc	✓		
✓	Add	C2_radio1	To	Multichannel Ex.PcbDoc	✓		
✓	Add	C2_radio2	To	Multichannel Ex.PcbDoc	✓		
✓	Add	C3_OpFinally1	To	Multichannel Ex.PcbDoc	✓		
✓	Add	C3_OpFinally2	To	Multichannel Ex.PcbDoc	✓		
✓	Add	C4_radio1	To	Multichannel Ex.PcbDoc	✓		
✓	Add	C4_radio2	To	Multichannel Ex.PcbDoc	✓		
✓	Add	C5_radio1	To	Multichannel Ex.PcbDoc	✓		
✓	Add	C5_radio2	To	Multichannel Ex.PcbDoc	✓		
✓	Add	C6_OpFinally1	To	Multichannel Ex.PcbDoc	✓		
✓	Add	C6_OpFinally2	To	Multichannel Ex.PcbDoc	✓		
✓	Add	C7_radio1	To	Multichannel Ex.PcbDoc	✓		
✓	Add	C7_radio2	To	Multichannel Ex.PcbDoc	✓		
✓	Add	C8_radio1	To	Multichannel Ex.PcbDoc	✓		
✓	Add	C8_radio2	To	Multichannel Ex.PcbDoc	✓		
✓	Add	D1_Poweramplifiercircuit1	To	Multichannel Ex.PcbDoc	✓		
✓	Add	D1_Poweramplifiercircuit2	To	Multichannel Ex.PcbDoc	✓		
✓	Add	D2_Poweramplifiercircuit1	To	Multichannel Ex.PcbDoc	✓		
✓	Add	D2_Poweramplifiercircuit2	To	Multichannel Ex.PcbDoc	✓		
✓	Add	D2_radio1	To	Multichannel Ex.PcbDoc	✓		
✓	Add	D2_radio2	To	Multichannel Ex.PcbDoc	✓		

警告：编译工程时发生错误！在继续之前点击此处进行检查.

验证变更　执行变更　报告变更(R)...　仅显示错误　关闭

图 10-34　检查网络及封装模型

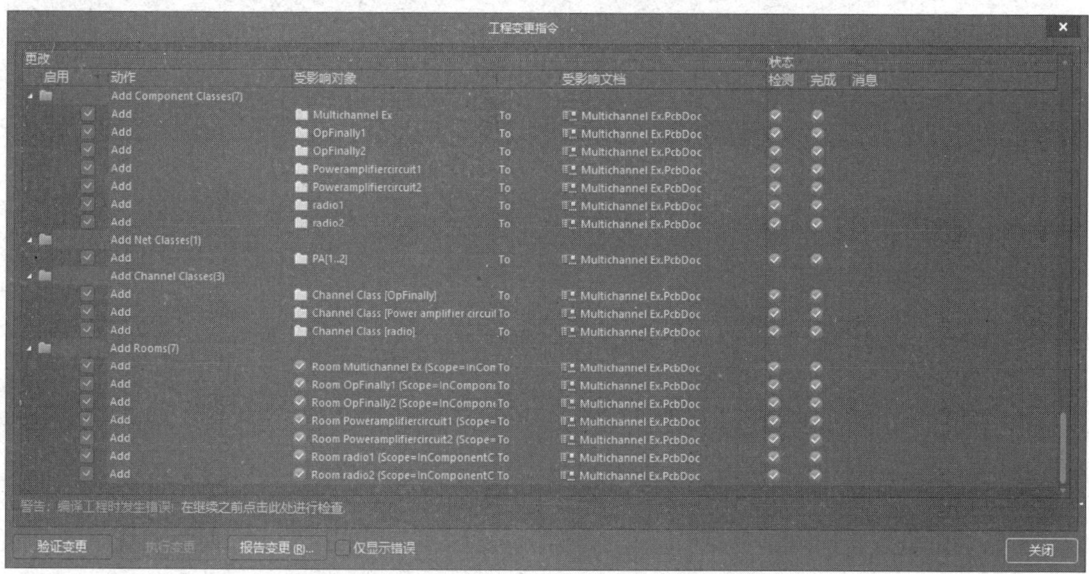
工程变更指令

启用	动作	受影响对象		受影响文档	检测	完成	消息
	Add Component Classes(7)						
✓	Add	Multichannel Ex	To	Multichannel Ex.PcbDoc	✓	✓	
✓	Add	OpFinally1	To	Multichannel Ex.PcbDoc	✓	✓	
✓	Add	OpFinally2	To	Multichannel Ex.PcbDoc	✓	✓	
✓	Add	Poweramplifiercircuit1	To	Multichannel Ex.PcbDoc	✓	✓	
✓	Add	Poweramplifiercircuit2	To	Multichannel Ex.PcbDoc	✓	✓	
✓	Add	radio1	To	Multichannel Ex.PcbDoc	✓	✓	
✓	Add	radio2	To	Multichannel Ex.PcbDoc	✓	✓	
	Add Net Classes(1)						
✓	Add	PA[1..2]	To	Multichannel Ex.PcbDoc	✓	✓	
	Add Channel Classes(3)						
✓	Add	Channel Class [OpFinally]	To	Multichannel Ex.PcbDoc	✓	✓	
✓	Add	Channel Class [Power amplifier circuit	To	Multichannel Ex.PcbDoc	✓	✓	
✓	Add	Channel Class [radio]	To	Multichannel Ex.PcbDoc	✓	✓	
	Add Rooms(7)						
✓	Add	Room Multichannel Ex (Scope=InCon	To	Multichannel Ex.PcbDoc	✓	✓	
✓	Add	Room OpFinally1 (Scope=InCompon	To	Multichannel Ex.PcbDoc	✓	✓	
✓	Add	Room OpFinally2 (Scope=InCompon	To	Multichannel Ex.PcbDoc	✓	✓	
✓	Add	Room Poweramplifiercircuit1 (Scope=	To	Multichannel Ex.PcbDoc	✓	✓	
✓	Add	Room Poweramplifiercircuit2 (Scope=	To	Multichannel Ex.PcbDoc	✓	✓	
✓	Add	Room radio1 (Scope=InComponentC	To	Multichannel Ex.PcbDoc	✓	✓	
✓	Add	Room radio2 (Scope=InComponentC	To	Multichannel Ex.PcbDoc	✓	✓	

警告：编译工程时发生错误！在继续之前点击此处进行检查.

验证变更　执行变更　报告变更(R)...　仅显示错误　关闭

图 10-35　装入完成

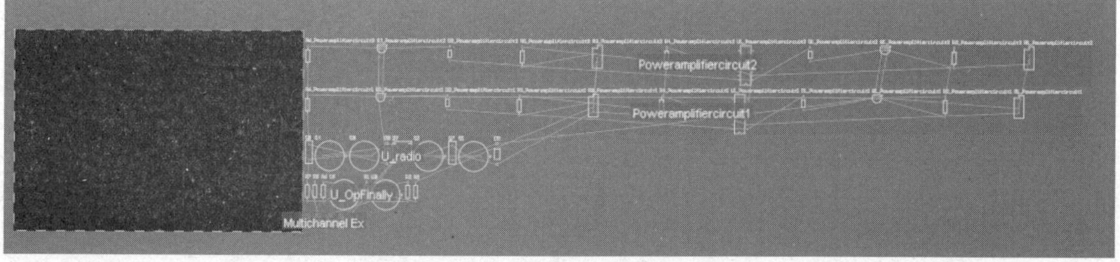

图 10-36　加载的网络与封装模型

从图 10-36 中可以看出 Poweramplifiercircuit1、Poweramplifiercircuit2 两个输出通道已经按照定义的数量成功建立，所有通道上的封装模型分别存放在各自所属的 Room 空间中，且各个通道中的封装模型名称分别加上了通道的后缀，如图 10-37 所示。

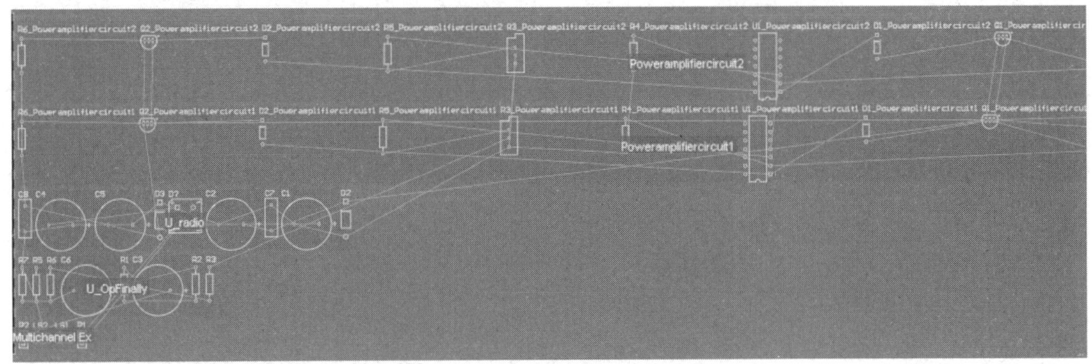

图 10-37 各个通道中的封装模型

9. 布放一个通道

接下来对一个通道进行元件布局。这时，我们应该先考虑全局的封装模型布放、编辑空间 Room 的形状、空间 Room 的布放位置，再对空间内部封装模型进行布置。

综合考虑封装模型的分布和信号的走向等方面的因素，进行 Room 空间的布放，如图 10-38 所示。

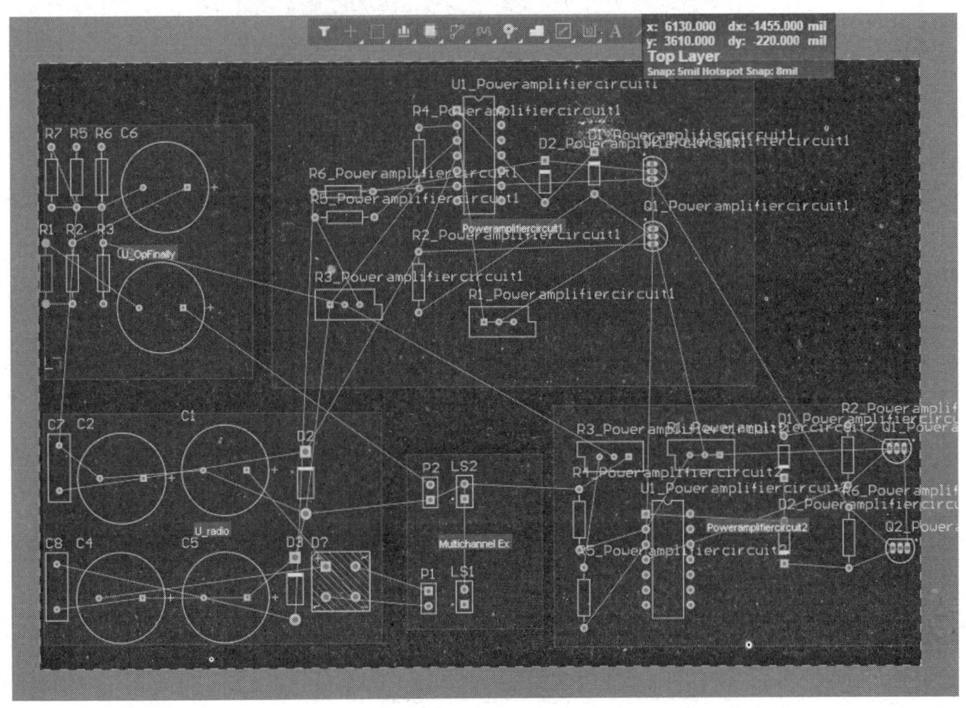

图 10-38 Room 空间的布放

对 Poweramplifiercircuit1 通道进行布局。先确定核心封装模型（LF347）的位置，如图 10-39 所示。

然后按照电路原理图，依据最短走线原则放置其他封装模型，布局结果如图 10-40 所示。

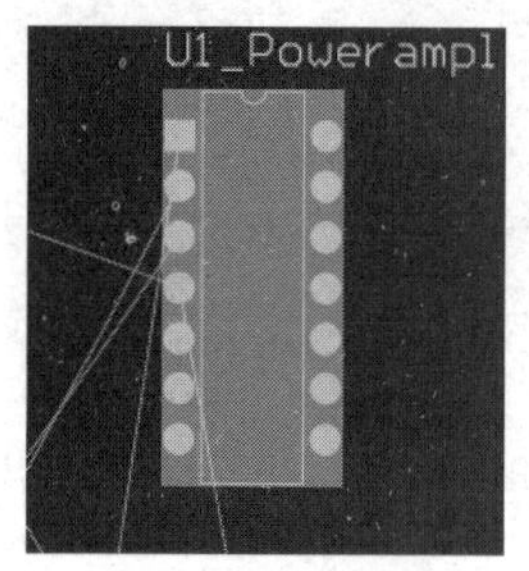

图 10-39 放置核心封装模型

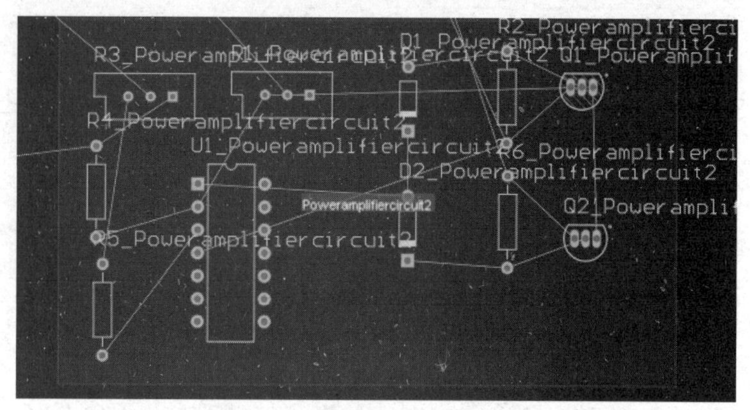

图 10-40 通道 Poweramplifiercircuit1 的布局结果

在对通道完成布局后，执行“布线”→“自动布线”→“Room”命令，如图 10-41 所示。自动布线结果如图 10-42 所示。

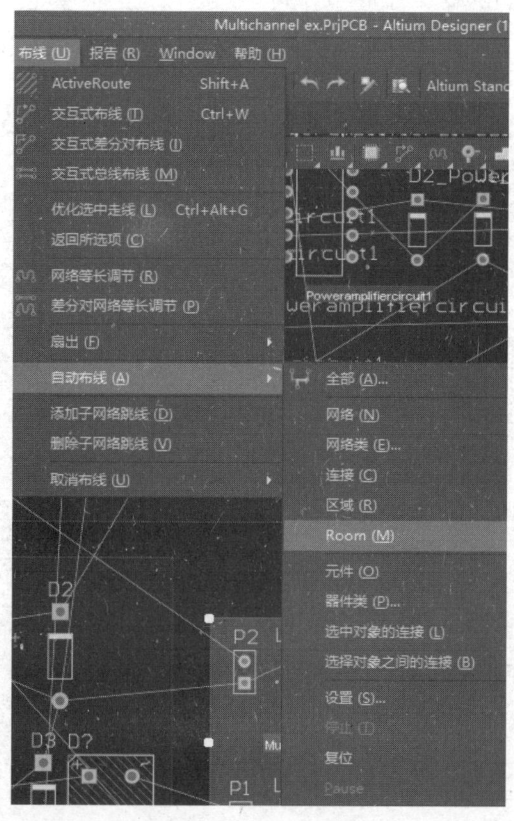

图 10-41 执行“布线”→“自动布线”→“Room”命令

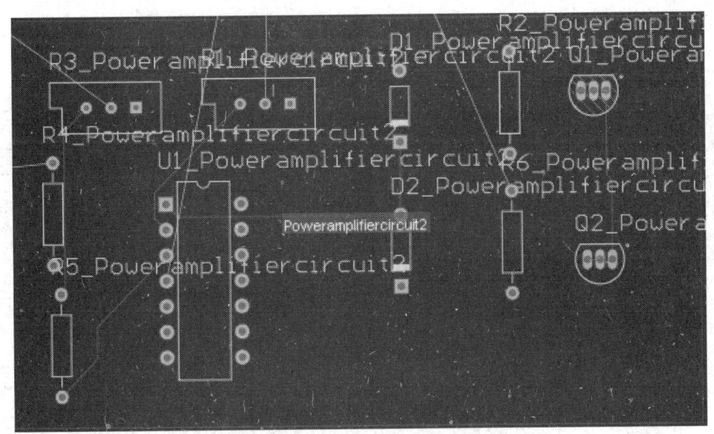

图 10-42　自动布线结果

利用系统提供的布线工具对不合理布线进行修改。

在完成一个通道的布局和布线后，可以利用系统提供的工具，迅速完成其他相同通道的布局和布线。执行“设计”→“Room”→“拷贝 Room 格式”命令，如图 10-43 所示。

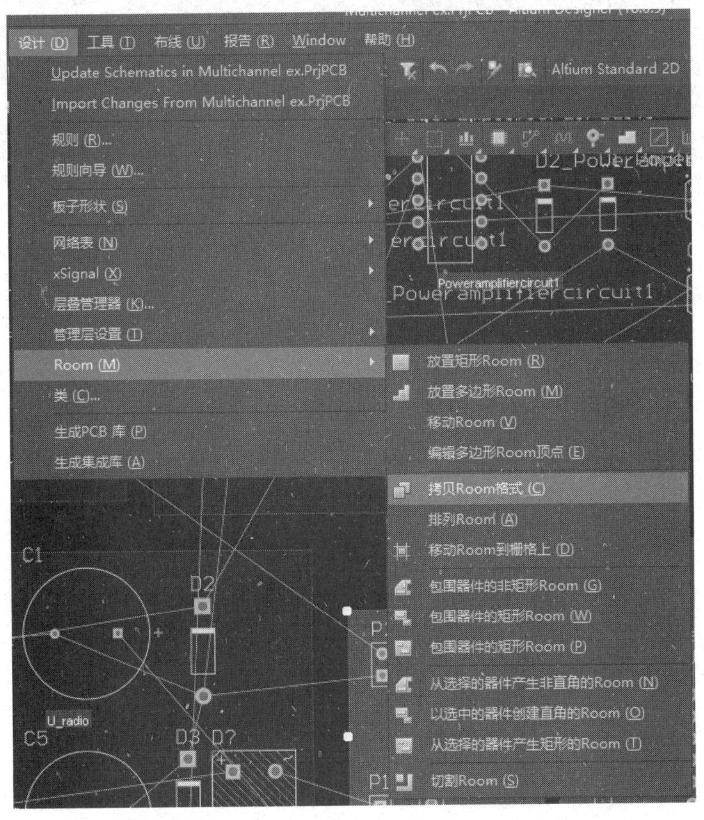

图 10-43　执行“设计”→“Room”→“拷贝 Room 格式”命令

光标变为十字形，单击待复制的源 Room，如 RoomDefinition。此时光标依然存在，单击待复制到的目标 Room，如 LED 点阵驱动电路，系统弹出“确认通道格式复制”对话框，如图 10-44 所示。

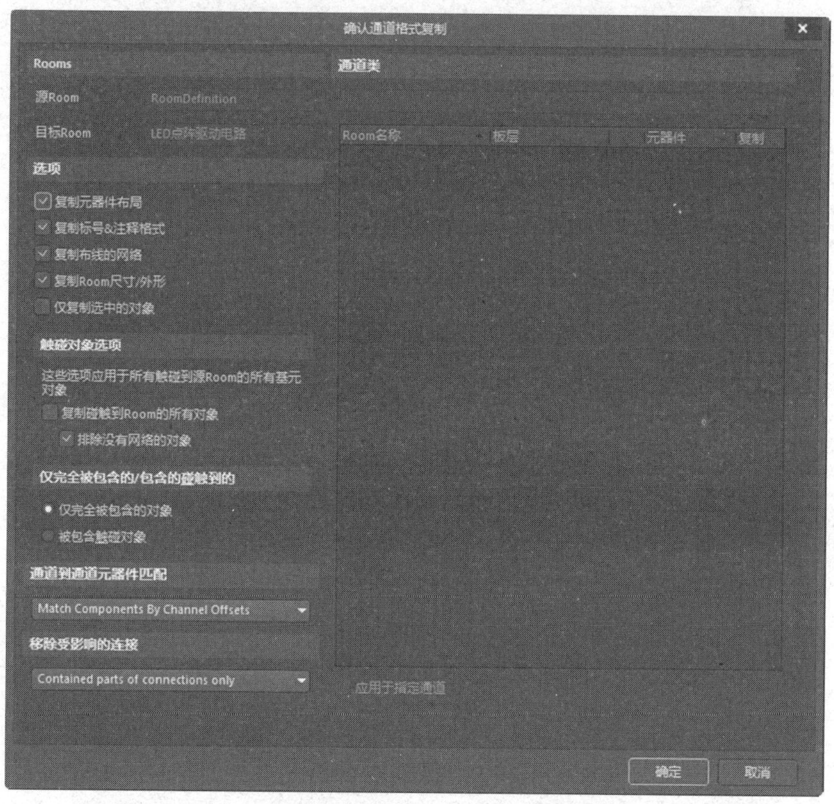

图 10-44　“确认通道格式复制”对话框

“Rooms”区域列出了所选择的源 Room 和目标 Room。“选项”区域用来设置复制形式，有“复制元器件布局”“复制布线的网络”“复制 Room 尺寸/外形”等复选框。“通道类”区域列出了 Room 名称、板层、元器件等信息。

设置好这些选项后，单击“确定”按钮，系统将按照 Poweramplifiercircuit1 通道的格式自动完成 Poweramplifiercircuit2 通道内所有元件的布局，以及通道内部的布线、布局。同时会弹出“Information”提示框，提示完成了 1 个 Room 中的 11 个元件的更新，如图 10-45 所示。

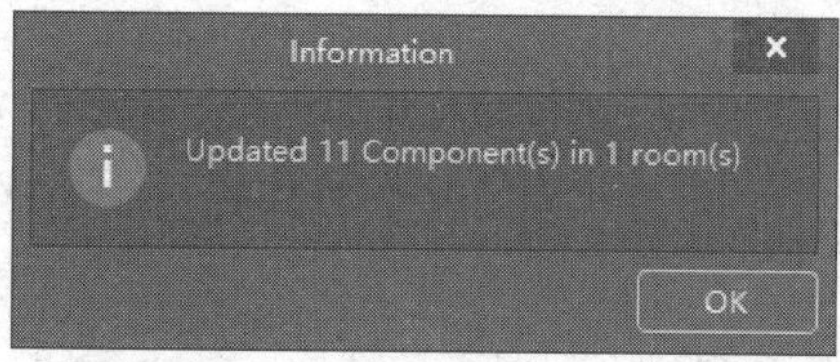

图 10-45　“Information”提示框

单击“OK”按钮，确认提示，完成复制其他通道内的元件的布局与布线，结果如图 10-46 所示。

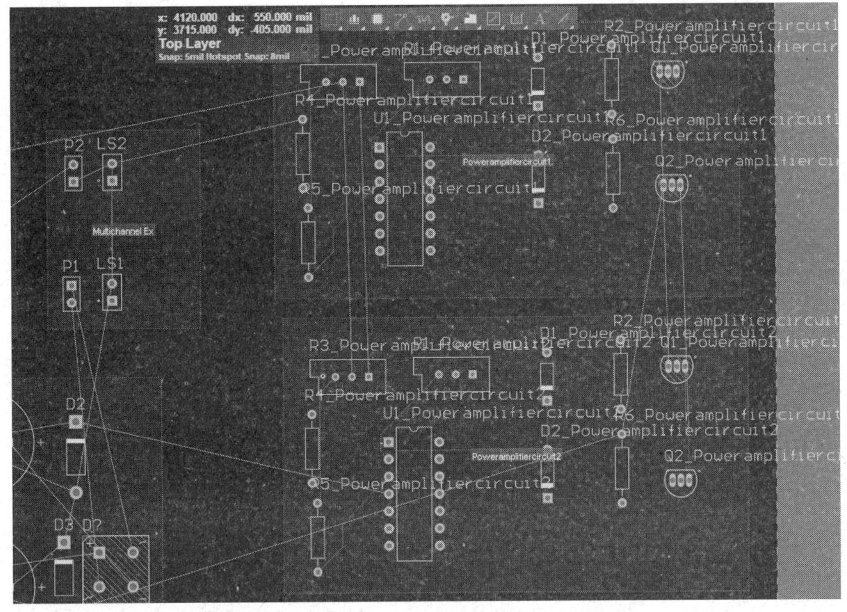

图 10-46　实现多通道设计

通过上述介绍，可以知道完成多个相同通道的布局、布线是非常方便的。

思考与练习

（1）使用多通道设计有什么好处？

（2）说说多通道设计的流程。

（3）参照 Altium Designer 自带的示例“Mixer.PrjPCB”，体会多通道设计过程。

第11章 PCB的输出

在绘制完PCB后可以生成一系列报表文件，这些报表文件有着不同的功能和用途，可以为PCB的后期制作、元件采购、信息交流提供方便。

11.1 PCB报表输出

1. PCB信息报告

PCB信息报告用于为用户提供PCB的完整信息，包括PCB的尺寸、焊盘和导通孔的数量，以及元件的标号等。任意打开一个PCB文件，执行“视图”→“面板”→“Properties”命令，或者执行快捷方式，单击右下角“Panels”按钮，选择“Properties”选项，在打开的“Properties-Board”面板的“Board Information”区域中可以看到与PCB相关的所有信息，如图11-1所示。

单击“Components”栏中“Total”后面的数字，会跳转到“PCB”面板中与“Components”相关的内容，如图11-2所示。

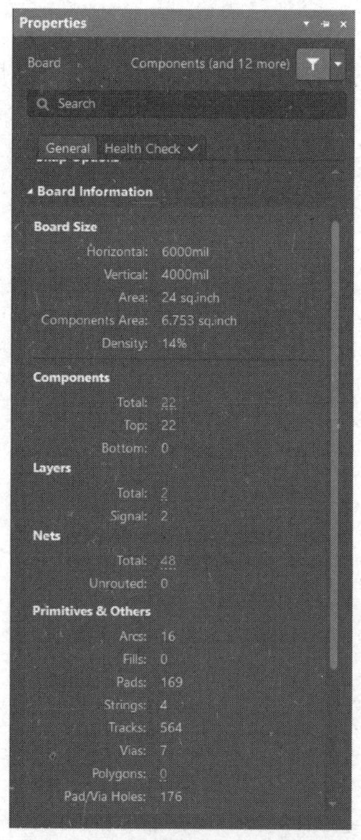

图11-1 “Properties-Board”面板

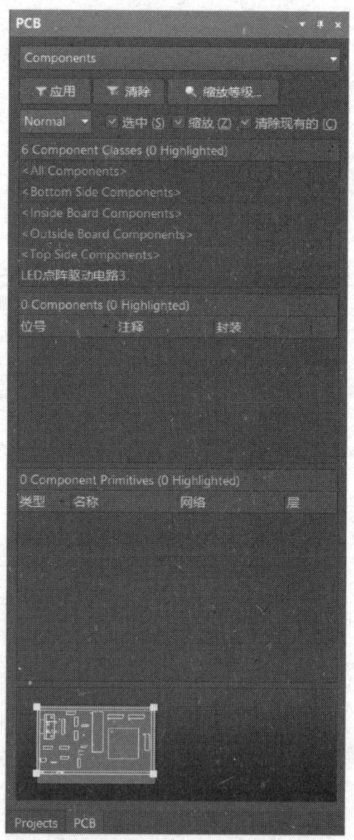

图11-2 “PCB”面板

在“Properties-Board”面板中，单击“Nets”栏中“Total”后的数字，会跳转至“PCB”面板中与“Nets”相关的内容；单击“Layers”栏中“Total”后的数字，会打开层堆栈管理器；单击“Primitives & Others”栏中的“Polygons”后的数字，会弹出“Polygon Pour Manager”对话框（这两部分已经在前面介绍过，此处不再赘述）；单击“Primitives & Others”栏中的“DRC Violation”后的数字，会弹出“PCB Rules And Violations”面板，如图 11-3 所示，在这个面板中可以查看和修改之前设置的规则和与违背规则时的提示。

单击“Board Information”区域右下角的“Reports”按钮，弹出“板级报告”对话框，如图 11-4 所示。单击“全部开启”按钮，可勾选所有项目；单击“全部关闭”按钮，可取消勾选任何项目。另外，用户可以通过勾选“仅选择对象”复选框，实现生成的 PCB 信息报告中选中对象相关信息表。此处单击“全部开启”按钮，勾选所有项目，单击“报告”按钮，生成如图 11-5 所示的 PCB 信息报告。

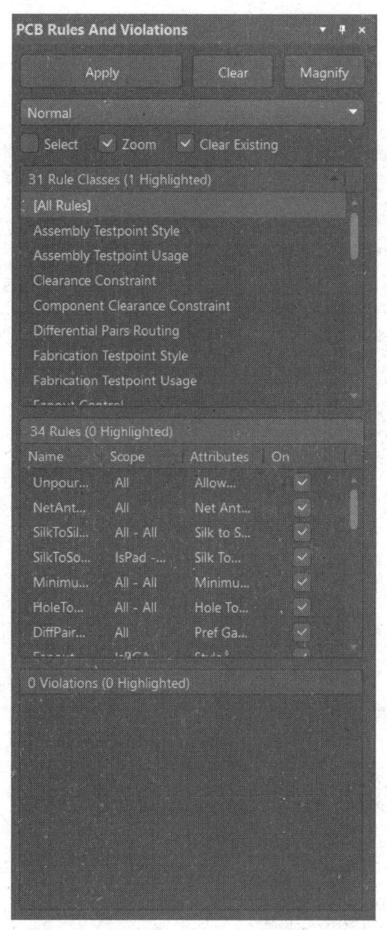

图 11-3　“PCB Rules And Violations”面板

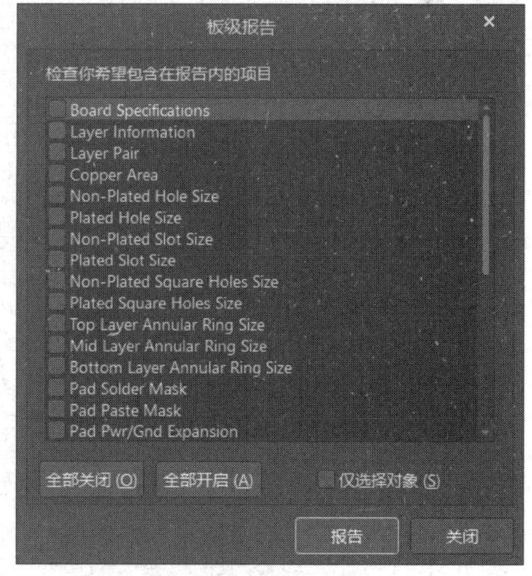

图 11-4　“板级报告”对话框

在 PCB 编辑环境中，执行“工具”→“优先选项”命令，打开“优选项”对话框。依次选择“PCB Editor”→“Reports”选项，单击“应用”按钮，单击“确定”按钮，设置 PCB 信息报告输出格式，勾选“Board Information”区域中的“TXT”和“HTML”对应的

“Show”复选框和“Generate”复选框，如图 11-6 所示。

图 11-5 PCB 信息报告

图 11-6 设置 PCB 信息报告输出格式

再次生成报告，系统在生成 HTML 格式的 PCB 信息报告的同时会生成文本格式的 PCB 信息报告（见图 11-7）。

```
LED点阵驱动电路3.PcbDoc *   LED点阵驱动电路3.txt   Board Information Report
Board Information Report
Filename      : E:\桌面AD22\LED[illegible]\LED[illegible].PcbDoc
Date          : 2022/9/25
Time          : 17:28:05
Time Elapsed  : 00:00:00

General
    Board Size, 6000milsx4000mils
    Components on board, 22
count : 2

Routing Information
    Routing completion, 100.00%
    Connections, 81
    Connections routed, 81
    Connections remaining, 0
count : 4

Layer, Arcs, Pads, Vias, Tracks, Texts, Fills, Regions, ComponentBodies
    Top Layer, 0, 0, 0, 189, 0, 0, 0, 0
    Bottom Layer, 0, 0, 0, 276, 0, 0, 0, 0
    Mechanical 1, 0, 0, 0, 0, 0, 0, 0, 1
    Route Guide, 0, 0, 0, 0, 0, 0, 0, 0
    Multi-Layer, 0, 169, 7, 0, 0, 0, 1, 0
    Top Paste, 0, 0, 0, 0, 0, 0, 0, 0
    Top Overlay, 16, 0, 0, 99, 48, 0, 0, 0
    Top Solder, 0, 0, 0, 0, 0, 0, 0, 0
    Bottom Solder, 0, 0, 0, 0, 0, 0, 0, 0
    Bottom Overlay, 0, 0, 0, 0, 0, 0, 0, 0
    Bottom Paste, 0, 0, 0, 0, 0, 0, 0, 0
    Drill Guide, 0, 0, 0, 0, 0, 0, 0, 0
    Keep-Out Layer, 0, 0, 0, 0, 0, 0, 0, 0
    Drill Drawing, 0, 0, 0, 0, 0, 0, 0, 0
count : 14

Drill Pairs, Vias
    Top Layer - Bottom Layer, 7
count : 1

Layer, Sq.In., Sq.MM., Percent of layer
    Top Layer, 0.928, 598.689, 4%
    Bottom Layer, 1.105, 712.928, 5%
count : 2

Non-Plated Hole Size, Pads, Vias
count : 0

Plated Hole Size, Pads, Vias
    22mils, 40, 0
    23.622mils, 40, 0
```

图 11-7　文本格式的 PCB 信息报告

2. 元件报告

元件报告功能用来整理电路或项目中包含的元件，生成元件列表，以便用户查询。

在 PCB 编辑环境中，执行“报告”→“Bill of Materials”命令，如图 11-8 所示。

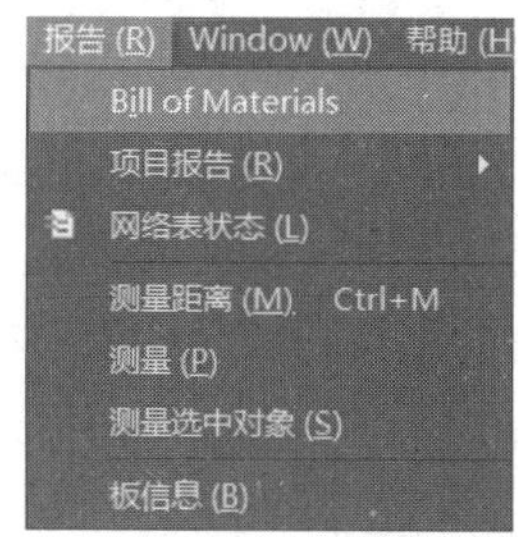

图 11-8　执行“报告”→“Bill of Materials”命令

弹出“Bill of Materials for PCB Document”对话框，如图 11-9 所示。

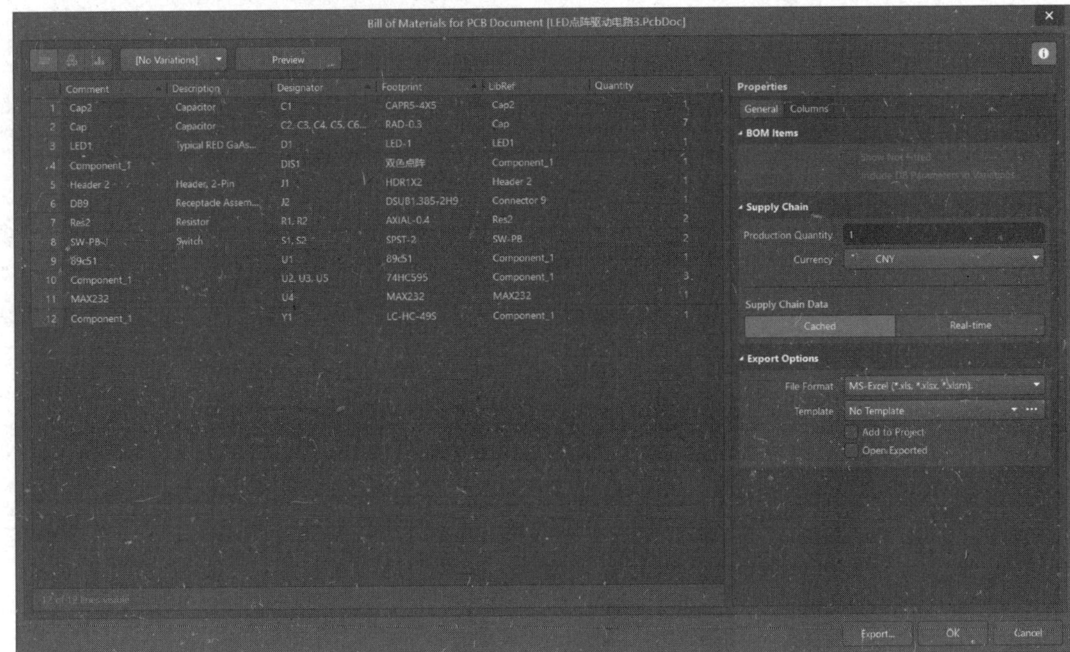

图 11-9 “Bill of Materials for PCB Document”对话框

在“Bill of Materials for PCB Document”对话框右侧“Export Options”区域中的“File Format”下拉列表中选择“CSV（Comma Delimited）”选项（CSV 是一种在程序之间转移表格数据的常用格式），单击“OK”按钮，生成一个元件报告，此处生成的元件报告是“LED 点阵驱动电路.CSV”，如图 11-10 所示。

A1 fx Comment

	A	B	C	D	E	F
1	Comment	Descriptio	Designator	Footprint	LibRef	Quantity
2						
3	Cap2	Capacitor	C1	CAPR5-4X5	Cap2	1
4	Cap	Capacitor	C2, C3, C4	RAD-0.3	Cap	7
5	LED1	Typical RE	D1	LED-1	LED1	1
6	Component_1		DIS1	双色点阵	Component_	1
7	Header 2	Header, 2-	J1	HDR1X2	Header 2	1
8	DB9	Receptacle	J2	DSUB1.385-	Connector	1
9	Res2	Resistor	R1, R2	AXIAL-0.4	Res2	2
10	SW-PB	Switch	S1, S2	SPST-2	SW-PB	2
11	89c51		U1	89c51	Component_	1
12	Component_1		U2, U3, U5	74HC595	Component_	3
13	MAX232		U4	MAX232	MAX232	1
14	Component_1		Y1	LC-HC-49S	Component_	1

图 11-10 元件报告

这个文件简单、直观地列出了所有元件的序号、描述、封装模型等。

3. 元件交叉参考报告

元件交叉参考报告主要用于将整个项目中的所有元件按照所属封装模型进行分组，相当于一份元件清单。

执行“报告”→“项目报告”→“Component Cross Reference”命令，如图 11-11 所示，弹出“Component Cross Reference Report for PCB Document”对话框，如图 11-12 所示。

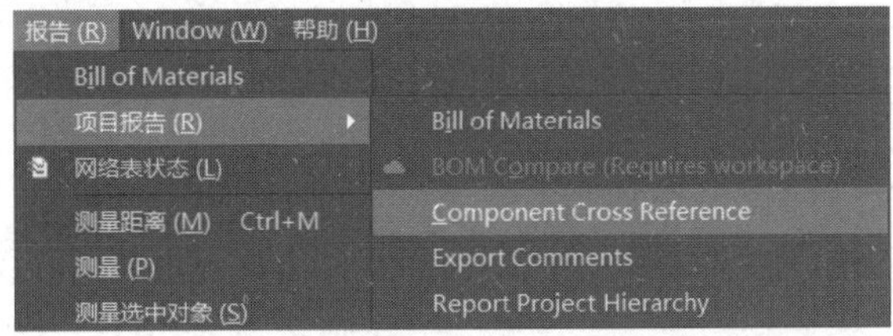

图 11-11　执行“报告”→“项目报告”→“Component Cross Reference”命令

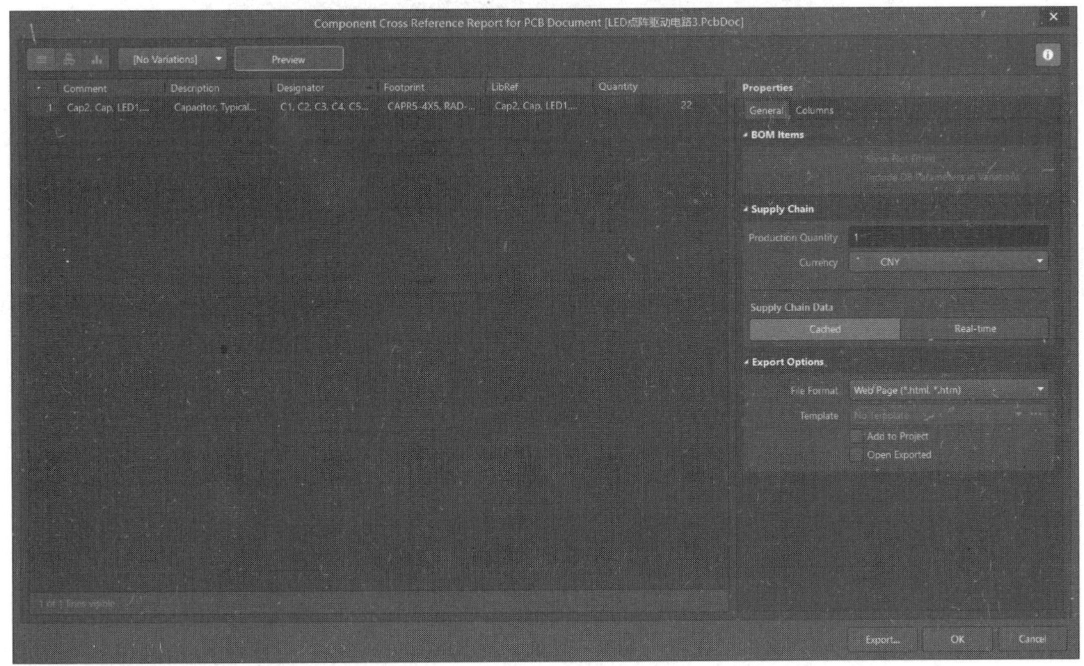

图 11-12　“Component Cross Reference Report for PCB Document”对话框

单击“Preview”按钮，预览元件交叉参考报告，如图 11-13 所示。

Comment	Description	Designator	Footprint	LibRef	Quantity
Cap2, Cap, LED1, Component_1, Header 2, DB9, Res2, SW-PB, 89c51, MAX232	Capacitor, Typical RED GaAs LED, [NoValue], Header, 2-Pin, Receptacle Assembly, 9 Position, Right Angle, Resistor, Switch	C1, C2, C3, C4, C5, C6, C7, C8, D1, DIS1, J1, J2, R1, R2, S1, S2, U1, U2, U3, U4, U5, Y1	CAPR5-4X5, RAD-0.3, LED-1, 双色点阵, HDR1X2, DSUB1.385-2H9, AXIAL-0.4, SPST-2, 89c51, 74HC595, MAX232, LC-HC-49S	Cap2, Cap, LED1, Component_1, Header 2, Connector 9, Res2, SW-PB, MAX232	22

图 11-13　预览元件交叉参考报告

4. 网络表状态报告

网络表状态报告用于给出 PCB 中各网络所在工作层及每个网络中的导线总长度。

执行“报告”→“网络表状态”命令，如图 11-14 所示，系统自动生成 HTML 格式的网络表状态报告——Net Status Report，并将网络表状态报告显示在工作窗口中，如图 11-15 所示。

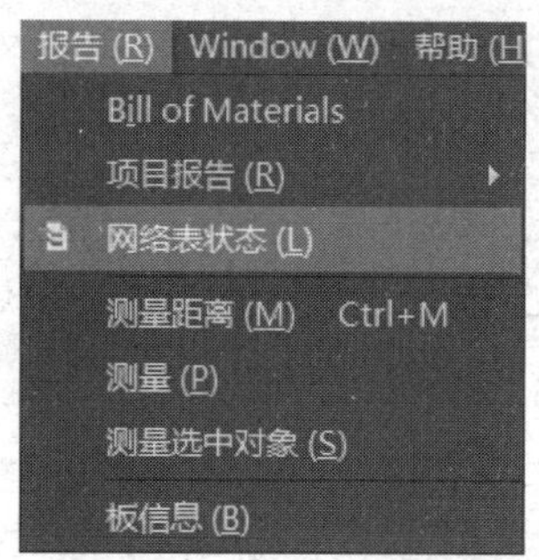

图 11-14　执行“报告”→“网络表状态”命令

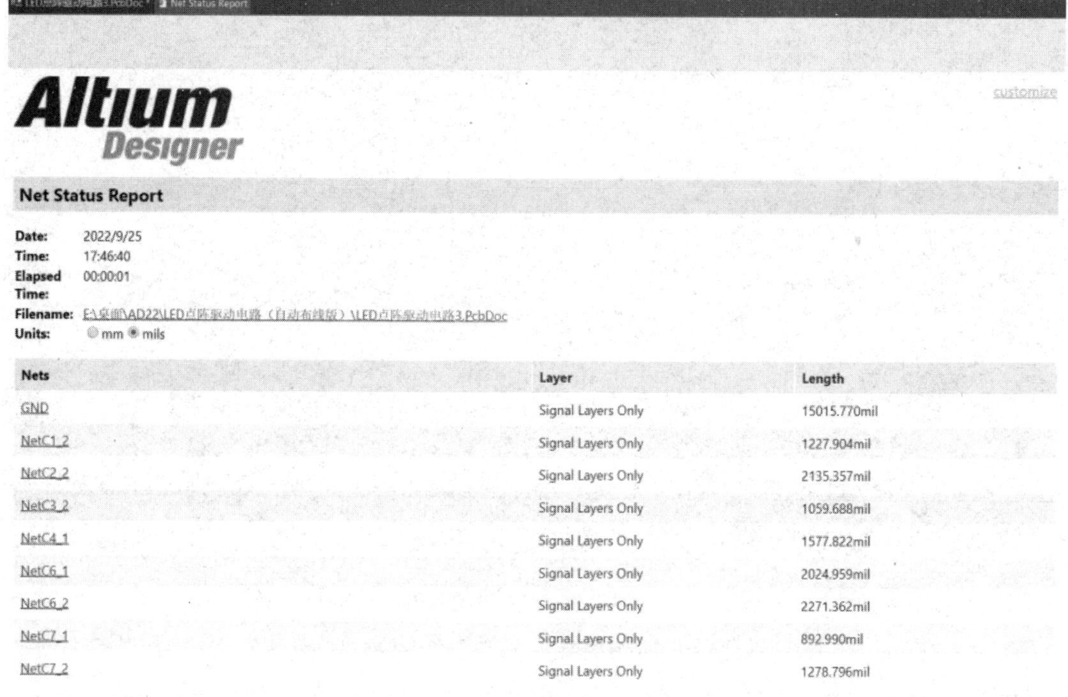

Net Status Report

Date: 2022/9/25
Time: 17:46:40
Elapsed Time: 00:00:01
Filename:
Units: mm mils

Nets	Layer	Length
GND	Signal Layers Only	15015.770mil
NetC1_2	Signal Layers Only	1227.904mil
NetC2_2	Signal Layers Only	2135.357mil
NetC3_2	Signal Layers Only	1059.688mil
NetC4_1	Signal Layers Only	1577.822mil
NetC6_1	Signal Layers Only	2024.959mil
NetC6_2	Signal Layers Only	2271.362mil
NetC7_1	Signal Layers Only	892.990mil
NetC7_2	Signal Layers Only	1278.796mil

图 11-15　网络表状态报告

单击网络表状态报告中的任意网络，在 PCB 编辑窗口中将高亮显示对应网络。与 PCB 信息报告一样，在“优选项”对话框中的“PCB Editor-Reports”标签页中进行相应设置后，也可以生成文本格式的网络状态表。

5. 测量距离报告

测量距离报告用于输出任意两点间的距离。

执行“报告”→“测量距离”命令，如图 11-16 所示光标变为十字形，单击要测量的两点，如图 11-17 所示，弹出“Measure Distance”提示框，提示这两点之间的距离信息，如图 11-18 所示。

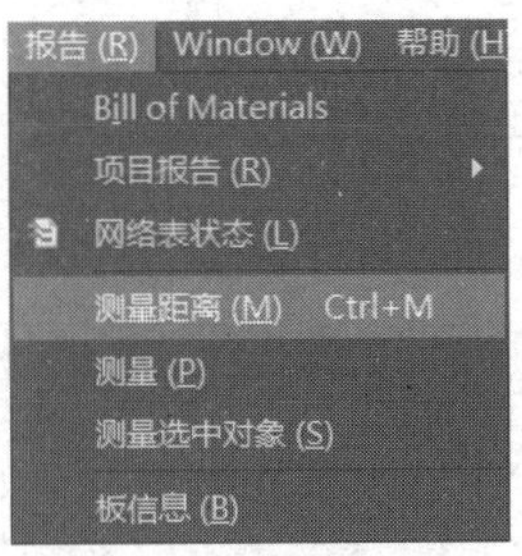

图 11-16　执行“报告”→“测量距离”命令

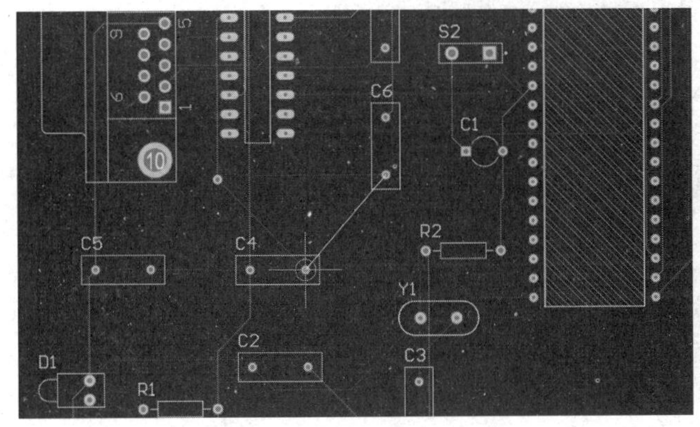

图 11-17　单击要测量的两点

图 11-18　“Measure Distance”提示框

11.2　创建 Gerber 文件

光绘数据格式是以向量式光绘机的数据格式为基础发展起来的，它对向量式光绘机的数据格式进行了扩展，兼容了 HPGL（惠普绘图仪格式）、Autocad DXF 和 TIFF 等专用和通用图形数据格式。

Gerber 数据的正式名称为 Gerber RS-274 格式。向量式光绘机码盘上的每一种符号，在 Gerber 数据中均有一个相应的 D 码（D-CODE）。因此，光绘机能够通过 D 码来控制、选择码盘，从而绘制相应图形。将 D 码和 D 码对应符号的形状、尺寸整理到一张表中，即得到一张 D 码表（光圈表）。此 D 码表就成了从 CAD 设计到光绘机利用此数据进行光绘的桥梁。用户在提供 Gerber 光绘数据的同时，必须提供相应的 D 码表，以使光绘机依据 D 码表确定应选用何种符号盘进行曝光，从而绘制正确的图形。

打开设计完成的 PCB 文件“LED 点阵驱动电路.PcbDoc”，执行“文件”→“制造输出”→“Gerber Files”命令，如图 11-19 所示，打开“Gerber 设置”对话框，如图 11-20 所示。

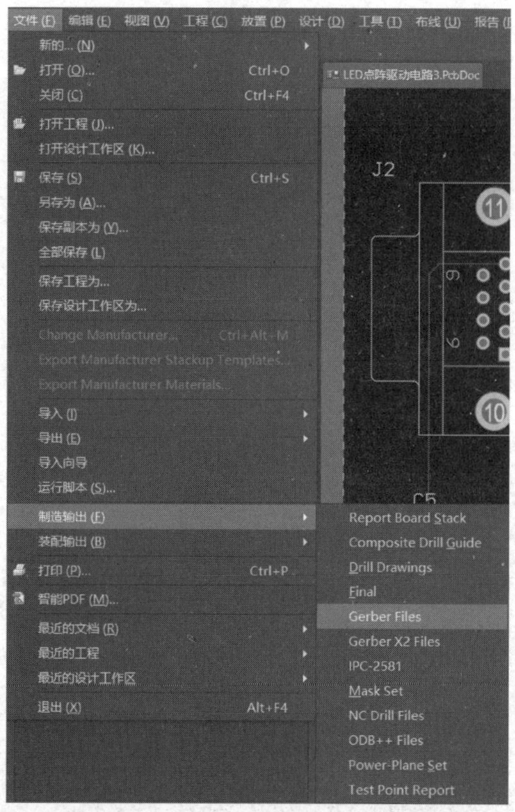

图 11-19 执行“文件”→“制造输出”→“Gerber Files”命令

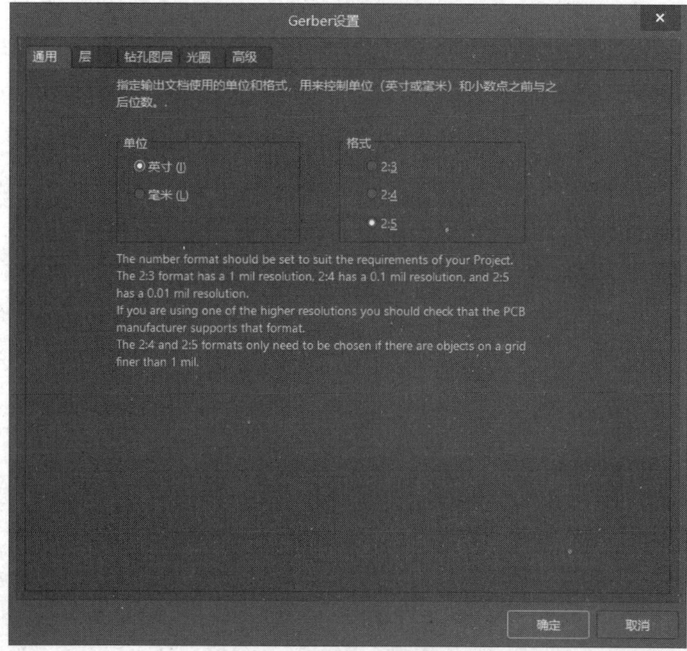

图 11-20 “Gerber 设置”对话框

“Gerber 设置”对话框包含 5 个标签页，分别为“通用”标签页、“层”标签页、“钻孔图层”标签页、“光圈”标签页、“高级”标签页。

1.“通用”标签页

“通用”标签页如图 11-21 所示，用于设定在输出的 Gerber 文件中使用的尺寸单位和格式。

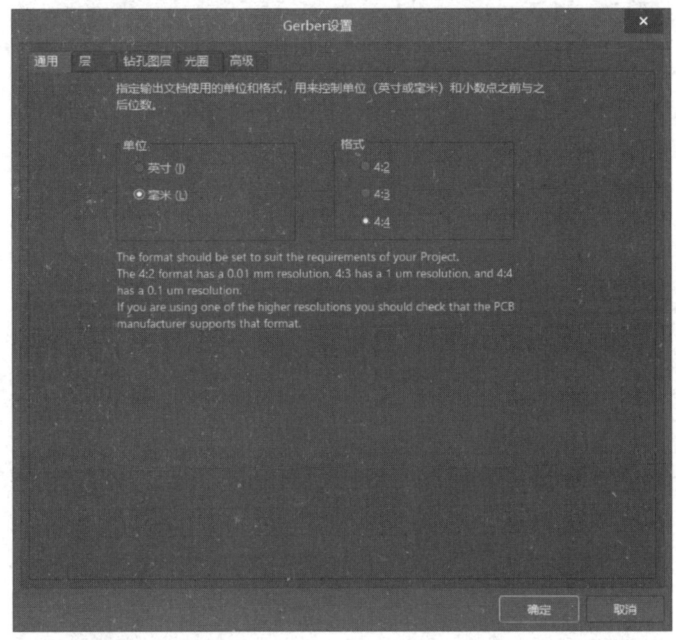

图 11-21　“通用”标签页

“单位”区域提供了两种单位选择，即英寸和毫米。

选择“英寸”单选按钮时，“格式”区域有 3 个单选按钮，分别为“2:3”单选按钮、“2:4”单选按钮、“2:5”单选按钮，如图 11-20 所示，表示 Gerber 文件中使用数据精度。选择“2:3”单选按钮表示数据中有 2 位整数、3 位小数，选择“2:4”单选按钮表示数据中有 2 位整数、4 位小数，选择“2:5”单选按钮表示数据中有 2 位整数、5 位小数。

当选择“毫米”单选按钮时，“格式”区域有 3 个单选按钮，分别为“4:2”单选按钮、“4:3”单选按钮、“4:4”单选按钮，如图 11-21 所示，其含义与单位为“英寸”时相同，如选择“4:2”单选按钮表示 4 位整数、2 位小数的数据格式。

用户可以根据自己设计中用到的单位精度进行设置。本例保持系统默认设置，即“单位”为“英寸”，“格式”为“2:3”。

2.“层”标签页

“层”标签页如图 11-22 所示。该标签页左侧的列表用于设置需要生成 Gerber 文件的工作层，选择 Gerber 报表内需要记录的板层，勾选对应的“出图”复选框，如果需要板层翻转后再记录，则需勾选对应的“镜像”复选框。右侧的列表则用于设置要加载到各个 Gerber 文件的机械层。

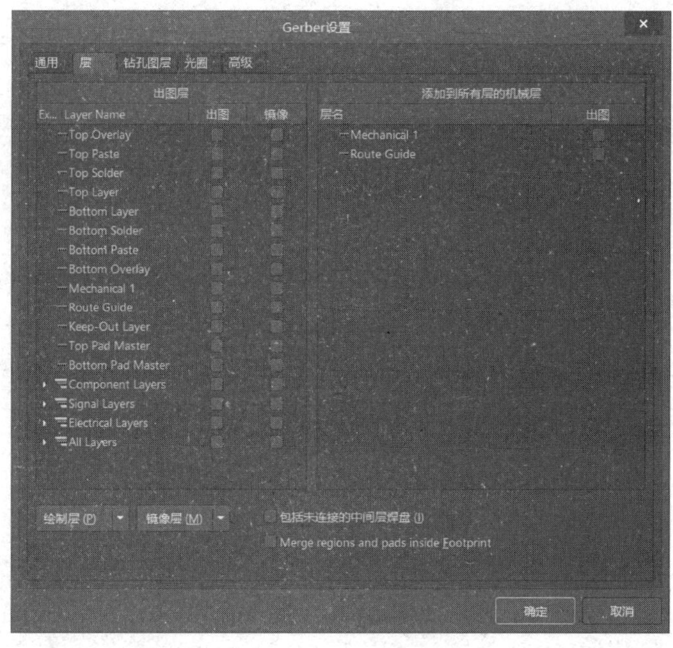

图 11-22 “层”标签页

单击对话框下方的“绘制层”下拉按钮或“镜像层”下拉按钮，弹出如图 11-23 所示的下拉列表。

（a）“绘制层”下拉列表

图 11-23 “绘制层”下拉列表和“镜像层”下拉列表

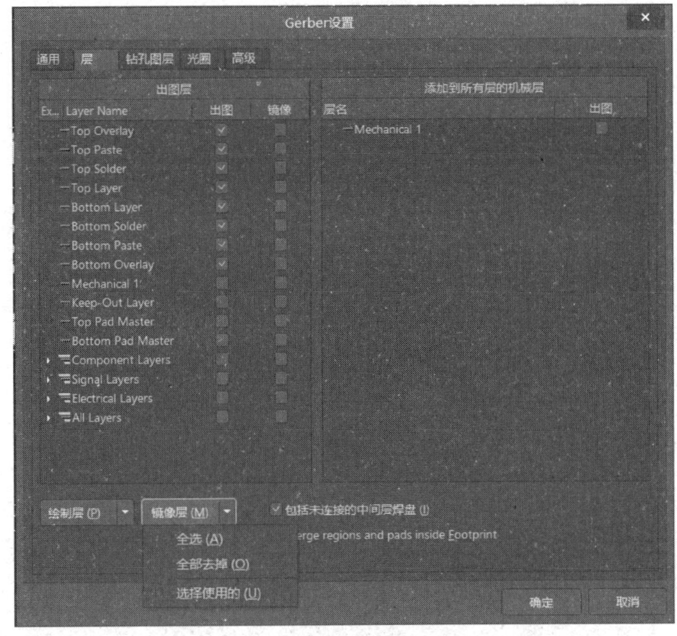

（b）“镜像层”下拉列表

图 11-23　“绘制层”下拉列表和“镜像层”下拉列表（续）

“绘制层”下拉列表中的选项与“镜像层”下拉列表中的选项含义相同。选择“全选”选项，系统将自动勾选所有板层对应的复选框；选择“全部去掉”选项，系统将自动取消勾选原勾选的板层对应的复选框；选择“选择使用的”选项，系统将自动勾选用户用到的板层对应的复选框。

此对话框中还包含 2 个复选框。“包括未连接的中间层焊盘”复选框：勾选该复选框，将在 Gerber 文件中绘出未连接的中间层的焊盘。“Merge regions and pads inside Footprint”复选框：勾选该复选框，Altium Designer 将会自动将封装模型内的区域（通常是焊盘周围的铜区域）与焊盘合并为一个连续的区域。这可以降低封装模型的复杂性，使其更易于管理，并在 PCB 布局中更容易进行规划和布线。

3.“钻孔图层”标签页

“钻孔图层”标签页如图 11-24 所示。

“钻孔图层”标签页用于设置钻孔图划分和钻孔导向图中要绘制的板层，以及钻孔图划分中标注符号的类型。“钻孔图层”标签页中各项的意义如下。

“输出所有使用的钻孔对”复选框：勾选该复选框，表示在用户用到的所有板层上绘制钻孔图划分和钻孔导向图。如果不勾选该复选框，用户可以在对应列表栏中选取个别板层绘制钻孔图划分和钻孔导向图。

“镜像输出”复选框：用于控制是否镜像输出钻孔图形，如果勾选该复选框，那么生成的钻孔图形将被镜像，即钻孔位置和孔径将被水平翻转。需要注意的是，在大多数情况下，钻孔图形不需要进行镜像输出。通常情况下，工厂会根据 PCB 设计文件中的原始钻孔信息来制造 PCB，不需要进行额外的镜像处理。因此，只有在明确需要生成镜像钻孔图形时才应勾选该复选框。

单击“配置钻孔符号”按钮即可选择钻孔图符号的类型。这里保持系统默认设置。

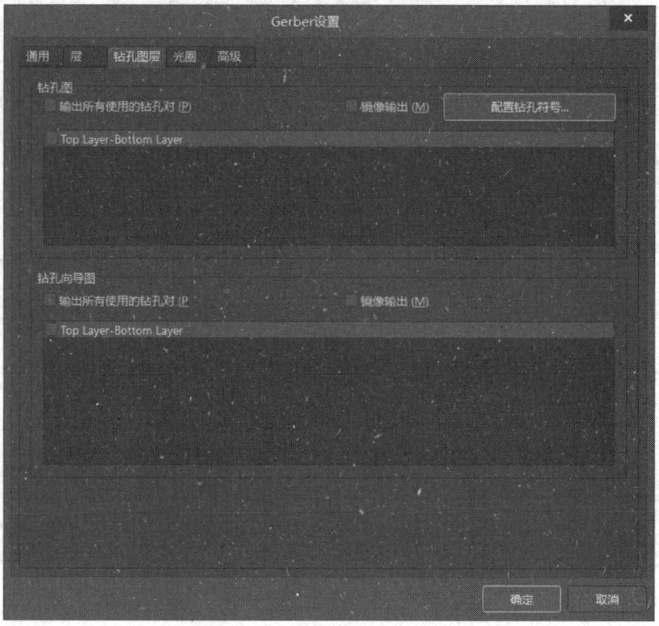

图 11-24 “钻孔图层”标签页

4. “光圈”标签页

“光圈”标签页如图 11-25 所示。

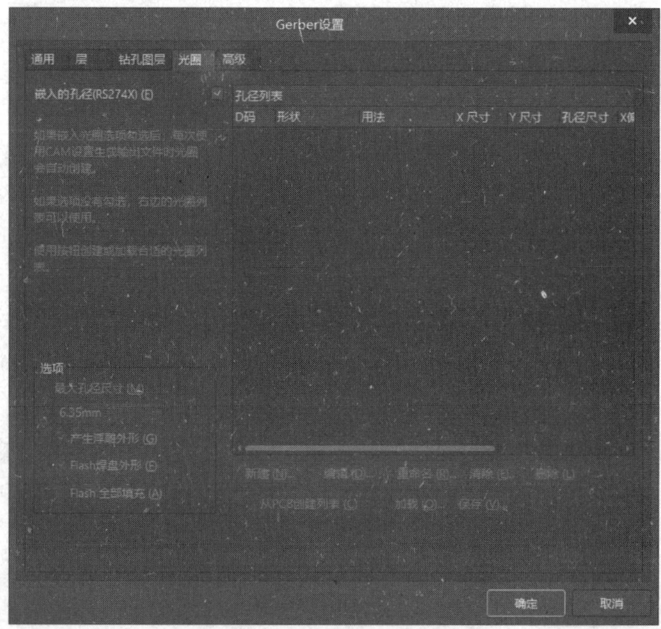

图 11-25 “光圈”标签页

通过设置“光圈”标签页，可以确定 Gerber 文件的格式。Gerber 文件分为两种格式——RS274D 和 RS274X。RS274D 包含 *X* 轴、*Y* 轴坐标数据，但没有 D 码文件，需要用户给出相应的 D 码文件；RS274X 包含 *X* 轴、*Y* 轴坐标数据，也包含 D 码文件，不需要用户给出相应的 D 码文件。D 码文件为 ASCII 文本格式文件，文件的内容为 D 码对应符号的尺寸、形状和曝光方式等。

系统默认选择“嵌入的孔径（RS274X）”选项，表示生成 Gerber 文件时自动建立 D 码表。若不选择该选项，则右侧的“孔径列表”将可以使用，设计者可以自行加载合适的孔径列表。这里保持系统默认设置。

5.“高级”标签页

“高级”标签页如图 11-26 所示。“高级”标签页用于设置胶片尺寸及其边框大小、零字符格式、孔径匹配公差、板层在胶片上的位置、制造文件的生成模式及绘图器类型等。这里保持系统默认设置。

所有的标签页设置完成后，单击“确定”按钮，系统将按照设置生成各个图层的 Gerber 文件，并加载到当前项目中。单击“Panels”按钮，选择“CAMtastic”选项，启动 CAMtastic 编辑器，如图 11-27 所示，将所有生成的 Gerber 文件集成为“CAMtastic1.Cam”图形文件，并显示在 PCB 编辑窗口中，如图 11-28 所示。

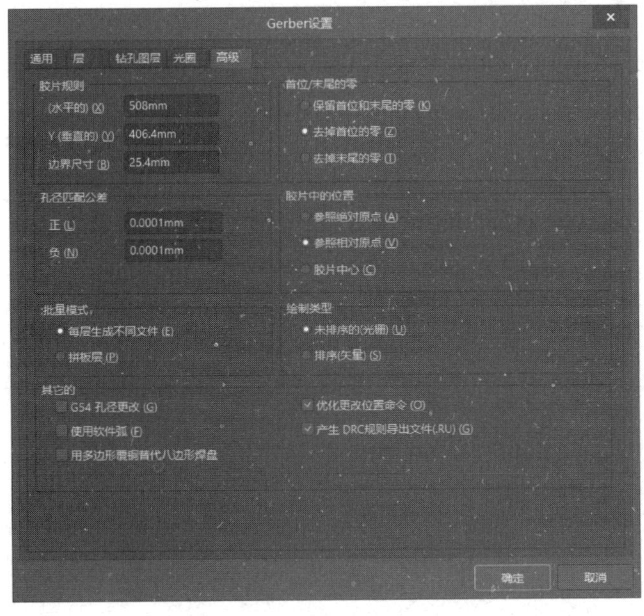

图 11-26 “高级”标签页

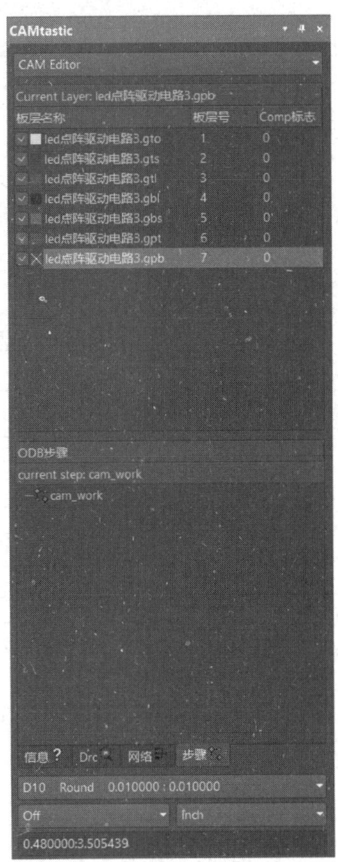

图 11-27 CAMtastic 编辑器

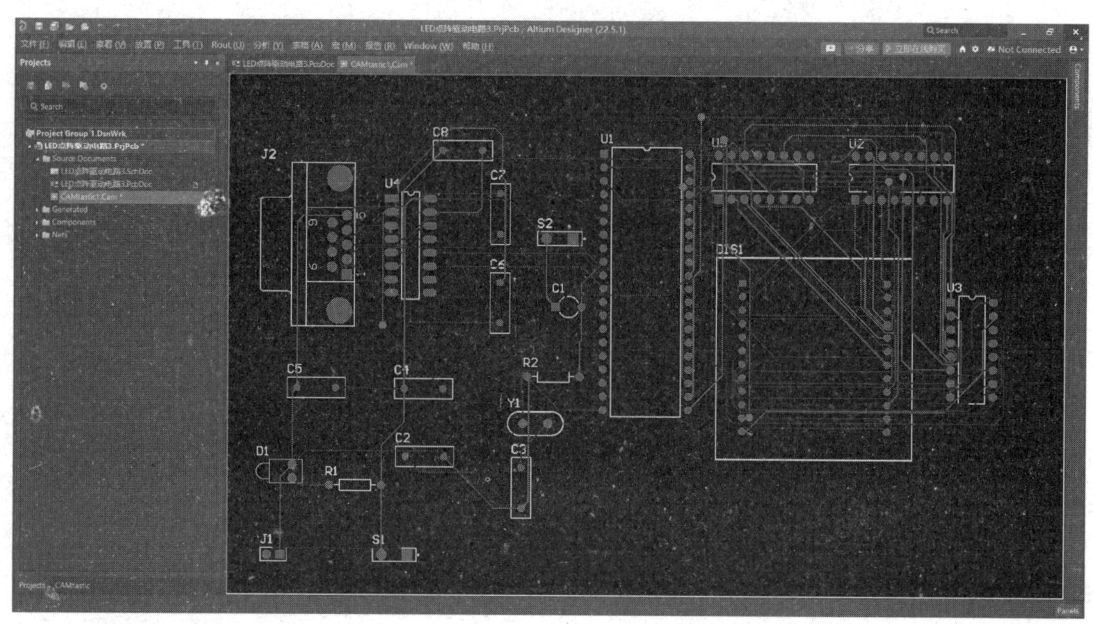

图 11-28　“CAMtastic1.Cam”图形文件

CAMtastic 编辑器的“板层名称”列中列出了“CAMtastic1.Cam”图形文件包含的各个板层的名称，各板层意义如下。

- led 点阵驱动电路 3.gto：Gerber Top Overlay 文件的扩展名，包含顶层覆盖层的绘图信息，通常包括文本标记、丝印、组件参考元件等。
- led 点阵驱动电路 3.gts：Gerber Top Soldermask 文件的扩展名，包含顶层焊盘层的绘图信息，用于定义焊盘的位置和形状。
- led 点阵驱动电路 3.gtl：Gerber Top Layer 文件的扩展名，包含顶层铜层的绘图信息，包括导线、走线、元件轮廓等。
- led 点阵驱动电路 3.gbl：Gerber Bottom Layer 文件的扩展名，类似于.gtl 文件，但包含底层铜层的绘图信息。
- led 点阵驱动电路 3.gbs：Gerber Bottom Soldermask 文件的扩展名，类似于.gts 文件，但包含底层焊盘层的绘图信息。
- led 点阵驱动电路 3.gpt：Gerber Top Paste 文件的扩展名，包含顶层焊膏层的绘图信息，用于定义焊膏的位置和形状，通常与表面组装（SMT）一起使用。
- led 点阵驱动电路 3.gpb：Gerber Bottom Paste 文件的扩展名，类似于.gpt 文件，但包含底层焊膏层的绘图信息。

执行“表格”→“光圈”命令，如图 11-29 所示，打开“编辑光圈”对话框，如图 11-30 所示。该对话框中显示了 D 码表。一个 D 码表中一般应该包括 D 码，以及每个 D 码对应符号的形状、尺寸。

在图 11-30 中，每行定义了一个 D 码，包含 4 个参数。

第一列为 D 码序号。

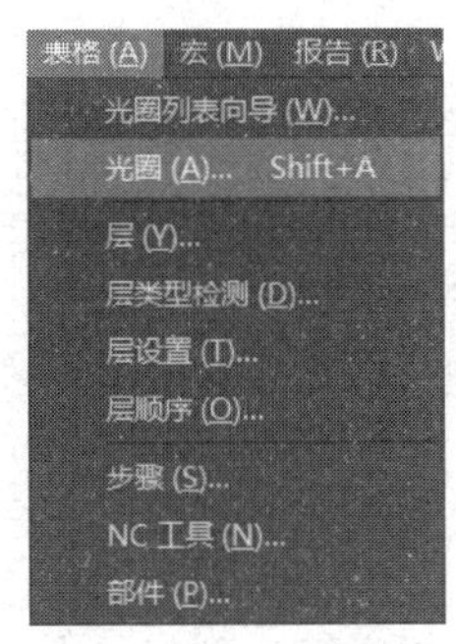

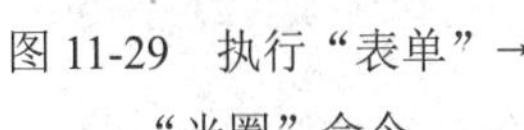
图 11-29　执行“表单”→“光圈”命令

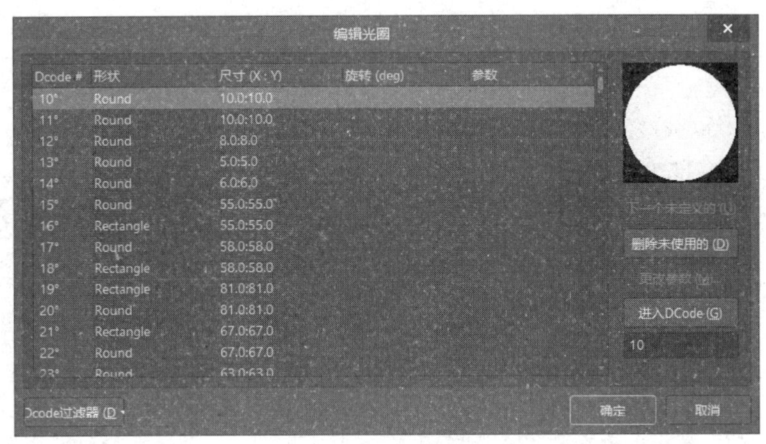

图 11-30　“编辑光圈”对话框

第二列为该 D 码代表的符号的形状，如“Round”表示该符号的形状为圆形，“Rectangle”表示该符号的形状为矩形。

第三列和第四列分别定义了 D 码对应符号的在 X 轴方向和 Y 轴方向上的尺寸，单位为 mil。

在 Gerber RS-274 格式中，除了使用 D 码定义符号盘，还使用 D 码对光绘机进行曝光控制。

11.3　创建钻孔文件

钻孔文件用于记录钻孔的尺寸和位置。当用户的 PCB 数据要送入 NC 钻孔机进行自动钻孔操作时，用户需要创建钻孔文件。

打开“LED 点阵驱动电路 3.PcbDoc”文件，执行“文件”→“制造输出”→“NC Drill Files”命令，如图 11-31 所示，弹出“NC Drill 设置”对话框，如图 11-32 所示。

“NC Drill 格式”区域包含“单位”栏和“格式”栏，其含义如下。

“单位”栏提供了两种单位选择，分别为英制和公制。

当“单位”被设置为“英寸”时，“格式”栏中有 3 项，即“2:3”单选按钮、“2:4”单选按钮和“2:5”单选按钮，表示 Gerber 文件中使用的数据精度。选择“2:3”单选按钮表示数据中含 2 位整数、3 位小数，选择“2:4”单选按钮表示数据中含 2 位整数、4 位小数，选择“2:5”单选按钮表示数据中含 2 位整数、5 位小数。当“单位”被设置为“毫米”时，“格式”栏中有 3 个单选按钮，即“4:2”单选按钮、“4:3”单选按钮和“4:4”单选按钮，同样表示 Gerber 文件中使用的数据精度。选择“4:2”单选按钮表示数据中含 4 位整数，2 位小数，选择“4:3”单选按钮表示数据中含有 4 位整数、3 位小数，选择“4:4”单选按钮表示数据中含有 4 位整数、4 位小数。

“前导/尾数零”区域中有 3 个单选按钮。

- “保留前导零和尾数零”单选按钮：保留数据的前导零和后接零。

• “摒弃前导零”单选按钮：删除前导零。

• “摒弃尾数零”单选按钮：删除后接零。

“坐标位置”区域中有 2 个单选按钮，即“参考绝对原点”单选按钮和“参考相对原点”单选按钮。

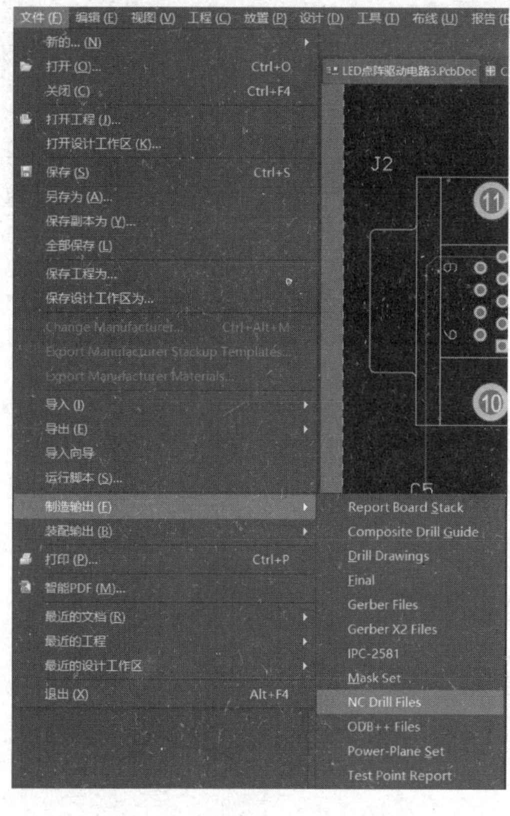

图 11-31 执行“文件”→“制造输出”→“NC Drill Files”命令

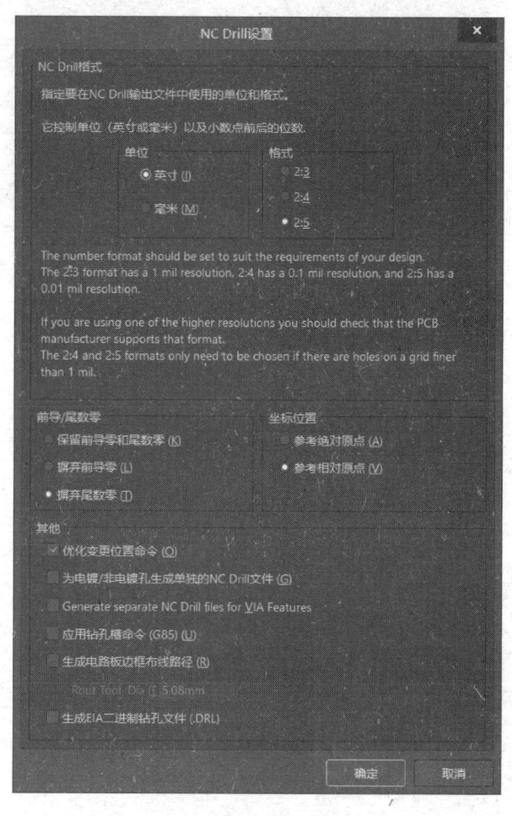

图 11-32 “NC Drill 设置”对话框

“其他”区域中有 6 个复选框。

• “优化变更位置命令”复选框：当勾选此复选框时，Altium Designer 将尝试优化钻孔顺序，以使钻孔头移动到下一个孔位的距离最短。这可以缩短钻孔操作的总时间。

• “为电镀/非电镀孔生成单独的 NC Drill 文件”复选框：当勾选此复选框时，电镀孔和非电镀孔将分别生成到不同的 NC 钻孔文件中。电镀孔通常用于连接元件，而非电镀孔通常用于定位或机械支持。将它们分别生成到不同文件中可以在制造过程中进行不同处理。

• “Generate separate NC Drill files for VIA Features”复选框：当勾选此复选框时，过孔的 VIA 特征（通常是连接 PCB 不同板层的孔）也将生成到单独的 NC 钻孔文件中。这有助于在制造过程中正确处理 VIA 特征。

• “应用钻孔槽命令（G85）”复选框：当勾选此复选框时，将应用 G85 钻孔槽命令。

G85 是 G 代码中的一种命令，用于加工指定孔。这可以用于生成特定类型的孔，如镂空或钻孔槽。

- “生成电路板边框布线路径”复选框：当勾选此复选框时，将生成用于定义 PCB 边框的布线路径，可以用于确定 PCB 的边界。在勾选此复选框后，下方的“Rout Tool Dia”数值框将被激活，可在此数值框中设定具体值。
- “生成 EIA 二进制钻孔文件”复选框：当勾选此复选框时，将生成 EIA-274-D 二进制格式的钻孔文件（.DRL）。这是一种常见的钻孔文件格式，用于向制造商提供钻孔位置和尺寸信息。

这里保持系统的默认设置。单击“确定”按钮，生成一个名称为“CAMtastic2.Cam”的图形文件，同时启动 CAMtastic 编辑器，弹出“导入钻孔数据”对话框，如图 11-33 所示。单击“确定”按钮，生成的“CAMtastic2.Cam”图形文件将显示在 PCB 编辑窗口中，如图 11-34 所示。

图 11-33 “导入钻孔数据”对话框

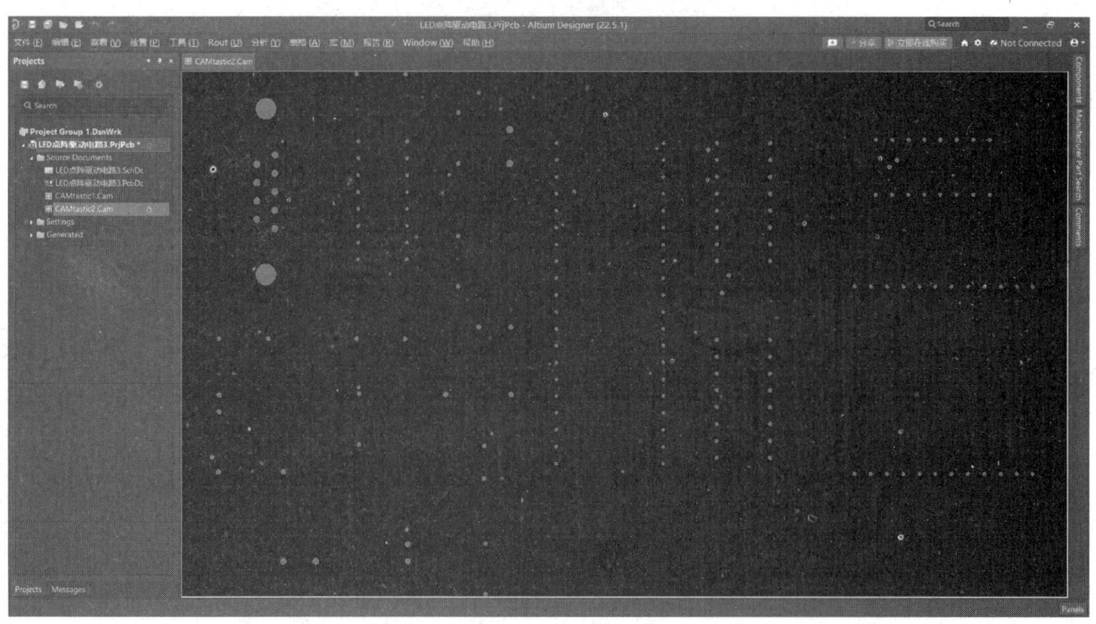

图 11-34 “CAMtastic2.Cam”图形文件

在该环境下，用户可以进行与钻孔有关的各种校验、修正、编辑等工作。

在“Projects”面板的“Generated”文件夹下的“Text Document”中，双击打开生成的 NC 钻孔文件报告“LED 点阵驱动电路 3.DRR”，如图 11-35 所示。

```
LED点阵驱动电路3.PcbDoc   CAMtastic2.Cam *   LED点阵驱动电路3.DRR   CAMtastic1.Cam *
------------------------------------------------------------------------------------------
NCDrill File Report For: LED[illegible].PcbDoc   2022/9/25  19:07:16
------------------------------------------------------------------------------------------

Layer Pair : Top Layer to Bottom Layer
ASCII RoundHoles File : LED[illegible].TXT

Tool     Hole Size          Hole Tolerance          Hole Type    Hole Count   Plated    Tool Travel
------------------------------------------------------------------------------------------
T1       22mil (0.559mm)                            Round        40           PTH       5.40inch (137.16mm)
T2       24mil (0.6mm)                              Round        40           PTH       12.54inch (318.40mm)
T3       26mil (0.65mm)                             Round        48           PTH       10.54inch (267.69mm)
T4       28mil (0.7mm)                              Round        16           PTH       7.13inch (181.17mm)
T5       28mil (0.711mm)                            Round        7            PTH       8.88inch (225.60mm)
T6       32mil (0.8mm)                              Round        4            PTH       2.64inch (67.00mm)
T7       33mil (0.85mm)                             Round        4            PTH       2.52inch (64.02mm)
T8       35mil (0.9mm)                              Round        2            PTH       0.10inch (2.54mm)
T9       43mil (1.09mm)                             Round        9            PTH       0.89inch (22.55mm)
T10      43mil (1.1mm)                              Round        4            PTH       2.98inch (75.71mm)
T11      128mil (3.26mm)                            Round        2            PTH       0.98inch (24.99mm)
------------------------------------------------------------------------------------------
Totals                                                           176

Total Processing Time (hh:mm:ss) : 00:00:00
```

图 11-35 NC 钻孔文件报告“LED 点阵驱动电路 3.DRR”

11.4 用户向 PCB 加工厂商提交的信息

1．用户向 PCB 加工厂商提交的光绘文件及钻孔文件

当用户将设计完成的 PCB 信息提交给 PCB 加工厂商时，用户需要向加工厂商提供以下文件。

- 各层的光绘文件：包括 PCB.gbl、PCB.gd1、PCB.gko、PCB.gtl 及 PCB.gto。
- 钻孔文件：包括 PCB.TXT、PCB.DRR。

2．光绘文件及钻孔数据文件的导出

1）光绘文件的导出

将工作界面切换至“CAMtastic1.Cam”，执行“文件”→“导出”→“Gerber”命令，如图 11-36 所示，弹出“输出 Gerber”对话框，如图 11-37 所示。

这里保持系统默认设置，单击“确定”按钮，弹出“Write Gerber”对话框，如图 11-38 所示。在该对话框中，选择所有待输出文件，并在对话框最下方的文本框中选择文件的保存路径。

2）钻孔数据文件的导出

到保存钻孔数据文件的目录下，找到要提供给 PCB 加工厂商的文件“last-one.TXT”和“last-one.DRR”，将这两个文件粘贴到要保存的路径下即可导出钻孔数据文件。

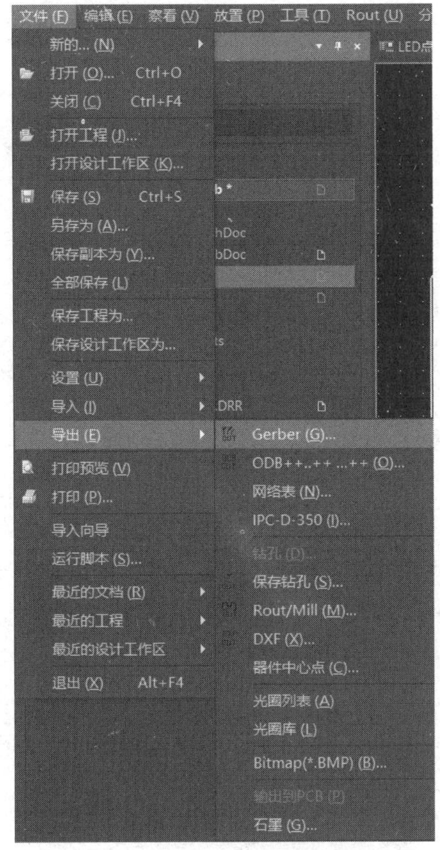

图 11-36　执行“文件”→“导出”→“Gerber”命令

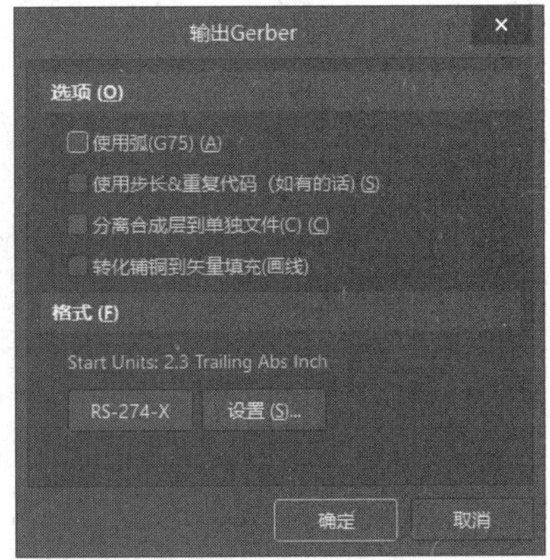

图 11-37　“输出 Gerber”对话框

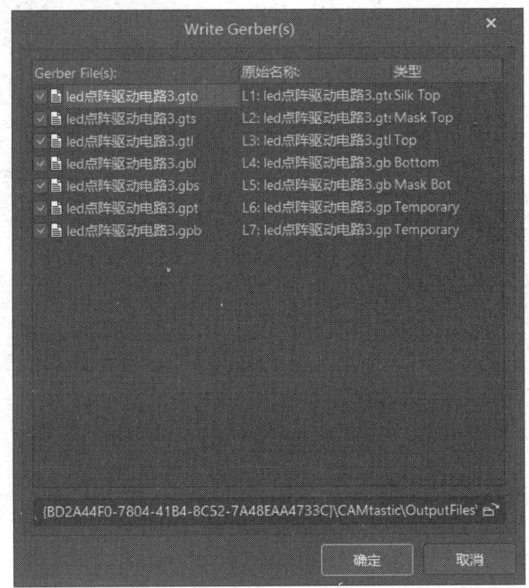

图 11-38　“Write Gerber”对话框

11.5 PCB 和原理图的交叉探针

Altium Designer 在原理图编辑器和 PCB 编辑器中提供了交叉探针功能，用户可以将 PCB 编辑环境中的封装模型与原理图编辑环境中的元件图形进行对照，实现图元的快速查找与定位。

系统提供了两种交叉探针模式：连续（Continuous）交叉探针模式和跳转（Jump to）交叉探针模式。

- 连续交叉探针模式：在该模式下，可以连续探测对应文件中的图元。
- 跳转交叉探针模式：在该模式下，只可以对单一图元进行对应文件的跳转。

下面介绍这两种交叉探针模式的操作方式。

此处依旧使用之前创建好的工程作为实例，加载绘制好的原理图文件和 PCB 文件，如图 11-39 所示。

双击打开原理图文件“LED 点阵驱动电路.SchDoc”和 PCB 文件“LED 点阵驱动电路.PcbDoc”。在 PCB 文件“LED 点阵驱动电路.PcbDoc”中，执行“工具”→“交叉探针”命令，如图 11-40 所示，光标变成十字形，单击需要查看的元件（如 C6），如图 11-41 所示。

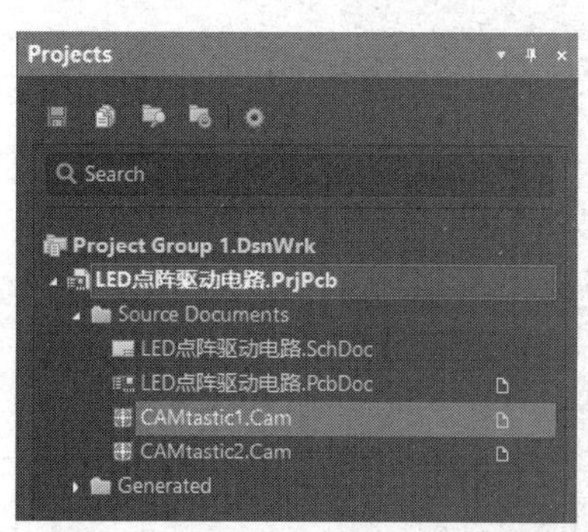

图 11-39 打开项目文件“LED 点阵驱动电路.PrjPcb”

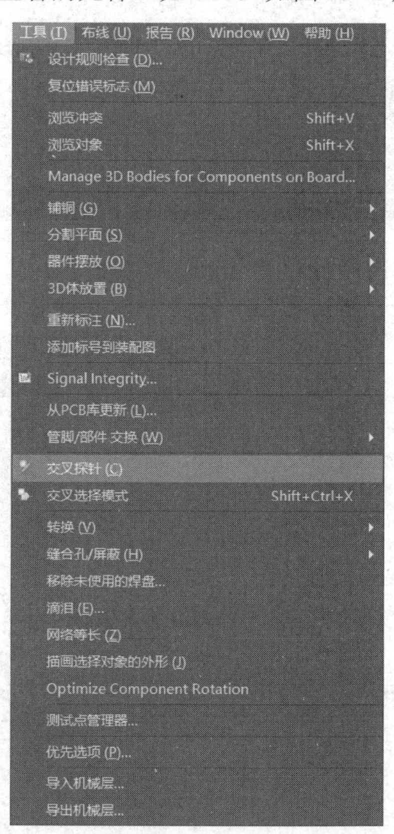

图 11-40 执行“工具”→“交叉探针”命令

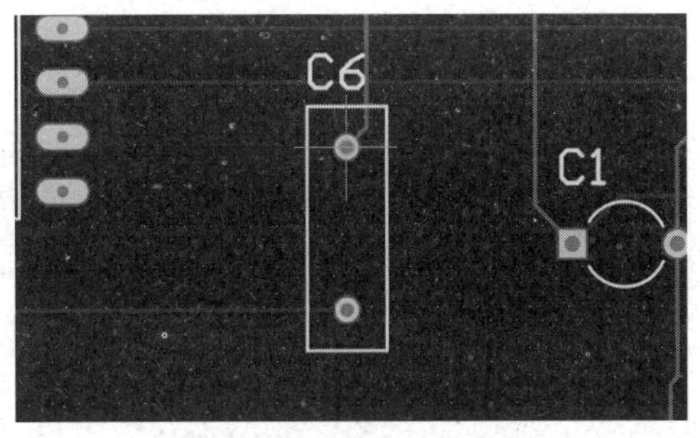

图 11-41　单击需要查看的元件

系统会快速地切换到对应的原理图文件，之后又快速切换回 PCB 文件，此时仍处于交叉探针状态，右击，退出交叉探针状态。

单击原理图文件“LED 点阵驱动电路.SchDoc”，可以看到被选择的元件处于高亮显示状态，其他元件呈灰色屏蔽状态，如图 11-42 所示。

这种是连续交叉探针模式，在该模式下，图元的高亮显示不是累积的，系统只保留最后一次探测图元的高亮显示。

返回 PCB 文件，再次执行“工具”→“交叉探针”命令，按住 Ctrl 键的同时单击待查看的元件，系统会自动跳转到原理图文件，选择元件处于高亮显示状态，而其他元件呈灰色屏蔽状态。

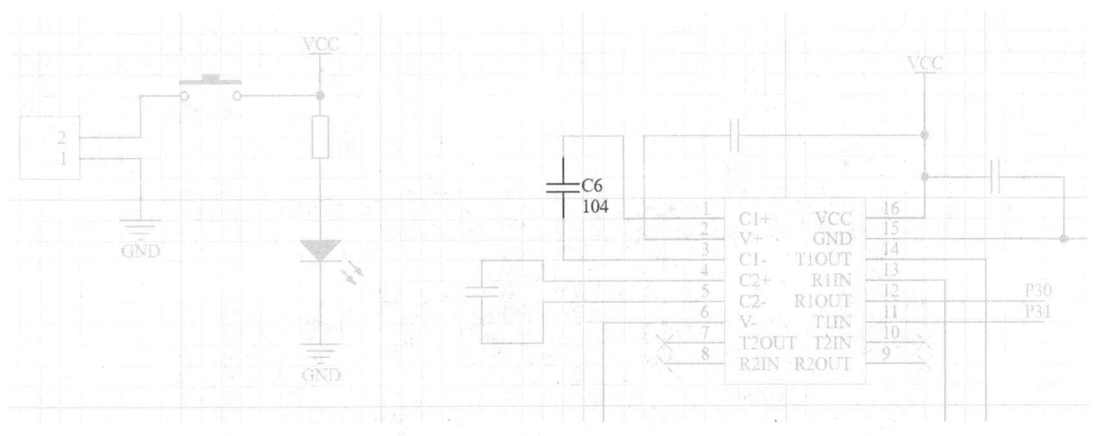

图 11-42　高亮显示选择的元件

11.6　智能 PDF 向导

Altium Designer 有强大的智能 PDF 向导功能，利用该功能可创建原理图和 PCB 的 PDF 文件，实现设计数据的共享。

在原理图编辑环境或 PCB 编辑环境中，执行“文件”→“智能 PDF”命令，如图 11-43 所示，打开“智能 PDF”向导界面，如图 11-44 所示。

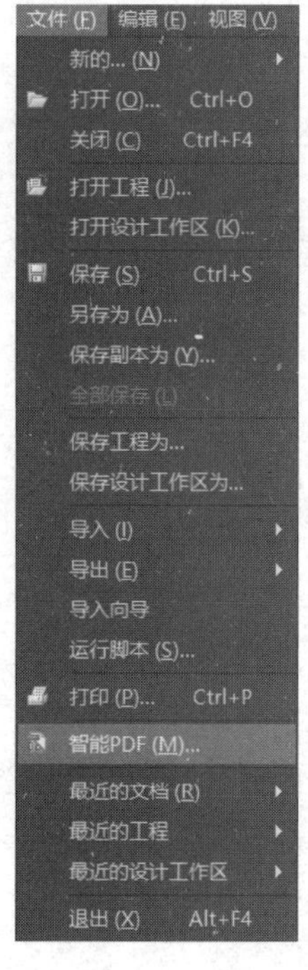

图 11-43 执行“文件”→“智能 PDF”命令

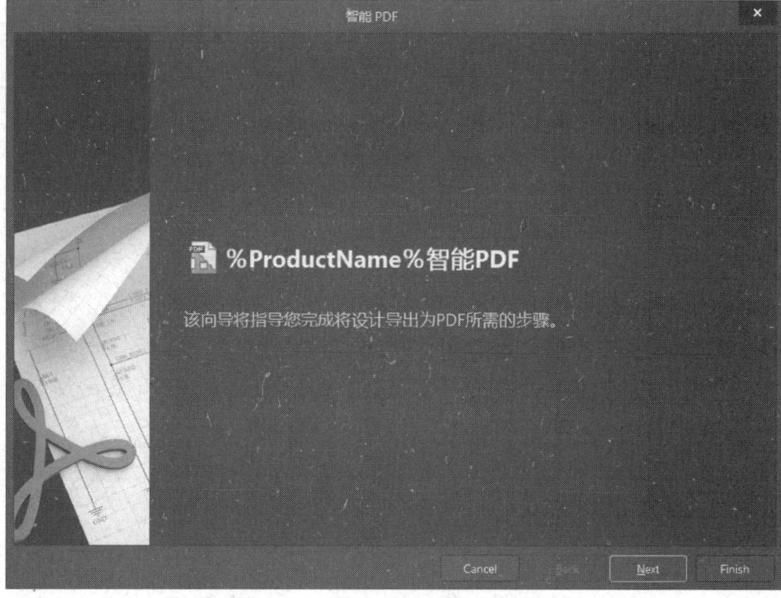

图 11-44 “智能 PDF”向导界面

单击“Next”按钮，进入“选择导出目标”界面，如图 11-45 所示。在该界面中设置是将当前项目输出为 PDF 形式，还是只是将当前文档输出为 PDF 形式，以及输出文件的保存路径。

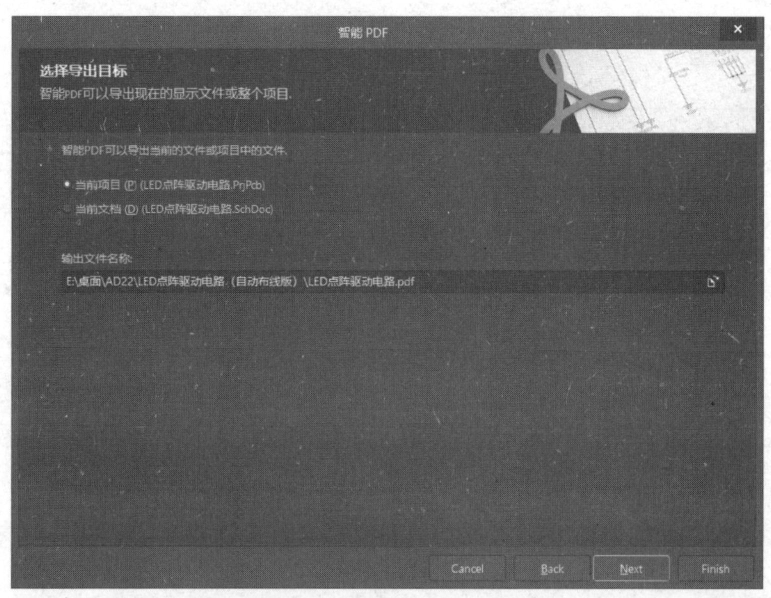

图 11-45 “选择导出目标”界面

单击“Next”按钮，进入“导出项目文件”界面，选择项目中的设计文件，如图 11-46 所示。

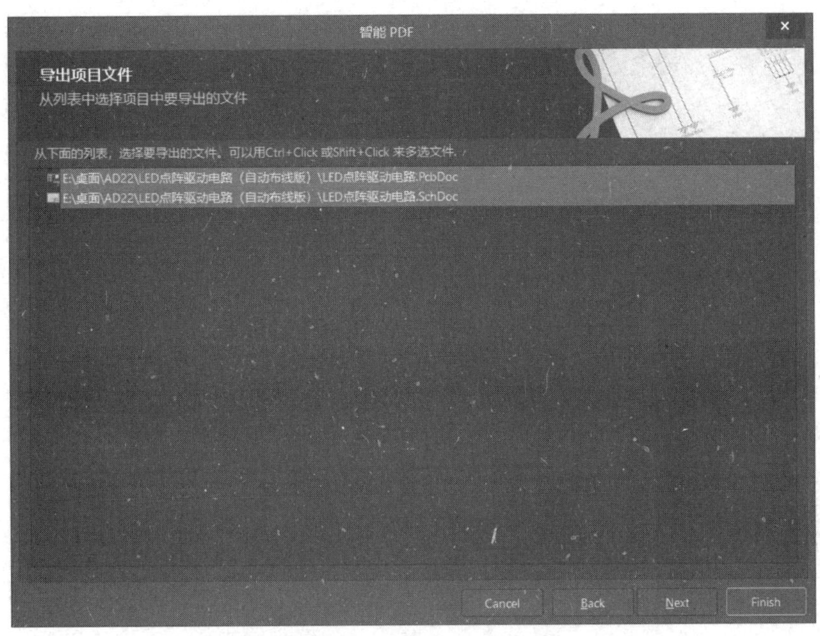

图 11-46　“导出项目文件”界面

单击“Next”按钮，进入“导出 BOM 表”界面，对项目导出的 BOM 文件进行设置，如图 11-47 所示。

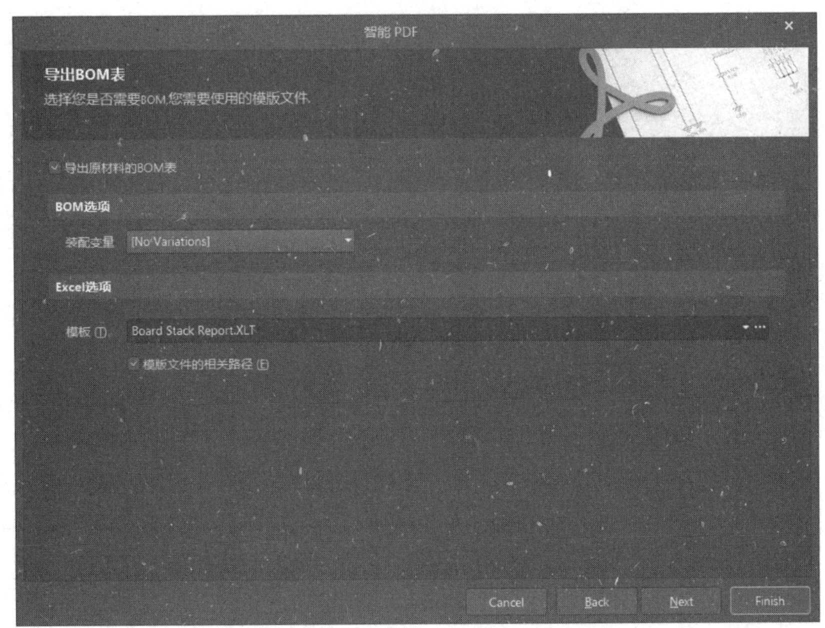

图 11-47　“导出 BOM 表”界面

单击“Next”按钮，进入“PCB 打印设置”界面，对项目中 PCB 文件的打印输出进行必要设置，如图 11-48 所示。

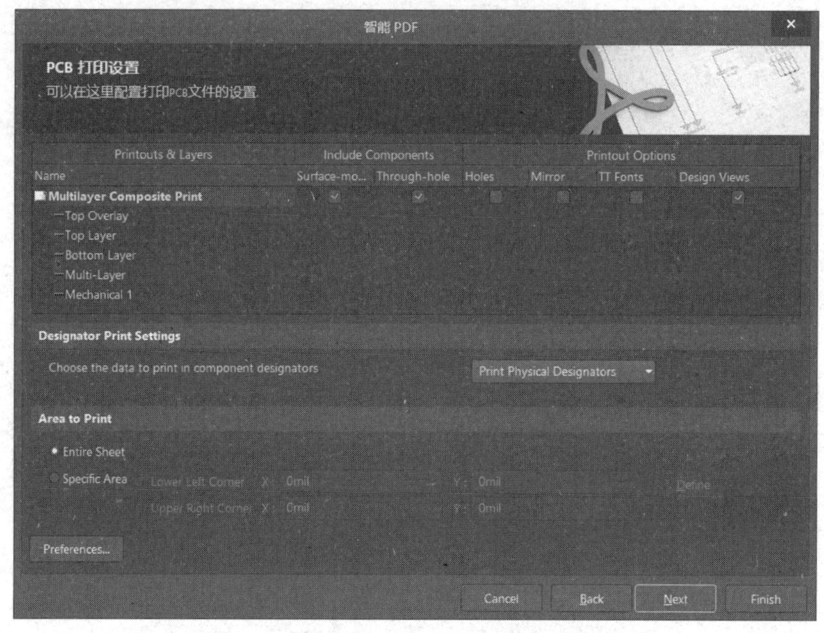

图 11-48 “PCB 打印设置”界面

单击“Next”按钮，进入“添加打印设置”界面，对生成的 PDF 文件进行附加设定，包括图片的缩放、原理图颜色模式和 PCB 颜色模式、附加信息等，如图 11-49 所示。

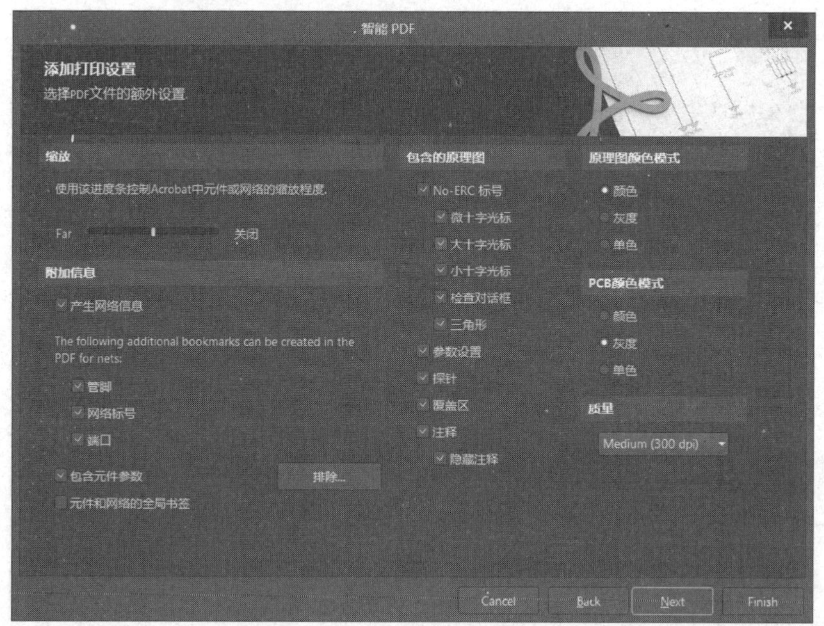

图 11-49 “添加打印设置”界面

单击“Next”按钮，进入“结构设置”界面，设置将原理图从逻辑图纸扩展为物理图纸时的结构，如图 11-50 所示。

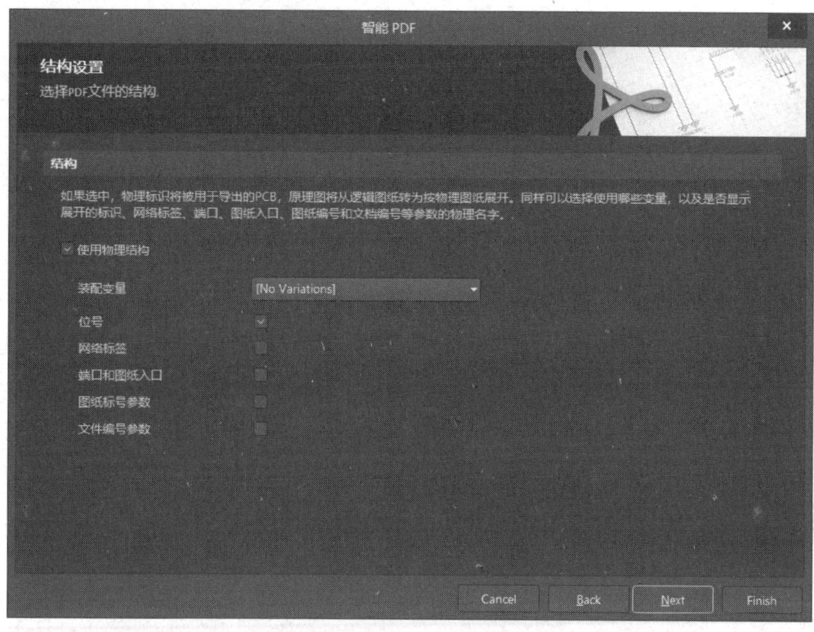

图 11-50　“结构设置”界面

单击“Next”按钮进入“最后步骤”界面，设置是否生成 PDF 文件后打开该文件，以及是否保存设置到批量输出文件，如图 11-51 所示。

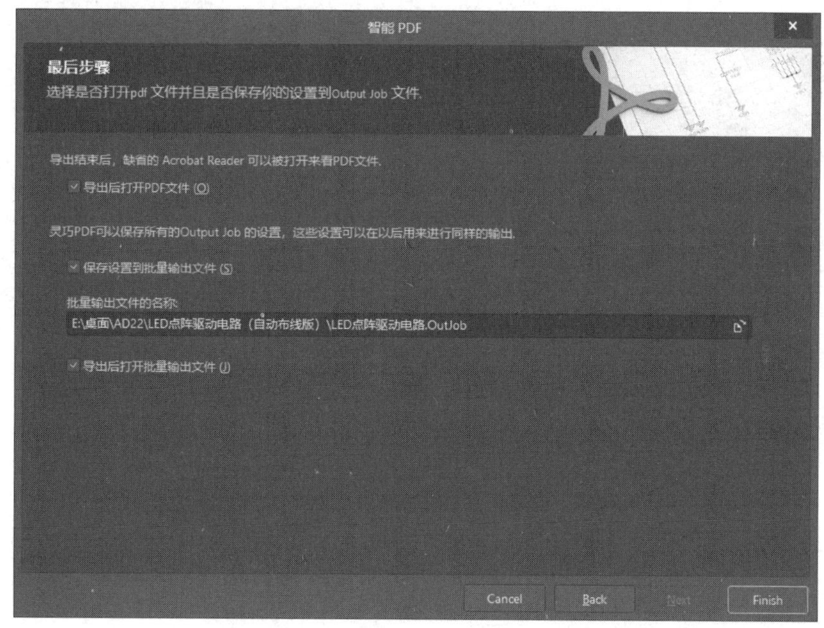

图 11-51　“最后步骤”界面

单击“Finish”按钮，系统将生成并打开相应的 PDF 文件，结果如图 11-52 所示。

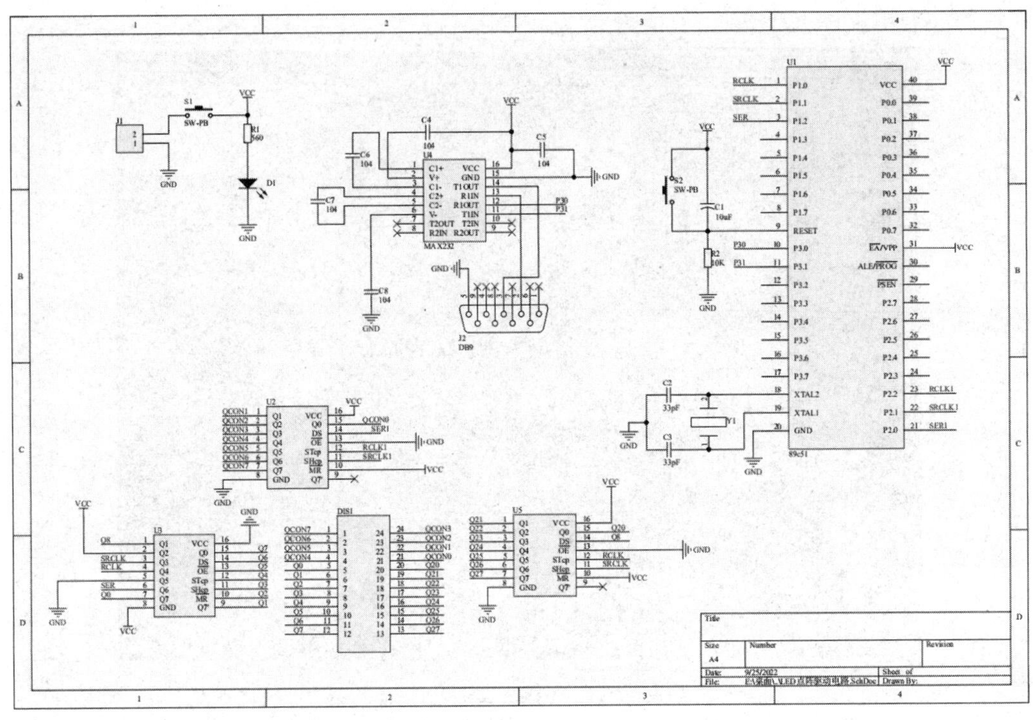

（a）原理图

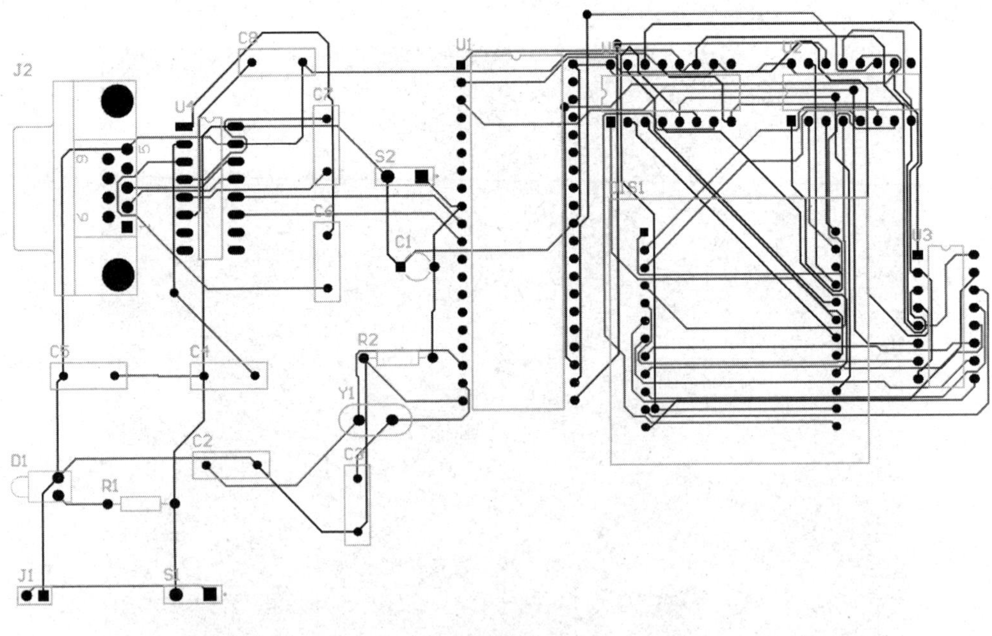

（b）PCB

图 11-52　PDF 文件显示

11.7　Draftsman 功能

在完成 PCB 设计之后，通常需要生成用于生产 PCB 的各类文件，如装配视图、制造视图和相关 BOM 等。这些文件虽然都可以通过 PCB 设计软件的相关菜单获得，但是寻找相应的菜单和逐一生成各类文件不仅需要花费时间，而且文件生成之后还需要将其整理并存放到一起以备后续使用，这个过程相当烦琐。有没有方法可以将这些文件集成在一个文件中，并且可以对不同图纸进行标注，从而将设计者从创建和整理生产文件的烦琐操作中解脱出来，使其有更多时间专注于更有挑战性的 PCB 设计呢？

答案是肯定的，Altium Designer 22 提供了 Draftsman 扩展程序，专注于创建 PCB 设计产品的图形文件。Draftsman 作为传统的 PCB 生产文件的替代品，它可以根据需要自动放置装配视图和制造视图，包含各种手动绘图工具；还可以用于添加细节展示视图、标注关键尺寸。

Draftsman 的主要功能如下。

- 从源 PCB 文件中自动提取光绘图数据。
- 创建多页文件。
- 将单独的模板应用于文件的每个页面。
- 从自定义模板自动生成图纸。
- 适用于常用的和附加的工程视图都可以使用（装配视图、制造视图、剖面图或钻孔绘制视图）。
- 生成装配视图，包括从 3D 模型生成的图形（无须特殊 PCB 层）。
- 可自定义的板层堆栈图例（Layer Stack Legend），具有添加详细板层信息的选项。
- 可以生成 BOM 文件，可以显示所有项目或仅显示所选装配视图项目。
- 放置标注，以指出 BOM 项文件中某元件的位置或备注 BOM 文件中的条目。
- 支持装配变量。
- 打印和导出为 PDF 文件。
- 包含在 OutJobs 中，可将 Draftsman PCB 图形文件添加为新的文件并输出。

先查看是否已经安装 Draftsman 扩展程序。单击右上角下拉按钮，在下拉列表中选择“Extensions And Updates”选项，进入“Extensions and Updates”界面，如图 11-53 所示。在“Software Extensions”区域中可以看到第二行有 Draftsman 插件，说明该拓展程序在安装 Altium Designer 22 时已经完成了预安装。

单击按钮，弹出“优选项”对话框，如图 11-54 所示。单击“Draftsman”选项前的三角形按钮，展开一个“Defaults”选项。选择“Defaults”选项，打开“Draftsman-Default”标签页，设定 Draftsman 文档的单位、风格、字体等。

Draftsman 的功能有很多，我们从创建 Draftsman 文档开始，对一些主要功能及使用方法进行说明。

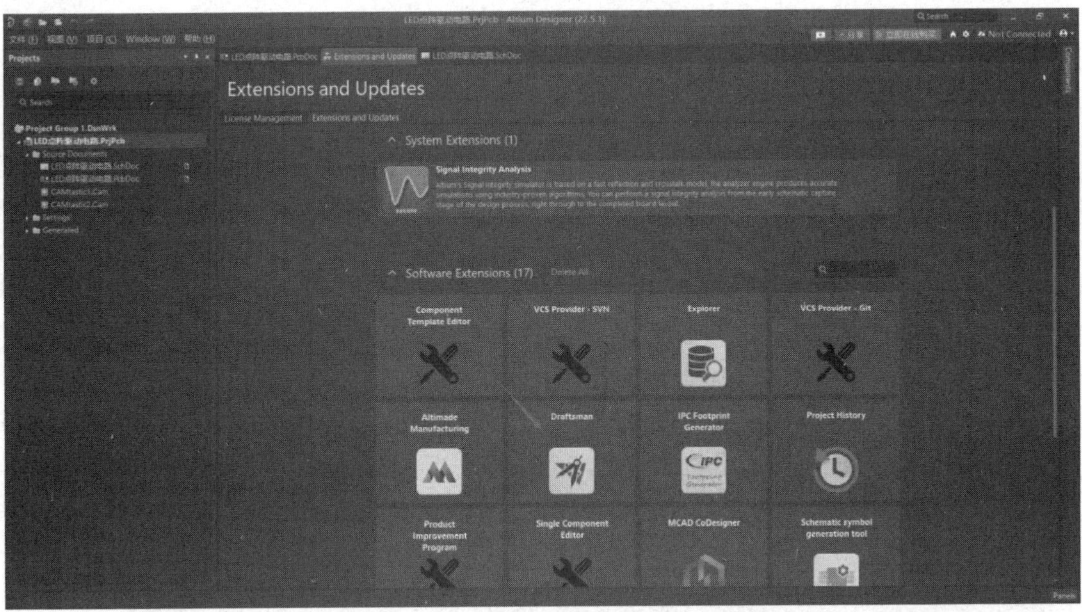

图 11-53 “Extensions and Updates”界面

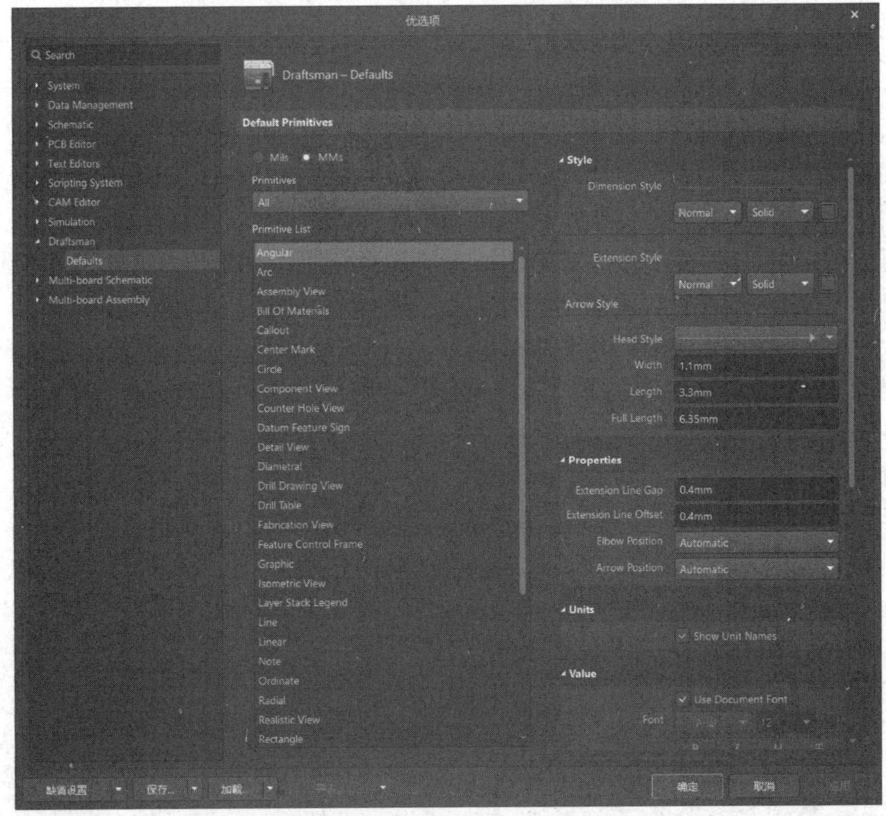

图 11-54 “优选项”对话框

1. 创建 Draftsman 文档

先打开一个设计项目，项目中要包含已经完成的 PCB 文件（本节以“LED 点阵驱动电路”为例）。执行“文件”→“新的”→“Draftsman Document”命令，如图 11-55 所示，弹出“New Document”对话框，如图 11-56 所示。“Templates”栏列出了 4 种模板。在右侧“Layers”栏中勾选要输出的内容，在下方的“Project”下拉列表和“Document”下拉列表中设置要输出的内容。

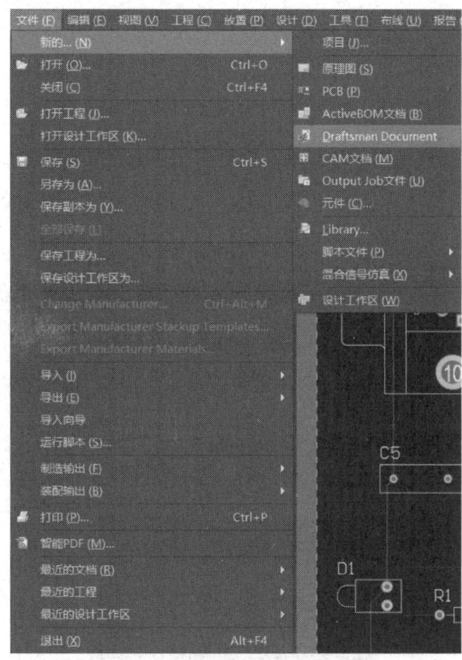

图 11-55　执行“文件”→“新的”→“Draftsman Document”命令

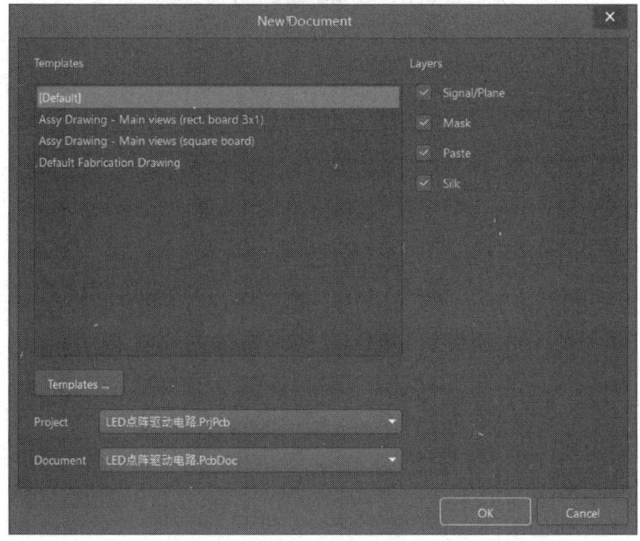

图 11-56　“New Document”对话框

此处，在“Templates”栏中选择“Default”选项，勾选“Layers”栏中的所有复选框，将“Project”设置为“LED 点阵驱动电路.PrjPcb”，将“Document”设置为“LED 点阵驱动电路.PcbDoc”，如图 11-57 所示。

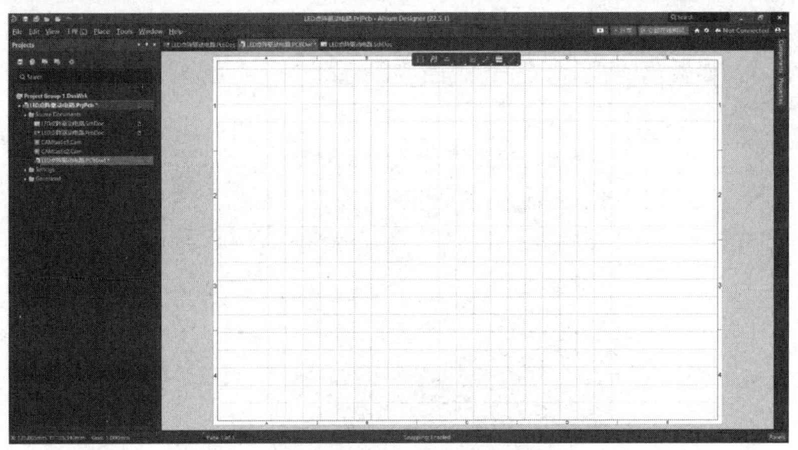

图 11-57　新建 Draftsman 文档

单击“Panels”按钮，选择“Properties”选项，打开“Properties-Document Options”面板，如图 11-58 所示。在这个面板中对 Draftsman 文件中的网格、字体、单位、线的种类等进行设置。“Properties-Document Options”面板与之前介绍的界面类似，这里不再赘述。

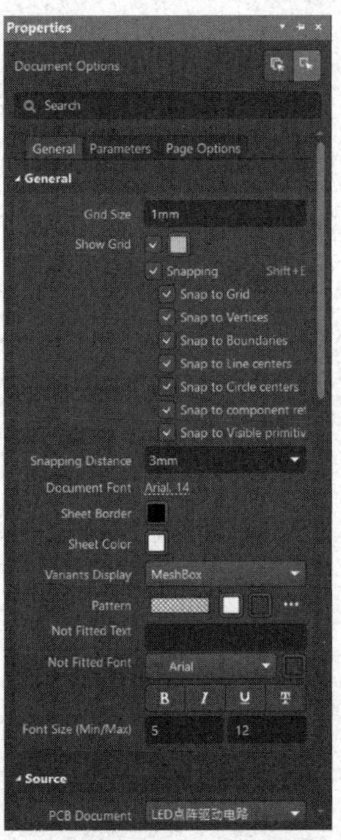

图 11-58　“Properties-Document Options”面板

2. 添加各类绘图和标记

Draftsman 允许将一系列用于 PCB 生产的图纸直接放置在 Draftsman 文档中。可以从“Place”主菜单中，或者从 Draftsman 的活动栏图标集中选择要放置的图纸类型，如图 11-59 所示。

图 11-59　Draftsman 的活动栏图标集

1）装配视图及其属性

执行“Place”→“Board Assembly View”命令，或者单击活动栏图标集中的第一个图标，将对应 PCB 项目的装配视图放置到 Draftsman 文档中。

装配视图显示了带孔和元件封装模型轮廓的 PCB。我们只需要在属性面板中对相应属性进行设置，就可以移动、缩放、从不同方向查看已经放置的 PCB 装配视图，如图 11-60 所示。

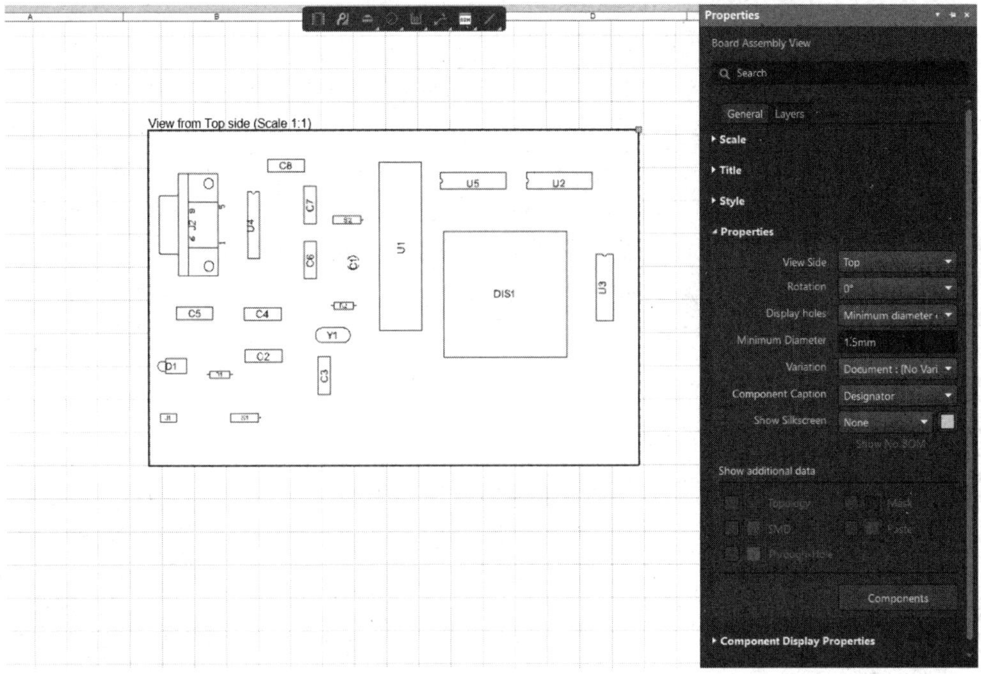

图 11-60　装配视图及其属性面板

装配视图的属性面板中提供了以下属性设置选项。

- “Scale”区域：视图的缩放比例，默认值是 1∶1。
- “Title”区域：视图的标题名称、标题字体、标题颜色和标题位置。
- “Style”区域：PCB 和元件封装模型的轮廓线的颜色、线宽、样式。
- “Properties”区域：其他属性，具体如下。
  - “View Side”下拉列表：设置查看视图的方向。例如，从顶部看，得到的是顶部视图。
  - “Rotation”下拉列表：设置元件在装配视图中的旋转角度。通过更改此选项的值，可以旋转元件以使其在装配视图中的方向满足用户需求。

- “Display holes”下拉列表：设置过孔的显示状态，可设置为显示所有孔（All），仅显示孔径比最小孔径大的孔（Minimum diameter only）或不显示过孔（None）等。
- “Minimum Diameter”文本框：设置最小孔径。
- “Variation”下拉列表：如果 PCB 项目中存在装配变量，就选择 PCB 项目中要显示的装配变量，没有被选择的变量元件不显示或标识为彩色网格。
- “Component Caption”下拉列表：设置元件的标识名称，可以是元件标号（Designator）。
- “Show Silkscreen”下拉列表：用来控制是否在视图或输出文件中显示丝印层信息。这对于检查设计的最终外观、确认标记的位置和清晰度，以及确保文本不会与焊盘或走线重叠非常有用。
- “Show additional data”区域：用于定义在装配视图中显示与元件相关的附加信息或数据。启用此选项后，这些附加数据将显示在装配视图中，帮助装配员或其他人员准确理解每个元件的详细信息。

• “Component Display Properties”区域：用于定义和控制 PCB 设计中元件的显示方式和属性。

2）制造视图及其属性

执行“Place”→“Board Fabrication View”命令，或者单击活动栏图标集中的第二个图标，将对应 PCB 项目的制造视图放置到 Draftsman 文档中，如图 11-61 所示。

图 11-62 显示了 PCB 顶层的走线和过孔。我们只需要在其属性面板中对相应属性进行设置就可以移动、缩放、显示 PCB 制造视图的不同板层，并使用实心或轮廓铜填充进行渲染。

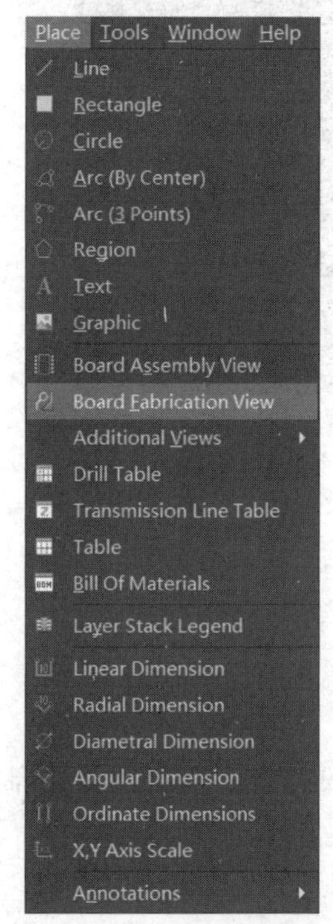

图 11-61 制造视图菜单

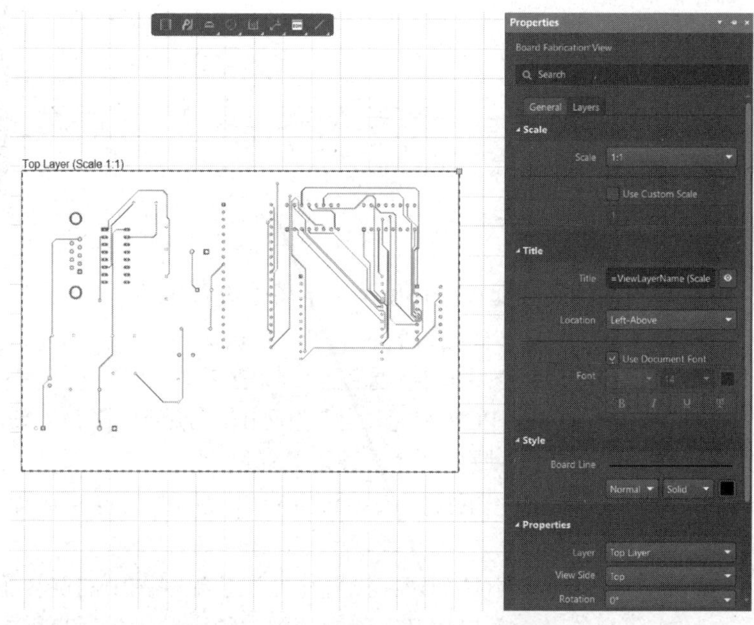

图 11-62 制造视图及其属性面板

制造视图的属性面板提供以下属性设置选项。

- “Scale”区域：设置视图的缩放比例，默认值是 1∶1。
- “Title”区域：设置视图的标题名称、标题字体、标题颜色和标题位置。
- “Style”区域：设置 PCB 轮廓线的颜色、线宽、样式。
- “Properties”区域：设置其他属性，具体如下。
  - “Layer”下拉列表：设置显示哪个板层。
  - “View Side”下拉列表：设置查看视图的方向（如从顶部或底部查看）。
  - “Drawing Mode”下拉列表：设置板层上焊盘和走线的显示形式，如实心填充（Full），或者仅画出焊盘的轮廓并用细线表示连接的走线（Simplified）。
  - “Polygon Fill Mode”下拉列表：设置铺铜的显示形式，包括实心（Filled）、阴影填充（Hatched）或轮廓（Outline）。
  - “Show Out of Board Copper”下拉列表：设置显示位于 PCB 外围的铺铜。

3）细节展示视图

有些元件由于本身体积较小或者视图的缩小比例较大，无法在视图中清晰显示，这时候可以在现有视图中添加一些细节展示图来清晰地显示这些元件的情况。执行“Place”→“Additional Views”→“Board Detail View”命令，在“Board Detail View”子菜单（见图 11-63）中选择以圆形区域或矩形区域。在 Draftsman 文档的现有视图上放置细节展示视图，Draftsman 文档的细节展示视图允许将视图的局部区域放大显示，并可以在其属性面板中配置细节展示视图的放大比例、标注和线属性，如图 11-64 所示。细节展示视图的放置过程如下。

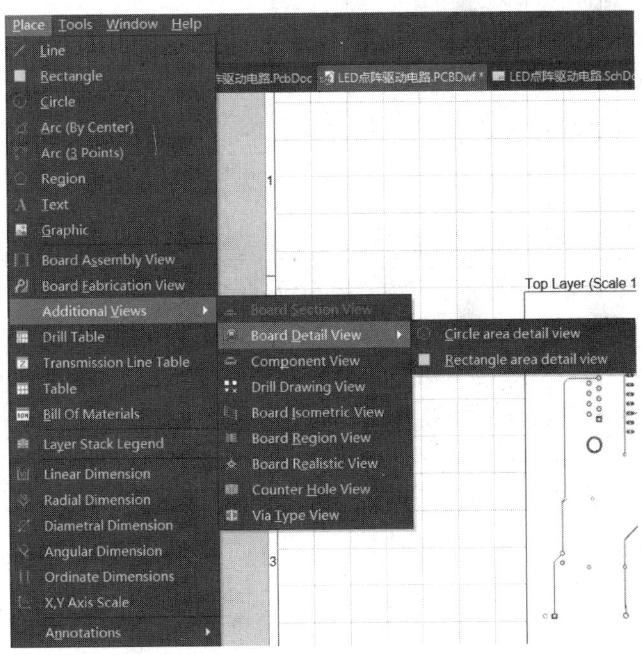

图 11-63　“Board Detail View”子菜单

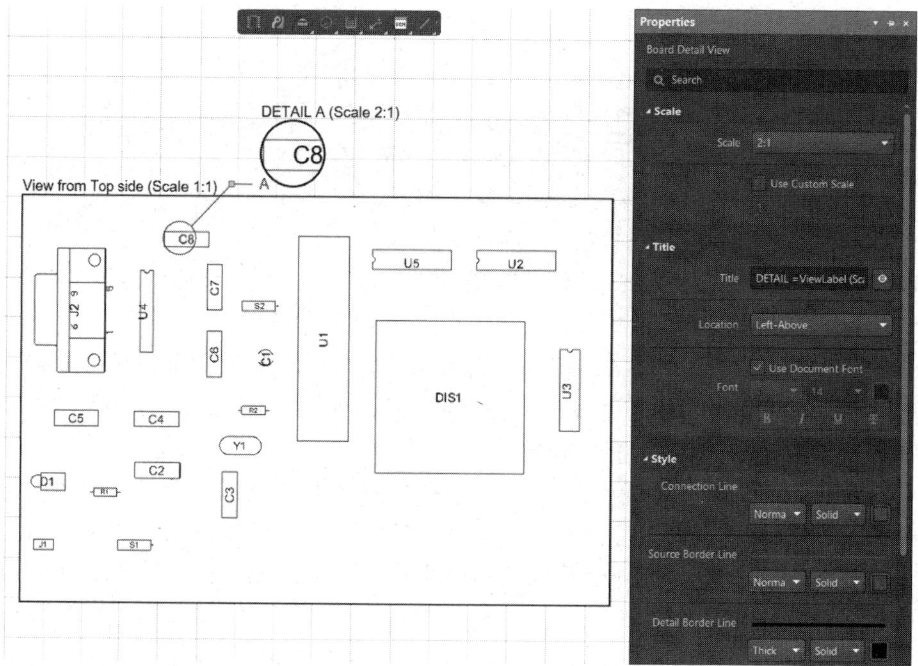

图 11-64 细节展示视图及属性面板

（1）单击视图中的某个点，指定细节展示视图的目标区域中心。

（2）拖曳鼠标到合适位置单击，指定视图区域的半径（细节展示视图的源区域）。

（3）再次单击，确定细节展示视图扩展的位置。

（4）在“Properties-Board Detail View”面板中的“Properties”区域和“Style”区域中设置细节展示视图与源区域的关联方式。

（5）细节展示视图可以添加到多种视图上，如装配视图、制造视图、剖面图、钻孔视图。

4）剖面图

从 PCB 装配视图的指定切割线获取的截面图称为剖面图，有助于详细展示装配视图。执行“Place”→“Additional Views”→“Board Section View”命令，如图 11-65 所示，或者单击活动栏图标集中的■图标，创建 PCB 装配视图的剖面图。

Draftsman 获取当前 PCB 可用的 3D 数据，以创建与指定切割线对齐的独立剖面图。Draftsman 可以从装配视图创建任意数量的剖面图，并且可以在其属性面板中配置剖面图的放大比例、切割线样式和放置模式（水平、垂直），如图 11-66 所示。创建剖面图的步骤如下。

（1）将光标定位在装配视图上，其中垂直切割线将跟随光标移动，使用空格键可以实现垂直切割线和水平切割线之间的切换。

（2）单击以设置切割线的位置。

（3）拖曳鼠标，使光标移到线的两侧，设置视图方向（如切割线两端的箭头指示的方向），单击，确定视图方向。

（4）将新的剖面图拖放到期望的位置。

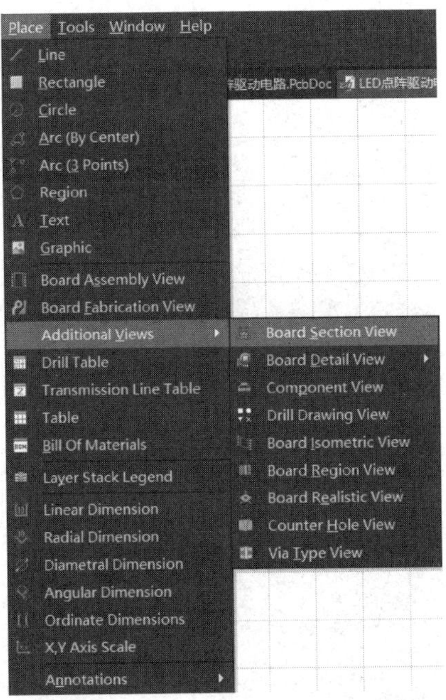

图 11-65　执行“Place”→“Additional Views”→“Board Section View”命令

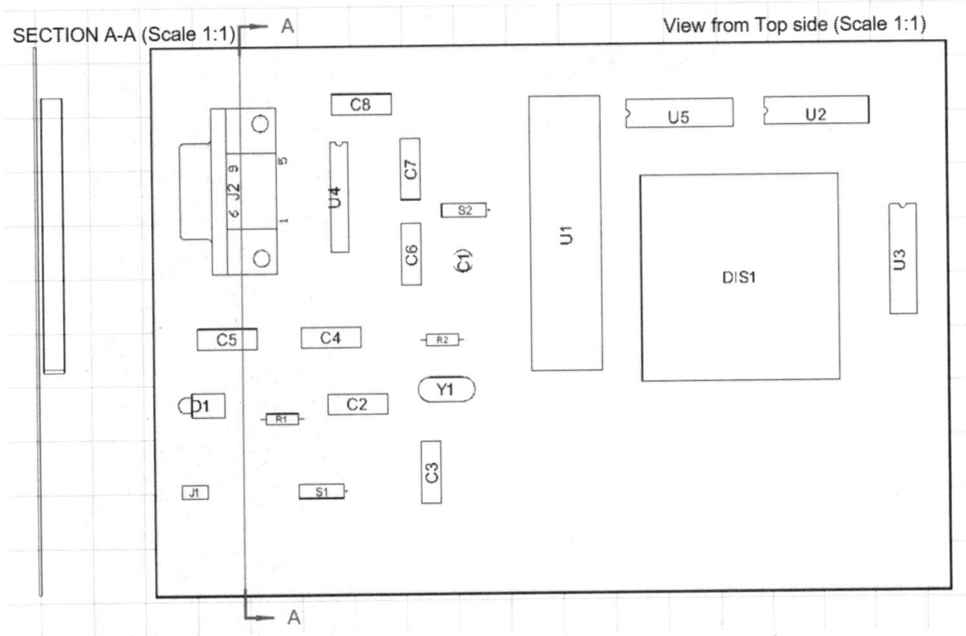

图 11-66　剖面图

5）正等轴测图

正等轴测视图具有形象、逼真、富有立体感等特性，可以弥补普通视图过于平面化、无法展示立体结构的缺点，有助于深入理解 PCB 产品的实际结构。执行“Place”→“Additional Views”→“Board Isometric View”命令，如图 11-67 所示，将对应 PCB 项目的正等轴测图放置到 Draftsman 文档中，如图 11-68 所示。

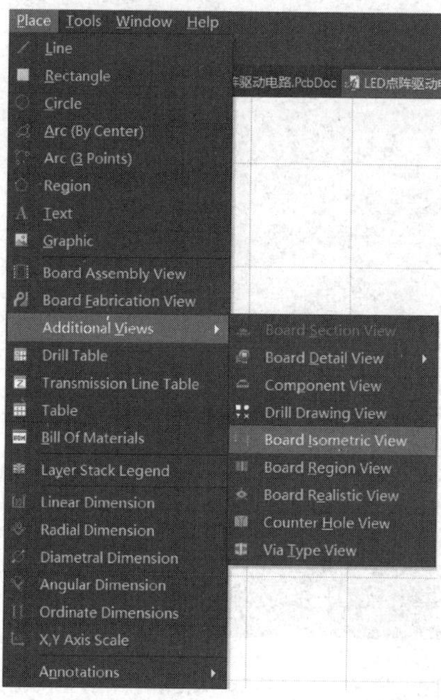

图 11-67　执行“Place”→“Additional Views”→“Board Isometric View”命令

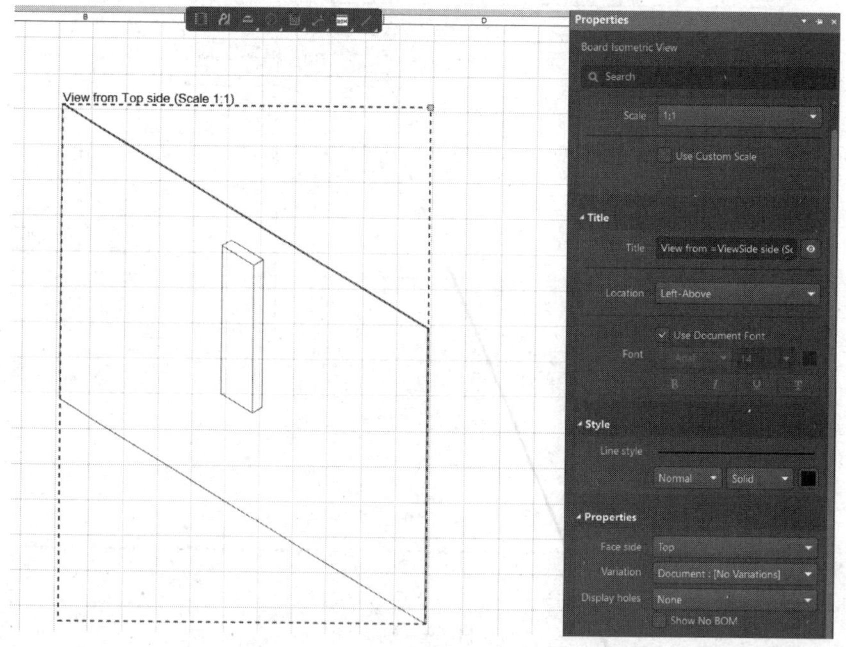

图 11-68　正等轴测图及其属性面板

在正等轴测图的属性面板中对已放置的正等轴测图进行设置：在“Properties”区域中的“Face side”下拉列表中选择视图方向；如果存在设计变量，可以使用“Variation”下拉列表指定需要显示的设计变量。

6）写实视图

写实视图是一种单独且可以配置的视图，它提供了当前 PCB 的可缩放 3D 渲染视图，并且可以根据 PCB 编辑器中当前的视图样式进行更新。执行“Place”→“Additional Views”→“Board Realistic View”命令，如图 11-69 所示，或者单击活动栏图标集中的图标，创建 PCB 的写实视图，如图 11-70 所示。

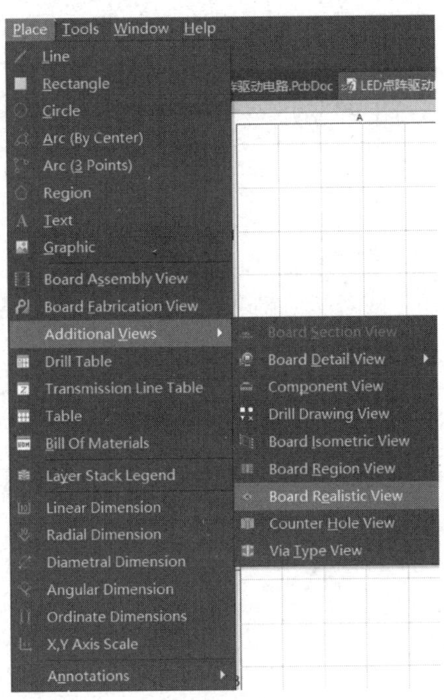

图 11-69　执行“Place”→“Additional Views”→“Board Realistic View”命令

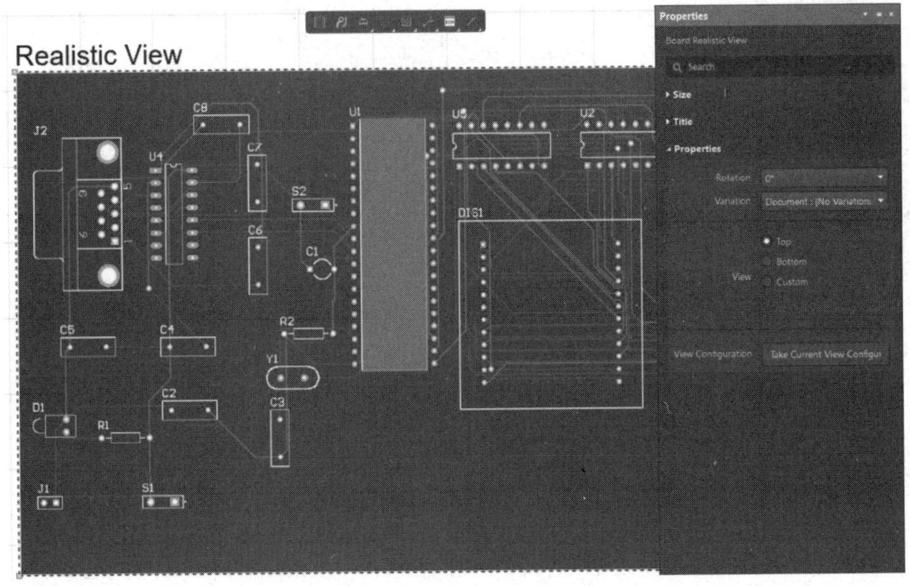

图 11-70　写实视图及其属性面板

在写实视图的属性面板中，选择“Properties”区域中“View”选区中的“Custom”单选按钮后，“Take Current Camera Position”按钮和“Take Current View Configuration”按钮将变为可选择状态。

这两个按钮的具体用法如下。

单击“Take Current Camera Position”按钮，写实视图会按照 PCB 编辑器中 PCB 视图的当前角度进行调整（操作前，请确保 PCB 编辑器处于 3D 视图模式）。

单击“Take Current View Configuration”按钮，写实视图会按照 PCB 编辑器中 PCB 当前视图的配置进行调整（操作前，请确保 PCB 编辑器处于 3D 视图模式）。

3．标注和绘图工具

1）尺寸

Draftsman 文档除了可以放置各种视图，还可以对视图上的对象轮廓进行标注，以指示对象轮廓的长度、大小和角度，或者指示对象之间的距离。在需要为对象标注尺寸时，可以从“Place”菜单中选择需要标注的尺寸类型，如图 11-71 所示。其中，使用最多的尺寸有 3 类：线段尺寸（Linear Dimension）、直径尺寸（Radial Dimension）、角度尺寸（Angular Dimension）。

尺寸标注非常简单：先选择要放置的尺寸类型，并将光标移动到要标注的对象上；在对象变成橙色后，单击并按住鼠标左键不放，拖曳鼠标，即可出现相应类型的尺寸标注，如图 11-72 所示。

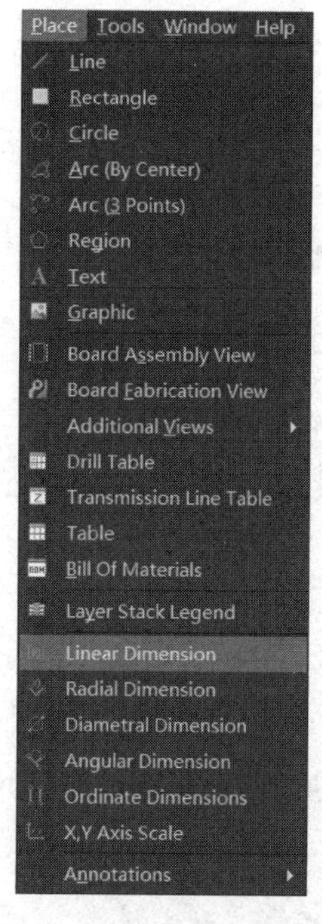

图 11-71 “Place”菜单中的尺寸类型

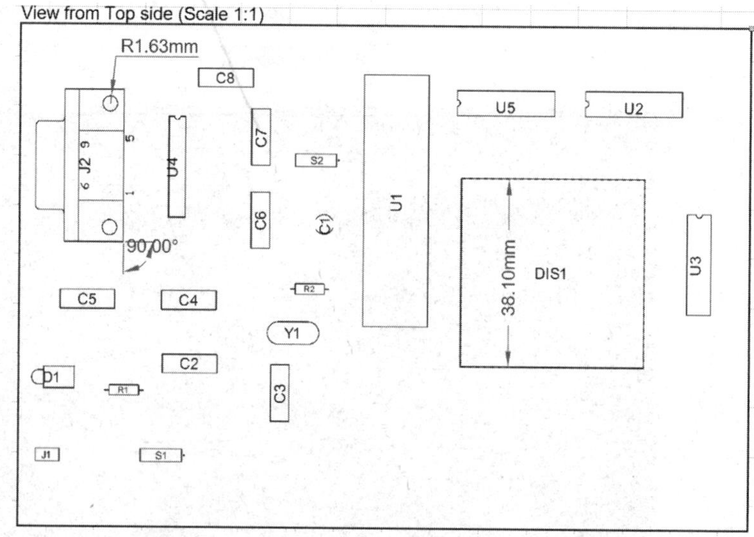

图 11-72 线性尺寸、径向尺寸和角度尺寸的标注形式

2）BOM

Draftsman 允许将 BOM、钻孔表和数据表放置在同一个 Draftsman 文档中，各数据均来自项目中的 PCB 文件，这为 PCB 制造和装配过程的关键信息提供了一种简单、直观的显示方式。BOM（Bill Of Materials）、钻孔表（Drill Table）、数据表（Table）的放置选项位于“Place”菜单下，如图 11-73 所示，也可以使用活动栏图标集上的相应图标。

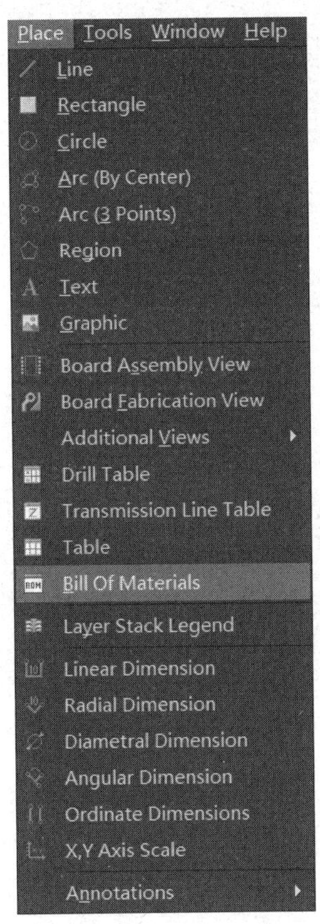

图 11-73　“Place”菜单中的放置 BOM、钻孔表、数据表的选项

只要选择需要放置的表对应的选项，即可在 Draftsman 文档中放置相应的表，操作非常简单。图 11-74 给出了放置到 Draftsman 文档中的 BOM 及其属性面板。钻孔表和数据表也可以通过类似的操作进行放置。此外，我们还可以使用 BOM 的属性面板中的“Columns”选项卡管理 BOM 中的数据列。但是，列的分组和内容取决于 BOM 的配置方式。

一个文档的大小是有限的，Draftsman 文档上能放置这么多图纸和表吗？如果一页不够的话，怎么添加多页呢？与原理图添加图纸的方法一样吗？Draftsman 文档添加页面与原理图添加图纸的方法不太一样。执行“Tools”→“Add New Sheet”命令，或者将光标放到 Draftsman 文档的空白处右击，在弹出的快捷菜单中选择“Add New Sheet”选项，即可实现 Draftsman 文档页面的添加，如图 11-75 所示。

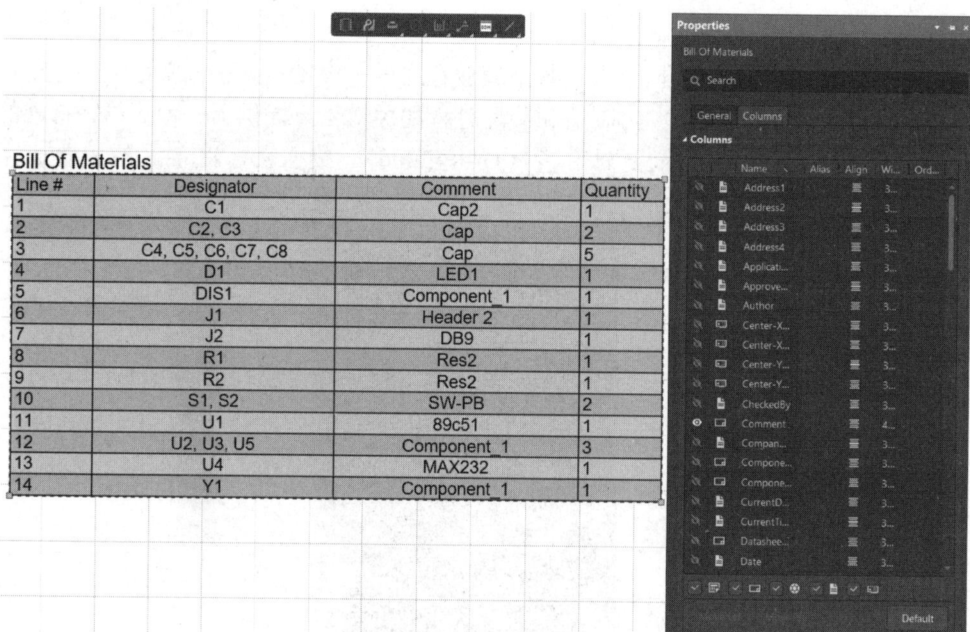

Bill Of Materials

Line #	Designator	Comment	Quantity
1	C1	Cap2	1
2	C2, C3	Cap	2
3	C4, C5, C6, C7, C8	Cap	5
4	D1	LED1	1
5	DIS1	Component_1	1
6	J1	Header 2	1
7	J2	DB9	1
8	R1	Res2	1
9	R2	Res2	1
10	S1, S2	SW-PB	2
11	U1	89c51	1
12	U2, U3, U5	Component_1	3
13	U4	MAX232	1
14	Y1	Component_1	1

图 11-74　BOM 及其属性面板

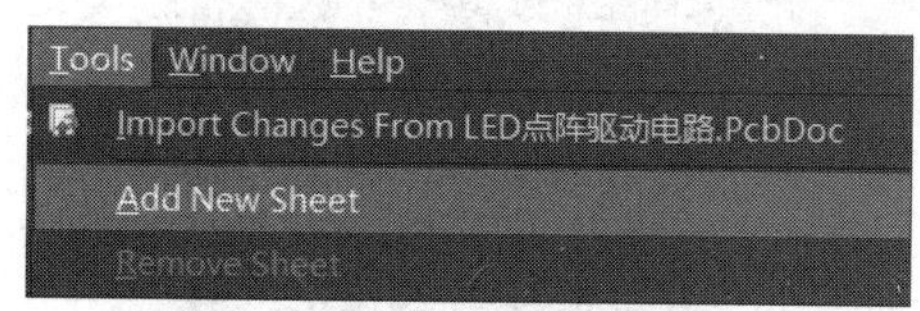

图 11-75　“Tools”主菜单添加页

以上是 Draftsman 的常用功能，除此之外，它还具有很多功能，这里就不一一说明了。

思考与练习

（1）PCB 包括哪些输出报表？

（2）用户应向 PCB 加工厂商提交哪些文件？

（3）用前文中的示例，输出 PCB 的 Gerber 文件和钻孔文件。